Die Vermessung der Kultur

Studien zur Geschichte der Deutschen Forschungsgemeinschaft

---

herausgegeben von
Rüdiger vom Bruch, Ulrich Herbert
und Patrick Wagner

Band 5

Friedemann Schmoll

# Die Vermessung der Kultur

## Der „Atlas der deutschen Volkskunde“ und die Deutsche Forschungsgemeinschaft 1928–1980

Franz Steiner Verlag Stuttgart 2009

Umschlagabbildung: Die Stipendiaten des Atlas der deutschen Volkskunde Richard Beitl und Reinhard Peesch um 1930 bei der Einarbeitung von Daten in eine Karte. Foto: Unbekannter Pressefotograf. Familienarchiv Beitl, Schruns / Vorarlberg: C. Nachlass Prof. Dr. Richard Beitl. Erstveröffentlichung in Richard Beitl: Untersuchungen zur Mythologie des Kindes, hg. und eingeleitet von Bernd Rieken und Michael Simon, Münster 2007.

Redaktion: Jörg Später
Assistenz: Silke Wehrle

Bibliografische Information der Deutschen Nationalbibliothek
Die Deutsche Nationalbibliothek verzeichnet diese Publikation in der Deutschen Nationalbibliografie; detaillierte bibliografische Daten sind im Internet über <http://dnb.d-nb.de> abrufbar.

ISBN 978-3-515-09298-2


Gedruckt auf säurefreiem, alterungsbeständigem Papier.
Druck: AZ Druck und Datentechnik GmbH, Kempten
Printed in Germany

# Inhalt

# I. EINLEITUNG: MODELLFALL ODER SONDERFALL? DER ATLAS DER DEUTSCHEN VOLKSKUNDE UND DIE DEUTSCHE FORSCHUNSGEMEINSCHAFT

## 1. WISSENSCHAFTSGESCHICHTLICHE FRAGEN: RAUM UND KULTUR, GESELLSCHAFTLICHE KRISENBEWÄLTIGUNG UND DIE KONJUNKTUR DER NISCHENDISZIPLIN VOLKSKUNDE

„Angesichts der Bedeutung, welche die Kenntnis unseres großen Schatzes an volkstümlichen Eigenheiten für das Einheitsbewußtsein des deutschen Volkes und das Verständnis seiner Aufgaben besitzt, sowie angesichts der Tatsache, daß dieser volkskundliche Reichtum durch die zunehmende Industrialisierung und die Bewegtheit des modernen Lebens schnell dahinschwindet, ergibt sich die Notwendigkeit einer umfassenden Sammlung der im Volke noch lebenden Reste bodenständigen Kulturgutes."[1] Klar und deutlich skizzierte Friedrich Schmidt-Ott, Präsident der 1920 gegründeten „Notgemeinschaft der Deutschen Wissenschaft" (DFG)[2], 1928 das anstehende Programm einer kartographischen Vermessung deutscher Volkskultur. Dabei deutete er gewichtige Bezüge an, die den Atlas der deutschen Volkskunde (ADV)[3] aus dem Blickwinkel der Wissenschaftsförderung zu einem dringlichen Großunternehmen werden ließen: die Sorge um das in der Entfaltung der Industriemoderne hinabdämmernde kulturelle Erbe, dessen Potenzial für die Rekreation eines nach 1918 zutiefst verstörten Nationalbewusstseins benötigt wurde, und die Integrations- und Harmonisierungsfunktionen des Projektes für eine von Spannungen und Verwerfungen gekennzeichnete Gesellschaft.

Der ADV stellt einen merkwürdigen Sonderfall in der Geschichte der DFG dar. Es handelt sich um einen Sonderfall, der nach dem Willen seiner Initiatoren womöglich zum Modellfall geisteswissenschaftlicher Großforschung hätte werden sollen, schließlich aber doch eine Ausnahme in der Geschichte der deutschen Wissenschaftsförderung blieb. Mit einer über 50 Jahre währenden Unterstützung bildete dieses Unternehmen nicht nur innerhalb der Geisteswissenschaften einen Einzelfall. Begonnen im Jahre 1928, überdauerte das ethnokartographische Mammutprojekt mit seinen Fragen nach den Zusammenhängen zwischen

1 Schmidt-Ott, Einführung, S. 5.

2 Als Abkürzung für die 1929 in „Deutsche Gemeinschaft zur Erhaltung und Förderung der Forschung" umbenannte Organisation wird durchgehend „DFG" verwendet. Zu ihrer Geschichte vgl. Zierold, Forschungsförderung inn drei Epochen; Nipperdey/Schmugge, 50 Jahre; Marsch, Notgemeinschaft; Hammerstein, Forschungsgemeinschaft; Flachowsky, Notgemeinschaft.

3 Vgl. für die Zeit bis 1945 Gansohr-Meinel, „Fragen an das Volk".

volkstümlicher Kultur und ihrer Verbreitung im Raum die Jahre der nationalsozialistischen Diktatur und fand nach 1945 in der BRD wie in der DDR in unterschiedlichen Varianten Fortsetzung bis in die 1980er Jahre. Die DFG engagierte sich in diesem Fall nicht nur als Geldgeberin, sondern verstand sich lange auch als Trägerin des Vorhabens und Akteurin der Forschungspraxis. Sie förderte bei dem Versuch, ihr seit Mitte der 1920er Jahre forciertes Steuerungsprinzip der „Gemeinschaftsarbeiten" für nationalbedeutende Aufgaben im Bereich der Volkswirtschaft, Volksgesundheit und der allgemeinen Volkswohlfahrt auf die Geisteswissenschaften zu übertragen, nicht nur Wissenschaft, sondern betrieb sie zumindest zeitweise auch selbst. Mit dem ADV verband sich der Versuch, auf die Legitimationskrise der Geisteswissenschaften[4] eine Antwort in Form „nützlicher" und problemorientierter (Groß-) Forschung zu finden, die neue Merkmale aufwies: interdisziplinäre Organisation, Anwendungsorientierung, Mobilisierung einer Kulturwissenschaft als politische Ressource und Agentur gesellschaftlicher Selbstreflexion und Sinnproduktion sowie eine innovative Methodik, die sich an naturwissenschaftlichen Leitbildern orientierte. Mit der disziplinär prekären Volkskunde[5] fand sich hierfür ein Fach, welches klein und flexibel war und vor allem in der Lage, aufgrund seiner doppelten Orientierung als „angewandte" und „wissenschaftliche" Volkskunde mehrerlei Bedarfslagen zwischen sozialwissenschaftlichem Handlungswissen und romantischem Idealismus zu bedienen.

Unversehens gelangte Ende der 1920er Jahre mit dem ADV eine bis dato randständige, eben um theoretische Paradigmatisierung ringende und bisweilen eher als krude Kuriositätenliebhaberei beachtete Disziplin in den Mittelpunkt wissenschaftsöffentlicher Aufmerksamkeit. Die „Notgemeinschaft" hatte 1927/28 interdisziplinäre Überlegungen zur kartographischen Erfassung deutscher Volkskultur aufgegriffen und die bislang nur vage skizzierten Konzepte in das Programm ihrer „Gemeinschaftsarbeiten" aufgenommen, mit denen sie seit Mitte des Dezenniums versuchte, dezidierter als bislang problemorientierte Forschung zu organisieren und zu steuern. Das war neu und bemerkenswert: Damit hatte sich die DFG nicht nur den Geisteswissenschaften zugewandt, um neue Wege der Forschungsorganisation auch auf diesem Terrain zu bestreiten. Sie wagte den Testfall geisteswissenschaftlicher Großforschung obendrein mit einer denkbar prekären Disziplin. Die Volkskunde war bis dato institutionell nur rudimentär an den Universitäten etabliert, gefangen in Suchbewegungen nach theoretischer Festigung und methodisch weniger durch eigene Originalität, sondern eher schon durch Orientierung an jenen Disziplinen ausgewiesen, als deren Appendix sie in der Regel akademisch existierte: den Philologien, der Soziologie, der Geographie oder der Landes- und Kulturgeschichte. „Es ist bekannt, daß die deutsche Volkskunde sich nur mühsam den Weg zur Anerkennung als Wissenschaft gebahnt hat", so diagnostizierte der Sprachwissenschaftler

4 Hübinger, Wertkollisionen; Bollenbeck/Knobloch (Hg.), Resonanzkonstellationen.

5 Zur Geschichte der Volkskunde bis in die 1920er Jahre vgl. Deißner, Volkskunde; Weber-Kellermann/Bimmer/Becker, Einführung; Bagus, Volkskultur.

Theodor Frings auf der Kundgebung der Mitgliederversammlung der DFG im Oktober 1930 in Berlin, „lange genug hat man in ihr nicht viel mehr als eine Sammelstelle für Raritäten gesehen."[6]

Dies sollte sich ändern. Aus Anlass der Gründungsversammlung des ADV im Berliner Schloss am 16./17. Juni 1928 wurde alsbald von „wohl dem größten volkskundlichen Kongreß, der je tagte", gesprochen, wie der „Verband deutscher Vereine für Volkskunde" in seinen Annalen vermerkte.[7] Was hier noch unbestimmt und offen seinen Anfang nahm, währte so lange wie kaum ein anderes von der DFG lanciertes Großprojekt im 20. Jahrhundert. Über ein halbes Jahrhundert lang und in unterschiedlichen politischen Systemen gewährleistete vor allem die DFG die Finanzierung dieser volkskulturellen Vermessung deutschen „Kulturbodens" inner- und außerhalb der gerade gültigen politischen Grenzen Deutschlands. Jahrzehntelang bildete der ADV den institutionellen Rahmen für zentrale theoretische und methodische Diskussionen bei der disziplinären Genese des Faches. Er band intellektuelle und personelle Ressourcen und lieferte – etwa durch die Errichtung von über 30 Landesstellen – wesentliche Impulse zur institutionellen Ausbildung der jungen Disziplin.

Die neu geschaffenen Institutionen des ADV inspirierten und festigten einerseits lokale und regionale Forschungen. Durch die Zentralstelle konnte volkskundliche Forschung aber andererseits aus ihrer vornehmlich landschaftlichen Einbindung herausgelöst und erstmals auf einen nationalen Rahmen verpflichtet werden. Es lag deshalb nahe, mit dem ADV volkskundliche Forschung zu zentralisieren. Von Anfang an verstanden ihn Wissenschaftler und Wissenschaftsfunktionäre wie John Meier, Georg Schreiber oder Adolf Spamer als Nukleus eines reichsweit arbeitenden Forschungsinstitutes für deutsche Volkskunde, das als unerlässlich für die Akademisierung des Faches betrachtet wurde – eine Vorstellung, die auch nach 1945 sowohl in der DDR wie in der BRD weiter verfolgt werden sollte. Mehrere Generationen von Wissenschaftlern und Wissenschaftlerinnen waren von 1928 bis in die 1980er Jahre hinein damit beschäftigt, „Kultur" und „Raum" systematisch in Beziehung zu setzen – zwei Größen also, über die im 20. Jahrhundert spätestens mit dem Ausgang des Ersten Weltkrieges verbindliche Gewissheiten verloren gegangen waren. Sie tüftelten bei diesem monumental angelegten Versuch der Empirisierung des Volksbegriffs „Fragen an das Volk" aus und konzipierten Fragebögen, die dann von über 20 000 ehrenamtlichen Gewährsleuten bearbeitet wurden. Sie werteten das erhobene Material aus und verwandelten die Befunde in graphische Zeichen, setzten diese zu Kartenbildern zusammen und interpretierten sie. Kurzum: Sie verwandelten die soziale und kulturelle Realität des „Volkslebens" in Abermillionen von Daten und ließen auf deren Basis schließlich Karten über die Verbreitung von Kultur im Raum erstehen.

6 Frings, Forschungsgebiet, S. 51.

7 Mitteilungen des Verbandes deutscher Vereine für Volkskunde, Nr. 37, Dezember 1928, S. 13.

Genauso plötzlich, wie sich in der Weimarer Republik inner- und außerwissenschaftliche Interessen an dem Monumentalprojekt entzündet hatten, sollten sie ein halbes Jahrhundert später wieder abflauen. Die Festschreibung der politischen Nachkriegsordnung durch die „Ostverträge" in den 1970er Jahren und der Plausibilitätsschwund des Volksbegriffs, um den sich die Volkskunde als Disziplin organisiert hatte, machte den Bedarf an einer kulturwissenschaftlichen Vermessung Mitteleuropas unversehens obsolet. Die wissenschaftskonjunkturellen Sensoren der DFG funktionierten gut und signalisierten unmittelbar den Bedeutungsverlust der volkskundlichen Kulturraumforschung; die DFG fuhr ihre Förderung peu à peu zurück und ließ sie alsbald auslaufen. Heute ruht das zwischen 1930 und 1935 per Fragebogen erhobene ethnographische Material zu Nahrungs- und Kleidungsgewohnheiten, der regionalen Verbreitung von Totenbrauchtum, bäuerlicher Arbeit und Sachkultur, zur Regulierung des Alltags durch Feste und Rituale, Kinderspielen, Nachbarschaftsbeziehungen, religiösen Vorstellungswelten und vielen anderen Facetten des täglichen und außeralltäglichen Lebens, notiert auf über vier Millionen Karteikarten, im Bonner Seminar für Volkskunde. Hier lagert vielfach verzetteltes ethnographisches Wissen über die sonst kaum wahrgenommenen, geschweige denn dokumentierten Selbstverständlichkeiten in der Kultur: die räumliche Verbreitung des Tabakrauchens bei Leichenfeiern, die regionalen Bezeichnungen für sauer gewordene Milch, Arbeitsteilungen zwischen Mann und Frau bei der bäuerlichen Arbeit, die Konnotierung von Glücks- und Unglückstagen, Säuglingspflege und den Umgang mit der Nachgeburt von Nutztieren, Wetter- und Viehheilige, die Ausbreitung des Kaffees als Morgengetränk, Praktiken des Tanzens und Musizierens, das Besprechen von Krankheiten, Flurnamen und Hausformen. Es geht um Leben und Sterben, die Ritualisierungen des Lebenslaufs, Liebe und Glaube. Oft handelt es sich um kulturelle Praktiken des ländlichen Lebens, die mittlerweile ausgestorben sind. Dokumentiert wurden aber auch solche Alltagsgewohnheiten, die in der Entfaltung der industriellen Moderne selten oder neu waren und heute längst selbst wieder zu den Selbstverständlichkeiten der popularen Kultur geworden sind: das damals noch strikt konfessionskulturell gebundene und auf dem Lande kaum praktizierte Fest des Geburtstages oder die Feier des Muttertages, der Brauch der Schultüte, die Veröffentlichung von Todesfällen über das Massenmedium Zeitung oder moderne Vergemeinschaftungsformen wie Vereine.

Von Anfang an war der ADV Gegenstand eilfertiger Etikettierungen, die zu Teilen von außen herangetragen, genauso aber von Akteuren des Projektes aus Gründen der strategischen Positionierung in der Öffentlichkeit, der Politik oder der *scientific community* des eigenen Faches vorgenommen wurden. Nach der Vorstellung seines zweiten Leiters Fritz Boehm folgte er – wie überhaupt die Volkskunde – der kollektiven Erinnerungsaufgabe, „die letzten Reste volkhafter Sonderart, die von der modernen Entwicklung noch übriggelassen sind, in Büchern und Museen zu sammeln und zu bergen", und diente dem Ziel, „den Menschen der Gegenwart in Stadt und Land in seiner seelischen Volksverbundenheit zu ergründen".[8] Es ging also nicht nur um jene volkskulturellen Formen und Bestände, über die sich die industrielle Moderne so rücksichtslos hinwegzusetzen schien, sondern auch um die Vitalität und die gemeinschaftsstiftende Erneuerungskraft der Volkskultur in den ökonomischen, sozialen und kulturellen Modernisierungsprozessen, mithin also um eine aktuelle „Physiognomie des deutschen Volkswesens".[9]

Der ADV war für Kultur- und Wissenschaftspolitiker wie den Zentrumsabgeordneten Georg Schreiber nicht nur ein Forschungsmittel, sondern auch ein Instrument etatistischer Kultur- und Volkspolitik und konzeptualisiert als gesellschaftliches Bindemittel zur Überbrückung sozialer und konfessioneller Gegensätze.[10] Andere, wie Walther Steller, unterlegten diese pädagogischen Aufgaben mit unüberhörbaren antiwestlichen Affekten:

> „Nicht zu übersehen ist der volkserziehliche Zug eines solchen Werkes, das zudem nur in der gemeinschaftlichen Arbeit aller geleistet werden kann. Gerade in unserer Zeit, die sich nach einem Jahrzehnt des Wirkens auf die größere Welt – wobei wir uns in der kosmopolitischen Denkweise verloren – auf die Eigenart des angestammten Volkstums besinnt, jedoch noch immer von tausendfältigen Strömungen hin- und hergerissen und zersetzt wird durch die ephemereren Erscheinungen und fremden Gaben der sog. Kulturoberschicht (wie Jazz, Charleston u.ä.), ist eine solche Betätigung am eigenen Volksgut von hohem erzieherischen Wert. Und es ist Zeit, daß wir unser Eigenstes für bedeutsam genug halten, um uns damit zu beschäftigen."[11]

Für Adolf Spamer ging es weniger um außerwissenschaftliche Effekte, sondern um die innerwissenschaftlichen Möglichkeiten, die das Großprojekt für disziplinäre Institutionalisierungsprozesse eröffnete. Für ihn war der ADV „das größte Gemeinschaftsunternehmen auf geisteswissenschaftlichem Gebiet, das je auf deutschem Boden erwuchs", und somit der Nukleus eines „Reichsinstituts für deutsche Volkskunde", das die Zentralisierung des Fachs und seine akademische Etablierung ermöglichen sollte.[12] Schon bald nach 1933 schien dieses Großprojekt einer Kleindisziplin aufgrund seiner lebensweltlichen Nähe und scheinbar unmittelbarer Anwendungsorientierung ein neues, wertgebundenes Wissenschaftsverständnis des Nationalsozialismus zu verkörpern:

> „Der Atlas ist ein völkisches Kulturwerk, an dem Bauern und Wissenschaftler, Lehrer und Handwerker, Geistliche und Verwaltungsbeamte Schulter an Schulter arbeiten. Aus den Quellen des Volkstums geschöpft, drängt der volkskundliche Stoff darnach, nach seiner Ordnung und Deutung in angestrengter Forscherarbeit wieder dem Volke zugeleitet zu werden und jetzt an einem ihm zugewiesenen Platze praktische Arbeit für die Erhaltung des deutschen Volkstums zu leisten. In diesem Sinne ist die wissenschaftliche Volkskunde nicht bloß in ihrem methodischen Aufbau zweck- und zielbestimmt, sondern auch in ihren volkspolitischen Folgerungen."[13]

8 Boehm, Volkskunde, S. 4.
9 Dr. Theodor Heppner: Der Atlas der deutschen Volkskunde. Eine Gegenwartsforderung der deutschen Wissenschaft, in: Münchner Neueste Nachrichten, 29. August 1931.
10 Vgl. Schreiber, Nationale und internationale Volkskunde.
11 Steller, Volkskunde-Atlas 1929, S. 254.
12 Spamer, Aufgaben, S. 146.
13 Schlenger, Grundlagen, S. 151.

Für die einen sollte die volkskundliche Karte ein nüchternes Forschungsinstrument darstellen; für andere war das Medium zugleich die Botschaft, indem sich aus der Sichtbarmachung kultureller Verhältnisse im Raum unmissverständliche politische Ansprüche ableiten ließen. Von den „Generalstabskarten der Volkskunde“[14] wurden nicht nur nach innen völkische Revitalisierungseffekte erwartet; durch das Überschreiben von politischen mit kulturräumlichen Grenzverläufen schienen auch territoriale Expansionsansprüche wissenschaftlich legitimierbar. Konsequent war deshalb der Appell Erich Röhrs, der ADV solle als Instrument genutzt werden „zum Kampf um das Deutschtum“. Insbesondere gelte es, „die Leistungen der Rasse in dem Gegensatz deutsch-slawisch“ darzulegen.[15]

Für die NS-Wissenschaftspolitik sollte der ADV modellhaft ein nationalsozialistisches Wissenschaftsverständnis verkörpern: rassegebunden, lebensnah und ganzheitlich, wertgebunden und nützlich. Heinrich Harmjanz, seit 1937 Leiter des ADV, sah in ihm „ein Gemeinschaftswerk im wahrsten Sinne des Wortes“, handele es sich doch um das Ergebnis eines dem deutschen Volk verpflichteten „Wissenschaftssozialismus“ wie ihn die deutsche Volkskunde beispielhaft praktiziere: „Kurz, die deutsche Volkskunde will und soll auf weite Sicht mit ihren Ergebnissen Erkenntnisgrundlagen für eine zukünftige praktische Volkstumspflege geben. Sie will als Wissenschaft dem Staatswohl dienen und ihre Erkenntnisse aus Wörtern und Sachen des deutschen Volkes Staat und Volk wieder nutzbar machen.“[16]

Für ein solchermaßen ideologisiertes und politisch korrumpiertes Wissenschaftsunternehmen schien es nach 1945 kaum realistische Chancen auf Fortsetzung zu geben. Will-Erich Peuckert erblickte im ADV nun „ein Abbild der geistigen Unruhe Deutschlands in den 1930er Jahren“ und befand: „Es wechseln in ihm Ziele, Fragestellungen und Richtungen der Volkskunde.“[17] Doch es sollte sehr schnell anders kommen. Die hergebrachte und seit Wilhelm Heinrich Riehl sozial- und nationalpolitisch aufgeladene Verknüpfung von „Land und Leuten“ hatte auch im Nachkriegsdeutschland weder an Brisanz noch an Plausibilität verloren. Angesichts der territorialen Verluste und neuerlichen Gebietsansprüche lieferte die Frage nach den Zusammenhängen zwischen Kultur und Raum nach wie vor hinlängliche politische Legitimationskraft für das Großprojekt: „Nicht bloß vom wissenschaftlichen Standpunkt, auch vom politischen scheint mir die Durchführung des Volkskundeatlas in den Ostgebieten von eminenter politischer Bedeutung“, schrieb Anfang der 1950er Jahre der hochbetagte ehemalige Vorsitzende des „Verbandes der Vereine für Volkskunde“ John Meier an den noch um vier Jahre älteren ehemaligen DFG-Präsidenten Friedrich Schmidt-Ott, „weil sie unwiderleglich in ihren Feststellungen die Deutschheit der Gebiete beweist.“[18]

14 O.Pl., Generalstabskarten.
15 Röhr, Volkstumsgeographie, S. 227 u. 233.
16 Harmjanz, Aufgaben, S. 12.
17 Peuckert/Lauffer, Volkskunde, S. 23.
18 J. Meier an F. Schmidt-Ott, 30.6.1952, DVA, Ordner 108, allg. Korr. 1952-53, R-Z.

Aus zweierlei Gründen konnte die Volkskunde als politisch desavouierte Disziplin nach 1945 ihre zunächst lähmende akademische Lethargie überwinden. Zum einen provozierte nun die gesellschaftliche Frage der Heimatvertriebenen kulturwissenschaftliche Legitimationen für politisches Handeln. Auch hier war der Zusammenhang zwischen Kultur und räumlicher Verbreitung zentral, sodass ein politisches Interesse an der Kulturraumforschung keinesfalls an Plausibilität verlor. Zum anderen erfuhr die Volkskunde aufgrund der ost-westlichen Systemkonkurrenz unverhoffte Konjunktur. Die Stärkung der ethnographischen Fächer im Einflussbereich der Sowjetunion erzeugte eine Konkurrenzsituation, in der die nach der Entnazifizierung wieder überschaubar gewordene *scientific community* der bundesrepublikanischen Volkskunde auf einen permanent drohenden Rückstand verweisen konnte. Strategisch erwies sich dies als überaus erfolgreich und verhalf nicht nur dem gesamten Fach, sondern auch dem ADV seit den 1950er Jahren zur Renaissance.

Bald nach der Fortsetzung der DFG-Förderung in den 1950er Jahren wurde der ADV der sperrigen Gemengelage politischer Instrumentalisierungen, ideologischer Aufladungen und pädagogischer Funktionalisierungen entledigt. Der Schweizer Volkskundler Richard Weiss attestierte ihm 1950, er sei trotz seines Zustandes als „Torso" nach wie vor das „massgebende und überragende Werk auf dem Gebiete der volkskundlichen Kartographie".[19] Nun rückte erneut sein wissenschaftliches Potenzial in den Vordergrund, womit an die fachlich produktive Ära der späten Weimarer Republik angeknüpft werden sollte. Fortsetzung fand das Projekt indes nicht nur in der BRD. In der DDR wurde 1954/55 eine „Arbeitsstelle für den Atlas der deutschen Volkskunde im Institut für deutsche Volkskunde" eingerichtet. Der ADV war nun Plattform des deutsch-deutschen und bald auch des internationalen west-östlichen Wissenschaftsdialogs, was zweierlei Beziehungsvarianten ermöglichte, die beide auch intensiv praktiziert wurden – solche der kollegialen Kooperation und solche der wechselseitigen Abgrenzung.

Es liegt nahe, den ADV als Exempel für Sonderentwicklungen deutscher Wissenschaften zu sehen. Seine Entstehung und Förderung erklärt sich unmittelbar aus den historischen Konstellationen nach dem Trauma von Versailles. Der ADV folgte offenbar dem Versuch, die ökonomischen Autarkiebestrebungen[20] mit einem kulturellen Sonderbewusstsein in Beziehung zu setzen. Die Sonderlage Deutschlands zwischen West und Ost und die innere Verfassung der Gesellschaft sollten kulturwissenschaftlich plausibilisiert werden. Ein solches Verständnis der Volkskunde und des ADV als deutsche Sonderheit folgt freilich allenfalls einer verkürzten Interpretation. Bereits kurz nach seiner Gründung avancierte der ADV zum Nukleus und Modellfall für ähnliche kartographische Projekte in den volkskundlich-ethnographischen Wissenschaften Europas. Mehr noch: Als erstes und damit erfahrungsgesättigstes Projekt fungierte der ADV andeutungsweise bereits vor, vor allem aber nach 1945 als wichtiger Katalysator für die Standardi-

19 Weiss, Einführung, S. 5.
20 Wengenroth, Flucht.

sierung und Internationalisierung der europäischen Volkskundeforschung. Über die jeweiligen Grenzen nationaler Wissenschaftstraditionen hinweg wurde die volkskundliche Kartographie zu derjenigen Forschungspraxis, die internationale Forschungszusammenhänge auszubilden vermochte und höchst disparate Wissenschaftstraditionen miteinander verband – eine angelsächsische „Folklore", eine „Ethnologie francaise", die Ethnografie sowjetischer Prägung, nordafrikanische oder türkische Volksforscher und portugiesische Volkskundler.

Eben noch der wissenschaftlichen Fundamentierung deutscher Eigenart verpflichtet, avancierte der ADV seit den 1950er Jahren zu einem wichtigen Motor der Europäisierung und Ent-Nationalisierung des Faches. Zwei vordergründig paradoxe Tendenzen charakterisieren seine Nachkriegsentwicklung. Der Bezugsrahmen der Disziplin blieb zwar weiterhin ein nationaler. Er fungierte aber auch bald als Nukleus des „Ethnologischen Atlas Europas" (EAE), sodass dieses international isolierte Fach spätestens seit den 1950er Jahren wieder Anschluss an internationale Forschungszusammenhänge erhielt. Die Transformation einer Wissenschaft nationalkultureller bzw. nach 1933 „germanischer" Eigenart hin zu einer Europäischen Ethnologie, die einen europäischen Kulturraum abendländischer Prägung zu vermessen gedachte, war nun selbst für eingefleischte Rassisten und NS-Volkskundler wie den ehemaligen ADV-Leiter Adolf Helbok problemlos möglich: „Wir suchen das Gemeinsame und dies wird auch das Ergebnis eines europäischen Atlas in der Zukunft sein. Wenn wir die Vereinigung Europas wollen, dann müssen wir das Gemeinsame suchen und hier die Aufzeigung jenes Kulturgutes, das aus dem unbewußtem Geiste der Völker erwuchs, das große Geschenk, das die Volkskunde zu bieten vermag."[21]

Während der EAE mit der Ausnahme einer einzigen Publikation zur europäischen Verbreitung von Jahresfeuern[22] unvollendet bleiben sollte, ernteten die seit 1959 publizierten und nun mit den lange geforderten Kommentaren und Erläuterungen versehenen Kartenlieferungen des ADV international große Zustimmung. Erst die in den 1960er Jahren – und damit vergleichsweise früh – einsetzende, zunächst vor allem ideologiekritisch motivierte Auseinandersetzung mit der NS-Vergangenheit der Volkskunde[23] sowie die dadurch eingeleitete Reform der Disziplin markierten die Abwendung von dem Monumentalprojekt, das nun vom Zentrum in die Peripherie volkskundlicher Aufmerksamkeit wanderte. Auch in der DFG war mittlerweile ein Einstellungswandel vollzogen. Was einst in den Fragestellungen neu und in der methodischen Umsetzung innovativ erschien, besaß nun die Patina des Altmodischen.

21 Adolf Helbok: o.T., in: Bratanic/Burgstaller (Hg.), Konferenz, S. 16.

22 Zender (Hg.), Termine.

23 Volkskundliche Fachreform und Auseinandersetzungen mit der NS-Vergangenheit der Disziplin waren untrennbar miteinander verwoben. Eine erste systematische Inventur der Wissenschaften im Nationalsozialismus strebte die Ringvorlesung „Deutsches Geistesleben und Nationalsozialismus" im Wintersemester 1964/65 an der Universität Tübingen an. In diesem Zusammenhang entstand der Beitrag von Bausinger, Volksideologie. Vgl. außerdem die um 1970 polarisierende und die Fachreform vorantreibende Arbeit von Emmerich, Kritik.

In seiner Geschichte entzog sich der ADV immer wieder eindeutigen Etikettierungen und Zuschreibungen; dieses Projekt geht weder in simplen außerwissenschaftlichen Funktionalisierungen noch in innerwissenschaftlichen Entwicklungslogiken auf. Über mehrere Jahrzehnte hinweg bildete das ethnokartographische Großunternehmen einen festen institutionellen Rahmen. Innerhalb dieses Rahmens bearbeiteten Wissenschaftler rund fünfzig Jahre lang eine spezifische Fragestellung – den Zusammenhang von „volkstümlicher" Kultur und ihrer Verbreitung im Raum. Dabei verhandelten sie Grundprobleme ihres Faches und verständigten sich auf volkskundliche Wissensordnungen. Was sollte überhaupt erhoben werden – die hinabdämmernde traditionale Kultur der Vergangenheit oder die populare Kultur der modernen Gegenwartsgesellschaft? Wie konnte das „Volk" der Volkskunde überhaupt wissenschaftlich dingfest gemacht werden? Beschränkte sich das Interesse lediglich auf vorindustrielle und gemeinschaftlich verfasste bäuerliche Kultur oder auch auf das Alltagsleben von Arbeitern, Angestellten und Großstadtmenschen? Die Mitarbeiter des ADV diskutierten, eruierten und praktizierten spezifische Methoden volkskundlicher Erkenntnisgewinnung. Wie sollte dieses Wissen erhoben werden – durch Feldforschung oder per Frageform in einer Variante der Schreibtischethnographie? Wie sollten die gewonnenen Daten bearbeitet, analysiert und interpretiert werden? War die Karte lediglich das Forschungsinstrument, welches Analyse und Interpretation erst ermöglichte oder selbst schon Ergebnis der Forschung? Die im ADV involvierten Wissenschaftler nutzten die gewonnenen Erkenntnisse zur weiterführenden Theoriebildung. Sie vermittelten ihr gewonnenes Wissen in wissenschaftsinterne, aber auch exzessiv in außerwissenschaftliche Öffentlichkeiten – sei es in andere Fächer der interdisziplinär organisierten Volksforschung, das pädagogische Feld der Heimat- und Volkstumspflege oder die Sphäre der Politik.

Somit stellt der ADV zwar eine feste Institution, aber keinen geschlossenen Kosmos dar. Er bildete über fünfzig Jahre hinweg einen umkämpften Handlungsraum, der von Personen betreten und wieder verlassen wurde. Dies vollzog sich in den wenigsten Fällen freiwillig, denn in diesem Handlungsraum wurde um persönliche Einflüsse und Karrieren genauso gestritten wie um fachliche Programme, disziplinäre Autorität und politische Einflüsse. Die Institution ADV stellte einen Rahmen für volkskundliche Wissensproduktion zur Verfügung, in dem verschiedene Akteure unter wechselnden Bedingungen höchst unterschiedliche Ziele verfolgten. Dabei ging es einer wissenschaftlich uneindeutigen Volkskunde auch um die Sicherung disziplinärer Autorität. Anfänglich stark beteiligte Nachbarwissenschaften (Geschichte, Sprachwissenschaft, Landeskunde) sahen konträr hierzu die Chance, ein interdisziplinäres Projekt zu realisieren, und suchten dabei den Einfluss ihrer Disziplinen zu sichern. Die DFG, welche als Geldgeberin das Projekt ermöglichte, bildete eine Kontaktzone zwischen inner- und außerwissenschaftlichen Sphären. Ansprüche auf politische Verwertung volkskundlichen Wissens wurden nicht nur von außen an das Projekt herangetragen; die Anwendbarkeit volkskundlicher Wissensbestände diente umgekehrt auch den volkskundlichen Akteuren selbst, der Sicherung und Etablierung öffentlicher Anerkennung. Innerhalb des Projektes ging es um die Konkurrenz unterschiedlicher Erkenntniswege und Methoden. In wissenschaftspolitischen Auseinandersetzungen fungierte der Kampf um den ADV als Mittel zur Sicherung wissenschaftspolitischer Autorität – sei es innerhalb der Volkskunde selbst, in den Fehden der NS-Wissenschaftsorganisationen oder in der Systemkonkurrenz zwischen BRD und DDR.

Die Grundfragestellung nach dem Zusammenhang von „Land und Leuten" begünstigte fraglos eine ideologische Ausrichtung des Projektes wie überhaupt der Disziplin, die im 20. Jahrhundert ein hohes Maß an Kontinuität auszubilden vermochte. Mit dem ADV wurden Forschungskonzepte aufgegriffen, deren Traditionsbestände teilweise in das 19. Jahrhundert zurückreichten, die aber erst nach dem Ersten Weltkrieg in der Situation eines gestärkten Bedarfs an nationalkultureller Selbstthematisierung von den Rändern wissenschaftlicher Reflexion in das Zentrum gelangten. Ausgestattet mit expliziter methodischer und theoretischer Innovationsprogrammatik vermochte sich die volkskundliche Verknüpfung von Volk und Raum als Forschungsperspektive in den 1920er Jahren zu etablieren. Im Nationalsozialismus erwies sich ein solches Projekt als mühelos anschlussfähig und bedurfte lediglich der personellen Umbesetzung sowie der Radikalisierung und Einengung des Volksbegriffs als tragender Kategorie auf eine rassische Grundlage. Auch nach 1945 erfolgte kein Bruch, erschien jetzt doch der Nationalsozialismus als Störung des „normalen" Wissenschaftsbetriebes und eine Rückbesinnung auf Forschungskonzepte der 1920er Jahre deshalb als plausibel. Erst mit der Reform der Volkskunde in den 1960er und 1970er Jahren wanderte der ADV und damit die Frage nach den Zusammenhängen zwischen Raum und Kultur wieder von der Mitte des Faches an seine Peripherie.

Aufgrund dieser Zusammenhänge und seiner außergewöhnlich langen Geschichte zwischen den 1920er und frühen 1980er Jahren offeriert sich der ADV für eine wissenschaftsgeschichtliche Befragung, in deren Mittelpunkt einige Leitfragen stehen sollen.

* Die Volkskunde als gesellschaftliche Sinnressource und der ADV als Modellfall kulturwissenschaftlicher Großforschung

Der ADV liefert ein Beispiel für die Konstituierung einer Disziplin zwischen gesellschaftlichen Bedarfslagen und innerwissenschaftlichen Entwicklungsprozessen. Seine Geschichte repräsentiert dabei eine für die Geisteswissenschaften historisch neuartige Verkoppelung der Sphären „Wissenschaft" und „Gesellschaft" mit den Feldern „Politik" und „Öffentlichkeit". Hier kündigen sich innovative Veränderungen an, die eben nicht erst charakteristisch für die Wissenschaftsentwicklungen des späten 20. Jahrhunderts[24] sind, sondern generelle Kennzeichen der Wissenschaftsorganisation moderner, wissensbasierter Gesellschaften: die Tendenz zu Praxisrelevanz und Anwendbarkeit, der Verlust wissenschaftlicher Autorität und wachsender Legitimationsdruck gegenüber außerwissenschaft-

24 Vgl. Weingart, Wissenschaft.

lichen Sphären und Öffentlichkeiten, transdisziplinäre Organisation und die wachsende Bedeutung außerwissenschaftlicher Akteure aus Politik, Wissenschaftsförderung und Öffentlichkeit.[25] Diese Geschichte erschöpft sich nicht in einseitigen Indienstnahmen und Instrumentalisierungen, die von außen herangetragen wurden und in den Bereich der Wissenschaften übergriffen. Das Beispiel des ADV zeigt vielmehr ein Geflecht wechselseitiger Mobilisierungen und „Selbstmobilisierungen“[26], wobei die Wissenschaft zur Ressource für die Politik und – umgekehrt – die Politik zur Ressource für die Wissenschaft wird. Mitchell G. Ash hat darauf hingewiesen, dass die Vorstellungen von „Indienstnahmen“ der Wissenschaft für einseitige Instrumentalisierungen die komplexen Beziehungsverhältnisse in der Regel nicht lichten, sondern verschleiern würden. Vielmehr handele es sich um Ressourcenensembles, die wechselseitig mobilisierbar sind.[27] Nicht nur die Politik bediente sich, sozusagen von außen, des wissenschaftlichen Wissens zur Realisierung ihrer Ziele. Auch die Wissenschaften knüpften mit unterschiedlichen Folgen solche Beziehungen zur Sphäre der Politik, um materielle und immaterielle Vorteile zu erlangen.

Die durch solche Verflechtungen entstandenen kollaborativen Verhältnisse beschränken sich keinesfalls nur auf die Ära des Nationalsozialismus. Bemerkenswert erscheint stattdessen, dass es der Volkskunde trotz oder gerade wegen ihrer ideologischen Aufladung gelang, in ganz unterschiedlichen Staatsformen und Gesellschaftssystemen höchst erfolgreiche Allianzen aus Wissenschaft, Politik und Öffentlichkeit zu schmieden. Hierbei übernahm die DFG die zentrale Rolle der Moderation, indem sie inner- und außerwissenschaftliche Interessen miteinander vermittelte. Sie verknüpfte im ADV gleichsam idealiter „Wissenschaft und Politik als Ressourcen füreinander“, wie dies DFG-Funktionär Karl Griewank 1927 für die Geisteswissenschaften generalisieren wollte: „Kulturpolitik ist mehr als Stärkung technisch-wissenschaftlicher Zusammenarbeit, sie erstrebt zugleich Festigung von Volk und Staat durch gemeinsame Kultur und Förderung kultureller Werte durch den Staat. […] Wissenschaftspolitik ist nicht nur Betätigung des Staates im Dienste der Wissenschaft, sondern zugleich Betätigung der Wissenschaft im Dienste des Staates als des Trägers der Nation.“[28]

* Volk, Kultur und Raum als Forschungsparadigmen des 20. Jahrhunderts

Die Grenzen zwischen kindlicher Freude und politischer Obsession sind selten trennscharf, wenn es um die Spurensuche deutschen Kulturschaffens geht. Wilhelm Peßler jedenfalls, der als Schüler des Anthropogeographen Friedrich Ratzel seit dem Kaiserreich ethnokartographische Projekte verfolgte, erhoffte sich inmitten des Zweiten Weltkrieges, dass die „Sachgeographie in noch viel größerem Maße als bisher zur Erkenntnis von Wesen, Werden und Wandern

25 Szöllösi-Janze, Wissensgesellschaft.
26 Vgl. Mehrtens, Kollaborationsverhältnisse.
27 Vgl. Ash, Wissenschaft.
28 Griewank, Staat, S. 9.

von Kulturformen, Sippen und Völkern beitragen" werde: „Wieviel mehr wird das der Fall sein, wenn es schon in einem Einzelfall gelungen ist, einmal ein Wurstrezept als einzige sippengeschichtliche Urkunde für die Herkunft einer deutschen Familie, die vor zweihundert Jahren aus dem Spessart nach der Wolga ausgewandert war und von dort nach Brasilien zog, auszuwerten!"[29]

Auch aus den Spuren deutscher Wurstzipfel lassen sich politische Ansprüche ableiten. In den Kartenwerken des ADV sollte kontrastiv zu den jeweils gerade verbindlichen Grenzen von Staat und Politik der dauerhafte kulturelle Unterboden des deutschen Volkes sichtbar gemacht werden, was nach den in Versailles festgeschriebenen Gebietsverlusten allemal Brisanz erhalten hatte. Gegen eine Geschichte von oben wurde – wie in der Volksgeschichte, der Landeskunde, der Volkssoziologie u.a. – eine solche von unten mit dem „Volk" als Kollektivsubjekt gesetzt. Damit war die Frage der Kohärenz von Raum und Volk zur Überprüfung aufgerufen. Bei der Beschreibung von Kulturräumen ging es nicht um Ereignisse, Ideen und Personen, sondern um die Zusammenhänge zwischen Volk und Raum, Mensch und Landschaft. Die Kartographie als symbolische Form der Weltaneignung sollte verborgene Wirklichkeiten und Zusammenhänge zwischen Mensch und Raum visualisieren. Das Forschungsinstrument der Karte war in der Lage, Vorstellungen von Territorialität mit hohem Plausibilitätscharakter kommunizierbar zu machen.

Unzweideutig also ist der ADV eingebunden in die im 20. Jahrhundert nervösen geographischen und geisteswissenschaftlichen Suchbewegungen im Raum. Längerfristige Enttraditionalisierungsvorgänge genauso wie eruptiv erfahrene Systembrüche provozieren immer auch Verräumlichungsprozesse. Besonders war dies der Fall nach dem Ersten Weltkrieg und dem „Versailler Schmachfrieden", als in vielen Geisteswissenschaften neue Aufmerksamkeiten für den Raum entstanden. Auch der ADV ist ein Projekt, das geistes- bzw. kulturwissenschaftliche Antworten auf die räumlichen Irritationen und den Ethnisierungsdruck im Nachkriegseuropa zu geben suchte. Der ADV lieferte kulturwissenschaftliche Argumente für bestimmte nationalpolitische Ordnungsvorstellungen des mitteleuropäischen Raums und war somit beteiligt bei einer Inbesitznahme von Räumen, die sich nicht nur in der symbolischen Markierung auf Kartenblättern erschöpfte.

* Der Beitrag der DFG zur Genese und Etablierung einer kulturwissenschaftlichen Disziplin

Die Geschichte des ADV ist untrennbar verwoben mit der Genese der akademischen Disziplin Volkskunde, von der man im 20. Jahrhundert nie so recht weiß, was sie eigentlich ist – völkische Leitwissenschaft oder harmlose Kuriositätenkunde. Ende der 1920er Jahre existierte keine Wissenschaft, die so klein und obendrein inkonsistent war wie die Volkskunde und dabei von der DFG als maßgeblicher Institution der Wissenschaftsförderung derart opulent mit

29 Peßler, Stand, S. 32.

öffentlichen Geldern und immateriellen Aufmerksamkeiten bedacht wurde. Nicht nur Akteure des ADV selbst bewerten seine über ein halbes Jahrhundert währende Realisierung „als einer der entscheidenden Vorgänge auf dem Wege der Volkskunde zur eigenen Wissenschaft".[30] Im internationalen Horizont genoss „das traditionsreichste und erfahrungsreichste ethnologische Atlasunternehmen in Europa"[31] hohe Reputation. Seine Existenz eröffnete der Volkskunde die Möglichkeit, ihren Zustand als reine Sammel- und Inventarisierungsagentur des Vergangenen zu überwinden. In den 1920er Jahren war die Disziplin in die Phase ihrer theoretischen Paradigmatisierung getreten. Sie formierte sich als Deutungsagentur für den kulturellen Unterboden der Nation – das Volk. Damit war sie unversehens vom Rand der akademischen Welt in deren Mittelpunkt gerückt. Während sie sich bei allen Auseinandersetzungen um den fachkonstituierenden Gegenstand „Volk" in ihrem theoretischen Selbstverständnis festigte, verharrte die Volkskunde methodisch in einem Stadium, das die Produktion volkskundlicher Erkenntnis weitgehend dem Zufall von Einzelinteressen überließ. Hier eröffnete der ADV die Möglichkeit, diesen Zustand als antiquarisch orientierte Sammelinstitution zu überwinden und volkskundliche Erkenntnisprozesse auf eine systematische Grundlage zu stellen. Damit wird die Geschichte des ADV im Besonderen wie die der Volkskunde im Allgemeinen von zwei vordergründig widersprüchlichen Tendenzen geprägt: disziplinäre Emanzipation und Verselbständigung zum einen und Teilnahme an fächerübergreifenden Diskursen und interdisziplinären Wissenschaftsprojekten zum anderen.

* Nationale Sonderentwicklungen und internationale Wissenschaftstendenzen

Eingebettet in die historischen Konstellationen nach dem Ersten Weltkrieg drängt sich die Vermutung auf, der ADV habe im 20. Jahrhundert als Motor der Entwicklung einer nationalen Sonderwissenschaft Volkskunde fungiert. Die Öffnung des Horizonts und die Einbindung der ADV-Geschichte in europäische Wissenschaftsentwicklungen relativieren diesen Befund allerdings. Als Wissenschaft der kulturellen Eigenart der Deutschen folgte die Entwicklung der Volkskunde natürlich einem deutschen Sonderweg. Allerdings kann mit der politischen Neuordnung Europas nach dem Ersten Weltkrieg überall in Europa beobachtet werden, wie ethnographische und kulturanthropologische Wissenschaften nun verengt und um die je eigene Nation bzw. das eigene Volk zentriert wurden. Die Geschichte des ADV geht keinesfalls in eindimensionalen Kontinuitäten auf. So repräsentiert er als Projekt einer „Deutschkunde" zwar einerseits geisteswissenschaftliche Tendenzen, die einer spezifisch deutschen Suche in die Moderne folgen. Er steht für eine Wissenschaft, welche die Deutung nationaler Eigenart in den Mittelpunkt ihrer Arbeit gestellt hat, und dies änderte sich auch nach 1945 zunächst nicht wesentlich.

30 Zender, Geschichte, S. 29.
31 Kretschmer, Atlanten, S. 58.

Allerdings kamen nach 1945 weitere Sinnstiftungen ins Spiel, die den nationalen Horizont des Projektes entgrenzten. Nach der Fortsetzung der DFG-Förderung und der Arbeiten 1954 unter Leitung von Matthias Zender wurde der ADV zu einem wichtigen Treibriemen der Europäisierung vormals primär national orientierter Volkskunden. Zunächst zögerlich einsetzende Initiativen zu internationalen Kooperationen wurden seit 1953 unter dem Dach des EAE institutionell gefestigt. Dieser orientierte sich seit den 1960er Jahren nicht mehr an den Grenzen der politischen Nachkriegsordnung, die Europa in konkurrierende Machtblöcke geteilt hatte. Er ermöglichte vielmehr Kooperationen und Forschunsgpraktiken über den „Eisernen Vorhang" hinweg. Die konsequente Internationalisierung ethnokartographischer Projekte und die Teilhabe an einem internationalen wissenschaftlichen Kommunikationsraum bedeutete aus der Perspektive der deutschen Volkskunde somit auch deren Ent-Nationalisierung und die Möglichkeit, Anschluss an internationale Wissenschaftsentwicklungen zu erhalten.

* Kontinuitäten und Brüche in Wissenschaftsentwicklung und politischem Systemwandel

Der ADV überdauerte als Langzeitprojekt die markanten historischen Zäsuren des 20. Jahrhunderts, sodass seine Chronik die politischen Systeme der Weimarer Republik, des Nationalsozialismus, der DDR und der BRD umspannt. Über ein halbes Jahrhundert hinweg blieb als Grundfragestellung die Beziehung zwischen Kultur und Raum im Kern identisch. Als wandelbar erwiesen sich indes die wechselnden Funktionalisierungen und Sinnstiftungen. Auch wenn diese Kontinuität der Forschungspraxis die historischen Verwerfungen des 20. Jahrhunderts überlagert, heißt dies nicht, dass die Dauerhaftigkeit des Forschungsprogramms unabhängig von den gesellschaftlichen und politischen Bedingungen erzeugt werden konnte. Im Gegenteil: Die disziplinäre Emanzipation der Volkskunde folgte signifikant den außerwissenschaftlichen Bedarfslagen der Gesellschaft. Allerdings erfolgte die Justierung des Faches auf das Volk als Träger der Nation nicht erst 1933, sondern maßgeblich nach 1918, und sie endete nicht 1945, sondern erst mit den bundesrepublikanischen Reformimpulsen um 1970. In diesem Zeitraum zeichnet sich der ADV mit seinen Leitfragen und -begriffen durch eine außergewöhnliche gesellschaftliche Resonanzfähigkeit in allen politischen Systemen aus.

Ein fortwährender „semantischer Umbau" des Projektes zwischen den 1920er und den 1970er Jahren ermöglichte so die Erzeugung institutioneller Kontinuität.[32] Die Geschichte des ADV präsentiert sich zwar nicht als bruchloses Kontinuum, aber als eine Geschichte der Neuaufladungen und Umdeutungen, die ermöglichten, dass das Unternehmen mit seinem Bestand an Grundbegriffen, seinen Argumentations- und Deutungsmustern als gesellschaftliche Sinnstiftungsmaschinerie in sämtliche politischen Systeme des 20. Jahrhunderts einge-

32 Bollenbeck/Knobloch (Hg.), Umbau.

passt werden konnte. So dokumentiert die hier vorgelegte Chronik des ADV die Geschichte komplexer Transformationsprozesse. Sie zeichnet den Aufstieg eines randständigen Liebhaberfaches zur akademischen Disziplin nach. Das Initial liegt im Ersten Weltkrieg, der aus deutscher Sicht in einer traumatischen Niederlage endete. In dieser Niederlage gründet der baldige Aufstieg eines kleinen Nischenfaches. Nach einer ersten, zwischen 1890 und 1914 zu datierenden Phase der disziplinären Paradigmatisierung, die aufgrund internationaler und humanistischer Orientierungen universelle Potenziale barg, ist mit dem Ersten Weltkrieg eine massive Nationalisierung und völkische Verengung der deutschen Volkskunde zu konstatieren. Im territorial neugeordneten Europa wuchs der Ethnisierungsdruck und damit der Bedarf an nationalen Volkskunden auf empirischer Grundlage. Damit hatte sich ein Interesse an der allgemeinen Kultur des Menschen als universale Thematik in eine nationalkulturelle Selbstbeschäftigung und wissenschaftliche Deutung des Eigenen gewendet. Die Volkskunde war also nicht erst seit 1933, sondern spätestens seit Mitte der 1920er Jahre eines der geisteswissenschaftlichen Konjunkturfächer schlechthin.

## 2. DIE NOTGEMEINSCHAFT, DIE GEISTESWISSENSCHAFTEN UND DIE SUCHE NACH KULTURWISSENSCHAFTLICHEN ANTWORTEN AUF GESELLSCHAFTLICHE PROBLEMLAGEN

Die Geschichte des ADV wirft Fragen nach Zusammenhängen zwischen Wissenschaftsförderung und der disziplinären Genese der Volkskunde auf. Wie konnte ein geisteswissenschaftliches Forschungsprojekt – einmal auf den Weg gebracht – derart lange Zeitläufte überdauern und über die markanten politischen Zäsuren des 20. Jahrhunderts – 1933 und 1945 – hinweg realisiert werden? Seine Anfänge Ende der 1920er Jahre fallen in eine Phase innerer und äußerer Umbrüche, in der sich die mitteleuropäische Welt umfassenden Erschütterungen ausgesetzt sah. Das Ende des Ersten Weltkrieges hatte den Absturz einer deutschen Nation zur Folge, die sich eben noch der Grundlagen ihrer idealistischen Kultur gewiss war und sich an ihrer militärischen und ökonomischen Potenz berauschen konnte. Dem Trauma der Weltkriegsniederlage folgte die nervöse, von ambivalenten Affekten abgrundtiefer Skepsis und euphorisierter Zukunftsbejahung begleitete Suche nach einem Weg Deutschlands in die Moderne, der anders verlaufen sollte als jener anderer europäischer Nationen. Hier also die Verpflichtung zur Bewahrung des Althergebrachten, dort die Bereitschaft zur Bewältigung einer noch weithin undefinierten Zukunft. Der in kurzen Zeiträumen vollzogene Wandel ergriff alle Bereiche des menschlichen Lebens: Wohnen, Arbeit, die Formen des Zusammenlebens, der Umbau der äußeren Umwelt. „Durch die zunehmende Industrialisierung, durch den Einfluß der Zivilisation, durch den immer größer werdenden Verkehr", hieß es 1928 in den *Dresdner Neuesten Nachrichten*, „schwinden die reichen Bestandteile volkskundlichen Gutes in Deutschland schnell dahin. Anderseits gewinnt die Volkskunde zur tieferen Erschließung unsres Volkstums und der Kräfte deutschen Kulturlebens sowie als Ergänzung einer Reihe von Nachbarwissenschaften, wie der Geschichtswissenschaft, der Germanistik, der Soziologie, der Kunstwissenschaft usw. immer mehr an Bedeutung. Aufgabe des geplanten Atlas soll es sein, die einzelnen volkskundlichen Erscheinungen in Zusammenhang zu bringen und als Ganzes zu sehen und zu würdigen."[33]

Eine sich radikal wandelnde Gesellschaft wurde mit der Frage konfrontiert, wie sie in diesen Prozessen der Enttraditionalisierung mit ihrem volkskulturellen Erbe umgehen sollte. Während in der Entfaltung der industriellen Moderne die Soziologie ihre Aufmerksamkeit dem Neuen, der modernen Gesellschaft, schenkte, widmete sich die gleichfalls neue Disziplin der Volkskunde dem Alten, den überlieferten Ordnungen, dem Gemeinschaftlichen. Die entschwindende Welt von Gestern erschien zweifelsfrei als die bessere. Obendrein forcierte der Ausgang des Weltkriegs die Bereitschaft, die militärische Niederlage trotzig in einen moralischen Sieg zu verwandeln, sodass eine Politik der Revanche nur plausibel und konsequent scheinen musste. Die Erosion der politischen Grenzen, durch welche dem deutschen Staatsgebilde rund 13 Prozent seines vormaligen Territoriums abhanden gekommen war, und die internationale Isolation konfrontierten die Geistes- und Kulturwissenschaften mit neuen Fragestellungen. Von ihnen wurde in dieser Phase von Krise und Niedergang Orientierungs- und Deutungswissen erwartet, das auf nationale Selbstdeutung und Selbstbehauptung zielte. Es ging beim ADV um die wissenschaftliche Dokumentation des hinabdämmernden Volkslebens – die Suche nach dem Echten, Ursprünglichen und Unverfälschten in einer von inneren Spannungen gekennzeichneten Gesellschaft. Es ging aber auch um die Revitalisierung, um Versuche der Gesundung einer vielfach krisenerschütterten Gesellschaft durch die gemeinschaftsstiftenden Ressourcen des Volkslebens. Oder in den Worten Arthur Hübners: „Denn wir wollen die Volkskunde nicht als eine kühle, abstrakte Wissenschaft, sondern als eine lebenwirkende Kraft."[34] Die Volkskunde, das waren offenkundig die Erwartungen der DFG, sollte Deutungshilfen zur Bewältigung einer nur schwer zu verstehenden Gegenwart liefern, da sie über plausible Stichworte verfügte: Volk kontra Masse, Gemeinschaft kontra Gesellschaft, Eigentlichkeit kontra Entfremdung, Eigenart kontra Nivellierung.

Die DFG mit prominenten Protagonisten wie Friedrich Schmidt-Ott, Georg Schreiber und Eduard Wildhagen, die eine effektive Allianz aus Politik, Wissenschaft und Wissenschaftsförderung bildeten, avancierte zum regelrechten Motor des kartographischen Großprojektes und witterte offenbar den akuten gesellschaftlichen Bedarf an nationalkultureller Selbstbeschäftigung. Sie agierte in diesem Fall als Moderatorin inner- und außerwissenschaftlicher Interessen, und so kam ein kleines Nischenfach in den Genuss bemerkenswerter Aufmerksamkeit und großzügiger Förderung. Nach dem militärischen Trauma der Weltkriegsniederlage und der ökonomischen Misere der frühen 1920er Jahre blieben Glanz und Weltgeltung deutscher Wissenschaften als Ressourcen na-

33 Th. Sch., Großtat.
34 Hübner, Atlas, S. 10.

tionaler Identitätsstiftung. Die Wissenschaften sollten, so der Kulturpolitiker und Volkskundler Georg Schreiber, ihren Beitrag leisten, um das „Deutschland der Zukunft als Großmacht des Geistes und des Wissens“ zu entwerfen.[35]

Mitte der 1920er Jahre hatte die DFG begonnen, ihre Förderprinzipien zu systematisieren. In den Natur- und Technikwissenschaften ging sie dazu über, mit großdimensionierten „Gemeinschaftsarbeiten“ im Bereich der Volkswirtschaft und Volksgesundheit gezielt und problemorientiert Forschung zu organisieren und zu steuern. Was in den Naturwissenschaften erfolgreich realisiert wurde, sollte nun auch in den Geisteswissenschaften exerziert werden: „Neben diesen der Wirtschaft und der Volksgesundheit sowohl wie der Steigerung der geistigen und moralischen Kräfte unseres Volkes dienenden Aufgaben der Notgemeinschaft nehmen auch unter ihren Gemeinschaftforschungen solche einen beträchtlichen Raum ein, welche die Besinnung auf die Kräfte unseres Volkstums, auf das Wesen des deutschen Geistes und die deutsche Vergangenheit richten.“[36] Gemeint war in diesem Falle vor allem der ADV, bei dem sich nun ausgerechnet ein Fach, das sich vehement dem Gestrigen zu widmen schien, in modernen und innovativen Organisationsmodellen und Methoden erproben sollte. „Der Atlas der deutschen Volkskunde“, so skizzierte Arthur Hübner, „ist für die Germanistik der bislang größte und sprechendste Versuch, über das ganze deutsche Volksgebiet hin die Einzelarbeit zu sammeln zu einem Gemeinschaftswerk, das erklärtermaßen der Objektivierung der Forschung und ihrer Methoden dienen soll; gerade die Volkskunde hat das noch sehr nötig.“[37]

Damit hatte die DFG bei einem Großprojekt die Regie übernommen, das nach den bisherigen Traditionen der Forschungsorganisation dem Arbeitsbereich der Akademien zugefallen wäre. In diesem Fall aber griff die DFG nicht nur vorhandene Impulse auf und förderte ein Projekt. Hier engagierte sie sich als Forschungsakteurin und lenkte die Realisierung des Vorhabens. Dies manifestierte sich alsbald auch räumlich: Die Zentralstelle des Großprojektes wurde nicht an einer Universität, sondern unter dem Dach der DFG-Geschäftsstelle im Berliner Schloss angesiedelt. Der rasche Wandel der deutschen Gesellschaft und ihre national-völkische Grundbesinnung in der Zwischenkriegszeit erzeugten neue Sichtweisen auf die Gesellschaft, die nicht mehr mit den herkömmlichen disziplinären Grenzen der Geistes- und Kulturwissenschaften korrespondierten, sondern stattdessen – wie in der Kulturraumforschung, Landesgeschichte, Volksgeschichte oder bald der Volkssoziologie – eine interdisziplinäre Organisation und Orientierung der Forschung forcierten. Für solche Kooperationen schien eine zwischen Philologien und historischen Sozialwissenschaften unentschiedene Schnittfelddisziplin wie die Volkskunde bestens geeignet. Sie profitierte von der einsetzenden Konjunktur der interdisziplinären Volksforschung, erhielt allerdings nun auch die Möglichkeit, ihren Status als hilfswissenschaftliches Anhängsel

35 Schreiber, Kulturpolitik; vgl. auch Schreiber, Not.

36 Denkschrift „Zur Lage der Notgemeinschaft“ vom August 1932, in: Nl Friedrich Schmidt-Ott, GStAPK Berlin, VI. HA, Bd. C 69, II (M).

37 Hübner, Geisteswissenschaft.

zu überwinden. Damit begab sich eine kleine, zu diesem Zeitpunkt nur vage definierte Disziplin auf die Suche nach ihrem Gegenstand: dem Volk.

Was haben Metallforschung, Tierzucht und Schädlingsbekämpfung gemein mit der volkskulturellen Vermessung deutschen Kulturbodens? Was verbindet per Fragebögen erhobenes Wissen zu Redensarten und Vorstellungswelten von Kindern mit geophysikalischen Studien zum Vorkommen von Bodenschätzen? In welcher Beziehung stehen die legendären – naturwissenschaftliche Wissenserhebung wie nationale Identifikationsbereitschaft gleichermaßen stimulierenden – Expeditionen des deutschen Forschungsschiffes „Meteor" zu volkskundlichen Erhebungen über die Verbreitung des Freitags als Glücks- bzw. Unglückstag? Bei all diesen Unternehmungen handelt es sich um Forschungsvorhaben, die bei der DFG seit Mitte der 1920er Jahre unter dem Sammelbegriff „Gemeinschaftsarbeiten" firmierten. Mit diesem neuen Typus der Forschungsorganisation war die Notgemeinschaft in eine Phase der inneren Konsolidierung und wissenschaftspolitischen Offensive getreten. Bis zu diesem Zeitpunkt war das programmatische Signal des Namens „Notgemeinschaft" noch weitgehend identisch mit dem Arbeitsfeld: Die erste Hälfte der 1920er Jahre stand vehement unter dem Eindruck des institutionellen Aufbaus und permanenter Krisenbewältigung.[38] Weder definierte die DFG in diesem Zeitraum relevante Probleme oder Vorhaben der deutschen Wissenschaften, noch betrieb sie zukunftsorientierte Forschungspolitik; sie verwaltete primär die Krise: Stipendien für Nachwuchswissenschaftler kompensierten die wachsende Akademikerarbeitslosigkeit, Bibliotheken wurden mit internationaler Literatur versorgt, Labore mit benötigten Apparaten ausgestattet.

Als die DFG Mitte des Jahrzehnts in eine Phase der finanziellen Stabilität getreten war, entstanden Bedingungen, unter denen sie dazu übergehen konnte, ordnend und steuernd Hierarchien bestehender Forschungsaufgaben zu definieren und neue Modelle interdisziplinärer Forschung zu realisieren. Der Beginn dieser Gemeinschaftsarbeiten markiert somit den Übergang von einer Politik des permanenten Krisenmanagements zur gezielten Forschungssteuerung.[39] Für den Vollzug dieses Schrittes warb Schmidt-Ott offensiv, wie das „Protokoll der gemeinsamen Sitzung von Präsidium und Hauptausschuss der Notgemeinschaft der Deutschen Wissenschaft am Freitag, den 9. Januar 1925 in Darmstadt" festhielt:

> „Die Notgemeinschaft, die satzungsgemäss berufen sei, die lebenswichtigen Grundlagen der deutschen Wissenschaft zu erhalten, könne sich, um dieses Ziel zu erreichen, nicht darauf beschränken, die zufällig an sie herantretenden Anträge bejahend oder verneinend zu erledigen. Um dem, was wissenschaftlicher Wiederaufbau genannt wird, vorzuarbeiten, sei es notwendig, mehr als bisher an die Durcharbeitung und Lösung bestimmter, besonders wichtiger, Forschungsaufgaben heranzugehen. Er denke hier vor allem an Aufgaben der Volksgesundheit, der nationalen Wirtschaft und des allgemeinen Volkswohls. Während

38 Vgl. Zierold, Forschungsförderung, S. 3-170; Marsch, Notgemeinschaft; Hammerstein, Forschungsgemeinschaft, S. 32-87.

39 Vgl. Kirchhoff, Schwerpunktlegungen; Flachowsky, Notgemeinschaft.

des Krieges habe sich eine enge und fruchtbare Zusammenarbeit von Wissenschaft und Wirtschaft von selbst ergeben. Im Auslande habe dies vorbildlich gewirkt."[40]

Drei Aspekte bilden den Kern dieser wissenschaftspolitischen Überlegungen: die wissenschaftlichen Innovationspotenziale des Ersten Weltkriegs, die engere Synchronisation der Sphären Ökonomie und Wissenschaft sowie die Verpflichtung der Forschung auf ein nationales „Volkswohl". Nicht von ungefähr appellierte Schmidt-Ott bei dieser Neujustierung der Forschungsförderung an die kaum ein Jahrzehnt zurückliegenden Erfahrungen des Ersten Weltkrieges. Damals waren die Nachteile der Rohstoffknappheit, der wirtschaftlichen Abhängigkeiten und der internationalen politischen Isolierung Deutschlands positiv in die Utopie nationaler Autarkie umgemünzt worden. Dies verwob die Sphären von Wissenschaft und Militär, Forschung und Wirtschaft in einer Art und Weise miteinander, von der alle Beteiligten profitierten. Jedenfalls hatten die deutschen Wissenschaften ihre Bewährungsprobe im Krieg bestanden – eine Erfahrung, die in der gesellschaftlichen Krisensituation der Weimarer Republik bei den Versuchen der nationalen Selbstbehauptung erneut mobilisiert werden sollte.

Es ging bei diesem Versuch, die Forschungsförderung zu modernisieren und großformatiger zu organisieren, also um mehrere Anliegen:[41]

– Wissenschaft wurde explizit als ein Instrument der gesellschaftlichen und technologischen Krisenbewältigung betrachtet und enger an gesellschaftliche und politische Zielvorgaben gebunden; sie sollte anwendungsorientierter und damit „nützlicher" werden.

– Forschung, die der Komplexität aktueller Problemlagen gerecht werden sollte, musste aus den Grenzen bestehender Disziplinen herausgelöst und stattdessen interdisziplinär organisiert und interinstitutionell vernetzt werden.

– Wissenschaft durfte dabei weniger den Interessen einzelner Gelehrter überlassen werden, sondern unterlag sehr viel stärker politischer und gesellschaftlicher Definitionsmacht. Forschungsprojekte waren nicht an einzelne Wissenschaftler gebunden, sondern sollten in institutionellen und personellen Netzwerken realisiert werden.

– Dies machte die Konzentration umfangreicher personeller und finanzieller Ressourcen auf ein Problem notwendig, dessen wissenschaftliche Bearbeitung auf längere Zeiträume hin angelegt war.

40 GStAPK, I. HA, Rep 76 Kultusministerium, Vc, Sekt.1, Tit.II, Teil I, No. 67, Bd. II; Acta Notgemeinschaft der deutschen Wissenschaft Mai 1924 bis August 1925, Bl. 287.

41 Vgl. hierzu auch die Denkschrift über „Forschungsaufgaben der Notgemeinschaft der Deutschen Wissenschaft im Bereich der nationalen Wirtschaft, der Volksgesundheit und des Volkswohles. Zur Begründung eines Sonderfonds von 5 Millionen Mark" von Friedrich Schmidt-Ott. Berlin vom Mai 1925, GStAPK Berlin, I. HA, Rep 76 Kultusministerium, Vc, Sekt.1, Tit.II, Teil I, No. 67, Bd. II; Acta Notgemeinschaft der deutschen Wissenschaft Mai 1924 bis August 1925, Bl. 416f; abgedruckt auch bei Zierold 1968, Forschungsförderung, S. 576-582.

Die DFG als Selbstverwaltungskörperschaft sah ihre Funktion nunmehr stärker in der Vermittlung zwischen Wissenschaft und Gesellschaft; sie begriff sich als Dolmetscherin inner- und außerwissenschaftlicher Interessen. Es ging darum, Wissenschaft als Ressource nutz- und dienstbar zu machen. Hinter der idyllisierenden Bezeichnung „Gemeinschaftsforschungen“ verbarg sich die Selbstverpflichtung auf einen Wissenschaftsutilitarismus, nach dem nicht mehr länger nur vorhandene Ideen und singuläre Tendenzen in dem von anderen gesellschaftlichen Sphären abgekoppelten Feld der Wissenschaft aufgenommen und gestützt werden konnten. Die DFG wollte selbst Themen setzen, Probleme definieren und Forschung organisieren. Hierfür stellte der Reichstag ab 1925 Sondermittel zur Verfügung. Dabei rückte zunächst in den Vordergrund, was durch die Weltkriegserfahrungen und die aktuelle gesellschaftliche Krisensituation der Weimarer Republik vorgegeben war – die Fokussierung der avisierten Schwerpunktförderungen auf naturwissenschaftlich-technische und hier vor allem anwendungsorientierte Forschungen.

Prominente „Gemeinschaftsarbeiten“ waren, neben den öffentlichkeitswirksamen Südatlantik-Expeditionen der „Meteor“ oder der Grönland-Expedition unter Alfred Wegener, vernetzte Aktivitäten zu land- und forstwirtschaftlichen Forschungen, Metallforschung, Elektrotechnik, angewandte Geophysik, Luftfahrtforschung, Arbeits- und Sportphysiologie, Rassenforschung (anthropologische Erhebungen) oder kriminalbiologische Untersuchungen im Bereich der psychiatrischen Zwillingsforschung.[42] In dieser Reihung von Forschungsvorhaben wirft die Gemeinschaftsarbeit des ADV als das „umfänglichste Einzelunternehmen der Notgemeinschaft“[43] Fragen auf. Für die wenigsten Mitglieder des Hauptausschusses dürfte zu diesem Zeitpunkt die gesellschaftliche Bedeutung der bis dato akademisch marginalen Disziplin Volkskunde nachvollziehbar gewesen sein. Obendrein verfügte sie nicht im Ansatz über die nötigen institutionellen Voraussetzungen, um eine organisatorisch derart aufwendige empirische Großuntersuchung durchzuführen. Schließlich ließen die geläufigen inhaltlichen Akzente des Faches – Volkslied und Märchenforschung, Aberglaube oder Hausforschung – kaum effektive wissenschaftliche Beiträge zur Bewältigung jener materiellen Krisen und sozialen Problemlagen erwarten, die in der Weimarer Republik als dringlich diagnostiziert worden waren.

Was aber verbanden nun Volkskunde mit Geophysik, Totenbrauchtum mit Bodenschätzen oder Erhebungen zur regionalen Verbreitung von Erntebräuchen mit Forschungen zur Wärmeersparnis? Die Weltkriegserfahrung internationaler Isolation schien sich in der Nachkriegszeit durch die integrationshemmenden Aspekte des Versailler Vertrages in Permanenz zu aktualisieren und verlängerte sich als nationale „Wagenburgmentalität“ in die Ära der Weimarer Republik. Dies betraf nicht nur die ökonomisch krisenhafte Lage Deutschlands, den militärischen Bankrott und die politischen Folgen der Kriegsniederlage, sondern auch mental

42 Eine Übersicht bei Zierold, Forschungsförderung, S. 49.
43 Zierold, Forschungsförderung, S. 167.

langfristig wirksame Orientierungen in den deutschen Wissenschaften.[44] Die unter diesen Strukturbedingungen mühelos plausibilisierbare Rolle Deutschlands als ökonomisch, militärisch und politisch geschmähtes Opfer konnte allerdings mental positiv umgemünzt werden in einen nationalen Selbstentwurf, dessen Kern die Vorstellung beinhaltete, als Volk und Nation anders zu sein als die Anderen. Die Utopie der nationalen Autarkie auf ökonomischem Gebiet und die internationale Isolierung Deutschlands auf politischer Ebene drängten damit auch zur Frage, wie sich dieses Anderssein kulturell beschreiben und historisch begründen ließ. Was unterschied das Volk der Deutschen so wesentlich von den Menschen, die in den westlichen Demokratien lebten, und was von den östlichen Nachbarn? Es ging also um die Selbstdeutung der deutschen Gesellschaft, um das Orientierungs- und Deutungswissen der Geisteswissenschaften, wurden doch Anderssein und „Eigenart" wesentlich in der „Kultur" der Deutschen ausgemacht.

Vor dem Hintergrund des Autoritätszerfalls des Staates und den Folgen des Versailler Vertrages ist die Aufwertung der interdisziplinären Volksforschung, also auch der Volkskunde, als wissenschaftlicher Beitrag gesellschaftlicher Selbstdeutung und Selbstreflexion zu sehen.[45] Diese Konstellationen eröffneten der Volkskunde mit ihrem Leitbegriff der „Eigenart" die Möglichkeit, von ihrem Nischenplatz in der disziplinären Ordnung der Geisteswissenschaften unversehens in deren Mitte zu rücken. Es sind im Wesentlichen zwei außerwissenschaftliche Funktionsleistungen, die eine Aufwertung der Volkskunde in der Zwischenkriegszeit ermöglichten:

– Sie legitimierte nach außen quasi durch empirische Beweisführung die politischen Ansprüche auf Territorien, die als deutscher „Volks-" bzw. „Kulturboden" identifizierbar werden konnten.[46] Der Verlauf der aktuellen politischen Grenzen konnte kontrastiert werden mit jenem der kulturellen Grenzen.

– Die Volkskunde wirkte nach dem politischen Autoritätszerfall nach innen integrativ und vermittelte das Selbstbild einer nationalen Einheit in regionaler Vielfalt, wodurch eben nicht nur die aufstrebende Landesgeschichte, sondern auch die an stammlichen Differenzen und landschaftlicher Bindung interessierte Volkskunde gefragt war. Diese schien in der Lage, den föderativen Aufbau des Staates als nationale Einheit zu plausibilisieren. Just zum Zeitpunkt seines 25-jährigen Bestehens durfte der „Verband der deutschen Vereine für Volkskunde" zufrieden registrieren, dass der öffentliche Marktwert volkskundlicher Arbeit rapide gestiegen war. In seinem Vortrag auf der Festsitzung des Verbandes 1929 in Berlin machte Adolf Spamer die Ursache dieser Erfolgsgeschichte in der Verknüpfung „der reinen Wissenschaft" mit der „angewandten" Volkskunde aus: „Es ist das schöne an unserer Arbeit, daß beides, reine Wissenschaft und angewandte Wissenschaft, unserm Volke gilt und in ihm ruht: im eigenen Volke

44 Vgl. Wengenroth, Flucht.
45 Vgl. Hettling (Hg.), Volksgeschichten.
46 Vgl. zu dieser Terminologie ausführlicher Fahlbusch, Stiftung.

sieht sie ihren Stoff und kann nach seiner wissenschaftlichen Verarbeitung durch ihn wieder unmittelbar auf Wesen und Entwicklung der Volkes einwirken." Explizit sah er „hohe sozialpolitische und nationalpolitische Aufgaben" für seine Disziplin, die in der Lage sei, „Brücken des Verstehens" nicht nur zwischen den verschiedenen sozialen Gruppen der Gesellschaft, sondern eben auch zwischen den jeweiligen Eigenarten der deutschen Stämme zu schlagen:

> „Erst die Erkenntnis dieser Eigenheiten der landschaftlichen Sonderart und ihrer geschichtlichen Entwicklung schafft ein Gefühl für Tradition und vermag die Liebe zur Heimat in dem Einzelnen fester zu gründen, als auf den Treibsand flüchtigen und leicht vergänglichen Gefühls. Über die Liebe zur engsten Heimat aber geht die Liebe zum eignen Land, und erst aus ihr wieder wird die Liebe zum Ganzen des großen Reiches geboren. Eine Vielheit in der Einheit! Aber die Volkskunde zeigt auch, daß eine Einheit in der Vielheit vorhanden ist, wie bei den Bäumen die einzelnen Zweige aus gleicher Wurzel sprießen, aber jeder sich verschieden gestaltet. Eine Einheit, die sich gemeinsam volkstumsmäßig stark abhebt von fremdstämmigen Nachbarn."[47]

Der ADV war Bestandteil einer nach 1918 unter dem Programm „Gemeinschaft" eröffneten mentalen Ressourcenmobilisierung und fungierte als kulturpolitisches Instrument, das in einer zerrissenen Gesellschaft Einheit zu stiften versprach. Aus Sicht der DFG erschien die Volkskunde als eine geeignete Disziplin, die Kluft zwischen Wissenschaft und Gesellschaft zu überbrücken und Wissenschaft der Gesellschaft näher zu bringen. Geeignet erschien die Volkskunde deshalb, weil sie eine Einheit von Wissenschaft und Leben versprach, Lebensnähe und Anschaulichkeit. Ihre unentschiedene Orientierung zwischen universellen kulturanthropologischen Interessen einerseits und nationaler Selbstbeschränkung andererseits war deshalb in dieser gesellschaftlichen Krisen- und Konjunkturlage mühelos aufzulösen zugunsten ihres Poles als einer Wissenschaft, die – schon nach Auffassung Wilhelm Heinrich Riehls – den „Mittelpunkt ihrer zerstreuten Untersuchungen in der Idee der Nation gefunden hat".[48]

Vor diesem Hintergrund relativiert sich die Entschlossenheit, mit der die DFG ein Großunternehmen vorantrieb, über dessen Realisierungschancen und Ergebnisse zu diesem Zeitpunkt eigentlich nur vage spekuliert werden konnte. Allerdings fiel der Beginn des finanziell aufwendigen ADV ausgerechnet in die Zeit, da die Jahresetats der DFG, die sich während der kurzen Hochzeit der Notgemeinschaft bei rund acht Millionen Reichsmark eingependelt hatten, durch die einsetzende Finanzkrise des Staates massiv gekürzt werden mussten. Die Anfangsphase des ADV war ausgerechnet auch die Phase der einsetzenden öffentlichen Kritik an der Notgemeinschaft, was doppelte Legitimationszwänge erzeugte: Die Wirtschaftskrise nötigte zu drastischen Sparmaßnahmen; gleichzeitig wuchs die öffentlich vorgetragene politische Kritik an der Notgemeinschaft, ihrer autokratischen Führung durch Schmidt-Ott, ihren Förderprinzipien und den fehlenden Einflussmöglichkeiten des Staates.[49] Die Jahresbudgets gingen

47 Spamer, Fünfundzwanzig Jahre, S. 12f.
48 Riehl, Volkskunde, S. 216.
49 Vgl. Zierold, Forschungsförderung, S. 108-158; Hammerstein, Forschungsgemeinschaft, S. 76-87.

kontinuierlich von acht Millionen RM 1926 über 7,2 Millionen 1930, 5,4 Millionen 1931, 4,37 Millionen 1933 auf 2 Millionen im Jahre 1936 zurück. Für die Geisteswissenschaften belief sich der Anteil an den Gesamtausgaben der DFG um 1930 jeweils bei rund 30 Prozent des Gesamtbudgets – das waren im Jahre 1928 etwas über 2 Millionen Mark und 1932 fast nur noch die Hälfte.

Diese Zahlen machen den Stellenwert des ADV als Renommierprojekt der DFG deutlich. Der laufende Betrieb des ADV würde die DFG nach der Einrichtung der Zentralstelle und der Aufnahme ihrer Arbeit im Jahre 1928 pro anno rund 100 000 RM kosten, wobei die Etats schwankten und sich aus unterschiedlichen Quellen speisten, wie Schmidt-Ott 1930 Reichsinnenminister Joseph Wirth erläuterte: „Schließlich sind auch aus den Kosten des Atlas der deutschen Volkskunde Personalkosten mit etwa RM 50 000,- Miete und Heizung mit RM 18 000,- Zuschüsse an die Landesstellen mit rund RM 20 000,-, Porto usw. mit RM 12 000,- zu decken, wozu für den Druck und die Aussendung der Fragebogen Kosten treten, die ohne Unterbrechung fortlaufen müssen."[50]

Die Aufwertung der Volkskunde innerhalb der DFG spiegelt sich schließlich in der Einrichtung eines Sonderausschusses für Volkskunde, der als Kommission die Arbeit des ADV flankieren sollte. Sonst war die Volkskunde zusammen mit der (biologischen) „Anthropologie", der „Ethnographie", der „Präshistorie" und den „Eingeborenensprachen" im Fachausschuss „Völkerkunde" beheimatet.[51] Diese Systematisierung war 1930 durch die eigenlogische Entwicklung der einzelnen Disziplinen bereits anachronistisch geworden und folgte weitgehend einem Ordnungsbedürfnis, das sich an der Offenheit kulturanthropologischer Interessen aus der Kaiserzeit orientierte. Der Vorsitzende des Fachausschusses Georg Thilenius erläuterte 1930, man habe bei der Bildung der DFG-Fachausschüsse die Disziplinen „zwischen die historischen und die Naturwissenschaften" platzieren wollen. „Die Zusammenfassung entsprach der äußeren Entwicklung, welche die fünf Wissenschaften in den letzten 50 Jahren durchliefen: Zunächst von Vertretern anderer Gebiete gepflegt und langsam fortschreitend, erlangen sie ihre Selbständigkeit; sie bilden ihre Methoden aus und finden ihre eigene Rolle, erweisen ihre Bedeutung und werden schließlich an Hochschulen von Fachleuten vertreten, was ihren Bestand und Wirkungsbereich sichert. " Die Logik dieser Zusammenlegung gründe freilich in einer inneren Verbindung: „Eng miteinander verbunden sind drei dieser Wissenschaften, die an Kulturgütern ihre Probleme mit z.T. naturwissenschaftlichen Methoden verfolgen: Vorgeschichte, Ethnologie und Volkskunde. [...] Die national gebundene Volkskunde wiederum ist Ethnographie und, sofern sie zu einer internationalen Vergleichung fortschreitet, Ethnologie."[52]

Zusätzlich wurde nun die Volkskundekommission ins Leben gerufen, welche die Realisierung des ADV steuern und stützen sollte. Solche Sonderausschüsse

50 F. Schmidt-Ott an Reichsinnenminister Joseph Wirth, 14.7.1930, GStAPK Berlin VI. HA, Nl Schmidt-Ott (M), Bd. C69, I [M].

51 Vgl. die Übersicht „Aufbau der Notgemeinschaft der Deutschen Wissenschaft (Abgeschlossen im Juni 1929)", GStAPK Berlin, VI. HA, Nl Schmidt-Ott (M), Bd. C69, I [M].

52 Thilenius, Völkerkunde, S. 398.

„für bestimmte Aufgaben zur Beratung des Präsidiums“[53] konnte der Präsident einberufen. Dem Volkskundeausschuss gehörten als Vorsitzender John Meier und außerdem Hermann Aubin, Hanns Bächtold-Stäubli, Theodor Frings, Philipp Maria Halm, Adolf Helbok, Arthur Hübner, Wilhelm Peßler und Georg Schreiber an. Letzterer lieferte hierzu aus dem Reservoir seiner Alterserinnerungen eine Anekdote zur Entstehung der volkskundlichen Kommission: Im Jahre 1927, so notierte Schreiber, weilte er mit Schmidt-Ott im Schwarzwald, um mit der Kommission für Metallforschung in Schramberg eine Beobachtungsstelle für die Uhrenforschung zu gründen. Dort hielt sie ein „Autodefekt“ fest, der ungewollt eine „schöpferische“ Pause erzwang. Sie zogen unter „hochstämmigen Fichten eine Bilanz über die Arbeit der Notgemeinschaft, insbesondere über die gebildeten Kommissionen“. Im „heimlich flüsternden Schwarzwald-Zauber“ regte er dann, so der Bericht, nicht zuletzt um die Arbeit am Volkskunde-Atlas voranzubringen, erfolgreich die Gründung der Volkskundekommission an.[54]

Bemerkenswert ist in jedem Fall die offensive Rolle, welche die DFG bei der Planung, Umsetzung und Realisierung des ADV übernahm. Sie griff zwar auf ethnokartographische Überlegungen zurück, die in der Disziplin selbst immer wieder entwickelt und intern als dringliche Forschungsvorhaben angemeldet worden waren. Als maßgeblich für die Realisierung des Monumentalprojektes erwies sich nicht etwa das Engagement der Disziplin, die zu diesem Zeitpunkt weder über entsprechende finanzielle noch institutionelle Möglichkeiten verfügte. Entscheidend war vielmehr die Bereitschaft der DFG, eine randständige Disziplin aus ihrem Nischendasein herauszuführen, weil sie hier ein Potenzial witterte, wie Geisteswissenschaften als Ressourcen gesellschaftlicher Krisenbewältigung aktiviert werden könnten.

Aus dieser Absicht erklärt sich denn auch das überdurchschnittliche Engagement der Notgemeinschaft. Hier artikulierte sich ein neues Selbstverständnis der DFG, nicht nur vorhandene Forschung zu fördern, sondern auch zu organisieren und selbst zu realisieren. Der ADV kann als Versuch gelesen werden, die engere Synchronisation von gesellschaftlichen Zielvorgaben und wissenschaftlicher Arbeit nun auch auf den Arbeitsgebieten der Geisteswissenschaften durchzuexerzieren. Als bemerkenswert erscheint die institutionelle Organisation dieses Langzeitvorhabens, das eben nicht an einer Universität oder Akademie angesiedelt wurde, sondern unter dem Dach der DFG selbst.[55] Explizit beschränkte die DFG die Einflussmöglichkeiten der volkskundlichen Fachinstitutionen und baute im Gegenzug die eigenen aus: „Mit dem Eintreten der Notgemeinschaft für den Plan“, so berichtete der „Verband deutscher Vereine für Volkskunde“ im Jahre 1928, „mußte die Durchführung, besonders auch die

53 So die gedruckte „Geschäftsordnung der Deutschen Gemeinschaft zur Erhaltung und Förderung der Forschung (Notgemeinschaft der Deutschen Wissenschaft)“, o.J. [ca. 1930]. Die anderen waren zu diesem Zeitpunkt der Bibliotheks-Ausschuss, Verlags-Ausschuss, Apparate- und Materialausschuss, Chemie-Sonder-Ausschuss, Elektrophysik-Ausschussund der Ausschuss für Beschaffung und Züchtung von Versuchstieren.

54 Schreiber, Deutschland, S. 26.

55 Vgl. auch Zierold, Forschungsförderung, S. 169.

Stellung des Verbandes, eine ganz andere als die ursprünglich geplante werden. Die Notgemeinschaft, die die Verantwortung für die Verwendung der notwendigen Kostenbeträge trug, mußte sich naturgemäß einen bestimmenden Einfluß sichern und die Gewißheit haben, daß die ganze volkskundliche Forschung hinter dem Werke stehe."[56] Auch später, nachdem sich die ADV-internen Querelen als Dauerkrise zugespitzt hatten, sollte die DFG immer wieder die Autonomie der volkskundlichen Forschungen beschränken. So plädierte Georg Schreiber anlässlich der Leitungskrise im ADV 1932: „Die Notgemeinschaft müsse aber die kulturelle Führung in dieser Angelegenheit selbst fest in der Hand halten und sie nicht an die Volkskundeverbände abgeben. Zwischenschaltung einer eigenen Notgemeinschaftskommission für Volkskunde sei erforderlich."[57] Schmidt-Ott persönlich mischte sich in interne Probleme ein, und seine Stimme erwies sich als maßgeblicher als die der Fachwissenschaftler, wenn es um Fragen ging, welche Facetten des Volkslebens erhoben werden sollten, wie die kartographische Darstellung vorangetrieben werden konnte oder ob man in methodischer Hinsicht den Exploratoren oder den Gewährsleuten den Vorzug geben sollte.

So verwandelte sich unversehens eine Wissenschaft, der eben noch der Ruch anhing, wenn nicht vorgestrig zu sein, so doch zumindest abseitig, in eine Trendsetterin. Zumindest sollte ein erfolgreicher ADV, so die Erwartungen, ein Modell für die künftige Forschungsorganisation in den Geisteswissenschaften darstellen:

> „Die Entwicklung steht heute auch für die Geisteswissenschaften auf dem Punkt, daß für manche Felder die Gemeinschaftsarbeit eintreten muß, um das nötige und erreichbare Maß vom Objektiven der Erkenntnis zu erzielen. In den Bezirken deutschkundlicher Forschung ist es die Volkskunde, die aus inneren Gründen auf dem Wege der Gemeinschaftsarbeit am weitesten vorgeschritten ist; erst breiteste Ueberschau schafft hier gesicherten Boden für die Forschung, mag es sich um Mundart, Brauchtum, Volkskunst handeln. Was den Naturwissenschaften Apparatur und Experiment, sind der Volkskunde die sinnvoll gegliederten Sammlungen. [...] Der 'Atlas der deutschen Volkskunde' [...] ist für die Germanistik der bislang größte und sprechendste Versuch, über das ganze deutsche Volksgebiet hin die Einzelarbeit zu sammeln zu einem Gemeinschaftswerk, das erklärtermaßen der Objektivierung der Forschung und ihrer Methoden dienen soll; gerade die Volkskunde hat das noch sehr nötig."[58]

Damit finden nun Meteor-Expedition und Metallforschung, Aerologie und Volkskunde, Pflanzenzüchtung und Strömungsforschung in einer gemeinsamen Logik zusammen. Es war die Verpflichtung wissenschaftlicher Arbeit auf Belange der „nationalen Wirtschaft, der Volksgesundheit und des Volkswohls". Dadurch stellte sich auch die Frage nach dem Verhältnis von Natur- und Geisteswissenschaften neu.[59] Das Programm der Gemeinschaftsforschungen bedeutete

56 Mitteilungen des Verbandes deutscher Vereine für Volkskunde, Nr. 37, Dezember 1928, S. 12.

57 „Niederschrift über die am 19. März 1932 vormittags 10.30 Uhr in Berlin in den Räumen der Notgemeinschaft abgehaltene Hauptausschußsitzung", S. 18, GStAPK Berlin, I. HA, Rep 76 Vc, Kultusministerium, Sekt.1, Tit.II, Teil I, No. 67, Bd. VI.

58 Hübner, Geisteswissenschaft.

59 Vgl. Hübinger, Wertkollisionen.

zunächst nur vordergründig den Primat nicht nur naturwissenschaftlicher Forschung im Allgemeinen, sondern anwendungsorientierter Naturwissenschaften im Besonderen. Allerdings folgte alsbald die Förderung solcher Geisteswissenschaften, die Beiträge erwarten ließen, durch die „dem deutschen Volke eine Erleichterung seiner Wirtschaftslage wie die Hebung seiner Volkskraft erwachsen wird".[60] Oder, in den Worten Schmidt-Otts:

> „Soll ein Wiederaufbau der deutschen Wirtschaft gelingen, so nur mit Hilfe der Energien, die in der Tätigkeit der zahlreich vorhandenen arbeitsbereiten und -begeisterten Forscher Deutschlands bereitstehen. Die Wirtschaft braucht die Wissenschaft, und zwar die ganze Wissenschaft; denn nur aus dem Ganzen der Erkenntnis werden große neue Einsichten auch für das praktische Leben erwachsen. [...] Aber auch deutsches Volkstum und deutsche Kultur haben seit langem starke Kräfte gezogen aus dem Schaffen der auf ihrem Boden erwachsenen deutschen Wissenschaft. [...] Nicht nur spezielle Arbeiten, wie der in zielbewußtem Fortschreiten befindliche Atlas der Deutschen Volkskunde, sondern die wissenschaftliche Arbeit im weitesten Umfange dient diesem Ziele. Die Entwicklung unserer materiellen wie unserer geistigen und moralischen Kräfte bedarf einer leistungsfähigen und schaffensfreudigen Wissenschaft. Forschung tut not!"[61]

Hier also ist eine explizite Funktionalisierung der Geisteswissenschaften als Instrument gesellschaftlicher Selbstbeschreibung und Selbstdeutung zu konstatieren. Dies vollzog sich in einer Situation, in der die Gewissheiten von gestern restlos verloren schienen, und dies auf unterschiedlichen Ebenen: politischer Autoritätszerfall, militärischer Machtverlust, territoriale Verluste und soziale Spannungen. Es ist die Suche nach Antworten auf die Frage, was diese Gesellschaft ist und was sie in der Zukunft sein will, was sie und die ihr angehörenden Gruppen zusammenhält, was von der Welt von Gestern auch in jener von Morgen Bestand haben würde, in welchen Beziehungen sie zu anderen steht und was sie von diesen unterscheidet. „Volkswohl", das sollten also nicht mehr länger nur die materiellen Aspekte der Lebensbewältigung darstellen, sondern auch immaterielle der Sinn- und Identitätsstiftung.

Was aber machte ausgerechnet die prekäre Disziplin der Volkskunde, die weder über internationale Reputation noch über innerwissenschaftliche Deutungshoheit verfügte, für die DFG so attraktiv? In einer Phase, in der diese auch geisteswissenschaftliche Forschung immer mehr auf gesellschaftliche Problembewältigung und Anwendungsorientierung verpflichten wollte, war es sicherlich die doppelte Verfasstheit dieser Disziplin, die „angewandte" und „wissenschaftliche" Volkskunde in der Regel als Einheit verstand, und nicht zuletzt ihre Popularität und starke Verwurzelung in der kulturkritisch gestimmten Klientel der Heimatbewegung. Die wissenschaftspolitischen Regisseure dokumentierten damit Lebensnähe statt Weltfremdheit, Anschaulichkeit statt Abstraktion.

60 Vgl. die Denkschrift „Zur Lage der Notgemeinschaft" vom August 1932, im Namen von Schmidt-Ott, v. Dyk, Haber, Konen, von Müller, GStAPK Berlin, VI. HA, Nl Schmidt-Ott (M), Bd. C 69, II.

61 „Bemerkungen zur Lage der Notgemeinschaft im Anschluß an den 10. Bericht", in Nl Schmidt-Ott, GStAPK Berlin, VI. HA, Nl Schmidt-Ott (M), Bd. C 69, II.

In der Volkskunde sah die DFG eine geeignete Botschafterin, mit deren Hilfe die Außenwirkung ihrer Arbeit gestärkt werden konnte. Damit lieferte sie eine Antwort auf den gewachsenen Legitimationsdruck gegenüber den Akteuren des öffentlichen Raums, die sukzessive nun auch die Autonomie der Geisteswissenschaften in Frage stellten. Eduard Spranger wertete die Tendenz zu anwendungsorientierten Disziplinen durchaus skeptisch, als er eine „tiefgreifende Veränderung der Wissenschaftslage“ diagnostizierte:

> „Es gibt heute eine große Zahl von Studiengebieten, die überhaupt nicht mehr in streng methodischer Weise aufgebaut sind, sondern nur die empirische Kenntnisnahme von komplexen Sachverhalten fordern. Ohne Zweifel liegt hierin ein Absinken gegenüber alten Idealen. Solche Fächer tragen den Charakter der ‘Kunde’, nicht der methodisch durchdachten Problematik und Systematik. Dahin gehört z.B. das Gebiet der Wohlfahrtspflege, der Sozialpädagogik, der Sprachenkunde, Auslandskunde, Volkskunde, Kulturkunde – lauter Namen, über die der Gelehrte alten Stils die Nase rümpft.“[62]

Einige der Gemeinschaftsarbeiten wie die Meteor-Fahrten oder die Grönland-Expedition Alfred Wegeners 1930/31 hatten dazu beigetragen, das öffentliche Bild von Wissenschaft zu verändern. Sie waren geeignet, die wissenschaftliche Arbeit vom Ruch der Weltfremdheit zu befreien und ihr mitunter auch das Image eines entgrenzenden persönlichen und geistigen Heroismus zu verleihen. Auch mit dem ADV wollte sich die DFG eben nicht nur an ein Fachpublikum wenden, sondern auch Resonanz in außerwissenschaftlichen Sphären finden. Er schien prädestiniert, Wissenschaft in einer zunehmend medial geprägten Öffentlichkeit zu popularisieren und „den Namen der Notgemeinschaft in weiteste Kreise zu tragen“.[63] Jedenfalls sah Georg Schreiber den bemerkenswerten Effekt, dass mit dem ADV „wiederum der Zugang zu einer großen Schicht der Bevölkerung erreicht worden sei“.[64]

So trafen im ADV zwei Interessenlagen aufeinander und entfalteten eine Dynamik, von der beide Beteiligten profitieren konnten. Für die Volkskunde eröffnete sich mit der öffentlichen Resonanz, die sie nun erhielt, die Chance auf fachliche Etablierung. Die DFG auf der anderen Seite erhoffte sich von der Lebensnähe und Anschaulichkeit, von der Popularität der in der Heimatbewegung verwurzelten Volkskunde eine Imageverbesserung der Wissenschaften. In der Führungselite der DFG fand das Projekt des ADV gleich mehrere prominente Unterstützer, die sich als Garanten der Realisierung engagierten. Neben Friedrich Schmidt-Ott war es vor allem Georg Schreiber[65], der als einflussreicher Kulturpolitiker, als Kirchenhistoriker und Volkskundler das Projekt vorantrieb. Der „Reichsprälat“, wie er in der Notgemeinschaft kurzerhand tituliert wurde, engagierte sich seit 1918 im Spannungsfeld von Politik, Wissenschaft und

62 Spranger, Gefährdung, S. 516.

63 Mitteilungen des Verbandes der deutschen Vereine für Volkskunde, Nr. 37, Dezember 1928, S. 12.

64 „Niederschrift über die am 19. März 1932 vormittags 10.30 Uhr in Berlin in den Räumen der Notgemeinschaft abgehaltene Hauptausschußsitzung“, S. 18, GStAPK Berlin, I. HA, Rep 76 Vc, Kultusministerium, Sekt.1, Tit.II, Teil I, No. 67, Bd. VI.

65 Zu Schreiber vgl. Morsey, Georg Schreiber.

Kirche, wobei während der 1920er Jahre seine akademische Tätigkeit in den Hintergrund und die Kultur- und Wissenschaftspolitik in den Vordergrund trat. So zählte Schreiber seit Beginn der 1920er Jahre zu den einflussreichsten Wissenschaftsorganisatoren des Reiches. Motor seines Engagements war die Vorstellung, die gesellschaftlichen Erosionsphänomene der Weimarer Republik mit den symbolischen Ressourcen Wissenschaft und Kultur zu kurieren. Dies – die völkische Vorstellung nationaler und gesellschaftlicher Rekreation durch die einheitsstiftenden Energien des Volkstums – brachten Schreiber zur Volkskunde. Wie der 1918 politisierte Schreiber Politik als angewandte Volkskunde verstand, so erkannte er umgekehrt in der aufstrebenden Kleinwissenschaft deren politisch-integrative Potenziale. Der konfessionelle Volkskundler setzte in den 1920er und den frühen 1930er Jahren offensiv auf das Völkische als Integrationsideologie mit all jenen wissenschaftlichen Konjunkturmerkmalen, welche die volkskundliche Arbeit der Zeit charakterisierten: die Aufmerksamkeiten für das Auslanddeutschtum, die antiwestlichen Affekte, der gemeinschaftliche Vitalismus. Nach 1934 stand er freilich nicht nur strikt in Gegensatz zum NS-System, sondern wurde aufgrund der antiklerikalen, insbesondere antikatholischen Feindbilder der NS-Wissenschaftspolitik verfolgt.

Vom ADV wurden dezidiert nationalkulturelle Erneuerungseffekte erwartet, um den sozialen Spannungen und Gegensätzen, der politischen Fragmentierung, sozialen Atomisierung und emotionalen Vereinzelung der späten Weimarer Republik das harmonisierende Bild eines homogenen und vitalen Volkstums entgegenzusetzen. Diese massive Unterstützung ist also nur zu geringsten Teilen durch solitäre Sympathien und Interessen einzelner Akteure wie Schmidt-Ott, Eduard Wildhagen oder Schreiber zu erklären, als deren „etwas kurioses Steckenpferd" das offensive Engagement für den ADV betrachtet wurde.[66] Sie ist vielmehr Bestandteil einer gesellschaftlich breit getragenen Volkstumspolitik, die über die Inventarisierung und Dokumentation volkskundlicher Phänomene hinaus auf eine Revitalisierung völkischen Gemeinschaftsbewusstseins zielte. Wie kaum eine andere Disziplin schien die Volkskunde getragen von der Suche nach der Authentizität und Vitalität eines unverfälschten Gemeinschaftslebens in modernen Massengesellschaften. Sie schien ein geeignetes Scharnier zwischen rationaler Wissenschaft und nationaler Wertevermittlung zu sein: „In keiner Wissenschaft hat neben dem Verstand das Gefühl einen so großen Raum wie in der Volkskunde. Das birgt, wie ihre Geschichte lehrt, manche Gefahren in sich, aber man soll sich auch darüber freuen und darauf vertrauen, daß eine Sache, in der nicht der Kopf, sondern das Herz das letzte Wort spricht, keine schlechte und geringe Sache sein kann."[67]

66 Heiber, Walter Frank, S. 803.
67 Boehm, Volkskunde, S. 18.

# 3. DIE STIMULANZ DER KRISE: DIE VOLKSKUNDE ALS WISSENSCHAFTLICHE AGENTUR GESELLSCHAFTLICHER SELBSTDEUTUNG

Die DFG förderte mit dem ADV nicht nur eines der größten geisteswissenschaftlichen Langzeitprojekte in seiner Geschichte, sondern mit der Volkskunde ausgerechnet ein Fach, dessen Ort im wissenschaftlichen Gefüge als prekär und uneindeutig galt. Von einer konsistenten Disziplin mit geschlossener kognitiver Identität konnte jedenfalls keine Rede sein, eher schon von einem Sammelbecken aus Einzelakteuren und solitären Initiativen. Statt einem verbindlichen theoretischen und methodischen Fundament schien die Volkskunde eher durch die Vagheit und Vieldeutigkeit ihrer Begriffe gekennzeichnet. Genau diesen vermeintlichen Nachteil, der Mangel an Größe und Geschlossenheit, vermochte sie freilich nun in einen forschungsstrategischen Vorteil umzumünzen, schien doch eine nicht festgelegte Disziplin weit offener und flexibler für neue Formen der Forschungsorganisation zu sein. Somit war es kein Zufall, dass die DFG auf die Volkskunde verfiel und ihr derart großzügig materielle Ressourcen zur Verfügung stellte. Der Ort volkskundlicher Beschäftigung war bis in die 1920er Jahre weniger die Universität gewesen, sondern die Heimatbewegung im weitesten Sinne, die amateurwissenschaftlichen Verbände für Denkmalpflege, Naturkunde und Geschichte, aber auch die Heimatschutz- und Wandervereine, die Heimatmuseen und Lehrerverbände.[68] Nun sahen Wissenschaftspolitiker wie Georg Schreiber in dieser Disziplin nicht nur die Chance, die verloren gegangene Einheit von Wissenschaft und Leben neu zu stiften, sondern auch eine breite Allianz aus Wissenschaft und Kulturpolitik:

> „Eine lebensvolle Union, die nach immer neuen Verzweigungen greift, mit dem Historischen Verein und dem Heimatverband, mit dem Urkundenbuch und mit der Dialektforschung, mit der Flurnamensammlung und mit anthropologischen Messungen, mit der Berufskunde und mit der Verwaltungsakademie; schließlich mit dem Forschungsinstitut, das sich um die wissenschaftlichen Grundlagen der heimischen, aber auch der territorialen Wirtschaft sorgt, soweit die Forschungsstelle sich nicht der Volksgesundheit und der Volkspflege zuwendet."[69]

Was war das Originäre dieser Sammel- und Bewahragentur Volkskunde, die in den Krisenkonstellationen der Weimarer Republik so plötzlich gefragt war? Was konnte sie zur gesellschaftlichen Krisenbewältigung beisteuern? Wo war ihr Platz im Feld der sich neu formierenden Geistes- und Kulturwissenschaften? Die wachsende Kontrolle von Natur und Gesellschaft hatte vor dem Ersten Weltkrieg die Frage nach den Grenzen von Rationalisierung und Modernisierbarkeit aufgeworfen, das heißt die Frage nach dem Anderen der Vernunft, nach unauflösbaren Ambivalenzen und hartnäckigen Restbeständen, die sich rationalisierter Kontrolle entzogen. „Gerade im Volkstum ist noch der Ausklang des Naturvolks anzutreffen. Dort äußert sich in etwa noch das Primitive, Ursprüng-

68 Vgl. u.a. Oberkrome, „Deutsche Heimat".
69 Schreiber, Nationale und internationale Volkskunde, S. 1.

liche, Unverbildete, der naturhafte Assoziationstrieb des Ichs, der Familie, der Kameradschaft, der Genossenschaft der Gruppe. Es sind das gleichzeitig Gesetze eines keimkräftigen organischen Wachstums."[70] Es war ein vielstimmiges und offenes Feld anthropologischer Fragen, die vor dem Ersten Weltkrieg noch vage und unbestimmt thematisiert wurden. Die Volkskunde profilierte sich in ihren Haupttendenzen zwar als ein nationales Projekt, war aber keinesfalls nur ethnozentrisch festgelegt, sondern kommunizierte international und orientierte sich theoretisch zunächst an der polyglotten Völkerpsychologie.[71] Sie holte dabei all jene Bereiche des menschlichen Lebens in das Blickfeld wissenschaftlicher Aufmerksamkeit, die dort in der Tradition einer idealistisch fundierten Geistesgeschichte nicht vorkamen – oder aber eben nur in den romantisch nobilitierten und bildungsbürgerlich transformierten Varianten der Volkslieder, Volksmärchen oder Volkssagen. Die Vorkriegsvolkskunde indes thematisierte auch das Heimliche und Unheimliche, das Unbewusste und Anstößige, den weder verwissenschaftlichten noch ästhetisierten Körper, das Unsichtbare und Verschrobene, den regen Grenzverkehr zwischen dem Normalen und Anormalen, dem Alltäglichen und Außeralltäglichen – eben all das, was aus den Höhen des bildungsbürgerlichen Gelehrtensitzes als Niederung, als zwielichtiger Gewölbekeller des Zivilisationsgebäudes ausgemacht wurde. Der Volkskunde wohnte somit zumindest potenziell eine Tendenz inne, all jene strikten Grenzziehungen der Moderne, durch welche sie ihr Anderes verbarrikadierte und einkapselte, in Frage zu stellen: die Grenzen zwischen Hochkultur und Unterwelt, Trieb und Kontrolle, Rationalem und Irrationalem, Legitimem und Illegitimem, zwischen Primitivem und Entwickeltem. Sie widmete sich auch den Depots und Verwaltungsagenturen des Irrationalen, dem Erbe einer vormodernen und vorwissenschaftlichen Welt.[72]

Jene in ihrer Neugier noch offenen anthropologischen Suchbewegungen sollten allerdings nach 1918 strikte Begrenzung erfahren. Der Erste Weltkrieg markiert die Verengung volkskundlicher Fragestellungen auf ein ethnozentrisches Projekt und einen Paradigmenwechsel von der „kollektiven Primitivgeistigkeit" hin zur völkischen „Gemeinschaft". Das Jahr 1918 jedenfalls erscheint für die Genese der Disziplin im 20. Jahrhundert[73] wesentlich einschneidender und folgenschwerer als die Jahre 1933 oder 1945. Die Vorstellung nationaler „Eigenart" – das Gefühl des Besonderen, des Andersseins – war erst recht nach dem Versailler Friedensvertrag zu einem Schlüssel der zeitgenössischen nationalen Selbstwahrnehmung geworden; die Volkskunde schien in der Lage, dieses vage Empfinden wissenschaftlich dingfest zu machen. Die Polyphonie zweckfreier Neugier wurde damit in einem Akt der Selbstverpflichtung auf eine Kunde des kulturell Eigenen aufgegeben. Bei dieser Synchronisation von Wissenschaft und Gesellschaft profitierten beide Parteien – die Gesellschaft erhoffte sich von ihrem

70 Ebd., S. 105.
71 Vgl. Warneken, „Völkisch nicht beschränkte Volkskunde".
72 Vgl. die Beiträge in Maase/Warneken (Hg.), Unterwelten.
73 Zur Phase vor dem Ersten Weltkrieg vgl. Bagus, Volkskultur.

Interesse an dem Nischenfach Wissen über sich selbst; der Volkskunde wiederum eröffneten sich Möglichkeiten, ihr vorwissenschaftliches Entwicklungsstadium zu überwinden und theoretische, methodische und institutionelle Schritte auf dem Weg zur Disziplinenbildung zu vollziehen. Die volkskundlichen Aktivitäten erschienen derweil allerdings unsystematisch und zusammenhanglos. Aber: Dieses zwischen Wissenschaft und Liebhaberei changierende Handlungsfeld erfuhr nun eine bemerkenswerte Aufwertung. Nicht mehr nur als philologisches Anhängsel oder historische Hilfswissenschaft, sondern als Kooperationspartner für interdisziplinäre Projekte geriet sie in das Blickfeld der aufstrebenden, weil innovativen Kulturraumforschung und Landesgeschichte.[74]

Die Volkskunde befand sich Mitte der 1920er Jahre also just in einem ihr Feld ordnenden Handbuch- und Enzyklopädiestadium, befasst mit unruhigen Suchbewegungen, die auf Systematisierung und Ordnung diffuser Wissensbestände zielten.[75] Der Weg zur Wissenschaftlichkeit führte von lokalen Sammelaktivitäten und ihrer allmählichen institutionellen Verfestigung in Vereinen, deren Zusammenschluss zu einem gesamtnationalen Dachverband über die curriculare Verankerung in den Lehrerbildungsanstalten schließlich an die Universitäten, wo sie den Status des Anhängsels nach 1930 überwand und sich zur eigenständigen Disziplin emanzipierte. Der 1904 gegründete „Verband deutscher Vereine für Volkskunde" hatte bereits einen institutionellen Rahmen gebildet, in dem die regionalen Einzelforschungen den unkalkulierbaren Zufälligkeiten enthoben und stattdessen koordiniert werden konnten.[76] Dem Ersten Weltkrieg mit seiner Initialwirkung für die volkskundliche Forschung folgte unter der Regie des Verbandes eine Phase der Schwerpunktbildungen und Systematisierungsversuche, in der sich die Konturen verbindlicher Wissensordnungen abzeichneten. Der Verband initiierte 1919 die später von der Notgemeinschaft finanzierte und internationale Literatur sammelnde *Volkskundliche Bibliographie*. Ihre Existenz dokumentierte die Notwendigkeit, die ständig wachsende Zahl volkskundlicher Publikationen – in den 1920er Jahren setzte nun auch die Produktion von systematischen Hand- und Lehrbüchern sowie expliziter Theorieliteratur ein – zu systematisieren.[77] Allerlei verbandsinterne Kommissionen widmeten sich noch disparaten Arbeitsgebieten: den Segens- und Beschwörungsformeln, Volkstrachten, Volksliedern, der Glockenforschung, den Flurnamen oder dem Aberglauben. Wichtige Initiativen des Verbandes galten während der 1920er Jahre der Verankerung volkskundlichen Unterrichts in der Schule sowie der Aufwertung der Volkskunde in der Lehrerbildung.

Bei all diesen Aktivitäten mischte in der Regel auch die Notgemeinschaft mit – moderierend, steuernd, fordernd und fördernd. Neben dem ADV ermöglichte sie in den 1920er und 1930er Jahren Aufbau und Realisierung zahlreicher weiterer Großprojekte und Stoffsammlungen, welche die Institutionalisierung

74 Vgl. z.B. Oberkrome, Volksgeschichte; Ditt, Kulturraumforschung.

75 Vgl. Deißner, Volkskunde; zur Fachgeschichte vgl. auch Brückner, Geschichte; Jeggle, Volkskunde; Weber-Kellermann/Becker/Bimmer, Einführung.

76 Vgl. Meier, Verband.

77 Eine Übersicht wichtiger Titel liefert Deißner, Volkskunde, S. 174-212.

und theoretische Paradigmatisierung der Disziplin nicht nur begleiteten, sondern vielfach erst ermöglichten. Dem langjährigen Vorsitzenden des „Verbandes deutscher Vereine für Volkskunde" John Meier gelang es, das privat initiierte „Deutsche Volksliedarchiv" in Freiburg über längere Zeiträume zu überwiegenden Teilen aus DFG-Mitteln zu finanzieren.[78] Vor dem ADV hatte die DFG bereits das *Handwörterbuch des deutschen Aberglaubens*[79] gefördert. Diese Projekte trieben die Vernetzung der nationalen und internationalen volkskundlichen Forschung voran. Später kamen Institutionen wie das „Zentralarchiv der deutschen Volkserzählung" hinzu.[80] Es gab in diesem Fach in der Zwischenkriegszeit kaum nennenswerte Unternehmungen, die nicht von der DFG gestützt wurden, sodass am Ende des Dezenniums ein zufriedenstellendes Fazit gezogen werden konnte: „Die deutsche Volkskunde, auf manchem Gebiet von den Unternehmungen benachbarter Nationen überflügelt, scheint mit mächtigen Schritten in wenigen Jahren diesen Vorsprung einholen zu wollen."[81]

Innerhalb des hastig vollzogenen Prozesses der Disziplinenbildung sollte der ADV maßgebliches Innovationspotenzial entfalten. Mit ihm war der Volkskunde nicht nur ein Projekt mit quantitativ bislang unbekannten Dimensionen überantwortet worden. Es ging dabei auch um qualitativ neue Formen der wissenschaftlichen Erkenntnisgewinnung, die – angelehnt an Modelle der Forschungsorganisation in den Naturwissenschaften – auch in den Geisteswissenschaften erprobt werden sollten und zunächst gerade für eine kleine Disziplin wie die Volkskunde massive Aufwertung versprachen. Die mit dieser modernen Wissenschaftskultur verbundene Abkehr vom Ideal der bildungsbürgerlichen Gelehrtenpersönlichkeit und die Hinwendung zu vernetzter und personenunabhängiger Forschungspraxis verlief freilich keinesfalls nur in euphorischer Aneignung des Neuen. Ein Großordinarius der älteren Generation wie der nationalkonservative und 1937 zwangsemeritierte Germanist Friedrich von der Leyen beobachtete die Modernisierungseuphorie der Volkskunde mit Skepsis:

> „Man hat heute manchen Grund, die Entwicklung unserer Wissenschaft von der Deutschtumskunde und der Volkskunde mit großer Sorge zu betrachten. Überall folgen Handbücher auf Handbücher, Atlanten auf Atlanten; Akademien, wissenschaftliche Gesellschaften, Fragebogen, Organisationen, Überorganisation und kein Ende, das scheint die Forderung des Tages. Dabei ist nach unserer Meinung das Maß des Notwendigen schon längst überschritten, die Massenarbeit, der 'Kollektivismus' und die mit ihnen verbundenen Bürokratisierungen sind viel zu weit vorgedrungen."[82]

Der vordergründige Nachteil einer nicht festgelegten Disziplin, ihre Unbestimmtheit und interdisziplinäre Offenheit, verwandelte sich in der Krisenphase der 1920er Jahre unversehens in eine strategische Chance. Die Volkskunde brachte zwei Traditionsstränge aus ihrer Fachgeschichte mit, die beide bestens geeignet

78 Vgl. Holzapfel, Das Deutsche Volksliedarchiv 1989.
79 Bächtold-Stäubli/Hoffmann-Krayer (Hg.), Handwörterbuch; zu dessen Geschichte vgl. Daxelmüller, Vorwort.
80 Vgl. Schmitt (Hg.), Großprojekte.
81 Beitl, Handwörterbuch.
82 Von der Leyen, Anmerkungen, S. 65.

schienen, dem Bedarf an Deutungs- und Orientierungswissen in einer von Spannungen und Verwerfungen charakterisierte Gesellschaft Rechnung zu tragen. Die Volkskunde selbst ist ein Kind der Krise. Ihr Antrieb – seit Herder und seit der Romantik – war stets der Verlust. Sie widmete sich der untergegangenen Welt der überlieferten Ordnungen, dokumentierte als Bewahr- und Sammelbewegung jene vorgefundene Welt der Tradition, über die sich eine geschichtslose Moderne so rücksichtslos hinwegzusetzen schien. „Volkskundliche Forschung", so fasste dies Richard Weiss 1946 pointiert zusammen, „erwuchs immer aus Kulturkrisen. Ihr stärkster Antrieb war und ist das Heimweh nach einem verlorenen Paradies, nach dem Paradies der Ursprünglichkeit, nach dem 'einfachen Leben'."[83] Diese moderne Erfahrung der Zerrissenheit und der Entfremdung, der elementare Vertrautheitsschwund und der Verlust verlässlicher Gewissheiten als Motor ganzheitlicher Orientierungssuchen ist der eine Impuls einer zivilisationskritischen und kulturbewahrenden Volkskunde als nationaler Wissenschaft, wie sie auch schon Karl Weinhold Ende des 19. Jahrhunderts in seiner Berliner Rektoratsrede entworfen hatte. Der Fortschritt rase, so diagnostizierte Weinhold damals, „die volkstümlichen poetischen Überlieferungen und die alten Sitten und Gebräuche des Lebens verwehen mit reißender Schnelle in dem Sturme, der jetzt über dem Volk rast und dem Nationalen und Individuellen der ärgste Feind ist".[84]

Der andere Impuls, der ebenfalls von Anbeginn an die Disziplin gekennzeichneten, war von instrumentellem Interesse getragen. Seit dem Zeitalter von Kameralistik und Statistik profilierte sich die Volkskunde als angewandte Sozial- und Staatswissenschaft, die – in den Worten Wilhelm Heinrich Riehls – „Land und Leute" erkunden sollte. Sie war an Kultur und Lebensweise unterbürgerlicher Schichten interessiert. Beides – zum einen Anwendungsorientierung, zum anderen ein ganzheitliches Versprechen auf Versöhnung von Wissenschaft und Leben – brachte diese bis dato randständige Wissenschaft mit, als sie in den Gesichtskreis der DFG gelangte. Sie formierte sich im Spannungsfeld zwischen instrumenteller Sozialwissenschaft und antimodernistischer Deutungsagentur, und damit verfügte sie im 20. Jahrhundert über beste Aussichten, zu einer Leitwissenschaft zu avancieren, die in ihrer Arbeit ein Anwendungsversprechen mit idealistischer Sinnstiftung verband. Die „Geschichte der deutschen Volkskunde", so hielt dies jedenfalls Gustav Jungbauer 1931 fest, sei „auch die Geschichte der deutschen Selbstbesinnung".[85] In diesem Sinne befand später der langjährige ADV-Mitarbeiter Erich Röhr, dass volkskundliche Arbeit erst in der Erkenntnis deutscher Eigenart ihre Zweckbestimmung finde, woraus sich wiederum unmittelbar ein zumindest intellektueller Selektionsauftrag ergab: „Je tiefer die Einsicht in diese Zusammenhänge eindringt, um so mehr wird es gelingen, Ableitungen und Erklärungen für unsere völkische Wesenheit und das gegenwärtige Brauchtum zu finden, wird es möglich sein, die Erzeugnisse und

83 Weiss, Volkskunde, S. 53.
84 Weinhold, Rede, S. 11.
85 Jungbauer, Geschichte, S. 174f.

Werke des Volkes als organische Entwicklung zu beurteilen und Fremdes von Arteigenem zu sondern."[86]

Die Stunde der Volkskunde schien gekommen, und es sah im innovationsfreudigen Klima der 1920er Jahre so aus, als sei sie bestens in der Lage, von einer randständigen Liebhaberei zur heimlichen Schlüsseldisziplin zu avancieren. Die Hauptströmungen der Volkskunde korrespondierten mit drängenden gesellschaftlichen Bedarfslagen der Zwischenkriegszeit. Sie war in ihren Erkenntniszielen ganzheitlich orientiert. Sie verstand ihre beständig von antimodernistischem Impetus begleitete Arbeit als wissenschaftlichen Beitrag zur „Volkwerdung". Und sie schien in ihrer philologischen Tradition Deutungs- und Orientierungswissenschaft wie in ihrer sozialwissenschaftlichen Öffnung gleichermaßen Handlungswissenschaft zu sein. In seiner Rede zur Jubiläumsfeier anlässlich des 25-jährigen Bestehens des „Verbandes deutscher Vereine für Volkskunde" am 21. Oktober 1929 durfte jedenfalls Adolf Spamer mit großer Zufriedenheit festhalten, dass die DFG mit dem ADV keine „lebensferne", sondern eine überaus nützliche Wissenschaft fördere, die „in unserem Volke hohe sozialpolitische und nationalpolitische Aufgaben zu erfüllen" habe:

> „So haben wir in unsrer Arbeit das seltene Glück, indem wir Wissenschaft treiben, damit zugleich dem Leben unmittelbar zu dienen und zu dienen dem Teuersten, das wir besitzen, unserm deutschen Volke. Unsere Arbeit ruht nicht bloß in der Sphäre des rein Erkenntnismäßigen und Rationalen, sondern sie wird beflügelt und gehoben durch den Antrieb des Gefühls, und diese Verbindung ist es vor allem, die unsre Wissenschaft neben allem Ernste zu einer fröhlichen Wissenschaft macht und uns immer wieder von neuem höchste Befriedigung in ihr finden läßt."[87]

So ist der Aufschwung der Volkskunde untrennbar verwoben mit einer spezifisch deutschen Suche nach eigenständigen Wegen in eine „andere" Moderne, die auf eine Einheit aus instrumenteller Rationalität und romantischem Idealismus zielte. Mit guten Argumenten typologisierte Thomas Nipperdey die Volkskunde denn auch als „merkwürdige deutsche Sonderwissenschaft" und charakterisierte sie als „romantische und nationale Version einer sozialwissenschaftlich orientierten, aber auf die vorindustriellen Stände verengten Kulturgeschichte".[88] Für deren Entwicklung war die Trennung in „Wir" und die „Anderen" konstitutiv. Allerdings fungierte die noch richtungslose Disziplin in ihrer ersten Phase der theoretischen Paradigmatisierung vor dem Ersten Weltkrieg keinesfalls nur als Deutungsagentur des nationalen Selbst, sondern agierte im Spannungsfeld universeller kulturanthropologischer Wissenschaften, die ihre Interessen dem Allgemeinmenschlichen widmeten, und einer Disziplin, die ihr Tätigkeitsfeld auf das kulturell Eigene beschränkte. Adolf Strack verstand sie zwar 1904 als eine Wissenschaft vom nationalen Volksleben:

> „Aber die Volkskunde – und das gilt für die jeder Nation – muß ihre Blicke auch noch in anderem als dem angegebenen Sinn über die nationalen Schranken hinaus richten. Das

86 Röhr, Volkstumskarte, S.8.
87 Spamer, Fünfundzwanzig Jahre, S. 13.
88 Nipperdey, Dimension, S. 42.

Leben des Volkes erweitert sich ihr zum Leben der Menschheit. [...] Deshalb muß sich die Volkskunde verbünden mit der Völkerkunde, der Ethnologie. [...] Philologie (worunter ich auch die Altertumskunde verstehe) und Ethnologie sind die beiden Grundpfeiler der wissenschaftlichen Volkskunde."[89]

Diese Ambivalenz zwischen universellen und nationalen Interessen wurde spätestens nach dem Ersten Weltkrieg zugunsten des nationalen Akzents in eine eindeutige Richtung aufgelöst. Der Erste Weltkrieg bedeutete, neben den ideologischen Radikalisierungen, eine Verengung des Deutungsrahmens volkskundlicher Wissenschaft auf das nationale Selbst – eine Ausrichtung, die für das Fach bis zu seiner Reformierung in den 1970er Jahren verbindlich bleiben sollte. Der „Große Krieg" sollte sich als langfristig wirkungsmächtiges Treibmittel volkskundlicher Forschung in unterschiedlicher Hinsicht erweisen:

– Sein politisches Ergebnis, die territoriale Neuordnung Europas, forcierte im gesamten europäischen Horizont die Arbeit der jeweils nationalen Volkskunden, welche der Konstruktionsabsicht organisch verfasster und aus Ethnien abgeleiteter Nationen folgten. Sie sollten die neu entstandene politische Landkarte plausibilisieren (oder im Falle Deutschlands eben gerade nicht) und ihre Legitimität in den jeweiligen nationalen Vorstellungswelten verankern.

– Der Krieg hatte nach innen jene stimulierende Erfahrungsgemengelage aus Gewalt und Gemeinschaft erzeugt, als deren Träger eben nicht der Staat oder ein isolierbarer Teilbereich der Gesellschaft, sondern das Große und Ganze des „Volkes" identifizierbar schien. Diese im Krieg verdichteten Gemeinschaftserfahrungen fungierten in einer Nachkriegsperiode, die sich alsbald als Vorkriegszeit erweisen sollte, als maßgebliches Bindemittel gesellschaftlicher Integration und nationaler Identitätsstiftung.

– Damit war das „Volksleben" nicht länger eine folkloristische Idylle vormoderner Zeiten, sondern eine auch wissenschaftlich zu klärende Größe dringlichster Aktualität und Rangordnung. Die Forschungsaktivitäten des Faches selbst waren bereits durch den Krieg stimuliert worden und hatten Energien freigesetzt, die lange nachwirkten und institutionelle Ausbildungen volkskundlicher Forschung einleiteten. So ist das von der DFG geförderte und zwischen 1928 und 1942 edierte *Handwörterbuch des deutschen Aberglaubens* ein wissenschaftssystematischer Niederschlag volkskundlicher Forschungen zu Soldatenbrauch und Soldatenglaube. Und auch das Deutsche Volksliedarchiv in Freiburg verdankte seine institutionelle Festigung den Aktivitäten der Kriegsvolkskunde.[90] Jetzt, nach der militärischen Niederlage und der Festschreibung des Verlusts deutscher Macht und Weltgeltung im „Versailler Schmachfrieden", sollte die nach außen wie innen wirksame Ressource des Volkstums als tragendes Fundament dauerhaft aktiviert werden. Sollte dieses Volkstum als gemeinschafsstiftender Jungbrunnen und soziales Bindemittel fungieren, war eine Inventur des Volkslebens in seiner

89 Strack, Geleitswort, S. 3f.

90 Bächtold-Staübli/Hoffmann-Krayer (Hg.), Handwörterbuch; vgl. Korff (Hg.), KriegsVolksKunde.

historischen Gewordenheit wie in seiner aktuellen Verfassung gefragt – genau dies sollte der ADV leisten.

Noch bevor sie sich Bedingungen für eine Autonomie ihrer wissenschaftlichen Forschung erarbeiten konnte, hatte die Volkskunde also bereitwillig auf eine Unabhängigkeit von Staat und Gesellschaft verzichtet. Die Bereitschaft, gesellschaftliche und politische Entwicklungen nicht nur reflektierend, sondern auch gestaltend zu begleiten, war jedenfalls für die Entwicklung der Disziplin maßgeblicher als die Fähigkeit, sich aus innerwissenschaftlichen Prozessen heraus zu begründen. Spätestens mit dem Ersten Weltkrieg war jedenfalls die Ausbildung einer universellen anthropologischen Kulturwissenschaft verunmöglicht. Hier allerdings ist die Sonderentwicklung der deutschen Volkskunde zu relativieren, insofern sich ihre disziplinäre Identität nicht als Gegenentwurf einer sonst einheitlich beschreibbaren Entwicklung kulturanthropologischer, ethnologischer und folkloristischer Disziplinen ausgebildet hat. Auf diesem Feld vollzog sich auch in außerdeutschen Wissenschaftsräumen die Disziplinenbildung alles andere als einheitlich.[91]

Die Konzeption des ADV in den 1920er Jahren fällt in eine Phase größter theoretischer Kreativität in der Volkskunde. Angeregt vom Ethno- und Gemeinschaftsvitalismus des späten Kaiserreichs und nun zusätzlich stimuliert durch die Entzivilisierungserfahrungen des Weltkriegs und die Umbrüche der materiellen und immateriellen Lebensverhältnisse rückte in den Diskussionen um den Gegenstand und das Selbstverständnis der Volkskunde die Frage nach dem schöpferischen Potenzial des Volkes in den Mittelpunkt. Die intellektuelle Vorlage hatte der Bonner Germanist Hans Naumann mit seiner Theorie des „primitiven Gemeinschaftsgutes und des „gesunkenen Kulturgutes" geliefert.[92] Sein Diktum, nach dem das „Volksgut" in den Oberschichten gemacht werde und dann in andere Gesellschaftsschichten absinke, sollte ihn später – wiewohl als politische Person zunächst offen für den Nationalsozialismus agierend – zur Hassfigur für die Volkstumsideologen werden lassen.[93] Zunächst konnte es freilich vor allem als Appell zur Ent-Mythologisierung und Historisierung der romantisch gefärbten Volkstheoreme, die einem geschichtslosen Ursprungsdenken folgten, verstanden werden. Die schematische Zweiteilung in eine produzierende und schöpferische Oberschicht und eine allenfalls reproduzierende Unterschicht zwang indes zur Differenzierung und provozierte die Problematisierung des Verhältnisses von Individuum und „Masse" im Volk.

In Replik auf Naumann und im Anschluss an Eduard Hoffmann-Krayer reformulierte Spamer noch einmal die These vom „vulgus in populo". Spamer suchte dies wiederzufinden im Leben der Minoritäten und Ausgegrenzten, an den Rändern der Gesellschaft. Jedenfalls: Er band seine Forschungen an die Menschen selbst. Spamer sollte seine Meinungsführerschaft in den Theoriediskussionen

91 Vgl. Dias, Quintessenz.
92 Vgl. Naumann, Gemeinschaftskultur; Naumann, Grundzüge; zu den zeitgenössischen Reaktionen Schmook, Quellen.
93 Deißner, Volkskunde, S. 266-273.

der 1920er und frühen 1930er Jahre nach 1933 nutzen, um seine Position innerhalb des Faches auszubauen. Habituell und intellektuell in unüberbrückbarer Distanz zu nationalsozialistischen Wissenschaftsauffassungen schienen seine Forschungsinteressen zunächst gleichwohl anschlussfähig: „Ziel der Volkskunde ist die Erkenntnis des geistig-seelischen Kräftespiels im Volksraum, soweit es den Menschen zum Menschen bindet, ihn als Gemeinschaftswesen, als Typus 'Volksmensch', im Volksganzen und in dessen Gruppengliederungen erkennen läßt.“[94] Hier sind denn die Reizvokabeln genannt, welche die Volkskunde zu einer gefragten Wissenschaft der späten 1920er Jahre werden ließen: das „Gemeinschaftswesen“, der „Volksmensch“ und der Volksraum. Zusätzlich verliehen nun auch soziologische Strömungen und die Problematisierung kultureller Fragen von Großstadt und Industrieproletariat dem bislang unter Gestrigkeits- und Dilletantismusverdacht stehenden Fach Aktualität. Die geographische Richtung schließlich rundete die Einschätzung ab, dass ein disziplinär offenes und lebensnahes Fach wie die Volkskunde in der zerrissenen Gesellschaft der Weimarer Republik gebraucht würde.

Jenseits der Theoriediskurse der 1920er Jahre, die der Disziplin einen intellektuellen Mittelpunkt gaben, wurde die Forschungspraxis der Volkskunde unter ganz anderen Rahmenbedingungen realisiert. Mit dem 1904 gegründeten „Verband der Vereine für Volkskunde“ existierte zwar ein gesamtnationaler institutioneller Zusammenhang, durch den Themen und Schwerpunkte gesetzt werden konnten. An den Universitäten jedoch existierte die Volkskunde allenfalls als Appendix der Philologien. So war die volkskundliche Arbeit in der Regel Zufälligkeiten überlassen und bewegte sich als regional begrenzte Aktivität um stammliche und landschaftliche Themen. Neben der Konjunktur kulturanthropologischer Fragestellungen war es im letzten Drittel des 19. Jahrhunderts vor allem die beständig virulente Frage nach dem Verhältnis von Gesamtnation und kultureller Eigenständigkeit und Differenz der deutschen Einzelstaaten und Landschaften gewesen, welche die Volkskunde stimuliert hatten. Die Brisanz der Fragen nach den regionalen Differenzen und der kulturellen Vielfalt in der neu geschaffenen nationalstaatlichen Einheit hatte sich um 1900 in einer Gründungswelle landschaftlicher Volkskundeverbände und regionalen Museumsaktivitäten manifestiert. 1894 wurden der „Verein für Bayerische Volkskunde und Mundartforschung“ oder der „Schlesische Verein für Volkskunde“ gegründet, 1895 der „Niedersächsische Verein für Volkskunde“, 1896 der „Sächsische Verein für Volkskunde“, 1901 die „Hessische Vereinigung für Volkskunde“, 1902 die „Gesellschaft für Niederdeutsche Volkskunde“ und die „Württembergische Vereinigung für Volkskunde“ und 1904 der „Badische Verein für Volkskunde“ und der „Verein für Rheinische und Westfälische Volkskunde“. Das Gros dieser Verbände gründete wissenschaftliche Zeitschriften, die ein unterschiedliches Niveau erreichten. Gleichwohl war damit eine institutionelle Infrastruktur für eine außeruniversitäre wissenschaftliche Kommunikation geschaffen, die primär regional ausgerichtet war.

94 Vorbemerkung Adolf Spamer, in: Frageplan der Herren Spamer/Wildhagen, S. 94.

Wenn nun freilich der Weg zur akademischen Disziplin beschritten werden sollte, dann mussten die stammlich und landschaftlich gebundenen Aktivitäten in einen gesamtnationalen Zusammenhang gestellt werden. Mit der Realisierung des ADV eröffnete sich somit in der Geschichte des Faches das erste Mal die Gelegenheit eines Projektes, das sich einem nationalen Horizont verpflichtete. Es verband und vereinte somit intellektuelle und personelle Ressourcen in einer bislang einmaligen Art und Weise. Adolf Spamer sollte genau dies, die Möglichkeit einer „Arbeitsgrundlage aller Volksforschung im deutschen Lebensraum schlechthin", als wichtigstes disziplinäres Entwicklungspotenzial des ADV kennzeichnen. Das Fach habe sich bislang in Stückwerk und Einzelheiten erschöpft, was eine „Gesamtschau" verunmögliche.

> „Wer aber tiefer in die geistig-seelischen Bezirke des deutschen Volksmenschen vorzustoßen beabsichtigte und Antwort auf die Frage nach seinem Weltbild, seiner Stellung zu Staat und Kirche, zu Gott und den übersinnlichen Mächten, zur Familie, dem Nachbarn oder dem Fremden, zu Tier und Pflanze, zur Arbeit und Freizeit und vielerlei dergleichen zu erhalten hoffte, und zwar im allgemeinen wie in den Spielarten der einzelnen Volksschläge, Gaue, Alterstufen, Geschlechter, Berufs- und Bildungsschichten, konnte sich nicht einmal auf eine Vielheit zersplitterter Vorarbeiten stützen. So war der Forschungswert (und damit die praktische, erzieherische Auswertungsmöglichkeit) aller volkskundlichen Arbeit beschränkt, weil in der Regel die gesicherten Ansatzpunkte für tiefer schürfende Untersuchungen im Volksraum fehlten. Diese Ansatzpunkte aufzuzeigen, ist eine der wichtigsten Aufgaben des Atlas der deutschen Volkskunde, der uns außerdem als eine einmalige, sich über wenige Jahre erstreckende Bestandsaufnahme ein klares Bild von der Intensität der einzelnen Erscheinungen in unserer Gegenwart, von der Stärke und Schwäche volkhafter Gemeinschaftsbildungen in den verschiedenen Volksschlägen gibt."[95]

Dem Fach wurde also durch die DFG die Gelegenheit der Zentralisierung seiner Forschung als unabdingbare Voraussetzung zur Disziplinenbildung offeriert. Aus diesem Grund wurde denn auch der Verband, an dem die ersten Planungen zunächst vorbeiliefen, 1927/28 eiligst initiativ, um sich bei der Durchführung des Atlasprojektes Einfluss zu sichern. Sein Vorsitzender, John Meier, hegte seit den nationalistischen Erregungswellen des Ersten Weltkriegs immer wieder Überlegungen zur „Schöpfung eines Instituts für deutsche Volkskunde", in dem das Fach und seine Aktivitäten organisiert und gebündelt werden sollten.[96] 1926 reformulierte Meier diese Überlegungen zu einem „Forschungsinstitut für deutsche Volkskunde", wobei er auf die historischen Vorläuferideen bei Goethe und von Stein, vor allem aber auf die institutionell sehr viel besseren Bedingungen in Skandinavien verwies und die national- und sozialpolitische Bedeutung der Volksforschung unterstrich.[97] In der Durchführung des ADV und der Einrichtung seiner Zentralstelle in Berlin sah Meier nun die „Keimzelle des Instituts für deutsche Volkskunde".[98] Nachdem die volkskundliche Arbeit derart expandiert habe und der ADV neue Impulse zeitigen würde, so Meier in seinem

95 Spamer, Aufgaben, S. 146.
96 So der Entwurf aus dem Jahre 1917; vgl. Lixfeld, John Meier.
97 Meier, Goethe.
98 Mitteilungen des Verbandes deutscher Vereine für Volkskunde, Nr. 37, Dezember 1928, S. 14.

Beitrag für den Band *Deutsche Volkskunde* in der Notgemeinschaftsreihe *Deutsche Forschung*, sei die Zeit reif für die „Begründung eines Forschungsinstitutes für deutsche Volkskunde, eines Institutes, das alle wissenschaftlichen Bestrebungen auf dem Gebiete der Volkskunde in einer groß angelegten Zusammenfassung in sich vereinigt und anregend wie leitend entwickelt [....]."[99]

Bei dem Konzept eines institutionellen Mittelpunkts volkskundlicher Forschung handelte es sich um keine solitäre Idee des Verbandsvorsitzenden Meier. Maßgebliche Volkskundler wie Spamer oder Schreiber sahen in einem solchen Zentralinstitut das organisatorische Fundament der akademischen Disziplin Volkskunde: „Aus mehr als einem Grunde, nicht zum wenigsten aber um der Theorie wegen, sollte man wünschen, daß der Volkskunde ein eigenes Forschungsinstitut vergönnt wäre. Etwa im Kranz der Kaiser-Wilhelm-Forschungsinstitute. In diesem wissenschaftsorganisatorischen System würde sich ein Forschungsinstitut für Volkskunde deshalb gut anlassen, weil es einmal von den anthropologischen Untersuchungen von Eugen Fischer flankiert würde und weil es sich zum andern auf das Institut für Geschichtsforschung stützen könnte." In jedem Falle freilich könnte die Vielfalt an publizistischen und musealen Aktivitäten „zu einer inneren Einheit etwas stärker verknüpft werden" und der „in sich gesunde und unentbehrliche Regionalismus würde damit leichtere Wege zur lebensvoll empfundenen Synthese finden".[100]

Die akademische Etablierung der Volkskunde als eigenständige Disziplin an den Universitäten erfolgte erst nach 1933. Zuvor gab es innerhalb des Deutschen Reiches lediglich zwei feste Professuren (in Hamburg und Dresden). Hinzu kam seit 1919 eine Professur für deutsche Volkskunde in Prag, „womit zum Ausdruck kommt, daß das Deutschtum außerhalb der Reichsgrenze die Dringlichkeit volkskundlicher Forschung mehr empfindet als die Deutschen im Binnenland [...]."[101] Diese universitäre Institutionalisierung durch Lehrstühle war freilich nur noch der Vollzug einer in der Zwischenkriegszeit erstarkten Tendenz zur gesellschaftlichen und wissenschaftlichen Aufwertung der Volkskunde – wobei dieser Vollzug signifikanterweise eben nicht schon in der Weimarer Republik, sondern unter den Möglichkeitsbedingungen des NS-Herrschaftssystems vorgenommen wurde. In die Zeit der Weimarer Republik jedoch fielen die ersten eigenständigen Volkskunde-Habilitationen, die sich interessanterweise – worauf Günter Wiegelmann und Michael Simon hingewiesen haben – vehement mit kulturräumlichen Fragen beschäftigten. Karl Meisen (1928) widmete sich in europäischem Horizont dem Nikolausbrauchtum, Bruno Schier (1931) Hauslandschaften und Richard Beitl (1933) der Verbreitung von „Korndämonen".[102]

99 Meier, Vorwort, S. 21.
100 Schreiber, Nationale und internationale Volkskunde, S. 148.
101 Brüning, Wilhelm Peßler, S. 261.
102 Wiegelmann/Simon, Untersuchung, S. 103; Meisen, Nikolauskult; Schier, Hauslandschaften; Beitl, Untersuchungen.

# II. INSTITUTION ALS IDENTITÄT UND DIE ERZEUGUNG VOLKSKUNDLICHER WISSENSORDNUNGEN: DER AUFBAU DES ADV 1928-1934

## 1. VORGESCHICHTE(N) UND NACHBARSCHAFTSVERHÄLTNISSE: RAUM ALS INTERDISZIPLINÄRES THEMA UM 1900

Es ging um ein Werk „groß in seiner Idee, umfassend und gewaltig in seinen Maßen, weitgreifend und tief in seiner Auswirkung, ein Werk, würdig des deutschen Volkes, aus dem heraus es entstanden ist und dem es gehört."[103] Bemessen an den Dimensionen, die der Atlas der deutschen Volkskunde als institutioneller Apparat alsbald umfassen sollte, gelang es in einem bemerkenswert kurzen Zeitraum, das volkskundliche Großprojekt auf den Weg zu bringen. Im Herbst 1927 kam es durch die Vermittlung von Hermann Aubin zu ersten Kontakten zwischen der Notgemeinschaft und dem Volkskunde-Verband, der im September 1927 auf seiner Tagung in Freiburg beschloss, das Kartenwerk in Angriff zu nehmen. In mehreren internen Sitzungen Ende 1927 und Anfang 1928 konnte das weitere Procedere geklärt werden. Auf Juni 1928 wurde die Gründungsversammlung in Berlin anberaumt. Unterdessen liefen bereits die Vorbereitungen für Probebefragungen. Erste Mitarbeiter wie Richard Beitl erhielten Stipendien der Notgemeinschaft und richteten im Berliner Schloss die Zentralstelle des ADV ein. In der Ansiedlung des Unternehmens inmitten der Reichshauptstadt artikulierte sich das Selbstverständnis des Unterfangens. Bemerkenswert war dabei weniger die symbolische Prominenz dieses zentralen Ortes, sondern die Beheimatung einer Forschungsgruppe unmittelbar unter dem Dach der Notgemeinschaft, die ansonsten Förderung von Forschung und deren Praxis strikt trennte. Die Zentralstelle organisierte bald den Aufbau von 37 Landesstellen und die Rekrutierung von über 20 000 ehrenamtlichen Mitarbeitern. In Anbetracht der beteiligten Akteure und der anstehenden Aufgaben – im Spiel waren viel Geld, hohe Ziele, ein nur schwer einschätzbares Fach sowie ein hohes Aufgebot an personellen Ressourcen – zeigte die DFG hohe Risikobereitschaft, als sie sich entschloss, das Projekt ADV in Angriff zu nehmen.

Wenn auch der Zeitraum zwischen Konzeptualisierung und Umsetzung des kartographischen Großunternehmens Ende der 1920er Jahre kurz ausfiel, so existierten doch Vorüberlegungen, die weit ins Kaiserreich zurückwiesen. Schon Eugen Mogk hatte 1907 in seinem Systematisierungsversuch der Volkskunde die Untersuchung der räumlichen Dimensionen von Kultur auf die Agenda des Faches gesetzt. Hintergrund war das diffuse Verhältnis von Sprach- und Kulturgrenzen, das nur durch systematische territoriale Erhebungen geklärt werden

103 Meier, Vorwort, S. 14.

könne: „Deshalb ist, was man leider in unseren volkskundlichen Sammelwerken fast durchweg vermißt, eine Verfolgung des Ausbreitungsgebietes volkskundlicher Zeugnisse unbedingt notwendig. Die Ergebnisse lassen sich am übersichtlichsten darstellen durch eine Karte, aus der die Grenzen der Zeugnisse sofort ersichtlich sind.“[104]

Ähnliches hatte in der Nachfolge der romantischen Grimm-Schule schon seit den 1860er Jahren Wilhelm Mannhardt mit seinem Versuch erprobt, mythologische Forschung auf eine empirische Grundlage zu stellen. Sein Ziel, die Mythologie in eine exakte Wissenschaft zu verwandeln, verfolgte er mit einem Fragebogen zum mythischen Erbe im bäuerlichen Erntebrauchtum, den er in 150 000 Exemplaren in Europa verschickte. Mannhardts Projekt war jedoch ein Einzelversuch geblieben.[105] Stärker drängten nun, in den 1920er Jahren, andere geisteswissenschaftliche Strömungen zur Realisierung des ADV: Nachklänge der Anthropogeographie Friedrich Ratzels durch die ethnokartographischen Arbeiten Wilhelm Peßlers[106], Erfahrungen der Sprachwissenschaft insbesondere mit dem *Deutschen Sprachatlas* (DSA), der „Wörter- und Sachen“-Bewegung und der Dialektforschung[107] sowie die innovative rheinische Kulturraumforschung[108].

Seit er 1907 in der *Kölnischen Zeitung* seinen „Plan einer großen deutschen Ethno-Geographie“ skizziert hatte, warb Wilhelm Peßler unentwegt für einen Volkstumsatlas.[109] Der Ratzel-Schüler, der 1906 mit einer siedlungsgeographischen Arbeit promoviert worden war, führte seine volkskundlichen Interessengebiete mit jenen der Geographie, Landesgeschichte, Haus- und Siedlungsforschung, der biologischen Anthropologie und Sprachwissenschaft in einer umfassenden „Volkstumsforschung“ zusammen. Peßler zielte dezidiert auf einen interdisziplinären Volkstumsatlas, der Aspekte der biologischen Anthropologie genauso berücksichtigen sollte wie die natürlichen Verhältnisse im Raum (Vegetation, natürliche Bedingungen, Klima etc.). Als „Volkstumsmerkmale“ erachtete der Hannoveraner Museumsmann „Körper, Geist, Sprache und Sache“:

> „Die Gruppe der volkskundlichen Körperlichkeit umfaßt die körperlichen Rassenmerkmale (als wichtigste: Körpergröße, Kopf- und Gesichtsform und Färbung). Bei den Äußerungen des Volksgeistes ergeben sich Volksglaube, Volksdichtung und Volkssitte als natürliche Unterteile. Von den sprachlichen Erscheinungen sind die Laute, der Tonfall, die Wörter und die Beugungsformen hinsichtlich ihrer Verbreitung am wichtigsten. Die Überfülle der

104 Mogk, Wesen, S. 8.

105 Vgl. Beitl, Wilhelm Mannhardt; Weber-Kellermann, Erntebrauch.

106 Abel, Instrumentalisierung; Brodhaecker, Wilhelm Peßlers.

107 Wilking, Sprachatlas; Knobloch, Sprachforschung.

108 Vgl. u.a. Aubin/Frings/Müller, Kulturströmungen. Zur Verknüpfung von Mundartforschung und Volkskunde bereits 1922 auch der Assistent des DSA und kurzzeitige ADV-Leiter Kurt Wagner; vgl. Wagner, Volkskunde.

109 Schon im Jahre 1908 musste Schmidt-Ott als Vertreter des Preußischen Kultusministeriums auf der zweiten Tagung des Verbandes deutscher Vereine für Volkskunde am 2./3. Oktober 1908 Kenntnis von den Peßlerschen Plänen bekommen haben. Dort warb Peßler dafür, „die geographisch-kartographische Niederlegung der Ergebnisse der volkskundlichen Forschung in Angriff zu nehmen.“ Vgl. die Berichte in der *Vossischen Zeitung* vom 6.10.1908 und 8.10.1908.

sachlichen Kulturerscheinungen kann man nach den Gesichtspunkten Siedlung, Haus, Hausrat, Landwirtschaft, Verkehr, Handwerk, Nahrung, Tracht usw. gliedern."[110]

Wilhelm Peßler, der schon 1923 von Ernst Grohne als Leiter eines nationalen Atlasprojektes der Volkskunde vorgeschlagen worden war[111], warb mit seinen Vorstellungen einer „Ethno-Geographie" 1926 vor dem Ausschuss für deutsche Volks- und Heimatforschung im Anschluss an die Tagung der deutschen „Stiftung für Volks- und Kulturbodenforschung"[112]. 1927 trug er seine Überlegungen beim Karlsruher Geographentag vor und wenig später beim „Gesamtverein der deutschen Geschichts- und Altertumsvereine". Realisierungschancen für seine Pläne rechnete sich Peßler also kaum innerhalb der engeren Volkskunde aus. Bei seinen Werbeinitiativen hatte er zunächst den Fachverband übergangen. John Meier zeigte sich deshalb Anfang 1927 „über die Art, wie das so wichtige und verdienstvolle Unternehmen der Kulturkarten in Angriff genommen ist, etwas enttäuscht" und versicherte, „daß es nicht bloß im Interesse des Verbandes sondern im Interesse der Sache selbst gelegen ist, wenn man den Verband für eine Art Zentralstelle für alle in der Sphäre der Volkskunde fallenden Dinge betrachtet und benutzt."[113]

Stattdessen hatte Peßler zunächst den Bonner Volkskundler Josef Müller und Hermann Aubin kontaktiert und dabei intellektuelle Mentoren gefunden. Es waren die Stichwortgeber der interdisziplinären Bonner Kulturraumforschung, die sich eben mit ihren historisch-kulturwissenschaftlichen Raumvermessungen und einer empirisch fundierten „Volksgeschichte" profilierten.[114] In der komplexen kulturräumlichen Gemengelage der Rheinlande hatte sich das interdisziplinäre Projekt einer Kulturmorphologie entzündet, das durch positivistische Verfahren und die Synchronisation unterschiedlicher disziplinärer Perspektiven (Sprach- und Kunstgeschichte, Volkskunde, Wirtschafts- und Sozialgeschichte) jenseits der Politik- und Ereignisgeschichte nach der historischen Konstituierung von Kulturräumen und der Dynamik kultureller Prozesse im Raum fragte. Die disziplinäre Kooperation „in dieser Periode beglückenden Zusammenwerkens", die sich um gemeinsame Frage- und Problemstellungen entzündete, sollte Hermann Aubin später so beschreiben:

„Der Sprachforscher hatte beim Historiker Erhellung der Mundartlandschaft gesucht. Der Historiker kehrte das Problem um und las vom Bilde der Sprachlandschaft das Wirken geschichtlicher Kräfte, zunächst des Lebenszusammenhangs innerhalb des Territoriums in seinem bis zum heutigen Tage offenkundigen Einfluß, ab. Man hatte längst den Stempel der cuius regio eius religio auf der Konfessionskarte noch der Gegenwart beachtet und den Beitrag der Vielzahl der landesherrlichen Residenzen zur kulturellen Vielgestaltigkeit Deutschlands verzeichnet. Ein Neues aber war gegeben, wenn man Kriterien, die über ganz

110 Peßler, Grundbegriffe, S. 4.
111 Vgl. Grohne, Plan.
112 Vgl. Fahlbusch, „Wo der deutsche...ist, ist Deutschland!".
113 J. Meier an W. Peßler, 10.1.1927, DVA, Ordner 17, allg. Korr. 1926-27, N-Z.
114 Vgl. Oberkrome, Volksgeschichte, S. 22-55.

> Deutschland gleichmäßig anzutreffen waren, auch die Bewegungen und Beziehungen des täglichen Lebens in den Massen des Volkes ablesen lernte."[115]

Damit erschien „Volk" als Kollektivsubjekt der Geschichte und Träger der Nation empirisch dingfest und identifizierbar zu werden. Die interdisziplinäre Offenheit der Kulturraumforschung rückte auch Potenziale der Volkskunde für alltagskulturelle Beschreibungen ins Blickfeld. Hier hatte Josef Müller in der rheinischen Kooperation die Bewährungsprobe für seine Disziplin bestanden. Grundannahme der Kulturraumforschung war keinesfalls ein Determinismus unverrückbarer Einflussgrößen wie die natürlichen Bedingungen des Raumes oder Rassemerkmale der Menschen. Die historische Entstehung von Kulturräumen, die durch einheitliches Denken und Handeln ihrer Bewohner geprägt sein sollten, wurde vielmehr erklärt als Summe aus ökonomischen, politischen, kulturellen, sozialen und natürlichen Faktoren, die jeweils für sich sowie in synthetischer Zusammenschau zu bestimmen waren. Aus solchermaßen gewonnenen wissenschaftlichen Ergebnissen ließen sich freilich unschwer politische Forderungen ableiten, wie jene nach der Wiederherstellung der durch Weltkrieg und Versailles in ihrem organischen Aufbau „gestörten" Raumeinheiten.

Damit wies die Kulturraumforschung Charakteristika auf, die ihr in der Zwischenkriegszeit große Anziehungskraft verliehen:

– Sie war in der Erweiterung des traditionellen Spektrums der Geistes- und Kulturwissenschaften durch ihre volkstumstheoretischen Überlegungen unmissverständlich eingebunden in einen ethno- und geopolitischen Auftrag. Sie schien in der Lage, nach innen den regionalen und stammlichen Aufbau des deutschen Volkes und nach außen dessen Verbreitung im Raum als „Volkskörper" plausibel zu machen, wodurch ihre Erträge für die innenpolitische Integration und Krisenbewältigung wie für den außenpolitischen Grenzlandkampf operationalisierbar wurden.

– Sie drängte durch ein neues Problembewusstsein und die Thematisierung neuer Fragestellungen nach neuen Formen transdisziplinärer Kooperation, die in den 1920er Jahren durch zahlreiche staatlich finanzierte Vernetzungen, Forschungsgemeinschaften und Großprojekte realisiert wurden. Damit konnte eine Wissenschaftspraxis neuen Typs generiert werden. Ausgangspunkte waren nicht Fragen einer Disziplin, sondern Problemlagen, um die sich transdisziplinär operierende Wissenschaftler organisierten.

– Sie brach mit dem bislang verbindlichen Methodenkanon historisch-philologischer Forschung und leitete dadurch einen methodischen Reformschub in den Geistes- und Kulturwissenschaften ein, der eine an den Naturwissenschaften orientierte Präzision und Verbindlichkeit in Aussicht stellte.

Die Bonner Kulturraumforschung hatte die Annäherung von Sprachwissenschaft und Volkskunde gefördert, die sich beide mit dem Verhältnis von sprachlichen

115 Aubin, Erstrebtes, S. 307.

und kulturellen Grenzen auseinandersetzten.[116] Damit wäre der dritte Impulsgeber benannt – der seit 1876 von Georg Wenker betriebene DSA, durch den sich auch Zusammenhänge von Sprache und Geschichte, explizit die historische Genese von Sprachlandschaften, thematisieren ließen. Für den ADV lieferte der DSA nicht nur inhaltliche Berührungspunkte durch die Dialektologie und den Zusammenhang von „Wörtern und Sachen". Er fungierte auch als Modell, das für die Ziele des ADV und die Spezifik volkskultureller Objektivationen erweitert werden konnte.

Das Projekt einer kartographischen Erfassung deutscher Volkskultur resultierte also weder aus den innervolkskundlichen Theoriediskussionen der 1920er Jahre, noch kamen die intellektuellen Impulse aus dem Volkskundeverband, der sich selbst als Träger der Verwissenschaftlichung verstand. Stattdessen lieferten zunächst solitäre Akteure wie Wilhelm Peßler, der als Geograph die Wahrnehmung für Entwicklungen in den Nachbarwissenschaften sensibilisierte, wichtige Anregungen. Außerdem waren Vertreter aus Nachbarwissenschaften initiativ, die sich wie Hermann Aubin, Theodor Frings oder Arthur Hübner längst als Netzwerker interdisziplinärer Großforschung profiliert hatten.

## 2. DIE GRÜNDUNSGVERSAMMLUNG DES ADV 1928 UND SEINE BESTIMMUNG ALS ORGANISATIONSZENTRUM VOLKSKUNDLICHER WISSENSCHAFT

So präsentierte sich der ADV bereits zum Zeitpunkt seiner Gründung als vielfach umkämpftes Handlungsfeld, in dem ganz unterschiedliche Akteure um Dominanz rangen: anfänglich einflussreiche Nachbarwissenschaften wie die aufbrechende Volksgeschichte oder die Sprachwissenschaft, dann der Volkskundeverband und nicht zuletzt die Notgemeinschaft selbst, die es nicht einfach den beteiligten Wissenschaften überließ, das Projekt zu realisieren, sondern in diesem Sonderfall selbst Forschung organisierte und betrieb. Die Finanzierung der volkskulturellen Vermessung Deutschlands durch die Notgemeinschaft konnte in einem außergewöhnlich kurzen Zeitraum gesichert werden. Dies erscheint deshalb als bemerkenswert, weil die Vorstellungen über die Realisierung des Projektes 1928 noch denkbar vage waren. In der kleinen Disziplin gab es kaum Erfahrung und wenig professionelles Personal für die Umsetzung derartig großdimensionierter Forschung. Zudem existierte von Beginn an starker öffentlicher Druck, die in den exorbitanten Fördersummen manifestierten Erwartungen der Notgemeinschaft zu erfüllen. Hier hatte die Notgemeinschaft ein Projekt auf den Weg gebracht, für dessen Realisierung es keinerlei Erfahrungen, verlässliche Institutionen oder Vorarbeiten gab – dies betrifft das theoretische Vorverständnis einer bislang inkonsistenten Disziplin, genauso wie methodische Wege der Erfassung und Darstellung volkskundlicher Gegenstände im Medium der Karte.

116 Frings, Volkskunde; zur Konjunktur der Sprachwissenschaft nach dem Ersten Weltkrieg vgl. Knobloch, Sprachforschung.

Methoden hatten in der emotionsgeleiteten Volkskunde bislang allenfalls eine nachrangige Rolle gespielt und waren durch Empathie, Einfühlung und andere intuitive Begabungen individueller Forscherpersönlichkeiten ersetzt worden.

Die Erfahrungslosigkeit hatte, außer langfristig wirksamen Nebenfolgen wie persönliche Intrigen, auch grundlegende Konsequenzen, wie Eduard Wildhagen später rekapitulieren sollte: „Erst während der Arbeit wurde der Sinn des ganzen Unternehmens langsam geklärt, erst während der Arbeit bildeten sich die Methoden heraus, wurden die Arbeitsverfahren entwickelt. Diese Entwicklung war keinesfalls das Ergebnis freundwilligen Zusammenarbeitens der Verantwortlichen; sie ging hervor aus hartem Kampfe, aus einem Kampfe, in dem jeder inzwischen so selbstverständlich gewordene methodische und arbeitstechnische Fortschritt – von dem Format der Fragebogen bis zur Zeichengebung – heftig umstritten worden ist.“[117]

In jedem Fall waren nun innerhalb kurzer Zeit unterschiedliche Aufgaben zu bewältigen: der Aufbau eines Forschungsapparats und einer institutionellen Infrastruktur, die Systematisierung volkskundlicher Wissensordnungen, existierten doch kaum verbindliche Vorstellungen darüber, was an volkskundlichen Objektivationen erhoben werden sollte, sowie die Klärung methodischer Fragen. Mit der Umsetzung des Großprojektes ging es 1928 zunächst zügig voran. Ende des Jahres fasste John Meier die rasant verlaufenden Entwicklungen zusammen. Nach der Sicherung der Finanzierung hätten die Verhandlungen zwischen Notgemeinschaft und Verband das gesamte Jahr ausgefüllt. Bereits auf den 7. Januar 1928 seien eine „Anzahl Herren“ zu „einer Ausschußsitzung nach Berlin berufen“ worden, wo eine „kleinere Arbeitskommission von acht Mitgliedern“ gebildet worden sei. Auf Initiative Georg Schreibers hin sei am 15. März im Reichstag das Projekt einigen katholischen Abgeordneten des Reichstages und des Preußischen Landtages präsentiert worden, woraufhin diese die Unterstützung der katholischen Kirche in Aussicht gestellt hätten. „In Berlin wurde eine vorläufige Geschäftsstelle eingerichtet, und hier hat Herr Professor Wagner mit Herrn Dr. Beitl die erste Arbeit geleistet: Entwürfe zu Fragebogen, die dann der kleinen Kommission vorlagen und die zunächst das Terrain sondieren sollen.“ Außerdem sei eine „Propagandaschrift“ ausgearbeitet worden. Ihren Höhepunkt erreichte die Konstituierungsphase schließlich Mitte Juni 1928, als auf der zweitägigen Versammlung von Volkskundlern der nunmehr definitive Beschluss gefasst wurde, „in das Unternehmen einzutreten.“[118] Im Laufe der zwei Tagungstage wurden durch etliche Grundsatzentscheidungen die Weichen für die künftige Arbeit des ADV gestellt[119]:

117 Wildhagen, Atlas 1938, S. 9.

118 Mitteilungen des Verbandes deutscher Vereine für Volkskunde, Nr. 37, Dezember 1928, S. 12f.

119 Vgl. zum Folgenden das 21-seitige Protokoll „Besprechung über den Plan eines Atlas der Deutschen Volkskunde am 16. und 17. Juni 1928 in der Notgemeinschaft der Deutschen Wissenschaft, Berlin C2, im Schloß“; enthalten u.a. in GStBPK Berlin, Nl Johannes Bolte, Kasten 56 (Varia; Verband deutscher Vereine für Volkskunde).

– **Testerhebungen**: Die Tauglichkeit der erarbeiteten Probefragebogen sollte zunächst in zusammenhängenden Territorien (Hannover, Hessen, Rheinland, Westfalen, Pfalz, Sachsen, Mecklenburg, Braunschweig, Oldenburg, Bremen und Ostpreußen) getestet werden. Seit Januar 1928 hatten Kurt Wagner und Richard Beitl Fragebogen entwickelt und sich dabei stark an den volkskundlichen Beiträgen zur rheinischen Kulturmorphologie orientiert. Die abgefragten Themen betrafen das tägliche Brot und seine Herstellung, Nikolausbrauchtum, Aufstellung und Form der Garbenstände, abergläubische und kirchliche Vorschriften für die Wöchnerin oder Jahresfeuer. Die Erarbeitung der Fragebogen zog sich durch das gesamte Jahr 1928; die Testphase lief seit Dezember 1928 mit der Verschickung von über 13 000 Fragebogen.

– **Aufbau der Infrastruktur**: Das Netz der Landesstellen, denen die Organisation der regionalen Erhebungen überantwortet wurde, sollte ausgebaut werden, wobei diese entweder an bestehende Forschungsinstitute angeschlossen oder aber neu geschaffen wurden.

– **Trennung von Volkskunde und Rassenforschung**: Eine stoffliche Abgrenzung erfolgte gegenüber der Körper- und Rassenkunde, der Siedlungsforschung und der Volkskunst. Im Fall der beiden letzten Forschungsgebiete gaben methodische Gründe den Ausschlag, da diese Wissensfelder per Fragebogen kaum angemessen erhoben werden konnten. Auf die Anregung, die volkskundliche Erhebung dezidierter mit drängenden Fragestellungen der biologischen Anthropologie zu verknüpfen, reagierte Schmidt-Ott mit dem Hinweis, dass sich die Notgemeinschaft in der Rassenforschung bereits offensiv engagiere, diese aber für Massenaufnahmen und Kooperationen methodisch noch nicht ausgereift sei.

– **Gegenwartsorientierung**: Der ADV sollte nicht primär die historische Genese von Kulturräumen rekonstruieren (was ja zunächst im Zentrum der rheinischen Kulturraumforschung stand), sondern eine Aufnahme der Gegenwartsverhältnisse liefern. Obgleich die Industrialisierung die überlieferten Formen historischer Volkskultur zersetzt habe, sodass diese nun nicht mehr in ihrer ursprünglichen Fülle und Vielfalt dokumentiert werden könne, sei eine Inventur der noch vitalen Volkskultur dringlicher als die Dokumentation des Gewesenen. In der zwischen Historizitäts- und Gegenwartsorientierung kontrovers geführten Diskussion fand schließlich Theodor Frings die Kompromissformel: „Der Volkskundeatlas hat den Gegenwartsstandpunkt darzustellen. Es wird aufgenommen, was von Lebenden noch erfragt werden kann. Die Abfrage und Sammlung ist nach Möglichkeit so anzulegen, daß Neuaufkommendes und Aussterbendes innerhalb der letzten drei Generationen erfaßt werden kann."[120]

– **Kultur- und Staatsgrenzen**: Im Kern unstrittig, aber in Details klärungsbedürftig war die Frage der räumlichen Dimensionen des Atlaswerkes. Einverständnis herrschte darüber, dass das Erfassungsgebiet deutscher Volkskultur im Gegensatz zum DSA nicht an den gegenwärtigen politischen Grenzen des Deutschen

120 Ebd., S.7.

Reiches enden solle. Friedrich Schmidt-Ott: „Auf die Bearbeitung der deutschen Grenz- und Auslandsgebiete legen wir größten Wert.“[121] Arthur Hübner verwies auf absehbare Schwierigkeiten, Erhebungen bei deutschen Bevölkerungsgruppen in Polen, dem Elsass, in Luxemburg oder in den Niederlanden durchzuführen und gelangte zur konsensfähigen Direktive: „Auf das geschlossene deutsche Kulturgebiet in Mitteleuropa ist das Hauptgewicht zu legen. Aber auch die deutschen Außengebiete müssen wir einbeziehen, also die deutschen Gebiete in Rußland, Rumänien, Ungarn.“[122] Die Ergebnisse der zweitägigen Diskussionen fasste Arthur Hübner zusammen:

> „In der Debatte haben sich hauptsächlich zwei Gesichtspunkte oft gekreuzt: Bergen des volkskundlichen Gutes und allgemeine wissenschaftliche Auswertung, liebevolle persönliche Vertiefung in den mit allen inneren Kräften ergriffenen Gegenstand und Zusammenfassung und Vergleich in einer Reihe mit bereits fortgeschrittenen Nachbarwissenschaften, kurz: Sammeln und Deuten.“[123]

Damit waren die Weichen für die weitere Arbeit gestellt. Gleichzeitig wurden institutionelle Voraussetzungen geschaffen, unter denen die Volkskunde in eine neue Phase ihrer Verwissenschaftlichung treten konnte. Erstmals in ihrer Geschichte existierte mit dem ADV eine institutionelle Einheit für die ansonsten an regionale Intentionen gebundenen, von individuellen Zufälligkeiten abhängigen und inhaltlich oft zusammenhanglosen volkskundlichen Aktivitäten. Nun waren fast das gesamte professionelle und amateurwissenschaftliche Personal des Faches und seine zentralen Institutionen auf eine Fragestellung hin – der Zusammenhang zwischen „Land und Leuten“ – verpflichtet. All die Einzelheiten volkskundlicher Teilfragen waren auf die Perspektive einer gesamtdisziplinären Problemstellung mit gesamtnationalem Anspruch ausgerichtet. Hier kamen wissenschaftsinterne Entwicklungen (die Vertiefung von Fragestellungen innerhalb der Disziplin und ihrer Nachbarfächer) und wissenschaftsexterne Einflüsse (der gesellschaftliche und politische Bedarf einer Empirisierung von „Volk“) zusammen und entfalteten eine Dynamik, die beste materielle und institutionelle Voraussetzungen zur Realisierung des Großprojektes erzeugte. Durch die Vorgabe der unter der Leitkategorie „Volk“ als Einheit zusammengefassten Fragestellungen und ihrer lokalen Überprüfung konnten die Relationen zwischen regionalen und gesamtnationalen Akzenten ausbalanciert werden. Der ADV verknüpfte sprachwissenschaftliche Erhebungen in Siebenbürgen mit Studien zum Aberglauben in Ostfriesland und Nahrungsgewohnheiten in Oberschwaben; er machte Praktiken der bäuerlichen Arbeit in Bessarabien vergleichbar mit jenen in Pommern oder Württemberg. Volkskundliche Erkenntnis und Syntheseleistungen waren damit nicht länger der Gunst von Zufälligkeiten überlassen, sondern basierten auf einer systematischen Stoffsammlung.

121 Ebd., S. 8.
122 Ebd., S. 10.
123 Ebd., S. 21.

## 3. INSTITUTIONELLE IMPULSE: DIE NATIONALISIERUNG VOLKSKUNDLICHER WISSENSCHAFT DURCH DEN AUFBAU DER ADV-INFRASTRUKTUR

Mit dem ADV konnte innerhalb eines Jahres nachgeholt werden, was dem Verband in drei Jahrzehnten Aufbauarbeit nicht gelungen war: die Ausbildung einer institutionellen Infrastruktur, die in der Lage war, volkskundliche Forschung in Deutschland in systematische Zusammenhänge zu stellen, sodass ein einheitlicher wissenschaftlicher Kommunikationsraum entstand. Der Aufbau eines institutionellen Apparats für die Datensammlung erzeugte freilich enorme logistische Probleme, mussten doch aus Laienkreisen über 20 000 ehrenamtliche Mitarbeiter gewonnen und über 30 Landesstellen errichtet werden. Damit stützte der ADV-Apparat gleichzeitig zwei zentrale Bezugsgrößen volkskundlicher Forschung: die Region (respektive „Stamm" oder „Landschaft") und die Nation. Er löste zum einen volkskundliche Forschung aus ihrem regional begrenzten Horizont heraus und lieferte einen maßgeblichen Beitrag zur Nationalisierung der Disziplin. Gleichzeitig jedoch stimulierte die Einrichtung der Landesstellen als regionale Stützpunkte auch die volkskundliche Forschung vor Ort und festigte die kommunikative Anbindung an die Heimatbewegungen und die lokal agierenden Amateurwissenschaftler.[124] Die belebenden Wirkungen durch den ADV galten sowohl für die akademische Institutionalisierung wie auch für die volkskundlichen Laienbewegungen:

> „Die Vorarbeit, die mit den Fragebogen in den Tausenden der deutschen Orte geleistet wurde, zeitigte aber noch eine weitere Frucht. Das volkstümliche Forschen wurde überall und in allen Schichten wach und angeregt und in manchen Dörfern und Städten ist durch die Bestandsaufnahmen von Volksbräuchen und volkskundlich bedeutsamen Vorstellungen der Grundstock für eine volkskundliche Chronik gelegt worden."[125]

Der Aufbau der Organisation mit einer Zentralstelle in Berlin und 37 regionalen Landesstellen offenbarte das Konzept eines nationalen Raums, dessen Einheit sich durch kulturelle Vielfalt konstituierte. Die Synchronisation von Wissenschaft, Gesellschaft und Politik sollte sich, so das Ansinnen der ADV-Initiatoren, auch in einer gemeinsamen finanziellen Förderung des Großprojektes manifestieren. Die DFG hatte die Gesamtförderung ermöglicht; aufgrund der kulturpolitischen und volkserzieherischen Funktionsleistungen des Projektes sollten auch Politik und Verwaltung im Reich sowie in den Einzelstaaten und Provinzen in die finanzielle Pflicht genommen werden. In dieser Absicht hatte sich deshalb der 1928 in Dresden tagende Volkskundetag per Grußadresse nicht nur an die Reichsregierung, sondern auch an die Einzelstaaten gewandt. Mit ihrem Dank für die Finanzierung des ADV verknüpfte die Resolution den Appell, den ADV aufgrund seiner wissenschaftlichen und nationalen Bedeutung

124 Zur Arbeit einzelner Landesstellen vgl. Gansohr-Meinel, „Fragen an das Volk"; Schmitt, Landesstelle; zu den stimulierenden Effekten der Landesstellen für die regionale Forschung am Beispiel Pommerns vgl. u.a Kaiser, Die deutsche Volkskunde in Pommern, S. 23f.

125 Spohr, Volksglaube.

weiterhin zu fördern – auch um „den Vorsprung anderer Länder auf diesem Gebiete wieder einzuholen".[126]

Überhaupt spielte in der Anfangsphase des ADV die Verankerung des Projektes in Gruppen politischer Entscheidungsträger und lokalen Honoratiorenmilieus eine große Rolle, „da aller Voraussicht nach bei dem geplanten Umfang oftmals ihre finanzielle Unterstützung in Anspruch genommen werden mußte".[127] In der Tat kostete der ADV weit mehr, als die Notgemeinschaft für die Bezahlung der Zentralstelle, für die Stipendien einiger Landesstellenleiter[128] und die laufenden Kosten aufbringen musste. Wenn öffentliche Träger und Körperschaften einbezogen werden sollten, ging es allerdings nicht nur um Finanzierungsüberlegungen, sondern auch um die Popularisierung des Projektes: „So werden jetzt überall Ausschüsse gebildet, in denen Regierung, Kirche, Schule, Berufskreise und Fachwissenschaftler zusammenarbeiten, um dieses umfassendste Werk moderner Geisteswissenschaft und Volkstumskunde zum guten Ende zu bringen."[129] In einigen Fällen führten Förderungen für Landesstellen auch zu Kürzungen bei anderen volkskundlichen Projekten. So klagte John Meier 1930, dass sein Volksliedarchiv aufgrund von Umschichtungen für Atlaszwecke nicht mehr genügend Mittel von bisherigen Geldgebern erhalte, und bat um die Kompensation dieser Ausfälle: „Infolge der Aufwendungen für den Atlas der deutschen Volkskunde haben die meisten preußischen Provinzen die bisher für die Sammlungen der deutschen Volkslieder gewährten Unterstützungen gestrichen. Da ihre finanzielle Lage es ihnen nicht gestatte, für zwei volkskundliche Unternehmungen größere Aufwendungen zu machen."[130]

Der ADV als Institution stabilisierte aber auch die innere Verfassung der volkskundlichen *scientific community*, indem sie die wichtigsten Trägergruppen und Strömungen integrierte und die Grundspannungen der Disziplin zwischen angewandter Volkstumspflege, Laienbewegung und Sammelagentur einerseits sowie akademischer Wissenschaft andererseits ausglich. Am ADV waren unterschiedliche Akteure mit verschiedenen Funktionen beteiligt.

– Als oberste Sinnstiftungsinstanz trat „das Volk" selbst auf, das gleichermaßen Quelle und Adressat des Großprojektes sein sollte, denn der ADV wurde explizit als wissenschaftlicher Beitrag zur „Volkwerdung" verstanden. Die Erkenntnisse der Erhebung sollten also wieder zurückgehen bzw. in Handlungswissen transformiert werden, das über die Volkstumspflege angewandt werden konnte, um so als gesellschaftliches Bindemittel zu fungieren. „Aus dem Volke soll Leben in die Wissenschaft dringen, und die Wissenschaft soll ihrerseits befruchtend

126 Abdruck der Resolution in Mitteilungen des Verbandes der deutschen Vereine für Volkskunde, Nr. 37, Dezember 1928, S. 14f.

127 Schlenger, Grundlagen, S. 20.

128 Die Stipendien der DFG fielen unterschiedlich aus. So erhielt Theodor Heppner (München) monatlich 400 Mark, Walther Steller (Breslau) dagegen 250 Mark und Joseph Müller (Bonn) 150 Mark.

129 Schreiber, Notgemeinschaft, S. 56.

130 Brief des Verbandes deutscher Vereine für Volkskunde an F. Schmidt-Ott, 5.12.1930, DVA, Ordner 80, Korr. „Notgemeinschaft der deutschen Wissenschaft" 1926-1935.

wirken, indem sie die großen im Volke schlummernden Werte offenbart und erhellt."[131]

– Als Sammler vor Ort in der ihnen vertrauten Nahwelt agierten vor allem Lehrer und Geistliche, deren gesellschaftliche Stellung einerseits nicht Teilhabe aber Nähe zum authentischen „Volksleben" verbürgte. Andererseits sollte ihre exponierte Position im lokalen Gemeinwesen die in der Datenerhebung angestrebte Distanz gewährleisten. Sie beantworteten die Fragen entweder auf der Basis ihres eigenen Erfahrungswissens, fungierten also selbst als Gewährspersonen, oder agierten als Rechercheure vor Ort.

– Die Landesstellen waren Bindeglieder zwischen der akademischen Volkskunde und den Sammlern und institutionelle Brücken zwischen professionellen und amateurwissenschaftlichen Volkskundlern. Hier entstanden in vielen Fällen neue Innovationszentren volkskundlicher Forschung. Wo vorhanden, wurden die Landesstellen an existierende Universitätsinstitute angeschlossen, in denen Volkskunde betrieben wurde (Rostock, Greifswald, Königsberg, Bonn, Prag etc.). Hier amtierten als Landesstellenleiter meist etablierte Wissenschaftler der älteren Generation: die Sprachwissenschaftler Friedrich Panzer in Heidelberg, Friedrich Maurer in Gießen, Ferdinand Wrede in Marburg oder Walther Ziesemer in Königsberg. Weitere für die Volkskunde wichtige Forschungsinstitutionen waren Museen, in denen in vielen Fällen – etwa am „Vaterländischen Museum der Stadt Hannover" oder in Hermannstadt – eine Landestelle eingerichtet wurde. Als Stützpunkte genutzt wurden auch bereits existierende Arbeitsstellen von Wörterbüchern. Somit bildeten die Landesstellen in der Regel Kontaktzonen zwischen der „wissenschaftlichen" Volkskunde und ihrem „angewandten" Flügel mit den Varianten des Museumswesens, der Volkstumspflege oder der Heimatbewegung. In einzelnen Fällen kamen die Leiter aus dem Übergangsbereich zwischen Heimatbewegung und Wissenschaft wie in Brandenburg, wo der ehemalige Geschäftsführer des „Bundes Heimatschutz" und Siedlungsforscher Robert Mielke amtierte. In Württemberg war die Volkskunde in den Geschäftsbereich der staatlichen Denkmalpflege gekommen, wo August Lämmle – „Volksdichter", Mundartschriftsteller und Heimatforscher – die ADV-Arbeiten in der 1923 eingerichteten Abteilung Volkskunde des Landesamtes für Denkmalpflege koordinierte. Schließlich entstanden durch die Landesstellen neue Reservoirs für Nachwuchskräfte. Oft wurden die Stellen mit jungen Wissenschaftlern besetzt, die dann in den 1930er Jahren in die Volkskunde drängten und – erfolgreich oder nicht – maßgeblich Einfluss suchten in den Diskussionen um Standort und Selbstverständnis des Faches: Arthur Haberlandt in Wien, Walther Steller in Breslau, Lutz Mackensen und Karl Kaiser in Greifswald, Viktor von Geramb in Graz oder Martin Wähler in Jena.

– Die Berliner Zentralstelle als Keimzelle einer künftigen Zentralinstitution der wissenschaftlichen Volkskunde musste nicht nur die Sammlung und Darstellung des Stoffes verantworten, sondern auch jene Systematisierungs- und Theoretisie-

131 Schreiber, Notgemeinschaft, S. 56.

rungsleistungen erbringen, welche der Volkskunde den Weg zur Akademisierung ermöglichen sollte.

Diese Arbeitsweise des ADV war das Ergebnis eines intensiven und kontroversen Klärungsprozesses. Noch freilich war das Organisationsmodell ein schematisches, und mit dem Aufbau des Erfassungsnetzes waren verschiedene basale Fragen noch nicht geklärt: Wie eigentlich sah der Idealtypus des Volksforschers aus? Wer sollte das Authentizitäts-Ideal der Volkskunde gewährleisten? Wie konnte garantiert werden, dass jener „Volkskörper", der einmal auf den Kartenbildern evident werden sollte, mit der soziokulturellen Realität des Volkslebens korrespondierte? Hier spiegelte sich grundlegend die Beziehung des Forschers zu seinem Gegenstand, mithin sein umfassendes Selbstverständnis und das Verhältnis von Wirklichkeit und ihrer wissenschaftlichen Abbildung und Analyse.

Trotz des Entschlusses zu einem quantifizierenden Erhebungsverfahren und der Wahl von Fragebogen und Karte als Forschungsmedien, mithin der gesamten Orientierung am Tatsachenversprechen der Naturwissenschaften, blieb als Restrisiko des Zufalls die Figur der Gewährsperson. Bereits im Vorfeld entschieden sich die ADV-Initiatoren gegen ein Exploratoren- und für ein Korrespondentenverfahren, also für die Befragung und gegen die Beobachtung. Eduard Wildhagen begründete dies später mit schlichtem Pragmatismus, da der ADV sonst weder in einem zeitlich überschaubaren Rahmen hätte bewältigt werden können, noch die angestrebte Belegdichte im zu vermessenden Raum erreicht worden wäre: „Hier scheitern alle ideale Forderungen an den praktischen Notwendigkeiten."[132] Als ernsthafte Alternative zum Fragebogen stand lediglich ein Exploratorenverfahren mit professionellen Feldforschungen vor Ort zur Disposition, bei dem durch Beobachtung und unmittelbare Anschauung die volkskundlichen Verhältnisse erhoben worden wären.[133] Diesem Verfahren, das eine Wendung der Volkskunde zur Feldforschung gestärkt hätte, wurde zwar theoretisch der Vorzug eingeräumt, weil es die postulierte Lebensnähe und Anschaulichkeit des Projektes besser zu gewährleisten schien. Zudem hätten bestimmte volkskundliche Bereiche (Sachkultur, Hausformen etc.) exakter aufgenommen und mit ergänzenden Dokumentationsverfahren wie Zeichnung oder Fotografie begleitet werden können. „Die unmittelbare Abfragung wäre ein wünschenswertes Ideal", bemerkte Schmidt-Ott. „Aber um sie durchzuführen, fehlen die Leute und die Mittel."[134]

Prinzipiell machte Eduard Wildhagen drei Beziehungsmöglichkeiten zwischen volkskundlicher Wissenschaft und ihrem Gegenstand, dem Volk, aus. Der erste Zugang eröffnete sich über den Weg des „Volkskundewissenschafters, der

132 Wildhagen, Atlas 1938, S. 47.

133 Da beim Volkskundeatlas der Schweiz nur mit 387 Belegorten gearbeitet wurde, konnte hier das Exploratorenverfahren durchgeführt werden. Ausführlicher vgl. Weiss, Atlas; zur Diskussion der unterschiedlichen Methoden auch Zender, Technik.

134 „Besprechung über den Plan eines Atlas der Deutschen Volkskunde am 16. und 17. Juni 1928 in der Notgemeinschaft der Deutschen Wissenschaft, Berlin C2, im Schloß", S. 12, GStBPK Berlin, Nl Johannes Bolte, Kasten 56.

sich ausschließlich reflektierend mit seinen aus der Gesamtheit der Wissenschaft gewonnenen, durch die individuellen und Schulmeinungen modifizierten Begriffe dem Stoff zuwendet und die Erscheinungen in sein System eingliedert." Den Gegenentwurf hierzu bildete „das unbefangene Glied der Volksgemeinschaft, das die Dinge unmittelbar erlebt, denen der Wissenschaftler sich als Fremder nähert." Es stehe eben nicht in reflektierender Distanz zu sich selbst: „Der eigene Lebensbereich wird mit einem ganz kindlichen und unerschütterlichen Glauben umfaßt. Mit zunehmender Entwicklung des abstrahierenden Denkens, mit dem Entstehen des 'Gebildeten' wächst die Distanz zu dieser 'Primitivität' [...]." Aus diesem Prozess der Selbstreflexivität erwachse, so Wildhagen, der Idealtypus einer Gewährsperson, nämlich

> „die für uns wichtige Zwischenstufe desjenigen, der das Volkstümliche noch aus unmittelbarer Anschauung und abgestuftem Miterleben kennt, der aber von der anderen Seite her so weit aufgeklärt ist, daß er sich, nach den Dingen befragt, auch hinauszustellen vermag und in mehr oder weniger großem Umfang objektiv urteilen kann. Ein solcher Mensch hat für den Volkskundler den großen Vorzug, daß er ohne zu weitgehende Reflexion die Erscheinungen noch unmittelbar durch Miterleben selbst erfassen kann, daß er sie andererseits aber schon in ihrem allgemeinen Zusammenhang bewertet und dadurch dem Mißverstehen, dem der fremd hinzukommende Volkskundler immer wieder ausgesetzt ist, nicht unterliegt."[135]

Damit war der ideale Gewährsmann[136] im Lehrer oder Pfarrer gefunden. Diesen kam das Privileg einer Teilhabe an zwei Wirklichkeitsbereichen – Volksleben und Wissenschaft – zu. „Der Lehrer", so Herbert Schlenger, „in der Regel selbst ein Kind des Landes, besitzt die unentbehrliche Einfühlungsgabe und Volksverbundenheit, um Form und Inhalt volkskundlicher Fragebogen zu verstehen und sie nach jeder Richtung, sowohl technisch mit Zeichnungen wie inhaltlich, klar und vollständig auszufüllen."[137] Er schien besser geeignet und verlässlicher als der distanzierte und von seinem Forschungsgegenstand bereits entfremdete Wissenschaftler. Der Wissenschaftler vermöge zwar das Phänomen zu beschreiben „wie der sprachunkundige Reisende die Bräuche irgendwelcher Exoten". Aber:

> „Gerade der Volkskundler bewies mangelnde Vertrautheit mit dem Volk und seinen Fähigkeiten. Wer anders, als der aufgeklärte Lehrer oder Geistliche oder sonstige Gewährsmann, der in und mit seiner Ortsgemeinschaft lebt, ist überhaupt dazu in der Lage, allgemeine Urteile, z.B. über die Funktion eines Brauches, die Bedeutung einer Vorstellung, die Tiefe und Zähigkeit eines Aberglaubens, das bewußte Festhalten an traditioneller Gestaltgebung bei Bauformen, Geräten, Handgriffen usw., kurzum über das eigentlich Volkskundliche abzugeben?"

Wie Herbert Schlenger erhob, bildeten die Lehrer mit insgesamt über 79 Prozent die absolute Majorität unter den Gewährsleuten, gefolgt von den Geistlichen mit 7,13 Prozent und den „Landwirtschaftlichen Berufen" mit 4,63 Prozent. Frauen dagegen waren mit 0,44 Prozent kaum repräsentiert, genausowenig wie

135 Wildhagen, Atlas 1938, S. 47.

136 Ausführlicher zur Auswahl der örtlichen Fragebogenbearbeiter, ihrer sozialen Herkunft, Alter und ihren beruflichen Tätigkeiten vgl. Simon, „Volksmedizin", S. 110-145.

137 Schlenger, Grundlagen, S. 60.

die anderen Berufsgruppen, deren Anteil weniger als ein Prozent betrug: Bürgermeister und Gemeindevorsteher, Beamte, Angestellte, Gewerbetreibende, Handwerker, Freie Berufe, Arbeiter oder Ärzte.[138]

## 4. VERRÄUMLICHUNG DER VOLKSKULTUR: DIE VOLKSKUNDLICHE KARTE ALS FORSCHUNGSINSTRUMENT UND POPULÄRES MEDIUM

Während zum Zeitpunkt der Gründung des ADV schon aufgrund des Mangels verbindlicher volkskundlicher Wissensordnungen völlig offen war, was denn an Facetten der kulturellen Wirklichkeit erhoben werden sollte, stand die spätere Darstellungsform Karte von Anfang an fest. Mit den Erkenntniswerkzeugen Fragebogen und Karte[139] waren für das volkskundliche Großprojekt der Notgemeinschaft Forschungsmedien gewählt, die, im Zuge der Nationalstaatsbildung und einem im 19. Jahrhundert wachsenden Interesse an „Land und Leuten", sowohl in den Wissenschaften als auch in außerwissenschaftlichen Öffentlichkeiten hohe Popularität entwickelt hatten. Stimuliert durch exzessiven Gebrauch im Ersten Weltkrieg, kam die kulturräumliche Vermessung und Fixierung der nach Versailles durcheinander geratenen deutschen Welt gleichzeitig inner- wie außerwissenschaftlichen Bedarfslagen entgegen. Im Massenmedium Karte ließen sich eingängig zentrale Fragen der europäischen Nachkriegsordnung veranschaulichen und Ziele sichtbar machen: ethnische Zugehörigkeiten, territoriale Ansprüche, Grenzen zwischen Eigenem und Fremdem. Innerwissenschaftlich fungierte die Anwendung der thematischen Kartographie als Versuch, auch die unter Krisenverdacht gestellten Geisteswissenschaften mit einem Objektivitäts- und Tatsächlichkeitsversprechen auszustatten. Außerwissenschaftlich entfaltete die ethnographische Kartographie aufgrund ihrer Veranschaulichungsmöglichkeiten hohe Popularität. Diese Popularität verdankte sich nicht zuletzt dem Umstand, dass die kartographische Darstellung und Wahrnehmung von Wirklichkeit in gesellschaftlichen Institutionen vermittelt wurde, die maßgeblich als staatsbürgerliche Sozialisationsinstanzen, Orte der Weltbildkonstruktion und ideologische Vermittlungsagenturen fungierten: Schule und Militär.[140] Hier fand mit der Popularisierung des Mediums Karte zugleich die massenwirksame Einübung statt, die vermessenen und visualisierten Räume gestalthaft als Körper und Organismen wahrzunehmen.

138 Ebd.

139 Systematisch aus volkskundlicher Sicht Peßler, Methode; Schlenger, Grundlagen; Weiss, Methode; Wildhagen, Atlas 1938; Röhr, Volkstumskarte; Kretschmer, Karte. Zur historischen Genese der Ethnokartographie vgl. die Beiträge in Ethnocartographie; Schippers, Border; Schippers, La cartographie.

140 Vgl. auch das Kapitel „Die Veranschaulichungsleistung der Geopolitik" in Köster, Rede, S. 153-164.

Das Medium Karte entsprach den wissenschaftlichen Ambitionen des Projektes, weil es Faktizität zu verbürgen schien. Gleichzeitig folgte die visuelle Darstellung der kulturellen Verhältnisse kulturpolitischen und volkserzieherischen Intentionen, weil diese in hohem Maße Anschaulichkeit und Emotionalität vermittelte. Die Karte vermochte vieles zugleich zu sein: wissenschaftliches Erkenntnisinstrument, pädagogische Stimulationshilfe und politisches Erregungsmittel. Die Volkskunde griff beim ADV also auf ein in Wissenschaft und Alltag gleichermaßen vertrautes Kommunikationsmedium zurück, das gleichzeitig Abstraktions- und Veranschaulichungsleistungen zu erbringen vermochte.

Wiewohl es zu den kartographischen Binsenweisheiten zählt, dass Karten keine Abbilder der Realität liefern, sondern abstrakte Interpretationen räumlicher Verhältnisse, werden sie in der Regel so gelesen. Karten sind keine neutralen Instrumente zur Gewinnung wissenschaftlichen Wissens, sondern transportieren immer auch darüber hinausweisende Botschaften; sie sind Medium und Message zugleich. Auf die Allianz von kartographischer Praxis und Nationsbildung und damit auf die Zusammenhänge von Politik und kartographischer Ordnung ist in jüngeren Arbeiten zur Technik- und Wissenschaftsgeschichte immer wieder hingewiesen worden, um die Wechselbeziehungen zwischen Macht, Wissen und Raum kenntlich zu machen.[141] In der kartographischen Praxis werden untrennbar Welt und Weltbild miteinander verknüpft. Karten bilden Verhältnisse im Raum nicht ab, sondern ordnen diesen sinnhaft und erzeugen in der Kunst der Sichtbarmachung genauso wie in jener der Verunsichtbarung Bewusstsein über Räume. Sie ordnen komplexe Verhältnisse im Raum durch Selektion, Reduktion, Konzentration, Ignorierung und Typisierung. Die seit dem 19. Jahrhundert mit der Differenzierung der Wissenschaften spezialisierten thematischen Karten machen Beziehungen zwischen natürlichen und kulturellen Einflussgrößen sichtbar, die sonst unsichtbar bleiben würden: Grenzen der Sprachgewohnheiten, Zentren kultureller Innovation oder die Verbreitung kultureller Praktiken und Formen, wie sie auch auf den Karten des ADV dokumentiert wurden: Formen der Kinderwiege, Jahresfeuer, Bezeichnungen für Kinderbringer, Korn oder Garbenstände, das Besprechen von Krankheiten, Praktiken und Gerätschaften der bäuerlichen Arbeit, Termine für weltliche und religiöse Feste.

Wie bei allen Karten, so wurde auch in der Herstellung der ADV-Karten ein Prozess der Sammlung, Bearbeitung und Ordnung von Informationen, der Visualisierung dieser Daten und schließlich ihre Präsentation als wissenschaftliches Wissen vollzogen.[142] Es handelt sich um einen Prozess der Transformation soziokultureller Realität in deren wissenschaftliche Repräsentation und – schließlich werden Karten vom Betrachter gelesen – der Rezeption und Kommunikation. Die an über 20 000 Orten erhobenen Daten und Antworten wurden von Informanten gesammelt und über die Landesstellen weitergegeben

141 Vgl. Black, Maps; Herb, Map; Gugerli, Landschaften; Gugerli/Speich, Topographien; Gugerli/Orland (Hg.), Bilder; Schneider, Macht; Dipper/Schneider (Hg.), Kartenwelten.

142 Vgl. Schmoll, Volk.

an die Berliner Zentralstelle, wo sie archiviert, vor allem aber in Zeichen und Symbole verwandelt und in vorbereitete Grundkarten eingetragen wurden, die schließlich ein Bild von den unsichtbaren Zusammenhängen vom deutschen Volksleben und seiner Bindung an den Raum zu offenbaren vermochten.

Die Verwendungszusammenhänge von Karten in Militär, Verwaltung, Planung, Erziehung und Unterricht sowie Freizeit sind fließend. Die Instrumente Fragebogen und Karte korrespondierten mit zwei tragenden Intentionen des Projektes. Sie stabilisierten zum einen den volkskundlichen Tatsachenblick auf das Volk und entsprachen damit der eingeforderten Orientierung der Geistes- und Kulturwissenschaften am Objektivitätsversprechen der Naturwissenschaften. Die „Wissenschaftlichkeit“ der Volkskunde sollte (auch) mit der Wissenschaftlichkeit der an Objektivität und Präzision orientierten Methodik der Kartographie beglaubigt werden. Die Forschungstechnik der Kartographie verlieh der bislang ohne systematisches Methodeninventar operierenden Disziplin symbolische Autorität. Immer wieder – ob in der medialen Popularisierung des Atlasunternehmens oder in methodischen Erörterungen – wurde dabei auch die Funktion der kartographischen Darstellung als nationalkulturelle Orientierungshilfe unterstrichen: „So spiegelt also der ‘Atlas der deutschen Volkskunde’ das geistige Gesicht des deutschen Volkstums wider. Brauchtum und Vorstellungsweisen des völkischen Lebens werden durch einen Blick auf die Karten lebendig und jedem Deutschen seine geistig-seelische Herkunft bewußt. ‘Für den forschenden Gelehrten bedeutet der Atlas der deutschen Volkskunde dasselbe, was das Mikroskop für den Arzt ist’, so meinten die Herausgeber des Atlas.“[143]

Karten vermögen ethnopolitische Ziele idealiter zu unterstützen, weil in ihnen die Autorität wissenschaftlich beglaubigter Sachverhalte mitgelesen wird. So entsprach das Medium Karte im ADV durch seine Suggestionsmacht auch den politischen Erwartungen an das Forschungsprojekt, deutschen Volks- und Kulturboden sichtbar zu machen. Evident wurde dabei schließlich, dass die staatlichen und die kulturellen Grenzen nicht identisch verliefen und der vermessene „Volkskörper“ nicht mit dem existierenden Staatskörper übereinstimmte. Diese Tendenz zur symbolischen Landnahme wohnt jeglichen Versuchen der kartographischen Aneignung der Welt inne, wie nicht nur der Kartographiehistoriker John Brian Harley festhielt: „To own the map was to own the land.“[144] Die Karte als Medium stützte territoriale Ansprüche, weil sie gleichermaßen an Verstand und Gefühl appellierte und in der Lage war, durch ihre Rezeption emotional stark zu mobilisieren:

> „Sie spricht in vielen Dingen stärker als das geschriebene Wort, weil zu der Wirkung von nur abstrakten Zeichen eine viel lebendigere hinzukommt, nämlich die, die ‘von den gefühlsmäßig wärmeren Vorstellungen ausgeht, die sich bei jedem Deutschen bei der Betrachtung des geographischen Bildes seines Vaterlandes einstellen’; persönliche Eindrücke, Gedankenverbindungen knüpfen sich an und helfen, die neuen Angaben festhalten.“[145]

143 Spohr, Volksglaube. Vgl. auch Röhr, Atlas, Niederdeutsche Zeitschrift, S. 181.
144 Harley, Knowledge, S. 298.
145 Brüning, Wilhelm Peßler, S. 262.

Die Karte ist das Forschungsmedium schlechthin, um zwei ambivalente Erwartungen zu erfüllen: Sie stimuliert die Imagination und scheint dabei Faktizität zu verbürgen, verspricht gleichermaßen Präzision und Emotion, ist abstrakt und anschaulich zugleich. Karten schaffen Raumbewusstsein, indem sie zu den Wirklichkeiten des Raumes ein identifizierendes Verhältnis erzeugen. Damit ist die Forschungspraxis der Kartographie Bestandteil einer Mobilisierung für die politisch-kulturelle Aneignung von Territorien. Karten bilden Verhältnisse im Raum nicht nur ab, sie leisten selbst einen Beitrag, diese Verhältnisse erst zu erzeugen und werden so zu gleichermaßen wissenschaftlichen wie populären Medien gesellschaftlicher Selbstverortung. Sie erzeugen in der Praxis der Sichtbarmachung genauso wie in der Kunst des Weglassens und Unterdrückens die Suggestion von Eindeutigkeit räumlicher Ordnungen. Hier wird die Existenz einer Ordnung evident gemacht, die realiter erst hergestellt werden soll.

Der Anblick einer volkskundlichen Karte transportiert – ausgesprochen oder unausgesprochen – immer die Botschaft eindeutiger Zugehörigkeiten und klassifiziert auch das Mehrdeutige als eindeutig. Die Karten des ADV zielten dabei in ganz unterschiedliche Kommunikationsräume - sie fungierten als epistemische Medien in der Wissenschaft, sollten gleichzeitig aber in Schulen und in der Öffentlichkeit lesbar sein und Orientierungssicherheit erzeugen. Ihre Rezeption zielte zum einen als Forschungsinstrument auf Erkenntnisgewinnung und zum anderen – hier ist das Abgebildete schon die Erkenntnis – auf einen Akt der kulturellen Selbstvergewisserung. Damit stellten sie Modelle und Manifestationen räumlicher Ordnung zur Verfügung, denen die Macht der Evidenz und somit ein Status gesteigerter Glaubwürdigkeit eingeräumt wurde.

Nach dem Ende des Ersten Weltkriegs ist als Antwort auf vakante Verräumlichungsbedürfnisse in vielen Geistes- und Kulturwissenschaften eine exzessive Konjunktur der Kartographie zu konstatieren. Die Erosion der politischen Ordnung Europas war auch eine Erschütterung bislang verbindlicher räumlicher Orientierungen. Verlust und Wandel stimulierte die Sehnsucht nach Fixierung und Stabilisierung verbindlicher Verhältnisse. Die Auflösung der vertrauten territorialen Gliederung Europas forcierte in den Geistes- und Kulturwissenschaften einen Paradigmenwechsel zu räumlichen Fragestellungen und damit den Triumph der „geographischen Methode“:

> „Der Volkskundeatlas konnte erst geschaffen werden, nachdem die geographische Methode in die Volkskunde eingegangen war, ein Jahrhundert nach der philologisch-historischen Grundlegung der Volksforschung. Zu Beginn des 19. Jahrhunderts ringt die Volkskunde im Zeitalter naturwissenschaftlich-technischen Denkens vergeblich um die Vollendung ihrer wissenschaftlichen Selbständigkeit. Am Ende des Jahrhunderts ist sie in Gefahr, ihre innere Einheit völlig zu verlieren. Da dringen soziologische und biologische Strömungen in die philologisch-historischen Wissenschaftsbereiche ein und kündigen neue Sinngebungen an. Die geographische Anschauung trägt den Gedanken der räumlichen Zusammenhänge der Kulturerscheinungen in die Geisteswissenschaften.“[146]

146 Stroh, Atlas, S. 103.

Im Moment der Auflösung tradierter Ordnungen setzten die nervösen Versuche ihrer erneuten Festschreibung und Fixierung ein. Räumliche Verunsicherung provozierte die Suche nach territorialer Stabilität, bei der eine Übereinstimmung von Raum, Volk und Staat als anzustrebendes Ideal gesetzt war. Dies stimulierte die Kartenwerke der interdisziplinären Verbundsysteme der geschichtliche Landeskunde, Volksgeschichte, Kulturgeographie, Dialektologie oder Volkskunde. Hier wurde ein kultureller Unterboden des deutschen Volkes sichtbar, dessen Konturen unübersehbar signalisierten, dass seine Größe nicht mit den existierenden staatlichen Grenzen korrespondierte. Bei dieser Geschichtsschreibung ging es nicht um Ereignisse oder Personen, sondern um Sprache, Alltag, die materielle Umwelt der Menschen, die sie unter vorgegebenen natürlichen Verhältnissen erzeugt hatten, die Gewohnheiten und Routinen. Es ging nicht um das Individuelle, sondern um das Kollektive, die Zusammenhänge zwischen Volk und Raum, Mensch und Landschaft.

Mit der Karte war für den ADV ein populäres Medium gefunden, das geeignet schien, sowohl in der Wissenschaft wie auch in der Öffentlichkeit lesbar zu sein, wodurch eine weitere Absicht abgegolten werden konnte: Wissenschaft und Öffentlichkeit einander näher zu bringen und wissenschaftliches Wissen zu popularisieren. Dieser Anspruch, unterschiedliche Interessen zu bedienen, ließ sich freilich nicht lange aufrecht erhalten. Vor allem die Vorstellung, mit dem ADV die Volkskunde volkstümlich machen zu können, erwies sich als idealistische Hybris: „Der schönste Erfolg wäre dem Atlas beschieden, wenn er aus einem Volkskundeatlas zum Volksatlas würde.“[147] Hier kulminierte die Sehnsucht der volkskundlichen Gelehrten, wieder mit dem einfachen, ursprünglichen, unentfremdeten und authentischen Volk zu verschmelzen, in der Vorstellung ganzheitlicher Wissenschaft und dem Traum, Wissenschaft und Leben zu versöhnen. Allerdings sollte es sich als schlechterdings unmöglich erweisen, dass ein- und dieselben Karten als Forschungsinstrument wissenschaftliche Kriterien erfüllen und gleichzeitig populär und allgemein verständlich sein könnten.

Im Standardwerk der NS-Kartographie Max Eckert-Greifendorfs wurde dem ADV zwar attestiert, dass er der Forschung nachhaltige Impulse habe verleihen können. Die volkserzieherischen Ambitionen allerdings, die ihm zugewiesen worden waren, seien klar verfehlt worden: „So groß angelegt wie dieses Kartenwerk ist, hat es doch nicht das Ziel, ein ‘Atlas der Volkskunde’ zu sein, erreicht, insofern ich darunter einen Atlas verstehe, der auch dem Volksgenossen dienen soll. Lediglich dem Gelehrten liefert er – wie er ja gleichfalls will – die erwünschten Unterlagen für seine Forschungen.“ Der Nestor der nationalsozialistischen Kartenwissenschaft sah diesbezüglich unzweideutige Vorzüge in den zeitgenössischen Rasse- und Volkstumskarten oder im großdimensionierten „Atlas des deutschen Lebensraums“ und bedachte die volkskundlichen Karten eher mit Häme:

> „Die sich präsentierenden Karten scheinen mehr kartographische Vorarbeiten zu einem Atlaskartenbild als eigentliche Atlaskarte zu sein. Was die eigentlichen Vorarbeiten zu diesem

147 Wildhagen, Atlas 1938, S. 171.

Atlas betrifft – alle Achtung! [...] Aber die farbige Karte? In der vorliegenden Zeichnung kann sie sich nicht beim Volk einführen. Schließlich ist doch ein Atlas der Volkskunde auch für das Volk. Das Volk versteht ihn kaum. Bei diesen Tausenden und Abertausenden von Ringeln kann man ganz 'ringeldrehend' werden [...].“[148]

## 5. „DEUTSCHER STIL DAGEGEN IST DER FRAGEBOGEN“: ZUR GENESE VOLKSKUNDLICHER WISSENSORDNUNGEN IN DER ERARBEITUNG DES ADV-FRAGEWERKS

Mit der Aufgabenstellung „einer umfassenden Sammlung der im Volke noch lebenden Reste bodenständigen Kulturgutes“[149] bzw. einer „zentralen Sammlung volkskundlicher Erscheinungen auf dem gesamten deutschen Kulturboden“[150] waren für die wissenschaftliche Disziplin Volkskunde basale Fragen zu klären. Für den ADV war auszuhandeln, was per Fragebogen erhoben werden musste, damit einmal auf den Karten jene volkskulturelle Physiognomie Deutschlands evident werden konnte, die dem Projekt als Vorannahme zugrunde lag. Welche Phänomene und Objektivationen mussten durch die avisierten 1000 Fragen ermittelt werden, damit im Gesamtkartenwerk später angemessen die Totalität einer deutschen Volkskultur sichtbar werden konnte? Damit verband sich eine Aufgabe, die weit über das Projekt selbst hinauswies – es ging um die Ordnung volkskundlichen Wissens. Was sollte Gegenstand volkskundlicher Wissenschaft sein? Wie war „Volk“ – um diese Vorstellung organisierte sich schließlich die juvenile Wissenschaft – dingfest zu machen und empirisch fassbar? Welches waren die Bestandteile jener „Kultur“, die von den Angehörigen des „Volkes“ als eine gemeinsam geteilte erfahren werden sollte? Konstituierte sie sich über die verbindende Sprache hinaus durch ein gemeinsames Inventar an Vorstellungen, Glaubenswelten, Wertehaltungen, Sitten und Gebräuchen, aber auch Ding- und Sachgütern, Umgangsformen, Strategien der Lebensbewältigung, in Nahrung, Kleidung, Hausbau, Arbeit? Mit dieser elementaren Aufgabenstellung drängte die Ausarbeitung der ADV-Fragebogen auch auf eine Klärung volkskundlicher Disziplinarität.

Die Geburtsstunde des ADV war denn auch der Anfang eines komplexen Klärungsprozesses, in welchem Wissensordnungen der Volkskunde ausgehandelt wurden. Dabei wirkten und intervenierten all jene Gruppen, die sich in dem Großprojekt Einfluss gesichert hatten: die Volkskunde, die DFG und die Vertreter der Nachbarwissenschaften. Inhaltlich artikulierten sich diese Interessenkonstellationen in mehreren Konfliktlinien. Als permanent virulent erwies sich die nie eindeutig klärbare Frage von Gegenwartsbezug oder Vergangenheitsorientierung.[151] Die Volkskunde stand lange unter dem Verdacht, allenfalls eine amateurwissenschaftliche Sammel-Liebhaberei zu sein, deren Vertreter sich an

148 Eckert-Greifendorf, Kartographie, S. 196.
149 Schmidt-Ott, Einführung, S. 5.
150 Meier, Vorwort, S. 9.
151 Vgl. Schmoll, Disziplinarität.

Relikten, Kulturfossilien und Überlebseln historischer Entwicklungszustände delektierten. Volkskundler gingen – kulturkritisch gestimmt und misstrauisch allem Neuen gegenüber – in der Regel davon aus, dass das Vergangene doch sehr viel besser sei als das Gegenwärtige. Die Aufwertung der Volkskunde seit 1918 vollzog sich nicht zuletzt durch die Befreiung von diesem Stigma und einem neuen Selbstverständnis als Gegenwartswissenschaft, das sich vor allem aus dem Bewusstsein speiste, als relevante Deutungs- und Sinnstiftungsagentur zur Bewältigung gesellschaftlicher und kultureller Problemlagen gebraucht zu werden.[152] Nun sollte es nicht mehr um die Dokumentation museal stillgestellter Vergangenheit gehen, sondern um die Revitalisierung und Stärkung einer unentfremdeten gemeinschaftlichen Volkskultur. Vor der Ausarbeitung der Fragebogen war also zu klären, inwieweit eher die traditionale Welt von Gestern dokumentiert werden musste oder die vitale Volkskultur der Jetztzeit. Der erreichte Konsens setzte den Akzent auf Aktualität: „Der Volkskundeatlas hat den Gegenwartsstandpunkt darzustellen. Es wird aufgenommen, was von Lebenden noch erfragt werden kann. Die Abfrage und Sammlung ist nach Möglichkeit so anzulegen, daß Aussterbendes innerhalb der letzten drei Generationen und auch Neuaufkommendes erfasst werden kann.“[153]

Als problematisch erwies sich auch die Entgegensetzung von materiellen und geistigen Objektivationen der Volkskultur. Hinter dem Verhältnis zwischen Sachkultur und immaterieller Kultur stand die Frage nach dem Selbstverständnis der Volkskunde und ihrem Zuständigkeitsbereich, sodass über die Frage nach dem Primat materieller Objektivationen bzw. geistiger Kultur Konkurrenzen um die Einflüsse psychologischer, philologischer und sprachwissenschaftlicher, realienkundlicher und anderer Strömungen innerhalb des Faches ausgetragen wurden.[154] Die leidlich uneindeutige Trennung zwischen Ding und Denken, Geist und Materie drängte sich nicht von den Gegenständen volkskundlicher Wissenschaft auf und blieb notwendigerweise immer unscharf. Auch die Welt des Glaubens bedurfte der Objekte; auch die Welt der Dinge war kulturell geprägt. Dennoch war die Trennung nachhaltig wirksam und fungierte als Entgegensetzung auch in anderen nationalen Wissenschaftstraditionen Europas, wo sie mitunter auch die Ausbildung unterschiedlicher (Sub-)Disziplinen beförderte – der Ethnographie bzw. der Folkloristik. Von dem schwedischen Ethnologen Sigurd Erixon um eine Darstellung der deutschen Volkskunde gebeten, schrieb John Meier 1931, man fasse in Zentraleuropa im Gegensatz zu der in Skandinavien gängigen Differenzierung in Ethnologie und Folklore die „sachliche und geistige Volkskunde als Einheit auf und stellt sich hierin in einen gewissen

152 Unter diesem Eindruck wurde denn auch Ende der 1920er Jahre die Thematisierung einer „Großstadtvolkskunde“ oder einer „Volkskunde des Proletariats“ massiv befördert, was natürlich kein Privileg völkischer Wissenschaft war; vgl. u.a. Freudenthal, Volkskunde; Peuckert, Volkskunde; Koch, Gegenwartsvolkskunde.

153 Siebenter Bericht der Notgemeinschaft der Deutschen Wissenschaft umfassend ihre Tätigkeit vom 1. April 1927 bis zum 31. März 1928, S. 176.

154 Im Sinne eines Plädoyers für eine vehementere Erforschung der materiellen Kultur vgl. die historische Rekonstruktion dieser Grundspannung durch Jacobeit, Arbeit.

Gegensatz zum weiteren Osten und zum Norden". Die beiden Sphären seien im Verständnis der deutschen Volkskunde miteinander verwoben: „Man hat mit Recht hervorgehoben, daß auch die Gegenstände 'geformte Gedanken' sind und darauf hingewiesen, daß die Dinge [...] vielfach neben der eigentlichen Gebrauchsbedeutung noch eine symbolische geistige Bedeutung haben, die durch die Realienforschung nicht zu ermitteln und zu deuten ist."[155] Dennoch blieb auch in der deutschen Volkskunde die Entgegensetzung von Geist und Materie latent, schließlich stützte sie sich auf unterschiedliche institutionelle Träger volkskundlichen Wissens: Während die Museen als Sachverwalter der aussterbenden Dinge auftraten, widmeten sich die in romantischer Tradition stehenden Germanisten den Märchen, Volksliedern und Sagen.

Eindeutiger als die Fragen nach dem Stellenwert materieller und immaterieller Kultur bzw. gegenwärtiger oder vergangener volkskundlicher Phänomene konnte die Frage der Erhebungstechnik beantwortet werden. In der Grundsatzentscheidung zwischen persönlicher Inaugenscheinnahme und Beobachtung durch den Explorator und der Datenerfassung per Fragebogen sah Arthur Hübner obendrein auch eine elementare wissenschaftskulturelle Differenz, an der sich „ein deutscher und ein romanischer Stil scheiden" lasse, was nicht zuletzt deutlich mache, dass der einen Methode das Verständnis eines zentralistischen Staates zugrunde liege und der anderen das Bewusstsein eines organisch-landschaftlichen Aufbaus des Volkes. Beim „Atlas de linguistique de la France" oder dem „Sprachatlas Italiens und der Südschweiz" von Karl Jaberg und Jakob Jud sei mit direkter Erkundung durch zentral ausgesandte Exploratoren gearbeitet worden. „Deutscher Stil dagegen ist der Fragebogen. Und er ist es nicht von ungefähr. Fast will es einem scheinen, als wenn es verschiedene Formen wissenschaftlichen Arbeitens und Denkens sind, die sich in dieser Sonderung auswirken, verschieden wenigstens in ihrem Verhältnis zum wissenschaftlichen Objekt, das in diesem Falle das Volk ist: bei den Franzosen ein straffes, nur den wissenschaftlichen Zweck ins Auge fassendes, zentralistisches Vorgehen, bei uns ein lockeres, dem Landschaftlichen mehr nachgebendes, auf den Volksangehörigen sich einlassendes Verfahren."[156]

All diese Vorgaben erwiesen sich in der jahrelangen Ausarbeitung des Fragewerks als wirksam. Wie konnte eine komplexe kulturelle Welt – geformt durch räumliche und soziale Differenzierung, durch die Gleichzeitigkeit ungleichzeitiger Phänomene, geschlechts- und altersspezifischer Prägung – „abfragbar" gemacht werden? Welche Standardisierungen waren notwendig, um soziokulturelle Realität in Zeichen und Symbole zu transformieren, die auf der Karte schließlich einen organisch aufgebauten „Volkskörper" sichtbar werden lassen sollten? So mussten die Inhalte für die avisierten 1 000 Fragen (die wiederum in detaillierte Unterfragen gegliedert und in einem Zeitraum von rund fünf Jahren erhoben werden sollten) in einem Aushandlungsprozess ermittelt werden, wobei diesem zwei Prämissen zugrunde lagen. Die Fragen mussten zum einen

155 J. Meier an S. Erixon, 21.4.1931, DVA, Ordner 28, allg. Korr. 1930-31, A-F.
156 Hübner, Atlas, S. 7.

„auf die Einheit der volkskundlichen Fragestellung“[157] zielen, also insgesamt eine volkskundliche Wissensordnung repräsentieren. Zum anderen war nicht jeder volkskundliche Gegenstand via Fragebogen zu ermitteln und nicht jeder kartographisch darstellbar.

Schon vor dem offiziellen Eintritt in das Atlasunternehmen, im November 1927, hatte John Meier damit begonnen, unter Volkskundlern wichtige Gegenstandsbereiche für das Fragewerk des ADV zu ermitteln. Durch diese Stellungnahmen war ein Meinungsbildungsprozess in Gang gekommen, der ein Abbild der Vielstimmigkeit der zeitgenössischen Volkskunde lieferte. Allerdings erzeugte er wenig Systematik, da die angefragten Wissenschaftler in der Regel beabsichtigten, ihre genuinen Forschungsfelder zu Themen im ADV werden zu lassen. Nach dieser ersten Sondierung ging Meier 1929 an die Ausarbeitung, die zunächst einen Katalog von 1073 Fragen und schließlich einen reduzierten Arbeitsplan mit 930 Fragen ergab. Vorgesehen war anfänglich die Versendung von vier bis sechs Bögen mit jeweils 50 – wiederum in Einzelaspekte unterteilte – Fragen pro Jahr. Tatsächlich sollte dieses Ziel Illusion bleiben. Die Aussendung verzögerte sich massiv, sodass der Fragenkatalog reduziert werden musste und es am Ende der Erhebungszeit bei 243 Fragen bleiben sollte. Die Versendung des ersten Fragebogens erfolgte im Februar 1930, der zweite ging im Januar 1931 an die Mitarbeiter, der dritte im Januar 1932, der vierte folgte im Juli 1933, und der fünfte Fragebogen wurde im Januar 1935 versandt.[158]

John Meier hatte als Vorsitzender des Volkskundeverbandes bei der inhaltlichen Ausgestaltung des Werkes maßgebliche Autorität erlangt und konnte sich dabei auf den Rückhalt namhafter Kollegen berufen. Den Stand der Dinge fasste er im Oktober 1929 zusammen:

> „Da in den nächsten 5 Jahren die Hauptarbeit geleistet sein muss, war die Frage der volkskundlichen Stoffwahl besonders wichtig. Aus der Menge der an und für sich aufstellbaren Fragen mussten acht- neunhundert herausgewählt werden. Selbstverständlich ist der Frageplan, den ich als Vorsitzender des Kleinen Ausschusses in Zusammenarbeit mit meinem Schüler Dr. Paul Geiger (Basel) aufgestellt habe, keine endgültige Formulierung. Als Rohentwurf ging er 73 Fachleuten zu, von denen 60 geantwortet haben. Nach Massgabe dieser Durcharbeitungen, Kritiken und Ergänzungen wurde von Dr. Geiger und mir ein zweiter Entwurf gefertigt, der von der Kleinen Kommission als allgemeine Grundlage der Arbeit angenommen wurde.“[159]

Mit dem Entwurf hatte Meier auch den Versuch einer Systematisierung und Hierarchisierung volkskundlicher Wissensbestände vorgenommen. Viele der um Stellungnahmen gebetenen Kollegen teilten den Standpunkt, dass durch die vorgelegten Fragen letztlich nur ein geringer Ausschnitt getroffen worden sei, dem

157 Schlenger, Grundlagen, S. 29.

158 Alle Fragen sind im Wortlaut abgedruckt in Zender, Atlas (1959), S. 22-32.

159 „Bericht über die Sitzung der Grossen Kommission des Atlas der deutschen Volkskunde am 23. Oktober 1929 im Harnackhaus“, S. 3f., GStBPK Berlin, Nl Johannes Bolte, Kasten 56.

obendrein die innere Einheit fehle.[160] Wie also verteilten sich die Themengebiete auf das Gesamtfragewerk? Der erste Entwurf mit 1073 Fragen folgte, genauso wie der schließlich 930 Fragen umfassende Arbeitsplan, einer Zusammenfassung der Einzelfragen in übergeordnete Themengebiete der Volkskunde. Diese ergaben nach der Zusammenstellung von Heidi Gansohr-Meinel die Aufteilung[161]:

- „Flurformen" (Entwurf: 15 Fragen = 1,4%; Arbeitsplan 16 Fragen = 1,7%),
- „Haus" (Entwurf: 165 Fragen = 15,4%; Arbeitsplan: 149 Fragen = 16,0%),
- „Häusliches Leben, Arbeit und Gesinde" (Entwurf: 22 Fragen = 2,1%; Arbeitsplan: 22 Fragen = 2,4%),
- „Nahrung" (Entwurf: 29 Fragen = 2,7%; Arbeitsplan: 34 Fragen = 3,7%),
- „Kleidung" (Entwurf: 12 Fragen = 1,3%; Arbeitsplan: 17 Fragen = 1,8%),
- „Landwirtschaft" (Entwurf: 144 Fragen = 13,4%; Arbeitsplan: 145 Fragen = 15,6%),
- „Das Jahr" (Entwurf: 249 Fragen = 23,2%; Arbeitsplan: 196 Fragen = 21,1%),
- „Geburt, Taufe" (Entwurf: 12 Fragen = 1,1%; Arbeitsplan: 14 Fragen = 1,5%),
- „Liebe, Ehe" (Entwurf: 69 Fragen = 6,4%; Arbeitsplan: 51 Fragen = 5,5%),
- „Tod" (Entwurf: 57 Fragen = 5,3%; Arbeitsplan: 47 Fragen = 5,1%),
- „Gemeinschaftsleben, Recht und Wirtschaft" (Entwurf: 33 Fragen = 3,1%; Arbeitsplan: 43 Fragen = 4,6%),
- „Hexen, Zauberer" (Entwurf: 7 Fragen = 0,7%; Arbeitsplan: 4 Fragen = 0,7%),
- „Dämonen, Geister" (Entwurf: 131 Fragen = 12,2%; Arbeitsplan: 86 Fragen = 9,2%),
- „Religiöses (Heidnisches und Christliches)" (Entwurf: 68 Fragen = 6,8%; Arbeitsplan: 50 Fragen = 5,4%),
- „Aberglauben" (Entwurf: 22 Fragen = 2,1%; Arbeitsplan: 14 Fragen = 1,5%),
- „Sage" (Entwurf: 15 Fragen = 1,4%; Arbeitsplan: 13 Fragen = 1,4%),
- „Volkslied" (Entwurf: 21 Fragen = 2,1%; Arbeitsplan: 21 Fragen = 2,3%),
- Evtl. noch aufzunehmende Fragen (Entwurf: entfällt; Arbeitsplan: 7 Fragen = 0,8%).

John Meier band eine möglichst große Fachöffentlichkeit ein und strebte einen offenen Prozess der Konsensfindung über das Fragewerk an. Nachdem sich schon bald abzeichnete, dass die Arbeit am ADV nur zögerlich Fortschritte machte, wollte Eduard Wildhagen als DFG-Referent für den Volkskundeatlas und „Technischer Leiter" dagegen den Fragekatalog nicht in diskursiven Prozessen ausgehandelt wissen, sondern durch die Autorität kompetenter Wissenschaft

160 Zu den Antworten einiger Volkskundler vgl. Gansohr-Meinel, „Fragen an das Volk", S. 52.

161 Nach Gansohr-Meinel, „Fragen an das Volk", S. 65.

einer Klärung zuführen. So sah er im Rückblick wenig Systematik im mehrjährigen Prozess der Fragebogenentwicklung, sondern vielmehr ein „letztes großes Beispiel blinder Übertragung parlamentarisch-demokratischer Methoden auf die Wissenschaft!“ Wildhagen vermisste einen durchsetzungsfähigen „Willen“ und sah stattdessen als „Ergebnis ein ununterbrochenes Vermitteln ohne klare Sinngebung, ein Nacheinander und Nebeneinander von 'Aushilfen', ohne den überragenden Feldherrn, der diese Aushilfen zum 'System' zusammenleitete“. Damit würde eine große Chance vertan: „Daß mit dem Atlas die große Stunde der Volksforschung gekommen war, hatte niemand erkannt, trotz aller schönen Reden und Programme, in denen die Bedeutung der Volkskunde für so viele wichtige Lebensbezirke angemeldet wurde.“[162]

Da Volkskundler kaum über Erfahrungen mit systematischer Methodik in dieser Größenordnung verfügten, sollten in einem ersten Probedurchlauf Erfahrungen mit Fragetechniken, Auswertung der Fragebogen und kartographischer Umsetzung gesammelt werden. Bereits Anfang 1928 begannen Kurt Wagner und Richard Beitl in Kooperation mit der provisorischen Volkskundekommission der Notgemeinschaft mit dem Entwurf erster Probefragebogen, die dann den Vertretern der Gründungsversammlung des ADV im Juni 1928 vorgelegt wurden. Der Probefragebogen wurde gebilligt, „und es wurde beschlossen, ihn in einigen zusammenhängenden Gebietsteilen Westdeutschlands und in Ostpreußen möglichst bald zu versenden, um auf Grund der zu erwartenden methodischen Erfahrungen die Arbeit für das gesamte deutsche Kulturgebiet planmäßig in Angriff nehmen zu können“.[163] Bei dem Probedurchlauf orientierte man sich an Territorien, in denen bereits Sammelstellen und ein Netz von Mitarbeitern existierten, wie etwa in der Rheinprovinz, wo durch die Bonner Kulturraumforschung eine entsprechende Infrastruktur aufgebaut worden war. Die volkskundlichen Beiträge zur Bonner Kulturraumforschung Josef Müllers lieferten auch in inhaltlicher Hinsicht das Vorbild. Über den weiteren Fortgang berichtete Fritz Boehm: „Anfang des Jahres 1929 wurde ein absichtlich bunt zusammengestellter Fragebogen (u.a. betr. Arten und Herstellung des täglichen Brotes, Aufstellung und Form der Garbenstände, Gebräuche mit der letzten Garbe, Dienstbotenwechsel, Nikolausumzüge, abergläubische und kirchliche Vorschriften für die Wöchnerin) in etwa 12 000 Stück in verschiedene Länder und Provinzen des Reiches gesandt.“[164]

Nach der Versendung der Probefragebogen 1929 konnte eine regional unterschiedliche Beantwortungspraxis registriert werden. Fritz Boehm sprach von einem Rücklauf von durchschnittlich „70% der ausgegebenen Bogen, ein Verhältnis, das nach früheren Erfahrungen für den Anfang als durchaus befriedigend angesehen werden kann [...].“[165] Bei einer Inspektion der ADV-Zentralstelle im November 1930 durch die DFG wurde vermerkt, dass dort noch immer Ant-

162 Wildhagen, Atlas 1938, S. 50f.

163 Siebenter Bericht der Notgemeinschaft der Deutschen Wissenschaft umfassend ihre Tätigkeit vom 1. April 1927 bis zum 31. März 1928, S. 177.

164 Boehm, Volkskunde, S. 33.

165 Ebd.

worten eingingen. Im Inspektionsbericht von DFG-Referent Adolf Jürgens hieß es Ende 1930, dass rund 13 000 bis 14 000 Probefragebogen verschickt worden und 9 000 Antworten eingegangen seien.[166] Angesichts dieser Erfahrungen war man bei der DFG zuversichtlich: „Unter Zugrundelegung der wissenschaftlichen, technischen und methodischen Erfahrungen des Probefragebogens wurde ein Gesamtplan ausgearbeitet, der sich zunächst auf fünf Jahre erstreckt. An Hand von etwa 1 000 Fragen soll versucht werden, in diesen fünf Jahren einen abschließenden Überblick wenigstens über die Hauptgebiete volkskundlicher Erscheinungen zu gewinnen."[167]

Was aber sollten diese „Hauptgebiete volkskundlicher Erscheinungen" sein? Während durch die Mithilfe namhafter Volkskundler die potenziellen Inhalte der Fragebogen ermittelt wurden, lagen dem Projekt unausgesprochene Prämissen zugrunde. Erkenntnisleitend war die Imagination einer homogenen deutschen Volksgemeinschaft mit spezifischer territorialer Bindung. In dieser Gemeinschaftsvorstellung interessierten Minoritätenkulturen genausowenig wie multiethnisch besiedelte Territorien; sie konnten bei der volkskulturellen Großvermessung somit auch keine kartographische Sichtbarkeit erlangen.[168] Während in den 1920er Jahren etwa das Interesse an jüdischer Volkskunde noch groß war[169], fand sie in den Planungen zum ADV genausowenig Berücksichtigung wie volkskundliche Forschungsinteressen an Sorben und anderen Bevölkerungsgruppen. Die kulturelle Vermessung des Raumes wurde verengt auf diejenigen Phänomene, denen durch die Ausweisung als „deutsch" das Attribut des Eigenen zugewiesen wurde, während das Nichtzugehörige von vornherein als fremd ausgesondert worden war. Hier verfestigten die Erhebungen des ADV die nach 1918 vollzogene Verengung der Volkskunde von einer allgemeinen kulturanthropologischen Wissenschaft zu einer Kunde nationaler bzw. volklicher Eigenart. Indem also per se bestimmte Wirklichkeiten erst gar nicht thematisiert wurden, dienten Karten nicht nur der Sichtbarmachung kulturräumlicher Verhältnisse, sondern auch dem Gegenteil - der Absicht des Retuschierens und der Verunsichtbarung spezifischer Wirklichkeitsbereiche, die damit auch die Möglichkeit ihrer Tilgung erhöhte.

166 Vgl. Inspektionsbericht, abgedruckt in Wildhagen, Atlas 1938, S. 174. Weiss, Methode, S. 373 gibt für den zweiten und dritten Bogen eine Rücklaufquote von 80 Prozent an. Ähnlich auch Schlenger, Grundlagen, S. 24.

167 Achter Bericht der Notgemeinschaft der Deutschen Wissenschaft umfassend ihre Tätigkeit vom 1. April 1928 bis zum 31. März 1929, S. 185.

168 Vgl. Cox, Prolegomena.

169 Ein Indikator hierfür wäre etwa die Präsenz von Themen wie „Die Gebetstracht bei den Juden", „Beiträge zur jüdischen Volkskunde", „Jüdische Parallelen zum Ostereiersuchen" oder „Volkskundliche Streifzüge in den Synagogen" von Autoren wie Berthold Kohlbach, Heinrich Lewy oder Samuel Blach in den entsprechenden Jahrgängen der *Zeitschrift für Volkskunde*; vgl. Gerndt/Roth (Hg.), Gesamtregister. Daxelmüller, Volkskunde betont die „Ausklammerung" jüdischer Themen und Autoren in der *Zeitschrift für Volkskunde* lange vor 1933; kontrastiv hierzu und mit einer Übersicht der Autoren und ihrer Publikationen Warneken, „Völkisch nicht beschränkte Volkskunde", S. 190-194.

Ebensowenig spielten Aspekte der sozialen Differenzierung eine Rolle. Das primäre Interesse galt dem kulturellen Phänomen in seiner räumlichen Verbreitung, nicht aber in seiner Bindung zu einem spezifischen sozialen Träger. Der ADV, so gab es die gemeinschaftsorientierte Vorstellung eines homogenen „Volkes“ vor, interessierte sich für die sozial übergreifenden kulturellen Phänomene und nicht für spezifische Ausprägungen. Kaum Berücksichtigung fanden auch die kulturellen Differenzen zwischen Stadt und Land, zielten die Belegorte doch auf räumliche Repräsentanz, sodass die Verteilung der Bevölkerung auf Dörfer, Kleinstädte oder Großstädte keine Rolle spielte.[170] Der ländliche Raum war – gemessen an der Verteilung der Bevölkerung – drastisch überrepräsentiert.[171] So zielte der ADV trotz des energischen Postulats des Gegenwartsbezugs insgesamt nicht auf das „Volk“ einer modernen Industriegesellschaft, sondern stellte sich dar als Versuch der Empirisierung bäuerlicher und bäuerlich geprägter Kultur. Dies korrespondierte mit der gesellschaftspolitischen Zwecksetzung des Projektes: Im Bauerntum wurden die integrativen, gemeinschaftsvitalisierenden und volkserneuernden Energien gesehen.

Durch die Fixierung auf bäuerliche Kultur wurden historisch neue Formen der Industriemoderne kategorisch ausgeschlossen. Es gab wenige Ausnahmen der Erfassung neuer volkskultureller Phänomene wie zum Beispiel der erst nach dem Ersten Weltkrieg aus den USA importierte Muttertag[172], die räumliche Ausbreitung des Adventskranzes[173], Modernisierungsphänomene in der volkstümlichen Tanzkultur[174], neue Vergesellschaftungsformen im Verein[175], moderne Formen des Sports[176], der Gebrauch der Schultüte, die Veröffentlichung von Sterbefällen in der Zeitung oder die Bindung abergläubischer Vorstellungen an das Automobil. Ein Beispiel wechselseitiger Durchdringung herkömmlicher Brauchformen und moderner Brauchstiftungen bildet die Erfassung diverser Jahresfeuer, durch die nicht nur traditionelle Formen (Johannisfeuer, Osterfeuer, Martinsfeuer etc.), sondern auch neue, im Zuge der deutschen Nationalbewegung und der Nationalstaatsbildung gestiftete Feuerbräuche mit politischer

170 Vgl. Grober-Glück, Abschluß, S. 54.

171 Zur Verteilung der Belegorte vgl. ausführlich Simon, „Volksmedizin“, S. 83-110.

172 Frage 126: „a) Gibt es einen Muttertag, und seit wann? b) Wie wird der Muttertag begangen? c) Ist der Muttertag in alle Kreise Ihres Ortes eingedrungen?“; Vorschläge, S. 174. Vgl. zudem Meier, Muttertag; Matter, „Deutscher Muttertag“.

173 Vgl. Bausinger, Adventskranz.

174 Frage 129: „a) Welche Tänze werden von den Ortsansässigen am liebsten getanzt? 1. ältere Tänze, 2. moderne Tänze? b) Überwiegen dabei die älteren oder die modernen Tänze? c) Werden etwa ältere Tänze nur noch bei Familienfesten oder ähnlichen Gelegenheiten getanzt? (Für nähere Beschreibung der Tänze bitten wir das beiliegende leere Blatt zu benutzen.)“; Vorschläge, S. 174f.

175 Frage 127: „Welche Vereine sind im Leben Ihres Ortes besonders wichtig?“; Vorschläge, S. 174.

176 Frage 142: „a) Welches Bewegungsspiel ist in Ihrem Orte am beliebtesten (z.B. Fußball, Schlagball, Kegeln, Bügeln) bei den Burschen? älteren Männern? b) Gibt es in Ihrem Ort einen oder mehrere Turn- und Sportvereine? c) Gibt es in Ihrem Ort einen oder mehrere Kegelvereine?“; Vorschläge, S. 178.

Sinngebung (Sedanfeuer, Feuer zum Gedenken an die Leipziger Völkerschlacht, Sonnwendfeiern etc.) dokumentiert werden konnten.[177] En gros aber wurde all das, was die zeitgenössische „Großstadtvolkskunde" oder die „Volkskunde des Proletariats" mit einer umfassenden Volkskunde der modernen Industriegesellschaft zumindest anzuregen versuchte, nicht berücksichtigt.

Die Anfangseuphorie, die sich eingestellt hatte, nachdem die Idee eines Volkskundeatlas durch die Hilfe der Notgemeinschaft so schnell in Forschungspraxis umgesetzt werden konnte, sollte bald ins Gegenteil umschlagen. Dem Gründungsjahr des ADV folgte 1929 das Krisenjahr der Notgemeinschaft, geprägt von wachsender öffentlicher Kritik an deren Selbstverständnis und von Zwängen zu finanziellen Einsparungen. Dieser Druck ging unmittelbar an die Zentralstelle des ADV, die verpflichtet wurde, in überschaubaren Zeiträumen Ergebnisse vorzulegen. Doch davon schien die Arbeitsgruppe im Berliner Schloss weit entfernt. Die Schwierigkeiten des ADV wurden gar im Zusammenhang der Effizienzkritik an der Notgemeinschaft im Reichstag diskutiert, sodass Eduard Wildhagen rekapitulierte: „Je höher die Summen anschwollen, welche die Notgemeinschaft dem Atlas zur Verfügung stellen mußte, umso wichtiger war unter den damaligen politischen Verhältnissen auch Rückendeckung durch Mitbeteiligung zu schaffen; denn mehr als einmal, besonders nach dem Vortrage von Th. Frings im Oktober 1930, hatte die Notgemeinschaft Angriffe aus dem Reichstage auf den Atlas auszuhalten."[178] Die Situation spitzte sich, so Wildhagen, zu: „Im November 1930 war die Notgemeinschaft entschlossen, das Atlasunternehmen zu liquidieren."[179] Sie sah sich am 15. November 1930 zu einer unangemeldeten „Inspektion" durch ihre Referenten Viktor Schwoerer und Adolf Jürgens gezwungen.[180] Der DFG ging es um die Überprüfung der internen Verhältnisse und eine Einschätzung über den künftigen Aufwand von Zeit und Geld. Die von den Referenten der Notgemeinschaft geleistete Inventur der ADV-Arbeiten fiel miserabel aus, was die Zukunftsprognosen betraf. Als Konsequenz der Revision kam es bald zu einer Reduzierung des Fragewerks auf 300 Fragen.[181] Vorgesehen war zunächst auch eine Halbierung der 20 000 Belegorte, was allerdings nicht erfolgte. Einsparungen sollten zudem erreicht werden durch die Aufgabe der Mieträume im Berliner Schloss, Gehaltskürzungen bei der Leiterstelle sowie einer deutlichen Verringerung des Personals.

Unterdessen entwickelten sich die Konflikte im ADV zur Dauerkrise, die sich stets aufs Neue an der Person Eduard Wildhagens entzündeten. Immer wieder, so etwa Anfang 1930, hatte dieser Denkschriften vorgelegt, in denen er auf eine Beschleunigung des Arbeitsverfahrens durch technische Rationalisierung bei

177 Vgl. Boehm, Fragebogen; Zender, Volksbrauch.
178 Wildhagen, Atlas 1938, S. 16.
179 Ebd., S. 10.
180 Es handelte sich um den Geburtstag Wildhagens, an dem dieser freigenommen hatte. Wildhagen sah in der Revision eine Intrige gegen seine Person.
181 Vgl. Protokoll der Besprechung vom 24.11.1930 „Betrifft Atlas der deutschen Volkskunde", abgedruckt in Wildhagen, Atlas 1938, S. 175f.

der Auswertung der erhobenen Daten und ihrer kartographischen Umsetzung drängte.[182] Tatsächlich hatte sich bald gezeigt, dass das ursprüngliche Vorhaben, pro Jahr vier Bogen mit je 50 Fragen zur Versendung zu bringen, nie würde umgesetzt werden können, weil die Bearbeitung und kartographische Umsetzung weitaus zeitaufwendiger war als geplant. Die technischen Probleme bei der Bearbeitung des komplexen Datenmaterials waren nicht nur pragmatisch zu lösen. Sie diktierten auch die inhaltliche Auswahl der Fragefindung. Wie sich alsbald gezeigt hatte, führten beim ersten und zweiten Fragebogen 1930 und 1931 sowohl die unpräzise Art der Fragestellung als auch in vielen Fällen die Komplexität der Untersuchungsgegenstände zu massiven Problemen bei ihrer Auswertung und damit auch zu enormen zeitlichen Verzögerungen. All dies stärkte die Intentionen Wildhagens. Immer wieder drängte er in Denkschriften und Auseinandersetzungen auf die Durchsetzung seiner Positionen. „Der 2. Fragebogen, der zunächst noch mehr Unsinn enthielt als je, hatte ziemlich rege Kritik ausgelöst.“[183] Nach und nach stärkte Wildhagen seine Position in der Zentralstelle und erweiterte seinen anfänglich auf technische Aspekte beschränkten Kompetenzbereich auch in inhaltlicher Hinsicht.

Als ausschlaggebend für die Beherrschbarkeit des Atlasprojektes hatten sich die Quantität des Frageplans sowie die Qualität der Fragen und ihre innere Einheit erwiesen. Insofern drängte Wildhagen darauf, nicht partout an dem einmal festgelegten Arbeitsplan festzuhalten, sondern ihn den äußeren Sachzwängen anzupassen und die Erfahrungen aus der Auswertung so umzusetzen, dass die Fragen besser gestellt würden. Bei seinem vorübergehenden Ausscheiden aus dem ADV hinterließ er im Oktober 1932 Schmidt-Ott in Form einiger Denkschriften Verbesserungsvorschläge zur kartographischen Darstellung sowie solche zur inhaltlichen Ausarbeitung der noch ausstehenden Fragepläne. Bevor überhaupt neue Fragebogen ausgegeben werden sollten, forderte er die strikte Festlegung der mittlerweile noch ausstehenden 150 Fragen. Wildhagen insistierte darauf, dass sich die Auswahl der Fragen an ihrer Bedeutung „für die Erkenntnis des deutschen Volkstums“ orientieren müsse. Wichtiger „gegenüber dem reinen Historismus“ sei die „Gegenwartsbedeutung“, sodass „jeder Rückfall in das Prinzip der Kuriositätensammlung“ vermieden werden müsse. Auf präziseste Formulierungen sei zu achten, „damit der hohe Prozentsatz an Fehlschlägen verringert wird.“[184]

Seine Bestandsaufnahme der bisherigen Arbeit fiel miserabel aus. Wildhagen befand kurzerhand: „Dem Atlasunternehmen fehlt der Kopf.“[185] Damit meinte er nicht nur eine autoritäre Führung des Unternehmens. Er kritisierte die Dominanz der Philologen in den Gremien, welche die Ausbildung eines

182 Z.B. „Denkschrift betr. Atlas d. d. Volkskunde“, abgedruckt in Wildhagen, Atlas 1938, S. 69-74.

183 Niederschrift E. Wildhagen „Juli 1932. Aus den Erörterungen über die Aufgabe der Zentralstelle“, abgedruckt in Wildhagen, Atlas 1938, S. 176.

184 E. Wildhagen: „Vorschläge für die Weiterarbeit am Atlas“, 1.10.1932, abgedruckt in Wildhagen, Atlas 1938, S. 55.

185 Ebd., S. 56.

spezifisch volkskundlichen Profils verhindere. Hart ins Gericht ging Wildhagen mit dem harschen Kontrast zwischen der öffentlichen Erwartungshaltung an die Volkskunde und den Leistungen der Disziplin. Schließlich sei sie „wie keine andere Wissenschaft dazu berufen, die natürliche und wahre Grundlage jeder künftigen Gestaltung herauszuarbeiten, nicht durch Vertiefung in die Einzelfrage, sondern durch eine von großen Gedanken getragene, auf weite Ziele gerichtete Überschau und einen vorurteilslosen Einblick in die bewegenden Kräfte der Seele unseres Volkes in den einzelnen Landschaften“. Keinesfalls freilich dürfe dieses Fach sein Augenmerk belanglosen Phänomenen wie einem „absonderlichen Hochzeitsbrauch oder einem Osterspiel“ widmen, sondern den relevanten volksbildenden Kräften: „Ja, wenn die Volkskunde auf solche Fragen, die uns Einblick in die gemeinschaftsbildenden Tendenzen gewähren können, verzichtet und sie sogar ablehnt, dann hat sie allerdings das Recht auf die Gegenwart verwirkt.“[186] Das Wissen dieser vielversprechenden Disziplin ziele auf die Gestaltung der gesellschaftlichen Gegenwart, was Wildhagen beflügelte, in der Volkskunde eine künftige Meta-Wissenschaft auszumachen, die in der Lage sei, der Politik verlässliche Orientierungshilfe zu sein: „Was in früherer Zeit die Geschichte für die Begründung von Ansprüchen der Dynastien zu leisten hatte, sollte heute eine richtig betriebene Volkskunde mehr als eine blutleere, abstrakte Soziologie für den aufgeklärten Politiker tun.“[187] Die Volkskunde sei jedenfalls viel zu schade, um als „Vehikel [...] andere in ihrem Stoff erstickte Wissenschaften wieder in Fahrt zu bringen“, und der Volkskundeatlas sei zu einmalig, um mit ihm anderswo erlangte Erkenntnisse nur mehr im Nachhinein nochmals zu bestätigen.

Im noch richtungslosen Arbeitsprozess hatten die Mitglieder der „Delegation“ und die Leiter der Berliner Zentralstelle stets auf Offenheit gepocht, während Wildhagen auf verbindliche Fixierung von Arbeitsplänen drängte. Schmidt-Ott orientierte sich in den Auseinandersetzungen an Wildhagens Einschätzungen und ging damit auf Distanz zu den berufenen Gremienmitgliedern. Schmidt-Ott sah durch die Probleme des ADV die Position der Notgemeinschaft insgesamt gefährdet, worauf er immer wieder hinwies: „Exzellenz Schmidt-Ott betont [...] angesichts der bestehenden finanziellen Schwierigkeiten einerseits und der in der Presse geübten Kritik anderseits bei der Aufstellung des 3. Fragebogens auf eine möglichst fruchtbare und einwandfreie Auswahl und Fassung der Fragen Bedacht zu nehmen. Er bittet, den von Wildhagen vorgelegten Entwurf, der diesen Forderungen Rechnung tragen wolle, den Beratungen zu Grunde zu legen.“[188]

Eduard Wildhagen hatte während seiner Auseinandersetzungen mit der „Delegation“ und den ADV-Mitarbeitern seit 1931 fachlichen Beistand in der

186 Ebd., S. 57.
187 Ebd., S. 57f.
188 Protokoll „Sitzung der Delegation des Atlas der deutschen Volkskunde am 22. Juni 1931 in den Räumen der Notgemeinschaft der Deutschen Wissenschaft im Schloss“, Institut für Volkskunde (Wossidlo-Archiv), Rostock, Ordner „Atlas der Volkskunde. Entwürfe, Pläne etc., Berichte“.

intellektuellen Autorität Adolf Spamers gesucht und konnte sich dadurch auf eine Galionsfigur der Volkskunde berufen. Spamer reagierte auf die von Wildhagen intendierte Werbung um Komplizenschaft, die dieser wechselweise mit kumpelhaftem Tonfall, Devotion und der Beschwörung inhaltlicher Gemeinsamkeiten flankierte, zunächst reserviert.[189] Letztlich jedoch witterte er nicht nur die Möglichkeit, über Wildhagen seinen volkskundlichen Vorstellungen – eine Psychologie des „Volksmenschen“ – in der Atlasarbeit stärkeres Gewicht zu verleihen. Spamer fand in dem Machtmenschen Wildhagen auch ein Gegenüber, das seine eigenen Defizite im politisch-strategischen Handeln kompensierte. So erwuchs aus der Kooperation Wildhagen-Spamer eine wechselseitige Ergänzung: Wildhagen profitierte von der intellektuellen Autorität Spamers, während er ihm institutionelle und politische Möglichkeiten eröffnete, die sich dieser von sich aus sicher nie erschlossen hätte.

1931 sah Spamer die Arbeiten am ADV noch weitgehend von außen und war nicht in interne Angelegenheiten involviert. Sein Urteil über die Probleme resultierte vor allem aus dem Interesse an einer disziplinären Aufwertung der akademischen Volkskunde, für die er innerhalb des ADV ungünstige Kräftekonstellationen ausmachte, wie er Wildhagen wissen ließ.

> „Doch erwachsen die Schwierigkeiten des Volkskundeatlasses aus dem Konflikt verschiedener Disziplinen, verschiedenen Wollens, verschiedenen Zielens. [...] Dass der Atlas ein reiner Volkskundeatlas zu werden verspricht, glaubt heute fast niemand mehr, von welcher Seite er auch zu ihm herankam. Denn drei Projekte ringen in ihm, die günstige, durch die Liberalität der Notgemeinschaft geschaffene Situation ausnützend, um Entfaltungsmöglichkeiten: ein Wortatlas, ein Kultur(morphologischer)Atlas, ein Volkskundeatlas [...].“[190]

Mit dem weiteren Schicksal des Großprojektes verknüpfe er unmittelbar die Zukunft der akademischen Disziplin Volkskunde:

> „Denn dieser Volkskundeatlas wird vermutlich auf lange Zeit hinaus das Schicksal der Volkskunde. Nach ihm, der so große äussere Opfer verursacht hat und darum weit über die Fachkreise hinaus der öffentlichen Kritik unterstellt ist, wird man die volkskundliche Arbeit (ziel- und ertragsmässig) beurteilen. [...] Findet aber der Atlas (fachwissenschaftlich wie in der allgemeinen Wertung) keine Resonanz, so werden zwar die individuellen Arbeiten der Fachvertreter auch in Zukunft nicht schlechter und besser wie zuvor sein, aber die weiteren Pläne der Volkskunde, die ohne öffentliche Unterstützung nicht möglich sind (Forschungsinstitut, landschaftliche Beobachtungs- und Forschungsstellen usw.) und die

189 Später, im Herbst 1932, sprach Spamer davon, dass Wildhagen ihn durch die Einbeziehung in den ADV in „eine unhaltbare Stellung hineinmanövriert“ habe. Er habe kein Interesse an einem „Machtkampf“. Wildhagen verwahrte sich gegen den Eindruck, Spamer „gewissermaßen zu meinen persönlichen Zwecken mißbraucht“ zu haben. Es sei ihm lediglich darum gegangen, durch Spamers „fachliche Kompetenz“ den „völlig verfahrenen Atlas wieder auf den rechten Weg zu bringen“. So gelang es Wildhagen und Schmidt-Ott Ende 1932/Anfang 1933, Spamer für die Mitarbeit zu den Entwürfen des restlichen Frageplans zu gewinnen; vgl. Brief von E. Wildhagen an A. Spamer, 26.10.1932, Institut für Volkskunde (Wossidlo-Archiv), Rostock, Ordner „Atlas der deutschen Volkskunde, Korrespondenz 1929-1937“.

190 A. Spamer an E. Wildhagen, 16.4.1931, Institut für Volkskunde (Wossidlo-Archiv), Rostock, Ordner „Atlas der deutschen Volkskunde, Korrespondenz 1929-1937“.

allein wirklich die Aufgaben der Volkskunde ermöglichen, nämlich die getreue Beobachtung der Zustände und Wandlungen des geistigen Volkslebens, bleiben unerfüllt."[191]

Mit der Denkschrift vom Oktober 1932 hatte Wildhagen seine Kompetenzen als „Technischer Leiter" des ADV weit überschritten und beanspruchte offensichtlich Deutungshoheit über die disziplinäre Identität der Volkskunde. Äußerlich kulminierte zwar die „Wildhagen-Affäre" im Herbst 1932 mit der vorübergehenden Freisetzung des Technischen Leiters. Inhaltlich freilich hatte sein Vorstoß Erfolg. Ende 1932, nach fast fünfjähriger Laufzeit, war das Projekt von vorzeigbaren Ergebnissen weit entfernt. In dieser Krisensituation fühlte sich die Führung der Notgemeinschaft zu massiven Interventionen gezwungen. Sie verpflichtete den ADV auf verbindliche Zielsetzungen und verlangte die Neujustierung des noch ausstehenden Frageplans. Eine Folge von Wildhagens Kritik war die verbindliche Festlegung der restlichen 150 Fragen, die in offenem Wettbewerb ermittelt werden sollten. Über die weitere Art des Vorgehens herrschte indes im Herbst 1932 noch keine Klarheit. John Meier schilderte in einem Brief an Adolf Spamer die Kalamitäten um Wildhagen, die vorübergehend durch dessen Freisetzung aus den DFG-Ämtern zur Ruhe kamen. Meier attestierte Wildhagen Verdienste um den ADV, benannte aber auch die Probleme im Umgang mit Mitarbeitern und Gremienmitgliedern, welche durch seinen unberechenbaren „Machtwillen" entstanden seien. Schmidt-Ott habe lange an Wildhagen festgehalten, sich aber nach Auseinandersetzungen zwischen Helbok und Wildhagen in dessen Entlassung gefügt. Spamer empfahl er, nicht in Kooperation mit Wildhagen, sondern eigenständig einen Plan für die ausstehenden 150 Fragen zu erarbeiten. Es sei ihm jedenfalls „nicht ganz würdig", wenn Wildhagen ihn dazu benutze, „eine wissenschaftliche Konkurrenz gegen Helbok, Aubin und mich aufzuziehen".[192]

Schließlich sollten doch drei Forschergruppen zur Festlegung des Frageplans in Konkurrenz treten. Als Ergebnis kamen im März 1933 die drei Entwürfe von Meier/Helbok, Lehmann/Lauffer und Spamer/Wildhagen im Heft 19 des DFG-Periodikums *Deutsche Forschung* zur Veröffentlichung.[193] Sie wurden ergänzt um neun Fragen zum Kümmerniskult, die Georg Schreiber entworfen hatte. Abgedruckt wurden außerdem die 150 Fragen der ersten drei Fragebogen. Mittlerweile sei klar, so Friedrich Panzer in seinem Gutachten, „daß dem Volkskundeatlas aus wirtschaftlichen Gründen nur mehr 150 Fragen gestattet sein werden. Das Ausmaß ist im Verhältnisse zu dem gewaltigen Gebiete, das noch zu erfragen bliebe, peinlich gering; die Auswahl muß also mit der denkbar größten Sorgfalt getroffen werden, unter möglichster Vermeidung allen Experimentierens."[194] Panzer zog mehrere Kriterien heran, deren Berücksichtigung eine verbindliche

191 A. Spamer an E. Wildhagen, 16.4.1931, Institut für Volkskunde (Wossidlo-Archiv), Rostock, Ordner „Atlas der deutschen Volkskunde, Korrespondenz 1929-1937".

192 J. Meier an A. Spamer, 25.10.1932, Institut für Volkskunde (Wossidlo-Archiv), Rostock, Ordner „Atlas der deutschen Volkskunde, Korrespondenz 1929-1937".

193 Vorschläge.

194 Panzer, Gutachten, S. 66.

Festlegung des Fragenkatalogs gewährleisten sollte. So dürften nur Fragen gewählt werden, deren Gegenstand auch kartographisch angemessen darstellbar sei. Panzer plädierte energisch für die Konzentration auf Phänomene, die durch historischen Wandel gefährdet seien:

> „Bei aller Berechtigung, die ich der neuerdings mit wachsender Bestimmtheit hervortretenden Forderung zuerkenne, den gegenwärtig bestehenden oder sich ankündigenden Lebensformen in der Volkskunde mehr Beachtung zu schenken, möchte ich doch nachdrücklich befürworten in der Auswahl dasjenige zu bevorzugen, was im Versinken ist, nach einiger Zeit vielleicht überhaupt nicht mehr erfragbar sein wird und doch bedeutsamen Aufschluß über unsere Vergangenheit zu geben vermag. Ich rechne dahin ganz besonders alles dasjenige, was deutlich einen mythischen Hintergrund hat.“

Auch sonst wartete Panzer mit präzisen Vorstellungen auf. Wiewohl auch das Bildnis eines Schuhs von van Gogh zweifelsohne der Venus eines „Nichtskönners“ vorzuziehen sei und „die Sprachwissenschaft [...] aus den Bezeichnungen für Misthaufen und Jauche noch geschichtliche Erkenntnisse holen“ könne, müsse doch bei den Fragen des ADV eine klare Hierarchie der volkskulturellen Objektivationen existieren; es gebe genügend Dinge von Interesse zu erfragen, sodass „daneben Fragen wie die nach den Zutaten zum Sauerkraut auszuscheiden hätten“.[195] Weiterhin sollte auch von Fragen Abstand genommen werden, die durch andere Organisationen oder Disziplinen aufgenommen werden könnten, worunter Panzer etwa Flurnamen, sprachgeographische Fragen oder Informationen zu den ökonomischen Verhältnissen verstand.

Klärung versprach sich die DFG auch von externen Volkskundlern, die bislang nicht in den ADV einbezogen waren. Dem in dieser Absicht umworbenen Adolf Spamer versicherte Schmidt-Ott, dass die Konsultation entgegen seiner Sorge keinesfalls „als eine Konkurrenz oder gar Intrige gegen die gegenwärtige Leitung des Atlas angesehen werden könnte. [...] Die Notgemeinschaft, die unverhältnismäßig große Mittel in den Atlas gesteckt hat, steht angesichts der Herabsetzung Ihres Etats vor der Frage, ob sie das Unternehmen überhaupt durchzuführen vermag. Das setzt eine Prüfung voraus, wie weit wir mit den bisherigen Arbeiten gekommen sind und welche Schritte für die Zukunft ergriffen werden müssen.“ Um das Unternehmen überhaupt zu einem vorzeigbaren Ende zu bringen, müsste der inhaltliche Rahmen bis Frühjahr 1933 abgesteckt werden: „Es handelt sich also um einen offenen Wettstreit im Interesse der Aufrechterhaltung des sonst dem Verfall preisgegebenen Unternehmens, nicht um irgendwelche verbotene Einmischung oder Zwischenzüge.“[196]

So konnten im Frühjahr 1933 die drei konkurrierenden Entwürfe für die Festlegung der restlichen 150 Fragen des ADV präsentiert werden. Meier und Helbok beriefen sich bei der Vorstellung ihres Ergebnisses auf die Kompetenz von über 100 Fachkollegen, die „am Zustandekommen dieses Frageplans mitgewirkt“

195 Ebd., S. 67.
196 F. Schmidt-Ott an A. Spamer, 29.10.1932, Institut für Volkskunde (Wossidlo-Archiv), Rostock, Ordner „Atlas der deutschen Volkskunde, Korrespondenz 1929-1937“.

hätten.[197] Darunter befanden sich nicht nur zahlreiche Leiter von ADV-Landesstellen, Mitglieder der „Delegation“ und der Volkskundekommission wie Aubin, Frings oder Bächtold-Stäubli, sondern auch Vertreter anderer Wissenschaften wie der Geograph Robert Gradmann, der Anthropologe Eugen Fischer, der Völkerpsychologe Willy Hellpach, der Landeshistoriker Rudolf Kötzschke, der Germanist Edward Schröder oder Georg Schreiber.

Da man vom ADV, so die einleitenden Bemerkungen des Duos, „mit Recht eine Stärkung des Selbstbewußtseins dieses Volkstums in einer Zeit nationaler Bedrängnis“ erhofft habe, müssten zweierlei Kriterien bei der Fragefindung handlungsleitend sein: der „wissenschaftliche Gesichtspunkt der kartographischen Darstellung“ sowie die „nationale Bedeutung des Werkes“. Orientiert an dieser Maxime würden sich die vorgelegten Fragen konzentrieren auf „Gegenstände, Bräuche und Meinungen, die durch den besonders seit dem Kriege noch gesteigerten, alle landschaftlichen Sonderformen des deutschen Volkes einebnenden Eilschritt der modernen Zivilisation dem sicheren Untergang geweiht sind und die in der wissenschaftlichen Problemstellung der Volkskunde eine lebendige Rolle gespielt haben.“ Die doppelte Orientierung am nationalen und wissenschaftlichen Stellenwert des ADV müsse das „deutsche Volkstum in allen seinen materiellen und geistigen Äußerungen“ gleichermaßen berücksichtigen. In allen „Hauptbetrachtungsgebieten“ der Volkskunde – „Siedlung, Haus, Flur, Arbeit, Kleidung, Nahrung, Volksglaube, Volksbrauch, Sprichwort, Rätsel, Sage, Märchen, Lied“ – äußere sich „dieselbe Volksseele, die alle diese Bereiche zu einem lebendigen Ganzen verbindet.“[198] Dieses Ganze gliederte sich in ihrem Entwurf in die Aspekte „Haus“, „Nahrung“, „Kleidung“, „Landwirtschaft“, „Das Jahr“, „Geburt und Taufe“, „Jugend, Liebe, Ehe“, „Tod und Begräbnis“, „Volksglaube und Sage“, „Volksspiel und Musik“. Helboks Interessen als Siedlungshistoriker folgend, lagen starke Akzente auf der Hausforschung, auf die sich 32 Fragen bezogen.

Auch Otto Lehmann und Otto Lauffer, die einen weiteren Entwurf vorlegten, waren von Anfang an in die Arbeiten des ADV einbezogen. Lehmann koordinierte die Landesstelle Schleswig-Holstein mit Sitz in Hamburg. Auch sie plädierten für eine strikte Eindämmung wortgeographischer Fragen und eine stärkere volkskundliche Spezifik. Zu vernachlässigen seien Themen, die sich volkskundlich ausreichender Bearbeitung erfreuten wie Vererbungssitten oder Hausformen. Ebenso sollten Fragen mit landschaftlicher Spezifik (zum Beispiel Fischfang oder Schiffbau) vermieden werden. Hierbei gab es für Lehmann/Lauffer nur eine Ausnahme: „Wir haben uns bemüht, die auf das Grenzlanddeutschtum sich beziehenden Fragen möglichst beizubehalten, mit Rücksicht auf die Wertschätzung, die der deutsche Volkskundeatlas von seiten der Grenz- und Auslandsdeutschen gefunden hat.“[199] Bei dem Verhältnis von

197 Vgl. die Auflistung der Namen in Frageplan der Herren Meier/Helbok, S.7. Außerdem betonten Meier und Helbok das Engagement der Mitarbeiter der ADV-Zentralstelle.

198 Frageplan der Herren Meier/Helbok, S.10f.

199 Frageplan der Herren Lehmann/Lauffer, S. 73.

historischer Orientierung und Aktualität solle der Akzent auf gegenwärtig bedeutsame Formen gesetzt werden. Die Systematik ihres Entwurfs orientierte sich – wie bei Meier/Helbok – am ursprünglichen Arbeitsplan: „Flurformen“, „Haus“, „Häusliches Leben, Arbeit, Gesinde“, „Nahrung“, „Kleidung“, „Landwirtschaft“, „Das Jahr“, „Geburt, Taufe“, „Liebe, Ehe“, „Tod“, „Gemeinschaftsleben, Recht und Wirtschaft“, „Hexen und Zauberer“, „Dämonen und Geister“, „Religiöses (Heidnisches und Christliches)“, „Aberglauben“, „Sage“ und „Volkslied“.

Schließlich legten noch Adolf Spamer und Eduard Wildhagen einen Frageplan vor. Spamer unterstrich in seinem Vorwort nochmals die Bedeutung des ADV für die wissenschaftliche Disziplin Volkskunde. Deren Interesse gelte dem „Gemeinschaftswesen [...] Volksmensch“. Die „Wesensschau“, die sich durch den ADV eröffne, müsse deshalb die „elementaren Triebkräfte und Funktionen“ sowie die „zeit- und geschichtslosen, primären Kräfte“ offenbaren, welche im Prozess der kulturellen Entwicklung wirkten. Spamers Interesse zielte somit auf das Verhältnis des historisch Wandelbaren einerseits und die Grundkonstanten im „Volksmenschen“ andererseits: „Grundhaltung unseres Entwurfs ist also die Überzeugung, daß ein Atlas der Deutschen Volkskunde nur dann seine Berechtigung findet, wenn es ihm gelingt, wesentliche Züge der ideellen und mentalen Haltung des deutschen Volkes unserer Zeit herauszuarbeiten, die nicht nur in das geschichtliche Werden, sondern in die Tiefe des Geistig-Seelischen hinabgreifen.“[200]

Mit dem Interesse an den historisch unwandelbaren Konstanten grenzte Spamer die Volkskunde gegen Kulturgeschichte, Kulturgeographie und Kulturmorphologie ab. Er plädierte für eine differenzierte soziologische Analyse der Bindung volkskundlicher Gegenstände an ihre Träger und unterschied dabei Berufsgruppen, Altersgruppen und Geschlechter. Sein Programm erwuchs zum Plädoyer volkskundlicher Erkenntnis:

> „Wir wenden uns über die Dinge hinaus an die Menschen, weil wir Volkskunde treiben, nicht Altertumskunde, nicht Philologie. So erscheint uns wichtig die Stellung vom Menschen zum Mitmenschen im allgemeinen, zum Nachbarn, Ortsgenossen und Ortsfremden im besonderen, die Stellung zu Kind und Familie, Geld und Besitz, Haus, Hof und Land, Garten und Natur, zu Tier, Blume und Wetter, zum Beruf, zur Religion und den kirchlichen Institutionen. Die gleiche Aufmerksamkeit gilt der Beobachtung der Primitivformen und des aus ihnen erwachsenen Brauchtums, der Verbundenheit des eigenen und familiären Lebens von der Geburt bis zum Tode. So verfolgen wir dieses menschliche Leben in Fest und Spiel, Freude und Trauer, im Erlebnisbericht, dem Erzählgut und der Lektüre, in der Sprache und insbesondere dem Sprichwort und der Redewendung, in den Tischsitten und den Verkehrsformen. Wir fragen nach Mann, Frau und Kind.“[201]

Mit dem Anspruch, die geistig-seelischen Dimensionen des „Volksmenschen“ zu durchleuchten, ging das Duo Spamer/Wildhagen programmatisch am stärksten auf Distanz zur Erhebung der materiellen Kultur.[202] Während sich sowohl

200 Vorbemerkung Adolf Spamer, in: Frageplan der Herren Spamer/Wildhagen, S. 94f.
201 Ebd., S. 98f.
202 Als unmittelbare Antwort auf die Fragepläne und insbesondere als Gegenposition zur Vernachlässigung der Sachkultur bei Spamer/Wildhagen formulierte Herbert Schlenger

Meier/Helbok wie auch Lehmann/Lauffer weitgehend an dem Arbeitsplan von 1929 orientierten und auf eine Konzentration der wichtigsten Aspekte der dort ausgebreiteten Themenpalette zielten, unternahmen Spamer/Wildhagen einen „ersten Vorstoß in das Gebiet des Rassenseelischen“ – so zumindest wollte es im Nachhinein Wildhagen interpretiert wissen.[203] Ein Komplex im Entwurf von Spamer/Wildhagen widmete sich der Deutung populärer Vorzeichen. Frage 7 zielte auf körperliche Merkmale („Glücks- und Unglücksmale“), die Hinweise auf die Zukunft lieferten. Gefragt wurde nach dem Glauben an den Einfluss von Mond und Gestirnen auf das künftige Leben von Kindern, wobei hier explizit ermittelt werden sollte, ob solche Einstellungen am jeweiligen Ort modernere Phänomene seien.[204] Zahlreiche Fragen (Nr. 1-29) widmeten sich der Welt der Kinder und Jugendlichen – Umgangsformen in der pränatalen Phase und bei der Geburt (beispielsweise „Besprechen“, Versuche der Geburtserleichterung durch abergläubische Handlungen etc.), ihren Spielgewohnheiten, das Vorkommen von Liedern und Märchen, Gruppenrivalitäten in der Adoleszenz, Geheimsprachen oder Vergemeinschaftungsformen von Jungen und Mädchen. Der Erkenntnisdrang Spamers und Wildhagens konkretisierte sich in Fragekomplexen, die sich wesentlich dem Umgang mit Stereotypen und Vorurteilen widmeten. Zum einen ging es um Urteile über Mitmenschen und die Frage, wie diese zustande kommen und an welchen physiognomischen Merkmalen sie festgemacht werden könnten – auf welchen Charakter ließe welche Nasenform schließen, was könne über Rothaarige und ihre Treue vermeldet werden oder welche Bedeutungen würden Kennzeichen wie Augenfarbe, Sommersprossen, Muttermale, Grübchen oder Linkshändigkeit transportieren.

Des Weiteren wurde der Umgang mit Tieren thematisiert. So sollte erfragt werden, ob es üblich sei, den Tieren den Tod des Herrn anzusagen oder welche Tiere den bevorstehenden Tod ankündigten. Viel Raum erhielten Fragen nach dem Bedeutungsgehalt und den Interpretationsgewohnheiten alltäglicher Verrichtungen und Selbstverständlichkeiten: Was bedeuteten das Stehenbleiben der Uhr, das Zerreißen von Schuhriemen, das Sitzen übers Eck oder Luftbläschen auf dem Kaffee? Prominent vertreten waren Glücks- und Unglückszeichen oder die Deutung von Träumen. Spamer und Wildhagen interessierten sich auch für moderne Transformationen abergläubischer Praxen. So fragten sie nicht nur Fuhrwerksbesitzer, ob diese zur Unglücksvermeidung bestimmte Bräuche praktizierten (Aufsteigen von einer Seite, Umgehung des Fuhrwerks vor der Abfahrt, Sprechen bestimmter Wörter oder Sätze vor der Abfahrt), sondern auch „Autofahrer“.[205] Überhaupt wurde immer wieder nach modernen Überformungen und Phäno-

aus dem internen ADV-Kreis sein Plädoyer für eine stärkere Akzentuierung der dinglichen Kultur im ADV; vgl. Schlenger, Sachgüter. Wildhagen interpretierte die Publikation als Attacke gegen sich.

203 Wildhagen, Atlas 1938, S. 61. Eine Kritik des Frageplans unternahm Jacobeit, Arbeit, S. 141. Vgl. auch Cox, Adolf Spamers Versuch; Grober-Glück, Verbreitung; Grober-Glück, Motive.

204 Frageplan der Herren Spamer/Wildhagen, S. 111.

205 Ebd., S. 140.

menen gefragt. So ging es in der vorgeschlagenen „Frage 139“ nicht nur um das beliebteste Volkslied, sondern auch um den beliebtesten Schlager am Ort. Und „Frage 138“ eruierte, es sei „vor einigen Jahren [...] überall Mode geworden, daß Mädchen und Frauen das Haar kurz schneiden lassen. Wie weit hat man in Ihrem Ort diese Mode mitgemacht? Tragen die meisten Frauen und Mädchen oder nur einige das Haar kurz? b) Wie denkt man darüber, d.h. wurden oder werden Mädchen und Frauen verspottet oder verachtet, die das Haar kurz tragen?“[206]

Aus dem von Spamer und Wildhagen vorgelegten Entwurf sollten später einige Vorschläge in den vierten Fragebogen übernommen werden. Der fünfte, 1935 versandte Fragebogen rekurrierte dann ausschließlich auf den Entwurf von Spamer/Wildhagen, wobei vor allem die Vorurteilsfragen nach dem Zusammenhang von Körpermerkmalen und Charakter und die daran geknüpften Urteilsbildungen stark ausgebaut wurden. Der Versuch einer im fünften Fragebogen realisierten „Volkscharakterkunde“ warf zweierlei Probleme auf. Zum einen lagen ihm ideologische Prämissen zugrunde; zum anderen verkannte er die Möglichkeiten von Fragebogen und kartographischer Darstellung. Dieser Fragebogen, so Matthias Zender später, „war eine merkwürdige Mischung von außerwissenschaftlichen Fragestellungen, die nur in diesem 5. Bogen irgendwie von Einfluß waren, und von ernstem Anliegen einer auf städtische Verhältnisse ausgerichteten Volkskunde. Die kartographische Auswertung ist außerordentlich schwierig, Ergebnisse für unsere volkskundliche Fragestellung sind nur bei wenigen dieser Fragen zu erwarten.“[207]

Nachdem die drei Entwürfe vorlagen, wurde Adolf Spamer von Schmidt-Ott um eine Einschätzung der Lage des ADV gebeten. Er nahm dies im März 1933 zum Anlass für grundsätzliche Erörterungen. Die Gefahr, dass der ADV in einen Wortatlas verwandelt werden könne, sei nunmehr gebannt. Differenzen sah er freilich nach wie vor bei der Einschätzung der Sachkultur. Die Hinwendung zu dinglichen Kulturgütern ergebe sich bei Lehmann und Lauffer durch deren Museumstätigkeiten und bei Lauffer insbesondere durch dessen „Ablehnung einer psychologisch statt kulturhistorisch orientierten Volkskunde“.[208] In dem Frageplan von Meier und Helbok, den Spamer stets nur als „Helbokschen Entwurf“ titulierte, erkannte er lediglich „eine aus einer heterogenen Literaturmasse erarbeitete Kompilation, die es allen recht machen will und ihre Stärke in einer falschen ‘Vollständigkeit’ sucht.“ Dementsprechend orientiere sich der Frageplan an einem in der Volkskunde eingebürgerten Schema, durch das schlicht bestimmte Themengebiete wie „Haus“, „Flur“ etc. aneinandergereiht würden. Bei Spamer verknüpfte sich der Entwurf des Fragekatalogs mit der basalen Frage nach der Orientierung volkskundlicher Wissenschaft: „So aber kommt man nicht um eine Entscheidung herum, die zugleich eine Entscheidung für die Volkskunde als Eigenwissenschaft oder als Dachbezeichnung einer

206 Ebd., S. 150.

207 Zender, Einführung, in: Atlas der deutschen Volkskunde. Neue Folge, Erläuterungen, Bd. 1, 1959, S. 8.

208 A. Spamer an F. Schmidt-Ott, 23.3.1933, Institut für Volkskunde (Wossidlo-Archiv), Rostock, Ordner „Atlas der deutschen Volkskunde, Korrespondenz 1929-1937“.

Zusammenfassung verschiedener wissenschaftlicher Disziplinen ist. Dabei wird auch eine 'Volksseelenforschung' nicht auf die dinglichen Gestaltungen verzichten, aber sie wird diese nicht schlechthin als Dinge an sich und geschichtliche Bildungen betrachten, sondern fragen, wie weit sie seelische Haltungen und Ausdrucksformen offenbaren." Insgesamt machte Spamer zwei grundsätzlich unterschiedliche Auffassungen über den ADV aus: „Die eine sagt, der Atlas ist bedauerlicherweise ein höchst unvollkommenes Instrument für die Volkskunde, da wir durch ihn nur periphere Fragen klären können und – leider unvermeidlich – das Gebiet des Geistig-Seelischen, die eigentliche Domäne der Volkskunde, nahezu ausscheidet. Gegenpol dieser Anschauung ist der Glaube, daß solche Fragen und Erkenntnisse, die in die psychischen Tiefen führen, sich auch im Fragebogen und in der Raumfixierung eines Atlas ermöglichen lassen."[209]

Wer innerhalb der DFG-Leitung davon ausgegangen war, dass der demokratische Wettbewerb der Ideen einen Konsens bilden würde, mit der eine Basis für die künftige Arbeit geschaffen würde, sah sich enttäuscht. Im Frühjahr 1933 jedenfalls stand die Institution ADV kaum unter dem Eindruck des nationalsozialistischen Umbruchs, umso mehr aber wurde sie von internen Auseinandersetzungen erschüttert. John Meier sah es im März 1933 durch das „freundschaftliche und vertrauensvolle Verhältnis, in dem wir zueinander stehen", als „Pflicht", Adolf Spamer seinen Rücktritt aus der Atlaskommission der DFG mitzuteilen. „Mit mir scheiden Aubin und Helbok aus, so daß nach dem früher schon erfolgten Rücktritt von Frings und Hübner keine volkskundlich etwas bedeutende Persönlichkeit in der Leitung des Atlas mehr vertreten ist."[210] Den Anlass für den kollektiven Rücktritt lieferte nicht zuletzt die Stärkung Wildhagens, die dieser durch sein Engagement für die Aufstellung des Frageplans erreicht hatte. In seinem Brief an Spamer ließ Meier wissen, dass Schmidt-Ott Wildhagen für die Auslandsarbeit in den Atlas zurückholen wolle. Für ihn und andere Beteiligte sei diese Vorstellung unannehmbar: „Das wäre bei der Charakteranlage Wildhagens der Anlass gewesen zu neuen Bestrebungen, sich eine Machtposition zu gewinnen und hätte den Erfolg gehabt, daß die ruhige Arbeit des Personals von neuem auf schlimmste Weise gefährdet wäre." In dieser Situation, so Meier weiter, hätte die Volkskundekommission „eine Eingabe an den Hauptausschuß der Notgemeinschaft gemacht und um ein Eingreifen gebeten." Dieses „Eingreifen" betraf vier Aspekte: die „Fernhaltung" Wildhagens aus dem ADV, eine Neukonstituierung der Volkskundekommission „nach dem Gesichtspunkte der wissenschaftlichen Qualifikation der Mitglieder", die Neuwahl einer „Delegation" „durch den Volkskunde-Ausschuß nach dem Arbeitsbedürfnis des Atlas" sowie die Gewährleistung der Autonomie der wissenschaftlichen Leitung des ADV. Was den Erfolg dieser Eingabe an den Hauptausschuss anbelangte, zeigte sich Meier skeptisch: „An einen Erfolg glaube ich im Gegensatz zu den anderen Herren nicht. Im Hauptausschuß sind hauptsächlich Mediziner und

209 Ebd.

210 J. Meier an A. Spamer, 17.3.1933, Institut für Volkskunde (Wossidlo-Archiv), Rostock, Ordner „Atlas der deutschen Volkskunde, Korrespondenz 1929-1937".

Naturwissenschaftler vertreten, die nicht das geringste Interesse am Atlas haben und Exzellenz besitzt im hohen Grade die Kunst, die Leute einzuwickeln und wird von dieser Kunst Gebrauch machen, da es um sein Prestige, wie er glaubt, geht.“[211]

Spamer sah die Dinge etwas anders und schied die komplexe Problemlage im ADV in zwei Bereiche: den „Fall Wildhagen“ sowie den „Fall Atlas“. Wildhagen sei von seiner Persönlichkeit her schwierig, aber, so Spamer überzeugt, seine Affekte rührten vom Dienst an der Sache. Der Standpunkt Meiers, „daß nach dem Rücktritt von Frings, Hübner, Aubin, Helbok und Ihnen keine volkskundlich etwas bedeutende Persönlichkeit mehr in der Leitung des Atlas vorhanden sei“, war für Spamer partout nicht nachvollziehbar. Weder in der ehemaligen „Delegation“ noch in der Kommission machte er „Volkskundler“ aus, worin er ein Grundproblem zu erkennen glaubte: „Ist das nicht gerade das unselige Schicksal des Volkskundeatlas, daß er nicht von Volkskundlern gemacht wurde, und daß Fachfremde tun konnten, was sie wollten, weil sie sich nach außen gedeckt fühlten und Sie, gegen dessen allverehrte Persönlichkeit niemand vorging, als Schutzschild benutzten.“[212] Zweifelsohne liege das Verdienst Aubins darin, das Projekt erst ermöglicht zu haben. Aber er sei eben Historiker und seine Schwerpunkte – „mittelalterliche Territorialgeschichte und frühe Stammesgeschichte“ – hätten eine spezifisch volkskundliche Profilierung verunmöglicht. Ähnlich sei der Fall bei Theodor Frings, der nie Zweifel darüber gelassen habe, „daß es ihm nur darauf ankam, aus dem Volkskundeatlas einen Wortatlas zu machen“. Auch Hübner habe nie Volkskundler werden wollen und Helbok sei vor allem Siedlungsforscher. In dieser Situation sah Spamer lediglich den Ausweg, dass Meier als einziger Volkskundler die uneingeschränkte Verantwortung für den ADV übernehmen sollte.

Die Situation Ende März 1933 war denkbar verfahren. Friedrich Schmidt-Ott lud alle Beteiligten auf den 1. April 1933 zu einer Besprechung. Hier fiel der Entschluss, dass John Meier die Leitung des ADV übernehmen und die Zentralstelle nach Freiburg übersiedeln sollte. Dieses Vorhaben wurde indes nur teilweise umgesetzt: Meier übernahm zwar die Leitung; der Umzug des ADV in das Volksliedarchiv Meiers scheiterte allerdings am Veto des Reichsinnenministeriums. Damit lag der ADV nun in ausschließlicher Verantwortung von Volkskundlern. Zum Zeitpunkt, da sich die Historiker und Sprachwissenschaftler abwandten, setzte sich endgültig der Konsens durch, mit dem Großprojekt die Spezifik volkskundlicher Wissenschaft stärken zu wollen. Auf der Ebene der Fragefindung bedeutete dies die entschlossene Distanzierung von der Wortgeographie. Unüberbrückbare Differenzen bestanden freilich in der Bewertung des Stellenwerts der Sachkultur und der Hausforschung. Hier positionierten sich sowohl Meier/Helbok wie auch Lehmann/Lauffer mit einem unzweideutigen Bekenntnis zur Einheit von geistiger und dinglicher Kultur. Spamer/Wildhagen

211 Ebd.

212 A. Spamer an J. Meier, 20.3.1933, Institut für Volkskunde (Wossidlo-Archiv), Rostock, Ordner „Atlas der deutschen Volkskunde, Korrespondenz 1929-1937“.

hingegen sahen die volkspsychologische Strömung der Volkskunde nur dann konsequent umgesetzt, wenn das Forschungsinteresse radikal fokussiert würde auf die Welt der Vorstellungen, des Glaubens, Träumens, Meinens und Urteilens. Dass sich der Frageplan von Spamer/Wildhagen durchsetzen und am stärksten Eingang finden würde, zunächst in den vierten, dann vor allem aber in den fünften Fragebogen, lag weniger an der Überzeugungskraft ihrer Argumentation, sondern schlicht an den 1934 sowohl im ADV wie auch in der DFG gründlich veränderten Machtverhältnissen.

Unter der Leitung John Meiers wurden die unruhigen Verhältnisse in der Berliner Zentralstelle des ADV 1933 und zu Beginn des Jahres 1934 vorübergehend befriedet. Der vierte Fragebogen, der unter seiner Regie zusammengestellt wurde, bildete einen Querschnitt aus Themen, die sowohl bei Meier/Helbok wie auch Lehmann/Lauffer und Spamer/Wildhagen Relevanz besaßen. Einen Schwerpunkt bildete somit der Umgang mit dem Tod und das Begräbnisbrauchtum. Ergänzt wurde dieser Schwerpunkt um Akzente, die bereits auf das Profil des fünften Fragebogens wiesen: Vorbedeutungen im Alltagsleben, Bräuche und Aberglauben. Mit dem fünften Fragebogen, der sich wesentlich am Entwurf Spamer/Wildhagen orientierte und 1935 zur Versendung kam, setzten sich nun Spamer/Wildhagen definitiv durch. Unter der Leitung John Meiers war zwar bereits ein Entwurf entwickelt worden. Nach dessen Entlassung, der Rückkehr Wildhagens in die DFG 1934 und der Eingliederung des ADV in die „Reichsgemeinschaft der deutschen Volksforschung“, wurde dieser aber gänzlich nach den Vorstellungen im Entwurf Spamer/Wildhagen umgearbeitet.[213] Im Abdruck der Fragen wurden nochmals die Forschungsintentionen und Erkenntnisziele skizziert: Erfasst werden solle der „Mensch des Alltags“ „in seiner nüchternen Wirklichkeit“.[214] Es gehe um das „Selbstverständliche im täglichen Leben“, „das in allen Zeiten Unveränderliche unserer Volksseele durch allen Wandel des Zeitgewandes hindurch“.[215]

## 6. VOLKSBODEN VERSUS STAATSGRENZEN: ZU DEN RÄUMLICHEN DIMENSIONEN DES ERFASSUNGSGEBIETS

Die massive Unterstützung des ADV gründete in hohen nationalpolitischen Erwartungen, die in zwei Richtungen zielten. Nach innen schien die volkskundliche Großvermessung geeignet, einen organischen Aufbau des deutschen Volkes als Träger der Nation nachvollziehbar zu erläutern. Nach außen ließ er die Ausbreitung deutschen Kulturbodens sichtbar werden und hielt damit die Differenz fest zwischen den staatlichen und den kulturellen Grenzen Deutschlands. Von Beginn an war deshalb klar, dass sich das Erhebungsgebiet des ADV

213 Vgl. den Abdruck in Mitteilungen des Atlas der deutschen Volkskunde, 5. Januar 1936, S. 81-96.
214 Ebd., S. 84.
215 Ebd., S. 88.

nicht auf das durch die Versailler Verträge dezimierte Territorium des Deutschen Reiches beschränken konnte. „Auf die Bearbeitung der deutschen Grenz- und Auslandsgebiete legen wir größten Wert", ließ Schmidt-Ott im Protokoll der Gründungsversammlung 1928 festhalten.[216] Während der DSA seine Erhebungen auf kleindeutsches Territorium beschränkte und an den politischen Grenzen endete, zielte der ADV, so Arthur Hübner, auf „eine Aufnahme des gesamten deutschen Kulturgebietes in Europa". War zu Anfang noch nicht absehbar, inwiefern sich Erhebungen außerhalb des Deutschen Reiches durchführen ließen, so galt doch die Maxime, „daß das zusammenhängende Kulturgebiet in Mitteleuropa auf den Karten als geschlossener Körper zur Geltung kommt". Anzustreben sei die Einbeziehung von Österreich und der deutschsprachigen Schweiz und all der „Gebiete, die durch die Friedensverträge von den deutschen Mittelmächten losgelöst worden sind."[217]

Diese Zielsetzung ließ sich nur teilweise realisieren. Die geplante Kooperation mit der deutschsprachigen Schweiz kam nicht zustande, weil sich dort ein eigenständiges Atlasprojekt entwickelte, bei dem auch methodisch alternative Wege mit einem Exploratorenverfahren eingeschlagen wurden.[218] Die „großdeutsche" Lösung mit Österreich ließ sich dagegen problemlos umsetzen, und hier forcierte der ADV im Wesentlichen die Maxime deutsch-österreichischer Wissenschaftskooperation. Die „Österreichisch-deutsche Wissenschaftshilfe" der Notgemeinschaft trug dasselbe Gründungsdatum wie die Organisation für den „Atlas der deutschen Volkskunde in Österreich". Nachdem sowohl aus finanziellen wie politischen Gründen eine Integration der österreichischen Wissenschaftsförderung in die Notgemeinschaft nicht möglich gewesen war, wurde im April 1929 auf Betreiben Schmidt-Otts, Georg Schreibers, des Reichstagspräsidenten Paul Löbe sowie der Wiener Akademie der Wissenschaften die „Österreichisch-deutsche Wissenschaftshilfe" gegründet, durch die ein innerer Anschluss Österreichs auf dem Gebiet der Wissenschaftspflege bekräftigt wurde.[219] Ebenfalls anlässlich der Reise Schmidt-Otts und Schreibers nach Wien konstituierte sich am 26./27. April 1929 die österreichische Organisation des deutschen Volkskundeatlas. Hier kooperierte der ADV mit der Österreichischen Akademie der Wissenschaften und schuf eine „Kommission für den Atlas der deutschen Volkskunde in Österreich", in der neben Vertretern der Akademie Repräsentanten der Kirchen, der Ministerien, der Lehrerorganisationen und der Länder amtierten. In Österreich wurden allein acht der 37 ADV-Landesstellen errichtet.

216 Protokoll „Besprechung über den Plan eines Atlas der Deutschen Volkskunde am 16. und 17. Juni 1928 in der Notgemeinschaft der Deutschen Wissenschaft, Berlin C2, im Schloß", S. 8, GStBPK Berlin, Nl Johannes Bolte, Kasten 56.

217 Hübner, Volkskundeatlas, S. 47.

218 Vgl. Weiss, Einführung.

219 Vgl. Schreiber, Deutschland.

Neben den österreichischen lagen noch etliche andere Landesstellen außerhalb des Reichsgebiets: Hermannstadt (Siebenbürgen), Prag (Tschechoslowakei), Budapest (Ungarn), Luxemburg, Danzig, Sarata (Bessarabien), Temesvar (Banat). Von manchen Landesstellen (Elbing, Schneidemühl) wurden Territorien außerhalb des Reichsgebiets wie Westpreußen bearbeitet. Vielerorts – etwa in Westpreußen oder im Elsass – waren volkskundliche Erhebungen der deutschsprachigen Bevölkerung aus politischen Gründen problematisch. Hier kam es zu improvisierten Erhebungen unterschiedlichster Art. Aufgrund der schlechten deutsch-polnischen Beziehungen war in der Zwischenkriegszeit an eine Befragung im „polnischen Korridor" nicht zu denken.[220] Um dennoch Daten über die deutsche Bevölkerung zu erhalten, unternahm der ADV-Mitarbeiter Reinhold Knopf als gebürtiger Westpreuße per Fahrrad regelmäßige Exkursionen durch seine Heimat: „Als wir in der Zentralstelle befürchten mußten, daß bei einer fertigen Karte der größte Teil Westpreußens als terra incognita [...] erscheinen würde, bot ich mich an, als landeskundiger Westpreuße diejenigen Dörfer im Polnischen Korridor, in denen Deutsche in nennenswerter Zahl ansässig waren, aufzusuchen und an Ort und Stelle Einheimische zu befragen."[221] Um präventiv polnischer Kontrolle zu entgehen, verwendete er hierfür nicht die offiziellen Fragebogen, sondern private Notizbücher, deren Inhalt dann in der Berliner Zentralstelle verarbeitet wurde.

Über ähnliche politische Schwierigkeiten bei der Erhebung berichtete Erich Röhr aus den Sudetenländern. Für die Erfassung der deutschen Bevölkerungsgruppen in Tschechien wie für jene der deutschen Sprachinseln in der Slowakei war an der Deutschen Universität in Prag unter Leitung von Gustav Jungbauer eine Landesstelle eingerichtet worden. Sie konnte sich auf einen Mitarbeiterkreis von rund 1200 Leuten stützen, zudem auf eine stabile institutionelle Vernetzung durch die eigenständige *Sudetendeutsche Zeitschrift für Volkskunde*. Die starke Motivation, von der die volkskundliche Arbeit getragen wurde, verdankte sich der politischen Aufladung des Volkstumskampfs. Jedenfalls lobte Röhr die Tatsache, dass von der Prager Landesstelle systematisch einwandfreie Ergebnisse geliefert werden konnten: „Dieser Umstand kann nicht genug hervorgehoben werden, wenn man die Schwierigkeiten bedenkt, die der tschechische Terror jeglicher Arbeit für das deutsche Volkstum entgegenstellte."[222] Wie dieser „Terror" sich manifestierte, darüber schwieg Röhr sich indes aus.

220 Die uneindeutige politische Grenze zwischen Polen und dem Deutschen Reich sowie die ethnischen Mischgebiete stimulierten in Deutschland und Polen die volkskundliche Kartographie ganz besonders. Das dauerhaft ungeklärte Verhältnis von politischem Grenzverlauf und kulturräumlichen Verhältnissen ließ mit dem ADV und dem Kulturatlas Polens von Kazimierz Moszyáski, Atlas Kultury Ludowej w Polsce nicht zufällig die ersten Atlasprojekte in Europa entstehen. Vgl. Hanisch, Atlasvorhaben; Wegner, Darstellung; Kódnicki, Grenzgebiet.

221 Beitl, Atlas 1990, S. 89.

222 Röhr, Volkstumsgeographie, S. 226.

Das öffentliche Interesse an volkskundlicher Arbeit entzündete sich nach 1918 dezidiert an Fragen des Grenz- und Auslanddeutschtums. Signifikanter Ausdruck hierfür war nicht zuletzt die Tatsache, dass nach 1918 eine von drei Professuren für Volkskunde außerhalb der deutschen Staatsgrenze, eben in Prag, geschaffen worden war. Dennoch schien kurz vor Beginn des Zweiten Weltkrieges die Volkskunde nur mäßiges Renommee innerhalb der Volks- und Raumforschung zu genießen. Zumindest leitete Erich Röhr seinen volkstumsgeographischen Rapport aus den Sudetenländern ein mit der Klage über den geringen Stellenwert der Volkskunde in der raum- und ethnopolitisch relevanten Volksforschung: „Es fällt allerdings auf, wie wenig gerade die Volkskunde bei all diesen Arbeiten der letzten Jahre in Erscheinung trat bzw. in ihnen berücksichtigt wurde.“[223]

Zehn Jahre zuvor war den ADV-Arbeiten gerade aus diesem Grunde größte Dringlichkeit beigemessen worden. Ende November 1929 unterrichtete John Meier das Auswärtige Amt über volkskundliche Aktivitäten zum Auslanddeutschtum. Neben internationalen Kooperationen des Verbandes und der Koordinierung deutschkundlicher Aktivitäten der Volkskunde außerhalb der Reichsgrenze unterstrich Meier: „Von besonderer Wichtigkeit in wissenschaftlicher und nationalpolitischer Beziehung dürfte das Unternehmen des Atlas der deutschen Volkskunde sein [...]. Es leuchtet ohne weiteres ein, daß diese Forschungen und ihre Ergebnisse wesentliche Aufschlüsse über die deutsche Kolonisation geben und das deutsche Kulturbewußtsein in den einzelnen Landschaften erheblich stärken werden. Wir hoffen, es deshalb auch trotz allen Schwierigkeiten zu erreichen, unsere Forschungen in den außerdeutschen Kulturgebieten mit Erfolg vornehmen zu können.“[224]

Meier berichtete über ADV-Aktivitäten in Österreich, der Schweiz, Luxemburg, der Tschechoslowakei, Ungarn, Rumänien und Russland. „Wegen der Durchführung des Atlasunternehmens in Rußland schweben noch Verhandlungen. Wir hoffen aber, das bitte ich ganz vertraulich zu betrachten, durch die Leningrader Akademie der Wissenschaften bei der Sowjetregierung eine Duldung und Förderung unserer Arbeiten zu erreichen, die sich wohl zunächst auf die größeren zusammenhängenden deutschen Gebiete (Wolgadeutsches Gebiet, Krim, Ukraine und dann die Leningrad naheliegenden Newakolonien) beschränken wird.“ Wegen Problemen in anderen Gebieten bat Meier um Mithilfe des Auswärtigen Amtes: „Größere Schwierigkeiten wird es machen, die erforderlichen Arbeiten auch im polnischen und südslawischen Gebiete durchzuführen und wir wären außerordentlich dankbar, wenn uns durch die betreffenden Gesandtschaften und Konsulate, über den Kreis der uns schon bekannten Mitarbeiter hinaus, Namen genannt und Ratschläge über die beste und erfolgreichste Art des Vorgehens gegeben werden könnten.“[225] Andere improvisierte Erhebungen

223 Ebd., S. 222.

224 Vierseitiges Manuskript über volkskundliche Aktivitäten unter dem Blickwinkel des Auslanddeutschtums. J. Meier „Vertraulich“ an Geheimrat Dr. Terdenge im Auswärtigen Amt, 15. 11. 1929, DVA, Ordner 27, allg. Korr. 1928-29, St-Z.

225 Ebd.

konnten anlässlich studentischer Exkursionen nach Jugoslawien durchgeführt werden. Rudolf Hartmann, Walter Mitzka u.a. untersuchten 1930 im Rahmen von Probebefragungen russlanddeutsche Flüchtlinge aus Sibirien, der Ukraine, Turkestan, dem Kaukasus und Ural – darunter viele Mennoniten – in den Lagern Hammerstein, Mölln und Prenzlau.[226]

Das Jahr 1933 bedeutete eine Stärkung der Intention, Territorien außerhalb der Reichsgrenzen als deutschen Kulturboden auszuweisen. Über die zwischen Sommer 1933 und Sommer 1934 noch unter der Leitung John Meiers durchgeführten Arbeiten hieß es: „Die Zentralstelle war bemüht, den volkspolitischen Gesichtspunkt des ADV stärker als bisher in den Vordergrund zu rücken. Dies geschah in erster Linie durch Ausdehnung der Arbeiten in auslandsdeutschen Gebieten." So seien Mitarbeiter in Nordschleswig, im rumänischen Banat und in Jugoslawien geworben und Verbindungen im „Westen des deutschen Kulturgebietes" geknüpft worden. Löblich seien studentische Erhebungsaktivitäten in Jugoslawien. „Ein Versuch, im Memelland zu arbeiten, mußte wegen der gespannten politischen Lage abgebrochen werden."[227]

Bei der Kulturabteilung des Auswärtigen Amtes wies John Meier im Juli 1934 auf die politische Dringlichkeit der volkskundlichen Erhebung deutscher Bevölkerungsgruppen jenseits der Reichsgrenzen hin. Während „die geschlossene Masse des Deutschtums" in Österreich, der Tschechoslowakei und Luxemburg problemlos erhoben werden könne, seien die Bedingungen im Elsass und in Lothringen ungleich schwieriger. In Lothringen könnten die Befragungen von der Luxemburgischen Landesstelle und mit Hilfe der Luxemburgischen Sprachgesellschaft durchgeführt werden.

> „Im Elsaß liegt die Sache außerordentlich schwierig. Es ist aber gelungen, einen volkskundlich gebildeten Altelsässer zu gewinnen, der mit Hilfe verwandtschaftlicher und freundschaftlicher Beziehungen in eigener Arbeit und als eigenes wissenschaftliches Unternehmen unsere Fragen im Elsaß aufnehmen will. Diese Aufnahmen, die Reisen und Wanderungen voraussetzen, würden den Betrag von RM 6000.- erfordern. Die Notgemeinschaft der deutschen Wissenschaft wird nach Bemerkung des Geh. Oberregierungsrats Dr. Schwörer voraussichtlich bereit sein, die Hälfte des Betrages zu übernehmen, falls das Auswärtige Amt die andere Hälfte tragen würde."

Meier sah schwerwiegende Folgen, wenn das Elsass auf der volkskundlichen Karte Deutschlands weiß bleiben müsse: „Wie bedenklich es für das nationale Werk des Atlas der deutschen Volkskunde in jeder Beziehung sein würde, wenn das Elsaß eine Lücke aufwiese, brauche ich ja dem Auswärtigen Amt nicht auseinander zu setzen. Es liegt auf der Hand, daß ein solches Fehlen nicht bloß wissenschaftliche, sondern auch politische Bedenken auslösen und Folgen haben würde."[228]

226 Vgl. Hartmann, Atlas.
227 Mitteilungen des Verbandes deutscher Vereine für Volkskunde, Nr. 47, März 1935, S. 12.
228 Brief J. Meier an das „Auswärtige Amt, Kulturabteilung", 10.7.1934, DVA, Ordner 42, allg. Korr. 1932-34, A-C.

# 7. KRITIK UND KONTROLLE: DIE VOLSKUNDE ALS POPULÄRE WISSENSCHAFT

Die DFG hatte der Volkskunde nicht zuletzt eine derart großdimensionierte Gemeinschaftsforschung überantwortet, weil sie sich selbst von der Popularität und Lebensnähe des Faches gesellschaftliche Resonanzen erhoffte. Wie das Protokoll der Sitzung des DFG-Hauptausschusses vom 19. März 1932 vermerkte, freue man sich, dass mit dem ADV „wiederum der Zugang zu einer großen Schicht der Bevölkerung erreicht worden sei“.[229] Im Falle der Natur- und Technikwissenschaften erschien es in der Zwischenkriegszeit aus Sicht der DFG kaum notwendig, die Förderung der Ressource Wissenschaft öffentlich legitimieren zu müssen. Hier war nicht nur mühelos zu vermitteln, dass die Erkenntnisse dieser Disziplinen in zunehmend wissensbasierten Gesellschaften unabdingbare Faktoren der Lebensbewältigung geworden waren.[230] Nach dem Wegfall militärischer und politischer Stärke stiftete die Potenz deutscher Wissenschaft und ihrer Renommierprojekte darüber hinaus hinlänglich symbolisches Kapital, um auf diesem Terrain die sonst so beschädigte „Weltgeltung“ Deutschlands zu beglaubigen. Ganz anders stellte sich dagegen die Beziehung der Geisteswissenschaften gegenüber der Öffentlichkeit dar, da diese zunächst ohne offenkundiges Nützlichkeitsversprechen antreten mussten. Spätestens seit den beschleunigten Industrialisierungsprozessen nach der Reichsgründung von 1871 hatte der Aufstieg der Natur- und Technikwissenschaften den Legitimationsdruck der Geisteswissenschaften erhöht und die Rede über den Krisenzustand von Bildung und Kultur zu einem Dauerthema des 20. Jahrhunderts gemacht.

Genau diese öffentlichen Erwartungen schien der ADV mit seiner doppelten Funktionsleistung zu erfüllen: Er vermochte gleichermaßen als idealistische Sinnstiftungsagentur zu wirken und lieferte dabei eine kulturelle (Selbst-)Verortung, aus der politisches Handeln abgeleitet werden konnte. Diese doppelte Intention von Sinnstiftung und Anwendung des ADV brachte John Meier auf dessen Klassifizierung als „geistiger Heimatschutz“.[231] Die Volkskunde schien Kompetenzen für Orientierungs- wie Handlungswissen reklamieren zu können und gewann dadurch für die Notgemeinschaft fraglos an Attraktivität. Die Volkskunde verdankte ihren Aufstieg nicht zuletzt ihrer Fähigkeit, zwischen Wissenschaft und Gesellschaft zu vermitteln. Die Krisensituation der Zwischenkriegszeit, in der uneindeutig blieb, wo Deutschland kulturell zwischen einem „amerikanisierten“ Westen und einem „slawischen“ Osten zu verorten war, provozierte eine gesteigerte Bereitschaft zur permanenten nationalen Selbstreflexion, bei der volkskundliche Deutungsangebote von ethnischer Eigenart und historischen Kontinuitäten Anziehungskraft entwickelten. Gesellschaftliche Selbstreflexivität war freilich kein Privileg der Wissenschaften, sondern weithin

229 Niederschrift über die am 19. März 1932 vormittags 10.30 Uhr in Berlin in den Räumen der Notgemeinschaft abgehaltene Hauptausschußsitzung, S. 18, GStAPK Berlin, I. HA, Rep 76 Vc, Kultusministerium, Sekt.1, Tit. II, Teil I, No. 67, Bd. VI.

230 Vgl. Weingart, Stunde; Szöllösi-Janze, Wissensgesellschaft.

231 Meier, Vorwort, S. 13.

auch Gegenstand des öffentlichen Räsonnements, wodurch Grenzen zwischen Wissenschaft und politisch-kultureller Öffentlichkeit durchlässiger wurden – eine Durchlässigkeit, die das Diskursfeld Volkskunde mit seinen Anbindungen an die Sphäre der Wissenschaft einerseits und die Kulturpolitik, Museumsarbeit und Heimatbewegung andererseits mitbrachte.

Ein Projekt wie der ADV schien geeignet, Wissenschaft und Öffentlichkeit einander näher zu bringen, und so wurde der ADV von Anfang an von systematischer Medien- und Öffentlichkeitsarbeit flankiert. Mit diesem Modellfall sollte auch die gesellschaftliche Nützlichkeit von Geisteswissenschaften dokumentiert werden, weshalb Fragen der Volkskunde unversehens an prominenten öffentlichen Orten verhandelt werden konnten, die ansonsten den Trägern deutscher Spitzenforschung vorbehalten waren. Bei der öffentlichen Kundgebung anlässlich der Dresdener Jahrestagung der Notgemeinschaft Anfang Dezember 1928 referierte neben Max Planck („Aus der neuen Physik") und dem Münchner Ordinarius für Meteorologie August Schmauß („Weltall und Wetter") Arthur Hübner über den ADV.[232] Und bei den Jubiläumsfeierlichkeiten zum zehnjährigen Bestehen der Notgemeinschaft war auf der Festveranstaltung im Plenarsaal des ehemaligen Herrenhauses in Berlin am 30. Oktober 1930 ein Vortrag von Theodor Frings dem „Forschungsgebiet der Volkskunde" gewidmet. Außer Frings sprach DFG-Vizepräsident Heinrich Konen über das „Grenzgebiet von Technik und Forschung" und (auch hier wurde auf preußisch-bayerische Ausgewogenheit geachtet) der Münchner Walther Straub über „Vitamine, Hormone und Volksgesundheit". Was eben noch in abgelegenen Heimatmuseen betrieben wurde, schien unversehens geeignet, Prestige und Potenz deutscher Wissenschaft zu repräsentieren.

Der Gegenstand der Volkskunde – Alltag und die Selbstverständlichkeiten der eigenen Kultur – war als Alltagswissen auch ohne wissenschaftliche Kompetenzen weithin identifizier- und plausibilisierbar. Auch ohne akademische Ausbildung verfügte man über das Erfahrungswissen, dass bereits im übernächsten Dorf der Dialekt variierte, in größeren Städten der Muttertag begangen wurde, während er auf dem Land noch unbekannt war oder in evangelisch geprägten Territorien der Geburtstag gefeiert wurde, während in katholischen Regionen der Namenstag rituelle Exklusivität besaß. Damit ergab sich für den professionellen Volkskundler und seinen Kampf um öffentliche Anerkennung just in dem historischen Augenblick, da er als Typus entstand, ein grundsätzliches Problem. Sein Status als unangefochtener Experte war natürlicherweise prekär, da zumindest potenziell jeder als Experte des Alltags gelten konnte. Insofern war von vornherein die Grenze zwischen purer Sichtbarmachung bzw. Beschreibung dieser Selbstverständlichkeiten und ihrer Analyse bzw. Deutung höchst verschwommen. In jedem Fall sollte die wissenschaftliche Leistung des ADV darin bestehen, diese alltäglichen Erfahrungen von Identität und Differenz in den Deutungsrahmen übergeordneter historischer Prozesse und gesellschaftlich-kultureller Zusammenhänge zu stellen. Ziel war also eine gesellschaftliche

232 Kersten, Wissenschaft; Joel, Wissenschaft.

Selbstbeschreibung unter der tragenden Perspektive „Volk". Die „Lebensnähe" des ADV, also die lebensweltliche Orientierung seiner Themen und Gegenstände, geriet zum Bonus und Malus zugleich. Während der Volkskunde einerseits der Status einer Leitwissenschaft eingeräumt zu werden schien, konnte sie mühelos auch unter Trivialitäts- und Banalitätsverdacht gestellt werden.

Die offensive PR-Arbeit für den ADV und dessen mediale Rezeption zeigt, wie in der Popularisierung volkskundlichen Wissens um 1930 die Grenzen zwischen Wissenschaft und Öffentlichkeit, zwischen der Analyse von Kultur und ihrer Praxis zusehends abhanden kamen und die Volkskunde dabei (mit) zur Produzentin dessen wurde, was sie vorgab, wissenschaftlich zu bearbeiten und zu analysieren. Mit dem Stoff des ADV konnte publikumswirksam dem Krisenalltag der späten 1920er und 1930er Jahre ein folkloristisches Ornament verpasst werden, das gleichermaßen Entlastung wie Verhübschung versprach und den schönen Schein untergegangener Harmonie präsent hielt. Bei dieser Verquickung ging es um die „Kulturalisierung" der gesellschaftlichen Diskurse, um das „Verschwinden des Sozialen im gesellschaftlichen Diskurs"[233] – eine Strategie kollektiver Sinngebung, für welche die Volkskunde mit ihren integrativen Leitvokabeln Kultur, Volk, Herkunft, Tradition, Gemeinschaft prädestiniert schien. Sie trat dabei als Dienstleisterin symbolischer Güter auf, die eine Wiedergewinnung verlorener Lebenswelten suggerierten, und so waren die massenmedial aufbereiteten Themen des Volkskundeatlas denn auch immer solche, die gleichzeitig eine Exotisierung des eigenen Alltags wie Selbstplausibilisierung zu betreiben schienen. Es ging dabei um die Mobilisierung sozialer Energien, die zur Bewältigung der Gegenwart an einem Gestern anknüpften, in dem eine unentfremdete anthropologische Grundsubstanz präsent schien.

Dabei wurden der Volkskunde eher Kompetenzen zugewiesen für kulturelle Phänomene, die in Kontrast standen zu den existenziellen Fragen einer innerlich zerrissenen, ökonomisch fragilen und äußerlich in Frage gestellten Nation. Zumindest unterstreicht eine Auswahl der Titel, unter denen die ADV-Arbeit in den Medien verschlagwortet wurde, dass auch in den 1920er und 1930er Jahren mit dem rural getünchten Themenset „Brauchtum" und „Aberglaube" ein Versprechen auf Gemütlichkeit und Behaglichkeit in einer zusehends unüberschaubaren Welt abgegeben werden sollte: „Es ist nicht nur der Klapperstorch – Vielleicht auch eine Eule?", „Wer bringt die Kinder? Antworten aus allen deutschen Landen", „Storch, Kinderbusch und Maidlebrunnen. Wer die Kinder bringt in den deutschen Gauen", mitunter auch mit essentialistischem Unterton versehen: „Unsere Art und unsere Herkunft", „Volksmund und Aberglaube registriert", „Was tut der Mann im Mond?" oder: „Soll man am Sonntag heiraten? Ein Atlas gibt Auskunft – Wenn die Hand juckt und das Ohr brummt...."[234]

233 Kaschuba, Kulturalismus.

234 H.N.: Arbeit am 'Atlas der deutschen Volkskunde'. Es ist nicht nur der Klapperstorch – Vielleicht auch eine Eule?, in: Der Montag, 20. Juli 1931; Dr. Franz Pröll: Wer bringt die Kinder? Antworten aus allen deutschen Landen, in; Anzeiger für den Berliner Norden, 30. Oktober 1931; Dr. V. Kunde: Storch, Kinderbusch und Maidlebrunnen. Wer die Kinder bringt in den deutschen Gauen, in: Hannoverscher Kurier, 15. November 1933; L.A.:

Kaum hatte 1928 die Arbeit am ADV begonnen, wuchs auch der öffentliche Druck auf die Notgemeinschaft. Nachdem diese dem Stadium der Aufbauphase entwachsen und seit 1925 mit den „Gemeinschaftsarbeiten“ dazu übergegangen war, markantere Forschungsakzente zu setzen und neue Forschungsmodelle zu etablieren, hatte sie in den Folgejahren – materiell wie wissenschaftspolitisch – ihren vorläufigen Zenit erreicht. Der Wechsel im Reichsinnenministerium zu dem Sozialdemokraten Carl Severing 1929 fiel zudem in die einsetzende Weltwirtschaftskrise. Beides gemeinsam bedeutete für die Notgemeinschaft wachsenden öffentlichen und politischen Druck. Die Selbstverwaltung der Notgemeinschaft erschien aus der Perspektive vor allem der sozialdemokratischen Ministerialbürokratie Preußens als autokratisches Gebaren einer privilegierten und obendrein vergreisten Gelehrtengemeinde, das nur durch stärkere öffentliche Kontrolle, Verjüngung und Transparenz eingedämmt werden könne.[235]

Dabei wurden die beiden Sphären Wissenschaft und Öffentlichkeit neu aufeinander justiert und unmittelbarer als bislang miteinander in Beziehung gesetzt. Auf der einen Seite standen die Wissenschaften, die ihre Autonomie und Einheit durch das Prinzip der Selbstverwaltung gewährleistet sahen. Auf der anderen Seite artikulierte sich eine Öffentlichkeit, die ihr Interesse an Wissenschaft immer stärker mit dem Anspruch auf Kontrolle und spezifischen Zielvorgaben verband. Mit der seit 1929 immer wieder vorgetragenen Kritik an der Arbeitsweise der Notgemeinschaft stand auch die kritische Inventur der von ihr geförderten Projekte und Disziplinen auf der Tagesordnung. In der medialen Diskussion um die Notgemeinschaft entfaltete vor allem ein Kuriositäten- und Nutzlosigkeitsverdacht Wirkung, der sich mühelos durch die Verschlagwortung solcher Themen erzielen ließ, die in offensichtlichem Kontrast zur Härte der sozialen und gesellschaftlichen Realität der späten Weimarer Republik standen. In seinen Erkundigungen im „Irrgarten deutscher Gelehrsamkeit“, publiziert im *Vorwärts* Ende März 1929, skizzierte der sozialdemokratische Reichstagsabgeordnete Julius Moses einen Katalog geförderter Themen, der präzise Botschaften über die Eigenschaften deutscher Wissenschaftler transportierten sollte: weltfremd, eigennützig, nutzlos. Zur Bekräftigung seiner Vorwürfe, welche länger anhaltende Diskussionen um die Verfassung und Effektivität der Notgemeinschaft auslösten, eigneten sich offenbar bestens geisteswissenschaftliche Förderungen. So wurden in der Schreck-Liste mit Förderungen vor allem Auslandsreisen wie eine nach

Atlas der deutschen Volkskunde. Unsere Art und unsere Herkunft, in: Vossische Zeitung, Berlin, 17. Oktober 1933; Dr. A. Ruhle: Volksmund und Aberglaube registriert. Der Atlas der deutschen Volkskunde, in: Der Deutsche. Die Tageszeitung der Deutschen Arbeitsfront, 29. Juli 1934; Kurt Pastenaci: Was tut der Mann im Mond? Ueber den Atlas der deutschen Volkskunde, in: Berliner Börsen-Zeitung, 26. August 1936; Dr. Rolf Reißmann: Soll man am Sonntag heiraten? Ein Atlas gibt Auskunft – Wenn die Hand juckt und das Ohr brummt...", in: Berliner Lokal-Anzeiger, 4. September 1936.

235 Ausführlicher vgl. Zierold, Forschungsförderung, S. 109-137; Hammerstein, Forschungsgemeinschaft, S. 73-97.

Schweden zur Untersuchung germanischer Bronzeschwerter oder eine andere nach Paris zum Studium peruanischer Gefäßmalereien kritisiert:

> „Das alles ist ein kleiner Ausschnitt. Er zeigt erschreckend, daß die Notgemeinschaft, deren Aufgabe es ist, wichtige soziale, wirtschaftliche und kulturelle Arbeiten zu unterstützen, einen sehr erheblichen Teil der Aufwendungen nichtigen Gelehrtenspielereien zukommen läßt, die für das praktische Leben nicht die geringste und für die wissenschaftliche Forschung nur eine minimale Bedeutung haben. Diesen Zustand darf der Reichstag, der durch seine Bewilligung von 8 Millionen Mark die Notgemeinschaft am Leben erhält, nicht länger dulden."[236]

In dieser Inventur des „Irrgartens deutscher Gelehrsamkeit" fand die Volkskunde (noch) keine negative Erwähnung. Die Kritik an der Notgemeinschaft, an der Überalterung ihrer Akteure und an der Ausgrenzung des wissenschaftlichen Nachwuchses, am Klientelismus und an mangelnder Transparenz der Entscheidungsprozesse schien zwar nach den daraufhin erfolgten Reformen einstweilen befriedet. Mit der Verschlechterung der finanziellen Möglichkeiten und der kontinuierlichen Absenkung der Jahresetats flackerten die Diskussionen allerdings in den Folgejahren immer wieder auf. Hinter der Entlarvung vermeintlicher Forschungskuriosa verbarg sich zu Zeiten knapper werdender finanzieller Ressourcen die grundsätzliche Frage, für was welche Wissenschaft denn eigentlich gut sein solle, kurzum: die Frage nach der Relevanz wissenschaftlicher Erkenntnis und ihrem gesellschaftlichen Ort. Die Kritik transportierte dabei immer auch die implizite Botschaft, Wissenschaft müsse nützlich sein und die – primär materiellen – Lebensverhältnisse der Menschen verbessern.

Angesichts des finanziellen Aufwands, den die Notgemeinschaft für die Realisierung des ADV betrieb, musste die Volkskunde mit ihrem Renommierprojekt über kurz oder lang in das Visier der öffentlichen Medienkritik geraten. In populistischem Duktus entlarvte die *Berliner Morgenpost* 1931, was die „Volkskunde für unser Geld" treibe und suchte „der Oeffentlichkeit ein Unternehmen der Notgemeinschaft bekannt zu geben, das gradezu sinnlos ist".[237] Den Aufhänger zur öffentlich ausgeschütteten Häme lieferten die Fragebogen des ADV, „von denen wir nur einige Proben geben zu brauchen, um die gelehrteren und ungelehrteren unserer Leser davon zu überzeugen, daß es nicht leicht ist, einen größeren Unsinn zu betreiben". Sorgfältig aufgelistet wurde sodann, was denn Volkskundler per Fragebogen an Wissenswertem aus dem Alltag der Deutschen erhoben. Von jeglichen Erkenntniszusammenhängen wie der Sichtbarmachung und Deutung kultureller Grenzen und Gewohnheiten isoliert, eignete sich die pure Darstellung der Fragen natürlich bestens, die Absurdität volkskundlicher Neugierden zu beglaubigen. Dies mochte sich für die eingangs aufgeführten

236 Anonym [Julius Moses], Wirtschaft.

237 Zum Folgenden A.B., Volkskunde. Im Verlaufe gerichtlicher Auseinandersetzungen 1935 beschuldigte Wildhagen Anneliese Bretschneider, Autorin des Artikels zu sein, was nicht stimmte; vgl. BAB, R 4901/14153, Bl. 16-28: „Abschrift des Berichts des Sicherheitshauptamts an den Reichserziehungsminister Betr. Wildhagen vom 4. September 1936".

Fragen nach Frauentätigkeiten bei der bäuerlichen Arbeit zwar noch nicht ad hoc aufdrängen, gaben doch Informationen darüber, wer das Rindvieh füttere und die Kühe melke oder welche Arbeiten von Frauen bei der Feldbestellung, Getreideernte oder Heuernte übernommen wurden, durchaus aufschlussreiche soziologische und sozialhistorische Anhaltspunkte über Geschlechterbeziehungen im bäuerlichen Alltag. Sinn und Bedeutung der weiter aufgeführten Fragen waren dagegen schon schwerer zu erschließen: die mundartlichen Bezeichnungen für Rind, Schaf und Schwein, die Bezeichnungen für frische und eingeschmolzene Butter, die Verwendung von gesalzener und ungesalzener Butter, regionale Bezeichnungen für die Fettschicht auf der gekochten und auf der ungekochten Milch, die Verwendung des vom Arbeitsvieh gezogenen zweirädrigen sowie des vierrädrigen Wagens oder die Anzahl der Speichen ihrer Räder. Als wenig „wissenschaftlich" wurde offenbar auch empfunden, wenn im ADV von Interesse war, mit welchen Redensarten wo ungehorsamen Kindern Furcht eingeflößt wurde und mit welchen Drohgebärden man versuchte, Kinder beim Dunkelwerden im Haus zu halten.

Der von der *Berliner Morgenpost* präsentierte Katalog wissenschaftlicher Trivialitäten geriet zur Endlosschleife ermüdender Belege für die Nutzlosigkeit einer Kulturwissenschaft. Zumindest konnte keinerlei Sinn ausgemacht werden, wenn im ADV danach gefragt wurde, für wie viele Pferde die Krippe im Stall diene oder ob Kühe und Pferde im Stall üblicherweise mit dem Kopf zur Wand oder zum Futtergang hin stünden. Kurzum: Entkleidet von dem von seinen Initiatoren und der Notgemeinschaft sonst sakral angestimmten kulturpolitischen und volkserzieherischen Missionsauftrag und durch die Ausblendung übergeordneter Erkenntniszusammenhänge konnte das Fragewerk des ADV als Musterbeispiel nutzloser Wissenschaft vorgeführt werden. Die Schlussfolgerungen der *Berliner Morgenpost* waren unmissverständlich:

> „Volkskunde in Ehren! Wo der Sinn dafür lebendig ist, da singt und klingt es an allen Straßenecken, unter allen Dorflinden und in jeder Bürgerstube. Aber wenn sie an die Systematiker gerät, dann ist's aus. [...] Daß dafür auch noch staatliche Mittel hergegeben werden, kann und darf einfach nicht in Frage kommen. Wer sich an derartige Aufgaben macht, muß sich, wie früher, selbst darum bemühen. Er darf es sich nicht mit Fragebogen bequem machen, sondern muß im Land herumreisen und die Augen offen halten. Dann wird auch wirklich etwas dabei herauskommen, was sich mit Recht Volkskunde nennen darf. Das Unternehmen der Notgemeinschaft der deutschen Wissenschaft darf es nicht."

Zwei Tage später legte das Blatt mit dem spottenden Titel „Lebendige Wissenschaft" nach und erteilte Belehrungen in Fragen angemessener volkskundlicher Erhebungstechnik:

> „Wer das Volk kennenlernen will, seine Sitten und Gewohnheiten, seinen Alltag und seine Feste, sein Gehabe und seine Sprache, der soll sich nicht an den Schreibtisch setzen, Fragebogen studieren, und die Antworten nach a), b), c) und 1., 2., 3. rubrizieren. Der soll lieber unter das Volk gehen, mit ihm leben und nach Luthers Wort 'den Leuten aufs Maul schauen'. Nur wenn der 'Atlas der Volkskunde' auf diese Art zustande kommt, wird er ein lebendiges Abbild deutschen Volkstums liefern. Das Rubrizieren von ausgefüllten

> Fragebogen aber kann nichts anderes ergeben, als eine öde, langweilige Statistik, nicht das Papier wert, auf dem sie gedruckt wird."[238]

Auch der *Simplicissimus* stilisierte wenig später den ADV und auf diesem Wege die Förderpraxis der Notgemeinschaft insgesamt zum handfesten Politikum. Die Satirezeitschrift witterte ein Musterbeispiel wissenschaftlichen Dilettantismus und warf durch ihre ironisierende Darstellung die Frage nach den Grenzen von Wissenschaft und Pseudowissenschaft auf. Unter dem Titel „Fragen an das Volk" wurde 1931 der DFG attestiert, sie leide „scheinbar Not an wissenschaftlichen Aufgaben" und suche „krampfhaft nach entlegenen Belanglosigkeiten". Wie anders ließe sich sonst erklären, dass sie zu Zeiten, da die Budgets knapper ausfielen, ausgerechnet eine solch merkwürdige Erkundung des Volkes großzügig unterstützte? Und dies obendrein mit höchst fragwürdigen Methoden – jedenfalls stand man der Absicht, eine Ethnologie des Eigenen zu betreiben, recht verständnislos gegenüber: „Aber ins deutsche Volk reist man nicht, wie zu den Negern, sondern begnügt sich damit, es mit Abstand kennenzulernen – durch Fragebogen."[239]

Somit stand auch die scheinbar „lebensnahe" Volkskunde auf dem Prüfstand öffentlicher Interessenabwägung, drängten sich bei einem solch randständigen Orchideenfach, dem ein derart großdimensioniertes Forschungsprojekt übertragen worden war, gleich aus doppelten Motiven Fragen nach Relevanz, wissenschaftlicher Seriosität und Nutzen seiner Arbeit auf. Es war nicht nur klein, sondern auch inkonsistent und bekam dafür obendrein viel Geld. Was zunächst als Bonus der Volkskunde erschien – ihre Lebensnähe und Anschaulichkeit – verwandelte sich nun zum Malus, indem ihre Interessen unter dem Druck populistischer wissenschaftspolitischer Nützlichkeitspostulate ins Kuriose gezerrt wurden. Die Popularität und Lebensnähe volkskundlicher Themen transportierten nun als Kehrseite den Verdacht auf Banalität und Nutzlosigkeit. Das Populare der Kultur erschien in den Wertigkeiten der öffentlichen Diskussion nicht unbedingt als populär. Die Liaison von Wissenschaft und Öffentlichkeit ging nicht in einer einfachen Rechnung auf, bei der die Wissenschaften einseitig profitieren konnten. Sie sahen sich nun auch umgekehrt mit einer gesteigerten Kontrolle und Kritik ihrer eigenen Praxis konfrontiert.

## 8. WER IST VOLKSKUNDLER? PERSONELLE RESSORUCEN EINER WERDENDEN DISZIPLIN – BIOGRAPHISCHE SKIZZEN

Das Projekt des ADV schuf neben der Berliner Zentralstelle und den 37 Landesstellen einen komplexen Apparat aus begleitenden Gremien, Kommissionen und Ausschüssen, deren Kompetenzen nur unscharf geregelt wurden. Damit waren spätere Konflikte vorprogrammiert. So präsentiert sich die Chronik des ADV in

238 Anonym, Lebendige Wissenschaft.
239 Teha, Fragen.

den Jahren zwischen 1928 und 1934 als Phase konzeptueller und methodischer Richtungslosigkeit, unruhiger Suchbewegungen und ständiger Wechsel in der Führungsriege. In einem kleinen, fast familial organisierten Fach wie der Volkskunde artikulieren sich inhaltliche Auseinandersetzungen fast immer auch als persönliche Konflikte. Mit der Frage, was die Volkskunde als wissenschaftliche Disziplin darstellen solle, verknüpfte sich eine weitere, nämlich diejenige Frage, wer als Volkskundler zu betrachten sei. Deshalb sollen im Folgenden die auf unterschiedlichen Ebenen agierenden Akteure vorgestellt werden.

### Kurt Wagner: Impulsgeber aus der Sprachwissenschaft

Als erster Leiter der ADV-Zentralstelle, der allerdings bereits nach wenigen Wochen sein Amt zurückgeben sollte, kam im Frühjahr 1928 Kurt Wagner ins Amt. Der seit 1919 als Assistent am DSA arbeitende Sprachwissenschaftler hatte sich 1920 in Marburg habilitiert und dort einen Lehrauftrag für Phonetik und Volkskunde erhalten. Nach dem Ausscheiden Ferdinand Wredes aus dem DSA stand Wagner 1930 als dessen Nachfolger zur Diskussion, war aber bereits im Vorfeld so umstritten, dass er sein Amt erst gar nicht antreten konnte. Kontroversen provozierte er auch im Volkskundeatlas, wo ihm alsbald mangelnde Führungsstärke vorgeworfen wurde.[240] Bereits im Sommer 1928 wurde Wagner abgelöst und auf Initiative John Meiers durch Fritz Boehm ersetzt. Dieser berichtete bei seiner Amtsübernahme: „Vorläufig scheinen, da Hübner sich um das Praktische anscheinend nicht viel kümmert und Wagner versagt hat, in der Zentrale ziemlich chaotische Zustände zu herrschen."[241]

### Fritz Boehm: Zwischen bürgerlicher Gelehrtenöffentlichkeit und akademischer Professionalisierung

Fritz Boehm besaß nicht die professionelle akademische Sozialisation seines Vorgängers; seine Vita repräsentierte den Professionalisierungsprozess der Volkskunde an der Schwelle vom bürgerlichen Vereinswesen zur akademischen Disziplin. Diesen Übergang vollzog Boehm individuell zunächst durch seine Konversion vom amateurwissenschaftlichen Liebhaber zum nunmehr professionellen Forscher – eine Verwandlung, die in seinem Falle nicht dauerhaft bleiben sollte. Als Gymnasiallehrer am Berliner Friedrich-Wilhelms-Gymnasium fand er seinen Platz zunächst in der Übergangszone zwischen akademischer Wissenschaft und gebildeter Öffentlichkeit, wie sie die Vereinsvolkskunde seit der Jahrhundertwende als Ersatz für ihre universitäre Etablierung ausgebildet hatte.[242] Seine volkskundlichen Interessen entzündeten sich im bildungsbürgerlichen Milieu des 1891 gegründeten Berliner „Vereins für Volkskunde", durch den im Kaiserreich

240 Zu Wagners Rolle im DSA vgl. Wilking, Sprachatlas, S. 28-34; seine baldige Demission im ADV führte Richard Beitl auf Schwierigkeiten mit Eduard Wildhagen zurück, vgl. Beitl, Klaus (Hg.), Atlas, S. 158.

241 F. Boehm an J. Meier vom 14.8.1928, DVA, Ordner 19, allg. Korr. 1928/29, A-B.

242 Ausführlich Bagus, Volkskultur.

ein Innovationsherd volkskundlicher Forschung entstand.[243] Im Gegensatz zu den landschaftlichen Volkskundeverbänden waren die Professionalisierungsansprüche des Berliner Vereins weder regional noch national begrenzt, sondern zielten auf den internationalen Kommunikationsraum kulturanthropologischer und volkskundlicher Interessen. Boehm engagierte sich in vielfältiger Hinsicht als Organisator kommunikativer Netzwerke der Volkskunde. Er war nicht nur verantwortlich für die Bibliothek des Berliner Vereins, die er 1928/29 in den Apparat des ADV einbringen sollte, sondern amtierte auch von 1912 bis 1937 als Herausgeber der *Zeitschrift für Volkskunde*. Das einzige gesamtnationale Organ der juvenilen Disziplin setzte zunächst als neue Folge unter dem Namen *Zeitschrift des Vereins für Volkskunde* die von 1860 bis 1890 von Hermann Steinthal und Moritz Lazarus herausgegebene *Zeitschrift für Völkerpsychologie und Sprachwissenschaft* fort.

Boehm würde seinen Weg in die universitäre Profession später nicht fortsetzen können, weil er im Frühjahr 1932 internen Querelen zum Opfer fallen sollte, nachdem seine Autorität als wissenschaftlicher Leiter permanent durch den Technischen Leiter Eduard Wildhagen untergraben worden war. Zunächst führte Boehm aus seinem Schülerkreis dem ADV nicht nur etliche junge „Hilfsarbeiter" wie Reinhard Peesch oder Wilhelm Hansen zu. Mit dem Berliner Lehrer besaß nun John Meier einen loyalen Mitarbeiter mitten im Zentrum des Projekts, der ihm regelmäßig interne Konflikte rapportierte und unmittelbare Einsichten in das Innenleben der Organisationszentrale eröffnete. Diese Unterordnung unter die Autorität Meiers entsprach durchaus Boehms Selbstverständnis, da er mit dem ADV keinesfalls individuelle Ziele verband, sondern dort stets als Repräsentant der allgemeinen Anliegen seines Verbandes agierte.

### Eduard Wildhagen: Fachfremdling und Wissenschaftsorganisator

Fritz Boehm sollte inhaltlich verantwortlich zeichnen; ihm zur Seite gestellt wurde 1929 Eduard Wildhagen, zunächst als DFG-Referent für den Volkskundeatlas und seit Ende 1930 als „Technischer Leiter". Meier sah der Arbeit des durch ihn selbst komplettierten Führungstrios anfänglich optimistisch entgegen. Zumindest prognostizierte er, „es müßte doch mit dem Teufel zugehen, wenn drei Leute wie Dr. Wildhagen, Sie und ich [...] die Sache nicht in einen guten Gang bringen würden".[244] Es sollte alsbald anders kommen, gänzlich anders. Nach kurzer Zeit war das Arbeitsklima innerhalb der Führungsriege zerrüttet; bereits in der Anfangsphase begannen Querelen, die Mitte der 1930er Jahre schließlich in diversen Gerichtsprozessen und der Demontage Eduard Wildhagens durch den Historiker Walter Frank kulminierten.[245] Bei der Attacke

243 Vgl. Warneken, „Völkisch nicht beschränkte Volkskunde"; Dietzsch, Volkskunde in Berlin.

244 F. Boehm an J. Meier, 16.8.1928; DVA, Ordner 19, allg. Korr. 1928/29, A-B.

245 Frank, „Graue Eminenz". Zum Folgenden vgl. auch Heiber, Walter Frank, S. 789-798 u. S. 822-828; Zierold, Forschungsförderung, S. 13 u. S. 127-137; Bollmus, Amt, S. 94-97;

auf den seit 1934 als Stellvertreter des DFG-Präsidenten Johannes Stark und Geschäftsführer amtierenden Wildhagen und dessen Denunziation als „Graue Eminenz“[246] der Notgemeinschaft, die als politisches Chamäleon mit „den Juden“ und der Sozialdemokratie paktiert habe, ging es primär um den Kampf um wissenschaftspolitische Führung zwischen dem „Amt Rosenberg“ und dem Reichserziehungsmininsterium (REM).

Die Beschuldigungen, die bei dieser öffentlichen Hinrichtung aufgefahren wurden, wurzelten indes teilweise in der Frühphase des Volkskundeatlas und in lange schwärenden Auseinandersetzungen zwischen Wildhagen und der DFG.[247] So stand er unter Verdacht, ohne Wissen seines Arbeitgebers wissenschaftspolitische Aktivitäten entwickelt und damit gegen seinen Dienstherrn intrigiert zu haben. Als Reichsinnenminister Carl Severing (SPD) 1929 die wachsende Kritik an der Notgemeinschaft aufnahm und an Überlegungen zu ihrer Reform bzw. Auflösung ging, habe Wildhagen sich ohne Wissen Schmidt-Otts für Gespräche

Gansohr-Meinel, „Fragen an das Volk“, S. 73-86 u. S. 167-172; Hammerstein, Forschungsgemeinschaft, S. 185-193.

246 Die von dem nationalsozialistischen Historiker Walter Frank eingebrachte Titulierung Wildhagens als „Graue Eminenz“ erfuhr eine fragwürdige Karriere. Die denunziatorische Etikettierung durch einen NS-Historiker wurde floskelhaft in die ideologiekritische Bearbeitung der nationalsozialistischen Volkskunde übernommen. Jacobeit, Arbeit, S. 137, ließ en passant einfließen, dass Wildhagen „einmal als die ‘graue Eminenz’ der Notgemeinschaft apostrophiert“ worden sei. Als Quelle gab er den Artikel in der „Roten Erde“ an, versäumte aber jegliche Erläuterung des Kontextes, sodass sich die Kennzeichnung verselbständigen konnte und allgemein verfügbar wurde. Jacobeit selbst wiederholte in Jacobeit, „Atlas der deutschen Volkskunde“, S. 75, die Portraitierung Wildhagens, „der es als ‘graue Eminenz’ durch ein hinterhältiges Intrigenspiel vermochte“, seine Machtposition im ADV auszubauen; nunmehr allerdings fehlte jeglicher Hinweis auf die Provenienz der Zuweisung. Vehement betrieb Jacobeit dabei die Ausgrenzung Wildhagens aus der volkskundlichen *scientific community* durch die Etikettierung als „Fachfremder“ (Jacobeit, „Atlas der deutschen Volkskunde“ ist über weite Strecken identisch mit Jacobeit, Arbeit, S. 132-143). Heiber, Walter Frank, S. 787, erachtete „Franks Charakteristik der ‘Grauen Eminenz’“ als „nicht völlig unbegründet“, setzte aber diese Stigmatisierung immerhin in Anführungszeichen. Hannjost Lixfeld beschrieb Wildhagen ebenfalls als „graue Eminenz“, gab aber als Provenienz der Charakterisierung nicht das Original, also den NS-Historiker Walter Frank, an, sondern Heibers Studie aus dem Jahre 1966; vgl. Lixfeld, Reichsgemeinschaft, S. 142 u. Lixfeld, Zerschlagung, S. 168. Damit war Wildhagens Festschreibung als „Graue Eminenz“ endgültig aus dem NS-Zusammenhang gelöst.

247 Die zahlreichen Auseinandersetzungen, die Wildhagen inner- und außerhalb der DFG führte, beschäftigten ihn bis ins hohe Alter. Die Wiedergründung(en) der Notgemeinschaft nach 1945, das Spruchkammerverfahren gegen seinen Kontrahenten Rudolf Mentzel 1949 oder Interviews von Kurt Zierold für dessen DFG-Studie in den 1960er Jahren veranlassten ihn immer wieder zu ausführlichen Rechtfertigungsschriften. Archivmaterialien hierzu: BAK, R 73/45 und 46 (Dokumentation über Dr. Eduard Wildhagen), R 73/161 (Akten des Atlas der deutschen Volkskunde), die Korrespondenzen zwischen DFG-Präsident Johannes Stark mit der Reichskanzlei R 43/II/1227, Akten des REM im BAB, R 4901/14153; überaus aufschlussreich für ADV-interne Auseinandersetzungen ist der Ordner „Atlas der deutschen Volkskunde, Korrespondenz 1929-1937“ aus dem ehemaligen Besitz Adolf Spamers im Institut für Volkskunde (Wossidlo-Archiv), Rostock; außerdem diverse Dokumente und Erinnerungen Wildhagens in Nl Wildhagen, Privatarchiv R. Kruse, Berlin.

zur Verfügung gestellt. Ihm schien sich für kurze Zeit die verführerische Aussicht zu eröffnen, vom einfachen DFG-Referenten zu einer zentralen Figur der deutschen Wissenschaftsorganisation in Form eines „Reichskommissars“ avancieren zu können. In Franks dämonisierendem Szenario sollte ihm indes nur die Rolle einer Marionette zukommen: „Carl Severing war das kulturpolitische Instrument der Juden. Und Eduard Wildhagen sollte das Instrument Carl Severings in den Wissenschaften werden.“[248]

Daneben wurde er verdächtigt, im Krisenjahr der Notgemeinschaft 1929, als immer wieder Kritik an der autokratischen Geschäftsführung Schmidt-Otts, der Überalterung der Funktionsträger und mangelnder Transparenz erhoben wurde, einen Artikel im *Berliner Tageblatt* verfasst zu haben. Erst 1932, so das Verschwörungs-Szenario Walter Franks, habe er im Rahmen interner Auseinandersetzungen im Volkskundeatlas mit Arthur Hübner und Anneliese Bretschneider als vermeintlicher Autor enttarnt werden können.[249] Nach der Freisetzung aus seinen DFG-Ämtern im Herbst 1932 sei Wildhagen 1934 erstarkt zurückgekehrt und als „Gespenst“ durch die „Geschichte des Dritten Reiches“ geschritten:

> „Herr Dr. Wildhagen ist mächtig geworden im Dunkel und durch das Dunkel der Kulisse. Müht euch nicht, ihn im Dunkel zu überwinden! Dort ist er schwer zu treffen – wie das Gespenst! Aber zerrt das Gespenst ins Sonnenlicht! Und laßt die Sturmglocken dazu läuten; die alten Sturmglocken unserer großen Revolution. Im Licht der Sonne und beim Hall der Sturmglocken stellt die Frage: Ob im Mittelpunkt des wissenschaftlichen Lebens des Drittens Reiches, ein Staat im Staat des Nationalsozialismus, weiterhin dieser Mann mächtig sein soll: Severings Reichskommissar der Wissenschaften. Des Juden Heller Freund. Des Juden Einstein Verehrer.“[250]

Franks Intrige zeitigte wirkungsvolle Effekte, die weit über die individuellen Konsequenzen für Wildhagen hinausgingen. Die Skandalisierung von Wildhagens Person erwies sich als Präludium für den Sturz des DFG-Präsidenten Johannes Stark 1936.[251] Infolgedessen kam es zu nachhaltigen Verschiebungen der wissenschaftspolitischen Kräfteverhältnisse im NS-Staat. Stark selbst hatte schnell erkannt, dass es sich bei der Demontage Wildhagens um einen Generalangriff gegen die gesamte DFG unter seiner Führung handelte – wie er den Staatssekretär im REM, Werner Zschintzsch, alsbald wissen ließ. Mit den Methoden eines „Revolver-Journalisten“ nach dem „Vorbild des Juden Maximilian Harden-Witkowski“ habe Frank „in wahrheitswidriger Form“ suggeriert, dass nicht er, sondern Wildhagen die Geschicke der DFG diktiere, und somit sein Ansehen sowie dasjenige der DFG stark beschädigt. Dabei sei unmissverständlich festgestellt worden, dass Rudolf Mentzel Frank die maßgeblichen Akten über Wildhagen aus dem REM zur Verfügung gestellt habe. Dies sei einmal mehr ein

248 Frank, „Graue Eminenz“.

249 Frank, „Graue Eminenz“. Als Autor des Artikels ermittelte Wildhagen 1935/36 im Rahmen einiger gerichtlicher Auseinandersetzungen mit ehemaligen ADV-Mitarbeitern (Fritz Boehm, Anneliese Bretschneider, Wilhelm Hansen) Werner Richter.

250 Frank, „Graue Eminenz“.

251 Zum Sturz Starks durch Rudolf Mentzel vgl. Hammerstein, Forschungsgemeinschaft, S. 193-202.

Beleg für die Versuche Mentzels, die DFG zu „zerschlagen und die Verfügung über ihre Mittel restlos in seine eigene Hand zu bekommen".[252] Nach dem Sturz Wildhagens und im weiteren Verlauf der Auseinandersetzungen zwischen DFG und REM offenbarte Johannes Stark auch, dass die Zentralisierung von Volkskunde und Volksforschung unter dem Dach der DFG für ihn keinesfalls zu den unabdingbaren Grundlagen der geisteswissenschaftlichen Förderung zählte. Stark verwahrte sich im September 1936 gegen Vorwürfe, er plane ein eigenständiges Forschungsministerium. Im Gegenteil habe er bei Überlegungen zur Neuorganisation der deutschen Wissenschaften nichts gegen Verlagerungen in den Verantwortungsbereich des REM einzuwenden gehabt: „Ich habe dann schon seit längerer Zeit ins Auge gefasst und Ihnen gegenüber bereits als wünschenswert bezeichnet, gewisse Abteilungen der Deutschen Forschungsgemeinschaft, nämlich Volkskunde und Vor- und Frühgeschichte, von der Forschungsgemeinschaft abzutrennen und als Reichsinstitute dem Erziehungsministerium unmittelbar zu unterstellen."[253]

Wildhagen und seine Bündnispartner vom „Amt Rosenberg" mussten sich in den wissenschaftspolitischen Auseinandersetzungen des NS-Staats als Verlierer betrachten und langfristige Machteinbußen hinnehmen. Damit hatten Wildhagens langwierige Anstrengungen, zu einer zentralen Figur der deutschen Wissenschaftspolitik zu avancieren, ein jähes Ende gefunden. Hierbei hatte er immer wieder den ADV als Aktionsfeld genutzt. Mal war er Rückzugsterrain, dann wieder Ausgangspunkt seiner umfassenden Netzwerkstätigkeiten im Bereich der Volksforschung, auf deren Basis er seinen politischen Status gründen zu können glaubte. Schließlich wurde ihm sein Engagement im ADV und dessen Umfeld zum Fallstrick seiner wissenschaftspolitischen Karriere.

In das Prestigeprojekt war Wildhagen 1929 beordert worden. Allerdings blieben Rolle und Funktion des promovierten Psychologen zunächst als Referent und dann im Amt des „Technischen Leiters" unpräzise. Sollte er unmittelbar in der Arbeitszentrale die Interessen der unter Erfolgsdruck stehenden DFG durchsetzen? War er von dieser nach internen Auseinandersetzungen lediglich abgeschoben worden? Nutzte er das offene Feld der jungen Konjunkturwissenschaft Volkskunde, um ein persönliches Karriereprojekt zu realisieren? In jedem Fall: Wildhagen besetzte das Feld der volkskundlichen Kartographie mit großem Engagement und rigider Durchsetzungskraft – sehr zum Leidwesen der Forschungsgruppe, die sich in der Regel aus jüngeren Studenten und Doktoranden rekrutierte und ein ausgesprochen gemeinschaftlich organisiertes, mit

252 J. Stark an Staatssekretär Werner Zschintzsch im REM, 13.7.1936, BAK, R 43/II/1227, Bl. 33-45. Bereits am 17.6.1936 hatte Stark sich in einem Brief an Zschintzsch gegen Eingriffe des REM in die „Selbstverwaltung der Deutschen Forschungsgemeinschaft" gewehrt, weil dieser ohne sein Einverständnis Konrad Meyer und Werner Jansen mit der Führung ihrer Geschäfte als Stellvertreter des DFG-Präsidenten beauftragte; vgl. Durchschlag des Briefs von J. Stark an W. Zschintzsch im REM, 17. Juni 1936, Nl Wildhagen, Privatarchiv R. Kruse.

253 J. Stark an Ministerialrat Herbert Fuchs im REM, 2.9.1936, R 4901/14152, Bl. 132/133.

zahlreichen Festen und Ausflügen gerahmtes Arbeitsleben gestaltete. Während die Rollen der beteiligten Akteure – DFG-Stipendiaten, Landesstellenleiter, Gremienmitglieder – in der Regel klar definiert waren, blieb Wildhagens Status uneindeutig. Er passte nicht in das Hierarchiegefüge. Aus Sicht der Stipendiaten war er nicht nur fachfremd, sondern entstammte obendrein den internen Zirkeln der DFG, wodurch er per se in Distanz zur ansonsten homogenen Restgruppe stehen musste.[254]

Auch aus Sicht der DFG war sein Status prekär. Da bestand einerseits eine tiefe Verbundenheit zwischen Schmidt-Ott und Wildhagen, die in der Gründungsära der Notgemeinschaft wurzelte. 1920 war Wildhagen von Schmidt-Ott als Referent zur im Aufbau befindlichen Notgemeinschaft geholt worden, wo er durch seine Produktivität Wesentliches zur Profilierung der neuen Organisation beigetragen hatte. Er bereiste die Universitäten, sammelte Material zur Nachkriegssituation der deutschen Wissenschaften und prägte 1920 maßgeblich die Denkschrift „Die Not der deutschen Wissenschaft", die zum Gründungsmanifest der Notgemeinschaft werden sollte.[255] Hier waren Programm, Profil und Selbstverständnis der DFG festgeschrieben worden, wie sie im Grundsatz lange Gültigkeit beanspruchen sollten: das Ziel der Wiedererlangung deutscher Weltgeltung in den Wissenschaften und damit auch die Rolle der Wissenschaften für Intentionen nationaler Identitätsstiftung, die Aufgabe der Ressource Wissenschaft in einer modernen Industriegesellschaft, ihre Funktion als Agentur kultureller Sinnstiftung, das Ziel materieller Stützung wissenschaftlichen Arbeitens durch Literatur- und Materialbeschaffung, die Überwindung der Isolierung Deutschlands in internationalen wissenschaftlichen Kommunikationsräumen, Förderung des wissenschaftlichen Nachwuchses und das Selbstverständnis einer Gesamtvertretung der deutschen Wissenschaften. Für Wildhagen selbst ging dieses Engagement einher mit dem Verzicht auf die Realisierung eigener Habilitationspläne. 1923 weilte er für drei Jahre als Gastdozent in Japan. Nach seiner Rückkehr 1926 gab es kein präzise definiertes Aufgabenfeld mehr für ihn, sodass er zunächst als Referent für Forschungsstipendien und dann für den Volkskundeatlas tätig war.

Innerhalb kürzester Zeit hatte Wildhagen nicht nur das Gros der ADV-Mitarbeiter, sondern auch die Mitglieder der „Delegation" gegen sich. In der im Frühjahr 1932 kulminierenden „Wildhagen-Affäre" konnten sämtliche Schwierigkeiten, mit denen der ADV in seinen Anfangsjahren zu kämpfen hatte, artikuliert werden: der öffentliche Druck, unter dem das Projekt auf Erfolg

254 Über die Ausgrenzung durch die ADV-Mitarbeiter zürnte Wildhagen noch im hohen Alter, da sich insbesondere die Schüler Fritz Boehms „stolz für die eigentlichen Wissenschaftler und mich für den Unwissenschaftler hielten", was zur „feststehenden Meinung führte, ich sei kein Wissenschaftler, so daß sie, die mit Mühe und Not Lesen und Schreiben gelernt hatten und im übrigen fast durchweg ultrarote Kommunisten waren, die Arbeit am Volkskundeatlas von vornherein in eine völlig falsche Richtung drängten." Bericht Wildhagens über seine Tätigkeiten im ADV, undatiert [um 1970], NL Wildhagen, Privatarchiv R. Kruse, Nr. 4311, S. 4.

255 Abgedruckt in Zierold, Forschungsförderung, S. 561-573.

verpflichtet wurde, der krass in Kontrast zu diesem Druck stehende Mangel an systematischen Arbeitsplänen und wachsende Schwierigkeiten der technisch-kartographischen Umsetzung, die Erfahrungsdefizite in der Realisierung eines Großprojektes, konkurrierende Interessen zwischen den Vertretern der unterschiedlichen Disziplinen, mithin die prinzipielle Absenz eines systematischen Grundverständnisses volkskundlicher Wissensordnungen.

In dieser diffusen Gemengelage sich überlagernder Probleme schien Wildhagen prädestiniert, für alle projektinternen Schwierigkeiten als Sündenbock zu dienen. Da Schmidt-Ott die Angelegenheiten des Renommierprojekts stets in persönlicher Verantwortung zu regeln pflegte, war er zugleich Anlaufstelle der Kritik wie Moderator der Krisenbewältigung. Die Mitglieder der „Delegation" sahen ihre wissenschaftliche Autorität unterlaufen, wobei insbesondere Arthur Hübner in Wildhagen die Verkörperung aller ADV-Probleme ausmachte. Aus dem Kreis der ADV-Mitarbeiter kamen Stellungnahmen (von Boehm, Beitl, Bretschneider) zu Übergriffen in die Kompetenzen der wissenschaftlichen Leitung. Richard Beitl diagnostizierte die „allmähliche Übernahme des Atlas durch Dr. Wildhagen".[256] Wildhagens Entgegnungen beziehen sich denn auch auf unterschiedliche Aspekte. Von Bretschneider als einer „Untergebenen" fühlte er sich persönlich beleidigt; ihre inhaltliche Anschuldigung, als „Saboteur des deutschen Wortatlas" zu agieren und die Einflüsse der Wortgeographie im ADV zurückzudrängen, wies er vehement zurück. Wildhagen witterte umgekehrt im Arbeitsalltag des ADV allüberall „Disziplinlosigkeiten" und „Faulheit". Er beschrieb Bürowettkämpfe wie Schränkeklettern und Wasserspritzen und beklagte den allgemeinen Hang zu nicht arbeitsrelevanter Kommunikation. Der Vorwurf Beitls, Wildhagen habe den Schreibtisch Anneliese Bretschneiders aufbrechen lassen, entbehre jeder Grundlage.[257]

Fritz Boehm beklagte, es fehle „Dr. W. durchaus an den wissenschaftlichen Vorkenntnissen, die ihn zu solchen Übergriffen berechtigen könnten"; überhaupt verstehe er die Zentralstelle des ADV nicht als „wissenschaftliches Institut", sondern fördere eine „weitgehende Mechanisierung des Arbeitsbetriebes". Seine Klage über Wildhagens „Machthunger" konterte dieser mit einem Lamento über Boehms „Passivität" und der Einschätzung, dieser sei den Leitungsaufgaben

256 Richard Beitl: Zuverlässigkeit. Über die Technik in der Arbeit des Atlas der Deutschen Volkskunde, abgedruckt in Wildhagen, Atlas 1938, Beilage, S. 10-13. Ebenfalls in Wildhagen, Atlas 1938, Beilage, S. 13-20, findet sich dessen Stellungnahme „Aus meiner Entgegnung auf die gegen mich eingeleiteten Angriffe". Abschriften weiterer undatierter und teilweise unvollständiger Entgegnungen Wildhagens auf die Vorwürfe Bretschneiders, Boehms und Beitls liegen in dessen Nachlass, Privatarchiv R. Kruse.

257 Vgl. das vertrauliche Protokoll „Besprechung am 11.2.1932 in der Notgemeinschaft zwischen Geh. Rat Schwoerer, Geh. Rat Siegismund, Dr. Beitl und Dr. Wolff", Nl Wildhagen, Privatarchiv R.Kruse. Dort wurde festgehalten: „Auf Befragen ist bekannt geworden, daß die Mitarbeiter am Volkskundeatlas Peesch und Bars vor etwa einem Jahre den Schreibtisch von Frl. Dr. Bretschneider in den Räumen des Volkskundeatlas im Auftrage Dr. Wildhagens aufgebrochen haben, um nach einem Briefe an Professor Frings zu suchen. Daß wir Mitarbeiter am Volkskundeatlas mit Mitteilungen an die Notgemeinschaft zurückgehalten haben, erklärt sich aus dem Terror, den Dr. Wildhagen auf uns ausübte."

schlicht nicht gewachsen. Über alle persönlichen Aspekte hinaus sah Wildhagen als Ursache der Probleme, dass „sich anfangs wohl niemand den Umfang des Gesamtunternehmens auch nur annähernd klar gemacht“ hatte und infolgedessen ein allgemeines „Chaos“ herrsche.[258]

Infolge der krisenhaften Zuspitzung der Affäre legte Boehm im Frühjahr 1932 die wissenschaftliche Leitung des ADV nieder und kehrte in den Schuldienst zurück. Indes erklärten sich im April 1932 eine Reihe von ADV-Mitarbeitern mit Wildhagen solidarisch. In einem Schreiben an Schmidt-Ott versicherten sie, „daß sehr viel von dem, was während des letzten Jahres im Atlas gearbeitet wurde, Herrn Dr. Wildhagens Verdienst ist und daß er sehr viel Arbeitskraft und Arbeitslust in uns entfesselt hat, indem er uns freie Arbeitsmöglichkeiten gab“.[259] Offenbar auf Nachfrage Schmidt-Otts waren weitere Mitarbeiter aufgefordert, sich zur Solidaritätsadresse zu äußern. In einem Brief zwei Tage später hieß es: „Abgesehen von Herrn Dr. Beitl, Fräulein Dr. Bretschneider und Frau Leu, sowie von Herrn Schubert, der nicht mehr in Berlin ist, haben jetzt alle gegenwärtigen und am 1. November 1931 entlassenen Mitarbeiter des Volkskundeatlas von unserem Schreiben an Euere Excellenz Kenntnis genommen.- Nicht unterschrieben haben die Herren Bergeler, Hansen, Knopf, Schaudinn, Dr. Schmidt.“ Die Unterschriften seien ohne jeglichen Zwang zusammengekommen. Es sei sogar von der Unterzeichnung abgeraten worden, „wenn wir den Eindruck hatten, daß mit der Unterschrift nicht der Ausdruck einer spontanen Sympathie für Herrn Dr. Wildhagen beabsichtigt war [...]“.[260]

Gedrängt von derlei widersprüchlichen Beschreibungen der Lage in der Zentralstelle beauftragte Schmidt-Ott nun John Meier und Adolf Helbok, der als Nachfolger Boehms die wissenschaftliche Leitung übernehmen sollte, mit einem Gutachten zu Wildhagens Rolle im ADV.[261] Meier und Helbok stellten zwar in ihrem Bericht fest, dass Wildhagen mitunter die Kompetenzen des wissenschaftlichen Leiters nicht immer respektiert habe und tadelten ihn in Einzelheiten. Insgesamt aber kam ihre Expertise eher einer Würdigung gleich. Sie betonten, „daß Dr. Wildhagen sich die größten Verdienste um das Atlaswerk erworben hat und daß gewisse Fehler und Entgleisungen, die zweifellos vorgekommen und die in angemessener Weise zu rügen sind, dieses Verdienst nicht weitgehend schmälern können“.[262]

258 Alle Zitate aus den Abschriften der Stellungnahmen Wildhagens vom Februar 1932; Nl Wildhagen, Privatarchiv R. Kruse.

259 Brief an F. Schmidt-Ott, 4.4.1932, Nl Wildhagen, Privatarchiv R. Kruse; das Schreiben wurde (in dieser Reihenfolge) gezeichnet von Erich Röhr, Franz Mutzenbecher, Ingeborg Oberdieko, Reinhard Peesch, Christoph von Schweinitz, Hans Otto Schnelle, Siegfried Kanowski, Eva Schnelle, Johannes Kneisel, Otto Schulze, K. E. Joh. Kowitz, Karl Kaiser, Herbert Bars, Ulrich Ostermann, Gleb Apel, Heinz Przykop, Hans Felix Wolff und Kurt Falk.

260 Brief der Mitarbeiter der ADV-Zentralstelle an F. Schmidt-Ott, 6.4.1932, Nl Wildhagen, Privatarchiv R. Kruse.

261 Eine Abschrift des mit dem 15.6.1932 datierten Gutachtens befindet sich im Nl Wildhagen, Privatarchiv R. Kruse, eine weitere im BAK, R 73/161, Bl. 23-28.

262 Gutachten von A. Helbok u. J. Meier, 15.6.1932, BAK, R 73/161, Bl. 28.

Auch nachdem die Krise offiziell befriedet schien, schwelten die Auseinandersetzungen weiter. So schied Wildhagen im Herbst 1932 aus dem ADV aus, blieb aber informell noch verbunden und arbeitete weiterhin an der Ausarbeitung von Fragepläanen mit.[263] Insbesondere suchte er seit Frühjahr 1931 in Adolf Spamer als dem führenden theoretischen Kopf der zeitgenössischen Volkskunde einen Kooperationspartner, mit dem er Einfluss auszuüben beabsichtigte. Als Schmidt-Ott 1933 mit Plänen aufwartete, Wildhagen in den ADV zurückzuholen und ihn mit Auslandsangelegenheiten zu beauftragen, drohte John Meier mit seinem Rücktritt von der Atlasleitung und drängte auf einen Beschluss des DFG-Hauptausschusses, um eine „vollständige Fernhaltung der Herrn Dr. Wildhagens aus dem Arbeitskreise des Volkskundeatlas“ zu erzwingen.[264] Trotz seiner umstrittenen Position innerhalb der Notgemeinschaft und trotz etlicher Vertrauenskrisen distanzierte sich Schmidt-Ott bis zu seiner eigenen Entlassung als DFG-Präsident 1934 nie entschieden von Wildhagen, was gutteils seien Ursprung in der gemeinsam erfahrenen Gründungsära der Notgemeinschaft hatte.[265]

Wildhagen besaß strikte wissenschaftspolitische Vorstellungen, die er stets rigide durchzusetzen versuchte und zwar unabhängig der jeweils herrschenden politischen Verhältnisse. Mal fand er für seine Interessen Bündnispartner in der sozialdemokratischen Kultusbürokratie Preußens, nach 1933 bei den Weltanschauungspolizisten des „Amtes Rosenberg“. Mit der Volkskunde hatte Wildhagen eine offene und für Innovationen aufnahmebereite Disziplin gefunden, in der er sich als Autodidakt innerhalb kurzer Zeit wissenschaftliche Meriten erwerben konnte. Der promovierte Psychologe konnte das Projekt des ADV auch deshalb zu seiner persönlichen Angelegenheit verwandeln, weil er genau jene Kompetenzen einzubringen vermochte, an welchen es in der Forschungsgruppe ansonsten mangelte: methodische Strenge und konzeptuelle Pragmatik. Wildhagen drängte bereits 1929 vehement darauf, die (noch richtungslose) Stoffsammlung auf zeitlich verbindliche Arbeitspläne abzustimmen.[266] Hier füllte er eine Leerstelle aus, da die anderen Akteure kaum Erfahrungen in em-

263 Gansohr-Meinel, „Fragen an das Volk“, S. 85-87 u. S. 101-103. Vgl. auch die ausführlichen Korrespondenzen, die Spamer mit Wildhagen, Schmidt-Ott und Meier führte; Institut für Volkskunde (Wossidlo-Archiv), Rostock, Ordner „Atlas der deutschen Volkskunde, Korrespondenz 1929-1937“.

264 J. Meier an A. Spamer, 17.3.1933, Institut für Volkskunde (Wossidlo-Archiv), Rostock, Ordner „Atlas der deutschen Volkskunde, Korrespondenz 1929-1937“.

265 Nach Wildhagens (vorübergehendem) Ausscheiden aus dem ADV und aus den Diensten der DFG im Herbst 1932 übermittelte ihm Schmidt-Ott im Dezember ein Weihnachtspräsent und versicherte: „Sehr verehrter Freund! Ihre zeitweilige Trennung von uns gibt mir besonderen Anlass, rückblickend an das zu denken, was Sie der Notgemeinschaft gewesen sind und noch sind.“ Kopie Brief von F. Schmidt-Ott an E. Wildhagen, 22.12.1932, BAK R 73/46, Bl. 8.

266 Vgl. seine Denkschriften vom Januar und Juli 1929, abgedruckt in Wildhagen, Atlas 1938, S. 48-50.

pirischer Forschung mitbrachten. So gelang es ihm, in technischen Fragen der Kartographie Autorität auszubilden.

Nach seiner Freisetzung 1932 kehrte er 1934 als Vizepräsident der DFG zurück und verantwortete nun maßgeblich die Koordination der Geisteswissenschaften. Dabei sollte er massiv Konjunkturfächer wie Volkskunde oder Vor- und Frühgeschichte fördern und in der „Reichsgemeinschaft der deutschen Volksforschung" koordinieren. Wildhagen suchte die Nähe des „Amtes Rosenberg", weil er in diesem eine künftige Zentrale der NS-Wissenschaftsorganisation ausmachte. Ein folgenschweres Kalkül: Dadurch wurde er zum Kontrahenten des REM unter Bernhard Rust und schließlich unversehens vom Täter zum Opfer der NS-internen Auseinandersetzungen auf dem Gebiet der Wissenschaftspolitik. Bei der Verfolgung seiner Ziele stützte sich Wildhagen stets auf die Konjunktur der Volkstumswissenschaften, die in Opposition zur disziplinären Verfasstheit der Geisteswissenschaften und mit expliziten politischen Zwecksetzungen angetreten waren. Hier soll nicht die Rolle Wildhagens innerhalb der DFG einer Bewertung unterzogen werden. Festzuhalten bleibt lediglich, dass durch den Mangel an disziplinärer Begrenzung der Volkskunde, durch die dominante Rolle der DFG als Forschungsakteurin und durch die enge Verknüpfung mit kulturpolitischen Intentionen Bedingungen erzeugt wurden, unter denen auch Fachfremde jederzeit zu Volkskundlern mutieren konnten. Volkskunde war ein wissenschaftliches Betätigungsfeld, auf dem die Akteure keine präzise disziplinäre Herkunft vorzuweisen brauchten. Der ehrgeizige DFG-Referent verstand sich selbst als einziger ADV-Mitarbeiter, der kartographische Kompetenz, Sinn für Pragmatik und intellektuelle Befähigung vereinte, sodass er sich alsbald als Führungsfigur berufen fühlte.

Wildhagen fühlte sich bei seinem rigiden Vorgehen durch die chaotische Richtungslosigkeit der anfänglichen ADV-Arbeiten legitimiert. Die hohen Erwartungen und ehrgeizigen Zielsetzungen standen krass in Kontrast zu den Arbeitsergebnissen. Schon bald zeichnete sich ab, dass der finanzielle und personelle Ressourcenaufwand (rund 30 Mitarbeiter und Mitarbeiterinnen waren in unterschiedlichen Positionen und Arbeitsverhältnissen alleine für die Berliner Zentralstelle tätig) kaum mit der erwarteten Produktivität des Projektes korrespondierte. So konnte Wildhagen seine Konfliktbereitschaft als Rechenschaft gegenüber der Öffentlichkeit interpretieren, „denn niemals hat ein wissenschaftliches Unternehmen so frei über unbegrenzte Mittel verfügen, niemals mit soviel Teilnahme und Mitarbeit rechnen können, wie der Atlas, aber die weisen Frauen hatten das mit allen Vorzügen ausgestattete Wesen verhext und ihm Wachstumshemmungen aller Art in die Wiege gelegt."[267] Wildhagen blieb innerhalb des Projektes Fremdling, Außenseiter, seine Rolle erschien in jedem Falle zwielichtig – wenn auch einflussreich. Er avancierte innerhalb der Forschungsgruppe zur gemeinschaftskonstituierenden Hassfigur.[268] Später, aus

267 Wildhagen, Atlas 1938, S. 9.

268 Es schien fast einem gemeinsamen Schwur ehemaliger ADV-Mitarbeiter gleichzukommen, den Namen Wildhagens nicht mehr zu nennen, um ihn auch posthum zur Unperson zu

der Retrospektive des Jahres 1965, sollte Wildhagen seine Rolle im ADV so sehen:

> „Nachdem ich die faulen Brüder im Atlas zum Arbeiten gezwungen hatte, und zwar mit Ergebnissen, die trotz aller Renitenz um ein Vielfaches über meine Vorausberechnungen hinausgingen, war keineswegs innerer Friede, geschweige denn Freundschaft und Nächstenliebe eingekehrt in dieses Mausoleum deutschen Gemüts. Im Hintergrund hetzte vor allem Hübner, der Berliner Ordinarius für Germanistik. Er wollte, wie er mir selbst einmal in einer schwachen Stunde gestand, den Atlas übernehmen, um ihn der preußischen Akademie der Wissenschaften als Morgengabe einzubringen, wenn man ihn zum Mitglied wählen sollte. Ein so bedeutendes Geschenk hätte wohl alle etwaigen Bedenken gegen seine Wahl ausgeräumt."[269]

Bereits 1934, nachdem Wildhagen einige Monate im neuen REM gearbeitet hatte, sowie 1935, als Anneliese Bretschneider gerichtlich gegen ihn vorging, waren u.a. von Adolf Helbok Zweifel an Wildhagens nationalsozialistischer Gesinnung und Verdächtigungen, er habe mit „marxistischen Regierungsstellen" zusammengearbeitet, vorgetragen worden.[270] Erich Röhr versicherte dagegen in einer Solidaritätsadresse: „Für Sie galt nur Deutschland, wie das für einen gebürtigen Niedersachsen, für einen Protestanten im echt lutherischen Sinne, nicht zuletzt für einen Frontkämpfer nur selbstverständlich sein kann." Er habe sich im ADV politisch stets national bekannt und die Frage der Rasse zu einer zentralen gemacht: „Sie haben mit diesen Fragen den Atlas nicht nur mit nationalsozialistischem Gedankengut durchtränkt, sondern ihn damit gleichzeitig vor einer Verächtlichmachung in der ganzen wissenschaftlichen Welt geschützt".[271]

Durch die Rivalitäten um wissenschaftspolitische Hegemonie zwischen REM, DFG und „Amt Rosenberg" war Wildhagen zur Zielscheibe Walter Franks geworden, der mit seinem Demontage-Artikel 1936 seine Demission erzwang. Dabei fuhr Frank sämtliche Munition aus dem Waffenschrank der NS-Intrigen auf: antisemitische Vorhaltungen (mal in der Variante, sich für kulturpolitische Interessen „der Juden" instrumentalisieren zu lassen, mal in jener, die „jüdische Physik" befördert zu haben), die Unterstellung einer Liaison mit der Sozialdemokratie, daraus mittelbar resultierend der Vorwurf, eine rassisch unterfütterte Volksforschung zu verhindern, der Verdacht, Verbindungen zum politischen Katholizismus und ein liberalistisches Wissenschaftsverständnis zu pflegen, Zweifel an politischer Loyalität zum Nationalsozialismus und Zweifel

deklarieren. In etlichen späteren Publikationen jedenfalls wird sein Name immer nur angedeutet – allenfalls ist vom „Ursupator" oder „Dr. W." die Rede; vgl. den Eintrag zum ADV im „Wörterbuch der Volkskunde" Anonym, Atlanten; Peesch, Atlas; Helbok, Erinnerungen, oder die Skizzen von Reinhold Knopf und Richard Beitl in Beitl, Klaus (Hg.), Atlas. Auch Schmidt-Ott vermied später in Erinnerungsskizzen die Nennung Wildhagens; vgl. das Manuskript von Friedrich Schmidt-Ott: Die Notgemeinschaft der Deutschen Wissenschaft aus dem Jahre 1947, BAK, R 73/30.

269 Undatierter und unbetitelter Bericht Wildhagens [1965] über seine Tätigkeiten in der DFG, S. 13; BAK, R 73/45 (Dokumentation über Dr. Eduard Wildhagen, Bd. 1).

270 Vgl. Brief von J. Stark „An die Nationalsozialistische Deutsche Arbeiterpartei, Gauleitung Gross-Berlin", 11.12.1934, Nl Eduard Wildhagen, Privatarchiv R. Kruse.

271 E. Röhr an E. Wildhagen, 1.7.1935, Nl Eduard Wildhagen, Privatarchiv R. Kruse.

an persönlicher Charakterbildung sowie der Vorwurf der Bestechlichkeit. Wissenschaftspolitisch endeten die jahrelangen Auseinandersetzungen für Wildhagen im Fiasko.[272] Daran sollten auch die nach dem Erscheinen von Franks Artikel signalisierten Solidaritätsbezeugungen aus dem ADV und der Volksforschung nichts ändern. Abteilungsleiter der „Reichsgemeinschaft der deutschen Volksforschung" sahen in ihrer Solidaritätsadresse vom 25. Juni 1936 von detaillierten Stellungnahmen ab. „Die Unterzeichneten wollen aber betonen, daß sie in ihrer wissenschaftlichen Zusammenarbeit mit Herrn Dr. Wildhagen jeder Zeit nur gute Erfahrungen gemacht haben und dass sie ferner bei Herrn Dr. Wildhagen nicht nur ein reifes Verständnis für Wert und Bedeutung der wissenschaftlichen Arbeit, sondern auch einen lebendigen Sinn für die völkische Zielsetzung und Auswertung solcher Forschungen dankbar anerkennen."[273] In einer „Erklärung" vom 25. Juni 1936 schilderten einige ADV-Landesstellenleiter und Volksforscher Wildhagen „als eine Person von grossem Können und Wissen auf allen Gebieten der Forschung, vor allem aber als einen Nationalsozialisten der Tat": „Wir betonen, dass gerade die Durchführung einer planmässigen und gegenwartsnahen deutschen Volksforschung innerhalb der Deutschen Forschungsgemeinschaft sein Verdienst ist."[274]

Privat mündeten die Machtkämpfe für Wildhagen in gerichtlichen Auseinandersetzungen mit ehemaligen ADV-Mitarbeitern, in deren Zusammenhang er selbst ähnlich rigide und rücksichtslos wie Walter Frank agierte, wenn er Gerüchte um politische und sexuelle Orientierungen von ADV-Mitarbeitern wahllos zirkulieren ließ und unterdessen geduldig der Entfaltung ihrer Wirksamkeit harrte. Er selbst war Ende Juni 1936 von seinem Dienst nur vorübergehend beurlaubt worden und vertraute zunächst auf die Unterstützung Starks. Im August jedoch wurde Wildhagen aus seinem Amt als Vizepräsident der DFG entlassen.[275]

## John Meier: Regisseur der volkskundlichen Forschung in Deutschland

John Meier[276] sicherte sich massive Einflussmöglichkeiten und in dem Geflecht aus begleitenden Gremien, Ausschüssen und Mitarbeitern und hielt die „Oberleitung" inne.[277] Er avancierte zur eigentlichen Führungspersönlichkeit, dirigierte

272 Vgl. den „Bericht des Sicherheitshauptamts an den Reichserziehungsminister, Betr. Wildhagen", 4.9.1936, BAB, R 4901/14153, Bl. 16-28.

273 Schreiben vom 25.6.1936; unterzeichnet u.a. von Hans F. K. Günther, Adolf Spamer, Eugen Fehrle, Friedrich Metz, Walter Mitzka, BAK, R 43/II/1227, Bl. 49f.

274 „Erklärung" vom 25.6.1936; unterzeichnet von Ernst Bargheer, Gottfried Henßen, Theodor Heppner, Bernhard Martin, Friedrich Maurer, Gustav Meyer, Josef Müller, Heinz Julius Niehoff, Wilhelm Peßler, Erich Röhr, F. Stumpe, Bruno Schier, Hermann Teuchert, Ernst-Otto Thiele, Martin Wähler, Hermann Phleps, Karl Theodor Weigel, Walther Ziesemer; BAK, R 43/II/1227, Bl. 50f.

275 Heiber, Walter Frank, S. 842.

276 Zu Meier vgl. u.a. Seemann, John Meier; Holzapfel, Das Deutsche Volksliedarchiv 1989; Lixfeld, John Meier; Oesterle, John Meier 1987; Oesterle, John Meier 1988; Oesterle, Autonomieversuche; Boock, John Meier.

277 So J. Meier an das REM, 10.3.1934, DVA, Ordner 21, Korr. Ministerien 1931-1934.

die wichtigsten Personalentscheidungen und übte den größten Einfluss auf die inhaltliche Ausgestaltung der Fragebogen aus. Meier leitete die neunköpfige „Volkskundekommission der Notgemeinschaft der Deutschen Wissenschaft", der noch Hermann Aubin, Hanns Bächtold-Stäubli, Theodor Frings, als süddeutscher Repräsentant aus Bayern Philipp Maria Halm, Adolf Helbok, Arthur Hübner, Wilhelm Peßler und Georg Schreiber angehörten. Aus dieser Kommission rekrutierte sich schließlich ein engerer Arbeitsausschuss mit Meier, Frings und Hübner, der Aufsicht über die Zentralstelle ausüben und die inhaltliche Konzeption steuern sollte.[278] Meier blieb bis 1934 in unterschiedlichen Funktionen maßgeblicher Regisseur im ADV, schließlich von April 1933 bis August 1934 auch als nomineller Leiter der Zentralstelle.

Indes nahm das Projekt innerhalb seiner eigenen wissenschaftlichen Interessen nicht den höchsten Rang ein. Zeitlebens stand hier das Deutsche Volksliedarchiv in Freiburg im Mittelpunkt, das er mit Unterstützung der DFG zu einem bedeutenden privaten Forschungsinstitut ausgebaut hatte. Seine Aktivitäten für den ADV standen primär in Zusammenhang mit seiner Arbeit als Vorsitzender des „Verbandes der deutschen Vereine für Volkskunde", an dessen Spitze Meier von 1911 bis 1949 stand und der sich als institutioneller Träger volkskundlicher Professionalisierung und Akademisierung verstand. Nachdem die Notgemeinschaft Bereitschaft zur Unterstützung des Großprojektes signalisiert hatte, erkannte der Doyen der aufstrebenden Disziplin die fachpolitischen Chancen, mit dem ADV den Aufschwung der Volkskunde nachhaltig zu fördern und institutionell abzusichern. Von Anfang an nahm er deshalb eine strategische Verknüpfung des ADV mit der Errichtung eines zentralen nationalen Forschungsinstituts vor, welches der akademischen Volkskunde ihr notwendiges institutionelles Fundament geben sollte.

Meiers Selbstverständnis, zwischen den unterschiedlichen Gruppen und Akteuren im ADV moderierend zu vermitteln, wurde vor allem durch die rigide Haltung Eduard Wildhagens immer wieder angegriffen. Eine Chance zur Zentralisierung volkskundlicher Forschung sah er im Frühjahr 1933, als er in Nachfolge Adolf Helboks auch die wissenschaftliche Leitung der Zentralstelle übernahm. Seine Versuche, den ADV nach Freiburg zu holen und mit dem Volksliedarchiv unter ein Dach zu bringen, scheiterten am Einspruch des Reichsinnenministers.[279] Nach der Mitteilung durch Georg Gerullis, dem Leiter der Hochschulabteilung im Preußischen Kultusministerium, dass in dessen Ministerium überlegt werde, den ADV und den DSA in Berlin zu einer Einheit zusammenzufassen, wurde Meier 1933 einmal mehr inspiriert zu konzeptionellen Überlegungen für ein zentrales „Institut für deutsche Volkskunde [...], das seit

278 Außerdem war Meier zum Zeitpunkt der ADV-Gründung Vertreter der Volkskunde im Fachausschuss „Völkerkunde" der Notgemeinschaft. Ihm gehörten außerdem an: Eugen Fischer (Anthropologie), Georg Thilenius (Ethnographie), Carl Schuchardt (Prähistorie) und Carl Meinhof (Eingeborenensprachen).

279 Vgl. die Briefe von E. Wildhagen an A. Spamer, 3.4.1933, und J. Meier an A. Spamer, 20.4.1933, Institut für Volkskunde (Wossidlo-Archiv), Rostock, Ordner „Atlas der deutschen Volkskunde, Korrespondenz 1929-1937".

mehr als 100 Jahren schon gefordert wird." Jedenfalls stelle sich, so Meier, die Frage, ob man nicht „ganze Arbeit machen" solle: „Der nötige Arbeitsstoff für ein solches Institut wäre, abgesehen vom Sprachatlas und Volkskundeatlas, durch die Sammlungen des Verbandes deutscher Vereine für Volkskunde zu beschaffen, die sicherlich bereitwillig zur Verfügung gestellt werden würden. Ich verweise auf das Volksliedarchiv in Freiburg i.Br., auf die reichhaltige Sammlung von Segen- und Zauberformeln, die vom Verbande auf der Universitätsbibliothek in Gießen niedergelegt ist, und auf das großartige Material über den deutschen Aberglauben, das etwa 1 ½ Millionen Zettel umfaßt."[280] Einmal mehr blieb Meiers Vision einer zentralen volkskundlichen Forschungsstätte unerfüllt.

## 9. DIE VOLKSKUNDE UND IHRE NACHBARN: DER ADV ALS INTERDISZIPLINÄRER UNRUHEHERD

Theoretisch und methodisch sollte das Großprojekt Ende des Jahres 1928 durch das Sonderheft *Deutsche Volkskunde* der Publikationsreihe *Deutsche Forschung* auf eine systematische Grundlage gestellt werden. Zugleich eröffnete sich damit auch die Gelegenheit, dem juvenilen Fach eine Grundlage zu geben und es auf strenge Disziplinarität zu verpflichten. Dass es hier massiven Nachholbedarf gab, diagnostizierte unverhohlen Theodor Frings:

> „Gleichwie vor einem halben Jahrhundert die Sprachwissenschaft um ihre Prinzipien kämpfte und, mit geschärfter Methode, ihre ehrwürdige Kodifizierungsarbeit begann, so mühen sich heute die Besten um die Prinzipien der Volkskunde, häufen sich die volkskundlichen Sammelwerke, die zumeist landschaftlich begrenzt erscheinen. Freilich, sie sind aller Methodik bar, in den Grenzen und in der Art ihrer Beobachtung willkürlich, verwaschen und disziplinlos, eben weil das methodische Ringen sich noch nicht zu klaren, gültigen Formen abgesetzt hat, die die Stoffwahl, Stoffdarbietung und Stoffinterpretation bestimmen und aufnehmen können."[281]

Sekundiert wurde er in dieser Einschätzung von Arthur Hübner, der im ADV die „Grundlagen" für „eine historische Volkskundeforschung großen Stils"[282] ausmachte: „Er soll der Volkskunde, die heute noch auf weite Strecken hin das Gesicht einer nach Methoden suchenden, erst werdenden, unfertigen Disziplin zeigt, die volle wissenschaftliche Fundamentierung geben. Er wird ein großer Markstein für die streng wissenschaftliche Volkskunde sein."[283]

Mit der Publikation sollte die Volkskunde einer breiteren Wissenschaftsöffentlichkeit bekannt gemacht werden. Wie wenig das Fach dabei von seinen eigenen Vertretern definiert wurde, zeigt die Provenienz der Beiträger. Arthur Hübner, Theodor Frings, der kurzzeitige ADV-Leiter Kurt Wagner und Walther Mitzka waren Sprachwissenschaftler und Hermann Aubin war Historiker. Georg Schreiber

280 J. Meier an G. Gerullis, 12.5.1933, DVA, Ordner 21, Korr. Ministerien 1931-1934.
281 Frings, Volkskunde, S. 86.
282 Hübner, Volkskundeatlas, S. 50.
283 Ebd., S. 60.

(„Kirchliche Volkskunde") war zunächst Kirchenhistoriker, dann primär Kultur- und Wissenschaftspolitiker und hatte nach 1918 aus sozial- und kulturpolitischen Motiven die Volkskunde als Betätigungsfeld entdeckt. Einzig Richard Wossidlo, der methodische Aspekte des Sammelns volkskundlicher Überlieferungen erörterte, John Meier („Wege und Ziele der deutschen Volkskundeforschung") und Fritz Boehm („Volkskunde und Schule") konnten von ihrem Selbstverständnis her als explizite Volkskundler verstanden werden. Die anderen aber waren in der Regel Doppelbegabungen: Sie hatten sich einerseits als Angehörige einer Generation, deren akademische Sozialisation ins Kaiserreich fiel, nach dem Ersten Weltkrieg in ihrer eigenen Disziplin erfolgreich mit neuen Fragestellungen und Methoden profiliert (Frings, Hübner, Aubin). Sie agierten andererseits als interdisziplinäre Netzwerker, wobei stets Probleme der Territorialität im Zentrum standen. Sie waren eben im Begriff, sich als Großordinarien zu etablieren und sollten in ihren Disziplinen zu Trägern einer Kontinuität werden, die vom Kaiserreich bis in die BRD (Aubin) und DDR (Frings) reichen würde.[284]

Dies spiegelt ein Problem der Anfangsphase des ADV: Das Forschungsprojekt konnte auf keine Wissenschaftler mit originär volkskundlicher Sozialisation zurückgreifen. Es gab entweder Autodidakten aus amateurwissenschaftlichen Milieus wie Fritz Boehm oder solitäre Gelehrte wie John Meier. Universitär existierte die Volkskunde allenfalls als Appendix der Philologien; die ersten Habilitationen, bei denen die Venia legendi explizit für „Volkskunde" erteilt werden sollte, fallen in die Zeit der Frühphase des ADV und der universitären Etablierung der Volkskunde nach 1933.[285] Dies drängt zur Frage: Wer überhaupt konnte zu diesem Zeitpunkt als „Volkskundler" bezeichnet werden? Ihre Forschungsfelder waren nicht durch präzise disziplinäre Zuordnungen definiert. Der gesellschaftliche Wandel hatte vielmehr komplexe Fragestellungen – wie jene nach den Zusammenhängen von Volk, Kultur und Raum – aufgeworfen, die zwei vordergründig gegenläufige Tendenzen forcierten. Im Falle der Volkskunde eröffneten sich einerseits Möglichkeiten der disziplinären Vereigenständigung, wozu der ADV maßgebliche Beiträge leisten sollte. Umgekehrt aber wurden die Grenzen disziplinärer Kompetenzen gesprengt und interdisziplinäre Kooperationen provoziert, wodurch Fragen nach fachlicher Identität und Herkunft zweitrangig wurden. Dies betraf am stärksten die Kontakt- und Diffusionszonen zwischen der Volkskunde und der Sprachwissenschaft, die beide vehement von der Etablierung geographischer Paradigmen profitierten. Daraus erklärt sich denn auch die starke Dominanz von Sprachwissenschaftlern in der Anfangsphase des ADV.[286]

Die Nachbarwissenschaftler aus dem Umfeld der Kulturraumforschung hatten das Projekt mit vorbereitet und ihr Renommee trug dazu bei, dass dem

284 Vgl. Mühle, Volk.

285 Z.B. 1928 Karl Meisen in Bonn, 1931 Bruno Schier in Prag, 1932 Will-Erich Peuckert in Breslau, 1933 Richard Beitl in Berlin, 1933 Josef Dünninger in Würzburg, 1933 Rudolf Kriss in Wien oder 1935 Heinrich Harmjanz in Königsberg.

286 Zu diesem Spannungsfeld vgl. ausführlicher v.a. Zender, Historiolinguistik; Cox, Atlas; Cox/Zender, Sprachgeschichte.

ADV innerhalb der Notgemeinschaft ein derart hoher Stellenwert eingeräumt wurde. Alsbald mussten sie allerdings erkennen, dass ihre Interessen einer problemorientierten und transdisziplinären Forschung von anderen Akteuren nur vordergründig geteilt wurden. Hermann Aubin fungierte anfänglich als Stichwortgeber; er beeinflusste die konkreten Forschungsarbeiten aber nicht unmittelbar. Theodor Frings und Arthur Hübner wirkten dagegen zusammen mit Meier im engeren Arbeitsausschuss. Fritz Boehm respektierte das Trio als Autorität; von Wildhagen wurde dessen Engagement allerdings als Einmischung in interne Angelegenheiten der Zentralstelle empfunden:

> „Die Delegation fühlte sich berufen, unmittelbaren Einfluß auf Einzelheiten der Arbeit und des Geschäftsganges zu nehmen, ohne doch dazu sachlich legitimiert zu sein. [...] Der Leiter der Zentralstelle sah sich als Beauftragten der Delegation und suchte darin Schutz vor eigenen Entschlüssen. Die Delegierten schöpften ihre Informationen aus den Kreisen der Hilfsarbeiter der Zentralstelle, die sich ihrerseits wieder als persönliche Vertrauensleute der Delegierten gegenüber der Leitung fühlten. So kam es, daß viele für das Unternehmen wichtige Fragen, deren glatte Erledigung selbstverständlich gewesen wäre, Anlaß zu langen Erörterungen und Kämpfen wurde, zum Schaden für den Atlas. Die Beantwortung ging ständig im Ring reihum, bis die Delegation im Frühjahr 1932 in unrühmlichem Kampfe fiel. Da, wo sie berufen gewesen wäre, eigene Leistungen zum Werke beizutragen, in den Fragen der Sprachgeographie, versagte sie."[287]

Aubin selbst übte nach der Annahme seiner Professur in Breslau keinen unmittelbaren Einfluss mehr aus, blieb aber bis 1933 Mitglied in der Kommission. Zumindest in erinnernder Interpretation aus der Retrospektive des Jahres 1952 unterstrich er die Bedeutung des ADV als räumlich und inhaltlich erweiternde Fortsetzung der Bonner Kulturraumforschung:

> „Der Atlasplan gab Anlaß, unsere grundsätzlichen Anschauungen vom Verhältnis unserer Fächer zur Volkskunde und damit von allen dreien im Verbande einer allgemeinen Kulturmorphologie niederzuschreiben. Unsere Erwartungen, die aus diesen Seiten sprachen, waren nicht gering. Wenn noch nichts davon in Erfüllung gegangen ist, wieviel kommt davon auf die Unzulänglichkeit der Forscher, wieviel auf die selbstverständlichen Schwierigkeiten und das nur langsame Wachsen des Werkes, wieviel auf dessen äußeres Schicksal und die Zeitumstände?"[288]

Auch Theodor Frings zählte zu den Großorganisatoren der kulturwissenschaftlichen Raumforschung im 20. Jahrhundert. Im 1921 in Bonn gegründeten Institut für geschichtliche Landeskunde der Rheinlande verantwortete Frings die Abteilungen Mundarten und Volkskunde. Durch seinen Wechsel nach Leipzig 1927 bildete der Sprachgeograph schon vor 1933 ein Bindeglied zwischen der interdisziplinären West- und Ostforschung. Während Aubin die Kontinuität der Kulturraumforschung von der Zwischenkriegszeit über den Nationalsozialismus bis in die Ära der frühen BRD repräsentierte, sorgte Frings für eine programmatische Transformation dieser Denkmodelle in die DDR der 1950er und 1960er Jahre. Dies war vor allem möglich, weil auch in der DDR der ideologische Bedarf groß war, Volk als Träger der Geschichte auszuweisen.

287 Wildhagen, Atlas 1938, S. 13f.
288 Aubin, Erstrebtes, S. 313.

Arthur Hübners primäres Interesse galt der Wortgeographie, die er mit Hilfe von Großprojekten weiterbringen wollte. Er kam wie viele Germanisten über die Mediävistik zur Mundartforschung und damit zur Volkskunde. Im Nachhinein, wie Richard Beitl 1937 in seinem Nachruf auf Hübner bilanzieren sollte, blieben von seinen hohen Erwartungen und seinem Engagement nur herbe Enttäuschungen: „Daß er zusammen mit Theodor Frings im Jahre 1932 [...] der merkwürdigen Personal- und Institutspolitik eines Referenten der damaligen Notgemeinschaft der deutschen Wissenschaft weichen mußte, das ist eine der bittersten Erfahrungen seines Lebens gewesen."[289]

Und auch Hübner selbst konstatierte in seinem Todesjahr, dass all die Aufmerksamkeiten, welche die Volkskunde in der Weimarer Republik und im Nationalsozialismus erfahren hatte, nicht eben zu ihrer disziplinären Verfestigung beitragen konnten:

> „Es ist bald nicht mehr abzusehen, was in den Jahren seit dem Umbruch an volkskundlichen Gesamtdarstellungen, Querschnitten und dergleichen erschienen ist. Überhaupt das Handbuchwesen, ein sehr besonderes Kapitel der neuesten Wissenschaftsgeschichte! Die Volkskunde ist ein ausnehmend drastischer Fall: was an Allgemeindarstellungen in den letzten Jahren erschienen ist, überwiegt um ein Vielfaches das, was an wirklicher und gediegener Forschung auf diesem Felde hervorgetreten ist, aber nicht Handbücher, sondern nur Forschung bringen die Wissenschaft voran, für den Verleger mag es sich freilich umgekehrt herum ansehen."[290]

Hübner sollte sich zu einem entschiedenen Antipoden Wildhagens entwickeln. Die Auseinandersetzungen sind auf unterschiedlichen Ebenen festzumachen: inhaltlich am Kampf um die Einflüsse der Wortgeographie, strukturell in der Auseinandersetzung um institutionelle Autorität. Wildhagen versuchte bei der kartographischen Verarbeitung des erhobenen Materials die Autorität der „Delegation" immer wieder zu unterlaufen und berief sich dabei auf Einhaltung avisierter Arbeitspläne; Hübner dagegen pochte auf Aufrechterhaltung seines Einflusses. Der Streit spitzte sich zu und kulminierte schließlich im Frühjahr 1932 in der im Rahmen der „Wildhagen-Affäre" gestarteten Offensive Hübners, mit der er allerdings seine Niederlage gegenüber Wildhagen einleitete, wie zumindest dieser in einem 1965 niedergeschriebenen Bericht über seine Tätigkeiten für die DFG rekapitulieren sollte. Als sich für Hübners „Partisanen im Atlas immer deutlicher ein Mißerfolg abzeichnete, trat er selbst auf den Plan und besuchte Schmidt-Ott". Dieser habe ihn zu der Besprechung geholt, damit Wildhagen zu Hübners Vorwürfen Stellung beziehen könne. Nach Wildhagens Darstellung habe er Hübners sachliche Vorhaltungen zu seiner Arbeit im ADV widerlegen können, woraufhin dieser immer emotionaler argumentierte – allerdings zu seinem eigenen Schaden. Schließlich habe Hübner seinen letzten „Giftpfeil im Köcher" geholt und darauf beharrt, die Zusammenarbeit mit Wildhagen sei unzumutbar. Begründung: Dieser habe in einem Witz gegenüber Fritz Boehm

289 Beitl, Arthur Hübner, S. 328.

290 Brief von A. Hübner an den Verleger Hirzel, 24.2.1937, GStBPK Berlin Nachlaß Arthur Hübner, Kasten 2.

Professoren und Dirnen auf eine moralische Stufe gestellt, weil beide bereit seien, für Geld alles zu tun. Es sei von Schmidt-Ott nicht statthaft, solche Mitarbeiter zu stützen. „Das ging zu weit. Schmidt-Ott wies ihn mit ungewohnter Schärfe zurecht, denn nun war er selbst angegriffen: 'Ich kenne Herrn Dr. Wildhagen seit zwölf Jahren, und seine ganze Tätigkeit ist getragen von seiner Verehrung für die deutschen Forscher. Ich muß es zurückweisen, daß Sie mir unterstellen, ich stützte einen Mitarbeiter, der eine solche Einstellung zu den deutschen Forschern hegt.'" Als Hübner daraufhin mit der Drohung aufwartete, aus dem ADV auszuscheiden, „entgegnete Schmidt-Ott, daß er nunmehr auch mir nicht zumuten könne, weiter mit einem Manne zusammenzuarbeiten, der ihm soviel Schlechtes zutraue, und daß er deshalb die Resignation annehme. Hübner ging ab. Sein Waffengang, von dem er sich mit seinen Trabanten eine letzte klare Entscheidung erhofft hatte, war in einer Farce geendet."[291]

Hübner, der Berliner Großordinarius, hatte in den internen Auseinandersetzungen die Allianz mit Schmidt-Ott gesucht, der sich allerdings an den Einschätzungen seines Referenten Wildhagen orientierte. So zogen sich Frings und Hübner 1932 aus dem ADV zurück; die „Delegation" wurde aufgelöst. Mit deren Ende sollte das Kapitel des Volkskundeatlas in der Arbeit Hübners noch nicht abgeschlossen sein. Nach seinem Ausscheiden unternahm er in Koordination mit dem Preußischen Kultusministerium im Mai 1933 einen Anlauf zu einer Flurbereinigung der wissenschaftlichen Volkskunde mit Berlin als ihrem künftigen Zentrum. Dabei nutzte er das wissenschaftspolitische Vakuum des Umbruchs und verfasste für den Leiter der Hochschulabteilung im Preußischen Kultusministerium Georg Gerullis in Form einer Denkschrift „Vorschläge zur Förderung der wissenschaftlichen Volkskunde". Eine solche sei bitter nötig, so Hübner, denn: „Die Volkskunde ist noch keine konsolidierte Wissenschaft. Begriff, Grenzen, Ziele sind noch umstritten, um sichere Methoden wird noch gerungen. Das Halbdilettantentum spielt noch eine große Rolle, auch wo es mit dem Anspruch voller Wissenschaftlichkeit auftritt. Das Reifen der Volkskunde zu einer in sich ruhenden und gefestigten Wissenschaft lässt sich fördern, aber nicht überstürzen. Deshalb wäre der Volkskunde nicht geholfen, wenn man einfach überall Lehrstühle für sie gründete."[292] Hübner plädierte in seinem Dossier für eine enge Anbindung der Volkskunde an die Germanistik und arbeitete als bemerkenswertes Charakteristikum ihre „landschaftliche Bindung" heraus, was sie zu einer „lebenswirksamen Wissenschaft" mache: „Nach diesen Leitsätzen scheint es das gegebene Ziel, dass an allen preussischen Universitäten besondere Lehrstühle für deutsche Volkskunde geschaffen werden und an allen provinziellen Institute für Volkskunde eingerichtet werden." Da es keinen eigenständigen volkskundlichen Nachwuchs gebe, müsse der Ausbau der universitären Volkskunde sukzessive vollzogen werden; am dringendsten sei die Errichtung von

291 Undatierter und unbetitelter Bericht Wildhagens [1965] über seine Tätigkeiten in der DFG, S. 18-20; BAK, R 73/45 (Dokumentation über Dr. Eduard Wildhagen, Bd. 1).

292 Arthur Hübner: Vorschläge zur Förderung der wissenschaftlichen Volkskunde (am 22.5.1933 Herrn Ministerialdirektor Gerullis überreicht), UA Humboldt-Universität Berlin, Phil. Fak. 1480.

Professuren und Instituten „an den Grenzlanduniversitäten, natürlich auch aus nationalpolitischen Gründen".

Schließlich kam er auf den zentralen Punkt:

> „Eine Frage für sich ist, wie weit man die bereits bestehenden volkskundlichen Forschungsinstitute resp. Organisationen den Ausbildungszwecken der Universitäten dienstbar machen kann. Von solchen Instituten sind zu nennen, der 'Deutsche Volkskundeatlas', der 'Deutsche Sprachatlas', das Berliner 'Lautarchiv' [...], das 'Deutsche Volksliedarchiv' [...]. Dass diese verschiedenen Institute [...] irgendwie gleichgeordnet werden müssen, sodass sie in ein Verhältnis vernünftig aufgeteilter und sich ergänzender Forschungsarbeit kommen, ist eine selbstverständliche Forderung."

Hübner schlug vor, „dass über alle Einzelinstitute ein Generaldirektor oder Präsident gesetzt wird. Man gewönne dann ein 'Institut für deutsche Volksforschung', das sich aus einer Reihe von Einzelinstituten zusammensetzte, und das sich organisatorisch der Gesamtheit der Kaiser-Wilhelm-Institute oder dem Archäologischen Institut des Deutschen Reiches vergleichen liesse." Das Gesamt der Einzelinstitute würde schließlich den Humus zur Heranbildung des volkskundlichen Nachwuchses geben: „In diesen Forschungsinstituten wird eine Art von volkskundlichem Generalstab zu bilden sein; hier werden die kommenden Privatdozenten und Professoren der Volkskunde ihre natürliche (wenn auch nicht einzige) Pflanzstätte haben."[293]

Aus dieser Skizze sollten all jene Konzepte Hübners zur Etablierung der Berliner Universität als Zentrum der Volkstumswissenschaften erwachsen, die sich alsbald gegen den Anspruch des „Amtes Rosenberg" und die Macht Wildhagens richteten. Die übergreifenden Planungen sollten zwar scheitern; errichtet aber wurde an der Berliner Universität zum 1. April 1936 der Lehrstuhl für Volkskunde von Adolf Spamer. Im Februar 1935 schrieb der Dekan der Philosophischen Fakultät, der Anglist Wilhelm Horn, an Kirchenrat Eugen Mattiat, der im REM das Referat W6 (Geisteswissenschaften) leitete und 1937 ohne Promotion und Habilitation mit einer festen außerplanmäßigen Professur für Volkskunde in Göttingen beschenkt wurde: „Ich habe öfter Gelegenheit gehabt, mit Ihnen davon zu sprechen, dass ich bestrebt bin, als Dekan der Philosophischen Fakultät der Volkstumsgeschichte und der Gegenwarts-Volkskunde im Unterrichtsplan der Fakultät die diesen neuen Wissenschaften gebührende Stelle verschaffen zu helfen. Für die Volkstumsgeschichte habe ich einen Antrag gestellt (auf Selbstständigmachung des Volkskunde-Atlas und Übertragung an Prof. Helbok). Für die Errichtung bezw. Wiedereinrichtung einer Professur werde ich demnächst einen Antrag vorlegen." Dieser Antrag ziele darauf, in Berlin „Lehrkräfte ersten Ranges" zu aquirieren. Hierfür käme nur Adolf Spamer in Betracht, der ohne Alternativkandidaten benannt werden solle.[294]

293 Ebd.

294 W. Horn an E. Mattiat, 8.2.1935, UA Humboldt-Universität Berlin, Phil. Fak. 1480.

## Adolf Helbok: Heimatkunde, Volksleibgeschichte, abendländisches Europa

Nachdem im Frühjahr 1932 die „Delegation" ihre Arbeit niedergelegt hatte und Fritz Boehm als Wissenschaftlicher Leiter ausgeschieden war, ging dieses Amt im Mai 1932 an Adolf Helbok, der dem ADV bereits seit 1927 als Mitglied der vorbereitenden Verbandskommission, seit 1928 als Mitglied des „Volkskunde-Ausschuß" der Notgemeinschaft und seit 1929 als Geschäftsführer der „Kommission für den Atlas der deutschen Volkskunde in Österreich" verbunden war.[295] Vor dem Ersten Weltkrieg hatte Helbok als Stipendiat in Rom Hermann Aubin kennengelernt. Sein intellektueller Weg führte seither in Kontrastierung zu einer politischen Ereignisgeschichte zur Volksgeschichte und schließlich über die Landesgeschichte zur Volkskunde. Helbok sollte dabei vom jungen Siedlungs- und Heimathistoriker der Kaiserzeit über den innovativen Volksgeschichtler der 1920er Jahre, den interdisziplinär orientierten Volkstumsforscher der frühen 1930er Jahre hin zum rassistischen „Diagnostiker am Leibe des Volkes"[296] und wissenschaftlichen Apologeten eines abendländisch-europäischen Kulturraums nach 1945 sämtliche Metamorphosen durchlaufen. Helboks Weg repräsentiert in seinem Kontrast aus Konjunktur und Beiläufigkeit, Machtakkumulation und Marginalisierung und dem zwischen Schlüsselfigur und Randständigkeit uneindeutigen Status auch den Weg der Volkskunde bis Ende der 1960er Jahre. Als einer der radikalsten Exponenten einer Volksgeschichte auf rassischer Grundlage[297], die er selbst als „Entwicklungsgeschichte des Volksleibes" verstand, erfuhr er die größten Aufmerksamkeiten noch zu Zeiten der Weimarer Republik und musste nach 1933 eine sukzessive Einbuße seiner wissenschaftlichen Reputation verzeichnen. Damit zählte er, wie viele andere Volkskundler und Volkstumswissenschaftler auch, zu wichtigen ideologischen Stichwortgebern des Nationalsozialismus, deren Arbeit nach 1933 allerdings nicht mit entsprechender sozialer und inhaltlicher Anerkennung beantwortet wurde, sondern spätestens in der zweiten Hälfte der 1930er Jahre rapide an Bedeutung einbüßte.

Seit 1924 als Professor für Wirtschaftsgeschichte in Innsbruck, referierte der Heimat- und Siedlungskundler im selben Jahr auf dem Historikertag in Frankfurt „Über den Aufbau der geschichtlichen Landesforschung aus einer gesamtdeutschen Siedlungsforschung".[298] Dort sprachen Hermann Aubin über „Stand und Ziele der historischen Geographie in der Rheinprovinz" und Rudolf Kötzschke über „Nationalgeschichte und Landesgeschichte", sodass

295 Zu seiner wissenschaftlichen Biographie vgl. Helbok, Erinnerungen; Schmidt, Adolf Helbok; Meixner, „...eine wahrhaft nationale Wissenschaft der Deutschen..."; Ludwig, Adolf Helbok; Ludwig, „Ein sonniges Neuland"; Fehn, Volksgeschichte.

296 Helbok, Volksgeschichte, S. 69. Dort heißt es: „Die Volksgeschichte soll eben der Diagnostiker am Leibe des Volkes sein, die Rolle des Arztes muß hingegen derjenige Staatsmann spielen, dem sein Volk nicht Spielzeug eines eigenen oder fremden Machtwillens, sondern wirkliche Verantwortungs- und Herzenssache ist."

297 Mit Blick auf die (für ihn untergeordnete) Volkskunde findet sich diesbezüglich die entschiedenste Verdichtung in Helbok, Problemkreis.

298 Vgl. Helbok, Problem.

dieser Markstein in der Entwicklung der Volksgeschichte auch für Helbok zur inneren Wende wurde. Seither bemühte er sich mit wechselndem Erfolg um die Verwissenschaftlichung von Heimatkunde und Volksforschung auf biologisch-rassischer Grundlage. Nachdem die auch von Helbok betriebene empirische Fundierung interdisziplinärer Ansätze um die Leitkategorie des Volkes durchaus methodische Innovationen und umfassende Syntheseleistungen zu erbringen vermochte und dadurch Anziehungskraft entfaltete, weil sie obendrein im Sinne einer modernen Sozialwissenschaft politisch nutzbar schien, sank Helboks Stern in der zweiten Hälfte der 1930er Jahre, als er die Nachfolge Rudolf Kötzschkes in Leipzig übernommen hatte.

In seiner Zeit als wissenschaftlicher Leiter der ADV-Zentralstelle lebte Helbok mit seiner Ehefrau im Berliner Harnack-Haus: „Es wurde uns bald klar, daß ein großes, zentral geführtes wissenschaftliches Forschungsunternehmen über unser Volk dringende Notwendigkeit sei, um das Einheitsbewußtsein, das seit dem Kriege und den durch den Feindeshaß nachher geförderten Geist der Schicksalsgemeinschaft aller Deutschen aufstieg, zu stärken und noch lebendiger zu machen."[299] Vor allem sah er die Möglichkeit, eine weitgehend theorie- und methodenlose Volkskunde systematisch auf starke Beine zu stellen, um sie für eine integrative Volkstumswissenschaft nutzbar zu machen: „Die Volkskunde war eigentlich nur da Wissenschaft, wo sie von Philologen oder Historikern in Pflege genommen war. Aber eigene Methoden hatte sie keine. Sie galt es nun zu gründen, denn es war klar, daß sie dann die Volkswissenschaft im wahrsten Sinne wurde."[300] Bald entzündeten sich Konflikte zwischen ihm und Wildhagen, der auf eine schnelle Realisierung der Fragepläne drängte, während Helbok einen offeneren Forschungsprozess favorisierte. Dies handelte ihm denn auch Schwierigkeiten mit der Notgemeinschaft ein, die Helbok als nicht befähigt für die anstehenden Organisationsaufgaben betrachtete. Während die Notgemeinschaft auf Pragmatismus drängte, wünschte Helbok frei von äußeren Zwängen für den ADV Offenheit und Flexibilität in der Ausarbeitung der Fragebogen. Die Krise spitzte sich zu und Helbok stellte im März 1933 seine Tätigkeit als Zentralstellenleiter ein. Danach kehrte er zunächst auf seinen Lehrstuhl nach Innsbruck zurück.

Nachdem er in Innsbruck 1934 wie auch der Geograph Friedrich Metz wegen Mitgliedschaft in der NSDAP verhaftet worden war, ging er nach Berlin, wo er beste Kontakte zum damaligen Rektor der Friedrich-Wilhelms-Universität, dem Anthropologen Eugen Fischer, unterhielt. Angeregt durch die an das Preußische Kultusministerium adressierten Konzepte Arthur Hübners aus dem Jahre 1933, Berlin zu einem Zentrum der Volkstumswissenschaften auszubauen, rückte Helbok erneut in den Blickpunkt. Im August 1934 stellte die Philosophische Fakultät der Friedrich-Wilhelms-Universität beim REM den Antrag, den Volkskundeatlas aus der DFG herauszulösen und der Berliner Universität anzugliedern: „Die Fakultät schlägt vor, mit der Leitung des Instituts den ordentlichen Professor

299 Helbok, Erinnerungen, S. 68.
300 Helbok, Erinnerungen, S. 69.

an der Universität Innsbruck, Herrn Dr. Adolf Helbok zu beauftragen, der aus politischen Gründen seiner Stellung in Österreich enthoben ist. Er gehört zu den Begründern des Atlas und hat bereits ein Jahr lang die wissenschaftliche Leitung geführt. [...] Die Fakultät empfiehlt ihn für die Vertretung 'der deutschen Volksgeschichte' an unserer Universität."[301]

Die weiteren Versuche, in Berlin eine Professur für Helbok zu etablieren, scheiterten. 1935 wurde er schließlich Nachfolger Rudolf Kötzschkes in Leipzig und lehrte an dessen „Seminar für Landesgeschichte und Siedlungskunde" nun „Deutsche Landes- und Volksgeschichte". Helbok brachte es fertig, ausgewiesener nationalsozialistischer Intellektueller ausgeprägtester Radikalität zu sein und dabei nicht nur eine der konkurrierenden Wissenschaftsorganisationen, sondern gleich sämtliche – das volkskundlich relevante „Amt Rosenberg" wie das „SS-Ahnenerbe" gleichermaßen – gegen sich zu bringen. Der in seltener Einmütigkeit von beiden Seiten erhobene Vorwurf zielte auf den Malus fehlender Wissenschaftlichkeit, was 1935 Friedrich Metz festhielt: „Es ist heute einfach ein Ding der Unmöglichkeit, daß ein Forscher gleichzeitig Vorgeschichte, Siedlungsgeschichte, Wirtschaftswissenschaft und Sprachwissenschaft, Geographie und ich weiß nicht welche anderen Fächer in gleicher Weise beherrscht. [...] Was er aber in den letzten Jahren und Monaten vorgelegt hat, hält der wissenschaftlichen Kritik großenteils nicht stand und man wird leider den Eindruck nicht los, daß ein starkes Geltungsbedürfnis die eigentliche Triebfeder ist."[302]

Auch die bei der DFG und dem „SS-Ahnenerbe" später eingereichten Forschungsanträge des wenige Jahre zuvor noch als führender Kopf einer künftigen Berliner Zentrale der Volkstumswissenschaften gehandelten Helbok stießen nun allüberall auf Ablehnung.[303] Groteskerweise sah sich nach permanenten Attacken des „Amtes Rosenberg" einer der größten Rassisten der Volksforschung dazu gezwungen, vor entsprechenden Stellen seine rassistischen Grundüberzeugungen glaubhaft zu machen.[304] 1941 kehrte er an die Universität Innsbruck zurück und wurde 1945 aus allen Ämtern entlassen. Zu Zeiten seiner kurzfristigen wissenschaftlichen Isolierung stilisierte sich der Pensionär als schollenverbundener Bauer und Ziegenzüchter. Nach der Wiederaufnahme der volkskundlichen

301 Antrag der Philosophischen Fakultät der Universität Berlin an den Herrn Minister für Wissenschaft, Kunst und Volksbildung, 10.8.1934, UA Humboldt-Universität Berlin, Phil. Fak. 88: Acta der Friedr.-Wilhelms-Universität zu Berlin, betr.: Atlas der deutschen Volkskunde.

302 Brief F. Metz „An die Reichsstelle zur Förderung des deutschen Schrifttums z.H. von Herrn Dr. Hans Maier", 12.11.1935, BAK, R 73/323, Bl. 74. Dieses Urteil von Metz hat strategische Hintergründe; er war von Wildhagen aufgrund eines Prozesses gebeten worden, über die Glaubwürdigkeit Helboks Zweifel zu säen.

303 Vgl die Korrespondenzen in BAK, R 73/11576 (Einzelfallakte A. Helbok) sowie BAB, Akten des SS-Ahnenerbes DS (ehemals BDC), Adolf Helbok, G0120.

304 Vgl. zu den Angriffen im Matthes Zieglers „Volkskunde im Schrifttum" den Brief von A. Helbok an Reichserziehungsminister Bernhard Rust, 30.6.1938; BAB, R 4901/3196, Bl. 49-53.

Kartographie in Österreich als nunmehr eigenständiger österreichischer Volkskundeatlas war Helbok wieder an führender Stelle dabei.

An der Person Helboks entzündete sich nach 1945 die Frage, wer als Repräsentant der wissenschaftlichen Disziplin Volkskunde klassifiziert werden könne. Leopold Schmidt sprach Helbok die disziplinäre Herkunft als Volkskundler 1968 in einem Nachruf ab und wies ihn als einen jener Nachbarwissenschaftler aus, die das Feld der Volkskunde zu deren Schaden instrumentalisiert hätten.[305] Schmidts Urteil stand in Zusammenhang mit Versuchen, die Integrität einer wissenschaftlichen Volkskunde zu beglaubigen, der auch zu Zeiten des Nationalsozialismus ihre Wissenschaftlichkeit nicht abhanden gekommen sei. Seine Charakterisierung des Wissenschaftlers Helbok zielte damit auf Erzeugung von Tradition und Kontinuität einer akademischen Volkskunde, die sich unabhängig aller Einbettungen in politisch-gesellschaftliche Systeme realisiert und auch im Nationalsozialismus ihre Integrität behauptet habe. Doch auch für diese Zeit selbst stellt sich die Frage nach dem Stellenwert von Argumenten fehlender „Wissenschaftlichkeit", die im Falle Helboks unisono vom „Amt Rosenberg" wie vom „SS-Ahnenerbe" bezweifelt wurde. Geht es hier nach den Erfahrungen der Entgrenzung in den ersten Jahren der nationalsozialistischen Diktatur um die Rettung wissenschaftlicher Reglements und Standards? Oder ist das Argument der „Wissenschaftlichkeit" in NS-internen Auseinandersetzungen einmal mehr willkürlich gewählt und dient lediglich dem instrumentellen Zweck der Schädigung von Kontrahenten? Zudem stellt sich unabhängig von der Person Helboks natürlich die Frage, wer denn überhaupt in der Frühphase des ADV als „Volkskundler" hätte bezeichnet werden können und wie ein solcher zweifelsfrei zu bestimmen wäre. Wichtiger als die Antwort auf diese Frage erscheint der Befund, dass das Terrain volkskundlicher Forschung eben nicht disziplinär abgegrenzt, sondern gerade für intellektuell vagierende Köpfe wie Helbok offen war.

## 10. GEISTESWISSENSCHAFTLER NEUEN TYPS? DIE REKRUTIERUNG VOLKSKUNDLICHEN NACHWUCHSES DURCH DIE STIPENDIATEN IM ADV

Durch das volkskundliche Großprojekt sollte ein Wissenschaftlertypus generiert werden, der nicht primär durch disziplinäre Zugehörigkeit charakterisierbar war, sondern durch problemorientierte, multidisziplinäre Perspektive. Davon profitierten vor allem jüngere Wissenschaftler, die sich zudem Ende der 1920er Jahre mit massiver Akademikerarbeitslosigkeit konfrontiert sahen, sodass der ADV zumindest eine Möglichkeit des vorübergehenden Broterwerbs eröffnete. Mehr noch aber stiftete in der Gründungsgeneration das Bewusstsein, ein geisteswissenschaftliches Pionierprojekt zu realisieren, ein ausgeprägtes Gemeinschaftsgefühl, das bald freilich durch die internen Polarisierungen torpediert werden sollte. In

305 Schmidt, Adolf Helbok.

der Situation disziplinärer Uneindeutigkeit und aufgrund des schlichten Mangels an explizit volkskundlich ausgebildeten Nachwuchswissenschaftlern band das Projekt Personen, die in der Regel volkskundliche Interessen, aber keine volkskundliche Ausbildung mitbrachten. Um die Mitarbeiter mit Fragen der Volkskunde vertraut zu machen, wurden deshalb kolloquiumsartige Arbeitsgemeinschaften gegründet, in denen Fragen, die weit über den ADV hinauswiesen, Erörterung fanden. So stellte insbesondere die Anfangsphase eine Periode mit offenen Entwicklungsmöglichkeiten dar. Den ADV-Stipendiaten, die sich überwiegend aus der Generation der Geburtenjahrgänge zwischen 1900 und 1910 rekrutierten, eröffneten sich idealiter zwei Alternativen: Sie avancierten entweder zu Trägern der volkskundlichen Professionalisierung oder aber sie profitierten als Nachbarwissenschaftler von der interdisziplinären Offenheit volkskundlicher Forschung, profilierten sich und gingen in ihre angestammten Disziplinen zurück. Gleichwie: Für jene, die nach ihrer Zeit als Stipendiaten im ADV nicht in andere Berufe gingen (meist Lehrer), bildete die Mitarbeit im Volkskundeatlas häufig eine richtungsweisende akademische Weichenstellung. Hier gründeten gleichermaßen personelle Seilschaften wie Feindschaften, die über die Schwellenphasen nach 1933 und 1945 Bestand haben sollten.

Während das ADV-Personal in der Berliner Zentralstelle häufig wechseln sollte, bildete das Beispiel einer kontinuierlichen Mitarbeit wie im Falle Erich Röhrs weithin die Ausnahme.[306] Röhr, geboren 1905 und von Beruf zunächst Werklehrer, wurde 1929 als einer der ersten Mitarbeiter von Richard Beitl geworben und war zunächst für technische Angelegenheiten zuständig. Nachdem er seine Reifeprüfung abgelegt hatte, studierte er neben den ADV-Tätigkeiten vor allem Musikwissenschaften. Er vermochte sich die Anfangsphase des ADV zunutze zu machen, in der aufgrund der Offenheit des Projektes ein hohes Maß an Eigeninitiative und Kreativität gefragt war, um sich hohe Sachkompetenz anzueignen. Nachdem Eduard Wildhagen 1934 die Vize-Präsidentschaft der DFG übernommen und das Gros der Gründungsgeneration im ADV entließ (u.a. Beitl, Bretschneider, Hansen, Schlenger, Knopf), avancierte Röhr zunächst zum Geschäftsführer. Er sollte sich in den Dauerfehden um weltanschauliche Vorherrschaft mit allen arrangieren, mit den „braunen“ Volkskundlern des „Amtes Rosenberg“ genauso gut wie später mit den „schwarzen“ des „SS-Ahnenerbes“, und überdauerte unbeschadet die Permanenz persönlicher Intrigen.[307]

Die Volkskunde eröffnete ihm die Möglichkeit einer steilen akademischen Karriere. Realisiert werden konnte sie nach 1933 nur durch die Hilfe von Heinrich Harmjanz, der 1937 Leiter des ADV werden sollte und sich auf Röhr als fachlich kompetenten und loyalen Wissenschaftler verlassen konnte, der die inhaltliche Arbeit vorantrieb, während Harmjanz selbst sich der wissenschaftspolitischen

306 Vgl. Gansohr-Meinel, „Fragen an das Volk“, S. 191-193.

307 Richard Beitl schildert ihn in seinen – faktisch nicht immer verlässlichen – Atlas-Erinnerungen als gleichermaßen talentiert wie anpassungsfähig: „Erich Röhr war ein überzeugter 'Linker', begabt und hellhörig, ehrgeizig und bestrebt, auch einmal nach oben zu kommen“; vgl. Richard Beitl: Zur Geschichte des „Atlas der deutschen Volkskunde“, Manuskript 1979, in: Beitl, Klaus (Hg.), Atlas, S. 159f.

Außenrepräsentanz des ADV widmete. 1939 wurde Röhr mit einer Arbeit aus dem ADV über *Die Volkstumskarte* promoviert.[308] Er übernahm zunächst die Schriftleitung der Jahrgänge 1938 und 1939 der *Zeitschrift für Volkskunde*, deren Herausgeberschaft 1937 ohne nennenswerte Widerstände von John Meier und Fritz Boehm an Heinrich Harmjanz und Gunther Ipsen und damit vom Volkskunde-Verband in die Regie des „SS-Ahnenerbe" übergeben wurde. Für den Jahrgang 1940 firmierte Röhr auch als Herausgeber. 1941 habilitierte er sich bei Harmjanz, der in Frankfurt am Main ein Ordinariat für Volkskunde erhalten hatte, wohin unterdessen auch der Apparat des ADV umgezogen war. Nach der Herausgabe der ersten Kartenreihen zwischen 1937 und 1939 ruhte die kartographische Arbeit. Röhr bestritt unterdessen 1940 eine Gastprofessur für Volkskunde an der Universität Gent und erhielt im Herbst 1942 – obwohl sein wissenschaftliches Oeuvre den Horizont der Atlasarbeiten kaum je überschritt – den Ruf auf den Lehrstuhl für Volkskunde in Bonn.

Hier war auf der Basis anfänglich zufälliger Mitarbeit im ADV eine akademische Karriere ermöglicht worden, die wesentlich auf der Patronage von Heinrich Harmjanz gründete. Im Gegenzug hatte Röhr – wie auch vordem gegenüber den anderen ADV-Leitern – strikte Loyalität gewahrt und exponierte sich weder politisch[309], noch begab er sich innerhalb des ADV oder innerhalb der Volkskunde in fachliche Konflikte. So überdauerte Röhr sämtliche Brüche der Projektgeschichte. Ein vergleichbarer akademischer Aufstieg wäre in den traditionellen Geisteswissenschaften nicht möglich gewesen. Den Ruf auf die Bonner Professur verdankte er dem Einfluss von Heinrich Harmjanz. Dass auch unter den wissenschaftspolitischen Bedingungen der nationalsozialistischen Diktatur andere Bewertungskriterien möglich waren als Patronage, zeigen die Gutachten Adolf Spamers für die Besetzung der Bonner Volkskundeprofessur aus dem Jahre 1941.[310] Spamer demonstrierte hier, dass eine von politischen Kriterien unabhängige Beurteilung der Personalsituation in der hochgradig politisierten Volkskunde im nationalsozialistischen Wissenschaftssystem durchaus möglich war – wenn sie auch gänzlich wirkungslos bleiben sollte. „Die Hoffnung, daß nach 1933 wissenschaftlich besonders begabter Nachwuchs den neuerrichteten Lehrstühlen zuströmen würde, hat sich einstweilen [...] nicht erfüllt. Teils hat der unfruchtbare Richtungsstreit mit seinen oft sehr wenig schönen Kampfmitteln die besten Studenten wieder von der Volkskunde weg in andere Disziplinen zurückgeschreckt."[311] Pikanterweise leitete Spamer seine Überlegungen zur Bonner Stellenbesetzung fast durchweg mit möglichen Kandidaten ein, die sowohl in der Lesart des „Amtes Rosenberg" wie in jener des „SS-Ahnenerbes" als „konfessionell" oder „liberalistisch" oder politisch unzuverlässig etikettiert worden waren: Will Erich Peuckert, Adolf Bach oder Richard Beitl. Solch unabhängige Lagebeschreibungen waren also möglich, blieben aber ohne Effekte.

308 Röhr, Volkstumskarte.

309 Röhr wurde erst im Juli 1941 Mitglied der NSDAP.

310 Ausführliche Schilderungen bei Schrutka-Rechtenstamm, Volkskunde, S. 80ff. und Gansohr-Meinel, Landesstelle, S. 299ff.

311 Zit. n. Gansohr-Meinel, Landesstelle, S. 299f.

Die Bonner Professur trat Erich Röhr nicht mehr an; im März 1943 kam er bei einem Bombenangriff auf Berlin ums Leben.

Eine solche Kontinuität in der ADV-Mitarbeit war weithin die Ausnahme. Das Gros der Gründungsgeneration fiel spätestens 1934 der nach der Rückkehr Wildhagens erfolgten Personalrochade zum Opfer. Hierzu zählte Richard Beitl, der bereits 1928 auf Vermittlung Hübners zusammen mit Kurt Wagner eingestellt worden war. Beitl wurde 1929 mit einer Arbeit über *Goethes Bild der Landschaft* bei Julius Petersen in Berlin promoviert. Mit Unterstützung Arthur Hübners habilitierte er sich 1933 mit der Arbeit „Korndämon und Kinderscheuche. Untersuchungen zur Mythologie des Kindes", die auf ADV-Material basierte.[312] Damit hatte Beitl als einer der ersten Volkskundler eine explizit volkskundliche Venia, kam damit aber bei dem nach 1933 erfolgten Ausbau der universitären Volkskunde nicht zum Zuge. Wiewohl immer wieder für Professuren im Gespräch (Berlin, Freiburg u.a.), blieb er Universitätsdozent für Volkskunde in Berlin. Seine weit ins Persönliche reichende Feindschaft zu Wildhagen gereichte ihm zum Malus, der immer wieder Auslöser für Attacken der volkskundlichen Aktivisten des „Amtes Rosenberg" wurde. Als es etwa 1935 um die Einrichtung eines Volkskundeordinariats in Freiburg ging und Beitl als Kandidat gehandelt wurde, bat Eugen Fehrle Wildhagen um „Material" gegen ihn.[313] 1938 wurde über ihn in einem Brief der „Geheimen Staatspolizei/Geheimes Staatspolizeiamt" an Reichserziehungsminister Rust berichtet: „Über die politische Einstellung des Dr. Beitl vor der Machtübernahme ist nichts bekannt. Seine heutige Einstellung ist unklar. Seine wissenschaftliche Arbeit ist umstritten. Vor drei Jahren wurde er wegen seiner *Deutschen Volkskunde* heftig angegriffen, und wenn es ihm auch gelang, sich von dem schweren Vorwurf des Plagiats voll zu reinigen, so besteht doch ein anderes Urteil, nämlich, daß er die Bedeutung von Kirche und Religion für die Volkskunde stark überbewertete. Er wird als sehr zurückhaltend und konservativ in Denken und Haltung geschildert."[314]

Beitl spielte in der Gründungsgeneration aufgrund seines Alters und seiner akademischen Qualifikationen die Rolle des Meinungsführers und integrierte insbesondere die Jüngeren in wissenschaftlicher und sozialer Hinsicht. Mit seiner Habilitation fungierte er als Hoffnungsträger volkskundlicher Professionalisierung, wirkte aber immer auch stark pädagogisch und proklamierte die volkserzieherischen Intentionen des ADV. Unter seiner Verantwortung legten die jüngeren ADV-Mitarbeiter 1934 unter dem Titel *Volkskunde und Schule* ein Gemeinschaftswerk mit Atlas-Ethos vor, das sich bewusst in den Dienst nationalsozialistischer Volkserziehung stellen wollte. „Entscheidende Denkrichtungen, vielseitige Belehrungen und lebendige Beispiele aus dem Volksleben

312 Vgl. den Nachdruck Beitl, Untersuchungen.

313 Vgl. Brief von E. Fehrle an E. Wildhagen, 24.4.1935, BAK, R 73/318. Fehrle war Leiter der ADV-Landesstelle Baden in Heidelberg, 1933-1936 Ministerialrat und Leiter der Hochschulabteilung im badischen Kultusministerium und von 1935-1945 o. Prof. für Volkskunde in Heidelberg; vgl. Assion, „Was Mythos unseres Volkes ist".

314 Brief der Geheimen Staatspolizei/Geheimes Staatspolizeiamt an den Reichsminister Wissenschaft, Erziehung und Volksbildung, 6.9.1938, BAB, R 4901/3014a, Bl. 159.

der Gegenwart verdanken wir alle dem Atlas."[315] Beiträger aus dem ADV waren Wilhelm Hansen, Richard Beitl, Adolf Helbok, Heinz Schmidt-Ebhausen, Alfred Bergeler, Anneliese Bretschneider, Reinhold Knopf, Reinhard Peesch und Hans Schaudinn. Hier deutete sich ein programmatisches Projekt als generationelles Unternehmen an; es blieb allerdings bei einem Einzelfall, da der personelle Zusammenhang durch die Entlassungswelle im ADV 1934 zerstört wurde.

Bei der Volkskunde blieben auch andere „Hilfswissenschaftler" der ersten Generation. Reinhard Peesch war, wie Wilhelm Hansen, als ehemaliger Schüler Fritz Boehms an den ADV herangeführt worden. Peesch studierte in den 1930er Jahren bei Adolf Spamer und gelangte so in den 1950er Jahren zum alsbald unter Wolfgang Steinitz großzügig ausgebauten „Institut für Volkskunde" an der Deutschen Akademie der Wissenschaften zu Berlin. In diesem Zusammenhang hatte er wieder mit dem ADV zu tun, da er seit 1954 die dortige „Arbeitsstelle für den Atlas der deutschen Volkskunde" betreute und in den 1960er Jahren in der DDR die Arbeiten für den Ethnologischen Atlas Europas koordinierte.

Heinz Schmidt-Ebhausen, der bei seinem Studium in Tübingen über Karl Bohnenberger zur Dialektologie gekommen war, hatte sich zunächst als „Hilfsarbeiter" bei John Meier in dessen Freiburger Volksliedarchiv verdingt und gelangte so 1930 zum ADV, wo er bis zu der von Wildhagen ausgelösten Entlassungswelle 1934 tätig war. Schmidt-Ebhausen engagierte sich in den 1920er Jahren in der deutsch-völkischen Jugendbewegung, trat bereits 1931 der NSDAP bei und war wechselweise in der „angewandten" wie in der akademischen Volkskunde tätig. Nach der Entlassung aus dem ADV führte ihn sein beruflicher Weg durch mehrere kulturpolitische NS-Organisationen. 1934 arbeitete er in der Abteilung „Volkstum und Heimat" in der NS-Kulturgemeinde „Kraft durch Freude". Seit 1936 wirkte Schmidt-Ebhausen als Dozent an der Lehrerbildungsanstalt Bayreuth.[316] Nach 1945 kehrte er in den Wirkungsbereich der Heimatpflege und in die Verbandsvolkskunde zurück. Unter der Präsidentschaft Helmut Dölkers wurde er (ehrenamtlicher) Geschäftsführer des Volkskunde-Verbandes sowie der „Kommission für Ostdeutsche Volkskunde". Schmidt-Ebhausen unterrichtete von 1955 bis 1967 als Dozent am Pädagogischen Institut Stuttgart und Esslingen und betätigte sich in der regionalen Heimatpflege. Auch in seiner publizistischen Tätigkeit nach 1945 rekurrierte Schmidt-Ebhausen immer wieder auf den ADV und vertiefte dort thematisierte Fragen im regionalen Rahmen Württembergs: die Zwölf Nächte, die Bezeichnung des Korns am Beispiel des schwäbischen Dinkels, der Storch im Volksglauben, Totenbretter, Erntebrauchtum etc.[317]

Etliche Stipendiaten wechselten nach ihrem ADV-Intermezzo in ihre angestammten Disziplinen zurück. Eine bemerkenswerte Position hatte sich innerhalb kurzer Zeit Herbert Schlenger erarbeitet, der erst im Herbst 1932 auf Vermittlung Aubins zum Atlas gekommen war.[318] Auch Schlenger konnte sich

315 Beitl, Volkskunde und Schule, S. 4.
316 Vgl. Brückner, Friedrich Heinz Schmidt-Ebhausen; Alzheimer, Volkskunde, S. 245-248.
317 Vgl. die Bibliographie in Schmidt-Ebhausen, Forschungen.
318 Zu seiner Vita vgl. Petry, Nachruf.

in der Volkskunde innerhalb kürzester Zeit Reputation erwerben, weil er etwas einbrachte, das dort kaum vorhanden war: Kompetenz in Forschungstechnik und strenges Methodenbewusstsein. Damit füllte er genau jene Lücke, die Wildhagen hinterlassen hatte. Der Geograph und Landeshistoriker war 1930 mit der Arbeit „Formen ländlicher Siedlungen in Schlesien" in Breslau promoviert worden und besaß schon bald nach Aufnahme seiner Arbeit im ADV das uneingeschränkte Vertrauen John Meiers. Binnen kürzester Zeit genoss er als Geograph großes Renommee in technischen und methodischen Fragen der Kartographie. Grundlegende Gedanken hierzu legte er 1934 in *Methodische und technische Grundlagen des Atlas der deutschen Volkskunde* vor.[319] Diese und weitere Arbeiten wurden von Wildhagen als strategische Schriften gegen sich rezipiert, sodass Schlenger mit Wildhagens Rückkehr in den ADV 1934 vor die Tür gesetzt wurde.[320] Tatsächlich jedoch gelang es Schlenger mit seinen methodischen Studien, das erreichte Niveau zum Ende der ersten ADV-Phase beeindruckend zusammenzufassen. Publiziert im Frühjahr 1934, wurde das Buch eingeleitet mit Vorworten Friedrich Schmidt-Otts und John Meiers, die beide bald darauf von ihren jeweiligen Ämtern enthoben werden sollten. Schmidt-Ott befand sich noch im Glauben, dass der Geist des in einer „volkstumsfremden Zersplitterung der Nachkriegszeit" angeregten und maßgeblich durch seine Hilfestellung realisierten Großprojektes auch in den neuen Verhältnissen der NS-Diktatur unter seiner DFG-Präsidentschaft weiterverfolgt werden könne: „Die Zeit aber, in der wir stehen, und vor allem die durch die Führung des Reiches immer wieder betonte Forderung, daß alle wissenschaftliche Arbeit im Volk verankert sein muß, gibt die Gewähr, daß die im Volk wurzelnde Aufgabe des Atlas der deutschen Volkskunde und aller weiteren darauf fußenden volkskundlichen Arbeit den Reichtum und innersten Gehalt unseres Volkwerdens und -wesens offenbaren und das deutsche Volk im Besitz solcher Güter froh und einig finden möge."[321]

Schlenger, der Landeshistoriker und Geograph, verkörperte das Ethos der Interdisziplinarität, das die Arbeit im ADV durch die Kooperation von Historikern, Landesgeschichtlern, Sprachwissenschaftlern, Geographen und Volkskundlern leiten sollte. Er war durch seine disziplinären Mehrfachinteressen zur Volkskunde gekommen und hatte in ihr eine ideale Brückendisziplin entdeckt:

> „Die Entwicklung des Ganzheitsgedankens in der modernen Wissenschaft hat deshalb neben der Begründung 'neuer' Wissenschaften, wie der Dialektgeographie, der Siedlungskunde u.a., eine Methodenerweiterung zur Folge gehabt, die für die Erschließung unerforschter Gebiete erforderlich war. Die alte unfruchtbare Streitfrage, ob Gegenstand oder Methode die Abgrenzung der Fachwissenschaften bedingen, ist angesichts dieser neuen Entwicklung zurückgedrängt worden zugunsten der Erkenntnis, daß in erster Linie in der Fragestellung

319 Schlenger, Grundlagen.

320 Schlenger vermerkt in seinem Vorwort zu Schlenger, Grundlagen, S. 12, die Studie sei von dem für das Bibliothekswesen zuständigen DFG-Referenten Adolf Jürgens angeregt worden. Wildhagen betrachtete Jürgens und Viktor Schwoerer als seine größten Kontrahenten in der Notgemeinschaft und sah in Schlengers Buch den Versuch, seine eigene Arbeit zu „bagatellisieren"; vgl. BAK, R 73/45, Bd. 1, Bl. 29.

321 Schmidt-Ott, Vorwort, S. 5 u. 6.

> das entscheidende Kriterium für die Gliederung der Wissenschaften liegt. Sie gewährt die Einheit, in die sich die verschiedenen Methoden zur Erforschung der Struktur eines Gegenstandes zusammenschließen können."[322]

Schlengers Grundlagenwerk war bereits angebunden an den Duktus der wissenschaftlichen Publikationspraxis im Nationalsozialismus. Während die sachlichen und methodischen Kapitel als Kern weitgehend frei blieben von ideologischen und politischen Aufladungen, verlieh er im Kapitel über „Die Bedeutung der Atlasarbeit für die Volkstumspflege der Gegenwart" den vormals nationalpädagogischen Zielsetzungen des Großprojektes einen unumwunden volkstumspolitischen Unterbau, wenn auch die Erzeugung völkischer Gemeinschaftserfahrung bei Schlenger (noch) nicht an die Bedingung rassisch-biologischer Eigenart, sondern an jene der kulturellen und geistigen „Arteigenheit" geknüpft wurde.[323] Als Schlussakkord im Ausgangskapitel rückte Schlenger die volkstumspflegerische Bedeutung in den Mittelpunkt. Der ADV sei als „völkisches Kulturwerk" gleichermaßen Ausdruck „gesunden" Volkstums wie Instrument seiner Revitalisierung.[324] Schlenger versäumte nicht den Hinweis, dass der nationalsozialistische Staat bereits ausgesprochen praktisch, vor allem im Bereich des Festwesens, vom ADV profitiert habe. Noch vehementer in ihrer politischen Zwecksetzung fielen in der *Zeitschrift für Volkskunde* die Skizzen zur volkskundlichen Kartographie aus, nachdem Schlenger wieder im Mitarbeiterstab Aubins in Breslau tätig war. Längst würdigte er nun den Beitrag der Volkskunde für „eine artgerechte Volkstumspflege" und lenkte den Blick „der deutschen Volkspolitik" gen Osten, wo es einzig möglich sei, „den für die deutsche Volksmehrung erforderlichen Siedlungsraum bereitzustellen".[325]

Schlenger kehrte nach der Entlassung durch Wildhagen 1934 in den Mitarbeiterkreis Aubins nach Breslau zurück. Dort habilitierte er sich für Geschichtliche Landeskunde und amtierte von 1940 bis 1945 als Leiter des „Amtes für Schlesische Landeskunde". Nach der Entlassung aus russischer Gefangenschaft 1949 erwiesen sich die Netzwerke der Ostforschung als hilfreich. In den Anfang der 1950er Jahre einsetzenden Diskussionen um eine Wiederaufnahme des ADV in der BRD wurde Schlenger lange als möglicher Leiter favorisiert. Indes nahm er nach seiner Mitarbeit und stellvertretenden Leitung des Herder-Instituts in Marburg (1950-1954) den Ruf für eine Professur in Geographie zunächst in Graz und bald in Kiel an.

Anneliese Bretschneider zählte zu jenen Mitgliedern des ADV, die bereits vor 1933 der NSDAP beigetreten waren. Weder vor 1933 noch danach nahm sie eine Trennung zwischen ihren wissenschaftlichen Tätigkeiten und ihrem politischen Engagement vor, weil sie die höhere Zielsetzung der Mundartfor-

322 Schlenger, Grundlagen, S. 15.

323 Anders argumentiert Schlenger zur selben Zeit bereits, wenn er als den „Mittelpunkt der volkskundlichen Forschung" die „Gemeinschaft" definiert, „die sich, bedingt durch Blut und Rasse, Boden und Geschichte, in jahrhundertelanger Entwicklung zu ihrer heutigen Gliederung entfaltet hat". Vgl. Schlenger, Sachgüter, S. 354.

324 Schlenger, Grundlagen, S. 151.

325 Schlenger, Volkskunde, S. 187 u. 194.

schung stets als nationalpädagogische Aufgabe verstand.[326] Wissenschaftlich artikulierte sich diese Haltung in der Hinwendung der Mundartforschung zur Volksgeschichte, politisch in der Mitgliedschaft in der NSDAP seit 1932. In beiden Sphären – der Politik wie der Wissenschaft – blieb der Schülerin Ferdinand Wredes allerdings ein Durchbruch, wie er ihrem Selbstbild entsprochen hätte, versagt. Konsequent waren jedenfalls ihre Aktivitäten für den 1928 gegründeten „Kampfbund für deutsche Kultur" und das „Kulturpolitische Archiv" des „Amtes Rosenberg". Bretschneider war seit 1924 als Assistentin beim DSA in Marburg und dort für das Hessisch-Nassauische Wörterbuch tätig; seit 1927 wurde sie als Stipendiatin von der Notgemeinschaft finanziert. Da sich ihre immer wieder verfolgten Habilitationspläne nicht realisieren ließen, erschloss sie sich als wissenschaftliche Überlebensstrategie ein Forschungsfeld, das wesentlich von der DFG und der Preußischen Akademie der Wissenschaften finanziert wurde und explizit nationalpädagogische Intentionen aufwies: das Wörterbuchwesen und die Wortgeographie, wo Bretschneider ihre wissenschaftliche und materielle Existenz bis 1945 durch die DFG und danach durch die Akademie der Wissenschaften der DDR, für die sie mit Dienstsitz in Potsdam weiterhin das 1939 von ihr begründete *Brandenburg-Berlinische Wörterbuch* betreute, sichern konnte. 1930 wurde sie von Theodor Frings zum ADV nach Berlin geholt, um die Verbindung von Sprach- und Kulturgeographie zu festigen. Innerhalb der Gemeinschaft der anderen Stipendiaten sah sich die Dialektologin weitgehend isoliert; von Anfang an lag sie mit Wildhagen im Streit. Resolut verbat sie sich dessen Einmischungen in ihre Arbeit und trug im Frühjahr 1932 ihre Beschwerden schließlich DFG-Vizepräsident Viktor Schwoerer vor. In einer schriftlichen Stellungnahme hatte sie Wildhagen als „Saboteur des deutschen Wortatlas" bezeichnet, weil dieser kontinuierlich Wortfragen in den Fragebogen unterbunden habe.[327]

Im Zuge von Bretschneiders Hartnäckigkeit wurden nun alle Vorwürfe gegen Wildhagen hochgespült, die ihm seither anlasteten und ihn schließlich zur Zielscheibe Walter Franks werden lassen sollten: das Gerücht, er habe 1929 den Artikel im *Berliner Tageblatt* gegen die DFG verfasst und von seiner ADV-Sekretärin Erika Leu tippen lassen und das ebenfalls 1929 hinter dem Rücken Schmidt-Otts geführte Gespräch mit Carl Severing zur künftigen Organisation der Wissenschaftsförderung in Deutschland. Ihr Material aus Zeiten des Volkskundeatlas lieferte 1936 den Stoff für das Verschwörungsszenario Walter Franks, der für seine Demontage Gerichtsakten aus einem Prozess zwischen Wildhagen und Bretschneider benutzte. Die Denunziationen, mit denen die Zuträgerin Bretschneider aufwartete, sollten sich also – mit zeitlicher Verspätung – höchst wirkungsvoll entfalten und die Machtverhältnisse in der nationalsozialistischen Wissenschaftslandschaft in Bewegung bringen. Bretschneider hielt den Vorwurf öffentlich aufrecht, Wildhagen sei 1929 der Autor des DFG-kritischen Artikels

326 Vgl. Simon, Blut- und Boden-Dialektologie. Bretschneider wurde im August 1932 Mitglied der NSDAP. Zu ihren vielfältigen Arbeiten für die DFG, vor allem im DSA und im Wörterbuchwesen, vgl. ihre Einzelfallakten im BAK, R 73/10468 u. 10469.

327 Wildhagen, Atlas 1938, Anlage, S. 16.

im *Berliner Tageblatt* gewesen, und so suchte dieser die juristische Auseinandersetzung und klagte vor dem Berliner Landgericht wegen Beleidigung. Nachdem er in erster Instanz abgewiesen worden war, wurde Bretschneider in zweiter Instanz 1937 untersagt, Wildhagen weiterhin als Verfasser des Artikels anzugeben. Maßgeblich war in diesem Prozess die Aussage Carl Severings, der Wildhagens Darstellungen in wesentlichen Punkten stützte.[328]

Da sie keine Virtuosin der Intrige war, sondern sich eher unbedacht zu Denunziationen hinreißen ließ, blieb ihr längerfristiger Erfolg versagt. Gleichwohl vermochte Bretschneider sich immer wieder einzurichten. Sie wähnte sich selbst durchaus als Dirigentin einer politischen Wissenschaft und suchte immer wieder Situationen unentschiedener Machtverhältnisse, um eigene wissenschaftspolitische Vorstellungen zu realisieren. So nutzte sie nach ihrem Ausscheiden aus dem ADV die Atmosphäre des Umbruchs, um bereits am 8. März 1933 beim „Kampfbund für deutsche Kultur" mit Vorschlägen zur Zentralisierung der Volksforschung in Berlin vorstellig zu werden.[329] Hintergrund war die Krise um die Leitung des DSA, das im „System" unter „Verkümmerung" gelitten habe; der „Gipfelpunkt" sei erreicht worden, als man „einen Juden, der nicht nur der Arbeit ganz ferne, sondern ihren Zielen auch feindlich gegenübersteht, zum Direktor einsetzte".[330] Um dem DSA nun seine nationale Bedeutung zurückzugeben, solle man ihn mit dem ADV zusammenlegen und zum Kern eines nationalen Volkstumsforschungsinstitutes mit Integration der Sprachwissenschaften, Volkskunde, Rassenkunde und Vor- und Frühgeschichte in Berlin machen. Im Kern schwebte ihr eine rassistisch fundamentierte, interdisziplinäre und integrative Volksforschung mit präzisen volkspädagogischen Aufgaben und politischen Zwecksetzungen vor – „Auswertung der Volkstumsergebnisse besonders in den Grenzmarken für aussenpolitische Ziele (Neugestaltung des Ostraumes!)."[331] Die neue Volksforschungsstätte habe insgesamt „Mittelpunkt zu werden der Arbeit an einer neuen wissenschaftlichen Zielsetzung, nämlich der Annäherung der verschiedenen Forschungsgebiete, die heute spezialisierend auseinanderklaffen und in leerem Konstruktivismus zu versinken drohen, anderseits aber solchen Pseudophilosophen wie Herman Wirth u.ä. Erscheinungen Vorspanndienste leisten, weil sie die Verbundenheit mit dem Volke nicht anstreben. Das große

328 Vgl. Heiber, Walter Frank, S. 831f.

329 Brief A. Bretschneider „An den Kampfbund für deutsche Kultur, Gruppe Berlin. Betrifft: Errichtung eines Volkstumsforschungsinstitutes in Berlin", 8.3.1933, GStAPK Berlin, I. HA Rep. 76 Va, Kultusministerium, Nr. 10765 („Herausgabe des Wenkerschen Sprachatlas. Institut für deutsche Mundartenforschung").

330 Es handelte sich um den provisorischen Leiter Hermann Jacobsohn, der nach dem Gesetz zur Wiederherstellung des Berufsbeamtentums als Jude am 25.4.1933 entlassen und in den zwei Tage später vollzogenen Freitod getrieben wurde; vgl. Wilking, Sprachatlas, S. 34-44.

331 Brief A. Bretschneider „An den Kampfbund für deutsche Kultur, Gruppe Berlin. Betrifft: Errichtung eines Volkstumsforschungsinstitutes in Berlin", 8.3.1933, GStAPK Berlin, I. HA Rep. 76 Va, Kultusministerium, Nr. 10765.

Volkstums-Forschungsinstitut hat die Verbindungsbrücke zu schlagen zu jeder Wissenschaft, die geographisch arbeitet oder das in Zukunft tun wird."[332]

Die alten Verbindungen zu Theodor Frings erwiesen sich auch nach 1945 als tragfähig, als sie an der „Akademie der Wissenschaften" zunächst von 1950 bis 1959 weiterhin für das *Brandenburgisch-Berlinische Wörterbuch* arbeitete. In den 1950er Jahren, als Bretschneider auch Dozentin an der Pädagogischen Hochschule Potsdam war, versuchte sie erneut, Forschungsgelder bei der DFG zu aquirieren. Ihr 1981 veröffentlichtes Lebenswerk über die Sprachlandschaft Brandenburg erhielt Druckkostenzuschüsse von der DFG.[333] In der bundesdeutschen Dialektologie genoss sie große Reputation.[334] Zur Volkskunde sowohl in der BRD wie in der DDR hielt sie lose Kontakte und publizierte unregelmäßig im *Deutschen Jahrbuch für Volkskunde.* [335]

## 11. LETZTMALIGE NORMALITÄT: DER ADV IM ERSTEN JAHR DER NS-DIKTATUR

Das Jahr des politischen Machtwechsels 1933 brachte für die Arbeit am ADV keine Eingriffe von außen und lieferte noch keinen Anlass zu Kursänderungen. Es sollte das vorläufig letzte Jahr in der ADV-Chronik werden, da die Mitarbeiterequipe mit vertrauten Konflikten und Problemen beschäftigt war. Vorläufig herrschte weiterhin die Normalität der Dauerkrise, die sich immer wieder neu entzündete, weil die Erwartungen an das Modellprojekt hoch und die vorzeigbaren Ergebnisse klein waren. Fast ein Jahr lang hatte Adolf Helbok, der das unumwundene Vertrauen John Meiers genoss, als Leiter der Zentralstelle amtiert. Anfang 1933 waren die Differenzen zur Notgemeinschaft unüberbrückbar geworden. Helbok ignorierte den wachsenden Druck und setzte weiterhin auf einen offenen Forschungsprozess, während die Notgemeinschaft auf Rationalisierung und Kürzungen an der Ursprungskonzeption drängte, um endlich Ergebnisse präsentieren zu können. Helboks Abgang verlief weitgehend unspektakulär; er stand auch weiterhin für beratende Tätigkeiten zur Verfügung.

Jetzt schien es nur konsequent, dass John Meier – ohnehin bereits der wichtigste Koordinator – auch die Leitung der ADV-Zentralstelle übernehmen würde. Meier erhoffte sich zu Beginn der nationalsozialistischen Herrschaft und nach all den ausgestandenen Konflikten im ADV für die Realisierung des Projektes nun Linderung durch einen Umzug der Arbeitsstelle aus dem umtriebigen Berlin in die beschauliche süddeutsche Provinz nach Freiburg: „In einer Stadt wie dieser und in einer Umgebung, wo man noch Volksleben und Volksbrauch direkt beobachten kann, hat für alle Mitarbeiter die Arbeitsaufgabe ein gesteigertes und warmes Leben gewonnen. […] Sicherlich wird sich hier in einer gewissen

332 Ebd.

333 Bretschneider, Sprachlandschaft; vgl. Simon, Blut- und Boden-Dialektologie, S. 71-73.

334 Vgl. Bischoff, Anneliese Bretschneider, und den Nachruf Stellmacher, Anneliese Bretschneider.

335 Z.B. Bretschneider, Pirol.

Ferne von der Notgemeinschaft die Aufgabe leichter und ohne Reibungen lösen lassen."[336] Doch Meiers Planungen wurden durch die Intervention des Reichsinnenministeriums durchkreuzt. Alternativ zur Verlagerung der ADV-Zentralstelle in die Nachbarschaft seines Freiburger Volksliedarchivs versuchte Meier im Frühjahr 1933 durch eine Initiative beim Preußischen Kultusministerium, seine Pläne eines zentralen Volkskundeinstituts mit allen Sammlungen und Institutionen zu aktualisieren.[337] Auch dieses Engagement verlief im Sand.

Nachdem der künftige Kurs durch die Festlegung auf die restlichen 150 Fragen nun ohnehin verbindlich festgelegt war, erlebte der ADV unter der Leitung Meiers ein Jahr verhältnismäßig unaufgeregter Normalität. Die Mitarbeiter der Zentralstelle konzentrierten sich auf die Bearbeitung des gesammelten Materials. Der Volkskundetag in Weimar im Oktober 1933 offerierte die Gelegenheit, die internen Konflikte der jüngsten Vergangenheit ruhen zu lassen und nach außen die mittlerweile erreichten Erfolge zu präsentieren. Nach all den internen Querelen konnte Meier vermelden, dass der ADV nicht nur in Deutschland Beachtung fand, sondern im Ausland auch Nachahmer. So existierten mittlerweile in den Niederlanden und in Schweden Initiativen zu volkskundlichen Atlanten. Die Fortschritte, die der ADV mittlerweile mache, dränge zu Entscheidungen, in welcher Form die Karten veröffentlicht werden sollten. Es sei vorgesehen, unterschiedliche Karten für die Forschung einerseits und für Schule und Erziehung andererseits zu publizieren. Neben Meiers Überblick gab es einen Vortrag Herbert Schlengers über „Methodische Bemerkungen zum Arbeitsverfahren des Atlas der deutschen Volkskunde", aus dem 1934 Schlengers Buch über die Grundlagen des ADV erwachsen sollte. Einzelperspektiven auf das ADV-Material eröffneten die Vorträge Richard Beitls über „Einige Schreckgestalten der Kinder", Reinhard Drüners über den „Palmbusch" und Heinz Schmidt-Ebhausens über „Martinsbräuche".[338]

Im März 1935 erschien in den „Mitteilungen" des Volkskundeverbandes der letzte Bericht Meiers als ADV-Leiter, den er 1934 auf der Heidelberger Abgeordnetenversammlung des Verbandes gegeben hatte. Er umfasste den Zeitraum bis zu seiner Entlassung Mitte August 1934 und war bereits von unterkühlter Distanz zu den ADV-Angelegenheiten geprägt. Meier beklagte für den vierten Fragebogen einen Rückgang der Rücklaufquote. Der fünfte Fragebogen sei bereits im Mai 1934 zur Drucklegung fertiggestellt werden.[339] Da das Placet der Notgemeinschaft bislang gefehlt habe, käme es nun zu bedauerlichen Verzögerungen. Meier überließ es Adolf Spamer, über die Übernahme des ADV in die neu gegründete „Reichsgemeinschaft der deutschen Volksforschung" zu berichten. Eine Diskussion über die Zukunft des ADV unter den neuen Verhältnissen

336 J. Meier an F. Wiegers, 4.4.1933, DVA, Ordner 48, allg. Korr. 1932-1934, T-Z.

337 Vgl. Gansohr-Meinel, „Fragen an das Volk", S. 116-120.

338 Vgl. den Bericht in Mitteilungen des Verbandes deutscher Vereine für Volkskunde, Nr. 45, Juni 1934, S. 28-29.

339 Es handelt sich um eine Bearbeitung Meiers, die später wieder zurückgezogen und ersetzt wurde durch die von Wildhagen und Spamer geprägte Variante, die 1935 zur Versendung kam.

wünschte Meier in der Verbandsöffentlichkeit nicht. Der Volkskundeverband wolle jedenfalls seine Haltung zum ADV in dieser neuen Situation überdenken. Man müsse es einstweilen „der Verbandsleitung überlassen, sich darüber klar zu werden, in welcher Weise der Verband auch die neuen Pläne fördern und seine Kräfte nutzbringend für sie werde einsetzen können".[340]

Von dem ursprünglichen Katalog von 1000 Fragen, mittels derer deutsche Volkskultur erhoben und dargestellt werden sollte, war nun ein Torso aus 243 Fragen geblieben. Diese den Sachzwängen und disziplinären Konkurrenzen geschuldete Reduktion signalisiert ein erstes Scheitern der ursprünglichen ADV-Planungen, durch die ein Modellfall innovativer kulturwissenschaftlicher Großforschung realisiert werden sollte. Es war innerhalb von sechs Jahren nicht gelungen, den Gegenstand der Volkskunde in einer verbindlichen stofflichen Ordnung zu systematisieren und in Fragebogen aufzulisten. Anstelle eines umfassenden oder zumindest repräsentativen Stoffgebietes konnten nur Ausschnitte und Akzente abgefragt werden. Mit der Rückkehr Eduard Wildhagens in die DFG und der Anbindung des ADV an die Volkskunde des „Amtes Rosenberg" ging die erste Phase des ADV zu Ende. Sie war geprägt von einer Pluralität unterschiedlicher Interessen und Auffassungen des Großprojektes. Es war aber auch eine Periode großer Produktivität, die sich durch die großzügigen Rahmenbedingungen entfalten konnte. Gleichzeitig allerdings waren die Erwartungen hinsichtlich kulturpolitischer Effekte, hinsichtlich der disziplinären Emanzipation der Volkskunde und hinsichtlich eines interdisziplinären Modellprojektes so hoch und unterschiedlich, dass sie zwangsläufig enttäuscht werden mussten.

Der ADV verdankte seine Existenz der ab Mitte der 1920er Jahre gesteigerten Bereitschaft der DFG, als Agentur der wissenschaftlichen Innovation zu fungieren und damit Wissenschaften nicht mehr einfach nur zu fördern, sondern zu organisieren und zu steuern. Im Fall des ADV reagierte die DFG auf die allgemeine Krisensituation der Weimarer Republik, welche die traditionellen Geisteswissenschaften provozierte. Von ihnen wurden wissenschaftliche Beiträge zur gesellschaftlichen Selbstdeutung erwartet. Jenseits tradierter disziplinärer Ordnungen sollte die Krisensymptomatik der Geisteswissenschaften mit einem Modellfall kulturwissenschaftlicher Großforschung überwunden werden. Die Risikobereitschaft war hoch, vertraute die DFG das Projekt doch nicht nur einer Reihe eben etablierter Ordinarien aus dem Umfeld der interdisziplinären Kulturraumforschung an, sondern mit der Volkskunde einer in vielerlei Hinsicht unkalkulierbaren und unerfahrenen Disziplin, welche sich just nach ihrer außeruniversitären institutionellen Festigung in Vereinen und Museen in der Übergangsphase zwischen Verbandsvolkskunde und akademischer Wissenschaft befand. Mit diesem Modellfall sollte aus Sicht der DFG eine künftige kulturwissenschaftliche Leitdisziplin gestärkt werden, was sich allerdings nach sechsjähriger Forschungspraxis als Illusion entpuppen musste.

340 Mitteilungen des Verbandes deutscher Vereine für Volkskunde, Nr. 47, März 1935, S. 14f.

Die Gründe hierfür sind vielschichtig. Kurz nach dem Beginn der ADV-Arbeiten setzte eine elementare Krise der DFG ein, die nicht nur ihre finanziellen Möglichkeiten drastisch einschränkte, sondern auch ihr Selbstverständnis und ihre Rolle in der Wissenschaftslandschaft der späten Weimarer Republik gründlich in Frage stellte. In dieser Situation des wachsenden öffentlichen Legitimationsdrucks drängten sich Fragen nach der „Nützlichkeit" und den Erfolgsaussichten dieses Großprojektes wie von selbst auf. Insbesondere um Letzteres schien es denkbar schlecht bestellt. Nach sechs Jahren Arbeit war die Berliner Zentralstelle des ADV nach wie vor weit davon entfernt, Forschungsergebnisse vorzulegen. Für die ausbleibende Effizienz gab es Gründe, die in der Struktur des Projektes, den Spannungen zwischen disziplinären Interessen sowie der Diskrepanz zwischen dem eklatanten Mangel an Forschungserfahrung und der dafür umso ehrgeizigeren Zielsetzungen zu suchen sind.

1934 ging die erste Phase in der Geschichte des ADV zu Ende. Es war eine Geschichte bester finanzieller Rahmenbedingungen, unter denen Vorstellungen über die Bedeutung einer kleinen Nischendisziplin genährt werden konnten, die kaum mehr mit deren Potenzialen zu korrespondieren vermochten. Die unmittelbaren Effekte der DFG-Förderung erreichten mit dem Auf- und Ausbau der Landesstellen zunächst eine institutionelle Stabilisierung volkskundlicher Arbeit. Von einer Stabilisierung ihrer prekären kognitiven Identität und der Ausbildung gefestigter Disziplinarität indes war die Volkskunde 1934 nach wie vor weit entfernt. Hier erwiesen sich die unterschiedlichen Interessen, die im Rahmen des Gesamtprojektes verfolgt werden konnten, denn auch als zu inkongruent. Die Rivalitäten wurden – ausgesprochen oder unausgesprochen – zwischen Repräsentanten der DFG, des Volkskundeverbandes und Vertretern der Nachbarwissenschaften ausgetragen. Während die Anfangsära noch stark von Historikern und Philologen definiert wurde, wandten sich die Vertreter der interdisziplinären Kooperation im Laufe der Auseinandersetzungen mit Eduard Wildhagen ab. Jetzt besaß vorübergehend der Volkskundeverband mit der Person John Meiers die projektinterne Hegemonie. Doch auch diese Machtverhältnisse währten nicht lange. Spätestens die Rückkehr Wildhagens in die Notgemeinschaft als deren Vizepräsident bedeutete im ADV das Ende der Experimentierphase.

Der politische Umbruch des Jahres 1933 wurde im ADV zunächst kaum spürbar. Allenfalls kursierten Vorschläge zur institutionellen Zentralisierung volkskundlicher und volkstumswissenschaftlicher Forschung wie jene Bretschneiders, Hübners oder Meiers. Indes waren solche Überlegungen nicht neu, sondern reichten bis ins Kaiserreich zurück. Und politische Entscheidungen konnten zumindest 1933 nicht gefällt werden, weil es im neuen NS-Regime sowohl an der Entschiedenheit wissenschaftspolitischer Vorstellungen wie an wissenschaftspolitischer Autorität mangelte. Die Verhältnisse im ADV sollten sich, wie in der DFG, erst 1934 grundlegend ändern.

# III. ANPASSUNG, GLEICHSCHALTUNG, BEDEUTUNGSVERLUST: DER ADV UND DIE VOLKSKUNDE 1934-1945

## 1. „...DEN WISSENSCHAFTLICHEN AUFBAU JEDERZEIT MIT DEM NATIONALEN AUFBAU IN EINKLANG ZU HALTEN..." VORLÄUFIGE KONTINUITÄT 1933

Nicht der Machtwechsel 1933 markierte die politische Gleichschaltung der Deutschen Forschungsgemeinschaft und des Atlas der deutschen Volkskunde; sie wurde erst ein Jahr später vollzogen. 1933 schien es für die DFG zunächst „normal" weiterzugehen, existierten doch innerhalb der NSDAP für das Feld der Wissenschaftspolitik allenfalls affektive Vorbehalte, aber kaum verbindliche Konzepte.[341] Der Anpassungsdruck war zwar bereits im Jahr der nationalsozialistischen Machtübernahme massiv gestiegen und erschütterte die Forschungsorganisation in ihrem Selbstverständnis elementar, konnte doch angesichts der Folgen des Gesetzes zur Wiederherstellung des Berufsbeamtentums von Autonomie und Selbstverwaltung der Wissenschaften keine Rede mehr sein. Fritz Haber, langjähriger Stellvertreter des DFG-Präsidenten, kam der drohenden Brüskierung durch seinen couragierten Rücktritt zuvor.[342] Doch Friedrich Schmidt-Ott blieb untätig, obwohl er noch über persönliche Entscheidungsfreiheit verfügt hätte. Schwerer als die politischen Zwänge wirkte die Atmosphäre nationaler Erregung, die eine Kontinuität der DFG-Arbeit auch unter den neuen politischen Verhältnissen zu gewährleisten schien. Es war offenkundig das Motiv, die alte Notgemeinschaft möglichst unangetastet in die neuen Verhältnisse zu überführen, das Schmidt-Ott zu seinem Bekenntnis veranlasste: „Ich persönlich fühle mich dem früheren Regiment und seinen Trägern gegenüber vollkommen frei und ich bekenne, daß ich hohe Bewunderung für den Führer hege, dem es gelungen ist, uns aus dem jahrhundertelangen elenden Parteiwesen herauszuretten und als Volk zusammenzuschmieden. Es ist mein innigster Wunsch, daß es ihm gelinge, unser Volk frei und glücklich zu machen."[343] Ein solches Bekenntnis war getragen von der Illusion, das Hergebrachte in nahtloser Kontinuität fortsetzen zu können. Die Illusion gründete in der Vorstellung, dass der Sinn wissenschaftlichen Arbeitens und die Ziele der nationalsozialistischen Bewegung durch etwas Gemeinsames

341 Grüttner, Wissenschaftspolitik.
342 Szöllösi-Janze, Fritz Haber.
343 Zwölfter Bericht der Notgemeinschaft der Deutschen Wissenschaft (Deutsche Forschungsgemeinschaft), Berlin 1933, S. 12.

verbunden seien. Dieses Identische bestand darin, „den wissenschaftlichen Aufbau jederzeit mit dem nationalen Aufbau in Einklang zu halten".[344]

Erst ein Jahr später offenbarte sich die Vorstellung, die Wissenschaften könnten sich auch künftig auf gewohnten Grundlagen entfalten, als fatales Kalkül. Jetzt, nachdem mit der Gründung des Reichserziehungsministeriums 1934 ein neues Zentrum der Wissenschaftspolitik im nationalsozialistischen Staat geschaffen worden war, verfügte Schmidt-Ott nicht mehr über freie Handlungsmöglichkeiten, sondern musste seine Degradierung zur Randfigur erleben. Für seine Bereitschaft, sich auch im Nationalsozialismus mit der staatlichen Macht zu arrangieren, erhielt er die Quittung in Form einer erzwungenen Kündigung. Reichserziehungsminister Bernhard Rust teilte ihm mit, der Führer wünsche Johannes Stark, den Protagonisten der „Deutschen Physik" und Nobelpreisträger, an seiner Stelle.[345]

Ähnlich wurde der Umbruch im ADV vollzogen. Auch hier dirigierte 1933 mit John Meier ein Wissenschaftler konservativer Prägung das Geschehen. Wie Schmidt-Ott, so verkannte auch Meier die Möglichkeiten der alten kulturellen Eliten im neuen politischen System auf eklatante Weise, weil er zum einen gleichfalls dem nationalen Sendungsbewusstsein deutscher Wissenschaft höhere Bedeutung zumaß als ihrer Unabhängigkeit und zum anderen die künftigen Möglichkeiten ihrer Autonomie falsch einschätzte. Auch Meier sah sich 1933 zu weitgehenden Zugeständnissen an die veränderten Bedingungen wissenschaftlichen Arbeitens veranlasst, mehr noch – er biederte seine Organisation und seine Disziplin spätestens bei der Weimarer Abgeordnetenversammlung des Volkskundeverbandes im Oktober 1933 zumindest nach außen hin an:

> „Die nationalsozialistische Revolution hat die nationalen Kräfte zu neuem Leben erweckt, und die neue Bewegung will die im deutschen Volkstum liegenden Schätze heben und zum Wiederaufbau des Volkes nützen. Jetzt gilt es daher für uns alle Kräfte anzuspannen und sie in den Dienst dieser vaterländischen Bewegung zu stellen, die auch unserer Arbeit eine tiefere Bedeutung und einen größeren Wert verleiht. [...] Auf den Universitäten hat sich die Wissenschaft der Volkskunde immer mehr durchgesetzt, und die Regierungen planen eine allgemeine Errichtung von Professuren für Volkskunde."[346]

Um Unabhängigkeit und wissenschaftliche Orientierung des Volkskundeverbandes zu gewährleisten, dachte Meier 1933 darüber nach, „neben dem die wissenschaftlichen Interessen der Volkskunde vertretenden Verband eine mehr populäre Organisation zu schaffen, damit durch sie die volkskundliche Bewegung und das Verständnis für Volkskunde in die weiteren Kreise des deutschen Volkes getragen werde". Er gründete hierfür einen explizit nationalsozialistisch und populär ausgerichteten, allerdings wenig erfolgreichen „Bund für deutsche Volkskunde".[347] Damit zielte Meier auf eine Separierung „wissenschaftlicher"

344 Ebd., S. 14.
345 Zum letzten Amtsjahr Schmidt-Otts in der Notgemeinschaft vgl. Zierold, Forschungsförderung, S. 152-158; Hammerstein, Forschungsgemeinschaft, S. 88-115.
346 Mitteilungen des Verbandes deutscher Vereine für Volkskunde, Nr. 45, Juni 1934, S. 7.
347 Vgl. Mitteilungen des Verbandes deutscher Vereine für Volkskunde, Nr. 45, Juni 1934, S. 12.

und „angewandter" Volkskunde. Die Schirmherrschaft übernahm Preußens Erziehungsminister Bernhard Rust. Die Organisation sollte Volkskundliches in den Printmedien lancieren und Vorträge organisieren, um auf diese Weise „das deutsche Volksgefühl allerorten" zu kräftigen.[348] Später bilanzierte Meier: „Leider erfüllten sich jedoch aus den verschiedensten Ursachen [...] die Erwartungen nicht [...]. Statt der Zehntausende von Mitgliedern erreichte der Bund nur eine Zahl von gut Zweitausend. Wir haben daher zu unserem Bedauern das Unternehmen wieder aufgeben müssen."[349]

Ein Gelehrter konservativer Gesinnung wie Meier entwickelte keinesfalls eindeutige Positionen gegenüber dem NS-System. Er begriff sich zuallererst als Wissenschaftler und erst sekundär als Bewohner eines spezifischen Gesellschaftssystems. Die Aspekte der individuellen Lebensführung, der Weltanschauung und des wissenschaftlichen Handelns wiesen keine Differenzen auf, sondern entsprangen weitgehend der Kohärenz eines Lebenszusammenhangs, in dem Wissenschaft die unzweideutige handlungsleitende Instanz bildete. Aus dieser Haltung entfaltete er ein facettenreiches Repertoire oft widersprüchlicher Handlungen, das verquere ideologische Bekenntnisse genauso ermöglichte wie Resistenz und Widerspruch, Anpassung und offene Mitarbeit bei der Verfolgung nationalsozialistischer Politik. Grußadressen an den Führer und die Brüskierung der Weltanschauungswächter vom „Amt Rosenberg" waren keinesfalls ein Widerspruch, sondern jeweils folgerichtige Konsequenz aus dem Primat des Wissenschaftlichen. Insofern erscheint es aus seinem individuellen Erfahrungsraum heraus allemal plausibel, die Epochenschwellen der Jahre 1933 und 1945 nicht als Zäsur erfahren zu haben, sondern jeweils kontinuierlich mit dem Gewohnten – der wissenschaftlichen Arbeit – fortzufahren.

Aus der Illusion, er werde auch weiterhin gebraucht, um die Geschicke des ADV zu diktieren, wurde Meier spätestens mit der Rückkehr Eduard Wildhagens in die Notgemeinschaft im Jahre 1934 gerissen. Meier, der sich gegenüber Wildhagen insofern immer loyal verhalten hatte, als er dessen technische Kompetenzen in der Atlasarbeit würdigte und an ihm festhielt, spürte nun den neuen Stil durch die Kränkung einer formlosen Entlassung. Ihm blieb 1934 nur mehr Resignation, wie er den Göttinger Germanisten Edward Schröder wissen ließ: „Mit Wirkung vom 15. August bin ich meines Amtes als Leiter des Volkskundeatlas enthoben und habe zwei Tage später von dieser Entscheidung erfahren. Die Verabschiedung geschah in unwürdigster Form und Herr Wildhagen hat nun sein Mütchen darüber, daß ich mich seinerzeit an seiner Entfernung beteiligen mußte, um nicht den Atlas zugrunde gehen zu lassen an mir nach Wunsch gekühlt. Aber ich kann mich nicht beklagen, denn Exzellenz Schmidt-Ott ist es ja nicht besser gegangen."[350]

348 Ebd.

349 Meier, Verband, S. 26.

350 J. Meier an E. Schröder, 12.11.1934, DVA, Ordner 47, allg. Korr. 1932-1934, S-Sch-St. Schröder war von 1921 bis 1934 Mitglied in dem für die Förderung wissenschaftlicher Veröffentlichungen zuständigen Verlagsausschuss der DFG.

Die Existenz des ADV wie überhaupt die Unterstützung der Volkskunde durch die DFG in der Zwischenkriegszeit verdankte sich zweifelsohne dem Interesse Friedrich Schmidt-Otts, der die Entwicklung dieses kleinen Faches zur akademischen Disziplin seit dem Kaiserreich verfolgte und forcierte. Im Zusammenspiel mit John Meier entfalteten sich produktive Kooperationen. Während Meier die inhaltliche Entwicklung vorantrieb, gestaltete und gewährleistete Schmidt-Ott die Bedingungen, unter denen sich diese Entwicklungen erst vollziehen konnten. Nun hatte vorübergehend Eduard Wildhagen alle Macht und damit alle Gestaltungsmöglichkeiten an sich gezogen. Er koordinierte in der DFG unter der neuen Präsidentschaft die Geisteswissenschaften, für die Johannes Stark weder Verständnis noch Kompetenzen aufzubringen vermochte. Mehr noch: Wildhagen wurde zwischen 1934 und 1936 zur wissenschaftspolitischen Schlüsselfigur in der DFG, weil er im Gegensatz zu Stark langjährige Erfahrungen mitbrachte.[351]

## 2. NACHGEHOLTE ZÄSUR 1934: DER VOLLZUG WISSENSCHAFTSPOLITISCHER GLEICHSCHALTUNG IN DER DFG UND IM ADV

Eduard Wildhagen, solchermaßen zur zentralen Figur in der DFG avanciert, räumte gründlich auf bei seiner Rückkehr und organisierte die geisteswissenschaftlichen Arbeiten neu. Im ADV nahm er zunächst einen umfangreichen Personalwechsel vor. Für John Meier berief er im August 1934 den ethnokartographischen Veteranen Wilhelm Peßler als neuen Leiter der Zentralstelle, der dieses Amt freilich eher pro forma ausübte und als Aufsicht fungierte.[352] Bis zum Ende seiner Amtszeit im März 1937 besuchte er alle vier bis sechs Wochen die Zentralstelle in Berlin, intervenierte kaum in laufende Arbeiten und erhielt ein DFG-Stipendium von 200 RM monatlich.

Unter den Mitarbeitern in der ADV-Zentrale konnte Wildhagen nun offene Rechnungen begleichen und all jene Kontrahenten vor die Tür setzen, mit denen er einst enervierende Auseinandersetzungen ausgefochten hatte – vor allem seine schwergewichtigsten Antipoden Richard Beitl und Herbert Schlenger, aber auch der Nachwuchs aus dem Schülerkreis Fritz Boehms (wie Wilhelm Hansen u.a.) sowie Reinhold Knopf, Hans Schaudinn, Alfred Bergeler, Christa Lietz, Ingeborg Jurk, Elsa von Schreiber u.a.[353] Vor allem der Weggang Herbert Schlengers hinterließ aufgrund seiner Methodenkompetenz eine Lücke, die vom neuen Geschäftsführer Erich Röhr ausgefüllt werden sollte. Neben Röhr konnten andere Wildhagen-Getreue wie Fritz Lüders, Gleb Apel, Hans Felix Wolff, Siegfried Kanowski und Herbert Bars ihre Arbeit fortsetzen. Damit blieben wesentlich diejenigen Mitarbeiter, die auf dem Höhepunkt der Wildhagen-Krise im

351 Vgl. Zierold, Forschungsförderung, S.173-212; Nipperdey/Schmugge, 50 Jahre, S. 56-60.
352 Vgl. die Korrespondenzen zwischen Peßler und der DFG in BAK, R 73/324.
353 Vgl. Gansohr-Meinel, „Fragen an das Volk", S. 139f.

Frühjahr 1932 die Solidaritätserklärung mit dem damaligen Technischen Leiter unterschrieben hatten. Zu den wenigen ADV-Mitarbeitern, die übernommen wurden, jedoch weder durch politische noch persönliche Nähe zu Wildhagen aufgefallen waren, gehörte Werner von Trott zu Solz. Der Sohn des ehemaligen preußischen Kultusministers und Bruder des späteren NS-Widerstandskämpfers Adam von Trott zu Solz zählte zu den wenigen ADV-Mitarbeitern, die sich vor 1933 offen in der KPD engagierten und danach in Widerstandskreisen tätig waren.[354]

Im Gegensatz zur Gründungsgeneration, die ein personelles Reservoir für das sich formierende Fach Volkskunde bildete und teilweise zum Träger der akademischen Professionalisierung wurde, spielten die nun für die Berliner Zentrale eingestellten Mitarbeiter in der Volkskunde weder vor 1945 noch danach eine nennenswerte Rolle. Ohnehin gehörte die Zeit der methodischen Suche und der Verständigung über den volkskundlichen Kanon nun der Vergangenheit an. Mit der Festlegung des Frageplans waren 1933 die Weichen gestellt worden, sodass mittlerweile der Großteil der Arbeit aus Routinetätigkeiten bestand. Eine Ausnahme stellte die Vorbereitung des fünften Fragebogens dar, bei dem neue inhaltliche Akzente gesetzt und Kurskorrekturen vorgenommen wurden. Ansonsten erschöpften sich die Tätigkeiten in der Zentralstelle in der Bearbeitung der erhobenen Daten, galt es doch, die öffentliche Erwartungshaltung endlich mit der Publikation von Karten zu beantworten.

Im Gegensatz zur Gründungsphase des ADV nach 1928 waren die Arbeiten in den nun angebrochenen Zeiten politischer Turbulenz von unaufgeregter Routine geprägt. Nach der Versendung des vierten Fragebogens war noch unter Leitung John Meiers der fünfte Fragebogen vorbereitet worden. Nun allerdings nahm die neue Leitung eine Revision der Frageinhalte vor. Was in der Stimmenvielfalt der alten ADV-Gruppe nicht möglich war, konnte jetzt unter den bereinigten Machtverhältnissen von Adolf Spamer und Wildhagen problemlos realisiert werden. Sie sahen sich in der Lage, den fünften Fragebogen vollständig ihren im Frageplan von 1933 präsentierten Vorstellungen anzupassen und trafen hierfür eine Auswahl von fünfzig Fragen. Das zu erhebende Material zielte auf die Themenbereiche Aberglaube, Volkscharakterologie, Umgangsformeln und Berufsspott.[355] Es ging, wie Gerda Grober-Glück in ihrer Bearbeitung des Materials später systematisierte, um Abwehrhandlungen gegen Beschreien, Zahlenaber-

354 Laut Gansohr-Meinel, „Fragen an das Volk", S. 139 sind Tätigkeiten für den ADV zwischen 1932/33 und 1936 nachweisbar. Werner von Trott zu Solz brach 1919 die Schule ab und verdingte sich bei Ford in Essen und Köln. Er studierte später bei Max Scheler, beendete nach dessen Tod 1928 aber sein Studium ohne Abschluss und ging nach München und 1931 dann nach Berlin, um als Publizist zu arbeiten. Er wurde 1942 Katholik und initiierte nach 1945 den christlich und sozialistisch inspirierten Gesprächskreis „Gesellschaft Imshausen", der Ideen des antifaschistischen Widerstands in die Nachkriegszeit weitergeben wollte. Hier diskutierten Intellektuelle wie Walter Dirks, Alfred Kantorowicz, Ernst Niekisch, Walter Markov und Eugen Kogon miteinander. Volkskundlichen Interessen scheint er nicht mehr nachgegangen zu sein; vgl. Trott zu Solz, Untergang; Schwiedrzik, Träume.

355 Eine Auswertung und Kommentierung wurde im Rahmen der Neuen Folge des ADV von Gerda Grober-Glück vorgelegt; vgl. Grober-Glück, Motive.

glaube, Volkscharakterologie (womit stereotype Vorstellungen über Menschen aufgrund körperlicher Merkmale wie Haarbeschaffenheit, zusammengewachsene Augenbrauen, Nasenform oder Linkshändigkeit gemeint waren), Vergleiche in Redensarten, Deutungen des alltäglichen Geschehens vor allem mit Blick auf Zukunftsprognosen (putzende Katzen, Händegeben über Kreuz, Jucken der Nase, Stolpern, Lage des Bestecks, pfeifende Mädchen etc.), Umgangsformeln oder Berufsspott (bei Schneidern, Bäckern, Friseuren, Kaufmannsgehilfen oder Dienstmädchen), aber auch sozialen Umgang beim Essen, mit dem Gesinde, um erstes Ausgehen und Heiratsregeln.[356]

Zeichneten sich die vorangegangenen Fragebogen in ihrer inhaltlichen Zusammensetzung durch eine Heterogenität aus, die der Vielfalt volkskundlicher Forschungsgegenstände Rechnung trug, so zeigte der fünfte Fragebogen stärkere Geschlossenheit, weil ihm eine stringente Intention zugrunde lag. Volkspsychologischen Interessen folgend, zielten die Fragen auf mentale Orientierungen, innere Vorstellungswelten, auf den „Schatz reicher Erfahrungen, die uraltes Erbgut völkischen Gemeinschaftsempfindens" seien, auf das „Selbstverständliche im täglichen Leben" und „das in allen Zeiten Unveränderliche unserer Volksseele".[357] Im Gegensatz zu seinen Vorgängern wurde der fünfte Fragebogen bald als Modellfall nationalsozialistischer Wissenschaft rezipiert. Vertreter der Rosenberg-Volkskunde feierten ihn als innere Wende des ADV. Der Fragekatalog, so Hans Strobel 1936, „verrät die große, zum Wesentlichen vorstoßende Linie. Ja, mit seinen Fragen mehr rassekundlicher und rassenseelenkundlicher Prägung wird er gleichsam die Grundlage schaffen, auf die alle weiteren Feststellungen und Auswertungen, nach den Erkenntnissen einer nationalsozialistischen Volkskundewissenschaft, erst aufgebaut werden können."[358]

## 3. DER ADV IN DER „REICHSGEMEINSCHAFT DER DEUTSCHEN VOLKSFORSCHUNG" 1934-1937

Die Phase zwischen 1934 und 1936/37 erweist sich vor allem als Periode der institutionellen Neustrukturierung der Volksforschung sowie der Machtkämpfe zwischen dem „Amt Rosenberg" und dem 1934 gegründeten REM. Die eigentliche Verantwortung für den ADV ging indes an Adolf Spamer, der im August 1934 zum Leiter der Abteilung Volkskunde der „Reichsgemeinschaft der deutschen Volksforschung" innerhalb der DFG berufen wurde.[359] Fächer wie Volkskunde, Vor- und Frühgeschichte oder Landesgeschichte mussten im Nationalsozialismus von ihrem disziplinären Selbstverständnis kaum auf neue Anforderungen eingeschworen werden. Die Volkskunde, die ihren Aufstieg in

356 Eine Auflistung aller Fragen bei Zender, Atlas der deutschen Volkskunde, Erläuterungen, Bd. 1, Marburg 1959, S. 30-32.

357 Mitteilungen des Atlas der deutschen Volkskunde zum V. Fragebogen, Heft 5 1935, S. 88.

358 Strobel, Atlas, S. 920.

359 Spamer, Stand; vgl. Lixfeld, Adolf Spamers Rolle.

der Zwischenkriegszeit ihrer nationalpolitischen Bedeutung verdankte, erwies sich mehrheitlich als anschlussfähig. „Wenn irgendwo in einer Wissenschaft der Nationalsozialismus nicht als Einbruch von außen, sondern als innere Konsequenz verstanden werden muß, dann in der Volkskunde.“[360] Der Umbruch 1933 stimulierte das Fach zunächst weniger inhaltlich. Stattdessen entstanden im wissenschaftspolitischen Vakuum des Übergangs vor allem Überlegungen zur institutionellen Zentralisierung und Stärkung der Forschung. Dringlicher als ideologische Justierung schienen institutionelle Aufwertung und die Förderung synergetischer Effekte durch Annäherung verwandter Disziplinen, was von der DFG bzw. Eduard Wildhagen durch die Gründung der „Reichsgemeinschaft der deutschen Volksforschung“ angestrebt wurde.[361] Damit hatte sich Alfred Rosenberg – mittlerweile Ehrenpräsident der DFG – im Feld der ideologienahen Volksforschung gut positioniert und vorübergehend gegen die Konkurrenz aus dem REM durchgesetzt, wo in Allianz mit der Berliner Universität analog entwickelte Überlegungen zur Stärkung und Zentralisierung der Volksforschung einstweilen Gedankenspiele bleiben mussten.[362] Die neue „Reichsgemeinschaft“ umfasste zunächst fünf Abteilungen, deren Leitung in der Regel Wissenschaftlern aus dem Umfeld Rosenbergs oblag: „Vor- und Frühgeschichte“ (unter Leitung Hans Reinerths), „Rassenkunde“ (Hans F. K. Günther), „Volkssprache“ (Walther Mitzka), „Siedlung“ (Friedrich Metz) und „Volkskunde“ (Adolf Spamer). Für die „Reichsgemeinschaft“ gab die DFG rund 160 000 Mark pro Jahr aus.[363] Über die Hälfte – 85 000 Mark – ging an den ADV. Das war bei einem ständig schrumpfenden Jahresetat der DFG, der unter Johannes Stark einen Tiefpunkt erreichte (1935: 3,6 Mill. Mark), nicht wenig.

Am 29. August 1934 begleitete Stark sein Ernennungsschreiben an Spamer mit unzweideutigen Erwartungen an eine Kursänderung der deutschen Volkskundeforschung:

> „Die Notgemeinschaft legt Wert darauf, daß die Leiter der Abteilungen in enger Zusammenarbeit und regem Austausch die von der heutigen Zeit geforderten Forschungen mit Nachdruck durchführen. Das ist erforderlich, damit diese neue Reichsgemeinschaft die gesamte deutsche Volksforschung aus dem Zustand des erstarrten Einzelwissens in einen lebendigen, auch mit dem Volke in engster Verbindung stehenden Zusammenhang bringt. Sie würde ihren Zweck verfehlen, wenn weiterhin nur toter Stoff in Schränken und Karthotheken angehäuft würde, ohne nun von der Reichsgemeinschaft in breitem Strom wieder in unser Volksleben einzumünden.“[364]

In einem getrennten Brief bat Stark, „zugleich auch die Betreuung des Volkskunde-Atlas möglichst bald zu übernehmen“. Wilhelm Peßler sei aufgefordert worden, die „Leitung des Atlas im engeren Sinne“ auszuüben und „die Geschäfte

360 Bausinger, Volkskunde, S. 63.
361 Vgl. Heiber, Walter Frank, S. 802-804, Lixfeld, Reichsgemeinschaft; Lixfeld, Abteilung; Lixfeld, Zerschlagung.
362 Ausführlich Bollmus, Amt.
363 Nach Lixfeld, Forschungsgemeinschaft, S. 74; leider ohne Quellenangabe.
364 J. Stark an A. Spamer, 29.8.1934, UA Humboldt-Universität Berlin, Personalakte Prof. Adolf Spamer, UK S 163.

des Atlas im engsten Einvernehmen mit Ihnen und unter Ihren Weisungen zu führen".[365]

Der wachsenden Bedeutung der Volksforschung innerhalb der Geisteswissenschaften sollte also durch neue Organisationsformen in einem interdisziplinären Verbundsystem entsprochen werden. Das Konzept wissenschaftlicher Produktivitätssteigerung durch die Annäherung verschiedener Disziplinen an gemeinsame Frage- und Problemstellungen, die an den Kern der NS-Ideologie rührten (Rasse, Volk, Raum, germanischer Kontinuitätsmythos), blieb indes eher Programm und wurde allenfalls in Ansätzen umgesetzt. Der Abteilung Volkskunde stellte die DFG mit Spamer jenen Wissenschaftler vor, von dessen wissenschaftlichem Gewicht Wildhagen in Atlasangelegenheiten schon vor 1933 profitiert hatte. Nachdem John Meier aus dem ADV ausgeschieden war, verblieb mit Spamer der zweite führende Kopf der Volkskunde, dessen Renommee Wildhagen nun in die Dienste des Ausbaus der Volksforschung stellte. Spamer unterzeichnete zwar 1933 das „Bekenntnis der Professoren an den deutschen Universitäten und Hochschulen zu Adolf Hitler und dem nationalsozialistischen Staat", geriet aber alsbald in wachsende innere Distanz zum Gebaren nationalsozialistischer Wissenschaftler. Spätestens durch die Berufung auf den Berliner Renommierlehrstuhl für Volkskunde 1936 wurde er zur Hassfigur sowohl des „Amtes Rosenberg" auf als auch REM und des „SS-Ahnenerbes". Spamers Neugier auf die unwandelbar-überzeitlichen Dimensionen des Menschlichen und die Hinwendung zum Volkspsychologischen hatten Durchlässigkeiten zu nationalsozialistischen Vorstellungswelten geschaffen. Allerdings förderte bei Spamer seine Neugier auf die „Volksseele" keinesfalls die Bereitschaft zu jenen Essenzialisierungen, die in der NS-Ideologie gewünscht waren. Vor allem entfaltete bei Spamer die Nähe zur politischen Macht Attraktivität, eröffneten sich doch nun Möglichkeiten, die bislang randständige Volkskunde in eine Schlüsseldisziplin zu verwandeln. Dies war ein Anliegen, das nicht nur bei John Meier die Bereitschaft für Allianzen fahrlässig erhöht hatte, sondern auch Spamer zu Kollaborationen verleitete, bei denen er sein eigenes Gewicht kaum mehr realistisch einzuschätzen vermochte. Die Abteilung Volkskunde der „Reichsgemeinschaft" jedenfalls erschien ihm nun als weitere Etappe auf dem Weg zu einem zentralen Reichsinstitut für Volkskunde.

Der ADV bildete zunächst den Kern der volkskundlichen Abteilung, über deren Arbeit Spamer im Oktober 1936 auf dem Volkskundetag in Bremen referierte. Den ADV erachtete er dabei als „Auftakt einer dauernden Beobachtungs- und Sammlungsorganisation"[366], die durch weitere Projekte ergänzt wurde: das „Corpus der deutschen Hausinschriften", ein „Handwörterbuch der deutschen Sachkunde", die „Errichtung eines zentralen Wort- und Bildarchivs", das „Zentralarchiv der deutschen Volkserzählung" in Marburg unter Leitung von Gottfried Henßen, „Volkskundliche Bestandsaufnahme der deutschen Archive"

365 J. Stark an A. Spamer, 29.8.1934, UA Humboldt-Universität Berlin, Personalakte Prof. Adolf Spamer, UK S 163.
366 Spamer, Aufgaben, S. 148.

(durch Hans Moser), eine „Volkskundliche Bestandsaufnahme der deutschen Bildersammlungen“, eine „Volkskundliche Bestandsaufnahme der deutschen Museen“, die „Hauptstelle für Sinnbildforschung“ in Göttingen unter Leitung Karl Theodor Weigels. Daneben betreute die volkskundliche Abteilung der „Reichsgemeinschaft“ neben den normalen ADV-Landesstellen die „Landesstelle Kurmark für deutsche Volksforschung“ (unter Leitung Ernst Otto Thieles) und kooperierte eng mit der „Landesstelle für Volksforschung und Volkstumspflege im NSLB. (Gau Sachsen)“ oder dem „Niederdeutschen Verband für Volkskunde“.

Neben der Ausarbeitung und Versendung des fünften sowie der Konzeptualisierung eines sechsten Fragebogens (der allerdings nicht mehr zur Versendung kommen sollte) schienen sich mittlerweile all jene Hoffnungen und Erwartungen zu erfüllen, die in den ersten Jahren des ADV hohen Druck bei Leitung und Mitarbeitern erzeugt hatten. Die ersten Kartenreihen gingen 1936 ihrer Veröffentlichung entgegen. Fritz Stroh vermeldete den 5. Juni 1936 als einen Tag, der „einen neuen Abschnitt in der Geschichte der Volkskundeforschung einleiten“ werde: „Eines der größten wissenschaftlichen Gemeinschaftsunternehmen aller Zeiten tritt vor die Öffentlichkeit.“[367] Im Hause der DFG versammelten sich sämtliche Leiter der ADV-Landesstellen, um die erste Lieferung der Atlaskarten entgegenzunehmen. Den Rahmen zur Veranstaltung lieferten Vorträge Wildhagens, Spamers und Peßlers und ein Rechenschaftsbericht Erich Röhrs. Sodann erhielten die Versammelten die ersten beiden Kartenlieferungen. Sie umfassten je 21 Karten, die ohne erläuternden Text vorgelegt wurden.[368] Themen waren Glücks- und Unglückstage, Kirchweihfeste, Fasnacht, Schützen- und Kinderfeste, Kinderbringer, Kornbezeichnungen u.a. Die 21 Karten der zweiten Lieferung zeigten die Wahl der Hochzeitstage, Geburts- und Namenstagsfeier, die Verbreitung des Muttertages, Wiegeformen, Reiter- und Osterspiele sowie die Ergebnisse der Frage, welche Gestalt die Ostereier bringt.

Somit fiel die Vorbereitung der Kartenpublikation – ein Höhepunkt in Wildhagens volkskundlichem Schaffen und gedacht als Beglaubigung seiner Fähigkeiten als Organisator geisteswissenschaftlicher Forschung – ausgerechnet in jene Wochen im Juni 1936, da Walter Frank die Denunziation Wildhagens als „Graue Eminenz“ der Notgemeinschaft lancierte und seinen Sturz einleitete. Wenn nun Hans Strobel im Oktober 1936 in den *Nationalsozialistischen Monatsheften* vermeldete, dass die erste Lieferung des volkskundlichen Kartenwerks „der Öffentlichkeit übergeben“ worden sei, so entsprach dies lediglich der halben Wahrheit. Die lange erwartete Publikation war zwar beabsichtigt, geriet dann aber in den Strudel der Machtkämpfe um die DFG, zu denen Wildhagens Sturz lediglich den Prolog bildete. Bis die Verhältnisse durch die Übernahme der Präsidentschaft Rudolf Mentzels Anfang 1937 und im ADV durch die neue Leitung von Heinrich Harmjanz im Mai 1937 geordnet waren, ruhte die Publikation der Karten. Die im Namen der DFG herausgegebenen Lieferungen des Jahres 1936 kamen lediglich in den Besitz der Landesstellen und nicht in den öffentlichen

367 Stroh, Atlas, S. 103.
368 Zu diesbezüglicher Kritik vgl. Gansohr-Meinel, „Fragen an das Volk“, S. 164.

Handel. Erst ein Jahr nach der angekündigten Veröffentlichung, im Herbst 1937, fand die Herausgabe der Karten ihre Fortsetzung – nun allerdings unter neuer Regie, in abgeänderter Form und in Herausgeberschaft von Harmjanz und Röhr. Dennoch würdigte Strobel in seiner Besprechung der Probelieferung das mittlerweile geschasste ADV-Regime, das die Arbeit zwischen 1934 und 1936 wesentlich lenkte. Strobel rief in Erinnerung, dass die zurückliegende Geschichte des Volkskundeatlas geprägt wurde von „oft wenig zielstrebigen Versuchen“ und der „Austragung mannigfacher persönlicher Meinungsverschiedenheiten innerhalb der mehrfach wechselnden Atlasleitung“. Für den Volkskunde-Aktivisten aus dem „Amt Rosenberg“ gab es unterdessen keinerlei Zweifel, wem nun die Vollendung des Unternehmens zu verdanken sei. Er nannte als prägende Wissenschaftler Wildhagen, Spamer, Peßler und Röhr und verschwieg geflissentlich die Namen der Vorgänger und anderer beteiligter Akteure.[369]

Unterdessen wurde die angekündigte Veröffentlichung bereits von etlichen Begleitpublikationen und Presseberichten flankiert. Im Spätsommer und Frühherbst 1936, als Wildhagen aus der DFG komplimentiert wurde, lief in überregionalen Tageszeitungen eine publizistische Offensive, die das Augenmerk auf das volkskundliche Kartenwerk lenken sollte.[370] Auch regionale und ausländische Volkskundezeitschriften meldeten den Vollzug des Ereignisses und lieferten Besprechungen der halboffiziellen Kartenpublikation aus dem Jahre 1936.[371] Im September 1936 pries Spamer den ADV im *Völkischen Beobachter* als „Markstein deutscher Volksforschung“ und „als Zeugnis für den Wandel unserer volkskundlichen Blickschau wie auch der geisteswissenschaftlichen Problematik überhaupt“.[372]

## 4. ÜBERWACHUNG, ZENSUR, ANWENDUNGSORIENTIERUNG: DIE ROSENBERG-VOLKSKUNDE IN DER DFG 1934-1936

Bis zum Fall Eduard Wildhagens 1936 und zum Machtwechsel in der DFG Anfang 1937 stand die von der DFG getragene Volksforschung weitgehend unter dem Einfluss der im Juni 1934 gegründeten „Dienststelle Rosenberg“, in

369 Strobel, Atlas, S. 917.

370 Spamer, Der Atlas der deutschen Volkskunde, Völkischer Beobachter, 12. September 1936; Strobel, Atlas der deutschen Volkskunde, Nationalsozialistische Monatshefte 1936, S.917-920; Kurt Pastenaci: Was tut der Mann im Mond? Ueber den Atlas der deutschen Volkskunde, in: Berliner Börsen-Zeitung, 26. August 1936; ci: Der Atlas der deutschen Volkskunde, in: Dresdner Neueste Nachrichten, Dresden, 29. August 1936; Dr. Rolf Reißmann: Soll man am Sonntag heiraten? Ein Atlas gibt Auskunft - Wenn die Hand juckt und das Ohr brummt...., in: Berliner Lokal-Anzeiger, Berlin, 4. September 1936; O.Pl.[= Joseph Otto Plassmann]: Die Generalstabskarten der Volkskunde. Die Auslieferung des 'Atlas der deutschen Volkskunde' beginnt, in: Germania, Berlin, 8. September 1936.

371 Heß, Atlas; Jungbauer, Atlas; Röhr, Atlas, Niederdeutsche Zeitschrift; Röhr, Atlas, Bolletino dell' Atlante linguistico italiano; Röhr, L'atlas; Stroh, Atlas; Röhr/Zender, Erscheinen.

372 Spamer, Atlas.

der Wildhagen das künftige Machtzentrum der NS-Wissenschaftspolitik sah.[373] Wildhagen sah in der DFG nicht nur eine Verteilungsinstanz für Fördermittel, sondern ein Steuerungsinstrument zur Organisation der Volksforschung, für die er Nachwuchswissenschaftler aus dem Umfeld des „Amtes Rosenberg" rekrutierte. Hier sammelten sich vornehmlich jüngere, wissenschaftlich bislang wenig ausgewiesene und hochgradig politisierte Volkskundler, die ihre Tätigkeit weniger über wissenschaftliche Standards definierten, sondern primär als „Überwachung" ideologischer Reinheit und politischer Loyalität verstanden.

Matthes Ziegler, 1933 gerade 22 Jahre alt und wenig später bereits der führende Stichwortlieferant der Rosenberg-Volkskunde, akkumulierte zwischen 1934 und 1939 in bemerkenswerter Weise Ämter und entfaltete enorme publizistische Produktivität.[374] Seine Aktivitäten erscheinen überbordend: Seit 1931 Mitglied der NSDAP, absolvierte er sein Studium in Erlangen, wo er das Studium der Evangelischen Theologie abbrach, Greifswald und Riga, wohin er seinem Lehrer Lutz Mackensen folgte. Parallel zu seinem Studium baute er sich erfolgreich eine berufliche Karriere in kulturpolitischen Institutionen auf, was ihn bald zum Gesinnungs-Volkskundler prädestinieren sollte. Im Oktober 1933 trat er der SS bei, sodass er später gleichermaßen über Verbindungen zu Rosenberg wie Himmler verfügen sollte. Rosenberg berief ihn im April 1934 zum Leiter der Hauptstelle „Weltanschauung", die 1936 zum „Amt Weltanschauliche Information" mutierte, wo Ziegler seit Ende 1937 als „Reichsamtsleiter" firmierte. Bereits seit Mai 1934 verantwortete der Germanenideologe die Schriftleitung der *Nationalsozialistischen Monatshefte*. Wildhagen platzierte ihn Ende 1935 als Referent für Volksforschung in der DFG, wo er als Verbindungsmann zwischen „Amt Rosenberg" und Forschungsgemeinschaft waltete und Ende 1936 wieder entlassen wurde. Daraufhin konzentrierten sich seine volkskundlichen Aktivitäten auf die „Arbeitsgemeinschaft für Deutsche Volkskunde", deren Zeitschrift Ziegler verantwortete. Zwischen all diesen Aktivitäten hatte er 1936 in Greifswald seine Doktorarbeit über *Die Frau im Märchen* eingereicht und war von Karl Kaiser promoviert worden.[375]

Ziegler kam zur Volkskunde nach seiner Abwendung von der Theologie und fand hier einen wissenschaftlichen Nährboden zur Begründung einer arteigenen germanischen Religion.[376] Sein Engagement wurde getragen von Kirchenhass, Gemeinschaftsvitalismus, Germanophilie und Rassismus. Dabei fand er Theorieressourcen vor allem in der Arbeit der „Wiener mythologischen Schule".[377] Den

373 Vgl. Bollmus, Amt; Lutz, Amt.

374 Zu Ziegler vgl. Baumgärtner, Weltanschauungskampf; Lixfeld, Matthes Ziegler; Brückner, „Volkskunde und Nationalsozialismus"; Gailus, Kirchenkämpfer.

375 Ziegler, Frau.

376 Zu diesem Aspekt ausführlicher Brückner, Volkskunde als gläubige Wissenschaft. Ziegler, der seinen Vornamen nach 1945 wieder in „Matthäus" änderte, nahm sein Theologiestudium 1948/49 wieder auf und wurde Pfarrer in Hessen. Zu seiner damit verbundenen Wandlung vom „'gottgläubigen' Kirchenkämpfer Rosenbergs zum 'christgläubigen' Pfarrer Niemöllers" vgl. Gailus , Kirchenkämpfer.

377 Vgl. Lixfeld, Matthes Ziegler.

Grundstein für seine Wirkung innerhalb der Fachöffentlichkeit legte er 1934 durch die mehrfach aktualisierte *Volkskunde auf rassischer Grundlage*.[378] Dies sollte fortan sein Hauptanliegen bilden: Ziegler schwörte, wie das „Amt Rosenberg" insgesamt, die Volkskunde exzessiv auf eine rassische Grundorientierung ein, zensierte sie notorisch und penetrierte volkskundliche Literatur permanent mit rassenkundlichen Allgemeinplätzen. Die Kategorie „Rasse"[379] zählte in den 1920er Jahren noch keinesfalls zum zentralen Theoriebestand der Volkskunde und wurde allenfalls von Einzelakteuren wie Adolf Helbok, Eugen Fehrle oder Wilhelm Peßler als Einflussgröße einbezogen. Diese forderten angesichts der in den 1920er Jahren zu verzeichnenden Konjunkturen, dass sich die Volkskunde stärker den rassischen Prägungen des Kulturellen widmen müsse: „Denn wir werden ein Volkstum nur verstehen, wenn wir seine Entfaltungsmöglichkeiten kennen, die teilweise durch die Rasse bedingt sind. Daneben kommen Lebensraum, Umwelt, Geschichte, und andere Umstände in Frage, in hervorragendem Maße auch die Sprache [...]. Ob bei der Gestaltung des Volkstums die vor- oder nachgeburtlichen Einflüsse stärker seien, das muß erst durch genaue Forschung entschieden werden."[380] Dies bedeutet freilich umgekehrt: Die Tatsache, dass solches eingefordert werden musste, indiziert auch (noch) vorhandene Abstinenzen. Aus der Distanz eines durch Volontärstätigkeiten in der ADV-Zentralstelle mit intimen Kenntnissen ausgestatteten schweizerischen Volkskundlers merkte Richard Weiss 1936 an: „Obwohl der rassische Gesichtspunkt heute im Reich sehr aktuell ist, herrscht er in der Volkskunde keineswegs vor. Es wurde und wird von zuständiger Seite aus davor gewarnt, voreilige Schlüsse vom Objekt auf den Träger zu ziehen oder mit wissenschaftlich noch nicht gesicherten Stammes- oder Rassetheorien an die Erklärung der Kulturäußerungen heranzugehen."[381]

Für die jüngere, nach 1900 geborene Generation von Volkskundlern bildete „Rasse" hingegen nicht nur das Zentrum ihrer politisch-gedanklichen Welt, sondern auch ihrer Wissenschaftsauffassung. Ziegler scharte eine Reihe junger Volkskundler um sich, von denen nur wenige – zum Beispiel der Leiter der ADV-Landesstelle in Greifswald Karl Kaiser – wissenschaftliche Standards zu erfüllen in der Lage waren. Andere, wie Hans Strobel oder Ernst Otto Thiele, tendierten mit ihren antiakademischen Ressentiments massiv zu einer „angewandten" Volkskunde. Sie verstanden wissenschaftliche Volkskunde allenfalls zweckgebunden und sahen in ihr primär eine Ressource für die NS-Kulturpolitik, vor allem für die Feiergestaltung und die Modellierung „arteigenen" Brauchtums.[382]

Im Juni 1935 – also vor seinem Amtsantritt als DFG-Referent für Volksforschung – unterzog Ziegler den ADV im *Völkischen Beobachter* einer kritischen Würdigung, die sich unversehens in einen Katechismus nationalsozialistischer Volkskundewissenschaft Rosenbergscher Prägung verwandelte. Während er das grundsätzliche Anliegen des Gesamtprojektes lobte, setzte der Hebel seiner Kritik

378 Ziegler, Volkskunde auf rassischer Grundlage 1934.
379 Vgl. Trümpy, „Volkscharakter".
380 Fehrle, Bemerkungen, S. 91.
381 Weiss, Methode, S. 383.
382 Vgl. Gajek, „Feiergestaltung".

am Primat des Wissenschaftlichen in der bisherigen Atlasarbeit an. Diese habe, wie stets betont worden sei, „ausschließlich der Forschung dienen" sollen:

> „Man vermied es, mit der gleichen Geflissentlichkeit von der hervorragend völkischen Aufgabe des Atlaswerkes zu sprechen [...]. Daher konnte eine offizielle Programmrede über den Volkskunde-Atlas mit der Warnung vor einer 'irregeleiteten Volkskunde' schließen, die durch die Betonung rassischer und stammesmäßiger Gesichtspunkte 'neue Sonderungs- und Überlegenheitsgefühle' erzeugen. Von diesem völligen Mißverständnis des Rassegedankens, den der Nationalsozialismus auch als die Grundlage jeder volkskundlichen Arbeit erkannt hat, war die Atlasarbeit lange bestimmt."[383]

Mit seiner Schelte über die Distanznahme zur Rassenforschung spielte Ziegler auf Ausführungen Arthur Hübners aus dem Jahre 1928 an, als dieser „affektbestimmte Voreingenommenheiten meist ethnischer, stammesmäßiger, rassischer Art" in der Volkskunde kritisiert hatte, die Gefahr liefen, zu „spalten statt zu verbinden, neue Sonderungs- und Überlegenheitsgefühle, neue empfindungsmäßige Scheidewände schaffen, die auf völlig haltlosen Voraussetzungen beruhen."[384]

Die wissenschaftliche Orientierung und das Interesse für Belanglosigkeiten hätten jedenfalls dazu geführt, dass der Atlas für die praktische Volkstumspflege vorläufig noch untauglich sei. Wie differenzierte Ziegler zwischen wichtigen und unwichtigen Fragen? Zur Veranschaulichung führte er etliche Fragen an, die auch in der öffentlichen Medienkritik am ADV, wie im *Simplicissimus*, als Musterbeispiele für Banalitäten herangezogen worden waren: Fragen wie jene, ob Pferde und Rinder im Stall mit dem Kopf zur Wand oder zum Futtergang stünden, ob Männer oder Frauen das Vieh fütterten oder wie die Bezeichnung für „Buttermilch" laute. „Gerade zur Geschichte des Bauerntums haben wir Nationalsozialisten wahrhaft wichtigere Dinge zu fragen [...]." Vor allem aber stieß Ziegler sich an den Fragen zu christlichen Glaubenspraxen, genauer zu katholischen Formen wie der Heiligenverehrung: „Die Absicht dieser Fragen ist eindeutig; sie sollen im Rahmen des Atlaswerkes klar und unwiderleglich zum Ausdruck bringen: die beste Brauchtumserhalterin und Bewahrerin deutschen Volksgutes ist und bleibt die römische Kirche."[385] Und darüber, wer hinter solcherlei Absichten stand, hegte Ziegler auch keinerlei Zweifel: Prälat Georg Schreiber.[386] Obwohl die „Rollen" Schreibers „in der deutschen Volkskundewissenschaft noch nicht ausgespielt" seien, „so hat doch wenigstens das Atlaswerk seit Ende des vergangenen Jahres, nicht zuletzt durch das tatkräftige Eingreifen des Vizepräsidenten der deutschen Forschungsgemeinschaft, Dr. Eduard Wildhagen, eine grundsätzliche weltanschauliche Umformung erfahren". Seit der Eingliederung in Spamers „Reichsgemeinschaft" habe sich die Gesamtrichtung des Atlaswerkes gebessert, sodass es nunmehr doch noch zu „einem ganz entscheidenden Werkzeug nationalsozialistischer Kulturarbeit" erwachsen könne.[387]

383 Ziegler, Atlas 1935.
384 Hübner, Volkskundeatlas, S. 63f.
385 Ziegler, Atlas 1935.
386 Zu Schreibers Verfolgung durch „Amt Rosenberg" und „Ahnenerbe" vgl. Morsey, Machtkampf.
387 Ziegler, Atlas 1935.

Damit hatte Ziegler unmissverständlich die Grundsäulen einer nationalsozialistischen Volkskunde Rosenbergscher Prägung und deren Merkmale benannt:

- nicht selbstzwecklicher Wissenschaft, sondern völkischen Zielsetzungen verpflichtet,
- antiklerikal und stattdessen dem Mythos germanischer Kontinuität verbunden,
- Einschwörung auf den Rassegedanken als Voraussetzung zur Selektion von „arteigenem“ und „fremdvölkischem“ Volksleben,
- antiliberal und antirationalistisch,
- Anwendungsorientierung für die Handlungsfelder der Erziehung, Volkstumspflege und Brauchtumsgestaltung.

Eine scharfe Replik erhielt Ziegler von der katholischen Volkskunde in Österreich. Mit dem Postulat „Gegen die Verpolitisierung der deutschen Volkskunde“ machte sich dort Raimund Meyer „Gedanken zum Atlas der deutschen Volkskunde“.[388] Meyer erachtete fälschlicherweise als Georg Schreiber den langjährigen und bis 1934 amtierenden Leiter des Atlasunternehmens. Sein eigentliches Anliegen freilich zielte auf einen anderen Punkt: „Mit dem Leitungswechsel vollzog sich ein grundsätzlicher Wechsel in der Auffassung von den Aufgaben der Volkskunde und damit eines Volkskundeatlas.“ Meyer folgte zwar der Zieglerschen Kritik, dass der Rassegedanke in der Atlasarbeit lange vernachlässigt worden sei, und bestätigte, dass „wir der Rasse, also den Kräften des Blutes und der Abstammung eine starke volkbildende und damit auch volkstumsbildende Kraft zuerkennen“.[389] Allerdings dürfe umgekehrt die Bedeutung des Rassekriteriums für die Volksbildung auch nicht überschätzt werden. Vor allem müsse hier „ohne Rücksicht auf jedwelche von einer Politik vorgezeichnete Doktrin gearbeitet“ werden. Meyer verwahrte sich gegen die Zieglersche Heiligenphobie und unterstrich die Rolle der katholischen Kirche als Brauchbewahrerin, sodass sich eben auf der Landkarte das „volkliche Brauchtum“ im katholischen Süden viel reichhaltiger ausnehme als im protestantischen Norden.

Wenn nun Ziegler im *Völkischen Beobachter* seiner Freude Ausdruck verlieh, „daß die bisherige Atlasarbeit einer eingehenden Prüfung unterzogen wird, um ‘wenigstens die letzten beiden Fragebogen nach den Notwendigkeiten unserer Zeit zu gestalten’“, dann sei für den Abschluss des ADV ein fataler Triumph

388 Meyer,Verpolitisierung.

389 Dabei verstieg sich Meyer zu der akrobatischen Argumentationsleistung, mit einer wissenschaftlich seriösen Rasseforschung ließe sich zweifelsfrei die Rassereinheit der Österreicher nachweisen, „weil sie insbesondere in bezug auf Oesterreichs Anteil am deutschen Blute den Beweis erbringen wird, daß dieser nicht geringer ist als in den Provinzen Brandenburg, Pommern, Westmark und Ostpreußen, bezw., daß in den Adern des Oesterreichers besonders in den Alpenländern nicht mehr fremdes Blut rinnt als in den Adern jedes Bewohners der genannten Gebiete.“ Meyers Stellungnahme liefert somit auch ein Exempel für die starke Verankerung rassischer Orientierungen bei einem nicht nationalsozialistischen Volkskundler.

der Politik über die Wissenschaft zu befürchten: „An erster Stelle stehen die Erfordernisse einer politisch angehauchten, bezw. vollständig verpolitisierten Volkskunde und diesen Erfordernissen müssen die Ergebnisse der Fragebogen erst angepaßt werden, [...] der Weg der empirischen Erforschung des Volkstums ist damit verlassen und der Weg einer aprioristischen Volkskunde, die ihre Gesetze nicht mehr von der Wissenschaft, sondern von der Politik erhält, ist beschritten." Meyer abschließend: „Aus Liebe zum deutschen Volk und zur deutschen Volkskunde als Wissenschaft erheben wir in letzter Stunde unsere Stimme zur Warnung, eines der größten Werke deutscher Geistesarbeit durch Verpolitisierung selbst zu vernichten."[390]

Es blieb bei solchen Einzelstimmen gegen die Zieglersche Lesart des ADV; innerhalb des Reichsgebietes erhob sich keine öffentliche Kritik gegen die Rosenberg-Volkskunde. Diese selbst nahm freilich die Stellungnahme aus Österreich als willkommenen Anlass, um gegen die katholische Volkskunde und insbesondere die Görres-Gesellschaft anzugehen. In ihr sah sie das wissenschaftliche Zentrum, von dem aus die Christianisierung der deutschen Volksseele betrieben werde. Im Kampf zwischen „christlicher" und „germanischer" Volkskunde falle dem ADV eine prominente Rolle zu: „Der Volkskunde-Atlas hat neue Fragebogen herausgebracht, die erkennen lassen, daß die Kräfte des Blutes und der Abstammung eine stärkere volks- und volkstumsbildende Kraft in sich tragen. Es wird aber auch gezeigt werden können, daß diese Kraft keine Landesgrenzen aufhalten kann [...]."[391]

Ziegler war als DFG-Referent indes bald mit Spamer als Leiter der Abteilung Volkskunde der „Reichsgemeinschaft der deutschen Volksforschung" aneinander geraten. Ein Jahr nach der Veröffentlichung von Zieglers ADV-Portrait und kurz bevor der Gesinnungswächter des „Amtes Rosenberg" am 11. Juni 1936 im *Völkischen Beobachter* Spamers Arbeit für die „Reichsgemeinschaft" noch einmal öffentlich würdigte,[392] bat Spamer den DFG-Präsidenten Johannes Stark, ihn von seinem Amt zu entbinden. Spamer hatte einen Aufsatz „Die Volkskunde als Gegenwartswissenschaft" vorgelegt, der zusammen mit Wilhelm Heinrich Riehls „Volkskunde als Wissenschaft" publiziert wurde.[393] In der Sichtung durch Rosenbergs „Reichsstelle zur Förderung des deutschen Schrifttums" sei die Schrift als nicht förderungswürdig eingestuft worden. Die vorgetragene Kritik, die ausdrücklich von Ziegler gebilligt und vom „Amt Rosenberg" gedeckt worden sei, wiege dabei weniger schwer. Maßgeblich sei etwas anderes: „Herr Ziegler ist nicht nur Referent für Volksforschung bei der Deutschen Forschungsgemeinschaft, sondern meines Wissens zugleich der Beauftragte für alle volkskundlichen

390 Meyer, Verpolitisierung.

391 Anonym, Gibt es „politische" Volkskunde?, S. 140.

392 M.Z. [=Matthes Ziegler): „Atlas der deutschen Volkskunde", 1936. In dem Bericht über eine Tagung der ADV-Landesstellenleiter war Spamer attestiert worden, seine Arbeit für die „Reichsgemeinschaft" lege „beredtes Zeugnis ab von dem gegenwärtigen Stand und dem Wollen der Wissenschaft der deutschen Volkskunde."

393 Riehl/Spamer, Volkskunde.

Fragen bei dem Amte Rosenberg."[394] So wenig er Ziegler persönlich „zürne, so unmöglich ist ein Zustand, der innerhalb einer Organisation wie der Deutschen Forschungsgemeinschaft auf die Dauer zwei Stellen gegeneinander arbeiten läßt. In solchen Fällen wird der Leidtragende nie eine Person, wohl aber die Sache selbst sein. Aus diesen Gründen bitte ich Sie, wie schon gesagt, den Rücktritt von meiner Stellung als Leiter der Abteilung Volkskunde genehmigen zu wollen, die ich mit großer Freude und großen Hoffnungen versehen habe, Hoffnungen, die sich, wie ich zuversichtlich glaube, unter einem weniger bekämpften Leiter erfüllen werden."[395]

Spätestens nach seinem im Frühjahr 1937 vollzogenen Ausscheiden als Abteilungsleiter der „Reichsgemeinschaft" wurde der Berliner Ordinarius endgültig zur Zielscheibe der Zieglerschen Attacken. Mit der Ordnungs- und Reinigungsschrift *Deutsche Volkskunde im Schrifttum* hatte Zieglers 1937 gegründete „Arbeitsgemeinschaft für Deutsche Volkskunde" ihren Führungsanspruch vorgetragen. „Nachdem die bisherigen Einrichtungen und Vereinigungen nicht fähig und nicht willens waren, in klarer weltanschaulicher Abgrenzung die Tradition und die Aufgaben einer deutschen Volkskundeforschung zu tragen", habe die Partei mit der von Rosenberg geleiteten „Arbeitsgemeinschaft" „ihren Hoheitsanspruch über das Gebiet der deutschen Volkskunde zum Ausdruck gebracht und wird ihn niemals aufgeben."[396] In der Publikation wurden die Veröffentlichungen ehemaliger ADV-Aktivisten in der Regel vernichtend kritisiert (Richard Beitl, Meier, Schreiber, Walther Steller, Otto Lauffer, Helbok, Otto Lehmann, Hübner). Mittelmaß bis Brauchbarkeit wurde Wilhelm Peßler bescheinigt. Lediglich Rosenberg-Leute wie Karl Kaiser und Ausnahmen wie der Leiter der ADV-Landesstelle in Siebenbürgen Misch Orend stießen auf unbedingtes Wohlwollen. Hier wurde Spamer, der nach 1933 zunächst als Garant des wissenschaftlichen Niveaus der von der DFG geförderten Volkskunde gehandelt worden war, nunmehr durchweg mit vernichtenden Zensuren bedacht. Sein Aufsatz „Die Volkskunde als Gegenwartswissenschaft"[397] erhielt die Bescheinigung, er bekenne „sich mit der Forderung nach vollkommener Wertfreiheit und Vorurteilslosigkeit zur liberalen Volkskundeepoche".[398]

Spamer selbst schilderte unmittelbar nach Ende des Weltkrieges, wie rund ein Jahrzehnt zuvor in der Demontage seiner Person eine seltene Einmütigkeit aus „Amt Rosenberg", REM und SS-„Ahnenerbe" zum Tragen kam:

> „In Dresden blieb ich bis 1936, doch teilte ich meine dortige Tätigkeit schon 1 ½ Jahre zuvor mit Berlin, wohin mich die 'Notgemeinschaft der deutschen Wissenschaft' geholt hatte, um die Abteilung 'Volkskunde' in der von ihr begründeten 'Reichsgemeinschaft der deutschen Volksforschung' aufzuziehen. Da auch die nach Millionen von Belegzetteln zählenden Materialien des 'Atlas der deutschen Volkskunde', des größten, mit einem Aufwand von mehr als 1 ½ Millionen Mark geschaffenen Gemeinschaftswerkes der deutschen

394 A.Spamer an J. Stark, 9.6.1936, BAK, R 73/161, Bl. 75.
395 A.Spamer an J. Stark, 9.6.1936, BAK, R 73/161, Bl. 76.
396 Deutsche Volkskunde im Schrifttum, S. 6.
397 Riehl/Spamer, Volkskunde.
398 Deutsche Volkskunde im Schrifttum, S. 17.

Wissenschaft auf geisteswissenschaftlichem Gebiet der Abteilung 'Volkskunde' einverleibt waren und dieses Institut zu einem festen Reichsinstitut werden sollte, schien der Wunsch dreier Volkskundegenerationen der Erfüllung nahe. [...] Bei diesem Stand der Dinge wurde im letzten Augenblick durch den Wunsch der SS, alle diese Materialien in die Hand zu bekommen, von dem damaligen Präsidenten der Notgemeinschaft und Leiter des Amtes Wissenschaft im Reichserziehungsministerium die ganze Organisation zerschlagen [gemeint ist Rudolf Mentzel, FS]. [...] Als diese Vorgänge spielten, war ich bereits seit April 1936 als ordentlicher Professor an die Universität Berlin berufen. [...] Während sich die Fakultät, die mich seinerzeit gegen Parteidruck gegen einen von Parteikreisen gewünschten Außenseiter durchgesetzt hatte, alle diese Jahre ohne Wanken für mich einsetzte, und die Studenten allen Einflüsterungen Gehör versagten, begann hinter den Kulissen ein mit teilweise niedrigsten Mitteln geführter Kampf gegen alle deutschen Hochschullehrer der Volkskunde (mit Ausnahme ganz weniger) und insbesondere gegen mich, der wohl in erster Linie der erstrebten Berliner Professur galt. Er wurde zunächst von einer Gruppe junger Leute im Amt Rosenberg geführt, die sich unter Leitung des Reichsamtsleiters Mathes [sic] Ziegler in einer 'Arbeitsgemeinschaft für deutsche Volkskunde' zusammengetan hatten und weniger ein wissenschaftliches als ein politisch-propagandistisches Ziel verfolgten. 1938 hatte ihr Begründer seine Organisation so ausgebaut, dass sie von sämtlichen 'Reichsleitern' und Parteigliederungen getragen wurde, und die Behauptungen wie Beurteilungen ihrer führenden Mitglieder allgemein in der Schulungsarbeit eingehämmert wurden. Diese Organisation betonte immer wieder im *Völkischen Beobachter* und anderwärts, 'daß die NSDAP für das Forschungsgebiet der Volkskunde ihr geistiges Hoheitsrecht angemeldet und zur Durchführung gebracht habe'. Während die SS formal dieser Partei-Organisation angehörte, entwickelte sich bald eine heftige Gegnerschaft zwischen ihr und den Rosenberg-Leuten um Ziegler. Es war also die Lage so, daß an den Universitäten die alten Fachwissenschaftler auf ihre Verantwortung weiter lehrten und neben ihr zwei rivalisierende Parteikörper standen, wobei die SS bald die Oberhand gewann. Beiden gemeinsam war lediglich der Wunsch, die Berliner Professur als politische Schlüsselstellung zu erobern. Diese Eroberung der Berliner Volkskunde-Professur wurde zur fixen Idee und vom damaligen Personalreferenten im Erziehungsministerium, einem jungen Fachkollegen, ersichtlich unterstützt [gemeint ist Heinrich Harmjanz]. Zunächst versagte dieses im Februar 1938 meiner Wahl als ordentliches Mitglied in die Akademie der Wissenschaften die Bestätigung. Dann folgten nur zum geringsten Teil in die Öffentlichkeit dringend, Verdächtigungen seitens der Rosenbergschen Arbeitsgemeinschaft, in denen man mich bald wegen meiner Interessen für religiöse Volkskunde als Mitglied der 'actio catholica', bald als Typus des liberalen Professors hinstellte. Als alles nichts nützte, entschloß man sich als letztes Mittel zu einer umfangreichen denunziatorischen Denkschrift an die Geheime Staatspolizei, zu der man alle meine Schriften durchlesen und an den Orten, wo ich früher gewirkt hatte, Material zu gewinnen trachtete. Nun behauptete man, daß ich kommunistische Lehren vertreibe, einen Umgang mit 'berüchtigten' Personen halte (namentlich genannt waren der Münchner Hauptkonservator Dr. Ritz und der jetzige Dozent für Volkskunde in Wien, Leopold Schmidt), und man hatte in München allen möglichen Klatsch zusammengetragen, wobei es hieß, daß diese Dinge zwar nicht beweisbar, aber doch Verdacht erregend seien. Doch lag die Törichtkeit dieser Aktion so auf der Hand, daß es zwar zur Vernehmung durch den Universitätsrichter kam, Sicherheitsdienst und Gestapo aber kein Verfahren einleiteten, sondern sich mit einer zeitweise schärferen Überwachung begnügten. [...] Im Herbst 1942, als die Kämpfe schon nachgelassen zu haben schienen, brach ich zusammen und mußte ins Krankenhaus. Ob die Angriffe und die Überarbeitung der ganzen Jahre zusammen mit dem Druck der schwer auf mir lastenden Zeitereignisse einzige Ursache dieser Erkrankung waren [...] konnte nicht geklärt werden."[399]

399 Lebenslauf A. Spamer, o.D. [1946], Archiv der Berlin-Brandenburgischen Akademie der Wissenschaften, Nl Spamer 1. Die von Spamer erwähnten Berichte des Universitätsrichters

Atemberaubend war vor allem die Geschwindigkeit, mit der es einem Nachwuchswissenschaftler wie Ziegler gelang, im wissenschaftspolitischen Ämterchaos das Feld zu besetzen. Noch mitten in Studium und Promotion erschloss er sich – ausgewiesen allenfalls durch parteipolitische Meriten – die Volkskunde. Er wählte diese zum einen aufgrund ihrer Affinitäten zu Kulturpraxis und Germanenmythologie, zum anderen aber, weil es in den aufstrebenden ideologienahen Fächern im Gegensatz zu etablierten Disziplinen auch tatsächlich etwas zu besetzen gab. Neu im akademischen Umgang war die resolute, von der Dynamik der völkischen Bewegung getragene Respektlosigkeit vor wissenschaftlicher Reputation wie im Falle der Auseinandersetzungen mit Adolf Spamer. Unabhängig allen wissenschaftlichen Renommees ging die volkskundliche Jugendbewegung gegen das Establishment vor, wenn es denn irgendwie als „liberalistisch" oder „konfessionell" etikettierbar erschien. Und: Dieses Establishment, das eben noch Möglichkeiten zum Ausbau seiner Wissenschaft gewittert und Bereitschaft zu politischen Arrangements signalisiert hatte, zog sich ohne große Auseinandersetzungen in die umfriedete Innerlichkeit reiner Wissenschaft zurück. Während Wildhagen noch dezidiert das intellektuelle Renommee und die Reputation Spamers zu nutzen wusste, mühte sich die jüngere Generation erst gar nicht mehr um Tradierung und Transformation älterer Fachbestände in die Jetztzeit. Sie strebte resolut einen Bruch mit der Vergangenheit an. Spamer musste den jugendbewegten Gesinnungsfunktionären des „Amtes Rosenberg" als Repräsentant einer untergangsgeweihten bürgerlichen Epoche erscheinen, der auf Dauer nicht gehalten werden durfte.[400]

## 5. GERMANISCH-NORDISCHE KULTURRÄUME: DIE INTERNATIONALISIERUNG VOLKSKUNDLICHER FORSCHUNG

Der Fall Eduard Wildhagens und der machtpolitische Triumph des REM leiteten den Niedergang der Rosenberg-Volkskunde ein. Damit waren auch die Versuche einiger Rosenberg-Volkskundler beendet, den in der zweiten Hälfte der 1930er Jahre florierenden Prozess der Internationalisierung volkskundlich-ethnolgischer Wissenschaften in Europa anzuregen und zu prägen. Bei diesen Bemühungen um eine europäische Standardisierung der nationalen Volkskunden standen immer wieder der ADV als Modellprojekt, Pläne zu europäischen Volkskundeatlanten als forschungspraktische Kristallisationspunkte und Akteure aus dem Umfeld der DFG im Blickfeld. Den deutschen Bemühungen um die institutionelle Verfestigung internationaler Aktivitäten sollte allerdings kein längerfristiger Erfolg beschieden sein.

aus dem Jahre 1938 befinden sich im UA der Humboldt-Universität Berlin, Personalakte Prof. Adolf Spamer, UK S 163.

400 Vgl. Grüttner, Machtergreifung.

Das deutsche Engagement im „Internationalen Verband für Volksforschung", bei dessen offizieller Gründung 1936 Matthes Ziegler und die DFG inhaltlich wie finanziell maßgeblich beteiligt waren, stellte den Versuch dar, Deutschlands führende Rolle in der internationalen Volksforschung in einem europäischen Kulturraum nordisch-germanischer Prägung auszubauen.[401] Die Gründung der internationalen Organisation wurde zunächst auf dem Kongress der Märchenforscher in Lund im November 1935 mit der Einberufung eines geschäftsführenden Ausschusses vorbereitet.[402] Als Präsident amtierte Herman Geijer (Schweden), Vizepräsident wurde Knut Listøl (Norwegen). Als Sekretäre fungierten Åke Campbell (Schweden), G.R. Gair (Schottland) und von deutscher Seite aus Lutz Mackensen. Der geschäftsführende Ausschuss tagte vom 2. bis 4. April 1936 unter dem Dach der DFG in Berlin, wo Adolf Spamer und Jan de Vries zu Vizepräsidenten hinzugewählt wurden.[403] Neben den von Amts wegen anwesenden Volkskundlern Karl Kaiser, Mackensen und Spamer verzeichnete das Protokoll als weitere deutsche Teilnehmer Ziegler (für die DFG), Wildhagen (für die DFG), Ernst Otto Thiele (für die „Landesstelle Kurmark für deutsche Volksforschung"), Karl Schulte-Kemminghausen (Universität Münster), Erich Röhr (ADV), Siegfried Kanowski (ADV), Gottfried Henßen („Zentralarchiv für deutsche Volkserzählung") und Herbert Bellmann (für die „Reichsgemeinschaft der deutschen Volksforschung"). Nach einer Führung durch die Räume des ADV und einem Filmvortrag Thieles über märkische Fasnachtsitten ging es an die konzeptionelle Arbeit: Eine der ersten inhaltlichen Initiativen war der Beschluss, zwanzig volkskundliche Fragen auszuarbeiten, die nach Absprache mit dem ADV in den angeschlossenen Ländern für eine künftige kartographische Bearbeitung erhoben werden sollten.

Mit der Gründung des „Internationalen Verbandes" begannen die Vorbereitungen für ein internationales Atlasprojekt. Nach der Berliner Tagung des Ausschusses vermeldete der *Völkische Beobachter*: „Als erste Aufgabe hat sich der Verband die Vorbereitung eines Volkskundeatlas des germanischen Sprach- und Volksraumes gestellt."[404] Die Logik des ADV und anderer nationaler Volkskundeatlanten – die wissenschaftliche Beglaubigung nationaler bzw. volklicher Eigenart – drängte mittlerweile zur Überwindung nur nationaler Forschungshorizonte. Eigenart im Sinne unverwechselbarer Merkmale und Wesenszüge

401 Zum Gründungsprocedere vgl. die „Mitteilungen des Verbandes" in Folk 1, 1937, S. 4-23; zu den internationalen Forschungszusammenhängen vgl. auch das Kapitel IV.7.2.: Nordisch-germanische Kulturen oder Europäische Ethnologie? Intentionen volkskundlicher Internationalisierungsinitiativen vor 1945.

402 Vgl Karl Kaiser „Bericht über meinen Aufenthalt in Uppsala und über die Besprechungen auf dem Märchenforscherkongress in Lund im November 1935", BAK, R 73/161, Bl. 2-13.

403 Vgl. „Protokoll über die Sitzungen des geschäftsführenden Ausschusses des Internationalen Verbandes für Volksforschung am 2., 3. und 4. April 1936 in Berlin", in: Folk 1, 1937, S. 17-23. Außerdem das Protokoll in BAK, R 73/14776 (Internationaler Verband für Volksforschung).

404 So.: Verband.

konnte schließlich nicht selbstbezogen, sondern nur in Differenz zum Anderen, methodisch also im Vergleich kenntlich gemacht werden. So lag diesen Internationalisierungsbemühungen eine doppelte Absicht zugrunde. Zum einen konnten erst im Vergleich kulturelle Grenzen verbindlich herausgearbeitet werden. Zum anderen war es nur auf diesem Wege möglich, Gemeinsamkeiten sichtbar zu machen, denen in diesem Fall die Vorstellung eines gemeinsamen Kulturraumes germanisch-nordischer Prägung zugrunde lag. Neben einem Volkskundeatlas europäischen Formats bildete die Zeitschrift *Folk* die zweite inhaltliche Säule, die den internationalen Kommunikationsraum institutionell festigen sollte. 1937 erschien der erste und einzige Jahrgang, der von der DFG finanziert wurde.

Was sich vordergründig ambitiös ausnahm, mündete realiter aus deutscher Perspektive in ein Desaster. Auf internationalem Parkett bewegten sich die Akteure der Volksforschung ungelenk, was primär mit nationalen Kompetenzrangeleien und Organisationsschwächen zusammenhing. Entscheidend für die baldige Zurücknahme des deutschen Engagements war der Machtwechsel, der sich 1936/37 innerhalb der DFG vollzog. Die deutsche Mitarbeit im „Internationalen Verband" war zunächst durchweg von Rosenberg-Volkskundlern getragen. Nachdem das REM seinen Einfluss auf die DFG ausgebaut hatte, stellte diese bald alle finanziellen und logistischen Initiativen ein und verweigerte den deutschen Aktivisten aus dem Umfeld Rosenbergs jegliche Unterstützung. Zunächst hatte im REM die uneindeutige Rolle Spamers im „Internationalen Verband" Ärger evoziert. So wurde Spamer von Reichserziehungsminister Bernhard Rust 1937 aufgefordert, die personellen Interna im Verband und die Rolle der deutschen Funktionsträger zu erläutern. Spamer war für den Kongress der „International Association for Ethnology, Folklore and Linguistics of North and Western Europe" vom 14. bis 21. Juli 1937 in Edinburgh als Delegierter Deutschlands genannt worden – wusste davon aber schlichtweg nichts. Mehr noch, Spamer distanzierte sich von seiner Verbandsfunktion und schilderte die Entstehung der Organisation als Aneinanderreihung von Zufällen:

> „Mit der 'Internationalen Vereinigung für Ethnologie' habe ich an und für sich überhaupt nichts zu tun. Doch hatte der 'Internationale Verband für Volksforschung', der im April 1936 in den Räumen der 'Deutschen Forschungsgemeinschaft' begründet wurde, beschlossen, seine nächste Tagung (nach einem Zwischentreffen in Brüssel) mit der Edinburger Ethnologentagung gleichzeitig abzuhalten. Dieses Berliner Zusammentreffen von Volkskundeforschern verschiedener Länder war dadurch veranlaßt, daß Professor Lutz Mackensen=Riga anläßlich einer 1935 von Professor Sydow in Lund veranstalteten Besprechung von Märchenforschern der verschiedenen germanischen Länder die Teilnehmer dieses Treffens für das kommende Jahr nach Berlin eingeladen hatte. Um dieses Ersuchen nicht rückgängig machen zu müssen, sprang nachträglich die 'Deutsche Forschungsgemeinschaft' auf Ersuchen Prof. Mackensens als Gastgeberin ein. Bei diesen Berliner Beratungen ergab sich die Möglichkeit einer engen Zusammenarbeit durch die Gründung eines 'Verbandes', der sich als erste Aufgabe die Herausgabe einer internationalen Zeitschrift für Volkskunde und eines gemeingermanischen Volkskundeatlas nach dem Vorbild des 'Atlas der deutschen Volkskunde' stellte. Da keiner der anwesenden Ausländer über Mittel verfügte, diese Projekte in die Tat umzusetzen, andererseits aber die Möglichkeit bestehen zu schien, die Pläne der deutschen Volkskundearbeit nutzbar zu machen und auf zwischenstaatlichem Boden für die deutsche Auffassung der volkskundlichen Forschung zu werben, sagte der damalige

Stellvertreter des Präsidenten der 'Deutschen Forschungsgemeinschaft' die Finanzierung der beabsichtigten Zeitschrift für das erste Jahr zu."

Spamer schilderte Rust, wie er eher ungewollt zu seinen Ämtern im Verband gekommen war, der sich obendrein aus zufällig zusammengefundenen Wissenschaftlern zusammensetzte. „Gleichwohl schien mir [...] die Tatsache, daß sich nicht nur Volkskundler verschiedener, insbesondere germanischer Länder zu einer Arbeitsgemeinschaft zusammengefunden hatten, sondern auch ihre nächstliegenden Aufgaben nach den deutschen Wünschen auszurichten schienen, beachtenswert und erfreulich."[405]

Im REM hielt man indes wenig von weiterer deutscher Mitarbeit, da diese ausschließlich von Volkskundlern getragen wurde, die dem „Amt Rosenberg" nahe standen. Auf Initiative des REM und der neuen DFG-Leitung unter Rudolf Mentzel kam es inzwischen zur Auflösung der „Reichsgemeinschaft der deutschen Volksforschung". Deshalb fiel die Einschätzung von Heinrich Harmjanz, mittlerweile Referent für Geisteswissenschaften im REM und neuer Leiter des ADV, eindeutig aus: „Die Zs 'Folk' ist ein Privatunternehmen Spamers und Mackensens unter Hilfestellung der Gelder der FG: die Zs dient leider nur den Interessen des Auslandes mit deutschem Gelde und ist, wie leider alles, was von M. kommt, eine überhastete und kaum halbfertige Sache. Ich habe jetzt durch fernmündlichen Anruf beim Verleger Hirzel in Leipzig die sofortige Sperrung der Herausgabe des 2. Heftes angeordnet, weil von unmaßgeblicher Seite die törichtesten Dinge über die Hochschulpolitik des Reichswissenschaftsministeriums in Sachen Volkskunde und Volksforschung standen." Mackensen habe „den Ausländern die fröhlichsten Zusagen in Sachen eines germanischen Volkskundeatlas gemacht und sich wie immer als 'Hans Dampf in allen Gassen' betätigt".[406]

Nachdem sich die deutschen Institutionen aus dem „Internationalen Verband" zurückgezogen hatten und damit auch keine Gelder von der DFG mehr zur Verfügung standen, wurde der Niederländer Germanist Jan de Vries als nunmehriger Vorsitzender 1938 erneut im REM vorstellig, um finanzielle Unterstützung zu beantragen. Außerdem solle das REM einen offiziellen Vertreter Deutschlands für den „Internationalen Verband" benennen. In einem Brief an Bernhard Rust versicherte de Vries: „So ist die Arbeit des Verbandes schon von Anfang an gefördert worden besonders durch unsere Verbindung mit dem Atlas der deutschen Volkskunde, Berlin, den nordischen Auslandsinstituten der Universität Greifswald und auch verschiedenen einzelnen Gelehrten wie den Herren Professor Dr. Helbok, Leipzig, Prof. Dr. Spamer, Berlin, Prof. Dr. Hahm, Berlin und mehreren anderen."[407]

Auch 1938 hielt man im REM wenig von dem internationalen volkskundlichen Engagement, das 1935 von Wildhagen, Mackensen und Ziegler initiiert worden war. Vor allem rätselte man, ob de Vries nicht den deutschen Einfluss in

405 A. Spamer an B. Rust, 10.3.1937, BAB, R 4901/3196, Bl. 12ff.
406 H. Harmjanz an H. Dahnke, 25.6.1937, BAB, R 4901/3196, Bl. 28/29.
407 J. de Vries an B. Rust, 1.4.1938, BAB, R 4901/3196, Bl. 39.

der internationalen Forschung schwächen wolle: „Es kann auch daran gedacht werden, daß Prof. de Vries, der nicht besonders deutschfreundlich ist, eine Lage schaffen möchte, die den deutschen Einfluß auf dem Gebiete der Volksforschung, auf dem Deutschland an und für sich führend ist, einstweilen weitgehend lahm legen würde; eine solche Lage ist auf dem Gebiete der Vor- und Frühgeschichte bereits eingetreten." Deshalb solle sich das REM zurückhaltend geben und keinen offiziellen deutschen Vertreter für den „Internationalen Verband" benennen:

> „Dies empfiehlt sich auch deshalb, weil inzwischen die Dienststelle Rosenberg auf dem Gebiete der Volkskunde organisatorische Maßnahmen ergriffen und im Zusammenhang damit Publikationen vorgenommen hat, durch die alle außerhalb dieser Organisation stehenden Volkskundler zu Gegnern einer nationalsozialistischen Volkskunde gestempelt werden. Wenn auf die vorliegende Aufforderung des Prof. Jan de Vries hin vom Reichserziehungsministerium aus ein deutscher Vertreter benannt werden würde, so würde das bei dieser Sachlage die Situation des Ministeriums in der Auseinandersetzung mit dem Amt Stabe Rosenberg erschweren, mit der auf die Dauer auch auf diesem Gebiete gerechnet werden muß."[408]

So wurde die Chance, den deutschen Einfluss innerhalb der europäischen Volksforschung auszubauen, aufgrund des Machtwechsels in der DFG versäumt. In der zweiten Hälfte der 1930er Jahre häuften sich die (stark von Skandinavien und Deutschland ausgehenden) Versuche, die volkskundlich-ethnographisch-folkloristischen Disziplinen im europäischen Rahmen zu standardisieren. Dies ließ sich zunächst bestens in Übereinstimmung bringen mit den Interessen der Rosenberg-Volkskunde, welche die anfangs von der DFG finanzierte internationale Zeitschrift *Folk* mit herausbrachte. Hier wurden Beiträge in englischer, deutscher und französischer Sprache publiziert und europäische Literatur mit Schwerpunkt Deutschland, Frankreich, Skandinavien, Großbritannien und Baltikum rezensiert. Als energischer und längerfristig einflussreicher erwiesen sich indes die Internationalisierungsinitiativen aus Skandinavien, die mit dem Programm einer „Europäischen" bzw. zunächst „Nordischen Ethnologie" antraten. „Was diese nordische Forschung auszeichnet, ist ihr lebendiges Interesse für die realen Seiten der Lebensführung und die soziologischen, technischen, wirtschaftlichen und ästhetischen Perspektiven", so Sigurd Erixon 1937.[409] Interessanter freilich als die theoretische und methodische Orientierung einer übernational standardisierten „European Ethnolgy" erschien den deutschen Volkskundlern aus dem Umfeld Rosenbergs der kulturräumliche Anschluss an eine „nordische" Ethnologie, die mühelos Kooperationen eröffnete für wissenschaftliche Fokussierungen auf einen nordisch-germanischen Kulturraum.

In diesen Europäisierungsbemühungen waren gemeinsame Atlasprojekte der einzelnen nationalen Volkskunden die für lange Zeit wichtigsten Bezugspunkte konkreter Forschungspraxis. Nicht nur aufgrund der international führenden Rolle der deutschen Volkskunde, sondern auch weil der ADV das bislang erfahrungsgesättigste kartographische Großprojekt darstellte, fungierte er als

408 Abschriften eines Vermerks von H. Dahnke und H. Harmjanz, 13.6.1938, BAB, R 4901/3196, Bl. 43/44.

409 Erixon, Vorwort.

Modell aller internationalen Atlasarbeiten – und dies sollte auch nach 1945 so bleiben. Trotz der aus deutscher Perspektive einstweiligen Erfolglosigkeit der Internationalisierungsbemühungen wurden gerade in der Atlasarbeit Konzepte entwickelt und europaweite personelle Netzwerke geknüpft, welche die internationale volkskundliche Kartographie teilweise bis weit in die 1970er Jahre prägen sollten. Die Pläne zu einem internationalen Atlasprojekt veranlassten denn auch die neue ADV-Leitung zur – wenn auch deutlich eingeschränkten – Fortsetzung der internationalen Kooperationen. Heinrich Harmjanz und Erich Röhr ließen sich als deutsche Vertreter in die angestoßenen Projekte einbinden.[410] Harmjanz gab 1939 für die Wissenschaftsauffassung, die den Gemeinschaftsarbeiten des „Ahnenerbe“ zugrunde lag, die Parole aus, „daß ein Gedanke, ein Wollen, ein Lebensgesetz sie alle in gleicher Weise durchpulst: Völkische Wissenschaft von internationaler Geltung und Dauergeltung in ihren Ergebnissen zu sein und sein zu müssen“.[411]

Nach der wissenschaftspolitischen Demontage der Rosenberg-Volkskunde und der Übernahme des ADV durch Harmjanz fand das internationale Engagement von deutscher Seite aus freilich nur mehr halbherzige Fortsetzung. Die finanzielle Förderung der Zeitschrift *Folk* wurde eingestellt, womit auch der Anspruch auf Meinungsführerschaft Deutschlands im Bereich der Volksforschung nicht aufrecht erhalten werden konnte. Das zunächst von der DFG und Rosenberg-Volkskundlern initiierte Publikationsorgan ging nun auf in der von der schwedischen Königlichen Gustav-Adolf-Akademie getragenen Zeitschrift *Folk-Liv*, die – so Sigurd Erixon und Jan de Vries im Vorwort des zweiten Jahrgangs 1938 – die unterschiedlichen nationalen Wissenschaftstraditionen in Europa zwischen Folkloristik und regionaler Ethnologie vereinigen sollte.[412] Tatsächlich existierte nun kurz vor Ausbruch des Zweiten Weltkrieges ein internationales Kommunikationsforum für unterschiedliche volkskundliche Disziplinen in Europa. Neben Aufsätzen in englischer, deutscher, schwedischer oder französischer Sprache erschienen Mitteilungen des „Internationalen Verbandes für europäische Volksforschung“. Innerhalb der Sprachenvielfalt der Publikationen war Deutsch als eine führende Wissenschaftssprache der volkskundlichen Wissenschaften Europas identifizierbar. Berichte über den Stand nationaler Volkskundeatlanten und internationaler Atlasprojekte besaßen hohen Stellenwert.[413] Der Rezensionsteil berücksichtigte Literatur aus ganz Europa. Mit Kriegseintritt verringerten sich nicht nur die Beiträge deutscher Wissenschaftler drastisch, sondern auch die besprochene Literatur aus Deutschland. Das internationale Profil, das sich in *Folk-Liv* kurze Zeit entfalten konnte, wurde mit dem Kriegsgeschehen zurück-

410 Vgl. Sitzungsbericht über die Sitzungen des Generalkomitees des Internationalen Verbandes für europäische Volksforschung (IAEEF) am 1., 2. und 6. August in Kopenhagen, in: Folk-Liv 2, 1938, S. 319.

411 Harmjanz, Aufgaben, S. 10.

412 Vgl. Erixon/Vries, Vorwort; programmatisch auch Erixon, Regional European Ethnology.

413 Siehe die Berichte in der fast zwanzigseitigen Rubrik „Atlas-Works-Atlas-Arbeiten-Atlas-Arbeten“ in Folk-Liv 4, 1940, S. 93-110.

genommen und die Zeitschrift mutierte zu einem national begrenzten Forum einer „Europäischen Ethnologie“ skandinavischer Prägung.[414]

## 6. BEGEGNUNGEN, ABGRENZUNGEN: DER „CONGRÈS INTERNATIONAL DE FOLKLORE“ IN PARIS 1937

In das Jahr 1937 fiel mit dem „Congrès International de Folklore“[415] in Paris eine französische Internationalisierungsinitiative, bei der sich die deutsche Volkskunde massiv engagierte. Nach langen Jahrzehnten intellektueller Distanzierungen in den französisch-deutschen Beziehungen öffneten sich die Geisteswissenschaften in Frankreich während der 1930er Jahre für gemeinsame Fragestellungen und Probleme.[416] Die breite Rezeption der Durkheim-Schule und ihre Wirkung auf die Geschichtswissenschaften, die Religionswissenschaft und ethnologische Disziplinen leitete einen umfangreichen wissenschaftlichen Ideentransfer ein und rückte dabei verstärkt Themen und Probleme der Volkskunde in das Blickfeld französischer Wissenschaftsinteressen.[417] Nicht erst unter den Bedingungen des Vichy-Regimes nach 1940 und den dort kultivierten Erwartungen einer nationalen Erneuerung aus ländlichem Ursprung profitierte die „Ethnologie Francaise“ durch die intensive Förderung ihrer Projekte zu Regionalismus, ländlicher Bauweise, bäuerlicher Arbeit und Tradition.[418] Bereits die Krisenerfahrung in Frankreich während der 1930er Jahre, in der sich soziale Gemeinschafts- und nationale Erneuerungssehnsüchte entzündeten, förderte die breite interdisziplinäre Thematisierung volkskundlicher Sujets. Zu diesem Zeitpunkt freilich war der Konnex zwischen volkskundlichen Interessen und politisch-ideologischer Positionierung im Gegensatz zum Vichy-Regime nicht zwangsläufig. 1937 erfolgte die Bearbeitung der „Folklore“ noch unter den Bedingungen pluralistischer Wissenserzeugung, sodass volkskundliche Interessen nicht automatisch der politischen Rechten zugeordnet werden konnten.

Bei dem „Congrès International de Folklore“ in Paris im August 1937 prägte bereits Heinrich Harmjanz die Außendarstellung der deutschen Volkskunde. Er befand sich erst wenige Wochen im neuen Amt als Referent für Geisteswissenschaften im REM, als er mit der Organisation der deutschen Beteiligung des Kongresses zur Weltausstellung im August 1937 in Paris zu tun bekam.[419] Während Harmjanz selbst das internationale Forum von Volkskundlern, Historikern, Geographen und Soziologen aus Europa, Nord- und Südamerika und Asien zu nutzen gedachte, um dem ADV und der deutschen Volksforschung zu

414 Vgl. Gerholm, Sweden.

415 Vellay-Vallantin, Le congrès; Gorgus, Zauberer, S. 88-90.

416 Über die Volkskunde hinaus vgl. Raphael, Agrarromantik; Raphael, Frankreichs Kulturwissenschaften.

417 Weber, Le folklore.

418 Faure, Le projet.

419 Travaux du I. Congrès international de folklore. Zum Kongress vgl. Vellay-Vallantin, Le congrès; Weber, Le folklore.

Reputation zu verhelfen, setzte er alles daran, einen Bühnenauftritt der Rosenberg-Konkurrenz vor europäischem Publikum zu verhindern. Wie er nach dem Kongress in einem Vermerk an seinen Ministeriumskollegen Heinrich Dahnke zufrieden konstatierte, sei dies angesichts des wissenschaftlichen Niveaus von Matthes Ziegler ganz richtig gewesen: „Ich wüsste nicht, auf welcher Grundlage dieser Anspruch beruht; ausser einigen gehässigen Zeitungsartikeln gegen ihm unbequeme Zeitgenossen hat Z. noch nichts positives geschaffen. Mit sauberer, exakter und bescheidener wissenschaftlicher Arbeit haben wir auf dem Pariser Kongreß unsere deutsche Stellung nicht nur behauptet, sondern unbestritten den ersten und tonangebenden Platz errungen."[420] Über die Ausgrenzung und die unterlassene Abstimmung mit der Rosenbergschen „Arbeitsgemeinschaft für Deutsche Volkskunde" beschwerte sich nicht nur Ziegler bei Harmjanz.[421] Der Vorwurf wurde auch Gegenstand des umfangreichen Beschwerdekatalogs von Stabsleiter Gotthard Urban vom „Amt Rosenberg" gegen Harmjanz bei dessen Amtschef Otto Wacker im Reicherziehungsministerium im Mai 1938. Was dieser dabei besonders monierte, war die Entscheidung von Harmjanz, ausgerechnet Adolf Helbok zum Leiter der deutschen Kongressdelegation zu küren.[422]

Tatsächlich sollte sich Harmjanz alsbald auch mit Helbok überwerfen und ihm menschlich wie wissenschaftlich nur noch mit Geringschätzung begegnen. Zunächst allerdings gedachten beide, sich auf dem Pariser Kongress im Glanze internationaler Aufmerksamkeit zu sonnen. Helboks Kongressbericht wurde eine Mixtur aus persönlicher Überheblichkeit und vulgärstem Wissenschaftschauvinismus. So berichtete er offenbar ungern über Gastgeber und Kongresseindrücke, dafür umso ausgiebiger über sich selbst und das Auftreten der 18-köpfigen deutschen Delegationsmitglieder (plus neun Gästen). Damit stellte Deutschland nach Frankreich die meisten Teilnehmer. Weit wichtiger für Helbok freilich war die inhaltliche Dominanz, die seines Erachtens durch die deutsche Volkskunde ausgeübt wurde:

> „So hatten unter den Gästen die Germanen und unter diesen die Deutschen die fast ausschliessliche Wortführung in Händen. Was die Qualität der Leistung anlangt, so kann ohne jede Übertreibung gesagt werden, dass die Deutschen sowohl in ihren Vorträgen, wie in der Diskussion absolut den Vorrang besassen. Dies kam sinnfällig greifbar in allen Fragen der praktischen Volkskunde (Volkstumspflege) zum Ausdruck, wo die Franzosen Auffassungen vertraten, die bei uns seit einem bis zwei Jahrzehnten überhaupt nicht mehr gelten. Aber auch in der wissenschaftlichen Volkskunde zeigte sich die deutsche Ueberlegenheit. [...] Die Ueberlegenheit der deutschen Forschung trat ganz besonders und allgemein festgestellt in der volkskundlichen Kartographie hervor."[423]

Die positive Resonanz auf die deutschen Beiträge empfand Helbok vor allem bemerkenswert, weil etwa er selbst „den heutigen Volks- und Rassebegriff inner-

420 Vermerk H. Harmjanz an H. Dahnke, undatiert [1937], BAB, R 4901/2809, Bl. 100.
421 M. Ziegler an H. Harmjanz, 10.8.1937, BAB, R 4901/2809, Bl. 99.
422 Abschrift des Briefes von G. Urban an O. Wacker, 16.5.1938, Institut für Zeitgeschichte München, Sammlung Kater ZS/ A- 25, Bd. I, Bl. 101/102.
423 „Bericht über den Internationalen Kongress für Volkskunde in Paris vom 23.-28. August 1937" von A. Helbok, BAB, R 4901/3196.

halb der Volksforschung" zum Ausgangspunkt seines Vortrages über Siedlungsgeschichte und Hausforschung gemacht hatte und damit, wie er suggerierte, auf große Zustimmung bei den französischen Gastgebern stieß. All diese Impressionen veranlassten Helbok zu dem Appell, die deutsche Volkskunde institutionell in Forschung und Lehre zu stärken:

> „Abschliessend möchte ich bemerken, dass es ein Gebot dauernder Behauptung der deutschen Vorrangstellung innerhalb der europäischen Volksforschung ist, dass die deutsche Volkskunde und Volksforschung weiterhin alle nur mögliche Pflege erfahre. Es ist deshalb ein dringendes Erfordernis, dass Lehrstühle der Volkskunde und Volksforschung errichtet und ausgebaut werden und dass dieser Disziplin die Stellung des Prüfungsfaches nicht versagt bleibe. Und weiter ist es nötig, dass der Atlas der deutschen Volkskunde weiterhin so ausgebaut und als zentrale wissenschaftliche Werkstätte vertieft werde, dass die Volksforscher an ihm ihre Ausrichtung gewinnen können."[424]

Helbok berichtete außerdem über weitere internationale Kooperationsbemühungen, die auf dem Pariser Kongress vorangetrieben worden seien. In den angedachten Projekten spiele die volkskundliche Kartographie eine prominente Rolle, sodass die deutsche Volkskunde hier durchaus in eigenem Interesse die Erfahrungen des ADV einbringen solle:

> „Wissenschaftlich ist dieser allgemeine Verband zu begrüßen, weil die Atlasarbeit das Zentralfeld seiner Betätigung sein soll und weil nur eine über ganz Europa ausgebreitete Organisation die technischen Voraussetzungen gewährleisten kann, die ein gut aneinanderpassendes Gefüge nationaler Kartenwerke benötigt. Es ist ein besonderes Bedürfnis des deutschen Volkskundeatlas, dass wir den Verlauf unserer Formenräume in die Nachbarnationen verfolgen können. Eine der wichtigsten Fragen z.B., welche Formen germanischer Herkunft sind, ist nur auf solchem Wege zu lösen."[425]

Blieben im Rapport eines nationalsozialistischen Wissenschaftlers noch die obligaten politischen Einschätzungen, wobei Helbok spekulierte, dass unter den französischen Ethnologen bis auf den Anthropologen Paul Rivet niemand der „Linksregierung" nahe stand. Helbok versäumte nicht, sein politisches Credo als Nationalsozialist zu dokumentieren und versicherte, dass alle Vorträge der deutschen Delegationsteilnehmer in deutscher Sprache vorgetragen wurden. Und natürlich fehlten antisemitische Ausfälle im Kongressbericht nicht: „Zum Schluss melde ich, dass sich die deutsche Delegation bei der Abstimmung über einen (sachlich an sich belanglosen) Antrag des Juden Stern (Frankreich) der Stimmabgabe enthalten hat und dies auf meinen Wunsch im Protokoll festgelegt hat."[426]

Der Pariser Volkskunde-Kongress dokumentiert zwei Jahre vor Ausbruch des Zweiten Weltkrieges sowohl in seiner nationalen wie in seiner disziplinären Zusammensetzung eine Selbstverständlichkeit internationaler und interdisziplinärer

424 „Bericht über den Internationalen Kongress für Volkskunde in Paris vom 23.-28. August 1937" von A. Helbok, BAB, R 4901/3196.

425 „Bericht über den Internationalen Kongress für Volkskunde in Paris vom 23.-28. August 1937" von A. Helbok, BAB, R 4901/3196.

426 „Bericht über den Internationalen Kongress für Volkskunde in Paris vom 23.-28. August 1937" von A. Helbok, BAB, R 4901/3196.

Kooperation über alle politischen und ideologischen Bindungen hinweg. Die starke Resonanz, die der Kongress fand, spiegelt die Aufwertung volkskundlicher Fragestellungen wider. Die Etablierung der Volkskunde in Deutschland während der Zwischenkriegszeit war nicht nur ein Sonderreflex auf Modernisierungskrisen und politischen Autoritätsverlust. Es ging um Fragestellungen, die – unter welchen Interessen auch immer – in allen europäischen Wissenschaftstraditionen auf die Tagesordnung kamen.

Die 1930er Jahre wurden in Frankreich für die ethnologische Forschung des eigenen Landes zu einer Phase der großen kollektiven Sammlungs- und Forschungsprojekte, durch die namhafte Vertreter historischer, geographischer, philologischer und ethnologischer Wissenschaften miteinander verbunden wurden. Mit dem 1936/37 etablierten „Musée National des Arts et Traditions Populaires" unter Georges Henri Rivière und André Varagnac hatte die ethnographische Forschung Frankreichs einen zentralen Ort erhalten.[427] Das nationale Volkskundemuseum resultierte aus dem kulturpolitischen Engagement der Volksfrontregierung. Die Aufwertung von Alltagsgeschichte, bäuerlichem Leben und materieller Kultur sowie das Interesse für den kulturräumlichen Aufbau Frankreichs stellte sich auch in Frankreich als ein interdisziplinäres Projekt dar, das Historiker, Ethnologen, Geographen und Soziologen einander näher brachte.

So entstand durch den Pariser „Congrès International de Folklore" 1937 eine eigentümliche internationale Ökumene unterschiedlicher wissenschaftlicher Disziplinen, an die disparate politisch-ideologische Interessen geknüpft wurden. Hier artikulierte sich das Bedürfnis nach einem synthetischen und ganzheitlichen Zugriff auf die kollektiven Dimensionen von Gesellschaften, die durch vehemente Modernisierungsschübe von Grund auf von ihrer Vergangenheit getrennt zu werden schienen. In der strukturellen Konzeption des Kongresses kamen zwei Felder zum Tragen, die auch die Stellung der deutschen Volkskunde zwischen Wissenschaft und Öffentlichkeit prägten: „Section de folklore descriptif" und „Section de folklore appliqué a la vie sociale". Die wissenschaftliche Sektion wurde geordnet in die Gebiete „Civilisation materielle", „Traditions et littérature orales", „Structures sociales" und „Méthodologie". Der Bereich der angewandten Handlungsfelder enthielt Vorträge zu „Art populaire, artisanat, costume", „Construction moderne", „Musique, théatre, danse, fêtes" und „Jeunesse, musées populaires de folklore."

Die Ökumene der Kongressteilnehmer repräsentierte die Ambivalenz und Gleichzeitigkeit gemeinsamer wie disparater Interessen im Europa der Zwischenkriegszeit, wie eine kleine Auswahl der Teilnehmer zeigt: Otto Abetz, Marc Bloch, Roger Caillois, Åke Campell, Albert Demangeon, Sigurd Erixon, Paul Geiger, Arnold van Gennep, Lucien Fèbvre, James Frazer, Heinrich Harmjanz, Gerhard Heilfurth, Adolf Helbok, Gottfried Henßen, Joseph Hess, Fritz Krüger, Otto Lehmann, Michel Leiris, Lucien Lévy-Bruhl, Marcel Maget, Albert Marinus, Marcel Mauss, René Maunier, Wilhelm Peßler, Paul Rivet, Georges Henri Ri-

427 Vgl. Chiva, Ethnologie; Gorgus, Zauberer; Beitl, „Archéocivilisation".

vière, Erich Röhr, Carl Wilhelm von Sydow, Stith Thompson, André Varagnac, Jan de Vries. Die wissenschaftlichen und politischen Lebenswege, die sich hier 1937 berührten, stehen gleichermaßen für Kontinuitäten wie für Brüche in der Entwicklung volkskundlicher Wissenschaften im Europa des 20. Jahrhunderts. Mit Ausnahme einiger deutscher NS-Volkskundler sollten viele der Teilnehmer zu den personellen Trägern jener internationalen Entwicklung werden, die sich nach den Zäsuren des Zweiten Weltkrieges unter dem Programm einer „Europäischen Ethnologie“ formierte. Allerdings sollte die multidisziplinäre Offenheit, mit der hier volkskundliche Themen im Dialog mit geographischen, anthropologischen, historischen, philologischen, musikwissenschaftlichen, kunsthistorischen, ethnologischen und soziologischen Wissenschaften bearbeitet wurden, nach 1945 nicht mehr erreicht werden. Die Einladung nach Paris wurde indes von den Vertretern der deutschen Volkskunde weniger als Offerte zur Erweiterung ihres nationalen und disziplinären Horizontes verstanden. Die Reise war weniger von polyglotter Neugier, sondern von kultur- und wissenschaftspolitischer Mission getragen, durch die einer international sich formierenden Forschung deutsche Prägung verliehen werden sollte. Die deutsche Delegation – so der Tenor der Kongressberichte – nutzte die Bühne für die Mission ihrer NS-Kulturpolitik und zur Darstellung einer intellektuellen Meinungsführerschaft, die auf dem internationaen Feld beansprucht wurde.

## 7. „ABWEHR DER GEGNER“: SELBSTVERSTÄNDNIS UND NIEDERGANG DER ROSENBERG-VOLKSKUNDE

Nach der Auflösung der „Reichsgemeinschaft für Volksforschung“ und der Übernahme des ADV durch Heinrich Harmjanz, der ihn 1938 dem SS-„Ahnenerbe“ angliederte, verlor die Rosenberg-Volkskunde drastisch an Einfluss. Sie verlagerte ihre Aktivitäten auf die Anfang 1937 gegründete „Arbeitsgemeinschaft für Deutsche Volkskunde“, die zwar kurze Zeit noch in den Genuss üppiger DFG-Mittel kam (1938 waren es 71 000 RM)[428], das Steuerungsinstrument DFG aber den Protagonisten aus dem REM und dem „Ahnenerbe“ überlassen musste. Die „Arbeitsgemeinschaft“, so gab Matthes Ziegler in der Zeitschrift *Deutsche Volkskunde* vor, habe von Beginn an „die Pflege der Verbindung zwischen Wissenschaft und praktischer Volkstumsarbeit als einen wichtigen Auftrag angesehen.“[429] Die neue, von den Reichsleitern Alfred Rosenberg, Konstantin Hierl, Baldur von Schirach, Heinrich Himmler und Richard Walter Darré getragene, aber ohne verbindliche Kompetenzen ausgestattete Institution der Rosenberg-Volkskunde versuchte unmittelbar nach ihrer Gründung vergebens, den ADV in ihren Verantwortungsbereich zu ziehen. Wie Alfred Rosenberg Reichserziehungsminister Bernhard Rust mit Brief vom 5. Januar 1937 (dem Tag der Gründung der „Arbeitsgemeinschaft“) wissen ließ, freue er sich, „dass bei der Neuregelung des Verhältnisses der

428 Zierold, Forschungsförderung, S. 231.
429 Ziegler, Einführung.

deutschen Forschungsgemeinschaft die Weiterführung und Vollendung dieses Werkes einmütig als vordringlich empfunden wird". Nach den „verschiedenen weltanschaulichen Einflussperioden, die der Atlas durchmachen musste", und angesichts „der grossen volkspolitischen Bedeutung des Atlaswerkes und seiner steigenden Beachtung im Ausland ist also die weltanschaulich zielsichere Siebung und geschichtliche Auswertung des unterschiedlichen Materials von entscheidender Wichtigkeit". Da das Atlaswerk unter Führungsschwäche leide und in Anbetracht der „schwierigen sachlichen und weltanschaulichen Anforderungen, die die Leitung dieses wissenschaftlichen Grossunternehmens stellt", schlage er im Namen der „Arbeitsgemeinschaft der Deutschen Volkskunde" Karl Kaiser als neuen ADV-Leiter vor.[430] Der Personalvorschlag Rosenbergs und damit der Versuch der Anbindung des ADV an die „Arbeitsgemeinschaft" fiel angesichts des vehementen Widerstands aus dem REM durch.

Der biographische und intellektuelle Weg Kaisers liefert ein Beispiel, wie die Nähe zur Rosenberg-Volkskunde zu einem untilgbaren Makel für eine akademische Laufbahn werden konnte.[431] Kaiser – Student von Lutz Mackensen in Greifswald und für diesen als Assistent im „Volkskundlichen Archiv für Pommern" tätig – war nach seiner 1930 absolvierten Promotion als DFG-Stipendiat 1931/32 in die ADV-Zentralstelle nach Berlin gekommen und avancierte nach Mackensens Weggang zum Herder-Institut nach Riga Anfang 1933 zum Leiter des „Volkskundlichen Archivs für Pommern" in Greifswald, in dem die ADV-Landesstelle beheimatet war. Hier lenkte er nicht nur die Arbeiten für den ADV und absolvierte 1933 seine Habilitation für Germanische Philologie mit einer Arbeit über „Das germanische Altertum und das Märchen", sondern baute innerhalb kurzer Zeit eine effektiv arbeitende Forschungsstelle auf. Unter seiner Regie wurde Greifswald zu einem Modellfall, wie über eine ADV-Landesstelle regionale volkskundliche Forschung initiiert und etabliert werden konnte. Aus den Tätigkeiten ging ein eigenständiger Volkskundeatlas für Pommern hervor.[432] Regelmäßig würdigte Kaiser die Initialwirkungen für die Region als „Beginn einer planvollen volkskundlichen Forschungsarbeit".[433] All diese Arbeiten Kaisers basierten materiell auf Forschungsstipendien der DFG; daneben erhielt er als Dozent der Universität Greifswald noch Hörergeld.

Sein allzu eigenständiges Engagement sollte Kaiser allerdings bald in Schwierigkeiten bringen. Zunächst sperrte er sich gegen die für Dozenten obligaten Wehrsportlager; nach der Teilnahme erhielt er 1935 miserable Beurteilungen und die Mitteilung, dass für ihn keine Aussicht auf eine beamtete Stelle an einer deutschen Universität existiere. In einigen Veröffentlichungen hatte er auch Grenzen des ADV aufgezeigt und Kritik an Verfahren geübt, was er spätestens büßen sollte, als die Patronage durch Wildhagen abhanden kam. Zunächst nahm er Herbert Schlengers Studie zu den theoretischen und methodischen

430 A. Rosenberg an B. Rust, 5.1.1937, BAB, NS 8/170, Bl. 159-161.
431 Vgl. Scheidt-Lämke, Karl Kaiser; Dröge, „...weil die Ungewissheit nicht länger zu ertragen ist"; Gansohr-Meinel, „Fragen an das Volk", S. 129-32.
432 Kaiser, Atlas der Pommerschen Volkskunde.
433 Kaiser, Atlas, Zeitschrift für deutsche Philologie, S. 34.

Grundlagen des ADV aus dem Jahre 1934 als „gute Gelegenheit, zu prüfen, ob der Volkskundeatlas auf dem rechten Wege ist“. Unverhohlen sprach Kaiser öffentlich aus, dass das Projekt „von Unruhe und Ruckhaftigkeit“, „manchen Abenteuerlichkeiten und manchen unerfüllt gebliebenen und unerfüllbaren Versprechungen“ geprägt worden sei. Solche Töne waren neu, denn die ADV-Auseinandersetzungen waren stets intern und intrigant ausgefochten worden, während man nach außen Geschlossenheit demonstrierte. Anders Kaiser: „Es ist unverkennbar, daß von Anfang an eine große Unsicherheit das ganze Werk beherrscht.“ Damit war klar, dass er mit seiner Kritik nicht nur Schlenger, sondern die gesamte alte Atlas-Führung treffen wollte. Sodann erklärte er unumwunden, was ihm an Schlengers Lesart der bisherigen Atlasarbeit missfiel – dass in der Darstellung der Entwicklungsgeschichte „der entscheidende Einsatz Eduard Wildhagens“ zu wenig betont werde.[434] Ansonsten adressierte Kaiser an Schlenger in Maßen gefälliges Lob, großzügig aber geißelte er die von ihm diagnostizierten Unzulänglichkeiten.

Damit hatte Kaiser gegen den bislang verbindlichen Commonsense verstoßen, dass Probleme und Kontrahenten öffentlich nicht benannt werden dürften. Und er hatte sich auf dem Feld wissenschaftspolitischer Auseinandersetzungen positioniert, indem er sich zu Wildhagen und damit der Rosenberg-Volkskunde bekannte. 1937 relativierte er in *Folk* die Bedeutung des ADV und wandte sich dabei auch an ein internationales Publikum: „Insbesondere die ausländische Forschung soll sich nicht der Meinung hingeben, sie besäße in den Karten des Volkskundeatlas, die – gemessen an dem Reichtum und der Vielfalt des deutschen Überlieferungsgutes – , immer weniger zahlreich sein werden, einen alle Türen der Deutschen Volkskunde öffnenden Schlüssel.“[435] Durch diese Kritik und durch seine Nähe zur Rosenberg-Volkskunde war der ehemalige Schüler Lutz Mackensens für den neuen Referenten im REM und Leiter des ADV Heinrich Harmjanz zur Unperson geworden. Dieser intervenierte beim DFG-Referenten für Volksforschung Karl Heinrich Henschke[436] und monierte, dass in Kaisers Aufsatz „einige Stellen enthalten seien, die ebenso eine politische wie sachliche Unmöglichkeit darstellen“.[437]

Alsbald kam der „Fall Kaiser“ auf den Schreibtisch Bernhard Rusts. Der Minister ließ die DFG im März 1938 wissen, dass diese in ihren Stipendienbewilligungen natürlich unabhängig sei. Er jedoch sehe nach „eingehender Prüfung durch unbeteiligte Juristen meines Ministeriums“ im Verhalten Kaisers „einen groben Verstoß gegen die Pflichten eines deutschen Dozenten“. Er habe

> „aus Gründen, die nicht in dem Bestreben nach wissenschaftlicher Wahrheit zu suchen sind, eine deutsche wissenschaftliche Leistung vor einem internationalen Forum polemisch herabgesetzt, ohne die entscheidenden Teile dieser Leistung überhaupt zu kennen. Er hat sich im gleichen Aufsatz über bevölkerungspolitische Dinge fahrlässig in zumindest so

434 Kaiser, Atlas, Zeitschrift für deutsche Philologie, S. 34-35, 38.

435 Kaiser, Pommern, S. 147.

436 Auch Henschke entstammte der Greifswalder Volkskunde und war gleichzeitig für das „Amt Rosenberg“ und als Referent für die DFG tätig.

437 H. Harmjanz an K. H. Henschke, 11.10.1937, BAK, R 73/12014.

mißverständlicher Weise geäußert, daß eine Schädigung der deutschen Belange zu fürchten ist. Ich ersuche Sie daher, Kaiser wegen seines Verhaltens meine schärfste Mißbilligung auszusprechen und ihm zu eröffnen, daß ich gewillt bin, ihm bei Wiederholung gleicher oder ähnlicher Verstöße die Lehrbefugnis für alle deutschen Hochschulen rücksichtslos zu entziehen."[438]

Längst war Kaisers Verhalten Anlass zu Auseinandersetzungen zwischen REM und „Amt Rosenberg" geworden. Rust hatte am selben Tag auch an Rosenberg geschrieben und noch einmal begründet, weshalb er Kaiser nicht die Gesamtleitung des ADV übertrage. Zum einen habe er,

> „als er nach längerem Zögern ein Dozentenlager besuchte, eine denkbar schlechte Beurteilung gefunden, nach der beispielsweise sein nationalsozialistisches Verständnis als unzulänglich, die allgemeine ethische Veranlagung als mäßig, die charakterliche Veranlagung als pedantisch und die allgemeine Dienstfreudigkeit als widerwillig, er selbst jedoch als formal-ästhetischer Einzelgänger ohne Schwung und charakterliche Befähigung bezeichnet worden war. Da mir damals auch von den Greifswalder Stellen Kaiser als zurückgezogener, völlig unpolitischer und menschlich schwieriger Typ geschildert wurde, wurde ihm bereits durch Erlaß vom 22. Mai 1936 mitgeteilt, daß er keine Aussichten hätte, beamteter Hochschullehrer zu werden."[439]

Ohnehin wirke er durch seine Veröffentlichungen zum Schaden volkspolitischer Ziele und gefährde das Ansehen der deutschen Wissenschaften: „Während nämlich der jetzt herausgekommene Atlas der Deutschen Volkskunde im In- und Auslande als einzigartige Leistung anerkannt wurde und – auch nach ausländischem Urteil – Deutschland eine absolute Vormachtsstellung auf dem Gebiet der Volkskunde verschaffte, hat Kaiser, und zwar unmittelbar vor dem Erscheinen des Werks und ohne seine entscheidenden Arbeitsphasen zu kennen, das Ausland davor gewarnt."[440]

So war Kaiser binnen kürzester Zeit von einem der aussichtsreichsten Nachwuchsvolkskundler zur Persona non grata geworden. Die DFG, die seine wissenschaftliche Arbeit über einen Zeitraum von fast einem Jahrzehnt durch Forschungsstipendien ermöglicht hatte, verweigerte ihm alsbald weitere Unterstützung. Aussichten, an einer Hochschule unterzukommen, gab es nicht. 1938 bewarb er sich für das geisteswissenschaftliche Großprojekt „Wald und Baum" des „Ahnenerbe" vergebens um ein Stipendium.[441] Kaiser – wissenschaftlich ambitioniert und überaus produktiv – hatte bereits früh die Weichen für sein späteres Scheitern gestellt, als er Wildhagens Patronage gesucht hatte. Damit war er automatisch zum Kontrahenten des REM und des „Ahnenerbes" geworden. Die Zuordnungszwänge forcierten Bekenntnisse und stützten im Falle Kaisers einen intellektuellen Radikalisierungsprozess, der 1939 in dem *Lesebuch zur Geschichte der Deutschen Volkskunde*, einem antisemitischen Pamphlet vulgärster

438 B. Rust an die DFG, 10.3.1938, BAK, R 73/12014.
439 B. Rust an A. Rosenberg vom 10.3.1938, BAB, NS 8/170, Bl. 139.
440 B. Rust an A. Rosenberg vom 10.3.1938, BAB, NS 8/170, Bl. 139.
441 Vgl. Lebenslauf und Bewerbung in BAB, DS (ehem. BDC), G0124; zu „Wald und Baum" siehe auch Rusinek, „Wald und Baum in der arisch-germanischen Geistes- und Kulturgeschichte".

Prägung, seinen Höhepunkt fand.[442] Nachdem Kaiser keinerlei Chancen mehr auf die Realisierung eines akademischen Lebenswegs sah, meldete er sich 1939 freiwillig zur Wehrmacht und fiel 1940 in den Vogesen.

Zwischen dem „Amt Rosenberg" und Harmjanz waren die Verhältnisse längst hoffnungslos zerrüttet. Neben der publizistischen Tätigkeit durch die Herausgabe der Zeitschrift *Deutsche Volkskunde* fiel die „Arbeitsgemeinschaft" vor allem durch permanente Protestnoten im REM oder bei Heinrich Himmler auf. Wechselweise ging es um die ministerielle Personalpolitik bei Lehrstuhlbesetzungen, insbesondere das Gebaren des Referenten Heinrich Harmjanz, die Zusammensetzung deutscher Delegationen auf internationalen Tagungen wie dem „Congrès International de Folklore" im August 1937 in Paris, die Politik des „Verbandes der deutschen Vereine für Volkskunde" unter John Meier, insbesondere dessen Verbandstagung 1938 in Freiburg und Basel, und anderes mehr. Immer aber stand die Überwachung des politisch korrekten Verständnisses einer weltanschaulich untermauerten Volkskunde auf der Agenda: „Die Arbeitsgemeinschaft sieht ihre Aufgabe in der Abwehr der Gegner des Nationalsozialismus auf den Gebieten der volkskundlichen Forschung und der praktischen Volkskundearbeit, ferner in der Beratung aller an volkskundlichen Fragen interessierten Parteidienststellen."[443]

Die wachsenden Differenzen zwischen der „Arbeitsgemeinschaft" und dem REM veranlassten den Stabsleiter der „Dienststelle Rosenberg" Gotthard Urban gegenüber dem Chef des Amtes Wissenschaft im REM Otto Wacker zu dem zusammenfassenden Lamento:

> „Diese Tatsachen haben im Bereich der deutschen Volkskundeforschung einen Zustand geschaffen, der als mehr und mehr unerträglich bezeichnet werden muß: während die parteiamtliche 'Arbeitsgemeinschaft für Deutsche Volkskunde' unter Ausschaltung der liberalen und konfessionellen Volkskundevertreter bemüht ist, einer nationalsozialistischen Volkskundeforschung als der wissenschaftlichen Basis der praktischen Volkstumsarbeit und volkskundlichen Schulungsarbeit den Weg zu ebnen, <u>lässt der zuständige Referent des Ministeriums jedes Verständnis für diese Arbeit vermissen und begünstigt die Vertreter einer abgestandenen und weltanschaulich abzulehnenden Volkskundeforschung</u>.- Ja, die Verhältnisse sind bereits so weit gediehen, daß Volkskundewissenschaftler, die der Dienstaufsicht des Ministeriums unterstehen, aus ihrem Bekenntnis zur Arbeitslinie der 'Arbeitsgemeinschaft für deutsche Volkskunde' sachliche und persönliche Nachteile des Ministeriums zu gewärtigen haben. Dadurch wird nicht nur ein gefährliches Element der Unruhe und Unsicherheit in den volkskundlichen Sektor getragen, sondern zugleich der Öffentlichkeit das unerträgliche Schauspiel eines klaffenden Gegensatzes von Partei und Staat vor Augen geführt."[444]

442 Kaiser, Lesebuch.

443 Heilfurth, Arbeitsgemeinschaft, S. 111.

444 Abschrift Brief von G. Urban an O. Wacker, 16.5.1938, Institut für Zeitgeschichte München, Sammlung Kater ZS/ A- 25, Bd. I, Bl. 101/102. Für die Möglichkeit der Einsichtnahme Dank an Michael H. Kater.

# 8. DUELL DER JUNGEN ELITEN: HEINRICH HARMJANZ, MATTHES ZIEGLER UND DER KAMPF UM MEINUNGSFÜHRERSCHAFT ZWISCHEN SS-„AHNENERBE“ UND „AMT ROSENBERG“

Die „Arbeitsgemeinschaft für Deutsche Volkskunde“ agierte lärmend und zensierend und dies umso mehr, je weniger sie sich mit der drastischen Einschränkung ihrer politischen, finanziellen und institutionellen Möglichkeiten zu arrangieren vermochte. Die Auseinandersetzungen zwischen „Amt Rosenberg“ und REM spitzten sich 1937/38 drastisch zu.[445] Dabei spielte neben dem Plan für ein „Reichsinstitut für deutsche Vorgeschichte“ auch die Organisation der volkskundlichen Forschung eine maßgebliche Rolle. Im REM waltete seit Frühjahr 1937 als Referent für die Geisteswissenschaften resolut der Königsberger Volkskundler Heinrich Harmjanz, der sowohl gegenüber dem „Amt Rosenberg“ wie zunächst zu dem wissenschaftlich noch wenig profilierten „Ahnenerbe“ Distanz pflegte. Nachdem Adolf Spamer Anfang Mai 1937 die Leitung des ADV niederlegt hatte, wurden Harmjanz von DFG-Präsident Rudolf Mentzel das volkskundliche Kartenwerk und andere Institutionen aus der volkskundlichen Abteilung der gleichzeitig aufgelösten „Reichsgemeinschaft der deutschen Volksforschung“ übertragen. In der DFG beobachtete die neue Führung das von ihr finanzierte Gebaren der Rosenbergschen „Arbeitsgemeinschaft“ mit wachsendem Unbehagen.

Stärkere Distanz zum „Amt Rosenberg“ und stattdessen engere Bande zwischen „Ahnenerbe“, REM und DFG förderte der Antrittsbesuch von „Ahnenerbe“-Kurator Walther Wüst bei Rudolf Mentzel in der DFG am 3. Dezember 1937. Die Darlegungen Wüsts stärkten bei Mentzel die Sympathien für die bislang noch konturlosen Arbeiten des „Ahnenerbe“, nachdem Wüst die „Grundsätze“ der „Forschungsarbeit im ‘Ahnenerbe’“ ausgeführt hatte: „exakte wissenschaftliche Leistung ohne dogmenhafte Enge, kameradschaftliche Zusammenwirkung in wissenschaftlicher Gemeinschaftsarbeit, Ausrichtung auf nur sachliche Erfolge unter Ausschaltung persönlicher Sonderinteressen, Höchstleistung auch auf neuen Wegen trotz sparsamer Haushaltung.“ Umgekehrt wuchs Mentzels Misstrauen gegenüber dem „Amt Rosenberg“, wie er in dem Gespräch eingestand: „Sehr bedenklich stimme ihn die Zusammensetzung der Mitarbeiter im Amte Rosenberg, und es bedrücke ihn die Verantwortung, die er für die dort gegebenen Mittel der Forschungsgemeinschaft übernehmen müsse, da die Arbeitsergebnisse den Aufwendungen keineswegs entsprächen. So stünden z.B. auch die Forschungsergebnisse der ‘Arbeitsgemeinschaft für Volkskunde’ durchaus nicht im Verhältnis zum Aufwand dieser Einrichtung.“ Deshalb sollten einige der ständigen von der DFG finanzierten Einrichtungen abgestoßen oder in die Verantwortung des „Ahnenerbe“ überführt werden. Wenn bislang das „Ahnenerbe“ von der DFG nicht großzügig bedacht worden war, so seien spätestens mit diesem Gespräch „hier und da noch bestehende leise Zweifel in der wissenschaftlichen Zuverlässigkeit seiner Arbeiten“ „restlos

445 Detaillierter und über die Volkskunde hinaus vgl. Bollmus, Amt, S. 211-220.

beseitigt". Mentzel sagte in jedem Fall eine Steigerung der Förderung zu. „Wenn im Herbst 1938 die Arbeiten für den Atlas der deutschen Volkskunde, die noch RM 180 000 verschlängen abgeschlossen seien, liesse sich auch über eine weitere Erhöhung reden."[446]

Unterdessen entwickelte sich das anfänglich von Skepsis getragene Verhältnis von Harmjanz zum „Ahnenerbe" spürbar zum Besseren. Harmjanz suchte die Nähe zur SS-Wissenschaftsorganisation, weil auch er zu einer Zielscheibe der Attacken der Rosenberg-Volkskunde geworden war. In deren Leitfaden *Deutsche Volkskunde im Schrifttum* war Harmjanz – wie auch in den *Nationalsozialistischen Monatsheften* – als Vertreter einer antinationalsozialistischen und liberalistischen Volkskunde angegangen worden, sodass er sich an den Reichsführer-SS mit der Bitte wandte, „mir den Schutz der SS angedeihen zu lassen". Seine Begründung: „Seit Monaten bin ich den schwersten Anfeindungen in Wort und Schrift durch Dr. M. Ziegler oder eines seiner Beauftragten ausgesetzt."[447]

Die Versuche Himmlers, den Streit zwischen Harmjanz und Ziegler zu schlichten, bewirkten eher das Gegenteil. Himmler reklamierte von Ziegler – wie Harmjanz Angehöriger der SS – mehr Zurückhaltung gegenüber Harmjanz und tadelte die Kritik an ihm als übertrieben. Von Himmler aufgefordert, die Differenzen zu bereinigen, waren Ziegler und Harmjanz Anfang August 1938 in Kopenhagen zusammengekommen. Nach ihrem Gespräch am Rande des internationalen Kongresses für Anthropologie und Ethnologie schienen die Gräben tiefer als zuvor. In einem Brief an Himmler berichtete Ziegler über das Treffen, bei dem er Harmjanz versichert habe, in einer neuen Auflage von *Deutsche Volkskunde im Schrifttum* eine „Änderung der Harmjanz betreffenden Stellen in der Einleitung und im Text" vorzunehmen. Ziegler monierte die „Nebeneinanderarbeit" auf dem volkskundlichen Sektor seit Harmjanz für das REM tätig sei. Er selbst sei verantwortlich für die Volkskunde im Stab Rosenbergs, zudem eineinhalb Jahre tätig gewesen als Referent für Volksforschung in der DFG und habe außerdem im Januar 1937 die Geschäftsführung der parteiamtlichen „Arbeitsgemeinschaft für Deutsche Volkskunde" übernommen. Seine anfängliche Freude über die Berufung von Harmjanz in das REM – „weil ich mir aus der Betreuung eines Volkskundlers mit dem zuständigen Referat des Ministeriums eine denkbar günstige Wirkung für die Volkskunde erhoffte" – sei alsbald gewichen, nachdem Harmjanz keinerlei Anstalten zur Kontaktaufnahme unternommen habe. Als er in Erfahrung bringen wollte, warum Harmjanz jegliche Versuche unterlassen habe, „mit der Arbeitsgemeinschaft in ein Arbeitsverhältnis zu kommen, erhielt ich zur Antwort: 'Ich hatte keine Zeit, um mich auch noch darum zu kümmern, ob hier oder dort Herr Müller oder Herr Maier Blähungen habe.' In diesen gehaltvollen Vergleich fasst Harmjanz seine Auffassung zusammen, dass ihn auch heute nach wie vor die Arbeit der Arbeitsgemeinschaft herzlich wenig kümmere."[448]

446 Abschrift Brief von W. Sievers an H. Himmler, 10.12.1937, BAB, NS 21/734.

447 H. Harmjanz an H. Himmler, 16.6.1938, BAB, DS (ehemals BDC), Lehr- und Forschungsgemeinschaft Das Ahnenerbe, G 119.

448 Abschrift Brief M. Ziegler an H. Himmler, 10.8.1938, NS 8/238.

Ziegler traf bei Harmjanz nicht nur auf einen Kritiker der Rosenberg-Volkskunde; schlimmer noch, er schien deren Aktivitäten schlichtweg zu ignorieren und damit zur Bedeutungslosigkeit zu verdammen: „Harmjanz machte mir in Kopenhagen die erstaunliche Eröffnung, dass er von den wissenschaftlichen Arbeiten der Arbeitsgemeinschaft keine Ahnung habe.“ So habe Harmjanz eingestehen müssen, „dass er bis heute nicht gewusst habe, dass die Arbeitsgemeinschaft von der Deutschen Forschungsgemeinschaft Gelder für wissenschaftliche Arbeiten bekomme; es handelt sich dabei allerdings im vergangenen Jahr um Summen von 80 000-100 000 RM.“ Seit einiger Zeit habe die „Arbeitsgemeinschaft“ massiv zu kämpfen, um bei der DFG an Gelder zu kommen. Von Ziegler auf die Möglichkeiten „einer gemeinsamen Arbeitsbasis“ angesprochen, habe sich Harmjanz reserviert gegeben. Bedingung hierfür sei, „eine offizielle Erklärung vor Dritten abzugeben, die das Eingeständnis der Anwendung von ‘säuischen Methoden’ ihm gegenüber enthalte und zum Ausdruck bringe, dass in allen vorliegenden Streitfragen die Auffassung von Harmjanz die einzig wahre sei. Ich sehe mich ausserstande, für meine Person eine solche Erklärung abzugeben, trotz der mystifizierten Drohung von Harmjanz mit dem Staatsanwalt.“[449]

So hatte sich Harmjanz zunächst nicht von sich aus mit dem „Ahnenerbe“ identifiziert. Er wurde erst im Verlauf der Auseinandersetzungen mit Ziegler in die Nähe der SS-Wissenschaftsorganisation gedrängt, wo man eben dabei war, den Zustand eines Sammelbeckens für dilettierende Amateur- und Scheinwissenschafter zu überwinden und eine wissenschaftlich ambitionierte Organisation aufzubauen. Damit war spätestens 1937/38 das Feld der volkskundlichen Forschung weitgehend bereinigt. Mit dem „Ahnenerbe“ und der „Arbeitsgemeinschaft“ standen sich zwei – weltanschaulich und wissenschaftspolitisch durchaus ähnlich ausgerichtete – Organisationen gegenüber, die das Feld polarisierten. Die Oberhand hatte das „Ahnenerbe“ gewonnen, dem alsbald etliche der volkskundlichen Forschungsinstitutionen angegliedert wurden. Zudem gründete seine dominante Position auf personellen Verflechtungen mit dem REM. In beiden Institutionen – „Ahnenerbe“ und „Arbeitsgemeinschaft“ – agierten ausgesprochen juvenile Akteure, die ihre Positionen in der Regel nicht über wissenschaftliche Reputation erworben hatten. Auf dem (vorläufigen) Höhepunkt der wissenschaftspolitischen Auseinandersetzungen um die Volkskunde zählte der Hauptakteur Ziegler 27 Jahre. Als Harmjanz seine Position als Referent für das REM antrat, dadurch maßgeblichen Einfluss bei universitären Stellenbesetzungen gewann und nebenbei noch mit einer Volkskunde-Professur in Königsberg (1937, beurlaubt) betraut wurde, war er gerade 33 Jahre alt. Innerhalb kürzester Zeit war er zu einem einflussreichen Wissenschaftspolitiker geworden. Eben noch „Schüler“, oblag es nun ihm selbst, der älteren Generation akademischer Autoritäten und volkskundlicher Lehrer wechselweise Schutz (wie im Falle John Meiers) oder Verfolgung (wie bei Spamer) angedeihen zu lassen. In jedem Fall: Die Neuordnung der volkskundlichen Forschungslandschaft zwischen 1933 und 1938 war auch das Ergebnis einer akademischen Jugendrevolte.

449 Abschrift Brief M. Ziegler an H. Himmler, 10.8.1938, NS 8/238.

Gegenüber dem „Amt Rosenberg“ konnten sich längerfristig also REM und „Ahnenerbe“ durchsetzen, die den Fluss der Forschungsgelder zu kontrollieren vermochten und die wichtigsten Forschungsinstitutionen an sich zogen. Wie dagegen sind das Wirken Zieglers und der Rosenberg-Volkskunde einzuschätzen? Unmissverständlich ging es in der ersten Phase der nationalsozialistischen Herrschaft um die Anpassung der wissenschaftlichen Volkskunde an kulturpolitische Zwecke und ihre Verpflichtung auf antichristliche, antisemitische, antiliberale und rassische Grundorientierungen. An dieser Zielsetzung orientierten sich die diversen Institutionen, wobei die von Spamer geleitete Volkskunde-Abteilung der „Reichsgemeinschaft der deutschen Volksforschung“ ein Übergangsphänomen darstellte, das mit der Ausschaltung des von Spamer verkörperten traditionellen Wissenschaftlertypus endete. All die Aktivitäten der Rosenberg-Volkskunde wirkten vor allem in eine kulturpolitische, um die Parteiinteressen der NSDAP gruppierte Öffentlichkeit. Die Wirkungen in die volkskundliche Wissenschaft dagegen sind schwer zu bemessen. Das deklamatorische Auftreten der Rosenbergschen „Diskurspolizisten“[450] mit ihren vornehmlich publizistischen Kampagnen erzeugte in jedem Fall äußere und innere Zwänge zur Verpflichtung auf spezifische theoretische Grundlagen wie Rassenorientierung. Einschätzungen aber wie diejenige von Hannjost Lixfeld, Ziegler sei „zum überragenden Fachtheoretiker und Fachorganisator“ geworden[451], können nur bedingt nachvollzogen werden. Überragender „Fachorganisator“ war er sehr wohl, wenn auch nur mit konjunkturellen und kurzfristigen Erfolgen, da die wissenschaftspolitischen Kompetenzen im NS-Staat nie verbindlich geregelt wurden. In einer ersten Phase der ideologischen Fundamentierung des NS-Staates war es Ziegler und dem „Amt Rosenberg“ sicherlich gelungen, den Fluss der DFG-Gelder in ihre Richtung zu lenken. Dies sollte sich spätestens 1936/37 mit dem Machtausbau von REM und „Ahnenerbe“ und den Machteinbußen des „Amtes Rosenberg“ drastisch ändern. Sicherlich zeitigte das aggressive Auftreten der Rosenberg-Volkskundler Erfolge, weil es auch in der wissenschaftlichen Volkskunde einen Bekenntniszwang und damit intellektuelle Radikalisierungsprozesse – wie etwa im Fall Karl Kaisers – forcierte. Die völkisch-jugendbewegte Wucht des Überwachungswesens dämmte nach einer Phase des Übergangs die volkskundliche Stimmenvielfalt ein. Nur schwer dagegen ist hinter dem Bollwerk lärmender völkischer Deklamation der tatsächliche wissenschaftliche Einfluss von Leuten wie Ziegler und dem „Amt Rosenberg“ insgesamt auszumachen. „Fachtheoretiker“ waren weder Ziegler noch die anderen Exponenten der Rosenberg-Volkskunde. Ihr Interesse galt nicht der Theoretisierung und Systematisierung der Disziplin, sondern ihrer Aktivierung für praktische kulturpolitische Anwendung. Ohnehin war ihr Geschäft zuallererst: Überwachen, Urteilen, Zensieren, Selektieren.

450 Deißner, Volkskunde, S. 254.
451 Lixfeld, Volkskunde, S. 192.

## 9. DER ADV UNTER HEINRICH HARMJANZ UND DAS SS-„AHNENERBE"

Die Laufbahn jenes Mannes, der ab 1937 binnen kürzester Zeit zum mächtigsten Organisator der volkskundlichen Forschung avancieren sollte, weist etliche Analogien zur Vita seines Kontrahenten Matthes Ziegler auf. Auch Heinrich Harmjanz war Protestant und wandte sich (immer noch „gottgläubig") nach seinem Studium von der Kirche ab. Er trat gleichfalls in jungen Jahren (1930) der NSDAP und der SS (1931-1933) bei und politisierte während seiner Studienzeit in extremer Weise. Seine universitäre Sozialisation erlebte der Schüler Walther Ziesemers im politisch aufgeheizten Milieu der „Grenzlanduniversität" Königsberg. Signifikante Unterschiede zu seinem Rivalen Ziegler gab es dann aber doch: Während sich dessen Aktivitäten weitgehend in aggressiver Deklamation kulturpolitischer Parteiprogrammatik erschöpften, beherrschte Harmjanz gleichermaßen das Reglement seriöser wissenschaftlicher Arbeit wie das rigider Machtpolitik. Bevor Harmjanz in die Dienste des REM trat, hatte er eine volkskundliche Habilitationsschrift vorgelegt, die sich ambitioniert Fragen volkskundlicher Disziplinarität widmete. Seine „Erkenntniskritische Untersuchungen zur volkskundlichen Begriffsbildung" (so der Untertitel) rührten an die Grundlagen einer wissenschaftlichen Volkskunde und griffen elementare Fragen der volkskundlichen Theoriediskussion der 1920er Jahre zu ihrer disziplinären Eigenständigkeit auf.[452] Eben diese Arbeit, die ihm bereits im Habilitationsverfahren große Schwierigkeiten bereitete, sollte Jahre später seinen Kontrahenten vom „Amt Rosenberg" Gelegenheit geben, seine steile Karriere abrupt zu Fall zu bringen.

Der Aufstieg von Heinrich Harmjanz begann mit seinem Wechsel von der Universität in die Sphäre der Wissenschaftspolitik und vollzog sich in rasch abfolgenden Etappen. Im April 1937 wurde er als Referent für Geisteswissenschaften in das REM berufen. Nach der Auflösung der „Reichsgemeinschaft für deutsche Volksforschung" übertrug DFG-Präsident Rudolf Mentzel Harmjanz Anfang Mai 1937 die Leitung des Volkskundeatlas. Zum Sommersemester 1937 erhielt er den neu geschaffenen Lehrstuhl für Volkskunde in Königsberg, wurde aber für seine Arbeit im Ministerium beurlaubt; im Herbst 1938 erhielt Harmjanz den Ruf zum Ordinarius für Volkskunde an der Universität Frankfurt am Main und führte den ADV 1939 dorthin über. Ende 1937 löste er die *Zeitschrift für Volkskunde* aus der Verantwortung des „Verbandes der deutschen Vereine für Volkskunde".[453] Er gab sie zunächst zusammen mit Gunther Ipsen heraus und wollte sie als internationales Forum gegen das Organ *Folk* der Rosenberg-Volkskunde positionieren. Nachdem die DFG zunächst *Folk* finanziert hatte, zog sie sich zurück und unterstützte die *Zeitschrift für Volkskunde* mit einem jährlichen Druckkostenzuschuss von 4000 RM.[454] 1938 führte er den ADV in den Verant-

452 Harmjanz, Volk.

453 Vgl. Oesterle, John Meier 1987, S. 85.

454 Vgl. die Korrespondenzen zwischen J. Meier, F. Boehm, H. Harmjanz in DVA, Ordner 59, allg. Korr. 1937, A-J; Korrespondenzen mit der DFG, R. Mentzel u.a. BAK, R 73/15993 (Zeitschrift für Volkskunde). Die Übergabe der Herausgeberschaft durch J. Meier und F.

wortungsbereich des „Ahnenerbe" und wurde dort 1939 Leiter der „Lehr- und Forschungsstätte für deutsche Volksforschung".[455] Nach seinem Wiedereintritt in die SS wurde er zum 31. Dezember 1937 Obersturmführer, zum 9. November 1938 Hauptsturmführer, zum 30. Januar 1940 Sturmbannführer und zum 9. November 1941 Obersturmbannführer. Im Dezember 1939 wurde Harmjanz zum Generaltreuhänder für die Sicherstellung deutschen Kulturgutes in Polen ernannt, nachdem er im Herbst 1939 mit der Beschlagnahme wissenschaftlicher Einrichtungen und Apparate befasst war. 1942 wurde er neben seinen Tätigkeiten für die Geisteswissenschaften Persönlicher Referent Bernhard Rusts und Leiter des Ministeramtes im REM.

Mit einer Mischung aus Raffinesse und Rücksichtslosigkeit besetzte Harmjanz innerhalb kürzester Zeit wichtige Schaltstellen innerhalb des nationalsozialistischen Wissenschaftssystems und avancierte zu einer Schlüsselfigur der Volksforschung. Damit hatte sich in den Geisteswissenschaften die Zusammenarbeit zwischen dem REM, der DFG und dem „Ahnenerbe" zu einem wissenschaftspolitischen Machtkartell verdichtet, das auf dem Terrain der Volkskunde erfolgreich agierte. Mit dem Anliegen, den Führungsanspruch des „Amtes Rosenberg" auszuhöhlen, war die Synchronisation von REM und DFG vollzogen, wie Herbert Bellmann bereits 1937 zusammenfasste:

> „Die 'Deutsche Forschungsgemeinschaft' [...] ermöglicht durch Unterstützung eine volkskundliche Arbeitsstelle, die durch seinen jetzigen Leiter Heinrich Harmjanz in Personalunion mit dem Reichserziehungsministerium steht. Es sind hier der 'Atlas der deutschen Volkskunde', das 'Wort- und Bildarchiv der deutschen Volkskunde' und das 'Zentralarchiv der deutschen Volkserzählung' zu einer Forschungs- und Sammelstelle vereinigt, die das Wissen um unser gegenwärtiges und vergangenes Volkstum durch planmäßige, große Unternehmungen erhellen wollen, ohne die Arbeiten in den Landschaften oder der einzelnen Forscher zu erdrücken, sondern um sie zu fördern."[456]

Das Engagement von Harmjanz für den ADV bestand zunächst neben publizistischer Außendarstellung[457] vor allem aus einem strategischen Schachzug. Harmjanz setzte die im Sommer 1936 begonnene Veröffentlichung der Kartenreihen nicht fort, sondern ließ sie einer Überarbeitung unterziehen, um sie ab Herbst 1937 unter seinem Namen und in Mitherausgeberschaft Erich Röhrs zu publizieren.[458] Während er Röhr als erfahrenen ADV-Mitarbeiter aus der alten Wildhagen-Equipe übernahm und ihm die eigentliche Atlasarbeit überließ, erachtete er den ADV vor allem als institutionelles Kapital für wissenschaftspolitische Auseinandersetzungen. Im Herbst 1937 lud er die Landesstellenleiter nach Berlin: „Die Deutsche Forschungsgemeinschaft und die Leitung des Atlas der

Boehm wurde widerstandslos vollzogen, weil sich die Intentionen von Harmjanz gegen die Volkskundler des „Amtes Rosenberg" richteten.

455 Laut Harmjanz bestand diese Forschungsstätte „nur auf dem Papier" und entwickelte keine nennenswerten Forschungsaktivitäten; vgl. H. Harmjanz an M. Kater, 8.11.1963, Institut für Zeitgeschichte München, Sammlung Kater ZS/A- 25, Bd. I, Bl. 89.

456 Bellmann, Deutsche volkskundliche Organisationen, S. 208.

457 Vgl. Harmjanz, Atlas; Harmjanz, Bedeutung.

458 Vgl. Gansohr-Meinel, „Fragen an das Volk", S. 182-189.

deutschen Volkskunde beehrt sich, Sie zu einer Tagung der Landesstellenleiter des Atlas der deutschen Volkskunde anlässlich des Erscheinens von dessen erster Kartenlieferung ergebenst einzuladen.“[459]

Damit sollte nicht nur die im Jahr zuvor begonnene Herausgabe der ersten Karten unter Regie von Adolf Spamer und Eduard Wildhagen aus dem institutionellen Gedächtnis des ADV getilgt werden. Die Veröffentlichung bedeutete auch das Ende der Landesstellen, die nun vor der Auflösung standen. Für 1938 waren noch 110 000 RM zum Abschluss der Atlasarbeiten im Etat der DFG vorgesehen.[460] Im Verlauf der Jahre 1937 und 1938 zog sich die DFG aus der Finanzierung der Landesstellen zurück. Damit entzog die DFG der Volkskunde jene institutionelle Infrastruktur, zu deren Ausbildung sie wesentlich beigetragen hatte. Vielerorts wurden die ehemaligen ADV-Landesstellen als regionale Forschungsinstitutionen mit verändertem Aufgabenbereich weitergeführt. Oft bedeutete das Ende der DFG-Finanzierung aber den Auftakt zur Krise regionaler Forschung. In den Landesstellen hatte auch der wissenschaftliche Nachwuchs eine materielle Basis gefunden, die nun – etwa im Falle Karl Kaisers in Greifswald – abhanden kam. Während die DFG insistierte, dass die Landesstellen lediglich als Institutionen auf Zeit geplant waren, hatten sich Landesstellenleiter wie Theodor Heppner (München) auf Dauer eingerichtet und sahen sich nun in ihrer materiellen Existenz bedroht.[461] Zudem pochte Heppner weiterhin auf die Verankerung volkskundlicher Forschung in den Landesstellen: „So könnte also die Landesstelle [...] allmählich zu einer Sammel- und Forschungsstätte für das Brauchtum der deutschen Volksstämme innerhalb Bayerns in engstem Zusammenhang mit der größten Landesuniversität ausgebaut werden, um sich damit gleichzeitig wieder einem das ganze Deutschtum umfassenden Hauptamte für Volkstumsforschung einzuordnen.“[462]

Heinrich Harmjanz kündigte 1937 in Ergänzung zu den Karten eine Einführung in Geschichte und Methodik des ADV an, erläuternde „Einweisungen in die einzelnen Karten“ sowie ein Verzeichnis der 23 000 Belegorte. Mittlerweile trat die ursprünglich stark akzentuierte volkserzieherische Intention und damit auch die anfänglich vehement intendierte „Volkstümlichkeit“ des Projektes zugunsten der Verwendung als wissenschaftliches Forschungsinstrument in den Hintergrund. Mit der Verfertigung der Karten wurde offenkundig, dass sie aufgrund ihrer Komplexität niemals größere Popularität würden erreichen können. Deshalb plante Harmjanz nun „volkstümliche Einführungen und Erklärungen für jede Karte, um allen Volksgenossen den volkskundlichen Tatbestand

459 Einladungsschreiben von R. Mentzel und H. Harmjanz an die Landesstellenleiter des ADV, 23.9.1937, DVA, Ordner 81, Korr. DFG 1935-1940.

460 Zierold, Forschungsförderung, S. 231.

461 Vgl. Heppners Auseinandersetzungen mit Harmjanz, BAK, R 73/11609 (Einzelfallakte Theodor Heppner).

462 Th. Heppner an H. Harmjanz, 18.8.1937, BAK, R 73/11609 (Einzelfallakte Theodor Heppner); ähnlich auch die Argumentation Karl Kaisers in seinen vergebens gestellten Anträgen zur Fortsetzung der DFG-Stipendien; vgl. BAK, R 73/12014 (Einzelfallakte Karl Kaiser, Greifswald).

geschichtlich, siedlungs- und bedeutungsmäßig zu vermitteln".[463] Es sollte bei Ankündigungen bleiben.

Harmjanz stellte außerdem in Aussicht: „Nach Abschluß des Gesamtwerkes ist vorgesehen, noch einige Karten über die volksdeutschen Gebiete Europas zu bringen."[464] Diese Ankündigung wies auf einschneidende Korrekturen bei den sechs Kartenlieferungen hin, die zwischen 1937 und 1939 vorgelegt wurden. Im Vergleich zur Probelieferung von 1936 war jetzt nämlich ein beträchtlicher Teil der Erhebungsergebnisse von außerhalb des Reichsgebietes nicht mehr in die kartographische Darstellung aufgenommen worden. Nach wie vor dokumentiert waren die Erhebungsergebnisse aus Österreich und der Tschechoslowakei. Unsichtbar blieben dagegen die Daten aus den Gebieten Eupen-Malmedy, Siebenbürgen, Bessarabien, Jugoslawien oder verschiedenen Territorien der Sowjetunion. Dies musste aufgrund der hochgradigen grenz- und auslandspolitischen Bedeutung, die dem ADV stets beigemessen wurde, wundern. Die einzige Erläuterung hierfür lieferte Harmjanz durch seinen Hinweis auf das methodische Problem, dass für diese Territorien keine „planmäßige Erhebung" vorliege, sodass die vorhandenen Daten nicht mit jenen innerhalb des Reichsgebietes vergleichbar waren.[465]

Die Übernahme des ADV durch das „Ahnenerbe"[466] 1938 erwies sich in erster Linie als strategische Maßnahme zur Stärkung der SS-Wissenschaftsorganisation ohne forschungspraktische Konsequenzen für den ADV selbst. Dessen Aktivitäten erschöpften sich nun weitgehend und mit Kriegseintritt 1939 fast vollständig in Routine- und Verwaltungstätigkeiten. Nachdem die Arbeiten lange von großen öffentlichen Aufmerksamkeiten begleitet worden waren, fand die lange erwartete Veröffentlichung der ersten Karten kaum mehr inner- und außerwissenschaftliche Resonanz, was H. L. Cox als doppelte Enttäuschung beschrieb: „Die Enttäuschung darüber, daß die volkskundlichen Karten weder die Blut- und Boden-Theorie noch die Ergebnisse der Sprachgeographie erhärteten, war deshalb groß. Das Interesse an volkskundlichen Karten, die das vorweggenommene Ergebnis bestätigen sollten, aber nicht bestätigen konnten, erlosch denn auch in den Kreisen derer, die die Karten für ihre ideologischen und geopolitischen Ziele benutzen wollten, schon bald."[467]

Mit der Aneignung von Institutionen wie dem ADV gelang es dem „Ahnenerbe", sich in der geisteswissenschaftlichen Forschung gegen die Konkurrenz des „Amtes Rosenberg" durchzusetzen. Damit verband sich auch der Anspruch, sich von einer dilettierenden Sammelbewegung völkischer Esoteriker zu einer ambitionierten Wissenschaftsinstitution zu entwickeln. Es ging Himmlers Forschertruppe um die Verwissenschaftlichung einer rassistischen Germanenideologie, wobei die Grenzen zwischen Wissenschaft und Pseudowissenschaft fließend blieben. Unterdessen basierten das Engagement des „Amtes Rosen-

463 Harmjanz, Atlas, S. 228.
464 Ebd.
465 Hierauf verwies auch Mackensen, Volkskundeatlas.
466 Ausführlich Kater, „Ahnenerbe"; Lixfeld, „Ahnenerbe".
467 Cox, Kulturgrenzen, S. 11.

berg“ und die Arbeit des „Ahnenerbe“ auf durchaus ähnlichen Grundlagen und zielten gleichermaßen auf ein Wissenschaftsverständnis, das eine Identität von Wissenschaft, Politik und Ideologie anstrebte. Als Heinrich Harmjanz 1939 bei der Kieler Tagung des „Ahnenerbe“ „Die Aufgaben unserer wissenschaftlichen Gemeinschaftswerke“ skizzierte, da proklamierte er einen „Wissenschaftssozialismus“ als Gegenbild zu einer bürgerlich-individualistischen Wissenschaft. Letztere verfüge nicht über ein Existenzrecht, da sie „ihren Sinn in der Idee des Volkes als ihres Quellenbezirkes zu verlieren beginnt“. Anders dagegen das „Ahnenerbe“: „Unsere Wissenschaftsgemeinschaft ist vom Volkstum und vom deutschen Menschen her willensmäßig, inhaltsmäßig und wieder zweckmäßig bestimmt. In unserer Wissenschaft geht es uns allein, und nur allein um den deutschen Menschen, um unser deutsches Volk. Das ist unsere Voraussetzung.“[468] Als ideales Exempel der vom „Ahnenerbe“ getragenen „Gemeinschaftswerke“ führte er das interdisziplinäre Projekt „Wald und Baum“, das „Sachwörterbuch der Germanenkunde“ und den „ADV“ an.

In der Volkskunde sah Harmjanz eine Wissenschaft der Zukunft. Ihre Aufgabe sei es, „alle diejenigen rassisch-geschichtlichen wie übergeschichtlichen, die zeitgebundenen wie zeitlosen Bedingungen des deutschen Volkslebens zu erfassen, um durch sie das Dasein der völkischen Gegebenheiten des deutschen Volkes zu erkennen und diese Erkenntnis wieder dem Volksganzen nutzbar zu machen“. All dies ziele auf einen spezifischen Zweck: „Kurz, die deutsche Volkskunde will und soll auf weite Sicht mit ihren Ergebnissen Erkenntnisgrundlagen für eine zukünftige praktische Volkstumspflege geben. Sie will als Wissenschaft dem Staatswohl dienen und ihre Erkenntnisse aus Wörtern und Sachen des deutschen Volkes Staat und Volk wieder nutzbar machen.“ Harmjanz schilderte die Erneuerung der Volkskunde im Sinne einer nationalsozialistischen Wissenschaft als Revolte der Jugend: „Der Umbruch des Jahres 1933 brachte auch für die Volkskunde eine Erneuerung, die freilich nicht aus dem Bestand der damaligen Volkskundler herauskam, sondern aus den Reihen des Nachwuchses erfolgen mußte. Der Widerstand setzte auf der ganzen Linie ein, und daß es an onkelhaften Worten auf Tagungen und leutseligen Ergüssen auf dem Papier nicht mangelte, war eigentlich mehr als selbstverständlich.“[469] Nunmehr habe mit dem ADV ein „Gemeinschaftswerk“ im besten Sinne dieses Begriffs realisiert werden können. „Wir aber haben das unsagbare Glück, in einer großen Volksgemeinschaft zu leben, die eine Gemeinschaft aus Blut und Geist ist. In dieser Gemeinschaft ist Freiheit des Geistes wie Gehorsam gegen das Blut.“[470]

Harmjanz konturierte das Wissenschaftsverständnis des „Ahnenerbe“, dem wie beim „Amt Rosenberg“ der Rassegedanke im Sinne einer Kausalitätsverbindung zwischen Blut und Kultur zugrunde lag, vor allem als Gegenentwurf zum Selbstverständnis bürgerlicher Wissenschaft: in Abgrenzung gegen rationalistische Denktraditionen, gegen eine traditionell bildungsbürgerlich geprägte

468 Harmjanz, Aufgaben, S. 9f.
469 Harmjanz, Aufgaben, S. 13.
470 Ebd., 15.

Wissenschaftskultur, deren Individualismus Harmjanz das Gemeinschaftsethos der SS-Kameradschaft entgegensetzte, in Abgrenzung gegen religiös geprägte Deutungstraditionen, insbesondere Katholizismus und Judentum, gegen das Postulat der Wertfreiheit, dem er die Wertgebundenheit (Volksgemeinschaft) gegenüberstellte und in Abgrenzung gegen die „Voraussetzungslosigkeit" bürgerlicher Wissenschaft, die er mit der Zweckverpflichtung und Anwendungsorientierung im Dienste des (deutschen) Volkes konterkarierte.

Wie im „Amt Rosenberg" so sammelten sich im 1935 gegründeten „Ahnenerbe" zunächst randständige Wissenschaftler aus der Grauzone zwischen seriöser Wissenschaft und intellektuellem Sektierertum. 1937 war das „Ahnenerbe" in eine Phase der Expansion und der Transformation von einer Bewegung völkischer Esoteriker hin zu einer straff geführten Organisation mit gesteigerten wissenschaftlichen Ansprüchen getreten. In diesem Jahr gab sich die bisherige „Studiengemeinschaft für Geistesurgeschichte" einen neuen Namen und signalisierte mit dem Titel „Lehr- und Forschungsgemeinschaft" ebenso wie mit der Übergabe der Leitung von Herman Wirth an den Münchner Indogermanisten Walther Wüst einen wissenschaftspolitischen Aufbruch. Dadurch entwickelte die Organisation Perspektiven für eine junge, bis dato oft perspektivlose Generation von Geisteswissenschaftlern, die in der Zeit hoher Akademikerarbeitslosigkeit Ende der 1920er Jahre – häufig in den „Grenzlanduniversitäten" – eine exzessive politische Radikalisierung nach rechts durchlaufen hatten. Im „Ahnenerbe" konnte diese Mixtur aus politischem Aktivismus, Ideologieproduktion und wissenschaftlicher Arbeit fortgesetzt werden, was bei den jüngeren Wissenschaftlern in hohem Maße Loyalität, die Bereitschaft zur Überschreitung ethischer Grenzen und ideologische Radikalisierung erzeugte.

In Kontrast zum „Amt Rosenberg" präsentiert sich das „Ahnenerbe" vielschichtiger. Es verband Außenseiterfiguren wie Herman Wirth, zunächst marginalisierte Wissenschaftler wie Joseph Otto Plassmann[471], ambitionierte Technokraten wie den „Ahnenerbe"-Geschäftsführer Wolfram Sievers und in ihren Disziplinen angesehene Wissenschaftler wie den Indogermanisten und „Ahnenerbe"-Kurator Walther Wüst. So vereinte das „Ahnenerbe" eine spezifische Mischung aus romantischem Idealismus, ideologischem Eskapismus und instrumenteller Rationalität. Im Zentrum der interdisziplinär organisierten Arbeit standen Interessenfelder, denen in den traditionellen Wissensordnungen bislang eher periphere Orte zugewiesen wurden. Nun gelangten diese Fächer (Volkskunde, Vor- und Frühgeschichte, Rassenkunde, Religionswissenschaft etc.) von der Peripherie in die Mitte. Was sie taten, vollzogen sie im Bewusstsein einer Elite, deren Tätigkeit stets mit dem praktischen Nutzen völkischer Integration und Segregation und gesellschaftlicher Sinnstiftung verbunden war. Die Basis der „Ahnenerbe"-Arbeit war eine Synthese aus moderner instrumenteller Vernunft und antimodernistischer Volkstumsideologie.

471 Vgl. Gajek, Joseph Otto Plassmann; Lixfeld, „Ahnenerbe", S. 228-238; Besenfelder, „Staatsnotwendige Wissenschaft", S. 405-414.

Als charakteristisch für die Tätigkeit von „Ahnenerbe“-Mitarbeitern wie Heinrich Harmjanz erwies sich eine überaus effektive Netzwerktätigkeit, die eine enge Abstimmung der Interessen von „Ahnenerbe“ und REM ermöglichte. Mit seinem Dienstsitz im REM und gleichzeitiger Verankerung in der universitären Forschung durch seinen Volkskunde-Lehrstuhl vermochte er unmittelbar in die Besetzungspolitik an den Universitäten einzugreifen. Er okkupierte zentrale publizistische Organe wie die *Zeitschrift für Volkskunde* oder das *Archiv für Religionswissenschaft*[472] und Forschungsinstitutionen wie den ADV. Das Vertrauen von Rudolf Mentzel und die Nähe zu Bernhard Rust sicherten die Arbeit von Harmjanz umfassend ab und ließen ihn – eben noch ein unbekannter Nachwuchsvolkskundler – zu einer wissenschaftspolitischen Schlüsselfigur für die Geisteswissenschaften werden.

## 10. GERÜCHT UND WAHRHEIT, PLAGIAT UND KONVENTION: ZUR CHRONIK EINES ANGEKÜNDIGTEN STURZES – DER FALL VON HEINRICH HARMJANZ

Heinrich Harmjanz ließ mit seinem Eintritt in das REM 1937 die Sphäre der Universität hinter sich und wechselte in das Milieu der Wissenschaftsbürokratie. Die Möglichkeiten der Macht nutzte er exzessiv. Er behinderte die berufliche Qualifikation missliebiger Kollegen, steuerte rücksichtslos die geisteswissenschaftliche Personalpolitik der Universitäten und verdrängte erfolgreich die Aktivisten des „Amtes Rosenberg“ von den Töpfen der staatlichen Wissenschaftsförderung. Seine unerbittliche Opposition zur Rosenberg-Volkskunde wendete sich wenige Jahre später gegen ihn selbst und führte zur Vernichtung seiner politischen und wissenschaftlichen Existenz.[473] Im „Amt Rosenberg“ war über Jahre hinweg Material gegen den Kontrahenten gesammelt worden. Die Inhalte der Harmjanz-Akte trug Alfred Rosenberg am 16. Juli 1942 brieflich dem Leiter der Parteikanzlei Martin Bormann und Heinrich Himmler vor. Rosenberg beklagte die eklatante Benachteilung von Mitarbeitern seiner „Arbeitsgemeinschaft für Deutsche Volkskunde“ durch das REM.[474] Nachdem seit Jahren „die Tätigkeit des Herrn Harmjanz im Amt Wissenschaft des Reichserziehungsministeriums“

472 Vgl. Heinrich, Religionswissenschaft, S. 237, 272ff., 371-384. Heinrich interpretiert das religionswissenschaftliche Interesse von Harmjanz als instrumentelle Okkupation der Disziplin im Interesse der Volkskunde.

473 Zum Sturz von Harmjanz vgl. u.a. Heiber, Walter Frank, S. 648-655; Hammerstein, Johann Wolfgang Goethe-Universität, S. 371-373; Klingemann, Soziologie, S. 253-255.

474 Bei dem von Rosenberg erwähnten „Fall“ handelte es sich um den Volkskunde-Dozenten Georg Fischer von der Hochschule für Lehrerbildung Frankfurt a.d.O., über den Harmjanz gegenüber Adolf Spamer sagte, er würde niemals eine Hochschulprofessur erhalten, da er der „Arbeitsgemeinschaft für Deutsche Volkskunde“ angehöre; als „Parallelfall“ wurde auch Josef Hanika angeführt; vgl. die umfangreichen Korrespondenzen aus den Jahren 1941 und 1942 in BAB, NS 15/201, Bl. 64, 65, 69, 70, 73, 74. Fischer war zeitweise zusammen mit Matthes Ziegler Schriftleiter der Rosenberg-Zeitschrift *Deutsche Volkskunde*. Zu Fischer vgl. Alzheimer, Georg Fischer.

Rosenbergs dienstliches Verhältnis zu dieser Stelle belastet habe und sich nun erneut „Harmjanz zu Gunsten liberaler und konfessionell gebundener Kräfte gegen eine nationalsozialistische Berufung stellte", habe er sich veranlasst gesehen, „einmal die wissenschaftlichen Qualitäten dieses Herrn durch mein Hauptamt Wissenschaft überprüfen zu lassen". Das „Ergebnis", so Rosenberg, sei „erschütternd". Zweifelsfrei hätten die eingeforderten Gutachten ergeben:

„1. Harmjanz steht mit seinem noch 1936 erschienenen Buche und mit noch 1940/41 erschienenen Aufsätzen auf dem Boden jüdischer Soziologie.
2. Als Ministeriumsbeamter, Parteigenosse und SS-Führer stützt sich Harmjanz in seinem wissenschaftlichen Hauptwerk fast ausschliesslich auf jüdische Autoren.
3. Harmjanz schreibt plagiatorisch ganze Partien seines Hauptwerkes vom Juden Jerusalem ab, ohne diese trübe Quelle zu nennen."

Angesichts dieser Vorwürfe erspare er es sich, „noch auf die Summe der Fehlentscheidungen in seiner Tätigkeit im Reichserziehungsministerium im einzelnen einzugehen". Als Konsequenz käme nur in Frage: „Im Interesse der Sauberkeit unseres politischen und wissenschaftlichen Lebens halte ich es für notwendig, dass Harmjanz sofort aus seiner Stellung im Reichserziehungsministerium entfernt wird." Zudem sei zu prüfen, ob sein Habilitationsverfahren für ungültig zu erklären und Harmjanz die Lehrbefugnis zu entziehen sei. Da die bislang von dem SS-Obersturmbannführer verantwortete Verwaltung der Geisteswissenschaften sowohl im Kriege wie in der Nachkriegszeit „eine Aufgabe von weittragender weltanschaulicher Bedeutung ist, bitte ich, vor Neubesetzung dieses Postens eine Abstimmung mit den Vorschlägen meiner Dienststelle herbeizuführen".[475]

Mit diesen Vorwürfen leitete Rosenberg die Demontage von Harmjanz ein, die in mehreren Etappen vollzogen wurde. REM und Parteileitung übergaben den Fall der SS, die ein Ehrengerichtsverfahren anstrengte, das sich durch die Kriegsjahre 1943 und 1944 zog. Offenkundig im Bewusstsein, dass dieses Mal die Attacke des „Amtes Rosenberg" nicht folgenlos bleiben würde, griff Harmjanz dem Ausgang der Untersuchungen und der drohenden Entlassung aus dem REM vor. Am 30. März 1943 teilte er seinem Dienstherrn Bernhard Rust mit, sich vereinbarungsgemäß zur Wehrmacht gemeldet zu haben, und unterbreitete letzte personelle Vorschläge für das REM.[476] Zuvor hatte der Sicherheitsdienst der SS

475 Abschrift Brief von A. Rosenberg an M. Bormann, 16.7.1942, BAB, NS 8/130, Bl. 28; A. Rosenberg an H. Himmler, 16.7.1942, BAB, NS 8/130, Bl. 99.

476 Mitteilung von Heinrich Harmjanz „Herrn Reichsminister gehorsamst", 30.3.1943, BAB (ehemals BDC), Reichserziehungsministerium, Personal- und Berufungsakten, Heinrich Harmjanz, 8000000632. Dieser Schritt steht vehement in Kontrast zur unbedingten Konfliktbereitschaft, mit der Harmjanz ansonsten die Auseinandersetzung mit politischen und wissenschaftlichen Kontrahenten suchte. Es liegt somit nahe, dass es in diesem Fall aus seiner Perspektive hinlänglich Gründe geben musste, die Konfrontation zu vermeiden.

einen Untersuchungsausschuss unter Vorsitz des Braunschweiger Ministerpräsidenten Dietrich Klagges eingesetzt, der Harmjanz im März 1943 verhörte.

In der Erwartung, nun endlich in der Personalpolitik des REM mitmischen zu können, drängte Rosenberg immer wieder auf Beschleunigung des Verfahrens. Im April 1943 rief er in einem Brief an Bormann noch einmal die Bedeutung der Geisteswissenschaften in Erinnerung und drängte darauf, in der Besetzung der Harmjanz-Nachfolge konsultiert zu werden.[477] Ohne darauf einzugehen, teilte ihm der Leiter der Parteikanzlei im Juli 1943 den Stand des Verfahrens mit. Demnach sei noch keine Entscheidung des Reichsführers-SS getroffen. „Die Durchführung des parteigerichtlichen Verfahrens soll erst nach Abschluss des schwebenden SS.-Ehrengerichtsverfahrens stattfinden. Auch die Einleitung des Dienststrafverfahrens möchte ich erst nach Abschluss des SS.-Verfahrens beim Reichserziehungsminister beantragen. Ich habe heute den Reichsführer-SS. noch einmal um baldigen Abschluss des bei der SS. anhängigen Ehrengerichtsverfahrens gebeten."[478]

Als Mann vom SD wurde der junge Physikdozent Helmut Joachim Fischer beauftragt, Material gegen Harmjanz zu sammeln. Fischer unternahm Reisen nach Prag, Wien, Straßburg oder Marburg, um den Vorwurf fragwürdiger Personalentscheidungen zu untermauern: „Es gab zwar mehr als 50 Personalfälle, bei denen das Erziehungsministerium recht unglücklich entschieden hatte, aber im Einzelfall konnte man eine Schuld von Harmjanz nicht eindeutig nachweisen."[479] Eine Reise führte ihn nach Königsberg, wo es Harmjanz innerhalb weniger Jahre vom Studenten zum Inhaber eines Volkskunde-Lehrstuhls gebracht hatte. Ein weiterer Vorwurf betraf sein Verhalten gegenüber Erhard Riemann, Schüler Walther Ziesemers im Königsberger „Institut für Heimatforschung" und später Assistent für Arbeiten am „Preußischen Wörterbuch". Dessen volkstumsgeographische Doktorarbeit sollte Harmjanz für seine eigene Antrittsvorlesung[480] am 17. April 1935 in Königsberg ausgeschlachtet haben. Riemann 1960: „Er bediente sich hierzu des Plagiats an meiner Dissertation, deren Durchschlag er sich einige Zeit vor seiner Antrittsvorlesung von mir ausgeliehen hatte. [...] In seiner Antrittsvorlesung trug Harmjanz dann alle wesentlichen Arbeitsergebnisse meiner Dissertation ohne Erwähnung meines Namens als seine eigenen vor."[481]

Riemann sah keine Möglichkeiten des Widerstands gegen das „Gewaltregime von Harmjanz in Königsberg": „Ich war damals gegen Harmjanz völlig machtlos, da er sofort nach seiner Habilitation aufgrund seiner Parteinummer zum stellv. Leiter des NS-Dozentenbundes und praktisch zum parteimäßigen

477 A. Rosenberg an M. Bormann, 22.4.1943, Institut für Zeitgeschichte München, Mikrofilme M 697, Bl. 1244/45.

478 M. Bormann an A. Rosenberg, 15.7.1943, Institut für Zeitgeschichte München, Mikrofilme M 697, Bl. 959/960.

479 Fischer, Erinnerungen, S. 172.

480 Harmjanz, Volkskunde und Siedlungsgeschichte; zu den Auseinandersetzungen zwischen Riemann und Harmjanz vgl. Peters, Institut, S. 220-222.

481 E. Riemann an M. Hain, 22.4.1960, UA Frankfurt a.M., Abt. 4, Nr. 1281, Bl. 20.

Diktator des Königsberger Universitätslebens aufgestiegen war."[482] Hernach verzögerte er die Drucklegung von Riemanns Studie[483] und behinderte diesen lange Zeit eklatant bei der Realisierung seiner Habilitationspläne. Harmjanz habe, so Riemann später, die Bestätigung seiner 1938 absolvierten Habilitation durch das REM immer wieder verhindert und ihm ausrichten lassen, „ich solle es ja nicht wagen, mich um eine Dozentur zu bewerben, er dächte nicht daran, mich in ein Dozentenlager zu schicken". Riemann verweigerte allerdings Aussagen in den Untersuchungen des SS-Ehrengerichts: „1943, als ich in Krakau tätig war, erschien eines Tages bei mir ein junger Dozent aus Berlin, der, wie er sagte, den Sonderauftrag hatte, für ein Parteigerichtsverfahren innerhalb der SS gegen Harmjanz das Material zusammenzutragen. Es handelte sich um 48 Fälle seiner Personalpolitik und drei Plagiatsfälle, wozu auch ich gehöre. Ich lehnte damals ab, irgendetwas zu Protokoll zu geben, da ich nicht wieder in die Sache hineingezogen werden wollte. Der Beauftragte wußte aber ohnehin über meinen Fall genauestens Bescheid."[484]

Unterdessen zog sich das Verfahren in die Länge. Die Arbeit des Untersuchungsausschusses offenbarte, dass Harmjanz nicht nur im „Amt Rosenberg" auf Antipathien stieß, sondern auch in Teilen der Wissenschaftskameraderie des „Ahnenerbe" wenig gelitten war. Der Kommission gehörten neben Klagges Otto Ohlendorf und Wilhelm Spengler vom Reichssicherheitshauptamt an. Hinzugezogen wurden außerdem der Leiter der Wiener Nationalbibliothek Paul Heigl und „Ahnenerbe"-Kurator Walther Wüst, in dem Harmjanz den engagiertesten Fürsprecher besaß. Unter den Gutachtern und Ausschussmitgliedern befanden sich Kontrahenten aus dem „Ahnenerbe" wie Joseph Otto Plassmann[485] und Otto Höfler. Im Juni 1944 trat das Ehrengericht im REM zusammen. Über das Ergebnis informierte „Ahnenerbe"-Geschäftsführer Wolfram Sievers im Juli 1944 und zitierte dabei das Schreiben, das er vom Stabsführer des Persönlichen Stabes SS-Standartenführer Paul Baumert erhalten habe: „Der SS-Obersturmbannführer Prof. Dr. Heinrich Harmjanz, SS-Nr. 19.493 wurde mit Verfügung des Hauptamtes SS-Gericht, IIa/VS/I/557 vom 27.6.44, geheim, im Namen des Reichsführers-SS mit sofortiger Wirkung vom SS-Dienst unter vorläufiger Enthebung von sämtlichen SS-Ehrenämtern beurlaubt. Gegen SS-Obersturmbannführer Harmjanz sind Anschuldigungen erhoben worden, die einer SS-disziplinaren Untersuchung bedürfen."[486] Außerdem ließ Sievers wissen, dass Harmjanz dieselbe Mitteilung Baumerts erhalten habe und nun wiederum ihm mit Brief vom 8. Juli 1944 einige Informationen zur Ordnung seiner „Ahnenerbe"-Hinterlassenschaften mitteilte. Demnach hatte Harmjanz für die *Zeitschrift für Volkskunde* mit dem „Ahnenerbe"-Verlag einen Privatvertrag

482 E. Riemann an M. Hain, 22.4.1960, UA Frankfurt a.M., Abt. 4, Nr. 1281, Bl. 22 u. 20.
483 Riemann, Volkstum.
484 E. Riemann an M. Hain, 22.4.1960, UA Frankfurt a.M., Abt. 4, Nr. 1281, Bl. 21.
485 Vgl. J. O. Plassmann an M. Hain, 26.4.1960, UA Frankfurt a.M., Abt. 4, Nr. 1281, Bl. 23-25.
486 Zit. n. dem Brief von W. Sievers an W. Wüst, 20.7.1944, BAB (ehemals BDC), Lehr- und Forschungsgemeinschaft Das Ahnenerbe, 8260000522.

geschlossen, sodass er sie als sein persönliches Eigentum betrachtete. „Den AddV hatte ich damals, um ihn vor anderen Zugriffen zu schützen, dem 'Ahnenerbe' mit Einverständnis der Deutschen Forschungsgemeinschaft zuweisen lassen. Da soll er nun ja auch bleiben; denn ohne große Geldmittel, große Räume usw. kann ja ein Privatmann damit nichts anfangen."[487]

Als wirklich schwerwiegend gegen Harmjanz habe sich am Ende, so Fischer in seinen Erinnerungen, der Vorwurf erwiesen, dass er für seine Habilitation die Schriften jüdischer Autoren als Vorlage benutzt habe. Nun blieb freilich durchaus unklar, welcher Bestandteil des doppelten Vorwurfs im Ehrenkodex der NS-Wissenschaften schwerer wog: der pure Vorgang des Plagiats, die Verbreitung von Arbeiten „jüdischer" Wissenschaftler oder aber die Mixtur beider Regelverletzungen. Letzteres würde schlechterdings eine Ungeheuerlichkeit darstellen. Damit wäre ein unantastbares Virginitätsgebot verletzt. Was in der NS-Ideologie als „jüdisches Geistesgut" und damit als unrein klassifiziert wurde, drohte nun sich zu vermischen mit scheinbar originärer nationalsozialistischer Vorstellungswelt. Mehr noch: Es schien nicht mehr eindeutig als solches identifizierbar und drohte in der akademischen Öffentlichkeit mit den Ergebnissen nationalsozialistischer Wissenschaft verwechselt zu werden. In jedem Fall war der unantastbare Kern des Selbstverständnisses eines SS-Wissenschaftlers – persönliche Charakterfestigkeit, Wissenschaft als Dienst am Volke, Antisemitismus – von Grund auf in Frage gestellt. Dabei handelte es sich nicht nur um individuelles Fehlverhalten, sondern um eine Gefährdung der Allgemeinheit, drohte dieser doch auf illegalem und verborgenem Umweg der Giftstoff „jüdischer Gedanken".

Der Vorwurf des Plagiats, bei dem obendrein ausgerechnet einer der rigidesten Repräsentanten nationalsozialistischer Wissenschaftspolitik die Verbreitung des Gedankenguts jüdischer Autoren besorgt haben sollte, durchlief vor und nach 1945 etliche Stadien und bildete dabei eine Vielfalt an Varianten aus. Er kursierte wechselweise als Gerücht, avancierte zum zweifelsfrei erhobenen Befund und wanderte aus dem Zusammenhang der Wahrheitsermittlungsmaschinerie von „Amt Rosenberg" und SS nach 1945 zur unumstößlichen Gewissheit. Harmjanz selbst soll nach 1945 im Rahmen seiner Bemühungen um berufliche Rehabilitation an der Frankfurter Universität, wo er im Juni 1945 bei der Entnazifizierung als einer der ersten Professoren entlassen wurde, den Versuch unternommen haben, den Vorwurf ins Gegenteil zu wenden. Er habe durch die Bezugnahme auf die betreffenden Autoren versucht, im Nationalsozialismus „jüdisches Geistesgut" zu verbreiten.[488] Die Varianten des Plagiatgerüchts waren zahlreich,

487 Zit. n. dem Brief von W. Sievers an W. Wüst, 20.7.1944, BAB (ehemals BDC), Lehr- und Forschungsgemeinschaft Das Ahnenerbe, 8260000522.

488 Hammerstein, Johann Wolfgang Goethe-Universität, S. 373. Hammerstein zitiert hier einen Brief Plassmanns aus dem Jahre 1960, in dem dieser weiterträgt, Harmjanz habe „mit der Übernahme der Gedanken von Jerusalem, der Jude war, 'jüdisches Geistesgut' im Dritten Reiche zur Geltung gebracht, ohne es unter den damaligen Umständen als solches nennen zu können." Brief J. O. Plassmann an M. Hain, 26.4.1960, UA Frankfurt a.M., Abt. 4, Nr. 1281, Bl. 24. Zur Entlassung von Harmjanz 1945 vgl. Hammerstein, Johann Wolfgang Goethe-Universität, S. 570 u. 602.

und dabei wurde auch in der Nachkriegsgeschichtsschreibung meist schlicht das kolportiert, was NS-Instanzen als Tatbestände erhoben hatten. Zuweilen hieß es, Harmjanz habe von dem durch die Theoriediskussion um primitive Kollektivgeistigkeit auch in der Volkskunde breit rezipierten Lucien Lévy-Bruhl abgeschrieben. Dann wiederum war es „Jerusalem“ – allerdings nicht immer jener, mit dem sich Harmjanz in seiner Studie beschäftigt hatte. Es kam auch zu dem Befund, dass „dieser überzeugte SS-Mann in seiner Habilitationsschrift Begriffe, Gedankengänge, ja ganze Abschnitte des Textes unverändert von dem in den frühen 30er Jahren verstorbenen jüdischen Soziologen Frank Jerusalem übernommen hatte“.[489]

Tatsächlich finden sich in der Arbeit von Harmjanz Begriffe und Argumentationsmuster von „Jerusalem“ – allerdings weder von „Frank“ Jerusalem, den es gar nicht gab, und auch nicht von dem Soziologen „Franz Wilhelm Jerusalem“, sondern von Wilhelm Jerusalem, dem bereits 1923 verstorbenen Wiener Philosophen, Pädagogen und Soziologen. Allerdings werden – und dies erstaunt angesichts der Hartnäckigkeit des immer wieder erneuerten Plagiatvorwurfs – in der 1936 gedruckten Habilitationsschrift von Harmjanz weder Wilhelm Jerusalem noch Lévy-Bruhl als geistige Urheber einiger basaler Begriffe verschwiegen. Beide kommen ausführlich in Zitaten und Anmerkungen zu Wort. Und nicht nur dies: Im Anmerkungsapparat und im Literaturverzeichnis der Habilitationsschrift erscheinen jede Menge „jüdischer Autoren“ und zwar keinesfalls in denunziatorischer Absicht, sondern als gleichberechtigte Gegenüber wissenschaftlicher Kommunikation. Es gab um die Königsberger Habilitation von Harmjanz genügend Ungereimtheiten, aber in diesem Punkt handelte er als Wissenschaftler korrekt und seriös.

1960 glaubte Joseph Otto Plassmann versichern zu müssen, dass im Ehrengerichtsverfahren der SS gegen Harmjanz ausschließlich Fragen der wissenschaftlichen Redlichkeit zur Diskussion gestanden waren: „Dazu muß ich bemerken, daß die Tatsache, daß Jerusalem Jude war, bei der Untersuchung zwar bekannt war, aber gar keine Rolle spielte. Man war einhellig der Auffassung, daß es hier nur um das Plagiat als solches, und nicht darum ging, wer plagiiert worden war.“[490] Plassmann schilderte blumig, wie er als Gutachter minutiös die Texte von Jerusalem bzw. Lévy-Bruhl mit den Ausführungen von Harmjanz abglich und die verborgenen Gemeinsamkeiten sichtbar machte. All dies wäre freilich keinesfalls vonnöten gewesen und wurde so wahrscheinlich auch nicht durchgeführt, denn ein kurzer Blick in das Literaturverzeichnis hätte genügt, um zu überprüfen, ob Harmjanz

489 Hammerstein, Forschungsgemeinschaft, S. 288.

490 J. O. Plassmann an M. Hain, 26.4.1960, UA Frankfurt a.M., Abt. 4, Nr. 1281, Bl. 24f. Plassmann offenbarte in den Auseinandersetzungen um Harmjanz vor und nach 1945 in hohem Maße Anpassungsbereitschaft. Der Hauptschriftleiter der „Ahnenerbe“-Zeitschrift *Germanien* hatte sich 1943 nach einigen Schwierigkeiten in Tübingen habilitiert und wurde unter Mithilfe des „Ahnenerbes“ Nachfolger Erich Röhrs auf dem Volkskunde-Lehrstuhl in Bonn. Nach 1945 veröffentlichte er Schriften in rechtsradikalen Verlagen. Zu seinen Versuchen, nach 1945 wieder an die Universität zurückzukehren vgl. Schael, Grenzen, S. 66.

der Verpflichtung auf Transparenz durch korrekte Zitation nachgekommen war. Ein solcher Blick hätte auch deutlich gemacht, dass es Harmjanz gar nicht um den Versuch einer geheimen und illegitimen Bemächtigung fremden Gedankenguts ging, sondern um eine nach allen Regeln des wissenschaftlichen Argumentierens vollzogenen Auseinandersetzung mit Autoren, die er zur Erörterung seiner Problemstellung heranzog. Harmjanz ging es um die Frage, ob es sich bei der Volkskunde um eine deutsche Unterabteilung der Völkerkunde handelt, „ist sie soziologisch betriebene Völkerkunde: Abteilung Deutschland, oder haben wir in der deutschen Volkskunde eine selbständige Wissenschaft vor uns, die wohl in ihrer werdenden Gestalt als jüngste philosophische Disziplin sich anderer schon feststehender Wissenschaften als Hilfswissenschaft bedient, um doch ihre Eigenart als deutsche Volkskunde und Eigenwissenschaft zu wahren?"[491] So finden sich im Literaturverzeichnis und in Textverweisen nicht nur Lévy-Bruhl und Wilhelm Jerusalem als „jüdische Autoren", sondern auch Franz Boas, Ernst Cassirer, Emile Durkheim, Marcel Mauss, Sigmund Freud, Moritz Lazarus und Herman Steinthal, Georg Simmel, Ernst Stern oder der Sexualwissenschaftler Max Marcuse u.v.a. Harmjanz hatte in seiner Habilitationsschrift ausgiebig Literatur aus dem Bereich der Ethnologie, der Religionswissenschaft und der Psychologie der 1920er Jahre rezipiert, was bereits 1936 in einer Besprechung in den *Nationalsozialistischen Monatsheften* bemäkelt worden war.[492]

Damit erschien Harmjanz auf der Bühne nationalsozialistischer Wissenschaft mit einem Repertoire durchaus unterschiedlicher Rollen: bereits in seiner Studentenzeit vor 1933 als rücksichtslos beschriebener nationalsozialistischer Politaktivist, bei der Abfassung seiner Habilitationsschrift 1933/34 als um wissenschaftliche Standards bemühter Habilitand, der – mal kritisch, mal affirmativ –Literatur rezipierte, die weder innerhalb der Volkskunde noch in politisch-ideologischen Diskursen zu diesem Zeitpunkt gefragt war, und. seit der zweiten Hälfte der 1930er Jahre, als Machtpolitiker und Wissenschaftsorganisator mit strammster SS-Gesinnung. Harmjanz hatte zunächst bis 1930 in München studiert und war dann als Hochschulgruppenführer des Nationalsozialistischen Deutschen Studentenbundes nach Königsberg gegangen, wo er in Walther Ziesemer einen wissenschaftlichen Förderer fand. Nach seiner Promotion[493] arbeitete er als Assistent Ziesemers am Königsberger „Institut für Heimatforschung". Ziesemer gelang es, beim preußischen Kultusministerium für Harmjanz ein Habilitationsstipendium zu erwirken.[494] Im Ministerium, wo

491 Harmjanz, Volk, S. 12.

492 Statt derart vieler völkerkundlicher Titel, so der Rezensent, würde er lieber die Namen wichtiger Volkskundler lesen; vgl. Diewerge, Heinrich Harmjanz, S. 964.

493 Harmjanz, Feuersegen.

494 Vgl. die Korrespondenzen Ziesemers in GStAPK, I. Rep. 76 V Skt.1, Tit. IV, Nr. 38 Lit. H., Bd. IV, Bl. 229ff. Der damals in Königsberg arbeitende Germanist Gottfried Weber, Gutachter im Habilitationsverfahren von Harmjanz, urteilte 1960, dass der parteipolitisch niemals aktive Ziesemer „seinen Schüler Harmjanz so hoch eingeschätzt hat, daß er vermutlich gewillt gewesen ist, Herrn Harmjanz auch aus anderen als politischen Gründen auf einen Lehrstuhl zu befördern." Brief G. Weber an denUniversitätskurator, z.Hd. von Herrn Assessor Strobel, 22.6.1960, UA Frankfurt a.M., Abt. 4, Nr. 1281, Bl. 28.

Harmjanz Patronage gefunden hatte, war hierfür u.a. mit Georg Gerullis der spätere Rektor der Königsberger Universität zuständig.

In seiner Habilitationsschrift hatte Harmjanz seinen völkischen Standpunkt und sein Bekenntnis zum nationalsozialistischen Staat unmissverständlich zum Ausdruck gebracht:

> „Die Volkskunde kann keinen besseren Helfer und Fürsprecher für sich finden als den neuen sozialen Staat deutscher Nation, der die deutsche Volkskunde als Wissenschaft neben Vorgeschichte und Rassenkunde stets als eifrigster Hüter, Bewahrer und Verfechter deutschen Volkstums haben wird. Die Volkskunde will als Wissenschaft dem Staate, der Volksgemeinschaft dienen; sie hat aber ein Anrecht darauf vor volkskundlichen Gelegenheitsarbeitern und Kurpfuschern geschützt zu werden, die nichts weiter wollen und können als stündlich ihre eigennützigen intellektuellen Ideen der Volksgemeinschaft unterzuschieben und deren Gemeinschaftsdenken und -wollen aus gänzlich unberechtigtem Geltungsdrange in ihrem Sinne zurechtzumachen.“[495]

Ansonsten aber verzichtete er weitgehend auf nationalsozialistische Bekenntnisrhetorik. Weder markierte Harmjanz Autoren als „jüdisch“[496], um sie diskursiv auszugrenzen, noch begegnete er ihnen in denunziatorischer Absicht. Von Wilhelm Jerusalem übernahm Harmjanz die zentralen Kategorien der „sozialen Aufgeschlossenheit“ und der „sozialen Verdichtung“, mit welchen der Wiener Pädagoge und Philosoph versuchte hatte, die Verfestigung kollektiver Glaubensvorstellungen und Perpetuierung von Gemeinschaftserfahrungen zu beschreiben.[497] Jerusalem erörterte Fragen der sozialen Gebundenheit des Individuums in expliziter Bezugnahme auf Lucien Lévy-Bruhls Studien über *Das Denken der Naturvölker*, deren Übersetzung er zu Beginn der 1920er Jahre initiiert und herausgegeben hatte.[498] Allerdings vermisste er bei Lévy-Bruhl weitergehendere Überlegungen, wie der für ihn wichtige Prozess der Individualisierung zu erläutern sei, um den entwicklungsgeschichtlichen Weg zu Humanität, Universalismus und Kosmopolitismus zu beschreiben – was in der Rezeption durch Harmjanz keinerlei Rolle mehr spielen sollte, da für ihn nur die Gruppe der deutschen „Volksgemeinschaft“ maßgeblich war.[499] Der von Rosenberg erhobene Vorwurf, einen „jüdischen“ Autoren zu plagiieren traf jedenfalls definitiv nicht zu. Harmjanz baute zwar längere Textpassagen von Jerusalem ein, wies diese aber korrekt als Zitate aus. Nach diesem Reglement verfuhr er auch im Falle Lévy-Bruhls. Der französische Ethnologe spielte in den volkskundlichen Theoriediskussionen der 1920er Jahre um das primitive Erbe in der Volkskunde, um die Frage des Schöpferischen im „Volk“ und um Hans Naumanns Konzept des „gesunkenen Kulturgutes“ eine zentrale Rolle und wurde auch bei Harm-

495 Harmjanz, Volk, S. 9.

496 Dieser Praxis folgte er allerdings 1942, als er die *Zeitschrift des Vereins für Volkskunde* in Berlin als „Weiterführung der von den beiden Juden Lazarus und Steinthal 1860 ins Leben gerufenen 'Zeitschrift für Völkerpsychologie und Sprachwissenschaft'“ bezeichnete; vgl. Harmjanz, Deutsche Volkskunde 1942, S. 283.

497 Vgl. Jerusalem, Soziologie.

498 Lévy-Bruhl, Denken.

499 Jerusalem, Bedingtheit, S. 186f.

janz ausführlich erörtert. Mit ihm setzte er sich in der Frage nach elementaren Differenzen der Vorstellungswelten der „Primitiven" und der „zivilisierten Kulturvölker" auseinander („Partizipation", „prälogisches Denken", „logische Geistesart"). Auf beide – Jerusalem und Lévy-Bruhl – bezog sich Harmjanz in seiner Studie ausführlich und nahm damit Kernbegriffe und Terminologien aus der völkerkundlichen und religionswissenschaftlichen Theoriebildung auf. Er setzte sich aber von der völkerkundlichen Richtung ab und entwickelte seine eigenständige Argumentation.

Im Unterschied zur Habilitationsschrift trifft allerdings der Tatbestand des Plagiats im Falle späterer Schriften von Harmjanz in vollem Umfang zu. In zwei ähnlichen Aufsätzen in den Jahren 1940 und 1941 operierte er ebenfalls zentral mit den Kategorien der „sozialen Verdichtung" und der „sozialen Aufgeschlossenheit" von Jerusalem, nahm hierbei aber nicht mehr Bezug auf die Arbeiten des 1923 verstorbenen Wiener Philosophen.[500] Mehr noch: Nun traf tatsächlich zu, was Rosenberg im Falle der Habilitationsschrift vorgehalten hatte. Harmjanz übernahm fast identisch nicht nur die Begrifflichkeiten (die er allerdings in Anführungszeichen setzte), sondern ganze Textpassagen. Damit betrieb er eine intellektuelle Enteignung; er löste die Bindung der Begriffe von der Person Jerusalems und stellte sie in den Dienst der nationalsozialistischen Ideenproduktion. So heißt es im Original Jerusalems 1909:

> „Gegenstand der Soziologie ist die zur Einheit verbundene Menschengruppe. Jede solche Gruppe ist mehr und ist etwas Anderes als die Summe der Einzelwesen, aus denen sie besteht. Es ist da immer eine überpersönliche Art von Gemeinschaft, und zwar immer eine Gemeinschaft des Zieles und des Strebens. Als sprachliche und historische Gemeinschaft tritt sie uns in der Nation, im Volk entgegen, als Rechtsgemeinschaft im Staat, als Interessengemeinschaft in den Zünften, Innungen und Vereinen, als Glaubens- und Gesinnungsgemeinschaft in der religiösen Gemeinde und endlich als ideale Kulturgemeinschaft in dem Begriff der Menschheit. [...] Durch die Gemeinschaft der Individuen entsteht etwas Neues, Ueberpersönliches, das dem Einzelwesen sich gegenüberstellt und das doch wieder durch die Arbeit der Individuen vermehrt und modifiziert wird."[501]

Bei Harmjanz wird daraus:

> „Der Mensch ist ein sozialgebundenes Wesen von Urzeiten her. Seine ihn umgebende Gemeinschaft ist eine Gruppe von Einzelwesen wie viele andere. Sie ist jedoch mehr als nur die Summe dieser Einzelwesen, weil ihre Mitglieder besondere Verbundenheiten durch gemeinsame Bande des Blutes, der Überlieferung des Raumes, des Denkens, Fühlens und Strebens unter sich besitzen. [...] Alles Werden, Verstehen, Denken, Fühlen und Handeln wird von dieser Gemeinschaft bestimmt. Die von ihr ausstrahlende Kraft bleibt für den Einzelnen die schöpferische Gestalterin und Bewahrerin seiner selbst. Durch die Gemeinschaft entsteht ein nicht Greifbares, Überpersönliches, das dem Menschen gegenübersteht, ihn bestimmt und lenkt und dabei nur durch ihn wieder entstanden ist, durch ihn ständig gemehrt und geformt wird."[502]

500 Vgl. Harmjanz, 'Bedeutung' der volkskundlichen Sach- und Geistesgüter, sowie, in weiten Teilen identisch, Harmjanz, Gemeinschaft. Es handelte sich um Zusammenfassungen der Kernargumentationen seiner Habilitationsschrift.

501 Jerusalem, Soziologie, S. 236.

502 Harmjanz, Gemeinschaft, S. 6.

Im Falle dieser Aufsätze also hatten die Weltanschauungswächter Rosenbergs erfolgreich nach einem Fehlverhalten von Harmjanz gefahndet, und hier trafen beide ihrer Vorhaltungen zu. Harmjanz verstieß gegen das Ethos wissenschaftlichen Arbeitens, weil er die Gedanken und Formulierungen anderer übernahm. Und obendrein, im Wertehorizont der NS-Wissenschaften weit gravierender: Er schrieb von einem „Juden“ ab. Während allerdings die Aufsätze im Ehrengerichtsverfahren der SS keine wesentliche Rolle spielten, konzentrierte sich das Vorgehen gegen Harmjanz auf seine Habilitationsschrift, für die der Vorwurf des Plagiats eben nicht zutraf.

Angesichts der massiven Schwierigkeiten, die sich der Nachwuchsvolkskundler bei seinen Habilitierungsversuchen einhandelte, stellt sich die Frage, ob die Qualifikation zu Beginn der nationalsozialistischen Diktatur aufgrund innerwissenschaftlicher Standards vollzogen oder ob sie aus politischen Gründen erzwungen wurde, weil Harmjanz als ehemaliger studentischer NS-Funktionär, angehender Dozent und künftiger Volkskunde-Professor gestützt werden sollte. Als Harmjanz 1959 als Lateinlehrer im Schuldienst die Versetzung in den Ruhestand beantragte, musste die Universität Frankfurt am Main seine mögliche Wiederverwendung im Universitätsdienst prüfen. Dabei wurde auch Gottfried Weber, zwischen 1930 und 1937 o. Prof. für Ältere Deutsche Philologie in Königsberg und Gutachter im Habilitationsverfahren, gehört. Weber unterstrich nachdrücklich, dass die Habilitation von Harmjanz „nicht als eine normale und ordnungsgemäße, auf wissenschaftlichen Kriterien fußende anerkannt werden kann“. Im Verfahren habe zwar der Volkskundler Walther Ziesemer zugestimmt. „Indes haben die beiden germanistischen Fachvertreter Harmjanz’ Habilitationsschrift eindeutig abgelehnt.“ Sie sei von „Seiten des Kultusministers Rust“ und „aus politischen Gründen unter Mitwirkung der nationalsozialistischen Mitglieder der Königsberger Fakultät erzwungen worden“, da Harmjanz „schon als Student von der Reichsstudentenführung der NSDAP zum Aufbau der nat. soz. Studentenorganisationen nach Königsberg entsandt“ worden sei. Als Folge „seines scharf ablehnenden Gutachtens hat unter entscheidender Mitwirkung von Harmjanz der Inhaber des neudeutschen Lehrstuhls, Professor Paul Hankamer, seinen Lehrstuhl verloren.“[503]

Quellen, die Aufschluss über ein (sehr wahrscheinliches) Engagement von Harmjanz gegen Hankamer geben würden, konnten im Rahmen dieser Studie nicht aufgefunden werden. In der Regel allerdings verfolgte er seine Widersacher mit unerbittlicher Nachdrücklichkeit.[504] Dass Harmjanz bei den Aktionen gegen

503 G. Weber an Rektor W. Hartner, 10.3.1960, UA Frankfurt a.M., Abt. 4, Nr. 1281, Bl. 15. Zu Hankamer – einem seltenen Beispiel studentischer Proteste gegen die nationalsozialistische Verfolgung eines Hochschullehres – vgl. Harms, Gegenwehr; Kunigk, Paul Hankamer. Dokumente zu Aktionen des Nationalsozialistischen Deutschen Studentenbunds gegen Hankamer Ende 1935 wegen dessen Bindungen zum Katholizismus (Solidaritätsbriefe von Studenten und Studentinnen, Korrespondenzen etc.), zum Widerstand seiner Schüler und Schülerinnen und zum Verlust seines Lehrstuhls 1936 befinden sich im Nachlass von Marie Luise Kaschnitz im Deutschen Literaturarchiv Marbach.

504 In seiner späteren Eigenschaft als Referent im REM behinderte er Studenten, die sich mit

seinen missliebigen Gutachter mitmischte, ist auch aufgrund der exponierten Rolle, die er im Nationalsozialistischen Studentenbund gespielt hatte, wahrscheinlich. Dieser organisierte die Störungen von Hankamers Vorlesungen und betrieb in seiner Zeitschrift *Der Student der Ostmark* Propaganda gegen dessen vermeintliche Rolle in der „Katholischen Aktion". Die Auseinandersetzungen endeten im Frühjahr 1936 mit der Amtsentpflichtung Hankamers. Deutliche Indizien, dass die akademische Qualifikation von Harmjanz aus politischen Gründen gewollt und durchgesetzt wurde, finden sich indes nicht nur in zahlreichen Anspielungen, sondern auch im Gutachten Gottfried Webers zur Habilitationsschrift.[505]

Ohne politischen Druck hätte Harmjanz wohl kaum sein Verfahren erfolgreich absolvieren können. Bei der Entscheidungsfindung über die Habilitationsreife von Harmjanz wirkten zwei Einflussgrößen gegeneinander. Da war auf der einen Seite der politische Wille, einem nationalsozialistisch ausgewiesenen Volkskundler die Laufbahn zu ebnen. Auf der anderen Seite orientierte sich die Kommission als Institution der (mittlerweile eingeschränkten) akademischen Selbstverwaltung an wissenschaftlichen Standards und Kriterien. Von einer in Autonomie vollzogenen Entscheidungsfindung konnte bei allem Bemühen freilich nicht die Rede sein, denn letztlich entzogen sich die Kommissionsmitglieder immer dann verbindlicher Standpunkte, wenn es um die Handlungskonsequenzen ihrer eindeutigen Positionierungen ging. Sie machten allerdings die Mängel der Arbeit unumwunden deutlich und sprachen offen aus, dass diese Defizite nicht im Einklang stünden mit den Anforderungen an eine Habilitation.

Unter den Gutachtern – der Volkskundler Ziesemer, der Soziologe Gunther Ipsen und die Germanisten Hankamer und Weber – herrschte offenbar weitgehend Konsens über die Unzulänglichkeiten der Arbeit, wobei die Akzentuierungen unterschiedlich ausfielen. Lediglich Ziesemer sah bei seinem Schüler die Voraussetzungen zur Habilitation erfüllt. Ipsen mochte den soziologischen

Hankamer solidarisiert hatten. Einen Stipendiumsantrag von Bruno Liebrucks versuchte er mit der Begründung zu verhindern: „Bruno Liebdrucks [sic] hat sich im Jahre 1936 in Königsberg für den jüdisch versippten ordentlichen Professor Dr. Paul Hankamer, der wegen politischer Unzuverlässigkeit entpflichtet werden mußte, eingesetzt [...]"; zit. n. Kunigk, Paul Hankamer, S. 772. Edda Tille-Hankamer, die Gattin Hankamers, galt als „Halbjüdin". Sie hatte sich 1925 an der Universität Köln für Germanistik (und Volkskunde) habilitiert.

505 Abschrift „Gutachten über Harmjanz, 'Volk, Mensch und Ding'", unsigniert und undatiert [1935], Nl Marie Luise Kaschnitz, Deutsches Literaturarchiv Marbach. Harms, Gegenwehr gibt als Autor Paul Hankamer an. Dies kann jedoch nicht sein, da im Text angemerkt wird „wie ebenfalls Herr Ipsen und außerdem Herr Hankamer schon vorweggenommen haben". 1960 weist Hankamers ehemaliger Fakultätskollege Weber in einem Schreiben an den Frankfurter Universitätskurator daraufhin, im Königsberger Verfahren „Harmjanz' Habilitationsschrift in der damals vorgelegten Form deutlich abgelehnt" zu haben. Am Schluss seines Gutachtens habe er aber die Empfehlung ausgesprochen, Harmjanz möge seine Kenntnisse der Germanistik in einem Studium bei Arthur Hübner vervollständigen. Brief G. Weber an den Universitätskurator, z.Hd. von Herrn Assessor Strobel, UA Frankfurt a.M., Abt. 4, Nr. 1281, Bl. 28. Dies ist identisch mit dem Schluss des im Konvolut Hankamer liegenden Gutachtens, das demzufolge also von Weber stammen muss.

Aspekten folgen, störte sich aber an mangelnder Geschlossenheit und Schlüssigkeit der Argumentationsführung. Dagegen wogen die Bedenken der beteiligten Philologen am schwersten. Sie vermissten eine angemessene Würdigung der Impulse der Germanistik für die Volkskunde und sahen elementare Darstellungsprobleme. Zwei Hinweise legen nahe, dass es sich um kein „normales" Verfahren handelte. Zum einen ist im Gutachten Webers davon die Rede, dass der Dekan die Schlüsse aus den gutachterlichen Befunden ziehen und damit die Verantwortung für die vorgenommenen Bewertungen übernehmen müsse. Zum anderen dokumentiert der letzte Satz des Gutachtens, dass Druck aus dem REM einen Normalablauf des Verfahrens verhinderte: „Wenn nicht zufolge dem Wunsche des Herrn Ministers nach einer Beschleunigung des Habilitationsverfahrens die Zeit drängte, würde ich außerdem vorschlagen, noch ein Gutachten Arthur Hübners über die Harmjanzsche Arbeit einzuholen."[506]

In dem Gutachten von Weber wurden elementare Zweifel geäußert, ob die vorgelegte Arbeit den wissenschaftlichen Standards einer Habilitationsschrift genüge. Herausgehoben wurde lediglich ein Positivum – „eine echte, in diesem Ausmaß nicht allzu häufige innere Anteilnahme am Gegenstande und eine außerordentliche Arbeitsenergie, die eine reiche Fülle neuer Einzelbeobachtungen gezeigt haben [...]". Demgegenüber wiege allerdings ungleich schwerer, „daß in der Durchführung der Gedanken m.E. bisher in keinem in sich geschlossenen Teil ein druckfertiges Stadium erreicht ist". Im Urteil des Gutachters korrespondierte das ausgeprägte Autorenbewusstsein von Harmjanz keinesfalls mit dessen Fähigkeit zur wissenschaftlichen Durchdringung des Stoffes. Er sah in der Positionierung gegen Hans Naumann „angesichts des Zustandes der gegenwärtig gedruckten Volkskundeforschung eine schöne Selbstgewißheit und den entschlossenen Willen zu radikaler Neugestaltung". Dieser Wille gehe allerdings keinesfalls einher mit einer hierfür notwendigen Solidität in der Literaturkenntnis. So übersehe Harmjanz die Arbeiten „der ausgedehnten und bedeutenden Berliner Volkskundeschule Arthur Hübners, die seit langem für Naumanns überspitzte und leichtsinnige Konstruktionen im wesentlichen nur ironische Ablehnung übrig hat [...]." Überhaupt vermisse er „die Fähigkeit, wesentliche und unwesentliche wissenschaftliche Persönlichkeiten und Publikationen in Vergangenheit und Gegenwart voneinander zu scheiden und entsprechend zu werten" und führt das Beispiel von „Gelehrten xten Ranges wie Lutz Mackensen und Friedrich Maurer" an, denen eine „überspannte Deutung zugemessen" werde.

Während Ipsen wichtigen Abschnitten der Arbeit die Druckreife anerkannte, war Weber anderer Ansicht. Nach „einer 500 Seiten langen umfassenden wesentlich zerstörenden Arbeit gelangt Herr Harmjanz zu der Begriffsbestimmung der Volkskunde als der Wissenschaft von der 'menschlichen Einheit durch Erleben, die je und je durch Raum und Zeit in dem von uns gegebenen Sinn modifiziert

506 Die folgenden Zitate aus der Abschrift von Gottfried Webers „Gutachten über Harmjanz, 'Volk, Mensch und Ding'", undatiert [1935], Nl Marie Luise Kaschnitz, Deutsches Literaturarchiv Marbach.

ist'". Diese Bestimmung könne zwar nachvollzogen werden, aber sie befinde sich „doch eben erst auf einer zarten embryonalen Stufe". Harmjanz versäume es, die eigentlichen „Gegenstände und Erscheinungsweisen jener völkischen Erlebniseinheit" zu untersuchen. Besonders vermisse er die Erörterung von religiösen und künstlerischen „Lebensäußerungen". Dabei gehe es nicht „um die Frage der Christentumsfreundlichkeit oder -feindlichkeit eines Forschers", sondern um die Prägekräfte des Religiösen. Ebenso vernachlässige Harmjanz Schnittfelder der zeitgenössischen Germanistik und der Volkskunde, ja es erweise sich eine „leider sehr bedenkliche Rückständigkeit sämtlicher Harmjanzscher Äußerungen zu literaturhistorischen und ästhetischen Problemen des Mittelalters und der Neuzeit wie auch zu sprachwissenschaftlichen und mitunter selbst mundartlichen Dingen." Noch schwerer wiege unterdessen, dass „Herr Harmjanz in seiner doch umfassend gedachten und angelegten Wesensbestimmung der Volkskunde an dem für seine schöne Zielsetzung doch so unabweisbaren Problem der historisch-genetischen und wesenmäßigen Erhellung der Begriffe 'Deutsch' und 'Germanisch' vorübergegangen ist." So gelangte Weber zu dem Fazit: „Als Ganzes dünkt mir die Arbeit zwar durch ihre sinnvolle Verbindung von Wissenschaft und Leben auf dem rechten Wege zu sein, um die hohen Anforderungen, die jüngst Seine Magnifizenz als Ziel erneuerter Geisteshaltung wiederum aufgestellt hat, zu entsprechen. Zufolge der ihr indes jetzt noch anhaftenden Mängel genügt sie diesen Anforderungen m.E. heute noch nicht. Ob die notwendigen Umgestaltungen vor oder nach erfolgter Habilitation vorzunehmen sind, entscheide der Herr Dekan." Weber schloss mit einem Seitenhieb auf die weltanschauliche Position von Harmjanz und legte ihm nahe, „seine Vorstellungen von Germanistik und den Überschneidungsgebieten von Volkskunde und Germanistik bei Gelehrten wie Hoefler und Fricke in Kiel – um nur Männer zu nennen, die der Weltanschauung des Verfassers entsprechen – zu berichtigen und zu vervollständigen, desgleichen sich die Kenntnis der Berliner Volkskunde Arthur Hübners und seiner Mitarbeiter anzueignen".

Hier steht also der Wunsch des Ministers nach Beschleunigung (respektive: Vollzug) des Verfahrens der Entscheidungsfindung des Gremiums entgegen. Die Verteidigung wissenschaftlicher Autonomie vor politischem Zugriff misslang. Die Frage der Behauptung der Universität gegen die nationalsozialistische Gleichschaltung im Jahre 1935 kann so oder so interpretiert werden. Das Beispiel Harmjanz zeigt, dass ein Kandidat durchgedrückt wurde, wenn ein politischer Wille hierzu vorhanden war. Und der Fall Hankamer legt nahe, wie drastisch die Folgen eines Widerstandes gegen dieses Bestreben ausfallen konnten. Eine umgekehrte Lesart rückt allerdings in den Vordergrund, wie schwer es politischen Instanzen auch 1935 noch fiel, sich über innerwissenschaftliche Gremien und Regeln hinwegzusetzen – wenn denn auf diese insistiert wurde. In der Tätigkeit des Gremiums selbst wurde offenbar weder die politische Vita des Kandidaten noch seine ideologische Positionierung thematisiert. Es blieb hier bei kleinen Seitenhieben. Ansonsten wurde die Auseinandersetzung nur auf wissenschaftlicher Ebene ausgetragen. Die Gutachter hatten eine Bewertung vorgenommen, die daraus zu ziehenden Schlüsse aber anderen Gremien überantwortet. Das

Verfahren war noch nicht vollständig ausgestanden, da stürzte sich Harmjanz bereits in neue Machenschaften und hielt sich für seine Antrittsvorlesung im April 1935 an den Arbeiten seines Institutskollegen Riemann schadlos. Gottfried Weber merkte 1960 an, die Arbeit von Harmjanz sei „nach der Habilitation völlig umgearbeitet worden und in dieser umgearbeiteten und verkürzten Form im Druck erschienen. Selbst in dieser Gestalt würde sie nicht als ausreichende Qualifikation zur Habilitation angesehen werden".[507] Die Gutachter hatten dem Habilitanden einen langen Katalog aus Mängeln und Unzulänglichkeiten vorgehalten. Hinweise, dass den Gutachtern der Umgang von Harmjanz mit als „jüdisch" klassifizierten Autoren, die im Nationalsozialismus nicht mehr als gleichberechtigte Teilnehmer der akademischen Kommunikation betrachtet wurden, missfallen hätte, gibt es nicht.

Es geht hier nicht um die Bewertung der Positionen des stramm nationalsozialistischen Königsberger Habilitanden, sondern darum, ob er zu diesen mit Hilfe wissenschaftlich illegitimer Mittel gekommen war bzw. der Vorwurf Rosenbergs zutraf, plagiatorisch von jüdischen Wissenschaftlern abgeschrieben zu haben. Dies verweist wiederum auf die Frage, unter welchen Möglichkeitsbedingungen die Habilitationsschrift in der Anfangsphase nationalsozialistischer Herrschaft entstand und ob sie unter Einhaltung von Regeln erarbeitet wurde, die auch vor und nach dem Nationalsozialismus Bestand hatten.[508] Dies ist – wenn nur die publizierte Schrift selbst besehen wird – offenkundig der Fall. In jedem Fall musste für Harmjanz ein grundsätzliches Problem entstehen, wenn er sich mit Freud oder Lévy-Bruhl beschäftigte, da zwangsläufig zwei in höchstem Maße unantastbare Bereiche, die in seiner Persönlichkeit einen zentralen Stellenwert einnahmen, miteinander in Kollision gerieten. Zum einen diktierte der wissenschaftliche Ehrenkodex, die Kriterien von Transparenz und Nachvollziehbarkeit einzuhalten und die Herkunft von Begriffen, Gedanken und Zitaten auszuweisen. Auf der anderen Seite musste es der Ehrenkodex eines explizit nationalsozialistischen Volkskundlers verbieten, jüdischen Wissenschaftlern überhaupt auf gleicher Augenhöhe zu begegnen. Hier also traten zwei selbstverpflichtende Konventionen miteinander in Widerspruch. Harmjanz konnte diesen Widerspruch nur lösen, indem er etwas aufspaltete, das eigentlich von seinem Selbstverständnis her gar nicht auseinander zu dividieren war - nationalsozialistischer Wissenschaftler zu sein.

Welche Handlungsmöglichkeiten gab es in den Anfangsjahren der nationalsozialistischen Diktatur für den Umgang mit jüdischen Autoren in wissenschaftlichen Schriften?[509] Welche Regeln, Selbst- und Fremdzwänge waren wirksam? Wie hatte sich ein junger, um Qualifikation bemühter Nachwuchswissenschaftler zu verhalten? Schließlich stand nach 1933 bei dieser Qualifikation nicht mehr

507 G. Weber an Rektor W. Hartner, 10.3.1960, UA Frankfurt a.M., Abt. 4, Nr. 1281, Bl. 15.

508 Die Anmerkung im Literaturverzeichnis, nach der alle nach dem 5. November 1934 erschienene Literatur nicht mehr berücksichtigt werden konnte, weist auf das Ende der Entstehungszeit hin; vgl. Harmjanz, Volk, S. 182.

509 Für Hinweise Dank an Michael Grüttner. Allgemein zum Umgang mit jüdischen Wissenschaftlern nach 1933 siehe auch Heiber, Universität, S. 225-242.

nur die wissenschaftliche Leistung, sondern zunehmend die politische Zuverlässigkeit des Habilitanden zur Diskussion. Musste er Beeinträchtigungen seines beruflichen Werdegangs befürchten, wenn er Wissenschaftler jüdischer Herkunft im akademischen Umgang nach Gleichheitsgrundsätzen behandelte? Oder galt gerade das Gegenteil: Wurde seine Schrift von älteren Hochschullehrern anders beurteilt, wenn er Literatur „jüdischer" Autoren ausblendete, die für die Erörterung seines Themas unabdingbar war? Es geht hier um ein Handlungsfeld, das lange Zeit frei blieb von verbindlichen Reglementierungen. Der stärkste staatliche Eingriff in die Wissenschaftssphäre – das Gesetz zur Wiederherstellung des Berufsbeamtentums von 1933 – traf vor allem jene Wissenschaftler, deren Herkunft als „jüdisch" klassifiziert wurde.[510] Angesichts des massiven Einbruchs in die bislang verbindlichen Konventionen akademischen Umgangs fiel die Reaktion der Hochschullehrer auf die Berufsverbote für „nichtarische" Kollegen mindestens zurückhaltend aus. Widerstand gegen die nationalsozialistische Okkupation erschöpfte sich in der Regel in privat kultiviertem Unbehagen. Wenn „jüdischen" Wissenschaftlern in der Regel auch schon vor 1933 ein informeller Außenseiterstatus im akademischen Milieu zugewiesen worden war, so musste doch die nun auch juristische Inkriminierung „nichtarischer" Wissenschaftler massive Verhaltensunsicherheiten provoziert haben, berührte dies doch die elementaren Wertegrundlagen wissenschaftlichen Arbeitens.

Nach der Vertreibung jüdischer Wissenschaftler aus den Universitäten stellte sich nicht nur die Frage, wie mit ihnen als Personen privat und öffentlich umzugehen sei. Ungeklärt schien auch, ob die Auseinandersetzung mit ihrer intellektuellen Arbeit verbindlich geregelt werden musste. Während die traditionellen akademischen Eliten, die gleichermaßen in Distanz zur Weimarer Republik wie auch zur nationalsozialistischen Bewegung standen, hier die bisherigen Konventionen im akademischen Austausch von Gedanken und Argumenten als weiterhin verbindlich erachteten und auch der Staat (noch) keinen Anlass zum Handeln ausmachte, wurde Regelungsbedarf zuerst von der politisch aktiven Studentenschaft angemeldet. Hier war die Bereitschaft zur Hinwendung zum Nationalsozialismus immens höher als unter den Hochschullehrern.[511] Erste Initiativen zur „Reinigung" der akademischen Sprache kamen folgerichtig nicht von Staats wegen. In der *Frankfurter Zeitung* verwies Bernhard Diebold im Mai 1933 auf die Versuche der deutschen Studentenschaften, die Eliminierung fremder Einflüsse aus der deutschen Sprache voranzutreiben und rief die Thesen der deutschen Studentenschaft in Erinnerung, „die da lauten: These 5: 'Schreibt der Jude deutsch, dann lügt er.' These 7: 'Wir fordern von der Zensur: Jüdische Werke erscheinen in jüdischer Sprache. Erscheinen sie in Deutsch, sind sie als Uebersetzung zu kennzeichnen.'" Bei dem Autor der *Frankfurter Zeitung* erntete die Initiative zur Sprachsäuberung zu diesem Zeitpunkt Verständnislosigkeit. Noch voll des Glaubens an die Überzeugungskraft rationaler Argumente suchte er der Macht des Irrationalen mit philologischer Rationalität zu begegnen und

510 Zu seinen Auswirkungen vgl. Grüttner/Kinas, Vertreibung.
511 Grüttner, Machtergreifung.

verwies darauf, dass die jüdische Sprache keinerlei nationalkulturelle Bedeutung besitze: „Warum soll der deutsche Jude hebräisch schreiben, wo er doch weder hebräisch denkt noch schreibt noch sprechen kann? Warum soll er nicht deutsch schreiben, wenn seine Ahnen seit Jahrhunderten in deutschem Land geboren wurden und deutsche Sprache sprechen?“[512]

Hier wurde also eine neue Verhaltensanforderung generationell unterschiedlich beantwortet. Ältere Wissenschaftler tendierten zur Beibehaltung der bislang gültigen Konventionen. Der akademische Nachwuchs dagegen nahm den Anpassungsdruck einer politisierten Universität bereits vorweg und reklamierte neue Verhaltensdirektiven. So war die Auseinandersetzung mit „jüdischen“ Autoren im Zeitraum, da Harmjanz an seiner Studie arbeitete, weniger durch Fremdzwänge und sehr viel stärker durch Selbstzwänge reguliert. Im Umgang mit Schriften „jüdischer“ Autoren konnte noch nach einer gewissen Beliebigkeit verfahren werden. Entsprechend haftete auch dem politischen Vorwurf, „jüdische“ Autoren zu zitieren oder gar zu würdigen, in den ersten Jahren des NS-Regimes die Macht des Zufälligen an. Er schien dann aktiviert zu werden, wenn etwas gebraucht wurde. Die Zitation von Schriften „jüdischer“ Wissenschaftler wurde mal skandalisiert oder sanktioniert, mal nicht. Sie war in jedem Fall nicht justitiabel. Erst während der zweiten Hälfte der 1930er Jahre wurde der Ruf nach strikterer Kennzeichnung lauter, und das REM reagierte auf der Ebene von Dissertationen mit dem Zwang, „deutsche“ und „jüdische“ Autoren sprachlich zu selektieren.[513] Unter „4. Zitieren jüdischer Verfasser“ forderte der Amtliche Erlass 563 des REM vom Oktober 1939, „dafür Sorge zu tragen, daß ein Zitieren jüdischer Autoren niemals erfolgt, ohne daß eine besondere Kennzeichnung der Autoren als Juden vorgenommen wird. Im übrigen dürfen jüdische Autoren nur dann zitiert werden, wenn es aus Gründen wissenschaftlicher Korrektheit unbedingt erforderlich ist. In der Literaturzusammenstellung sind die Juden von deutschen Autoren getrennt aufzuführen.“[514]

Harmjanz hatte für seine Habilitationsschrift unterschiedliche Handlungsoptionen. Es wäre möglich gewesen, die Schriften „jüdischer“ Autoren ganz einfach zu ignorieren, ihre Begriffe zu enteignen und sie in sein eigenes Vokabular zu transformieren, um seine Argumentation als originär zu suggerieren. Er hätte auch die Literatur aus der Psychologie, Ethnologie und Sexualforschung aufgreifen können, um die Arbeiten sodann als „jüdisch“ zu etikettieren und zu inkriminieren. All das hat er nicht getan. Stattdessen ist er den Wissenschaftlern als gleichberechtigten Teilnehmern im akademischen Diskurs begegnet. Darüber, warum die Vorwürfe des „Amtes Rosenberg“ dennoch so viel Gewicht besaßen, dass Harmjanz allen Entscheidungen vorgriff und sich weiteren Kalamitäten durch seine Meldung zur Wehrmacht entzog, informieren die Akten nicht.

512 Diebold, Olympia.

513 Vgl. auch König, Dinge; Jung, Judenstern.

514 Amtlicher Erlass 563. Promotionsverfahren vom 20.10.1939 (WA 2036 WE), in: Deutsche Wissenschaft, Erziehung und Volksbildung 5, 1939, S. 534.

Die facettenreiche Karriere des Volkskundlers Harmjanz war unmittelbar an die Bedingungen der nationalsozialistischen Gesellschaft gebunden. Sie begann mit ihrem Anfang und endete noch vor ihrem Untergang. Er war als Student zum nationalsozialistischen Politaktivisten geworden. In Königsberg fand er zur Volkskunde und in Walther Ziesemer einen vergleichsweise unpolitischen Lehrer, der sein wissenschaftliches Potenzial über die Maßen hoch einschätzte. Die Volkskunde präsentierte sich als Fach, in dem er offenbar alle seine Anliegen - Wissenschaft, Weltanschauung und Politik - wiederfand. Im Gegensatz zu seinen späteren Kontrahenten aus dem „Amt Rosenberg“ stellte er sich den Anforderungen wissenschaftlicher Qualifikation und wagte sich an eine ambitionierte Habilitationsschrift. Ihre wissenschaftstheoretische Fragestellung lag nicht gerade im Mainstream von NS-Konjunkturthemen der Volkskunde. Die Gutachter wurden in dem Verfahren den Zwängen ausgesetzt, einerseits eine innerwissenschaftliche Entscheidungsfindung zu verantworten und andererseits dem Druck der NS-Ministerien und einer Universität standzuhalten, die eben im Begriff war, „die Umgestaltung der Universität aus dem Erlebnis und aus dem Geist des Nationalsozialismus heraus weiterzuführen“.[515] Trotz aller gutachterlichen Zweifel wurde Harmjanz die Habilitationsreife zuerkannt. Aufgetragen war ihm allerdings die grundlegende Überarbeitung und Kürzung seiner Studie, die er 1936 vorlegte. Harmjanz konnte danach Wissenschaft und Politik auf eine für ihn ideale Weise miteinander verbinden und vermochte durch die Akkumulation von wissenschaftspolitischen Ämtern Einfluss auszuüben, der weit über seine eigene Disziplin hinauswies.

Sein Engagement zeichnete sich aus durch Opportunismus, rücksichtslose Bekämpfung wissenschaftlicher und politischer Gegner, strategische und organisatorische Fähigkeiten und ambitionierte Qualitätsprogrammatik. Bei alldem tendierte seine eigene wissenschaftliche Aktivität immer mehr gegen Null; nach seiner Königsberger Habilitation lieferte er keine innovativen Beiträge mehr zur volkskundlichen Theoriebildung. Gerade das Beispiel der Bemächtigung des ADV zeigt, dass er hier kein wissenschaftliches, sondern lediglich ein wissenschaftspolitisches und strategisches Interesse verfolgte. Mit seinen Begabungen und Orientierungen hätte er in allen Gesellschaftssystemen des 20. Jahrhunderts Wissenschaft betreiben können. Aber durch den Anpassungsdruck der nationalsozialistischen Gesellschaft auf die Sphäre der Wissenschaft wurde er besonders begünstigt. Die spezifischen Bedingungen, unter denen im Nationalsozialismus Wissenschaft betrieben wurde, unterstützten einerseits den bemerkenswerten Verlauf seiner Karriere und andererseits den nicht minder bemerkenswerten Sturz.

Die Habilitationsschrift von Harmjanz in ihrer gedruckten Fassung zählt zu den wenigen Ausnahmen in der Vita von Harmjanz, wo er jenseits von politischem Bekenntnispathos, Ideologieproduktion und strategischem Politkalkül seriöse Wissenschaft betrieb. Und ausgerechnet diese Arbeit leitete seinen tiefen Fall ein. Die Gesinnungswächter des „Amtes Rosenberg“ hätten viel

515 Albertus-Universität Königsberg/Pr., Verzeichnis, S. 3.

gegen Harmjanz vorbringen können. Was sie skandalisierten – das Plagiat von „jüdischen" Autoren – stimmte ohnehin nicht. Vom Vorwurf stimmte nur die Hälfte: Harmjanz hatte nicht von „jüdischen" Autoren abgeschrieben, er hatte sie nur als „ganz normale" Wissenschaftler zu Wort kommen lassen. Eigentlich anstößig an der Druckfassung der Harmjanzschen Schrift war die Einhaltung des wissenschaftlichen Reglements im Falle „anormaler" Wissenschaftler und damit die Nichtbeachtung nationalsozialistischer Grundsätze. Damit hatte er den größtmöglichen Verrat begangen am sakramentalen Kern völkischen Denkens: Er hatte die Vermischung „jüdischer" und „arteigener" Gedanken ermöglicht und damit das Virginitätsgebot völkischer Ideologie verraten. Harmjanz hatte „arische" und „jüdische" Wissenschaftler gleich behandelt und damit drohte der Eindruck, sie seien verwechselbar und austauschbar. Und dies war nicht der Fall bei einem ganz normalen Wissenschaftler, sondern bei einem exponierten NS-Wissenschaftspolitiker, von dem „Amt Rosenberg" wie „SS" erwarten durften, dass er das verkörperte, was beide jenseits aller Differenzen verband: unbedingter Antisemitismus.
Harmjanz verbrachte die restlichen Kriegsjahre ohne größere Gefährdungen und verrichtete Dienst bei der Flakartillerie in Berlin-Ruhleben. Der stets zuverlässige Geschäftsführer des „Ahnenerbe" Wolfram Sievers vergaß seinen Kameraden nicht und schickte auch während des Ehrengerichtsverfahrens im Mai 1944 Geburtstagsgrüße: „Dich zu Deinem heutigen Geburtstage zu beglückwünschen, gleichzeitig auch im Namen aller Kameraden und Mitarbeiterinnen des Amtes 'Ahnenerbe', ist mir eine ganz besondere Freude und kameradschaftliche Pflicht. Wohin Dich immer Dein soldatischer Einsatz führen möge, soll er stets von Erfolg begleitet sein. Mögest Du immer unversehrt daraus hervorgehen."[516] Seine Professur in Frankfurt am Main hielt er offiziell noch inne und verlor sie erst nach Kriegsende. Alle Versuche, wieder als Volkskundler an die Universität zurückzukehren, scheiterten. Allerdings war eine Tätigkeit als Lateinlehrer im Schuldienst Niedersachsens möglich. In der Nachkriegsvolkskunde spielte Harmjanz keine Rolle mehr.

Die Arbeiten am ADV waren mittlerweile eingestellt. 1939 erschien die letzte der sechs Lieferungen. Von weiteren Kartenpublikationen wurde genauso abgesehen wie von der Realisierung jener Ankündigungen, die Harmjanz 1937 gemacht hatte. Seit 1939 befanden sich das wissenschaftliche Material, die technische Ausrüstung sowie die Bibliothek des ADV in Frankfurt am Main. Die einstige Forschungsstätte wurde von Erna Andersen, der Frankfurter Sekretärin von Harmjanz, verwaltet. Sie meldete der DFG die Schäden, die durch Fliegerangriffe auf Frankfurt im März und September 1944 entstanden:

> „Im Auftrage von Herrn Prof. Dr. Harmjanz, der sich zur Zeit bei der Wehrmacht befindet, übersende ich in der Anlage die Zusammenstellung über die Fliegerschäden an den Leihgaben der Deutschen Forschungsgemeinschaft. In Ergänzung unseres Schreibens vom 28. Juni teile ich mit, dass bei dem Luftangriff auf Frankfurt am Main am 12. September ds. J. auch die neuen Institutsräume, Bockenheimer Landstraße 104, vollständig vernichtet wurden.

516 W. Sievers an H. Harmjanz, 22.5.1944, BAB, NS 21/49.

> Dabei sind, wie aus der Aufstellung ersichtlich, die gesamten Einrichtungsgegenstände des Atlas der deutschen Volkskunde und die Bibliothek in Verlust geraten."[517]

Das wissenschaftliche Archiv jedoch blieb nahezu unversehrt und war im Frühjahr 1944 in den Vogelsberg nach Birstein verbracht worden.[518]

## 11. ZENTRUM ODER PERIPHERIE? DIE VOLKSKUNDE IM NATIONALSOZIALISMUS ZWISCHEN INTEGRATIONSWISSENSCHAFT UND NISCHENDISZIPLIN

Aufgrund der offenkundigen Übereinstimmung von Themen, Kernbegriffen und Denkstilen nationalsozialistischer Weltanschauung und volkskundlicher Wissensbestände scheint es plausibel, dass die Volkskunde im Nationalsozialismus zu einem geisteswissenschaftlichen Konjunkturfach avancierte. Kaum ein zeitgenössischer Volkskundler brachte das Jahr 1933 nicht in Zusammenhang mit einer Aufwertung des Faches. Andere knüpften, wie Heinrich Harmjanz, den Status einer eigenständigen Wissenschaft an die Bedingungen der nationalsozialistischen Gesellschaft: „Erst der Umbruch nach 1933 in Deutschland half auch ihr den Weg zu bahnen."[519] Die Mobilisierung der jungen Disziplin um 1933 ist auf vielen Ebenen zu konstatieren, und sie vollzog sich in zweierlei Richtungen: als interessengeleiteter Zugriff von Partei und Staat auf ein wissenschaftliches Fach einerseits und andererseits als „Selbstmobilisierung" dieser Disziplin, die nicht nur in Randbereichen, sondern in ihrer Mitte schon lange vorher latente und offene Affinitäten zu völkischen Ideologemen besaß. Diese Mobilisierung artikulierte sich in der Bereitschaft führender Fachvertreter wie John Meier oder Adolf Spamer, den politischen Rückenwind für Ausbau und Festigung der wissenschaftlichen Volkskunde zu nutzen. Tatsächlich schien nun möglich, was bereits lange angestrebt wurde: Die Volkskunde etablierte sich nach 1933 als eigenständiges Fach an den Universitäten, wovon, wie Martin Wähler 1934 skizzierte, die wissenschaftliche Eigenständigkeit profitierte. Allerdings erhielt sie diese nicht aus innerwissenschaftlichen Gründen, sondern weil sie als anwendungsorienierte Disziplin nun mehr gefragter war denn je: „Es ist notwendig, die Volkskunde aus dem Gefolgschaftsverhältnis zu einem anderen Fach zu befreien und ihr einen weiteren Aufgabenkreis zuzuweisen. Es empfiehlt sich aus politischen und volkserzieherischen Gründen, mit ihr die Lehre vom Volk und Volkstum zu verbinden und damit weiteste und tiefste Einsicht in die Volkseigenart zu gewinnen."[520] Wegen der Verankerung in der Heimatbewegung und ihrer Lebensnähe entfaltete sie große Anziehungskraft für kulturpolitische Offensiven und praktische Volkstumsaktivitäten des Nationalsozialismus. Über-

517 E. Andersen an die DFG, 6.12.1944, BAK, R 73/11492.

518 Vgl. die Lageberichte von Erna Andersen von 1943 bis 1945 an die DFG; BAK, R 73/11492.

519 Harmjanz, Deutsche Volkskunde, S. 284.

520 Wähler, Volkskunde.

haupt schien sie in ihrer doppelten Ausprägung als „wissenschaftliche“ und als „angewandte“ Volkskunde und obendrein als disziplinär offenes Fach bestens die Integrationsbemühungen für die nationalsozialistische Vision einer „arteigenen“ „Volksgemeinschaft“ und die zweck- und wertgebundene Wissenschaftsauffassung im Nationalsozialismus zu bedienen.

Die Feststellung einer im Fall der Volkskunde offenkundigen Identität von Ideologie und Wissenschaft birgt die Gefahr, Widersprüche, Differenzierungen und Periodisierungen, die in der volkskundlichen Fachgeschichte im Nationalsozialismus zu vermerken sind, zu übersehen.[521] Vieles von dem, was nach 1933 unter den Bedingungen der nationalsozialistischen Gesellschaft vollzogen oder ausgeweitet wurde, hatte sich lange schon abgezeichnet. Die Großprojekte und Sammlungen der Volkskunde starteten in der Regel bereits in der Weimarer Republik, sodass hier die Notgemeinschaft den Übergang des Faches in seine Institutionalisierungsphase ermöglicht hatte. Ohnehin: Ein Konjunkturfach war die Volkskunde aufgrund ihrer Anwendungsorientierung und ihrer Lebensnähe auch schon in den Krisenjahren vor 1933 geworden.

Die institutionelle Etablierung an den Universitäten und Lehrerbildungsanstalten korrespondierte freilich nur bedingt mit jenen Intentionen, die auch an den ADV geknüpft waren: der Ausbildung volkskundlicher Disziplinarität. Die Volkskunde wurde jetzt zwar ein institutionell eigenständiges Fach, das universitär nicht mehr nur als Appendix der Germanistik verhandelt wurde. „Volkskunde“ geriet nach 1933 allerdings zu einem nicht präzise definierten wissenschaflichen Feld, auf dem die Grenzen in zweierlei Hinsicht offen und durchlässig wurden. Zum einen verschob sich die Beziehung zwischen „angewandter“ und „wissenschaftlicher“ Volkskunde. Zum anderen wurde „Volkskunde“ zu einem konjunkturell begünstigten Markennamen, der nicht zwingend an spezifische disziplinäre Theoriebestände und akademische Sozialisationsmuster gebunden war. Die disziplinären Grenzen verschwammen. Volkskundler konnte im Nationalsozialismus jeder sein, der es sein wollte, sich dazu ernannte und zu volkskundlichen Themen arbeitete. Volkskunde firmierte jetzt als Sammelbegriff, unter dem sich auch andere Volksforscher engagierten. Soziologen wie Max Hildebert Boehm oder Max Rumpf näherten sich dem Fach. Ehemalige Theologen wie Eugen Mattiat konnten aufgrund ihres politischen Engagements ohne akademische Qualifikationen volkskundliche Lehrstühle erhalten. Volkskunde, eben noch um disziplinäre Eigenständigkeit bemüht, wurde zu einem nur vage abgegrenzten Betätigungsfeld von „Volkheitskundlern“ wie Hans Hahne in Jena oder Religionswissenschaftlern und Urgeschichtlern wie Edmund Mudrak. Die Mythomaschinerie des Nationalsozialismus ließ aus geisteswissenschaftlichen Autodidakten wie Karl von Spieß ernsthaft gehandelte Kandidaten für renommierte Volkskunde-Lehrstühle (wie 1936 in Berlin) werden. Unterdessen blieb auffällig vielen Nachwuchswissenschaftlern aus der Generation derjenigen, die

521 Vgl. u.a. Bausinger, Volksideologie; Emmerich, Kritik; die Beiträge in Jacobeit/Lixfeld/Bockhorn (Hg.), Wissenschaft; Gerndt, Deutsche Volkskunde und Nationalsozialismus; Deißner, Volkskunde.

mit ersten eigenständigen volkskundlichen Habilitationen die Akademisierung gestützt hatten, der Weg in die universitäre Wissenschaft versperrt oder sie hatten sich während des Nationalsozialismus mit Dozenturen und ungesicherten Arbeitsverhältnissen abzufinden. Karl Meisen erhielt wie Rudolf Kriss und Will Erich Peuckert Lehrverbot. Gegen Richard Beitl wurden bei Stellenbesetzungen immer wieder politische Bedenken angeführt. Stattdessen wurde die universitäre Volkskunde alsbald tendenziell von Wissenschaftlern bevölkert, die nicht die Akademisierung des Faches getragen hatten, sondern als politische Günstlinge oder Konjunkturritter zu Amt und Würden kamen: Gustav Bebermeyer (Tübingen) neben Mattiat (Göttingen) etwa. Andere aus der ersten Generation volkskundlicher Habilitanden wurden in den Auseinandersetzungen der NS-Organisationen zerrieben. Der Fall von Harmjanz wurde ausführlich geschildert. Karl Kaiser[522] verwandelte sich von einem aussichtsreichen Nachwuchswissenschaftler zu einem unverbrämten NS-Ideologen, wobei seine Radikalisierung durch die Bindungen an das „Amt Rosenberg“ forciert wurde; diese Bindung machte eine akademische Karriere unmöglich. Somit präsentiert sich ein ambivalentes Gesamtbild: Institutionell wurde die universitäre Volkskunde gestärkt; dies wurde jedoch nicht mit den Trägern volkskundlicher Theoriebildung der 1920er Jahre vollzogen. Hinzu trat das Paradoxon, dass vordergründig die wissenschaftliche Volkskunde durch ihre universitäre Etablierung gestärkt wurde. Gleichzeitig jedoch bedeutete die ideologische Überwachung und Funktionalisierung des Faches für politische Zwecksetzungen den Verlust jener Pluralität und Differenzierung, die in den 1920er Jahren erreicht wurde. Mithin diagnostizierte Vera Deißner eine umfassende „Entwissenschaftlichung“ der Disziplin.[523]

Die Periodisierung, die sich in der Geschichte des ADV durch die Leitungswechsel 1934 und 1937 aufdrängt, markiert zentrale Funktionalisierungen der Volkskunde im NS-System. Die Jahre zwischen 1934 und 1937 standen vehement unter dem Eindruck einer Nazifizierung des wissenschaftlichen Unternehmens. Während es Adolf Spamer um die Realisierung seiner volkspsychologischen Ansätze und um die institutionelle Zentralisierung in einem künftigen „Reichsinstitut“ für Volkskunde ging, war der ADV in den Einflussbereich von Eduard Wildhagen und der Rosenberg-Volkskunde gelangt. Nun sollten zumindest im fünften Fragebogen wesentliche Prämissen nationalsozialistischer Wissenschaftsauffassung umgesetzt werden: der Rassegedanke und die Volkscharakterkunde. Hier erscheint der ADV als Experimentierfeld für forschungspraktische Bemühungen im Sinne nationalsozialistischer Wissenschaft. Er fungierte als wissenschaftlicher Ort der Ideologieproduktion und folgte damit dem in den ersten Jahren des NS-Systems gefragten Bedarf nach wissenschaftlichen Beiträgen zur „Volkwerdung“ bzw. zur Selbstreflexion einer nationalsozialistischen Gesellschaft.

Dies änderte sich mit der Übernahme des ADV durch Harmjanz 1937 und seiner Angliederung an das SS-„Ahnenerbe“ 1938. Jetzt verlor der innerwis-

522 Kaiser habilitierte in Germanistik.
523 Deißner, Volkskunde, S. 233.

senschaftliche Stellenwert des Großprojektes massiv an Bedeutung; der ADV fungierte primär nur noch als institutionelles Kapital, mit dem sich wissenschaftspolitische Macht festigen und ausbauen ließ. Weder fanden neue Erhebungen statt, noch wurden die erarbeiteten Ergebnisse offensiv der wissenschaftlichen Auswertung zugeführt. Genauso wuchtig, wie das politische Pathos zur Würdigung des ADV als Gemeinschaftswerk nationalsozialistischer Wissenschaft jetzt angestimmt wurde, fiel der wissenschaftliche Substanzverlust des Projektes aus. Die Phase ab 1937 stand für die Volkskunde insgesamt unter dem Eindruck wachsender Theorieabstinenz und dem Triumph zweckgebundener Anwendung über selbstzweckliche Theorie. Die konkurrierenden NS-Wissenschaftsorganisationen verfolgten mit dem ADV vor allem strategische Interessen, die immer weniger mit seiner Funktion als Ressource der volkskundlichen Theoriebildung in Verbindung standen. Dies korrespondierte mit einem Funktionswandel der Kulturwissenschaften. Gefragt waren nicht mehr, wie in der Phase ideologischer Herrschaftsetablierung des Nationalsozialismus, Beiträge zur ideologischen Integration der Volksgemeinschaft, sondern solche der praktischen Herrschaftsgestaltung. In der Volkskunde ging damit der Niedergang der älteren Gesinnungsvolkskundler und Volkstheoretiker in der zweiten Hälfte der 1930er Jahre einher. Nach außen verlor die Volkskunde ihren Rang als mögliche Leit- und Integrationswissenschaft der neuen Volksgemeinschaft. Nach innen vollzog sich ein Generationswechsel.[524] An die Stelle der älteren Fachkoryphäen, die sich aus der Wissenschaftspolitik zurückzogen, trat ein junge Generation ehrgeiziger, hochgradig parteipolitisierter und anwendungsorientierter Wissenschaftler, die als Zweck ihrer wissenschaftlichen Tätigkeit die Verfolgung von Parteiinteressen und die Sicherung von Herrschaft verstanden.

Vielversprechende Anschlussmöglichkeiten an kulturpolitische Initiativen des Nationalsozialismus eröffneten sich durch die explizite Intention des ADV, volkserzieherisch relevantes Wissen zur Verfügung zu stellen. Schon 1934 hatte Herbert Schlenger den ADV als Ressource für die Fest- und Feiergestaltung im Nationalsozialismus empfohlen.[525] Gerade die private und öffentliche Fest- und Feiergestaltung wurde als Feld betrachtet, um wissensbasierte politische Herrschaftssicherung zu betreiben. Hier ging es um die Durchdringung des privaten Lebens und die Vergemeinschaftung des Individuums. Und hier schien die Volkskunde mit ihren germanischen Kontinuitätsmythen kompetente Ratgeberin zu sein.[526] Kaum verlässlich rekonstruierbar erscheinen indes die Effekte des ADV etwa auf die Feiergestaltung. Wie verhielten sich volkskundliche Forschungsprogrammatik und Lebenswirklichkeit zueinander? Entfaltete volkskundliches Wissen tatsächlich handlungsleitende Wirkungen und wie sahen dann die Wege aus, auf denen wissenschaftliches Wissen kulturelle Praxis beeinflusste? Folgten die Versprechen, praktisches Wissen zur Ausgestaltung völkischen Lebens zur

524 Zur vergleichbaren Situation in der (Volks-)Soziologie vgl. Rammstedt, Soziologie; Paulsen, Geschichte.

525 Vgl. das Kapitel „Die Bedeutung der Atlasarbeit für die Volkstumspflege der Gegenwart" in Schlenger, Grundlagen.

526 Vgl. Gajek, Weihnachten; Gajek, „Feiergestaltung".

Verfügung zu stellen, lediglich strategischen Intentionen, um den Marktwert der Disziplin zu erhöhen? In jedem Fall handelt es sich bei der Vorstellung, „Volksleben" nicht nur wissenschaftlich zu interpretieren, sondern auch selbst zu modellieren um eine Intention, die im Nationalsozialismus Radikalisierung erfuhr. Allerdings wurden auch hier Tendenzen aufgegriffen, die sich schon in der Weimarer Republik deutlich abzeichneten und bereits in der volkskundlichen Förderpolititik der Notgemeinschaft eine tragende Rolle spielten.

Unterdessen trat der ADV auf dem Terrain der Fest- und Feiergestaltung als Brücke zwischen Wissenschaft und Leben kaum in Erscheinung. Die umfangreich im ADV erhobenen Daten zu weltlichen und religiösen Festen im Lebens- und Jahreslauf sowie dem Verhältnis von bäuerlicher Arbeit und ihrer festlichen-Überhöhung fanden kaum Eingang in die zahlreichen für die Gestaltung von Festen und Feiern zuständigen Dienststellen des NS-Systems.[527] Besonders im „Amt Rosenberg" wandte man sich vehement von der Universitätsvolkskunde ab und exzessiv der praktischen Kulturarbeit zu. Aber auch und gerade hier verließ man sich lieber auf die Vorannahmen germanischer Kontinuität im „arteigenen" Brauchtum und verzichtete auf die Auswertung der empirischen Grundlagen der ADV-Materialien.

Signifikant für die Volkskunde im Nationalsozialismus bleibt jedenfalls die stärkere Verquickung von wissenschaftlicher Volkskunde und praktischer Volkstumsarbeit.[528] Während in der Phase der akademischen Professionalisierung in den 1920er Jahren der Volkskundeverband eine stärkere Entkoppelung beider Handlungsfelder anstrebte, um die Verwissenschaftlichung des Faches zu forcieren, wurde nun die Liaison beider wieder enger gestaltet. Die Differenzen in maßgeblichen Institutionen wie dem „Amt Rosenberg", SS-„Ahnenerbe" und der Universitätsvolkskunde konnten dabei zwar durchaus signifikant ausfallen. In der Grundtendenz aber blieben „wissenschaftliche" und „angewandte" Volkskunde vielfach aufeinander bezogen. Die Etablierung der Volkskunde als Universitätswissenschaft basierte nicht zuletzt darauf, dass der Resonanzboden der praktischen Volkstumsarbeit und Kulturpolitik nun fester geworden war.

Eine der tragenden Intentionen des Großprojektes zielte auf eine engere Synchronisation von Wissenschaft und Öffentlichkeit. Nicht zuletzt sollte Wissenschaft „volkstümlich" werden und hierfür schien der lebensnahe, ganzheitliche Zugriff des ADV mit dem vielfach rezipierbaren Medium der Karte prädestiniert: „Dem Forscher geben die Atlaskarten die erwünschten Unterlagen für seine Arbeit; der Schule und Schulung sollen die Karten eine Schau über das Wesensgefüge des deutschen Volkes in seiner geschlossenen Eigenschaft, seiner Vielheit und seines Lebenswillens geben. Dem Volksgenossen gestatten sie einen umfassenden Blick in Sitte und Brauchtum seiner Heimat und des deutschen

527 Es handelt sich allerdings lediglich um Eindrücke aus der kursorischen Durchsicht volkskundlichen Schrifttums. Hier wäre eine systematische Auswertung der publizierten und der dienstinternen „grauen" Literatur der kulturpolitisch maßgeblichen Dienststellen vonnöten.

528 Vgl. Bausinger, Volkskunde und Volkstumsarbeit; Harvolk, „Volkserziehung".

Vaterlandes", so Heinrich Harmjanz.[529] Indes erlangte das volkskundliche Kartenwerk im Nationalsozialismus keine nennenswerte Popularität. Allenfalls wurden seine Ergebnisse in populistischer Verkürzung („Sind Rothaarige untreu?") medial als ornamentale Retusche des NS-Alltags aufbereitet.

Unter den Bedingungen des Krieges kam das Gros der Volkskundler dann jenen Aufgaben nach, die Harmjanz 1939 auf der Kieler Tagung des „Ahnenerbe" als Zwecksetzung der wissenschaftlichen Volkskunde skizziert hatte: „Sie will als Wissenschaft dem Staatswohl dienen und ihre Erkenntnisse aus Wörtern und Sachen des deutschen Volkes Staat und Volk wieder nutzbar machen."[530] Weder das Verständnis der Volkskunde als „Staatswissenschaft" noch die Intention, mit volkskundlichem Wissen der Gesellschaft eine Ressource zur Verbesserung der Lebensverhältnisse bereit zu stellen, waren das Privileg eines genuin nationalsozialistischen Wissenschaftsverständnisses. Beides wohnte volkskundlichen Interessen in ihrer Geschichte stets inne und artikulierte sich in vielerlei Varianten und Spielarten. Das Problem der „Anwendbarkeit" volkskundlichen Wissens (sei es in kritischer oder affirmativer Absicht) verweist auf den Traditionsstrang des Faches, mit dem immer auch eine funktionelle Einpassung einherging: als kameralistische Staatswissenschaft, als nützliche Wissenschaft, die empirisches und instrumentell nutzbares Wissen zur Bewältigung gesellschaftlicher Aufgaben zur Verfügung stellte. Die Volkskunde erscheint hier als Handlungswissenschaft, die praktisch umsetzbares Wissen etwa zu Kultur und Lebensweise unterprivilegierter Schichten erzeugt und auf diesem Wege zur Ressource wird. Einher geht damit also in jedem Fall eine Aufwertung ihres Stellen- und Marktwertes, das Kalkül, gebraucht zu werden - egal, ob diese Aufwertung nun von außen erfolgt oder als Selbstmobilisierung betrieben wird.

Im Nationalsozialismus stellte die Volkskunde ihre Erkenntnisse in den Dienst einer Gesellschaft, deren politische Führung ihre Ziele mit verbrecherischen Mitteln verfolgte. Die mittlerweile im Fach tonangebende Elite junger Wissenschaftler betrieb jetzt „angewandte" Volkskunde in vielerlei Spielarten, die mit der nationalsozialistischen Kriegs- und Eroberungspolitik in Zusammenhang stand. Harmjanz war von Himmler im Dezember 1939 zum „Generaltreuhänder" für die Sicherstellung von Kulturgut in Polen ernannt worden und verantwortete die Beschlagnahme wissenschaftlicher Einrichtungen und kulturellen Inventars.[531] Jetzt war auch daran gedacht, die im ADV erworbenen Forschungserfahrungen für den Kriegseinsatz zu aktivieren. Im Falle der nach der Option der Südtiroler geplanten „Umvolkung" wandte sich „Ahnenerbe"-Geschäftsführer Wolfram Sievers 1940 „Betr.: Sicherstellung der Kunst- und Kulturgüter in Südtirol" an Harmjanz: „Vor Abschluss der Umsiedlung sollen in Südtirol die kulturellen Werte weitgehend erfasst werden. Es ist dabei an umfangreiche Erhebungen volkskundlicher Art gedacht. Ich bitte um Übermittlung der Fragebogen des Deutschen Volkskunde-Atlas und um Vorschläge, ob und

529 Harmjanz, Aufgaben, S. 15.
530 Harmjanz, Aufgaben, S. 13.
531 Kater, „Ahnenerbe", S. 149-158.

in welcher Form Erhebungen angestellt werden können, die beim deutschen Volkskunde-Atlas zu verwenden sind."[532]

Auch die Volkskundler des „Amtes Rosenberg" wollten über ihr exzessives Engagement in der Feiergestaltung hinaus kriegsrelevante volkskundliche Beiträge leisten. Was im Falle von Arbeitspapieren wie jenem über „Die Aufgabe der Volkskunde bei der politischen Ordnung Osteuropas" nur Papier blieb, ist schwer zu rekonstruieren.[533] Das „Ahnenerbe" organisierte den „Germanischen Wissenschaftseinsatz", durch den die nationalsozialistische Großraumpolitik in Europa geisteswissenschaftlich flankiert werden sollte.[534] „Ahnenerbe"-Mitarbeiter wie Hans Schneider alias Hans Schwerte arbeiteten in der Volkstumsarbeit und Germanisierungspolitik in den Niederlanden. Zusammen mit dem ADV-Mitarbeiter Erich Röhr, der seit Ende 1940 eine Gastprofessur in Gent inne hatte, sondierte er Möglichkeiten, wie flämische und niederländische Volkskundeatlanten vorangetrieben werden könnten.[535] „Angewandte" Volkskunde war nun also geisteswissenschaftlich basierte Volkstumspolitik im Kriegseinsatz.[536]

532 W. Sievers an H. Harmjanz vom 27.3.1940, BAB, NS 21/91.

533 BAB, NS 8/245, Bl. 60ff.

534 Vgl. Kater, „Ahnenerbe", S. 170-190.

535 Vgl. BAB, DS (ehemals BDC), Lehr- und Forschungsstätte das Ahnenerbe, G0132, Erich Röhr. Zu Schneider alias Hans Schwerte vgl. aus der umfangreichen Literatur Rusinek, Schneider. Zu seiner volkskundlichen Tätigkeit in den Niederlanden vgl. Henkes/Rzoska, Volkskunde. Außerdem Breuer, Hans Ernst Schneider; Brückner, Schriften.

536 Vgl. u.a. Assion/Schwinn, Migration; Schwinn, Germanensuche; Rzoska/Henkes, „Das Volk wurde neu entdeckt!".

# IV. KONTINUITÄTEN UND BRÜCHE, KONKURRENZEN UND KOOPERATIONEN: DER ADV 1945-1980

## 1. „ZUM NEUEN JAHR“: VARIANTEN DES NEUBEGINNS BEI DER REORGANISATION VOLKSKUNDLICHER FORSCHUNG IN WESTDEUTSCHLAND 1945-1950

Es waren zwei hochbetagte Männer, die sich nach 1945 vermutlich als erste Gedanken über das künftige Schicksal des ADV und den Verbleib der Materialien, Apparate und der Bibliothek machten: Friedrich Schmidt-Ott, der 1934 aus dem Amt gedrängte Präsident der DFG, und John Meier, seit 1911 Vorsitzender des „Verbandes der deutschen Vereine für Volkskunde“. Beide waren großbürgerlicher Herkunft, in den akademischen Milieus des Kaiserreichs sozialisiert und beide hatten in der Zwischenkriegszeit ihre wissenschaftliche und wissenschaftspolitische Arbeit zuvorderst als nationalen Dienst verstanden. Sie kooperierten in den 1920er Jahren bestens, als es darum ging, die vagierenden kulturgeographischen Ideen zu dem kartographischen Monumentalprojekt zu verdichten und umzusetzen; die Volkskunde verdankte ihren in der Weimarer Republik vorbereiteten und im Nationalsozialismus vollzogenen Aufstieg nicht zuletzt dem Gespür des DFG-Präsidenten für intellektuelle Konjunkturen. Jetzt fiel ihnen die Rolle zu, über die Zäsur des „Zusammenbruchs“ hinweg Kontinuität zu erzeugen und wissenschaftliche Aktivitäten neu zu organisieren.

Über die Jahre war die Beziehung von wachsender Vertrautheit getragen. In den Korrespondenzen fehlten intime Hinweise zu den von Jahr zu Jahr zahlreicher werdenden körperlichen Malaisen genauso wenig wie obligate Kurzberichte zum je gegenwärtigen Verlauf des Familienlebens. Nun, in der Nachkriegsnot, kamen die Klagen über die Beschwerlichkeiten des Alltags hinzu. Eben diese Vertrautheit schuf die Grundlage, auf der Meier sein Freiburger Volksliedarchiv mit Hilfe Schmidt-Otts und der DFG zu einer dauerhaften und international renommierten Forschungseinrichtung hatte ausbauen können. In der Geschichte der DFG-Förderung ist es jedenfalls ein Einzelfall, dass ein privat initiiertes Forschungsinstitut über längere Zeiträume hinweg fast vollständig aus DFG-Mitteln finanziert werden konnte.[537] Beide hatten im atmosphärischen Umschwung 1933 geistige Führungsansprüche empfunden und Möglichkeiten gewittert, ihre wissenschaftspolitischen Interessen zu realisieren

537 Nach der Wiedergründung der DFG 1949 wurde die ungewöhnliche Finanzierung des Volksliedarchivs zunächst fortgesetzt, alsbald allerdings problematisiert. Bei einem Antrag auf Druckkostenbeihilfe für das *Jahrbuch für Volksliedforschung* wurde dem Hauptausschuss 1950 die Ablehnung empfohlen „mit Rücksicht“ „auf die ungewöhnlich hohen Beihilfen, die der Antragsteller bereits 1949 und 1950 erhalten hat“; Hauptausschuss-Liste 19/1950, BAK, B 227/152.

– der eine als Volkskundler, der andere als Wissenschaftsorganisator. Schmidt-Ott hatte genauso wie Meier in intellektueller wie habitueller Distanz zu den in die akademischen Milieus der Universitäten eindringenden Trägergruppen der nationalsozialistischen Bewegung gestanden. Dennoch waren beide anfänglich für politische Arrangements empfänglich gewesen. Dabei verstanden sie ihr wissenschaftliches Engagement weniger als Beitrag zur Realisierung politischer Aufgaben. Sie sahen dies umgekehrt als Möglichkeit, die Politik in den Dienst ihrer wissenschaftlichen Ziele zu stellen. Dieses Kalkül erwies sich alsbald als Hybris. Ab 1934 waren Meier und Schmidt-Ott mit der Erfahrung von Machtverlust und Marginalisierung konfrontiert gewesen.

So waren die beiden bislang erfolgreichen Networker in mittlerer Distanz zu den Entwicklungen in einem nationalsozialistischen Wissenschaftsbetrieb verblieben, in dem der Erfahrungshorizont ihrer Generation nicht gefragt war. John Meier hatte in der fachpolitischen Arbeit gegenüber den politischen Einflussnahmen ein gewisses Maß an Autonomie behauptet, suchte den Verband als politikfreien Raum zu behaupten und pflegte kontinuierlich Kontakte, um Anschluss an die Tendenzen der internationalen ethnographischen Wissenschaften zu halten. Es war eine Autonomie, die manche Widerständigkeiten erlaubte, weil auf der anderen Seite bereitwillig Arrangements eingegangen und Loyalitäten gepflegt wurden.[538] Nun also engagierte sich in dieser unüberschaubaren Nachkriegsära mit John Meier ein über 80-jähriger Wissenschaftler für die Reorganisation volkskundlicher Forschung, und dabei kooperierte er – wie einst – mit dem letzten preußischen Kultusminister, der sein Lebensalter noch um vier Jahre übertraf. Wer auch sonst sollte sich Gedanken über die Zukunft volkskundlicher Forschung machen, waren doch die übrigen Vertreter der Zunft mit anderen Fragen beschäftigt. Noch war zu diesem Zeitpunkt nicht absehbar, wie einschneidend die in den unterschiedlichen Besatzungszonen eingeleiteten Entnazifizierungsmaßnahmen sein würden und welche Möglichkeiten volkskundlichen Arbeitens es überhaupt noch geben würde. Der von John Meier geführte „Verband der deutschen Vereine für Volkskunde" war als einzige Institution, in der sich überindividuelle Interessen bündeln ließen, verblieben.

Meier wurde im ersten Nachkriegssommer im zerstörten Freiburg von jenen Problemen umgetrieben, die ihn eigentlich immer schon bewegt hatten, seit er nach der Aufgabe seines Basler Germanistik-Ordinariats nach Freiburg übergesiedelt war – Sorgen um die Zukunft seines 1914 gegründeten Volksliedarchivs. Bereits mit Kriegsbeginn 1939 hatte er immer wieder Anläufe unternommen, dass die Arbeit des DVA wegen der Forschungen zum Soldatenlied als „kriegswichtig" eingestuft würde. In Briefen an DFG-Referent Karl Griewank berichtete er insbesondere nach den Fliegerangriffen auf Freiburg am 27. November 1944 ununterbrochen über die Lage in der Freiburger Silberbachstraße. Im März 1945 unterbreitete er den plausiblen Vorschlag, die zu diesem Zeitpunkt finan-

538 Vgl. Holzapfel, Das Deutsche Volksliedarchiv im Dritten Reich; Oesterle, Autonomieversuche.

ziell noch üppig ausgestattete DFG[539] möge zur längerfristigen Sicherung des Volksliedarchivs präventiv Gelder überweisen, bevor die Kontakte aufgrund der drohenden Besetzung abbrechen und damit die Forschungsaktivitäten zum deutschen Volkslied kriegsbedingt zum Erliegen kommen könnten. Nach Aufhebung der Postsperre nahm Meier im November 1945 wieder Kontakt auf und drängte Griewank: „Da ist vor allem die Frage nach der Forschungsgemeinschaft: besteht sie noch weiter und hat sie noch Mittel oder ist sie unselig entschlafen? Wie ich zuverlässig gehört habe, ist der Präsident als Kriegsverbrecher in Schleswig-Holstein in Haft. Wer aber leitet die Gesellschaft, wenn sie noch besteht? Ist es irgendwie möglich noch Mittel für das Deutsche Volksliedarchiv zu bekommen, denn dieses sitzt natürlich vollkommen auf dem Trockenen."[540]

Nun also suchten Schmidt-Ott und Meier an jene Phase wissenschaftlicher Produktivität der späten 1920er Jahre anzuknüpfen, die durch den Nationalsozialismus nicht sofort, seit 1934 aber umso harscher beendet worden war. Damals, 1933, hatte sich Meier als Vorsitzender des Fachverbandes vom politischen Wechsel einen Aufwind volkskundlicher Forschung ausgerechnet und die Nähe zur Politik gesucht. Es war ihm darum gegangen, „alle Kräfte anzuspannen und sie in den Dienst dieser vaterländischen Bewegung zu stellen, die auch unserer Arbeit eine tiefere Bedeutung und einen größeren Wert verleiht".[541] Mittlerweile, aus der Retrospektive des Jahres 1945, erschienen die Jahre der nationalsozialistischen Diktatur als illegitimer Einbruch und als von außen initiierte Störung wissenschaftlicher Normalität und Integrität.[542] Schon in der unmittelbaren Nachkriegszeit erhoben sich freilich Einzelstimmen, die auf Dispositionen bestimmter Disziplinen wie der Volkskunde und deren Ideologieanfälligkeit verwiesen. Der Soziologe Heinz Maus sollte ihr 1946 Fragwürdigkeit als Wissenschaft attestieren. Maus bemängelte, sie sei sich immer „unklar" gewesen „über sich selbst und über ihre Situation in der hochindustrialisierten Gesellschaft". Nicht der Nationalsozialismus habe sich dieser Wissenschaft von außen bemächtigt und sie für seine Zwecke instrumentalisiert, so Maus, „die eigene innere Geschichte der Volkskunde erweist bereits ihre Brauchbarkeit zur Ideologisierung". Sie wurde „widerstandslos zu einem Teil der faschistischen Ideologie, die sich wiederum ebenso umstandslos der ideologischen Bestandteile bedienen und wissenschaftlich gebärden konnte." Nun, da „das deutsche Volk" bemüht sei, sich „in den Trümmern eine neue Wohnstatt zu schaffen", erweise sich die „Veranstaltung der künftigen Ordnung" als „ein schweres Geschäft". Immerhin seien die „tradierten Vorstellungen der Volkskunde über ihr wissenschaftliches Ziel" nicht „so gründlich falsch gewesen, um sie nun samt und sonders und unbesehn wegzuwerfen, aber sie waren angesichts der bedrängenden Probleme

539 Vgl. Hammerstein, Forschungsgemeinschaft, S. 532ff.

540 J. Meier an K. Griewank vom 14.11.1945, DVA, Ordner 82, Korr. DFG 1941-57. Er verweist darauf, letztmalig am 20. März 1945 eine Überweisung in Höhe von 8.581,83 RM erhalten zu haben.

541 Mitteilungen des Verbandes deutscher Vereine für Volkskunde, Nr. 45, Juni 1934, S. 7.

542 Zur Fachgeschichte nach 1945 vgl. die zeitgenössischen Aufsätze in Gerndt (Hg.), Fach.

einer hochindustrialisierten Gesellschaft bereits schief geworden". Maus warf der Volkskunde vor, sie habe mit an einem folkloristischen Bühnenbild idyllisch-ruraler Grundfärbung gebastelt, hinter dessen Kulisse ein ganz anderes Stück gesellschaftlicher Realität gespielt worden sei. Er spekulierte, ob sich nun, da sie endlich Anschluss an die Gegenwart und ihre sozialen Fragen finden müsse, „sich die tradierte Volkskunde damit auflöst als selbständiger Wissenschaftszweig, wie denn ihr Arbeitsfeld leicht von den Anrainern übernommen werden kann, von Siedlungsgeschichte, Literatur-, Musik-, Religionsgeschichte, der Sozialforschung überhaupt."[543]

Es war dies keine Kritik aus der Mitte des ansonsten weithin verstummten Faches selbst, sondern die Analyse eines Fachfremden. Auch dies, die ungebetene Einmischung des „Außenseiters"[544], vermag zu erläutern, weshalb eine solche Diagnose nicht etwa Impulse für einen Prozess der Selbstaufklärung lieferte, sondern – im Gegenteil - die Community der Volkskundler nach außen hin zusammenrücken und innere Differenzen überbrücken ließ. Auch durch seine Argumentation hatte Maus Angriffsflächen offeriert. Er hatte eben nicht die namhaften Vertreter der Disziplin als Kronzeugen aufgerufen, sondern entweder populäre Heimatbund-Schriften angeführt oder aber Volkssoziologen wie Hans Freyer, Max Hildebert Boehm oder Karl Heinz Pfeffer und Historiker wie Rudolf Stadelmann - allesamt Wissenschaftler aus dem Arbeitsfeld der interdisziplinären Volksforschung, aber nicht der Volkskunde selbst. Hier waren es nur wenige wie Ernst Lehmann oder Karl von Spieß, die als Beleg angeführt wurden.

Die Replik auf seine Bestandsaufnahme kam nun ausgerechnet von einem Wissenschaftler, der eben für die breite Volkskunde der NS-Mitläufer sprach, für jene, die sich entweder arrangiert oder aber die Allianz mit der Politik gesucht hatten, weil im Horizont ihrer konservativ-nationalen Orientierung der Nationalsozialismus allemal die bessere Alternative zur Weimarer Demokratie darstellte. Will-Erich Peuckert, der die Verteidigung seiner Disziplin übernahm, war selbst ein Außenseiter. Gerade weil sie vom gänzlich unbescholtenen Peuckert vorgetragen wurde, der im Nationalsozialismus aufgrund seiner Nähe zur Sozialdemokratie mit Lehrverbot belegt worden war[545], entfaltete seine vorgeschlagene Lesart umso stärkere Plausibilität. Peuckert trug das Interpretament der „zwei Volkskunden" vor – einer weithin integer gebliebenen Wissenschaft und einer politisch involvierten bis korrumpierten „angewandten" Volkskunde. Eben jene Einheit aus instrumentellem und idealistischem Flügel, welche die Disziplin bereits in der Weimarer Republik und dann im Nationalsozialismus so attraktiv gemacht hatte, wurde nun zur Rettung der „wissenschaftlichen" Volkskunde wieder auseinanderdividiert. „Jene Kronzeugen, die Maus anführt, sind kaum geeignet, für die Maus'schen Darlegungen zu zeugen; zumindest beweisen sie nichts über die Haltung der deutschen Volkskunde, denn die

543 Maus, Situation, S. 349, 351, 355, 357.
544 So auch die Stigmatisierung bei Moser, Gedanken, S. 208.
545 Siehe auch die Beiträge in Bönisch-Brednich/Brednich (Hg.), „Volkskunde ist Nachricht von jedem Teil des Volkes".

ernsthafte volkskundliche Forschung in Deutschland kann mit Phantasten wie Spieß oder nicht-Volkskundlern wie Boehm kaum identifiziert werden, zumal die ernsthafte volkskundliche Forschung diese 'Richtungen' nicht nur abgelehnt, sondern Vorspanndienste für nationalsozialistische Politik – es darf hier nur an den Weimarer Volkskundlertag 1934 und John Meiers Führung des Verbandes erinnert werden, – verweigert hat." So gelangte Peuckert zu dem Fazit, dass „in einem viel ernsthafteren und größeren Maße als es nach außen sichtbar wurde, [...] neben der lauten und den Vordergrund beherrschenden [...] eine ernste, arbeitende, wissenschaftliche Volkskunde bestanden" habe.[546]

Dieses Deutungsmuster einer ideologisch anfälligen angewandten Volkskunde einerseits und einem wissenschaftlich integren Flügel andererseits sollte die sinnfällige Interpretation liefern, um in der Umbruchsituation nach 1945 die Erfahrung zu vermitteln, in einer dauerhaften Entwicklung legitimer volkskundlicher Wissenschaft zu stehen. Schuld am Zustand der nunmehr labilen und unter wachsendem Legitimationsdruck stehenden wissenschaftlichen Volkskunde, so die in den 1950er Jahren gängige Lesart, sei der Einbruch eines Dilettantismus, der im Gewande des Politischen aufgetreten sei. Just dieses Interpretament sollte bis zu den ideologiekritischen Nachfragen der 1960er und 1970er Jahre den tragfähigen Konsens bilden, der eine Zäsur der Fachentwicklung verhinderte und stattdessen die methodische und theoretische Anknüpfung an die Fachtraditionen der ersten Jahrhunderthälfte ermöglichte.[547] Peuckerts Stellungnahme sollte Entlastungseffekte mit Langzeitwirkung entfalten, die eine Auseinandersetzung mit der vorangegangenen NS-Vergangenheit nicht als zwingend erscheinen ließen – weder auf moralischer Ebene noch in ideologiekritischer Absicht und auch nicht, was eine kritische Sichtung des Bestands an Methoden und Theorien der Disziplin betraf. Wenn ein prominenter, im Nationalsozialismus ausgegrenzter Wissenschaftler dem Kern des Faches seine Wissenschaftlichkeit attestierte, dann konnte dieses ohne weitgehende Revisionen weitermachen.

Im Horizont zeitgenössischer Volkskundler besaß dieser Deutungsvorschlag durchaus Plausibilität. Er kann denn auch kaum auf die pure Funktion einer kollektiven Entlastungsstrategie reduziert werden, verweist er doch auf eine substantielle Frage der Verfassung der Volkskunde vor 1945. Was damals unter „Volkskunde" verstanden werden konnte, besaß keinesfalls disziplinäre Verbindlichkeit. Im Gegenteil: Während „Volkskunde" für die Träger der akademischen Professionalisierung ein relativ präzise definiertes wissenschaftliches Feld darstellte, wurde sie im offeneren Spektrum der Volkserziehung oder der Kulturpolitik und für viele Nachbarwissenschaften zu einer ideologisch aufgeladenen Konjunkturströmung, deren Zweck auf gesellschaftspolitische Anwendung zielte. So thematisiert – wenn auch im Nachhinein – die These der Spaltung in einen wissenschaftlich integren Flügel einerseits und in weltanschaulich kontaminierte Strömungen andererseits das durchaus virulente Problem des Faches in den 1930er Jahren, als die Grenzen zwischen der Wissenschaftlichkeit der

546 Peuckert, Situation, S. 130.
547 Vgl. hierzu auch Emmerich, Kritik; Bollmus, Volkskunden.

Volkskunde und ihrer Funktion als Einschwörungsbewegung auf nationalsozialistische Weltanschauung abhanden gekommen waren.

In diesem Sinne konnte die Periode des Nationalsozialismus in der Genese der Volkskunde retrospektiv als Einbruch von außen gedeutet werden, als Bemächtigung und Instrumentalisierung, die insbesondere die Verwissenschaftlichungsprozesse unterbrachen. Dieses Deutungsmuster wurde spätestens mit der Neuformierung der Verbandsvolkskunde zum verbindlichen Interpretament, wie Walter Wiora beim volkskundlichen Kongress 1951 in Jugenheim unterstrich:

> „Der äußere Auftrieb aber, den sie in Deutschland durch den Nationalsozialismus erhielt, förderte nicht die Lösung ihrer Grundfragen, sondern verstellte diese durch sachfremde Fassaden. [...] Ihre scheinbare Förderung und ihr tatsächlicher Mißbrauch hat die Reaktionen nach sich gezogen, unter denen die Volkskunde im Nachkriegsdeutschland zu leiden hat. Die Mode hat sich von ihr abgewendet, und mancher törichter Zeitgenosse hat sie, trotz ihrer Blüte und Schätzung in allen Ländern des Westens und Ostens, mit dem Nationalsozialismus in einen Topf verworfen.“[548]

Der Blick richtete sich in den Bestandsaufnahmen der Nachkriegszeit denn auch nicht zurück, sondern strikt nach vorn. 1954, als die volkskundliche Schreckstarre der späten 1940er Jahre längst wieder umtriebiger Geschäftigkeit gewichen war, knüpfte Hans Moser den Gestus des Neuanfangs nicht an eine der Vergangenheit gewidmeten Erneuerung, sondern an eine Zukunft, die ihren Ausgangspunkt ausschließlich in einer scheinbar vergangenheitslosen Gegenwart nehmen durfte, die weder Opfer noch Täter benennen musste:

> „Im Jahre 1945 stand die Volkskunde in Deutschland wie in allen von den vorangegangenen Katastrophen betroffenen Ländern vor einem neuen Anfang. Sie hatte sich zu fragen, wie sie auf einem materiellen und geistigen Trümmerfeld neu aufbauen, wie sie aus der entstandenen Isolierung wieder Anschluß an die internationale Wissenschaft finden, wie sie mit dem Riß mitten durch Deutschland fertig werden, was sie an unterbrochenen Arbeiten fortsetzen und an wichtigen neuen Aufgaben übernehmen konnte.“[549]

Um also in der Zeitenwende nach 1945 eine sinnhafte Kontinuität der wissenschaftlichen Entwicklung zu erzeugen, konnte nur dort angesetzt werden, wo aus der Retrospektive letztmalig so etwas wie „Normalität“ eines störungsfreien Wissenschaftsbetriebs zu verorten war – vor Beginn des Nationalsozialismus. Es war im Dialog zwischen Meier und Schmidt-Ott bemerkenswerterweise offenkundig nicht der Volkskundler, der die Frage des Fortgangs des ADV thematisierte, sondern der Wissenschaftsorganisator, der im Dezember 1945 auf seine Erkundigungen zum Schicksal des ADV-Inventars von Meier die Antwort erhielt:

> „Auf Ihre am Schluß Ihres Schreibens ausgesprochene Frage, ob Harmjanz den Volkskundeatlas wirklich gefördert hat, kann ich nur sehr bedingt mit einem Ja antworten. Harmjanz wie der in Berlin umgekommene Röhr haben im ganzen Karten, die von uns früher bereits weitgehend aufgebaut waren, übernommen und ausgestaltet, ohne meines Erachtens entscheidende Fortschritte zu erzielen. Bis jetzt habe ich mich vergebens bemüht festzustellen, wo das Material des Atlas sich befindet und ob es gesichert ist. Wie

548 Wiora, Stellung, S. 9.
549 Moser, Gedanken, S. 208.

> es scheint, befindet es sich in Frankfurt a.M. im dortigen Volkskundlichen Institut, aber bisher ist es mir nicht gelungen, eine Verbindung mit diesem zu erreichen, doch setze ich meine Bemühungen fort."[550]

Immer wieder würde Schmidt-Ott in den folgenden Jahren auf den ADV zu sprechen kommen, und bald schon ging es nicht mehr nur um die Rettung des Inventars, sondern um Möglichkeiten der Fortsetzung. Im Sommer 1946 schrieb Meier, dass das gesamte Material erhalten sei und sich in Obhut der Universität befinde: „Nach Berichten, die mir bekannt geworden sind, soll Professor Schwietering, der von Berlin nach Frankfurt übergesiedelt ist, die Absicht haben die Arbeiten an dem Material weiter zu führen und das wäre vielleicht nicht die schlechteste Lösung."[551] Die Erleichterung über den relativ unversehrten Zustand der ADV-Materialien sollte freilich alsbald unverhohlener Skepsis weichen. Zumindest – und dies ließ er brieflich viele Kollegen wissen – empfand Meier es als „ein merkwürdiges Schicksal, dass gerade derjenige Fachgenosse, der am allerwenigsten Sinn für den Atlas und seine Forschungen hatte, Schwietering, jetzt gemeinsam mit der Stadt Frankfurt darüber verfügt und seine Assistentin, Fräulein Dr. Hain, die Leitung der Arbeiten hat."[552] Doch auch bei Meier selbst genoss der Volkskundeatlas keinesfalls höchste Priorität, wenn es um die Konzeptualisierung volkskundlicher Forschung nach 1945 ging. Zum einen ging es ihm immer und zuallererst um die Sicherung seines Lebenswerks, des Deutschen Volksliedarchivs, dessen Zukunft nun, da die Finanzierung durch die DFG weggebrochen war, gefährdet schien. Zum anderen dürfte er es kaum verwunden haben, dass seinem Vorhaben, mit dem ADV als Keimzelle die Pläne zu einem zentralen Reichsinstitut für Volkskunde endlich realisieren zu können, mit seiner Entlassung als Atlas-Leiter 1934 ein abruptes Ende gesetzt worden war.

Indes schien weiterhin ungewiss, ob es denn überhaupt je Möglichkeiten für eine Wiederaufnahme des Projektes geben würde. Zumindest Schmidt-Ott war 1947 nicht eben optimistisch gestimmt, wie er in einem Memorandum zur Geschichte der alten Notgemeinschaft festhielt: „Eine Ausdehnung der Befragung ist seit meinem Rücktritt nicht erfolgt, die Organisation durch die politischen Ereignisse wohl unwiederbringlich verloren."[553] Das Fragebogenmaterial des ADV hatte den Krieg vergleichsweise gut überstanden. Im Auftrag des „Verbandes der deutschen Vereine für Volkskunde" machte sich Matthilde Hain an eine Inventur der Hinterlassenschaften, von denen zwar bei Fliegerangriffen auf Frankfurt im März und September 1944 die Bibliothek, die kartographischen Apparaturen sowie die Büroeinrichtung fast vollständig zerstört worden waren. Das wissenschaftliche Archiv war jedoch nahezu unversehrt geblieben und im Frühjahr 1944 in den

550 J. Meier an F. Schmidt-Ott, 14.12.1945, GStAPK, Berlin, VI. HA, Nl Schmidt-Ott (Bestand Dahlem), Nr. 39 (Korrespondenz mit John Meier), Bl. 3/4.

551 J. Meier an F. Schmidt-Ott, 18.7.1946, DVA, Ordner 97, allg. Korr. 1946-47, S-Z.

552 J. Meier an F. Schmidt-Ott, 4.12.1947, GStAPK, Berlin, VI. HA, Nl Schmidt-Ott (Bestand Dahlem), Nr. 39 (Korrespondenz mit John Meier), Bl. 14/15.

553 Manuskript „Friedrich Schmidt-Ott: Die Notgemeinschaft der Deutschen Wissenschaft (ungedruckt, als Teil meiner Arbeit für die Berliner Akademie der Notgemeinschaft zur Benutzung übergeben); 1947"; BAK, R 73/30.

Vogelsberg nach Birstein verbracht worden. 1946 gelangte es wieder zurück nach Frankfurt, sodass Matthilde Hain 1949 in ihrem Bericht für die erste Abgeordnetenversammlung des Verbandes in Freiburg berichten konnte:

> „Als das Deutsche Seminar der Universität Frankfurt im Jahre 1946 den ADV übernahm, war das Institutsgebäude total zerstört; nur wenige Reste der umfangreichen Bibliothek, sowie einige halbfertige Karten und technischen Geräte waren übrig geblieben. Dagegen konnte das gesamte Fragebogenmaterial, das sichergestellt worden war, nach Frankfurt zurückgebracht werden. Ferner gelang es 1947, in 15 von der SS verschleppten Kisten zahlreiche Arbeitsberichte, die Personalbogen der Mitarbeiter, das auslandsdeutsche Fragebogenmaterial und Exemplare der 6. Lieferung des ADV u.a. zurückzuführen; dabei wurde festgestellt, dass am Lagerungsort 3 Kisten ausgeplündert worden waren. Unter den ca. 1500 Kästen mit Fragebogenmaterial waren 65 durch feuchte Lagerung beschädigt, wobei der Inhalt durch Nässe teilweise oder ganz zerstört war. Bei der hastigen Evakuierung war das Material vieler Kästen durcheinander geraten. Das noch gerettete Photomaterial, die Unterlagen für die bereits hergestellten Karten, ist größtenteils verdorben."

Eine Umfrage habe ergeben, dass das Material der westdeutschen Landesstellen fast vollständig erhalten geblieben sei. Und mittlerweile, so konnte Matthilde Hain vermelden, lagerten die Materialien nicht mehr nur ungenutzt im Depot: „Inzwischen wurde der ADV von auswärtigen Gelehrten und Studenten für ihre Studien benutzt. Zahlreiche Anfragen in- und ausländischer Gelehrter konnten beantwortet werden. Volkskundliche Übungen der Dozentin Dr. M. Hain führten die Studenten in die Arbeitsweise des ADV ein."[554]

Anders stand es um die Situation in der Sowjetischen Besatzungszone. Das Inventar der Landesstellen Sachsen und Brandenburg war im Krieg vollständig vernichtet worden. Über den Verbleib der außerhalb der ehemaligen Reichsgrenzen gelegenen Landesstellen wusste man zu diesem Zeitpunkt wenig. In der unüberschaubaren Lage der Nachkriegsverhältnisse fungierten die verbliebenen Landesstellen nunmehr als Innovationszentren. Einige, so sollte der spätere Verbandsvorsitzende Helmut Dölker 1951 in einer Übersicht unterstreichen, seien zu „wirklichen Mittelpunkten der volkskundlichen Tätigkeit in ihren Landschaften" geworden: „Sie stehen in mehr oder weniger enger Berührung mit den zugehörigen Universitäten und wirken in ihrem Gebiet sehr befruchtend und anregend als Sammelpunkte für alle, die an volkskundlichen Fragen teilnehmen."[555]

Die Auflösung der Infrastrukturen mit dem Ende des Nationalsozialismus traf ein kleines Fach massiv. Im Nationalsozialismus trugen unterschiedliche Akteure die volkskundliche Forschung. Die Disziplin hatte sich seit 1933 an zahlreichen Universitäten und Lehrerbildungsanstalten etabliert. Damit war ein Ziel realisiert worden, das der Verband spätestens seit Ende des Ersten Weltkrieges offensiv verfolgt hatte. Neben diesen traditionellen Orten akademischer Wissenschaft agierten mit dem „Amt Rosenberg" und dem „SS-Ahnenerbe" in militanter Konkurrenz außeruniversitäre Institutionen, denen es auf dem Terrain der interdisziplinären Volksforschung teilweise erfolgreich gelungen war, zu maß-

554 Hain, Bericht, S. 5.
555 Dölker, Landesstellen, S. 27.

geblichen Trägern der Forschungsaktivitäten zu avancieren. Ihren expressivsten Vertretern – Heinrich Harmjanz oder Matthes Ziegler – sollte nach 1945 die Wiedereingliederung in die akademische Wissenschaft nicht mehr gelingen.[556] Somit waren nicht nur bis dato wichtige institutionelle Träger volkskundlicher Arbeit, sondern auch maßgebliche Personen weggefallen.

Ausgangspunkt der Reorganisation volkskundlicher Forschung war somit in der Nachkriegszeit erneut der „Verband der deutschen Vereine für Volkskunde". Er hatte nach 1933 peu à peu die (Mit-)Trägerschaft zentraler Großprojekte und wissenschaftlicher Institutionen abgegeben – meist unfreiwillig, bisweilen allerdings nur auf gelinden Druck hin: 1934 verlor er den Einfluss auf den ADV, 1937 ging die Herausgeberschaft der *Zeitschrift für Volkskunde* an Harmjanz. Nun, da zentrale Institutionen nicht mehr existierten und die Situation an den Universitäten unüberschaubar schien, blieb der Verband als einzig möglicher Initiator volkskundlicher Forschung. Er hatte 1944 kriegsbedingt sein 40-jähriges Bestehen unauffällig begangen und erst nach Kriegsende, 1947, den Anlass zur Veröffentlichung einer Jubiläumsschrift genutzt. Das von Meier (weitgehend noch im Krieg) skizzierte Verbandsportrait thematisierte kaum die politischen und gesellschaftlichen Konstellationen, unter denen dem Fach die akademische Etablierung gelungen war. Stattdessen lieferte die Chronik das Interpretament einer autonomen Selbstrealisierung, die sich unabhängig der Einbindung in gesellschaftliche Bedarfslagen und über die Verwerfungen der politischen Systemwechsel hinweg entfalten konnte. Meiers Verbandsgeschichte, die zugleich eine Fachgeschichte erzählt, räumte den Entwicklungen zwischen der Verbandsgründung 1904 und 1933 über zwanzig Druckseiten ein, den Ereignissen danach nicht einmal zwei. Auch Meier ging es nun darum, eine „angewandte" von einer „wissenschaftlichen" Volkskunde zu scheiden. Was Letztere im Nationalsozialismus betraf, so sei der Verband stets bemüht gewesen, „eine gewisse Freizügigkeit und Isolierung gegenüber politisch-organisatorischen Bindungen zu bewahren, um die Eigenständigkeit und Unabhängigkeit der wissenschaftlichen Forschung, die ihre eigenen Gesetze habe, nicht zu gefährden". Versuche, Wissenschaft „in den Dienst politischer Ideen der neuen Zeit einzuspannen", habe der Verband bereits auf seiner Heidelberger Tagung 1934 durch den Hinweis „auf die Unvereinbarkeit einer politischen Tendenz mit den immanenten Gesetzen wissenschaftlicher Forschung" abgewehrt. Damals habe Meier als Vorsitzender ausgeführt: „Wir werden uns im Innersten bei all unserem Tun bewußt sein, daß es die Aufgabe der Wissenschaft und ihre alleinige Aufgabe ist, die Wahrheit zu suchen, und daß sie sich durch keinerlei Anstürme und Tendenzen, mögen sie kommen, woher sie wollen, in dieser Aufgabe beirren lassen darf, will sie sich nicht selbst aufgeben." Meier zeigte sich den „führenden Kreisen der Partei" im Nachhinein „dankbar", dass diese den Verband „seine Arbeiten ungestört und

556 Ganz anders stellte sich freilich die Situation in Österreich dar, wo in der Volkskunde vormaliges Engagement in NS-Organisationen wie dem „Ahnenerbe" oder dem „Amt Rosenberg" nach 1945 allenfalls kurzfristig die Kontinuität der Forschungsarbeiten unterbrechen sollte; vgl. Nikitsch, Volkskunde.

ungehemmt fortsetzen" ließen, weshalb dieser „wohl die einzige größere Organisation gewesen" sei, „die an Haupt und Gliedern unangetastet gelassen ist und weder persönlich noch sachlich gleichgeschaltet wurde".[557] Diese Einschätzung vertrat Meier denn auch privatissime in einem Brief an Georg Schreiber: „Im Ganzen haben die Nazis uns ja in Ruhe gelassen [...]."[558]

Explizit begriff Meier die Jubiläumsschrift[559] als Positionierung einer ideologisch geläuterten Wissenschaft, die nun legitimerweise wieder Anschluss an internationale Forschungsentwicklungen suchen müsse. Als er Schmidt-Ott sein kleines Verbandsportrait übersandte, fügte er eine knappe Leseanleitung bei, in welcher er zwei Prämissen künftiger volkskundlicher Forschung benannte. Zum einen sei „es doch für uns so notwendig, einmal urbi et orbi die Stellung und die Tätigkeit des Verbandes im dritten Reich klar zulegen. Notwendig auch für die Werbung und das Ansehen des Verbandes im Ausland, da von deutscher Seite aus immer wieder neue Verleumdungen in Kurs gebracht wurden, wir seien die ganzen Jahre hinter dem Siegeswagen Hitlers hergelaufen. Ich denke, auch im Auslande wird man nach diesen Darlegungen anders über uns denken, und es wird leichter werden für uns, die Verbindung wieder aufzunehmen."[560]

Außerdem benannte Meier eine Funktionsleistung, die volkskundliche Forschung mit ihren Großunternehmungen wie dem ADV, der *Volkskundlichen Bibliographie* u.a. erfülle – die Vergegenwärtigung der „geistigen" Einheit Deutschlands zu einem Zeitpunkt, da die politische abhanden gekommen war:

> „Wir werden aber versuchen müssen hier zu erreichen, was nur möglich ist, um die Einsicht der Länder in die Notwendigkeit einer Ausdehnung solcher wissenschaftlicher Unternehmungen und das Bewusstsein einer Einheit Deutschlands zu erhalten und zu verstärken. Dazu dienen in hervorragender Weise Organisationen, die das ganze Gebiet Deutschlands und nicht nur einzelne Teile von ihm beschlagen. Diese geistige Einheit muss einer staatlichen und politischen vorangehen und dieser das Leben ermöglichen, sonst kommt es zu nichts. Wie vor hundert Jahren Gesang und Turnvereine allein eine Einheit repräsentierten, so ist es ähnlich heute mit großen gesamtdeutschen geistigen Unternehmungen."[561]

Damit fiel ein Stichwort, welches den ADV bereits in seiner Gründungsära zu einem wissenschaftlichen Unternehmen hatte werden lassen, das dringlichen gesellschaftlichen Bedarfslagen folgte und das nun erneut Aktualität besaß – Einheit. Die Integrationsleistungen, die im 19. Jahrhundert von Turnern und Sängern erbracht worden waren, sah der Volkskundler in seinem etwas waghalsigen Analogieversuch nunmehr den Geisteswissenschaften überantwortet. Wenn im Archiv des ADV Abermillionen Daten und Informationen lagerten, deren Gesamtzusammenhang jene kulturelle Einheit manifest werden ließ, die es in der vielfach trümmerhaften Nachkriegslage zu vergegenwärtigen galt, dann wäre seine Fortsetzung nicht nur ein wissenschaftlich wünschenswertes Unter-

557 Meier, Verband, S. 27.
558 J. Meier an G. Schreiber, 2.2.1949, DVA, Ordner 102, allg. Korr. 1948-49, Sch-Z.
559 Sie wurde 1954 wiederabgedruckt und mit einer Darstellung der Verbandsgeschichte zwischen 1944 und 1954 von Friedrich Heinz Schmidt-Ebhausen ergänzt; vgl. 50 Jahre.
560 J. Meier an F. Schmidt-Ott, 4.12.1947, DVA, Ordner 97, allg. Korr. 1946-47, S-Z.
561 J. Meier an F. Schmidt-Ott, 4.12.1947, DVA, Ordner 97, allg. Korr. 1946-47, S-Z.

fangen, sondern ein kulturpolitisches Projekt, dessen Realisierung dringlicher nie gewesen sein konnte.

So waren es zunächst einzelne Interessen, die auf eine Wiederaufnahme des ADV zielten. Seit Anfang 1946 eruierte Meier systematischer, wo das ADV-Archiv geblieben sei, erkundigte sich brieflich bei der Universität Frankfurt und bat Gerhard Heilfurth, vor Ort Informationen einzuholen. 1946 sah es zunächst so aus, als habe Julius Schwietering Interesse, als nunmehriger Volkskunde-Ordinarius am ADV weiterzuarbeiten. Eine ganze Reihe von Volkskundlern meldete sich unterdessen in der Freiburger Informationszentrale des Faches. Adolf Helbok, der sich nun als Mehrfachopfer zunächst nationalsozialistischer und nunmehr „demokratischer" Machenschaften darstellte, trieb sich mit Plänen zu einer Fortsetzung seiner Arbeiten mit ADV-Materialien um. Eine ganze Reihe der ehemaligen „Hilfsarbeiter" aus Meiers eigenen Atlaszeiten nahmen unverbindlichen Kontakt auf. Reinhard Drüner bat um eine Bestätigung seiner Atlasmitarbeit und Heinz Schmidt-Ebhausen berichtete Meier von den Lebenswegen der alten Kollegen. Reinhard Peesch wirke „innerlich gebrochen" in seinen Ostberliner Lebens- und Arbeitsumständen, Wilhelm Hansen habe im Krieg seine Dissertation verloren und Johannes Koepp habe sich, nachdem seine Frau, deren drei Schwestern, der Bruder und die Mutter „beim Einmarsch der Russen freiwillig aus dem Leben geschieden" seien, zunächst in Lübeck auf dem Tennisplatz als Balljunge verdingt, dann als Buchhändler gearbeitet und nunmehr als Lehrer.[562]

Einer, der sich gleichfalls bereits 1946 für das Schicksal des Großprojektes interessierte, war Bruno Schier. Der Haus- und Bienenforscher hatte 1945 in Leipzig seine Professur für Volkskunde verloren, hielt sich bald mit publizistischen Arbeiten über Pelzhandel, Schmuck und Kleidung über Wasser und sondierte nun die Arbeitsmöglichkeiten in den westlichen Besatzungszonen. „Am meisten würde mich das Schicksal des Atlas der deutschen Volkskunde interessieren", schrieb Schier im Februar 1946 nach Freiburg, „der ja erhalten zu sein scheint; aber es ist mir noch nicht gelungen, seinen gegenwärtigen Aufbewahrungsort zu ermitteln. Sollte es mir möglich sein, wieder festen Boden unter den Füßen zu gewinnen, so würde ich mich sehr gern der Bearbeitung des vorhandenen und der Sammlung neuen Materiales widmen." Schier verwies auf seine reichhaltigen Erfahrungen auf dem Terrain der Kulturgeographie; die Arbeit am ADV sei nicht zuletzt ein wichtiger Baustein seiner wissenschaftlichen Lebensaufgabe, nämlich eine „grundlegende Darstellung vom Aufbau der deutschen Volkskultur". Schließlich stellte er den ADV in den Zusammenhang der verlorenen politischen Territorien, was ihm den Rang eines unwiederbringlichen Quellenwerkes verleihe: „Für den deutschen Osten stellt ja der Atlas nach den grauenhaften Ereignissen der letzten Monate ein Denkmal von ganz einzigartigem Werte dar."[563]

562 H. Schmidt-Ebhausen an J. Meier, 2.7.1948, DVA, Ordner 102, allg. Korr. 1948-49, Sch-Z.

563 B. Schier an J. Meier, 14.2.1946, DVA, Ordner 97, allg. Korr. 1946-47, S-Z.

Schier, aufgewachsen im Riesengebirge und wie viele „Ostforscher" von der Jugendbewegung geprägt, hatte sich seit den späten 1920er Jahren kontinuierlich mit kulturgeographischen Arbeiten beschäftigt. Nach seiner Habilitation mit einer hauskundlichen Arbeit[564] erhielt er 1934 den Ruf auf eine Professur für „Deutsche Volks- und Altertumskunde" in Leipzig. Er zählte zu den ersten Volkskundlern, die systematisch mit den Materialien des ADV arbeiteten.[565] Seit 1934 war er Mitglied in der Sudetendeutschen Partei, seit 1937 in der NSDAP.[566] Seine volkskundlichen Studien zu Nationalitätenfragen waren vor 1945 unmissverständlich dem „Volkstumskampf" verpflichtet, wobei er mit völkischen und rassistischen Grundüberzeugungen nicht zurückhielt. Von 1940 bis 1945 hatte Schier eine Gastprofessur in Preßburg inne. Die Einbindung in die Ostforschung war nach der kurzfristigen Unterbrechung seiner akademischen Laufbahn der Auftakt zur zweiten Hälfte seiner beruflichen Karriere in Westdeutschland. Was Schier außerdem für seine spätere Laufbahn prädestinieren sollte, war seine Zurückhaltung auf dem wenig trittsicheren Parkett der Fach- und Wissenschaftspolitik, mit der er in den polarisierenden Auseinandersetzungen der NS-Volkskunde agierte. Er engagierte sich zwar eher für die Volkskunde des „Amtes Rosenberg", wusste sich aber auch mit dem anderen Lager zu arrangieren, sodass er die heftigen Auseinandersetzungen gut überstand.[567] Schier gelang nach einigen Jahren der Unterbrechung die Fortsetzung seiner akademischen Laufbahn in der BRD. Er hatte seine volkskundlichen Tätigkeiten vor 1945 zwar sehr wohl als politischen Dienst primär am Grenz- und Auslandsdeutschtum verstanden, sich aber nie über die Maßen exponiert. Damit blieb er auch nach dem Ende der nationalsozialistischen Herrschaft innerhalb des Faches konsensfähig.

Nach einer Gastprofessur in Marburg 1949 gehörte er zu den ersten Mitarbeitern des Herder-Institutes und erhielt 1951 den Ruf an die Universität Münster zum Ordinarius für „Deutsche und vergleichende Volkskunde". In den 1950er Jahren bekleidete er wichtige Ämter wie dasjenige des DFG-Fachvertreters (seit 1951). Er amtierte als Vorsitzender im Arbeitskreis für Hausforschung und war

564 Schier, Hauslandschaften. Zu Schier vgl. Lozoviuk, Bruno Schier; Bemmann, Wirken.

565 Schier, Bienenstand.

566 Bemmann, Wirken, verweist darauf, dass die NSDAP-Mitgliedschaft Schiers ungeklärt sei.

567 Bezeichnend hierfür ist ein Verweis, den Ziegler in einem Brief an Heinrich Himmler über seine Aussprache mit Harmjanz in Kopenhagen 1938 anführt. Darin berichtet Ziegler, dass Harmjanz es als „lächerlich gefunden habe, als ihn Prof. Schier damals fragte, ob er, als der Dienstaufsicht des Ministeriums unterstehend, mit der Arbeitsgemeinschaft zusammenarbeiten dürfe. [...] Ich finde die Frage von Schier nicht lächerlich, sondern sehe in ihr ein trauriges Symptom für die Verwirrung, die das betonte Desinteresse Harmjanz' gegenüber der Arbeitsgemeinschaft unter den Wissenschaftlern, vor allem unter den Mantelträgern, ausgelöst hat, die stets eifrig darauf bedacht sind, wo der bessere Wind weht. Harmjanz hielt es für richtig, die briefliche Bitte meines Mitarbeiters Henschke an Schier, ihm die vor einiger Zeit gemachte mündliche Mitteilung nunmehr schriftlich zu bestätigen, als 'säuische Methode' zu bezeichnen." Abschrift des Briefes von Matthes Ziegler „An den Reichsführer SS und Chef der deutschen Polizei Reichsleiter Himmler", 10.8.1938, BAB, NS 8/238, Bl. 15.

Mitherausgeber der *Zeitschrift für Volkskunde*. Nach der unfreiwilligen Unterbrechung nunmehr wieder etabliert, arbeitete Schier in nahezu gewohnter Kontinuität weiter. Allenfalls dezente Renovationen und semantische Anpassungen an die Rhetorik der Nachkriegszeit waren notwendig, um hinter den Titellettern dieselben fachprogrammatischen Standpunkte zu vertreten wie vordem auch. Nun ging es nicht mehr wie vor und im Zweiten Weltkrieg um „Deutsche Aufbaukräfte in den Volkskulturen der Westslaven“ oder deutsche Kultureinflüsse in Osteuropa[568], sondern um „Deutsch-slawische Kulturberührungen in volkskundlicher Sicht“[569] oder es war von der „deutsch-slawischen Kontaktzone“[570] die Rede. Akademische Gedenk- und Jubiläumsschriften verpflichteten sich nun nicht mehr zur „Wissenschaft im Volkstumskampf“[571], sondern riefen Wissenschaftler wie Erich Gierach schlicht als „Volksforscher“ ins Gedächtnis.[572] Als er sich 1950 bei der DFG um ein Forschungsstipendium für die Fertigstellung einer Arbeit bewarb, lautete das Thema „West und Ost in den Volkskulturen Mitteleuropas“ und war damit jeglicher Geste deutschen Sendungsbewusstseins entkleidet – wie Schier mittlerweile in der Lehre, etwa in seinen Marburger Gastvorlesungen, ganz einfach „vergleichende Volkskunde“ unterrichtete. Einer Professur in Halle zog er Lehr- und Forschungstätigkeiten in Westdeutschland vor. Sein Antrag bei der DFG wurde mit Nachdruck empfohlen: „Der Antragsteller gehöre zu den ersten Kräften seines Faches. Er habe eine hochgeachtete Stellung in der Volkskunde. Es seien von ihm noch bedeutsame wissenschaftliche Leistungen zu erwarten“, so die Vorlage für den Hauptausschuss.[573]

Diese nur vordergründig retuschierten Kontinuitäten[574] waren freilich in der unmittelbaren Nachkriegszeit nicht absehbar. Damals übermittelte Meier alsbald die Ergebnisse seiner Recherchen zum Verbleib des ADV und forderte Schier auf, sich mit Schwietering ins Benehmen zu setzen. 1947 unternahm Schier eine Reise durch Westdeutschland, um Arbeitsmöglichkeiten zu sondieren und berichtete Meier: „Von Marburg begab ich mich nach Frankfurt, wo der Atlas der deutschen Volkskunde eine starke Anziehungskraft auf mich ausübt. Es ist eine Ironie des Schicksals, daß dieses wichtige Material ausgerechnet jenem Germanisten zufallen mußte, der die kulturgeographische Methode der Mundart- und Volkskundeforschung bisher am schärfsten angegriffen hat.“[575]

Schier sollte, als Jahre später die Chancen auf eine Fortsetzung des ADV realistischer wurden, ernsthafter Kandidat als künftiger Leiter werden. Noch aber

568 Z.B. Schier, Aufbaukräfte; Schier, Einfluß.
569 Schier, Kulturberührungen.
570 Schier, Ortsnamen.
571 Oberdorffer/Schier/Wostry (Hg.), Wissenschaft.
572 Schier, Erich Gierach.
573 Hauptausschuss-Liste 2/1950, S. 4, BAK, B 227/152.
574 Fast ungebrochen setzte Schier in einem wissenschaftstheoretischen Beitrag 1959 die althergebrachten volksgemeinschaftlichen Leitbegriffe des „Heimatmenschen“, den Kult des Schlichten und Unverfälschten, des „Volksbodens“, der „zeitlos-gemeinmenschlichen Grundlagen unserer Volkskultur“ oder der „stammhaften und volkstümlichen Wesensart der Deutschen“ wieder ein; vgl. Schier, Stellung.
575 B. Schier an J. Meier, 28.7.1947, DVA, Ordner 97, allg. Korr. 1946-47.

blieb es in der vagen Situation der ersten Nachkriegsjahre bei unverbindlichen Kontakten. Als Verbandsvorsitzender konnte Meier keine präzisen Perspektiven auf eine Fortsetzung der ADV-Arbeiten eröffnen, solange die Unterstützung durch eine potente Institution der Wissenschaftsförderung nicht gewährleistet war. Eine solche aber existierte vorläufig nicht. Bis zur Neugründung der DFG als „Notgemeinschaft der Deutschen Wissenschaft" im Januar 1949 wurde das Feld der Forschungsförderung durch die Kleinteilung der Zonen und Länder diktiert und durch konkurrierende Unternehmungen in Unruhe versetzt. Erst als nach der Neugründung 1949 und der Fusion mit dem „Deutschen Forschungsrat" zur „Deutschen Forschungsgemeinschaft" im August 1951 eine verlässliche Lage eingetreten war, konnte an die Wiederaufnahme von Großprojekten gedacht werden.[576]

Im Jahre 1949 erfolgten nicht nur die Staatsgründungen von BRD und DDR, welche die politische Nachkriegsordnung auf längere Sicht festschrieben. Die Neugründung der DFG bedeutete auch eine Stabilisierung der wissenschaftspolitischen Rahmenbedingungen. Für ein kleines Fach, das seine akademische Etablierung in hohem Maße der Förderung zahlreicher Großprojekte, Stoffsammlungen und Institutionen durch die DFG verdankte, waren erst damit wieder Bedingungen geschaffen, unter denen es sein Überleben organisieren konnte. All das, was bislang unkalkulierbar schien – konkrete Projekte wie der gesellschaftliche Platz der Volkskunde überhaupt – erhielt nun rasch Verbindlichkeit. Für die Freiburger Tagung des Verbandes im September 1949 hatte sich Meier aus Frankfurt einen Bericht über die Lage des ADV erbeten. Als er nun Schmidt-Ott den Stand der Dinge referierte, da wich die langjährige Lethargie zurückhaltendem Optimismus: „Er ist zwar nicht rosig, aber es könnte doch noch schlimmer sein. Man muss jedenfalls die Sache jetzt anzutreiben versuchen."[577] Meiers Hoffnungen entzündeten sich freilich nicht nur am ADV, sondern an vielfältigen Aktivitäten des volkskundlichen Neubeginns, dessen Kernpunkte bisweilen stark an die fachpolitische Programmatik der 1920er Jahre erinnerten. Mit der Volkskunde in der Lehrerbildung und an den Universitäten, so Meier, sei es schlecht bestellt: „Von den etatmäßigen Professuren der Volkskunde an deutschen Universitäten ist heute nur ein Ordinariat in Göttingen übrig geblieben und in Hamburg ist eine Professur kommissarisch besetzt. Alle anderen sind von der Bildfläche verschwunden."[578]

Mittlerweile allerdings war jene gesellschaftliche Problemlage gewärtig geworden, welche der Volkskunde der 1950er Jahre und indirekt auch dem ADV zu neuem gesellschaftlichen Stellenwert verhelfen sollte, die „Vertriebenenvolkskunde": „Das beinahe wichtigste und vordringlichste Thema", so Meier, „ist aber die Rolle der 'Volkskunde bei den Ostflüchtlingen'. Es gilt, den Flüchtlingen die geistige Verbindung mit der einstigen Heimat zu erhalten und für die Weiterübermittlung an die nächste Generation zu sorgen. Geht die Verbindung

576 Vgl. Zierold, Forschungsförderung, S. 275-283; Nipperdey/Schmugge, 50 Jahre, S. 69-78.
577 J. Meier an F. Schmidt-Ott, 2.8.1949, DVA, Ordner 102, allg. Korr. 1948-49, Sch-Z.
578 J. Meier an F. Schmidt-Ott, 2.8.1949, DVA, Ordner 102, allg. Korr. 1948-49, Sch-Z.

mit dem früheren Volkstum verloren, so werden die Flüchtlinge unweigerlich zum Proletariat und gehen vor die Hunde." Und an diesem Punkt wurde denn auch wieder die eben noch im Rettungsversuch der ideologisch kontaminierten Disziplin zur Disposition gestandene Allianz aus „angewandter" und „wissenschaftlicher" Volkskunde neu verschwistert. Zumindest sah Meier einen zentralen Beitrag etwa in Sammlungen mit Volksliedheften einzelner Landschaften oder Heimatbüchern über die verlorenen Territorien. Somit stellte sich die Lesart „zweier Volkskunden" – einer „wissenschaftlichen" und integren einerseits sowie der ideologisch aufgeladenen „angewandten" andererseits – als lediglich kurzfristig vorgenommene, aber langfristig wirksame Strategie dar, mit der nach außen hin Prozesse der Selbstläuterung manifest gemacht werden konnten.

Der Bericht Meiers über den Verlauf der Freiburger Tagung einige Wochen später war von unmissverständlicher Aufbruchstimmung getragen: „Es wird Ihnen vor allem Befriedigung gewähren, dass das Unternehmen des Atlas der Deutschen Volkskunde allmählich wieder in Gang kommt und die Aussicht besteht, die Arbeit weiter zu führen." Meier gab seiner Hoffnung Ausdruck, eine neue „Notgemeinschaft" würde sich der finanziellen Förderung zur Fortsetzung des Projektes nicht versagen und bat einmal mehr deren altgedienten Ehrenpräsidenten um Hilfe: „Ich wäre Euer Exzellenz dankbar, wenn Sie, falls die Dinge so weit gediehen sind, Ihren Einfluss auf die Notgemeinschaft in dieser Hinsicht geltend machen wollten." Der Verband seinerseits wolle, um die Angelegenheit voranzutreiben, eine beratende Kommission einsetzen. Und Kandidaten für die Leitung des künftigen ADV habe man auch schon im Visier: Hierfür wolle man Herbert Schlenger „nach seiner hoffentlichen Rückkehr aus russischer Gefangenschaft [...] gewinnen. Sollte dies aus irgendwelchen Gründen nicht möglich sein, so würden wir, glaube ich, einen vollgültigen Ersatz in Prof. Schier, dem ehemaligen Leipziger Ordinarius, gewinnen können."[579]

Auf der ersten Nachkriegstagung des Verbandes 1949 gab Meier seinen Rücktritt von dem seit 1911 bekleideten Amt als Vorsitzender bekannt. Als Nachfolger hatte er Helmut Dölker vorgeschlagen, der 1950 noch durch berufliche Verpflichtungen beim Landesamt für Denkmalpflege Württemberg gebunden war, sodass er die Führung des Verbandes erst zu Beginn des Jahres 1951 würde aufnehmen können. Die erste Nachkriegstagung 1949 in Freiburg diente weitgehend der inneren Sammlung und Konsolidierung; sie fungierte als interne Inventur vor dem Neubeginn und zielte auf Übersicht in der unüberschaubaren Lage, war doch unklar, welche kooptierten Verbände noch existierten, welche persönlichen Mitglieder noch lebten und wie der Verband über die neuen politischen Grenzverläufe hinweg würde arbeiten können. Meier bezeichnete auf der Tagung die Lage als „äußerst schwer" – „schwer auf finanziellem Gebiet, schwerer noch durch den Verlust zahlreicher wertvoller Mitarbeiter, die der Krieg und Krankheiten uns entrissen".[580] Wenn auch später von einer „schwachbesuchten

579 J. Meier an F. Schmidt-Ott, 3.1.1950, DVA, Ordner 106, allg. Korr. 1950-51, Sch-Z.
580 John Meier: Bericht des Vorsitzenden an die Abgeordneten des Verbandes, in: Mitteilungen des Verbandes deutscher Vereine für Volkskunde, Nr. 57, Oktober 1949, S. 3.

Abgeordnetenversammlung"[581] die Rede sein sollte, so gelang doch die innere Neuformierung. In den drei Kernpunkten der Tagesordnung manifestierte sich die Lage der Disziplin zwischen Herkunft, Gegenwart und Neuorientierung: Die Erörterung ihrer Situation in Schule und Hochschule zielte auf Rettung des Erreichten, nämlich die Sicherung ihrer akademischen Eigenständigkeit; die sich konstituierende „Vertriebenenvolkskunde"[582] verwies auf neue gesellschaftliche Herausforderungen der Gegenwart.

Mit Beginn der 1950er Jahre fand auch in der Volkskunde die Ära der Nachkriegsungewissheiten ein Ende. Sie ging mit Signalen des Aufbruchs ins neue Jahrzehnt. Das eben noch fragwürdige Fach fand sich wieder in gesellschaftlichen Resonanzkonstellationen, die es erneut zu einer gefragten Disziplin werden ließen. Die „Vertriebenenvolkskunde" verlieh indirekt auch dem ADV eine eben noch ungeahnte Relevanz. Vormals konzipiert, um jene vormodernen Lebensformen, Vorstellungswelten und Selbstverständlichkeiten einer untergehenden mitteleuropäischen „Volkskultur" zu dokumentieren und auf diesem Wege in das kulturelle Gedächtnis der Moderne zu transformieren, erhielt jetzt noch einmal der Aspekt ihrer räumlichen Verbreitung Aktualität. Die Einheit von „Land und Leuten" war für die Bewohner der ehemals als „deutsch" ausgewiesenen Territorien zerrissen, die Flüchtlinge trugen zwar auch ihre kulturelle Herkunft mit ihren Habseligkeiten westwärts, aber es war offenkundig, dass diese kulturellen Prägungen in ihrer vormaligen Form nicht weiter existieren würden. Im ADV aber waren sie zumindest in Form von Daten, Notizen oder Erzählungen gewärtig, sodass dieser nun nicht mehr nur zum Gedächtnisspeicher einer verlorenen Zeit, sondern auch der verlorenen deutschen Räume und Landschaften mutierte. Als im Sommer 1952 die zunächst aussichtsreich einsetzenden Verhandlungen mit der DFG ins Stocken gerieten, da war es erneut die politische Legitimationsfunktion des Großprojektes, die Meier als Argument für seine Wiederaufnahme aufrief: „Nicht bloß vom wissenschaftlichen Standpunkt, auch vom politischen scheint mir die Durchführung des Volkskundeatlas in den Ostgebieten von eminenter politischer Bedeutung, weil sie unwiderleglich in ihren Feststellungen die Deutschheit der Gebiete beweist."[583] Diese Neuaufladung sollte ihm später öffentliches Gewicht geben, wie anlässlich der ersten Kartenpublikationen der Neuen Folge 1959 registriert wurde: „Für den deutschen Osten sind die Karten des ADV zugleich historische Dokumente, letzte Bestandsaufnahme des volkskundlichen Überlieferungsgutes vor der Vertreibung der Deutschen aus diesen Gebieten, Dokumente, die zugleich die Verwurzelung des Deutschtums in diesem Raum wie seine Verzahnung mit slawischem und baltischem Volkstum zeigen."[584]

581 Mitteilungen des Verbandes deutscher Vereine für Volkskunde, Nr. 58, November 1951, S. 2.
582 Vgl. Hanika, Volkskunde; Tolksdorf, Geschichte.
583 J. Meier an F. Schmidt-Ott, 30.6.1952, DVA, Ordner 108, allg. Korr. 1952-53, R-Z.
584 Riemann, Atlas, S. 422.

Überhaupt war mit der „Vertriebenenvolkskunde“ ein prominentes Sujet gefunden, welches die Volkskunde unversehens wieder zu einem gesellschaftlich relevanten Fach werden ließ. Hier ließ sich die Disziplin erneut auf gesellschaftliche Probleme und Zielsetzungen verpflichten. Und hier profitierte sie einmal mehr von ihrer doppelten Verfasstheit – ihrer wissenschaftlichen Orientierung einerseits und ihrer Anwendungsorientierung in der Kulturpolitik und Heimatpflege andererseits. Ein halbes Jahrzehnt nach Kriegsende war die Volkskunde als Deutungsinstanz der gesellschaftlichen Gegenwart wieder gefragt. Mit ihrem „Allgemeinen volkskundlichen Kongress“ 1951 in Jugenheim, der 250 Teilnehmer zu rund 65 Vorträgen versammelte und unter die Schirmherrschaft des Bundespräsidenten Theodor Heuss gestellt war, meldete sich die Disziplin nach außen wieder geschlossen, selbstbewusst und mit sich weitgehend im Reinen zurück. In seiner Eröffnungsansprache räumte Helmut Dölker Unsicherheiten und „Zweifel“ ein, „ob man Volkskunde heute noch treiben dürfe und könne, ob sie nicht einen Rückfall in die Enge der nationalistischen Gebundenheit oder ein Verschließen der Augen vor den Nöten der Gegenwart bedeute, ob sie nicht zu sehr in die Vergangenheit schaue und deshalb nicht mehr verantwortet werden könne“. Diese Zweifel räumte Dölker selbst freilich eilends aus, indem er auf die „Heimatvertriebenen“ verwies: „Sollten wir nicht mehr aufgerufen sein als je, die Forschung am Volkstum für die Pflege des Volkstums nutzbar zu machen, ja uns diese Pflege sehr angelegen sein zu lassen?“[585]

In den Eröffnungsansprachen und Grußworten wurden bis auf wenige Korrekturen – man distanzierte sich jetzt von „nationalistischer Enge“ und verwies stattdessen auf die Gefährdungen des Abendlandes durch „die Macht des Massenmenschentums“[586] – die alten Leitbilder und Aufgaben aufgerufen, die das Fach in den 1920er Jahren nach oben gebracht hatten: „Forschung des Volkstums durch die Pflege des Volkstums“[587] in den Worten Helmut Dölkers oder die „gemeinschaftsbildende Aufgabe“ der Volkskunde, wie Herbert Hochstetter die außerwissenschaftlichen Erwartungen an das kleine Fach formulierte: „Wir müssen heraus aus unserer 'Heimatlosigkeit', heraus aus einer gefährlichen und Angst erzeugenden Situation der 'Auflösung' in eine echte Heimat, in die Geborgenheit der Ordnung, aus der Masse in die Geborgenheit verantwortlicher Persönlichkeiten.“[588] Nach dem politischen Autoritätsverlust durch das Ende des Nationalsozialismus standen Methoden und Inhalte keinesfalls zur Disposition, geschweige denn forschungsleitende Ideen und Begriffe. Weder die Katastrophe des Nationalsozialismus noch der rasante politisch-soziale Wandel der 1950er Jahre vermochten die disziplinären Fundamente (vorläufig) zu erschüttern. Das kulturkritische Credo der „Vermassung“ der modernen Gesellschaft und damit auch die antimodernistische Grundierung der gesamten Volkskunde schienen nach wie vor Plausibilität zu besitzen – sowohl was die zeitdiagnostische Einord-

585 Dölker, Eröffnungsansprache, S. 5.
586 Hochstetter, Gruß, S. 7.
587 Dölker, Eröffnungsansprache, S. 5.
588 Hochstetter, Gruß, S. 7.

nung der Gegenwart betraf wie auch die Erläuterung des Nationalsozialismus, der sich als kulminatorische Variante problemlos einfügen ließ in das Interpretament des „Massenmenschentums" im 20. Jahrhundert. Auch die Volkskunde orientierte sich in ihrem Rekurs auf die 1920er Jahre an jener Zeit, die noch unbeschadet von den Verstrickungen des Nationalsozialismus schien. Diesem Rückkehrwunsch nachzugeben schien legitim, denn damit präsentierten sich all jene Traditionsbestände des Faches als rehabilitierbar, die zwar realiter die Wege in den Nationalsozialismus mit vorbereiten halfen, aber eben vor diesem selbst datierten. Rückbesinnung auf die Zeit vor der Katastrophe versprach insofern auch Läuterung.

Erneuerung, das erschien ganz in der Tradition einer romantisch gesinnten und kulturpessimistisch grundierten Volkskunde als gleichsam naturhaft-organischer Vorgang, und so verfiel Dölker in seinen bildgesättigten Standortbestimmungen der Eröffnungsansprache nicht zufällig auf die geistige Patenschaft Rilkes und dessen Verse „Zum neuen Jahr". Der Lauf des Jahres ließ nach der Ruhe des Winters die Verjüngung des Frühjahrs folgen. Im Prozess des historischen Wandels reklamierten die Volkskundler gleichsam Unschuld und Unberührtheit: „Wir wollen glauben an ein langes Jahr,/ das uns gegeben ist, neu, unberührt,/ voll nie gewesener Dinge, voll nie getaner Arbeit,/ voll Aufgabe, Anspruch und Zumutung;/ und wollen sehen, daß wir's nehmen lernen,/ ohne allzu viel fallen zu lassen von dem,/ was es zu vergeben hat an die, die Notwendiges,/ Ernstes und Großes von ihm verlangen."[589] Noch unmissverständlicher signalisierte man den Akt der Selbsterneuerung in der Rezeption des Jugenheimer Kongresses. Der erste Nachkriegsjahrgang der *Zeitschrift für Volkskunde* 1953 lieferte Anlass zu einer Standortbestimmung, die zu einem Akt der Selbstentschuldung geriet. Man sprach sich selbst das Recht zu, wieder den angestammten renommierten Platz in der internationalen Forschungslandschaft einzunehmen, und verwies dabei auf das große Interesse an der deutschen Volkskunde: „Der Internationale Volkskunde-Kongreß von Stockholm erbrachte den glänzenden Beweis dafür, daß die deutsche Volkskunde im Kreise ihrer europäischen Schwestern kraft ihres natürlichen Gewichtes wieder gern gehört wird." Damit dies nicht nur spekulative Behauptung blieb, wurde der Befund auch empirisch unterfüttert, indem die Präsenz der deutschen Volkskunde und ihre internationale Strahlkraft auf dem Ethnologenkongress in Stockholm kommagenau ausgezählt wurde: „Von den Vorträgen wurden 47,12% in deutscher, 41,54 in englischer und 11,34 in französischer Sprache gehalten; bei den Debatten schob sich die deutsche Sprache noch viel stärker in den Vordergrund."[590]

589 Dölker, Eröffnungsansprache, S. 6.

590 Anonym, Geleit, S. 1. Unter den 228 Teilnehmern bildeten die Schweden die Hauptgruppe, danach folgte die Gruppe mit 17 deutschen Wissenschaftlern. Zu den Referenten aus Deutschland zählten die vor 1945 aktiven Gottfried Henßen, Wilhelm Peßler, Bruno Schier, Josef Hanika und Martin Wähler. Der Österreicher Richard Wolfram, Volkskundler beim SS-"Ahnenerbe", berichtete über „Die Brauchtumsaufnahme von Südtirol und Salzburg". Es handelte sich dabei um Erhebungen, die das „Ahnenerbe" im Zuge der Umsiedlungspläne der Südtiroler durchgeführt hatte; vgl. Eskeröd, Congress; Wolfram, Brauchtumsaufnahme.

## 2. ZWISCHEN RESTAURATION UND MODERNISIERUNG: ZUR REKONSOLIDIERUNG VOLKSKUNDLICHER FORSCHUNG NACH 1950 UND DIE WIEDERAUFNAHME DES ADV 1954

So meldete sich die deutsche Volkskunde nicht ohne Ansprüche in der internationalen Szene zurück. Gegen nationalistische Verengungen immunisierte man sich gleichsam selbst, indem das abendländische Europa als Bezugsrahmen und der internationale Vergleich als Maßstab seriöser Forschung etabliert wurden: „Jeder echte Volkskundler liebt sein eigenes Volk; doch die Achtung vor den kulturellen Leistungen der anderen Völker bewahrt ihn vor nationaler Überheblichkeit. Um jedoch vor den gefährlichen Auswirkungen dieses schleichenden Giftes besonders gefeit zu sein, wollen wir die deutsche Volkskunde in stärkerem Maße als bisher auf vergleichender Grundlage betreiben.“[591] Gesellschaftlicher Bedarf an einer gestärkten Volkskunde war ohnehin hinlänglich ausgemacht, sodass der Konsolidierung nun auch konkrete Arbeitspläne folgen sollten. Um die Arbeiten am ADV wieder aufnehmen zu können, galt es, eine Reihe offener Fragen zu klären: Wer besaß die Eigentumsrechte an den Hinterlassenschaften? Wie konnte die Trägerschaft organisiert werden? Wer sollte die künftige Leitung übernehmen? Auch Helmut Dölker wandte sich zunächst mit der Bitte an Schmidt-Ott, sich in der neuen DFG für volkskundliche Belange stark zu machen. Um existierende Barrieren aus dem Weg zu räumen, trat Schmidt-Ott bereitwillig in diplomatische Dienste des Volkskundeverbands und spielte als Ehrenpräsident der neuen DFG wie vordem die Klaviatur seiner alten Netzwerke. Erste Verhandlungen mit der DFG hatten sich gut angelassen. Alsbald stand die Eigentumsfrage einer Wiederaufnahme nicht länger entgegen. Nach einigen Irritationen ließ sich klären, dass Heinrich Harmjanz den ADV institutionell zwar beim „SS-Ahnenerbe“ angesiedelt hatte, die Eigentumsrechte jedoch bei der alten DFG geblieben waren. Insofern lagen sie nun nicht bei der Universität Frankfurt, wo das Projekt an den volkskundlichen Lehrstuhl angebunden war. Somit waren auch Befürchtungen ausgeräumt, Julius Schwietering könne seine Hand auf den ADV legen. Die Eigentumsrechte waren bei der alten Forschungsgemeinschaft geblieben und nicht auf die neue DFG übergegangen.

Wolfram sollte noch 1959 für „Abschlußarbeiten am Volkskundeatlas in Südtirol“ beim Bonner Ministerium für Gesamtdeutsche Fragen 5 000 DM beantragen. Matthias Zender befürwortete in seinem Gutachten diese Förderung, weil die Aufnahmen im ADV für Südtirol lückenhaft seien. Deshalb mache „sich das Fehlen Südtirols im Atlas der deutschen Volkskunde sehr schmerzlich bemerkbar.“ Wolframs Engagement sei „verdienstvoll“; über seine Südtiroler Erhebungen habe er 1959 auf der Arbeitstagung des ADV in Bonn gesprochen. Seine Vorträge seien „frei von jedem überschwenglichen Nationalismus“; Gutachten von M. Zender zum Antrag Richard Wolframs „zu den Abschlußarbeiten am Volkskundeatlas in Südtirol“ beim Ministerium für Gesamtdeutsche Fragen 1959, Archiv des Seminars für Volkskunde Bonn, Ordner A-Z 1959.

591 Anonym, Geleit, S.1.

Allerdings gab es die Vereinbarung, dass Besitz und Vermögen der ehemaligen DFG nunmehr von der neuen verwaltet werden solle.

Für John Meier war klar, dass der ADV unter allen Umständen ein selbständiges Unternehmen bleiben müsse und einen Leiter von hoher akademischer Reputation benötige. In seinen Überlegungen zur Finanzierung des Projektes spekulierte er mit dessen politischen Dimensionen, sodass als Finanzier eben nicht nur die DFG in Frage kam, sondern auch jene Bundesministerien, denen die Bedeutung des ADV als gesamtnationales Sinnstiftungsunternehmen ein Anliegen sein müsse. So schwebte ihm in seinen Sondierungen mit Julius Schwietering 1950 folgendes Finanzierungskonzept vor: „Als erste Stelle käme wohl die neue Notgemeinschaft in Betracht, die zwar keine rechtliche aber wohl moralische Verpflichtung hat, das Geld für die gesamtdeutsch wichtige Arbeit zur Verfügung zu stellen. Daneben wäre wohl an das Ministerium für gesamtdeutsche Fragen (Kaiser) heranzutreten und unter Umständen an das Bundesministerium des Innern, in dem kürzlich ein kleines Referat für geistig kulturelle Aufgaben errichtet worden ist und wo der ehemalige Ministerialrat im Preußischen Kultusministerium jetzt Staatssekretär im Bundesministerium sehr viel Interesse für diese Dinge haben soll."[592] Blieb schließlich noch die Personalfrage. Mit Herbert Schlenger trat ein Kandidat auf den Plan, der für die ADV-Arbeiten bestens geeignet schien. Wie Bruno Schier war auch der Mitarbeiter Hermann Aubins eng mit der Ostforschung verbunden. Als Schlenger Ende 1949 aus der Kriegsgefangenschaft („in menschlicher Hinsicht der Höhepunkt meines Lebens"[593]) heimkehrte, schien er in den noch vagen Überlegungen zur Wiederaufnahme des ADV als geeigneter Mann, brachte er doch mit seiner Atlaserfahrung aus den frühen 1930er Jahren hohe kartographische Kompetenz mit. Schon weniger in das Vorhaben eines nach dem Zweiten Weltkrieg ideologisch zu entschlackenden ADV passten allerdings all jene volkstumspolitischen Appelle, mit denen Schlenger 1934 seine methodischen Überlegungen zum Volkskundeatlas begleitet hatte.[594]

Wie viele andere Wissenschaftler der interdisziplinären Ostforschung fand auch Schlenger unmittelbar nach der Entlassung aus russischer Gefangenschaft zunächst beim Herder-Institut in Marburg eine Anlaufstation, wo er bald als stellvertretender Leiter in die von Aubin organisierten Arbeiten eingebunden wurde. Meier wollte mit Schlenger als ADV-Leiter die bewährte Zusammenarbeit der frühen 1930er Jahre fortsetzen und hielt ihn „für den einzig Geeigneten in Deutschland, der dazu berufen und fähig wäre".[595] Schlenger favorisierte zwischenzeitlich die Idee, den ADV nach Marburg zu holen, wo er nicht nur in produktiver Nachbarschaft zum Deutschen Sprachatlas angesiedelt werden, sondern auch von einer kompetenten Doppelspitze aus Bruno Schier und ihm geleitet werden könne, wie er Meier mitteilte:

592 J. Meier an J. Schwietering, 26.4.1950, Ordner 106, DVA, allg. Korr. 1950-51, Sch-Z.
593 H. Schlenger an J. Meier, 11.3.1950, DVA, Ordner 106, allg. Korr. 1950-51, Sch-Z.
594 Vgl. Schlenger, Grundlagen 1934, S. 151-159; Schlenger, Volkskunde.
595 J. Meier an H. Schlenger, 14.5.1952, DVA, Ordner 108, allg. Korr. 1952-53, R-Z.

> „Ich habe die Absicht, in Zusammenarbeit mit Prof. Aubin Anfang Juni eine Forschungsstelle an einem neu in Marburg zu begründenden Institut anzutreten. An dem gleichen Institut würde auch Prof. Schier arbeiten. Als ich nun in Zusammenhang meines Münsterer Auftrages neulich bei Prof. Jost Trier war und wir auch über den Volkskundeatlas sprachen, meinte er, es wäre die beste Lösung für das Werk, wenn auch der Volkskundeatlas nach Marburg ginge, wo ja schon der Sprachatlas ist. Wir (Schier und ich) könnten dann den Atlas dort betreuen. Ich schrieb diesen originellen Vorschlag von Trier gleich Prof. Aubin, der ebenfalls meinte, dieser Vorschlag müsse einmal durchdacht werden."[596]

1952 sah es ganz so aus, als habe man mit Schlenger oder Schier geeignete Kandidaten für die ADV-Leitung gefunden. Bedenken meldete allerdings aus Frankfurt Schwietering an und thematisierte dabei zumindest indirekt die nationalsozialistische Vergangenheit möglicher Kandidaten, welche zumindest an der Frankfurter Universität eine Barriere darstellen könnte:

> „Wie Sie wissen, ist es überaus schwierig, einen Gelehrten zu finden, der als Leiter eines Universitäts-Instituts für Volkskunde berufen werden kann. Er muss in diesem Fall nicht nur Volkskundler und Linguist sein, sondern gleichzeitig die kartographische Technik beherrschen. Und es dürfte Ihnen bekannt sein, dass in Hessen die Frage der Entnazifizierung besonders streng gehandhabt wird. Unser Entnazifizierungsausschuss untersucht die wissenschaftlichen Schriften aufs sorgfältigste, unbekümmert um die Etikettierung 'entlastet' oder 'nicht betroffen'."[597]

Als die Verhandlungen mit der DFG aufgenommen wurden, agierte Schmidt-Ott bereitwillig als Mittelsmann für den Verband – zunächst, wie es den Anschein hatte, erfolgreich. Dabei handelte er sowohl in Absprache mit dem alten wie dem neuen Vorsitzenden. „Versuchen Sie, das Interesse von Schmidt-Ott, das er für den Atlas, wie aus seinem aus Berlin an mich gerichteten Brief hervorgeht, hat, zu einer tatsächlichen Intervention zu verdichten", so appellierte Meier an Dölker im September 1951.[598] Schmidt-Ott sprach nicht nur bei der DFG vor, sondern sondierte auch zusätzliche Finanzierungsmöglichkeiten über die Kultusministerien der Länder. Seine Glückwünsche zum 92. Geburtstag Schmidt-Otts 1952 begleitete Meier mit konkreten Hoffnungen: „Für Ihre Besprechung über den Volkskundeatlas wünsche ich bei der Forschungsgemeinschaft viel Erfolg. Die alte Notgemeinschaft hat doch so viel Geld hineingesteckt, daß sie unbedingt auch für Vollendung sorgen muß."[599]

Am 3. Mai 1953 starb John Meier hochbetagt in Freiburg. Zu diesem Zeitpunkt hatte sich die Volkskunde als Disziplin wieder neu formiert. Dem Ende des Weltkriegs folgte zunächst eine rund fünfjährige Lethargie. Nun, Anfang der 1950er Jahre, präsentierte sich die Disziplin in einem Kräftefeld widerstrebender Bewegungen, sie betrieb Selbstrehabilitation und suchte, nach der Einhausung in germanophilen, auf Kontinuitätssehnsüchten basierenden Vorstellungswelten, Anschluss an die internationale Forschung. Es war ein Jahrzehnt des Übergangs: Die Volkskunde lavierte zwischen der Wiederbele-

596 H. Schlenger an J. Meier, 26.3.1950, DVA, Ordner 106, allg. Korr., 1950-51, Sch-Z.
597 J. Schwietering an J. Meier, 16.11.1950, DVA, Ordner 106, allg. Korr. 1950-51, Sch-Z.
598 J. Meier an H. Dölker, 19.9.1951, DVA, Ordner 104, allg. Korr. 1950-51, A-J.
599 J. Meier an F. Schmidt-Ott, 3.6.1952, DVA, Ordner 108, allg. Korr. 1952-53, R-Z.

bung ihrer tradierten Orientierungen antimodernistischer Couleur und neuen gesellschaftlichen Herausforderungen, für deren Bewältigung sie selbstbewusst Kompetenz reklamierte. Dieses Spannungsfeld zwischen Restauration und Modernisierung forcierte die Gleichzeitigkeit ungleichzeitiger Orientierungen, erlaubte Anschluss an die produktive Theoretisierungsphase der 1920er Jahre und Ansprüche auf neue Deutungskompetenzen. Das Diktum von Maus, nach dem das Fach nie Klarheit über seine Lage in der Industriegesellschaft gefunden habe, zeigte trotz vehementer Abwehrrhetorik ein gewisses Maß an Wirkung. Zumindest zeitigten nun, in den beschleunigten Prozessen des historischen Wandels hin zur Konsumgesellschaft der 1950er Jahre, die Appelle, sich Gegenwartsproblemen wie Fragen der Großstadtvolkskunde und der Industriegesellschaft zuzuwenden, Konsequenzen. Ein allmählicher Übergang vom „Volk" zur „Gesellschaft" als leitende Kategorie konnte konstatiert werden. Ein Schlaglicht auf die heterogene Verfassung des Faches wirft die knappe Zusammenfassung der Tagesordnung einer Frankfurter Tagung 1953: „An der Hand einleitender Referate wurde gesprochen über Probleme der heutigen Sachvolkskunde, die Verwendung technischer Hilfsmittel, Fragen des volkskundlichen Nachwuchses, die Abgrenzung zwischen Soziologie und Industrievolkskunde, das Verhältnis zwischen Tiefenpsychologie und Volkskunde und das mögliche Aufkommen einer neuen mythologischen Richtung in der Volkskunde."[600]

Die Volkskunde der 1950er Jahre erschien somit gründlich ambivalent, einerseits einer retrospektiven Bezugsrichtung verpflichtet und theoretisch zusammengehalten durch Leitbegriffe, die allenfalls zur Beschreibung und Analyse traditionaler Vergemeinschaftungsformen Plausibilität entfalten konnten: Sitte und Brauch, Gemeinschaft, Tradition. Andererseits wich die fundamentale Skepsis gegenüber der Moderne ihrer allmählichen Akzeptanz. Damit meldete die Disziplin nun offensiv Deutungskompetenz für kulturelle Prozesse der industriellen Gegenwartsgesellschaft an. Insgesamt war die Situation des Faches zum Zeitpunkt der Wiederaufnahme des ADV gekennzeichnet durch die Gleichzeitigkeit höchst widersprüchlicher Tendenzen, für die es mehrere Kristallisationspunkte gab. Nach wie vor vermochte die zentrale Kategorie des „Volkes" Plausibilität zu entfalten. „Volk" war nicht nur theoretischer Leit- und Letztbegriff, sondern sakramentaler Kern der Disziplin. In der modernitätsskeptischen Tradition der Volkskunde war „Volk" als Integrationsgröße jenseits von Staat und Gesellschaft ausgemacht worden, welche geeignet schien, zwischen den auseinanderfallenden Segmenten moderner Wirklichkeiten Einheit zu stiften. Dies hatte der Disziplin in den 1920er Jahren zur akademischen Etablierung verholfen, wobei nie recht klar zu werden schien, ob sie das Potenzial zur heimlichen Schlüsseldisziplin besaß oder, im Gegenteil, überhaupt die Voraussetzungen zur Disziplinarität mitbrachte. Wissenschaftliche Reflexion und affektiv-emphatische Hinwendung zum Gegenstand gingen in der Fachgeschichte des 20. Jahrhunderts stets Hand in Hand. Somit war der akademische Aufstieg der Volkskunde Bestandteil eines

600 Dölker, Sondertagungen, S. 281.

nationalen Integrationsprojektes, das mit der Einheit „Volk“ eine organische Bezugsgröße für Vergemeinschaftungsprozesse liefern sollte.

Diese Tendenzen waren nach den Ideologisierungserfahrungen des Nationalsozialismus keinesfalls an ein Ende gekommen. Das Versprechen organischer Vergemeinschaftung im „Volk“ vermochte gerade in der Nachkriegszeit noch einmal Plausibilität zu entfalten. Diese war zwar einerseits geprägt von einer Fortschrittseuphorie, die sich auch der Reflexion über die jüngere Vergangenheit verweigerte. Andererseits war da aber die kulturkritische Grundstimmung der 1950er Jahre, zu deren Zerfalls-, Entfremdungs- und Zerissenheitsdiagnostik die Vorstellung einer Versöhnung in einer organischen Ganzheit ein anziehendes Gegenbild abzugeben vermochte. Nun schienen sich all jene Niedergangsszenarien, die bereits um 1900 diagnostiziert worden waren – Landflucht, Funktionalisierung, „Vermassung“, „Entwurzelung“, Enttraditionalisierung, Verlust der Gemeinschaftsformen – in noch kürzeren Zeiträumen zu vollziehen. So ging es noch einmal um Rettungs- und Rehabilitationsversuche des zentralen Axioms, um das sich die Disziplin gruppiert hatte. Flankiert wurde die Entlastung von außen. 1946 veröffentlichte Richard Weiss – nach seinem Studium der Romanistik 1933/34 als Volontär in der Berliner Zentralstelle des ADV tätig und Herausgeber des „Atlas der Schweizerischen Volkskunde“ – seine *Volkskunde der Schweiz*.[601] Hier wurden die Leitbegriffe der Volkskunde (Gemeinschaft, Tradition etc.) neu festgeschrieben, und da dies vom „neutralen“ Boden der Schweiz aus geschah, wo eine Kontinuität dieser Denkstile nicht durch die Erfahrungen des Nationalsozialismus in Frage gestellt wurde, konnte das Standardwerk von Weiss in der deutschen Volkskunde als Legitimation eigener Positionen gelesen werden.[602]

Andererseits waren in den 1950er Jahren auch deutliche Absetzbewegungen von dieser Grundkategorie zu verzeichnen.[603] Die konsequente Soziologisierung, Historisierung und Empirisierung volkskundlicher Gegenstände, deren Rückbindung an ihre soziale und ökonomische Basis sowie eine Öffnung für Gegenwartsfragen erschienen als angemessene Rezepturen gegen die Konstruktion germanischer Kontinuitäten und die vermeintliche Zeitlosigkeit und Ganzheit der Volkskultur. Während in Seminaren noch immer germanisches Lichterbrauchtum im Jahreslauf unterrichtet wurde, formierte sich die „Münchner Schule“ von Hans Moser und Karl-Sigismund Kramer als strenge Schule der Historisierung auf der Basis prägnanter Quellenkritik.

Die Öffnung für gegenwärtige Fragen der Industriemoderne (Industrievolkskunde, Großstadt etc.) war freilich kein Privileg einer entideologisierten und entpolitisierten Volkskunde. Dies war in den 1930er Jahren unter expliziter Zielsetzung stärkerer Nutzen- und Zweckorientierung geistes- und kulturwissenschaftlicher Disziplinen auch von NS-Volkskundlern betrieben worden, um die Integration von Arbeitern und Städtern in völkische Gemeinschaftsideologien

601 Weiss, Volkskunde.
602 Vgl. Weber-Kellermann/Bimmer/Becker, Einführung, S. 138f; Jeggle, Volkskunde, S. 65.
603 Vgl. z.B. Heilfurth, Volkskunde.

wissenschaftlich zu flankieren.[604] So sind für die 1950er Jahre markante Absetzbewegungen von den organologischen Konstrukten einer zeitlosen Volkskultur zu verzeichnen, die in Konsequenz freilich erst später mit der Transformation der Volkskunde zu einer modernen Alltagswissenschaft und dem endgültigen *Abschied vom Volksleben*[605] vollzogen werden sollte.

Außerdem stellte die Flucht von über zehn Millionen Deutschen aus Osteuropa und Ostdeutschland neue Aufgaben an die Volkskunde. Sie war in mehrerlei Hinsicht herausgefordert: durch das kulturelle Erbe der Flüchtlinge und durch das Problem ihrer Integration in die Ankunftsgesellschaft. Die gesellschaftliche Problemlage der Flüchtlinge holte die Volkskunde aus ihrem Schockzustand heraus und verlieh ihr wieder Aktualität. Zunächst veränderte dies die Disziplin kaum; man sichtete und verwaltete weitgehend konventionell – also sammelnd und bewahrend – das kulturelle Erbe der Flüchtlinge. Die „Vertriebenenvolkskunde" wurde nicht in den Zusammenhang der umfassenden politischen Neuordnung Europas gestellt. Der Horizont blieb eingeengt auf die Migranten der eigenen Nation, sodass die Volkskunde auf diesem Terrain weiterhin als deutsche Disziplin agierte. Der moralische Appell der Bezeichnung „Heimatvertriebene" beschränkte sich in der Forschung auf deutsche Bevölkerungsgruppen, sodass das dabei thematisierte Unrecht als deren Privileg beansprucht werden konnte. Obendrein blendete er die historischen Zusammenhänge dieses Vorgangs als Konsequenz des Nationalsozialismus aus. Die Vertriebenenvolkskunde verpflichtete sich in ihrer Forschungspraxis zunächst den althergebrachten Techniken – dem Sammeln, Dokumentieren und Bewahren des Verlorenen. Vor allem aber bediente man sich, wie zum Beispiel Josef Hanika, nach wie vor der angestammten Leitbegriffe und Deutungsmuster einer eben noch dem Volkstumskampf verpflichteten Grenzlandvolkskunde und Sprachinselforschung der Vorkriegszeit: „Die Volkskunde beteiligt sich an der Herausarbeitung der Kulturmorphologie des östlichen Mitteleuropa. So entfaltet sich aus dieser Grundfrage nach der völkischen Herkunft der Kulturgüter die große Aufgabe der Erforschung der deutschen Kulturleistung im Osten. Und diese Fragen nach der völkischen Herkunft der Kulturgüter erlangen schließlich politische Bedeutung wie überhaupt alles in den Grenzgebieten und Sprachinseln seit dem 'nationalen Erwachen' eine scharfe nationalpolitische Note bekommt. Die deutschen Kolonisten leiteten aus ihrer Kulturleistung ihre Daseinsberechtigung auf dem durch Arbeit errungenen Boden ab. Das Wissen darum stärkte ihr Selbstwertgefühl und ihren Behauptungswillen dem fremden Volkstum gegenüber; die Verbreitung solcher Kenntnisse spielte eine wichtige Rolle in der Volksbildung und Volkserziehung im Osten."[606]

604 Kontinuitäten sind hier etwa in der Industrievolkskunde Wilhelm Brepohls zu notieren; vgl. Weyer, Forschungsstelle.

605 Geiger/Jeggle/Korff (Hg.), Abschied.

606 Hanika, Volkskunde, S. 13. Markante Absetzungen waren erst Ende der 1950er Jahre zu registrieren; z.B. durch die damals noch in der DDR arbeitende, aber in West-Berlin lebende Ingeborg Weber-Kellermann; Weber-Kellermann, Frage.

Dasselbe Vokabular und dieselben Ideologeme beschwor Hanika nun auch für die aktuellen Aufgaben der Volkskunde. Er lenkte die Aufmerksamkeit auf Vorgänge der „biologischen Verschmelzung“ von Flüchtlingen und Einheimischen und sah für die Volkskunde wichtige volkstumspolitische Aufgaben: „Die Volkskunde wird mithelfen, aus dem besten Überlieferungsgut der Einheimischen und der Flüchtlinge das lebendig zu erhalten, was in den gemeinsamen Besitz der neuen Stammes- und Volksgemeinschaft übergehen und weiterwirken soll. [...] Die Volkskunde hat in der heutigen Situation der durchgreifenden Wandlungen und Neugestaltungen in unserem Volkskörper eine säkular einmalige Gelegenheit zur Bewährung und eine gewaltige Gegenwarts- und Zukunftsaufgabe, die in enger Arbeitsgemeinschaft einheimischer und heimatvertriebener Forscher angepackt und gemeistert werden muß.“[607] Es waren vornehmlich vormalige Vertreter der Volkskunde des Grenz- und Auslandsdeutschtums, die nunmehr die Vertriebenenvolkskunde trugen. Semantisch eingepasst in die Nachkriegssituation hatte die zentrale Kategorie der Volksgemeinschaft weiterhin Bestand; lediglich die rassischen Konnotationen fielen weg.[608] Die Rhetorik des Volkstumskampfs wurde zumindest nach außen abgeschwächt und in die neuen Verhältnisse eingepasst. Andererseits widmete sie sich als Migrationsforschung allmählich auch Prozessen der Integration und Akkulturation und verabschiedete sich von einer rein sammelnden Inventur des kulturellen Überlieferungsgutes.

Als probates Konzept der Selbsterneuerung erwies sich eine konsequente Internationalisierung der wissenschaftlichen Kommunikation. Die Landkarte volkskundlicher Betätigung sollte künftig weder durch die Grenzen der staatlichen Nation noch durch jene des deutschen Kulturbodens eingeschränkt werden. Nation und Volk wurden nun von einem Europa abendländischer Prägung als neue Bezugsgröße abgelöst. Auf dem Volkskundetag 1952 in Passau forderte Karl Meisen eine „europäische Vertiefung“ der Volkskunde durch internationale Forschungsinitiativen und Projekte wie einen „Europäischen Kulturatlas“, da das „Leben in überlieferten Ordnungen“ nicht national gebunden sei und erst ein europäischer Rahmen umfassende Prozesse der kulturellen Dynamik erhellen könne.[609] Damit suchte man Anschluss vor allem an die „Europäische Ethnologie“ skandinavischer Prägung und betrieb eine Transformation nationaler Volkskulturen in einen abendländisch-europäischen Kulturraum.

Nun arbeitete freilich auch die Volkskunde im Nationalsozialismus nicht in nationaler Isolation. Im Gegenteil: Auch damals nutzte man das internationale Renommee der deutschen Volkskunde zu Kontakten und Kooperationen, vor allem, wenn es um Meinungsführerschaft bei der Erforschung gemeinsamer „germanischer“ oder „nordischer“ Volkskulturen ging. Außerdem hielt die Volkskunde nach 1945 jenseits des programmatischen Appells zur Internatio-

607 Hanika, Volkskunde, S. 30.

608 Analog vgl. die Diskussion soziologischer Literatur bei Gerhardt, Bilanz; leider werden hier die Verflechtungen zwischen volkskundlicher und soziologischer Literatur nicht thematisiert.

609 Meisen, Europäische Volkskunde; der Vortrag war zunächst unter dem Titel „Abendländische Volkskunde als Forschungsaufgabe“ angekündigt worden.

nalität in der konkreten Forschungspraxis die eigene Nation als maßgebliche Bezugsgröße präsent. Die Strategie der Internationalisierung volkskundlicher Forschung erwies sich als erfolgreich, was die Rehabilitation und Erneuerung der Disziplin betraf, blieb aber zunächst ohne nennenswerte Effekte für die konkrete Forschungspraxis. Mehr noch: Der Anschluss an die internationale Forschung fungierte erfolgreich als Strategie der Selbstrehabilitation; über die internationale *scientific community* konnte nicht selten die nationale Rehabilitation erreicht werden. Über seinen Auftritt bei dem internationalen Anthropologenkongress 1952 in Wien ließ Richard Wolfram wissen: „Für mich war es seltsam. Es war ja mein erstes Auftreten in Wien seit 1945. Bisher hatten sie mich ja – wie es im österreichischen Dialekt heißt – 'net amal igniriert'. Und es ist ja noch nicht gar so lange her, da hatte unsere Kategorie noch generell Hausverbot. Nun wollte es der Zufall, daß die Europa-Sektion in meinem alten Hörsaal tagte. So stand ich also bei meinem Vortrag wieder einmal an meinem Katheder. [...] Was so ein internationaler Rahmen doch alles macht!“[610] Tatsächlich war die Mutation einer auf die wissenschaftliche Beglaubigung nationaler Eigenart verpflichteten deutschen Volkskunde hin zu einer europäischen Disziplin ein strategisch erfolgreicher Rettungsversuch. Die integrative Kraft der Leitvokabel „Europa“ ermöglichte es zudem, dass Volkskundler, zwischen denen im Nationalsozialismus jegliche Kooperation verunmöglicht war, wieder zusammenkamen: die im Nationalsozialismus verfolgte „religiöse“ bzw. konfessionelle Volkskunde (z.B. Karl Meisen, Rudolf Kriss), die gemäßigten NS-Volkskundler, die sich machtpolitisch nicht allzu sehr exponiert hatten (z.B. Schier, Hanika u.a.), politische Verfolgte (z.B. Peuckert).

Zählte der ADV Ende der 1920er Jahre noch zu den Renommierprojekten der Notgemeinschaft, mit denen sie selbstbewusst in die Öffentlichkeit wirken und ihre gesellschaftliche Nützlichkeit signalisieren wollte, übte die 1949 neu gegründete DFG skeptische Zurückhaltung, als es Anfang der 1950er Jahre um die Wiederaufnahme des Großprojektes ging. Aus sympathisierender Distanz sollte Richard Weiss 1957 die Schwierigkeiten einer Fortsetzung skizzieren: „Es ist eine besonders problematische Aufgabe, das grösste volkskundliche Kartenwerk, den ADV, der durch Experimente einer politisierten Wissenschaft und durch den Krieg zu einem vorzeitigen Ende gekommen ist, wieder zu erwecken und eine neue Auswertung des brachliegenden Antwortmaterials aus rund 20 000 Orten für die noch unbearbeiteten Fragen zu versuchen.“ Die Aufnahmen aus den frühen 1930er Jahren seien zudem längst historisch geworden, worin allerdings auch eine dokumentarische Chance liege. Dem schließlich 1954 nach langwierigen Verhandlungen eingesetzten Leiter der neuen ADV-Stelle jedenfalls attestierte er das nötige Problembewusstsein: „Zender, der Leiter der ADV-Stelle in Bonn, gehört nun in der Tat nicht zu denen, die heute Volkskunde treiben, als ob nichts geschehen sei.“[611]

610 R. Wolfram an H. Dölker, 5.10.1952, zit. n. Müns (Hg.), „Das Problem der inneren Wiedervereinigung wird immer größer...“, S. 33 (DVA, Ordner 226, DGV).

611 Weiss, Beispiele, S. 235.

1951 schaltete sich einmal mehr Schmidt-Ott, nun Ehrenpräsident der neuen DFG, in die Verhandlungen ein. Er sondierte die Bereitschaft der DFG und eruierte alternative Finanzierungsmöglichkeiten über die Kultusministerien der Länder oder Bundesministerien. Nachdem Meier bereits potenzielle Leiter erwogen und diverse Organisationsformen durchgespielt hatte, waren seine Hoffnungen, dass das unvollendete Werk weiter bearbeitet werden könnte, groß. Ernsthaft erwog er zu diesem Zeitpunkt die Organisation der Arbeiten in einem gesamtnationalen Maßstab, schließlich gaben die ersten deutsch-deutschen Kooperationen auf dem Terrain volkskundlicher Forschung nach der Aufbauarbeit von Wolfgang Steinitz am Volkskunde-Institut der Deutschen Akademie der Wissenschaften Anlass zu Optimismus.[612]

Meiers Hoffnungen wurden alsbald enttäuscht. Im Juni 1952 verhandelte der mittlerweile 92-jährige Schmidt-Ott bei der DFG über die Fortsetzung des ADV. Die Gespräche verstrichen ohne Ergebnis, sodass Meier resigniert wissen ließ: „Sehr von Herzen bedaure ich, daß die Forschungsgemeinschaft sich der Arbeit am Volkskundeatlas versagt, denn damit ist das ganze so schöne und wertvolle Unternehmen vernichtet."[613] Etliche Einzelgespräche folgten. Schließlich beraumte die DFG am 4. Mai 1953 in ihrer Bonner Geschäftsstelle eine Besprechung mit Adolf Bach, Franz Steinbach, Meisen, Schier, dem Schweizer Weiss, Schwietering, Dölker, Schlenger und Matthias Zender an. Schlenger und Zender hielten Referate zur Bedeutung volkskundlicher Kulturraumforschung; Weiss plädierte für eine Fortsetzung des ADV, weil dieser nicht zuletzt Vorbild für zahlreiche nationale Volkskundeatlanten in Europa sei. Als Ergebnis der Beratungen fiel der Beschluss, Schlenger, Schier und Zender mit der Entwicklung konkreter Konzepte und Arbeitspläne zu beauftragen. Zender sollte zu diesem Zweck im Frankfurter Archiv recherchieren und als Basis künftiger Entscheidungen eine Denkschrift verfassen.[614]

Nach langem Vorlauf wurde der ADV Ende 1953 im Hauptausschuss der DFG unter „Antrag 5677" als Nachtrag zur Hauptausschussliste 102/53 aktenkundig. Angestrebt wurde jetzt eine grundsätzliche „Erklärung des Hauptausschusses, daß die Deutsche Forschungsgemeinschaft bereit ist, Mittel für die Weiterarbeit am Atlas der Deutschen Volkskunde bereitzustellen". Für die Fortführung wurde eine Dauer von acht Jahren avisiert. Im Antrag wurden ausführlich Vorgeschichte, Geschichte, Zielsetzung und bisherige Ergebnisse des ADV rekapituliert. Die neue Atlasstelle, so der Antrag weiter, würde neben einem Leiter und zwei Assistenten eine Schreibkraft sowie studentische Hilfskräfte benötigen. Als notwendige Mittel wurden für zwei alternative Konzepte entweder DM 17 820 oder DM 29 820 Jahresetat veranschlagt.[615] Anfang 1954 kam der Antrag schließlich im Hauptausschuss zur Diskussion. Eine Entscheidung fiel auch für

612 Vgl. J. Meier an F. Schmidt-Ott, 14.5.1952, DVA, Ordner 108, allg. Korr. 1952-53, R-Z.

613 J. Meier an F. Schmidt-Ott, 30.6.1952, DVA, Ordner 108, allg. Korr. 1952-53, R-Z.

614 So die zusammenfassende Darstellung in Nachtrag zur Hauptausschussliste 102/53, Antrag 5677, BAK, B 227/163, Hauptausschuss-Listen 95-102/1953 u. 1-16/1954.

615 Nachtrag zur Hauptausschußliste 102/53, Antrag 5677, BAK, B 227/163, Hauptausschuss-Listen 95-102/1953 u. 1-16/1954.

dieses Mal nicht. Stattdessen sollten weitere Gutachter gehört werden. Ihnen, so das Protokoll, seien „offen die Bedenken des Hauptausschusses mitzuteilen (Zuverlässigkeit des Materials, Aufwendungen von insgesamt 400- 500.000,-). Sie sind um etwaige Vorschläge für eine Einschränkung zu bitten." Als Gutachter wurden Jost Trier, Walter Hävernick, der Tübinger Religionswissenschaftler Otto Weinreich sowie als Soziologe Gunther Ipsen genannt. Außerdem hatte man in der DFG die Hoffnung noch nicht aufgegeben, alternative Finanzträger zu finden: „Die Geschäftsstelle soll sich an das Ministerium für Gesamtdeutsche Fragen und an den zuständigen Fachausschuss der Kultusministerkonferenz mit der Bitte wenden, den Abschluss der Arbeiten am Atlas zu übernehmen oder nennenswerte Beträge zur Unterstützung zu genehmigen."[616]

Innerhalb des Volkskundeverbandes, aber auch im Volkskunde-Institut der Frankfurter Universität, stärkte die Zendersche Denkschrift die Hoffnungen auf eine baldige Realisierung des Unternehmens. Matthilde Hain erhoffte sich von Dölker Aufklärung darüber, weshalb die Vorbereitungen zur Neuaufnahme ins Stocken geraten seien: „Als ich neulich bei Dr. Treue um Auskunft darüber bat, schrieb er – freundlich vertröstend und sich windend – dass neben den finanziellen Bedenken vor allem Einwände von Aussenstehenden die Entscheidung erschwerten. Was soll man sich darunter vorstellen? Wer sind die einflussreichen Aussenstehenden?"[617] In seiner Antwort vermochte Dölker die Hemmnisse nicht präzise zu benennen, verwies aber auf ein Gespräch mit DFG-Vizepräsident Eduard Spranger, der die Zurückhaltung mit einer allgemeinen Skepsis gegenüber Langzeitprojekten begründet habe. Angelegentlich einer Unterredung zwischen ihm und Spranger „kam die Rede auch auf den Atlas und die bevorstehende Entscheidung. Er sah unsere Gründe völlig ein, vor allem denjenigen, den ich bei dieser Gelegenheit in den Vordergrund schob, nämlich die starke Unterstützung aller volkskundlichen Arbeit in der Ostzone und den Anspruch, den Steinitz in seiner Rede vom September auf den ADV erhob."[618]

Erst im September 1954 kam der ADV-Antrag wieder in den Hauptausschuss der DFG. Mittlerweile konnten das Bundesministerium für Gesamtdeutsche Fragen und das Vertriebenenministerium gewonnen werden, die Hälfte des ADV-Budgets zu übernehmen. In seinen Konzepten hatte Zender die Arbeitspläne eingeschränkt auf repräsentative volkskundliche Themen. Für deren Bearbeitung waren sieben Jahre vorgesehen, wofür rund 300 000 DM aufgebracht werden müssten; danach sollte der Atlas an das volkskundliche Institut der Universität übergehen. In den eingeforderten Gutachten, so die Vorlage für den Hauptausschuss, sei die Wiederaufnahme des ADV nachdrücklich empfohlen worden. Otto Weinreich habe betont, dass das Projekt vor dem „Dritten Reich" begonnen wurde und in den „Händen sauber arbeitender verantwortungsbewusster Wissenschaftler gelegen" habe. „Dass es dann unter die Direktion eines Mannes

616 Antrag 5677 (Nachtrag), Atlas der deutschen Volkskunde, in „Niederschrift über die Sitzung des Hauptausschusses der Deutschen Forschungsgemeinschaft am 9. Januar 1954 in Bad Godesberg", BAK, B 227/FC 7493 N.

617 M. Hain an H. Dölker, 23.2.1954, DVA, Ordner 221, DGV, Kongreß Celle.

618 H. Dölker an M. Hain, 3.3.1954, DVA, Ordner 221, DGV, Kongreß Celle.

geraten sei, dessen wissenschaftliche Geltung und Leistung umgekehrt proportional zu seinem Machtanspruch gestanden habe, sei bedauerlich und habe dazu geführt, dass – wie die Volkskunde überhaupt – so auch dieses Unternehmen heute noch gewissen Ressentiments begegne. Aber de facto sei der solide Kern des Atlas nicht wesentlich geschädigt [...].“[619] In dieser Situation solle die deutsche Forschung nicht Gefahr laufen, ins internationale Hintertreffen zu geraten. Zudem berge der ADV Material aus Gebieten, die nun verloren seien, wodurch ihm besonderer Wert eingeräumt werden müsse. Hävernick hatte in seinem Gutachten in Zender den geeigneten Kandidaten für die Leitung eines neuen ADV ausgemacht. Ipsen gab sich dagegen zurückhaltend: „Ein wirklich erhebliches Interesse sozialwissenschaftlicher Art an dem Volkskundeatlas bestehe nach allem, was sichtbar sei und erwartet werden könne, leider nicht.“ Wenn es allerdings ein hinlänglich legitimiertes volkskundliches Interesse gebe, dann solle das unvollendete Werk in jedem Fall einem Ende zugeführt werden. Allerdings plädierte er für eine Beschränkung der Bearbeitung auf vier Jahre.

Darüber hinaus waren noch weitere Gutachten eingeholt worden. William Foerste, Professor für Niederdeutsche Philologie und Volkskunde in Münster, bestätigte, „dass sich die grossen Erwartungen bisher nur zu einem kleinen Teil erfüllt hätten, da die kartographische Methode für volkskundliche Erscheinungen im allgemeinen nicht so fruchtbar sei wie für die Mundartforschung.“ Der Schwede Sigurd Erixon – seit Beginn der 1950er Jahre wieder vehement engagiert in der Europäisierung volkskundlich-ethnologischer Forschung – unterstrich das internationale Renommee des ADV: „Es werde allen Forschern, die sich für europäische Volkskunde interessierten, eine Freude und Genugtuung sein, wenn die Arbeiten am Atlas der deutschen Volkskunde jetzt wieder aufgenommen werden.“

All das und vor allem die Bereitschaft der Bundesministerien für Gesamtdeutsche Fragen und für Vertriebene, den ADV finanziell mitzutragen, bewog die DFG schließlich im September 1954 zur Fortsetzung der Projektfinanzierung.[620] Ende 1954 konnte Matthias Zender sein neues Amt antreten. Nachdem im Nationalsozialismus die Realisierung seiner Habilitationspläne verhindert worden war, holte er dies 1953 nach.[621] Im Juli 1954 hielt Zender seine Antrittsvorlesung über „Die kulturelle Krise des Landvolkes und die deutsche Volkskunde“.[622] Nun pendelte er zunächst zwischen Bonn und Frankfurt. Nachdem die noch weitgehend in Frankfurt vorgenommenen Ordnungs- und Sanierungsarbeiten an den Archivbeständen abgeschlossen waren, wechselte der ADV im Herbst 1955 endgültig nach Bonn. Damit war er wieder dort angesiedelt, wo Mitte der 1920er Jahre der Modellfall interdisziplinärer Kulturraumforschung praktiziert

619 Hauptausschussliste 74/54, Nr. 6676, abgesandt am 8.9.1954, Archiv der DFG Bonn; alle weitere Zitate ebd.

620 Vgl. „Niederschrift über die Sitzung des Hauptausschusses der Deutschen Forschungsgemeinschaft am 17. September 1954 in Würzburg“, BAK, B 227/FC 7493 N.

621 Zender, Räume.

622 Zender, Krise.

worden war und woher auch der ADV tragende Impulse erhalten hatte – am „Institut für geschichtliche Landeskunde der Rheinlande".[623]

Der Status der Abermillionen gesammelten Daten des Kartenwerks, einst erhoben als Augenblicksaufnahme gegenwärtiger volkskultureller Verhältnisse, hatte sich gründlich verändert. Die Mitarbeiter der Neuen Folge des ADV hatten es nicht mehr mit empirischem Material der Gegenwart zu tun. Es waren nun, über zwei Jahrzehnte später, historische Quellen, die eine in mehrfacher Hinsicht untergegangene Welt dokumentierten. Das einst als kulturelle Einheit proklamierte Erhebungsterritorium war nach dem Krieg zerfallen und die Modernisierungsschübe der Nachkriegszeit hatten die im ADV dokumentierte Welt in eine verwandelt, die einer weit entfernten Vergangenheit angehörte. Dies zwang natürlich auch die Volkskunde zu Perspektivwechseln, die Matthias Zender Ende der 1950er Jahre skizzierte:

> „Die Unsicherheit in der Forschung und die noch immer bestehende Unklarheit in der Begrenzung des Forschungsobjektes, in Problemen, Methoden und Zielen bei der deutschen Volkskunde nach 1945 gehen nicht bloß auf die Tatsache zurück, daß 'Volkskunde', vom NS-Regime usurpiert, für den Außenstehenden und die zuständigen öffentlichen Stellen sehr belastet erschien, daher öffentliche Zuschüsse nur zögernd und unregelmäßig gegeben wurden. Für diese unbefriedigende Lage ist im gleichen Umpfang [sic] als Grund anzuführen die vollständig gewandelte Lage im Volksleben durch die Vertreibung und Umsiedlung großer Volksgruppen wie durch den Wandel des gesamten Lebens unter industriellem und städtischem Einfluß. Ein Volkskundler, der Traditions- und Gemeinschaftsformen in der früher üblichen Weise studieren will, und dabei an die Volkskunde der zwanziger Jahre anknüpft, greift ins Leere und findet kaum mehr eine Möglichkeit zur Betätigung."[624]

Mit Zender hatte sich ein Kandidat für die künftige Leitung des ADV durchgesetzt, dessen akademische Laufbahn mit der Bonner Kulturraumforschung eng verknüpft war. Noch während seines Studiums der Volkskunde, Geschichte und Germanistik hatte er 1929 unter Josef Müller als „Hilfsarbeiter" beim Rheinischen Wörterbuch und der Rheinischen Landesstelle des ADV in Bonn begonnen, wo er der maßgebliche Mann für die Organisation, Durchführung und Auswertung der Befragungen wurde. Ab April 1939 war Zender Wissenschaftlicher Assistent im Institut für geschichtliche Landeskunde. Für den ADV hatte er bereits seit 1931 außerhalb des Reichsgebiets Material in Eupen-Malmédy erhoben. Seine Forschungen im deutsch-belgischen Grenzgebiet und der belgischen Provinz Luxemburg sowie seine 1940 veröffentlichte Dissertation *Die Sage als Spiegelbild von Volksart und Volksleben im deutschen Grenzland* wiesen ihn auch als politisch motivierten Grenzlandforscher aus.[625] In den 1930er Jahren waren seine volkskundlichen Arbeiten zu Arel und Eupen-Malmédy eingebunden in den Forschungsverbund der „Westdeutschen Forschungsgemeinschaft", wo

623 Zur disziplinären Verzahnung der Volkskunde vgl. v.a. Gansohr-Meinel, Landesstelle; Nikolay-Panter, Geschichte.

624 Durchschlag Manuskript M. Zender: „Bericht über die Lage der deutschen Volkskunde von 1945 bis heute" (1958), S.1, Archiv des Seminars für Volkskunde Bonn, Ordner A-Z 1958.

625 Zender, Sprache; Zender, Sage; Zender, Sprachenkampf.

man großes Interesse für die volkskundlichen Arbeiten des ADV hegte.[626] Seit April 1941 war er als Militärverwaltungsrat in Belgien mit volkstumspolitischen Arbeiten betraut. Zender war in der Arbeitsgruppe Kultur Franz Petri unterstellt und zuständig für den deutschsprachigen Unterricht sowie die Pflege deutscher Sprache und Kultur.[627] Zenders Verhältnis zum Nationalsozialismus war – wie dasjenige fast aller konfessionell geprägten Bonner Volkskundler – ambivalent. Einerseits arbeitete er engagiert in der Volkstumsarbeit und Kulturpolitik. Andererseits war seine akademische Laufbahn politischen Interventionen ausgesetzt. Als er 1939 seine Arbeiten zur Grenzlandvolkskunde systematisieren und zu einer Habilitation ausbauen wollte, kam es zu massiver Einflussnahme des „Ahnenerbe", das seine katholische Orientierung als unvereinbar mit einer weitergehenden akademischen Karriere erachtete. Bei der Gelegenheit hatte „Ahnenerbe"-Geschäftsführer Wolfram Sievers Landesrat Hans-Joachim Apffelstaedt in einem Brief vom 28. Februar 1939 gebeten, er möge Zenders Gepflogenheit entgegentreten, sich als Mitarbeiter des „Ahnenerbes" auszugeben, was dieser „offenbar zu Konjunkturzwecken" gemacht habe.[628] So waren Zenders volkskundliche Aktivitäten in den 1930er Jahren einerseits durch seine Interessen für Grenzlandfragen motiviert. Andererseits war er durch sein wissenschaftliches Selbstverständnis gegenüber spezifisch nationalsozialistischen Aufladungen der Volkskunde immunisiert. Heinrich L. Cox begründete in einem Nachruf auf Zender dessen Schwierigkeiten bei seiner akademischen Qualifizierung Ende der 1930er Jahre auch mit innerwissenschaftlichen Differenzen, nämlich der Abstinenz von Zenders Verständnis der volkskundlichen Kartographie gegenüber Versuchen „germanischer" Kontinuitätsstiftung.[629] Im April 1945 geriet Zender in amerikanische Kriegsgefangenschaft, aus der er bereits im Juli wieder entlassen wurde. Über die folgenden Jahre schrieb er in seinem Lebenslauf: „Ich war bis zum 28. Januar 1946 wieder beim Institut für geschichtliche Landeskunde tätig. An diesem Tag wurde ich von der belgischen Militärbehörde nach Belgien verbracht und dort bis zum 28. September 1949 festgehalten. Ich wurde mit einem 'non-lieu' nach Deutschland entlassen, ohne dass eine Anklage gegen mich erhoben wurde."[630]

Die Bonner ADV-Arbeitsstelle, mit deren Aufbau Zender nun betraut war, erreichte bei weitem nicht die Größe ihrer Berliner Vorgängerin. Mit dem Verweis auf die offene deutsche Frage und die verlorenen Ostgebiete war es gelungen, dem ADV eine kulturpolitische Dringlichkeit zu verleihen, da er so etwas wie das volkskulturelle Gedächtnis sowohl der verlorenen deutschen Einheit wie auch des ehemaligen deutschen „Kulturbodens" verkörperte. Dies sollte denn auch Zender wenige Jahre später in einem Glückwunschschreiben zum 75. Geburtstag Aubins in Erinnerung rufen, als er diesem dankte für den „tatkräftigen Einsatz bei der Einrichtung des deutschen Volkskundeatlas in den zwanziger Jahren,

626 Vgl. Fahlbusch, Wissenschaft, S. 400-416 u. S. 691-727.

627 Vgl. Lejeune, „Des Deutschtums fernster Westen"; Fahlbusch, Deutschtumspolitik.

628 Zit. n. Gansohr-Meinel, Landesstelle, S. 298.

629 Cox, Matthias Zender, S. XXI.

630 Archiv des Seminar für Volkskunde Bonn, Ordner „Persönlich 1954/1955".

dem wir ja den einzigen und letzten möglichen, einheitlichen Überblick über das gesamtdeutsche Volksleben verdanken, und für das ständige große Interesse, das Sie auch noch zur Zeit an unseren Arbeiten nehmen".[631]

Während die DFG die Hälfte der Kosten übernahm, teilten sich anfänglich das Vertriebenenministerium und das Ministerium für Gesamtdeutsche Fragen die andere Hälfte. Aus dem Innenministerium kamen immer wieder Zuschüsse für eigenständige Veranstaltungen wie die ADV-Tagungen oder Sonderveröffentlichungen. Der „Landschaftsverband Rheinland" stellte nach der Übersiedlung des ADV Räumlichkeiten im Bonner „Institut für geschichtliche Landeskunde" zur Verfügung. Ein Beirat mit Aubin, Bach, Dölker, Gerhard Heilfurth, Meisen, Schier, Schlenger, Schwietering, Steinbach (Vorsitzender) und Trier begleitete die Arbeiten. Seit dem Rechnungsjahr 1957/58 übernahm aus etatrechtlichen Gründen das Ministerium für Gesamtdeutsche Fragen die gesamte ministerielle Förderung. Der „Etatvoranschlag für die Arbeiten am Atlas der deutschen Volkskunde für das Jahr 1958/59" betrug 62 610 DM.[632] Dieses Budget sollte Jahr für Jahr ansteigen und sich um 1970 auf knapp über 120 000 DM belaufen.[633] Sondermittel wie etwa für den Kauf der Kartenlieferungen, die dann kostenlos an Wissenschaftler aus der DDR und aus Staaten des Ostblocks gingen, kamen immer wieder aus dem Ministerium für Gesamtdeutsche Fragen. Eigenständige Mittel sollte die DFG in den 1960er Jahren für die Sonderbefragung zur bäuerlichen Arbeit bereitstellen.[634]

Damit waren die Bundesministerien für Gesamtdeutsche Fragen und für Vertriebene, Flüchtlinge und Kriegsgeschädigte sowie das Bundesinnenministerium zu unabdingbaren finanziellen Trägern volkskundlicher Forschung der 1950er Jahre geworden. Dies betraf nicht nur den ADV, wo sie die Hälfte der Förderung übernahmen. Während die DFG nach ihrer Neugründung 1949 zunächst Zurückhaltung gegenüber der Volkskunde übte und sich etwa aus der Finanzierung des DVA in Freiburg zurückzog oder von großen Bedenken bei der Wiederaufnahme des ADV umgetrieben wurde, traten die Ministerien offensiv in die Lücke und avancierten in der Flüchtlingsvolkskunde, beim ADV oder der Kommission für ostdeutsche Volkskunde zu bedeutenden Förderinstitutionen. Seinen Wiederaufstieg in den 1950er Jahren verdankte das Fach, dessen universitäre Zukunft zunächst ungewiss schien, also seiner erneuten Anbindung an gesellschaftspolitische Aufgabenstellungen. Genau dies, was bei der Läuterung

631 M. Zender an H. Aubin, 22.12.1960, Archiv des Seminars für Volkskunde Bonn, Ordner A-Z 1960.

632 „Etatvoranschlag für die Arbeiten am Atlas der deutschen Volkskunde für das Jahr 1958/59", Archiv des Seminars für Volkskunde Bonn, Ordner A-Z 1958.

633 Die „Bewilligung der DFG-Sachbeihilfe" vom 16.4.1970 sah für zwei Jahre rund 245 000 DM für Personalausgaben, Reisekosten und sonstige Ausgaben vor; Archiv des Seminars für Volkskunde Bonn, Ordner A-J 1970.

634 So ist in einem Brief Zenders an den Bonner Vertrauensdozenten der DFG Otto Spies vom 29.7.1963 die Rede davon, dass bei der DFG ein Antrag auf 115 390 Mark für die Aufnahme des bäuerlichen Arbeitsgeräts gestellt worden sei, die in den „nächsten 3-5 Jahren" durchgeführt werden solle; Archiv des Seminars für Volkskunde Bonn, Ordner K-Z 1963.

einer ideologisierten und politisierten Volkskunde in den späten 1940er Jahren postuliert worden war, die strikte Trennung zwischen „wissenschaftlicher" und „angewandter" Volkskunde, wurde nun Anfang der 1950er Jahre wieder ins Gegenteil gewendet und somit zum Königsweg ihrer Reetablierung. Die Volkskunde befand sich einmal mehr in der uneindeutigen Grauzone zwischen Wissenschaft und Kulturpolitik. Signifikant für ihre uneindeutige Beheimatung waren etwa noch Mitte der 1950er Jahre die Unsicherheiten bei der Ressortierung der Volkskunde im Bundesministerium des Inneren. Nachdem dort die Zusammenarbeit des Volkskundeverbandes mit DDR-Wissenschaftlern wiederholt für Verärgerung gesorgt hatte, wurde Helmut Dölker als Vorsitzender zu einer klärenden Besprechung nach Bonn geladen.[635] Dort, im Bundesinnenministerium, war Ministerialdirektor Paul Hübinger, der seit 1949 als Vertreter des Innenministeriums im Hauptausschuss der DFG saß, offenbar nicht nur verärgert über die Auftritte verschiedener DDR-Volkskundler bei Tagungen des Verbandes, sondern auch wenig orientiert über das Profil der Disziplin. Dölker jedenfalls musste ausführliche Informationen über die Geschichte des Faches während des Nationalsozialismus, die Zusammensetzung und Ziele seines Verbandes und die schwache Positionierung an den Universitäten liefern. Umso größer schien danach das Erstaunen der Ministeriumsvertreter darüber, dass die Volkskunde trotz ihres wissenschaftlichen Zuschnitts im Zuständigkeitsbereich „Kultur" ressortiere und nicht in jenem der „Wissenschaft". Nachdem Dölker einige Berichte über die DDR-Volkskunde geschickt hatte, kam es am 4. März 1955 zu einer erneuten Besprechung über die westdeutsche Volkskunde zwischen Dölker und Ministerialrat Gussone im Bundesinnenministerium. Gussone schlug nun vor, eine Stärkung der Volkskunde über eine Umressortierung vom Referat „Kultur" in dasjenige der „Wissenschaft" zu erreichen, da dort ohnehin wesentlich mehr Fördermittel zur Verfügung stünden. Helmut Dölker: „Ich bin erstaunt darüber, daß wir bisher also vermutlich nicht ganz richtig eingestuft gewesen seien, und wir unterhalten uns darüber, wie unser Verband eigentlich in die Hände Gussones gekommen sei. Er meinte, es sei auf dem Weg über die Arbeitsgemeinschaft der Deutschen Heimat-, Wander- und Naturschutzbünde geschehen; diese seien ja bei ihm, der die 'allgemeine Kultur' habe, an der richtigen Stelle."[636] Nach dieser Unterredung erarbeitete Dölker eine Denkschrift über seinen Verband, die vor allem dessen wissenschaftliche Orientierung akzentuierte.

635 „Bericht über Besprechung am 15. Oktober 1954 beim Bundesinnenministerium in Bonn mit Ministerialdirektor Professor Hübinger" (Helmut Dölker, 21. Oktober 1954), DVA, Ordner 218, DGV; abgedruckt in Müns (Hg.), „Das Problem der inneren Wiedervereinigung wird immer größer..." S. 99-102; vgl. auch die dort folgenden Berichte und Korrespondenzen.

636 „Bericht über Besuch beim Bundesinnenministerium des Innern am 4. März 1955. 14.30 bis 15.20 - Ministerialrat Gussone" (H. Dölker 8. März 1955), DVA, Ordner 218, DGV, zit. n. Müns (Hg.), „Das Problem der inneren Wiedervereinigung wird immer größer...", S. 111.

## 3. DIE NEUE FOLGE DES ADV: KONTINUITÄT UND NEUES SELBSTVERSTÄNDNIS

Matthias Zender sah sich als neuer Leiter des ADV vor die Aufgabe gestellt, einerseits an die Traditionen des ethnokartographischen Großprojektes anzuknüpfen und andererseits einen Neuanfang zu markieren. Die Balance zwischen Kontinuität und Wandel suchte er mit der vehementen Selbstverpflichtung auf wissenschaftliche Grundlagen zu gewährleisten. Nach der unvollendeten Veröffentlichung erster Karten am Vorabend des Zweiten Weltkrieges sollte dies inhaltlich vor allem durch die kritische Erläuterung und wissenschaftliche Bearbeitung des Kartenwerks realisiert werden. Eigentlich sollte der ADV an das volkskundliche Universitätsinstitut in Frankfurt angebunden werden. Bald stellte sich freilich heraus, dass der Bonner Standort praktikabler war, sodass sich die Hauptaktivitäten ab Ende 1955 dorthin verlagerten. Die Frankfurter Periode unter Julius Schwietering und Matthilde Hain beschränkte sich zunächst auf die Ausbesserung der Kriegs- und Evakuierungsschäden am Archiv. Beschädigte oder vernichtete Antwortzettel wurden in den verbliebenen Landesstellen abgeschrieben. Diese Arbeiten bildeten auch den Anfang der Ära Zender. Es kam zu unkomplizierten Kooperationen mit dem (Ost-)Berliner Institut für Volkskunde unter Wolfgang Steinitz, wo die erhaltenen Materialien aus dem Gebiet der jetzigen DDR verwaltet wurden und mit dem inzwischen eigenständigen Volkskundeatlas von Österreich.

Nach der durch Inventur und Restaurierung des Archivs geprägten Frankfurter Phase gingen Zender und seine Arbeitsgruppe zügig an die Auswertung des Materials und die Bearbeitung der Karten. Der Stellenplan für die neue ADV-Zentrale sah zunächst neben dem Leiter drei Assistenten vor. Außerdem waren in den Anfangsjahren bis zu zehn studentische Hilfskräfte mit technischen Zeichnungen und Auswertungsarbeiten beschäftigt.[637] Es kristallisierte sich ein fester Mitarbeiterstamm heraus, der langfristig mit Atlasfragen beschäftigt sein sollte, wenn auch in wechselnden Arbeitsverhältnissen. Günter Wiegelmann begann zu Anfang des Jahres 1955 als Assistent, brachte mit seiner kulturgeographischen Promotion[638] dezidiert agrargeschichtliche und sachkulturelle Interessen in den ADV ein und sollte seit 1965 auch als Mitherausgeber der Neuen Folgen verantwortlich zeichnen. In den 1960er Jahren organisierte er die Nachbefragungen zur alten bäuerlichen Arbeit und habilitierte sich 1967 mit einer nahrungsethnologischen Arbeit, der die ADV-Erhebungen zugrunde lagen.[639] Als maßgeblicher Impulsgeber der ethnologischen Nahrungsforschung schlug er Brücken zur Wirtschafts- und Sozialgeschichte.[640] Auf seinem Lehrstuhl für Volkskunde seit 1971 in Münster begründete er eine intensive Bearbeitung kulturräumlicher Themen.

637 „Beantwortung des Fragebogens des Wissenschaftsrates vom 11.3.1959", 11.10.1959, Archiv des Seminars für Volkskunde Bonn, Ordner A-Z 1959.

638 Wiegelmann, Gunst.

639 Wiegelmann, Alltags- und Festspeisen.

640 Teuteberg/Wiegelmann, Wandel.

Nach ihrer Übersiedlung aus der DDR stieß 1958 Gerda Grober-Glück zum ADV. Zur Arbeitsgruppe zählten Lothar Martin, Jutta Prinz, Gertrud Frauenknecht, Renate Baruzzi-Leicher, Konrad Hanisch u.a. Heinrich L. Cox wurde nach seiner Promotion 1964 Wissenschaftlicher Mitarbeiter beim ADV, wandte sich dann stärker der Sprachwissenschaft zu und wechselte an niederländische Universitäten, wo er sprachwissenschaftliche und volkskundliche Arbeiten verknüpfte. Mit dem ADV blieb er weiterhin verbunden; 1975 folgte Cox Zender auf dem Bonner Volkskunde-Lehrstuhl. Mit dem anbrechenden Computerzeitalter sollte Cox dem ADV alsbald technische Innovationen der elektronischen Datenverarbeitung nahebringen.[641]

Die Bonner Arbeitsstelle entwickelte eine Vielfalt an Aktivitäten und wurde rasch zu einem Zentrum, das weit über den nationalen Forschungshorizont der deutschen Volkskunde hinaus Integrationskraft entwickelte. War die Arbeit des ADV in den 1920er und 1930er Jahren durch offensive Außendarstellung und kulturpolitische PR-Arbeit geprägt, zielten die Aktivitäten jetzt dezidiert auf innerwissenschaftliche Öffentlichkeiten. Angesichts der Komplexität der erarbeiteten Karten kündigte Zender bei der Veröffentlichung der ersten Karten 1959 zwar noch an, „zu einem wesentlich späteren Zeitpunkt eine Art Volksausgabe mit stark zusammenfassenden Karten herauszubringen".[642] Im Falle dieser geplanten Reminiszenz an das alte pädagogische Atlas-Ethos blieb es allerdings bei der Ankündigung. Die Arbeitsgruppe um Zender knüpfte an die wissenschaftlichen Intentionen des Großprojektes an und entkleidete es vom wuchtigen nationalkulturellen Pathos, was seinen Ausdruck vor allem in der Konzentration auf einen quellenkritischen Umgang und den umfangreichen Erläuterungsapparat fand. Dieses Verständnis der Karten als wissenschaftliche Forschungsinstrumente sollte denn auch in der Rezension der ersten Publikationen durch Reinhard Peesch wohlwollend vermerkt werden durch den Hinweis auf die Sachlichkeit der Einführungen Zenders, „die sich von den programmatischen, teilweise recht überspannten Erklärungen des Jahres 1928 durch ihre realistische Einschätzung volkskundlicher Forschungsziele wohltuend unterscheiden".[643]

Die Arbeitstagungen des ADV 1957, 1959, 1961 und 1964 in Bonn dienten nicht nur der Verständigung innerhalb der deutschen Volkskunde, sondern schufen eine internationale Plattform für Fragen der volkskundlichen Kartographie im Besonderen und des Selbstverständnisses volkskundlich-ethnologischer Wissenschaften im Allgemeinen: „Immer mehr zeigt sich, wie durch das Erscheinen der 1. und 2. Lieferung der Neuen Folge des Atlas der deutschen Volkskunde dieser wieder in den Mittelpunkt der volkskundegeographischen Forschung gerückt ist. Zahlreiche Wünsche um Auskunft aus dem Material nehmen viel Zeit in Anspruch."[644] Zender verwies zudem auf Besuche von Volkskundlern

641 Vgl. Cox, Datenverarbeitung.
642 Zender, Einführung, Atlas der deutschen Volkskunde Neue Folge 1959, S. 16.
643 Peesch, Atlas, S. 278.
644 Bericht über die Arbeiten des Atlas der deutschen Volkskunde im Etatjahr 1958/59 vom 29.9.1960, Archiv des Seminars für Volkskunde Bonn, Ordner A-Z 1960.

aus allen Teilen Europas, die mit ADV-Materialien arbeiteten oder sich durch Hospitanzen die Arbeitsweise des ADV aneigneten.

1959 war die Bearbeitung der Karten so weit gediehen, dass eine erste Lieferung und bald ein opulenter Erläuterungsband, der in Geschichte und Methodik des Projektes einführte und quellenkritische Zusammenhänge erhellte, vorgelegt werden konnte. Schon jetzt fiel auf, dass die internationale Resonanz offenbar größer und anerkennender ausfiel als die nationale Rezeption durch die deutsche Volkskunde. Für Herbert Schlenger als ADV-Veteran, der zwar nur kurz, aber nachhaltig gewirkt hatte, bedeutete die Publikation die Realisierung der Vorstellungen jener ADV-Generation, der er selbst Anfang der 1930er Jahre angehört hatte. Schlenger zeigte sich „erstaunt, in welch kurzer Zeit Sie zielstrebig die Herausgabe des Atlasses wieder aufnehmen konnten. Besonders anzuerkennen ist, daß Sie doch kurz nach der ersten Kartenlieferung bereits den Erläuterungsband vorgelegt haben, womit nun endlich der Atlas der Deutschen Volkskunde jene Veröffentlichungsform erhalten hat, die uns seiner Zeit schon in Berlin vorgeschwebt hat, die wir jedoch nicht zu verwirklichen vermochten.“[645] Nach der Wiederaufnahme 1954 erfuhr das Projekt freilich nicht mehr dieselbe fachöffentliche und gesellschaftliche Aufmerksamkeit wie zu seinem Auftakt 1928. Im Gegensatz zur Anfangsära des ADV gelang es nun nicht mehr, die kulturräumlichen Fragen zu den zentralen Problemen des Faches zu machen.

Die Neue Folge des ADV stieß überall dort – national wie international, gleichermaßen in Ost und West – auf Resonanz, wo selbst volkskundliche Kartographie als ein Schlüsselthema des Faches verstanden wurde. In der deutschen Volkskunde mischte sich unter die positive Resonanz auf die Neue Folge auch Skepsis, allerdings selten so offensiv wie 1959 in den *Beiträgen zur deutschen Volks- und Altertumskunde*. Hier war bei der Lektüre der Neuen Folge die Wirkungsgeschichte des alten ADV noch massiv präsent. „Der Werdegang des Atlas der Deutschen Volkskunde ist die Geschichte vom Aufstieg und Fall des Raumgedankens in der Volkskunde.“ Rezensent Kuhlbrodt nahm die Publikation zum Anlass, die Geschichte des alten ADV ausführlich zu vergegenwärtigen, mit dem man die „Großjährigkeit der Wissenschaft vom Volke“ habe bestätigen wollen. Indes sei neben diese Absicht die Intention getreten, „dem Verfall des kostbaren Überlieferungsschatzes des deutschen Volkes“ entgegenzuwirken und die „nationale Selbstbesinnung“ zu stärken: „Das nationale Pathos beraubt bald allem wissenschaftlichen Erkenntnisstreben wie ein gewaltiger Aufhocker den Atem.“ Die hochgeschraubten Erwartungen seien freilich nach der Publikation des Kartenwerks durch Heinrich Harmjanz und Erich Röhr tief enttäuscht worden: „Die ersten Karten, in denen die Verbreitung von Glücks- und Unglückstagen dargestellt ist, wirken bereits als Frustration der hochgespannten Hoffnungen; die volkskundliche Forschung weiß mit ihnen schlichtweg nichts anzufangen. Schließlich werden andere 'nationale Aufgaben' vordringlicher; die Veröffentlichungen versiegen, und das ganze Atlaswerk sinkt in den Staub.“

645 H. Schlenger an M. Zender, 4.6.1959, Archiv des Seminars für Volkskunde Bonn, Ordner Versand NF ADV.

Angesichts dieser Vorgeschichte witterte Kuhlbrodt in der (Mit-)Finanzierung des Projektes durch die Bundesministerien eine erneute Politisierung. „Möge sich das Mißtrauen gegenüber allem politischen Interesse an der Atlasarbeit als unberechtigt erweisen!“[646] Das vorgelegte Oeuvre selbst sollte dann freilich deutlich freundlichere Würdigung erfahren. Gelobt wurde die Einführung Zenders „in wohltuend nüchterner und knapper Sprache“. Dennoch dominierten Bedenken – zum einen, weil die 1928 gewählte Erhebungsmethode keine Präzision zu gewährleisten schien, zum anderen, weil die komplexe Gestaltung der Karten eine sinnvolle Nutzung verhinderte.

## 4. „...ZU SO SPÄTER STUNDE...“: NACHBEFRAGUNGEN ZUR BÄUERLICHEN ARBEIT UM 1900

Ein Erbe des alten ADV bildete die um 1930 getroffene Auswahl der Fragebereiche und damit auch das Verhältnis von dinglicher und geistiger Kultur. In der Anfangsphase des ADV musste der ursprünglich projektierte Frageplan von 1000 auf 243 Fragen gekürzt werden. Insofern repräsentierte das Fragewerk kaum angemessen die systematische Ordnung volkskundlicher Gegenstandsbereiche. Insbesondere die eingestreuten Fragen zu bäuerlicher Arbeit und zur Sachkultur, aber auch zu Nahrung und Wohnen entbehrten systematischer Konzeption und bildeten ein Desiderat sowohl im ADV wie in der volkskundlichen Forschung überhaupt.[647] Die Abstinenz der deutschen Volkskunde gegenüber der materiellen Kultur ist auf eine ganze Reihe von Ursachen zurückzuführen. Da war das Spannungsfeld zwischen Folkloristik und Realienkunde in allen europäischen Ethnologien, das in der deutschen Fachgeschichte durch die ausgeprägte geistesgeschichtliche Dominanz unterstützt wurde. Zudem existierten massive methodische Bedenken, ob komplexe Sachgüter per Fragebogen mit Laien angemessen erhoben werden könnten. Im Ergebnis bildete die Sachkultur im ADV ein unterrepräsentiertes Themengebiet.

So entschloss sich die neue ADV-Equipe Anfang der 1960er Jahre zu einer umfangreichen Nachbefragung, in welcher „zu so später Stunde“ die bäuerliche Welt vor dem Zeitalter der Mechanisierung aus der Erinnerung älterer Gewährspersonen rekonstruiert und dokumentiert werden sollte.[648] Dies korrespondierte obendrein mit vitalen Interessen der durch die sowjetische Ethnographie und ihren Schwerpunkt der materiellen Kultur geprägten DDR-Volkskunde, in deren Forschungspraxis die Sachvolkskunde auch aufgrund der Annäherungen zur Wirtschafts- und Sozialgeschichte seit den 1950er Jahren ein bedeutendes Gewicht besaß.[649] Mit der Nachbefragung sollte also zweierlei geleistet werden:

646 Kuhlbrodt, Atlas, S. 85-87.

647 Vgl. eingehender die wissenschaftsgeschichtliche Rekonstruktion in Jacobeit, Arbeit.

648 Wiegelmann, Ergebnisse, S. 211.Vgl. auch die Präsentation des Vorhabens in Wiegelmann, Erfassung; Wiegelmann, Sachforschung.

649 Neben vielen Einzelstudien übte zunächst 1955 die Tagung der Deutschen Akademie in Berlin zur Agrarethnographie große Initialwirkung aus; vgl. Agrarethnographie; dort u.a. Peesch, Themen.

Es ging einerseits um eine angemessene Repräsentanz der Sachkultur und andererseits um den Anschluss an internationale Forschungstrends, wie Matthias Zender 1970 zusammenfasste:

> „Zwar handelt es sich hier um einen Bereich, der für die Gegenwart keine direkte Bedeutung mehr hat, aber das Wissen um Arbeitsweisen für die Forschung festzuhalten, die viele Jahrhunderte dem Menschen geholfen haben, das Leben zu meistern, scheint mir nicht unwichtig. Dazu aber kommt, daß gerade diese Erforschung von Arbeit und Gerät im Ausland und zwar sowohl in Osteuropa wie auch in den romanischen Ländern sehr stark betrieben wird und es uns vor zehn Jahren nicht möglich war, hier in der internationalen Diskussion wirklich mitzureden. Dabei geht es uns nicht um das Gerät an sich, uns interessiert neben den geschichtlichen Zusammenhängen die Arbeitsfunktion, der Zusammenhang zwischen Arbeit und Arbeits- wie Sozialstruktur."[650]

Nun also sollte die „klaffende Lücke der Arbeits- und Geräteforschung" durch eine „Dokumentation der traditionellen bäuerlichen Arbeiten nach dem Gedächtnis der alten Leute" an rund 3000 Orten geschlossen werden.[651] Mit dem Vorhaben, die vorindustrielle bäuerliche Welt um 1900 aus der Erinnerung erstehen zu lassen, verknüpften sich erneut gravierende methodische Probleme. Wie konnte diese Welt „erfragt" werden? Wenn bei rund siebzigjährigen Gewährspersonen die untergegangene Welt ihrer Kindheit rekonstruiert werden sollte, wie war dann mit der Überformung und Unschärfe des Gedächtnisses umzugehen?

Im Januar 1962 wurden Probefragebogen versandt. Die DFG stellte 1964 Mittel zur Nachbefragung zur Verfügung. Im Herbst 1964 entstand das Frageheft „Die alte bäuerliche Feldarbeit um 1900", das Anfang 1965 zur Versendung kam. Im Herbst 1967 ging das zweite Frageheft „Lagern und Dreschen des Getreides um 1900" hinaus. Insgesamt konnten so die Lücken der ersten ADV-Umfragen in den Themengebieten der bäuerlichen Arbeit und des bäuerlichen Geräts, Nahrung und Wohnen kompensiert werden. Ging es zunächst nur um eine Befragung innerhalb der BRD, so wurde das Konzept erweitert und ehemalige deutsche Siedlungsgebiete wie auch Erhebungsorte in der jetzigen DDR mit einbezogen. Dies war aufgrund der guten, nicht zuletzt über den ADV hergestellten Beziehungen zum „Institut für Volkskunde" in der Akademie der Wissenschaften möglich. Wenn hierbei einmal mehr mit dem Erhebungsterritorium die existierenden politischen Grenzen überschritten wurden, so wurde das – im Gegensatz zur Frühphase des ADV – mittlerweile als Anlass gesehen, schon einmal präventiv mögliche Missverständnisse auszuräumen. Günter Wiegelmann stellte klar, dass „weder der Umfang der Befragung noch die vorliegenden Karten eine politische Demonstration sind. Es handelt sich um eine rein wissenschaftliche Aufgabe, die ländliche Welt der Zeit um die Jahrhundertwende für historische und ethnologische Forschungen zu dokumentieren."[652] Der Ertrag der Erhebungen an bis zu 3000 Orten fiel umfangreich aus. Im Gegensatz zu den Fragebögen der

650 Manuskript Vortrag Matthias Zender vor dem Kulturausschuss des Landschaftsverbandes Rheinland am 21.9.1970, Archiv des Seminars für Volkskunde Bonn, Ordner K-Z 1970.

651 Wiegelmann, Ergebnisse, S. 209.

652 Ebd., S. 210.

um 1930 durchgeführten Umfragen stand für dieses Mal mehr Spielraum bei der Beantwortung zur Verfügung. Damit handelte es sich aber auch um heterogenes Material, dessen standardisierte Auswertung entsprechend schwieriger ausfallen sollte. Neben den eigentlichen Antworten gelangten rund 20 000 Fotos, Zeichnungen, bäuerliche Merkbücher u.a. in das Archiv des ADV.

## 5. REFORMEN VOR DEM UMBRUCH: ZUR ENTWICKLUNG DER WISSENSCHAFTLICHEN VOLKSKUNDE BIS 1970

Die Bonner ADV-Arbeitstagungen zwischen 1957 und 1964 entwickelten sich zu nationalen und internationalen Kristallisationszentren der wissenschaftlichen Volkskunde. In der unentschiedenen Lage der deutschen Nachkriegsvolkskunde zwischen universitärer Wissenschaft, Verband und Heimatbewegung zählte die Bonner Arbeitsstelle des ADV unter Matthias Zender zu jenen Lagern, die entschieden eine Verwissenschaftlichung vorantrieben. Hinter der Anfang der 1950er Jahre postulierten Selbstrenovation und dem selbstbewusst vorgetragenen Anspruch, wieder den angestammten Platz in der internationalen Forschungslandschaft einnehmen zu wollen, war die Rolle der Volkskunde nicht zuletzt angesichts des beschleunigten gesellschaftlichen Wandels unbestimmt zwischen einer konservatorisch orientierten und konservativ gestimmten Heimatpflege und universitärer Wissenschaft geblieben. Die nach 1945 kurzfristig gefährdete Verankerung an den Universitäten konnte zwar weitgehend wieder hergestellt werden. Spätestens die Empfehlungen des Wissenschaftsrates 1960 sollten die akademischen Vertreter und Vertreterinnen der Volkskunde allerdings wachrütteln. Der Wissenschaftsrat diagnostizierte eine der Bedeutung des Faches entsprechend genügende Ausstattung an den bundesdeutschen Universitäten und empfahl die Konservierung der vorhandenen Strukturen. Diese Einschätzung, die einen möglichen Ausbau der Disziplin verhinderte, empfanden die Universitätsvolkskundler nicht nur als institutionelle Zurückweisung. Sie sahen das Fach auch inhaltlich unangemessen in der bundesdeutschen Wissenschaftslandschaft positioniert. In Reaktion auf diese Zuweisung formierten sich Repräsentanten der mittleren und jüngeren Generation um Zender, Gerhard Heilfurth, Kurt Ranke, Hermann Bausinger u.a., die entschieden eine stärker wissenschaftliche Profilierung und damit mittelfristig auch eine Reform des Volkskunde-Verbandes anstrebten.

Die Empfehlungen des Wissenschaftsrates konstatierten nüchtern: „Für Volkskunde (Folkloristik) erscheinen die vorhandenen Lehrstühle ausreichend. Falls an einzelnen Stellen eine Verstärkung des Lehrkörpers erforderlich ist, sollten Stellen für Wissenschaftliche Räte eingerichtet werden."[653] In diesen

653 Zit. n. der Denkschrift von Hermann Bausinger: Das Fach Volkskunde in den Empfehlungen des Wissenschaftsrates, Manuskript, Archiv des Seminars für Volkskunde Bonn, Ordner A-J 1960.

beiläufigen Formulierungen sah Hermann Bausinger grundsätzliche Schwierigkeiten der Außenwahrnehmung und Bewertung des Faches:

> „In dieser Beurteilung wirkt die Diskreditierung des Faches durch nationalsozialistische Forschungen nach; dies wird deutlich an dem erläuternden Begriff 'Folkloristik', der die Volkskunde bewußt aus der weltanschaulichen Problematik heraushebt. Andererseits wird eben dadurch das Fach in unerträglicher Weise verharmlost. Volkskunde umfaßt nicht nur die Folkloristik, sondern auch wichtige Teile der Ethnographie; sie hat sich als Sozialwissenschaft ausgebildet und berührt sich in vielem mit dem, was in angelsächsischen Ländern als 'kulturelle Anthropologie' bezeichnet wird. Volkskunde ist nicht mehr in erster Linie mythologische Reliktforschung; sie strebt vielmehr das geistesgeschichtliche Verständnis vergangener Kulturbewegungen und versinkender Lebensformen ebenso an wie die Erforschung der Volkskultur in der industriellen Gesellschaft."

Bausinger verwies auf die stetig gewachsene internationale Reputation der deutschen Volkskunde und erachtete sie aufgrund der disziplinären Offenheit als ein dringend benötigtes Fach für die wissenschaftliche Gegenwart.

> „Ihre Stellung zwischen den Disziplinen weckt jedoch nicht nur die Gefahren des Dilettantismus, sondern bietet andererseits auch die Chance zum Gespräch zwischen den Disziplinen und zur Humanisierung des aufgefächerten wissenschaftlichen Betriebs. [...] Diese verbindende Funktion der Volkskunde läßt es als dringend wünschenswert erscheinen, sie nicht auf wenige Forschungszentren zu beschränken, sondern sie im Lauf der Zeit an möglichst vielen Hochschulen ins Gefüge der Geisteswissenschaften einzubauen."[654]

Zender, fast zwei Jahrzehnte älter und akademisch noch vor und im Nationalsozialismus sozialisiert, wertete die Situation durchaus ähnlich und verwies darauf, „daß die prekäre Lage der Volkskunde einmal in dem Makel aus der NS-Zeit beruht, daß aber zweitens kein rechter Zusammenhalt unter den Volkskundlern besteht, da die meisten nicht über die regionale Forschung hinauskommen und in Methode, Problem und Forschungsziel man zu sehr auf die 20er Jahre zurückgriff, damit aber die Volkskunde bei der vollständig veränderten Situation im Volksleben ins Leere gegriffen habe und die Forschungsmöglichkeiten sehr beschränkt waren."[655] Zender plädierte eindringlich für eine Stärkung der wissenschaftlichen Volkskunde sowie ihre Loslösung aus landschaftlichen Bindungen und schlug die Gründung einer wissenschaftlichen Arbeitsgemeinschaft für Volkskunde vor.

Damit wird zwischen den Neuanfängen nach 1945 und den entwicklungsgeschichtlichen Zäsuren der Disziplin um 1970 ein weiterer, eher unauffälliger Umbruch deutlich. Um 1960 formierte sich eine Absetzbewegung, die auf eine stärkere wissenschaftliche Profilierung setzte. Diese Reform artikulierte sich auf zwei Ebenen: Inhaltlich begann die Absetzung vom Volksbegriff als zentraler Kategorie, um die sich das Fach organisiert hatte. In seiner Marburger Antrittsvorlesung „Jenseits der Ideologien" postulierte Gerhard Heilfurth 1961 den Abschied vom Volksbegriff und skizzierte den Wandel zu einer historisch

654 Hermann Bausinger: Das Fach Volkskunde in den Empfehlungen des Wissenschaftsrates, Manuskript, Archiv des Seminars für Volkskunde Bonn, Ordner A-J 1960.

655 M. Zender an H. Bausinger, 25.3.1961, Archiv des Seminars für Volkskunde Bonn, Ordner A-J 1961.

und sozialwissenschaftlich argumentierenden und ethnographisch operierenden Kulturwissenschaft. Signifikant: Ausgangspunkt von Heilfurths Erörterungen war der Verweis auf den 1848er Demokraten und Kulturhistoriker Johannes Scherr und dessen Einschätzung des Volksbegriffs als „das große Wortspiel der Weltgeschichte" – schillernd, bedeutungsoffen, magisch und faszinierend, aber eben kaum präzise und ohne analytischen Wert.[656]

Nach wie vor schien die wissenschaftliche Volkskunde getragen von der Sehnsucht nach Befreiung aus dem Dilettantismus-Verdacht. Institutionell manifestierte sich der Reformprozess in der Umwandlung des Volkskunde-Verbandes zu einer entschieden wissenschaftlichen Gesellschaft. Nach Initiativen auf dem Volkskunde-Kongress in Konstanz 1961 beschloss die Mitgliederversammlung in Münstereifel 1963 eine neue Satzung und einen neuen Namen des Verbandes. Gerhard Heilfurth kommentierte: „So wurde dem Verband die volle Form einer wissenschaftlichen Gesellschaft gemäß den Forderungen unserer Zeit gegeben."[657] Ähnlich hatte auch schon Zender argumentiert, dessen Position in der bundesdeutschen Volkskunde durch die Atlasleitung und die Organisation der Bonner Arbeitstagungen starkes Gewicht bekommen hatte. In seiner 1958 für das Hessische Kultusministerium erarbeiteten Denkschrift „Bericht über die Lage der deutschen Volkskunde von 1945 bis heute" diagnostizierte er „Unsicherheit in der Forschung und die noch immer bestehende Unklarheit in der Begrenzung des Forschungsobjektes, in Problemen, Methoden und Zielen bei der deutschen Volkskunde nach 1945". Diese „Unsicherheit" habe zwei Ursachen: der massive gesellschaftliche Wandel und die Folgen der NS-Volkskunde. Gegenüber den Vorsprüngen der DDR-Volkskunde bestehe dringender Nachholbedarf. Nach später Reorganisation seit Beginn der 1950er Jahre seien etliche regionale Aktivitäten entwickelt worden: „So ergibt sich insgesamt, allerdings sehr verspätet, eine recht beachtliche Aktivität, wenn auch die Volkskunde als Wissenschaft noch nicht die wünschenswert feste Grundlage und die notwendige Organisation erhalten hat, die Vertretung der Volkskunde an den Universitäten sehr ungleich ist und die amtliche Einstellung von der volkskundlichen Ablehnung bis zu sehr starker Förderung reicht." Aus Zenders Diagnose und seinem Plädoyer für eine Neubestimmung des Faches in einer modernen Gesellschaft resultierte dann allerdings eine äußerst defensive Handlungsempfehlung: „Eine Förderung der Volkskunde ist somit aus allgemein wissenschaftlichen Gründen wünschenswert, damit die notwendige Ausweitung und prinzipielle Klärung erfolgt. Mir erscheint es jedoch fast notwendig, vor einer allzu überstürzten und umfangreichen Hilfe zu warnen. Die geistige Substanz der deutschen Volkskunde ist nicht so groß, daß sie binnen kurzer Zeit alle wissenschaftlichen Forderungen und Hoffnungen erfüllen kann."[658]

656 Heilfurth, Volkskunde, S. 9.
657 Heilfurth, Geleitwort, S. 2.
658 Manuskript M. Zender: „Bericht über die Lage der deutschen Volkskunde von 1945 bis heute" (1958), Archiv des Seminars für Volkskunde, Bonn, Ordner A-Z 1958.

So war Bonn eines der Zentren der volkskundlichen Reform der 1960er Jahre, die von zwei Intentionen getragen wurde und nachholen wollte, was nach 1945 versäumt worden war: die theoretische und methodische Inventur der Disziplin nach ihren Verwicklungen im Nationalsozialismus sowie ihre Positionierung in einer modernen Industriegesellschaft. Nachdem die Bonner ADV-Arbeitstagungen zwischen 1957 und 1964 zu Kommunikationsforen der nationalen und internationalen volkskundlichen Forschung avanciert waren, ging allerdings die Resonanz auf die kulturräumlichen Fragestellungen im Laufe der 1960er Jahre zurück. Stärker als in die westdeutsche Volkskunde hinein schien der Volkskundeatlas zunächst in zwei andere Richtungen als Treibriemen der Forschung und Institution fachlicher Kooperation und Konkurrenz zu wirken. Er bildete eine kommunikative und institutionelle Brücke zwischen der DDR- und BRD-Volkskunde und fungierte als Kristallisationspunkt der internationalen volkskundlichen Forschung.

# 6. KOOPERATION UND KONKURRENZ: DER ADV IN DER BEZIEHUNGSGESCHICHTE ZWISCHEN DDR- UND BRD-VOLKSKUNDE 1945-1970

## 6.1. „BEDINGTHEIT VON WISSENSCHAFT UND GESELLSCHAFTLICHEM BEDÜRFNIS“: DER NEUBEGINN VOLKSKUNDLICHER WISSENSCHAFT IN SBZ UND DDR NACH 1945

Die gesellschaftliche Problemlage der Flüchtlinge bildete einen Dynamisierungsfaktor, der den Aufschwung der westdeutschen Volkskunde in den 1950er Jahren beflügelte. Eine weitere Stimulanz für deren wissenschaftliche Aktivitäten hing nur mittelbar mit dem rapiden Wandel der bundesdeutschen Gesellschaft selbst zusammen. Sie kam aus dem anderen Teil Deutschlands, wo die Volkskunde seit Anfang der 1950er Jahre stete Stärkung erfuhr, was wiederum im Westen Rückstandsängste schürte und die bundesdeutsche Wissenschaftspolitik in Zugzwang brachte. Unter der Regie von Wolfgang Steinitz erlebte die DDR-Volkskunde nach einer ersten Nachkriegslethargie Anfang der 1950er Jahre einen rasanten Neuaufbau: „Das gesellschaftliche Bedürfnis nach einer wissenschaftlichen Bearbeitung aller mit dem künstlerischen Schaffen des werktätigen deutschen Volkes verbundenen Fragen wurde mit dem Jahr 1951 immer dringender und die hierzu berufene, nach 1945 fast totgeglaubte deutsche Volkskunde erwachte aus ihrem Schlaf und nahm, man muß hier sagen, von Halbjahr zu Halbjahr, immer umfangreicher und planmäßiger ihre Arbeit wieder auf – ein schlagendes Beispiel für die Bedingtheit von Wissenschaft und gesellschaftlichem Bedürfnis.“[659]

Bis dato war die Lage des Faches durchaus vergleichbar mit jener im Westen, wo John Meier als Nestor den Neuaufbau fast ungebrochen aus den Traditionsbeständen des Faches heraus koordinierte. Auch in der Sowjetischen

659 Steinitz, Arbeit, S. 6.

Besatzungszone und späteren DDR engagierte sich mit Adolf Spamer ein älterer Wissenschaftler, der durch die Fortführung des Althergebrachten zunächst in weitgehender Autonomie und ohne den Einfluss politischer Steuerung die Wiederaufnahme volkskundlicher Arbeit organisierte. Wie Meier, so erschien auch Spamer in der Nachkriegssituation als Fossil einer ansonsten untergegangenen Gelehrtenkultur. Beide – Spamer wie Meier – genossen sowohl in der DDR wie in der BRD Anerkennung und fungierten hüben wie drüben als Integrationsfiguren. Die in freier Entscheidung eingeschlagenen wie die unfreiwillig beschrittenen Passagen ihrer akademischen Lebenswege wiesen bemerkenswerte Analogien auf. Wiewohl etwas jünger, so zählte auch Spamer zu den wichtigsten programmatischen Köpfen während der Theoretisierungsphase der Disziplin in den 1920er Jahren. Wie Meier, so entwickelte auch Spamer nach 1933 zunächst eine große Bereitschaft, die politischen Konjunkturen für die Stärkung seiner Disziplin zu nutzen. Die Nähe zum „Amt Rosenberg" ließ ihn vorübergehend zum Vorsitzenden der Abteilung Volkskunde in der „Reichsgemeinschaft für deutsche Volksforschung" in der DFG und faktischen Leiter des ADV werden. Doch Spamers Kalkül, die politischen Verhältnisse für den Aufschwung seiner Disziplin nutzen zu können, war nicht aufgegangen und wendete sich alsbald gegen ihn selbst. Dem Aufstieg und der Reputation nach 1933 folgten in der zweiten Hälfte der 1930er Jahre Marginalisierung und Ausgrenzung. Wie bei Meier changierte auch bei Spamer das Handlungsrepertoire als Wissenschaftler zwischen öffentlicher Anpassung und innerer Distanz. Seine Position vermochte sich in den wissenschaftspolitischen Fehden des Nationalsozialismus und dem Krieg zwischen „brauner" und „schwarzer" Volkskunde nie verlässlich zu stabilisieren, sah er sich doch sowohl mit der Gegnerschaft der Rosenberg-Volkskundler als auch des „Ahnenerbes" konfrontiert. Eben noch, 1936, als führender Theoretiker der Volkskunde auf den neu eingerichteten Berliner Lehrstuhl berufen, der als Baustein eines Zentrums der Volkstumswissenschaften in der Hauptstadt konzipiert war, fand sich Spamer alsbald wieder entmachtet und unter den üblichen Verdacht gestellt, den Typus des liberalen Gelehrten zu repräsentieren und mit der religiösen Volkskunde zu sympathisieren.[660] Wie bei Meier erzeugte auch bei Spamer die Erfahrung von Ausgrenzung und Gefährdung innerhalb des nationalsozialistischen Wissenschaftssystems nun in der unmittelbaren Nachkriegszeit eine subjektive Plausibilität, bruchlos an die Fachtraditionen der vornationalsozialistischen Zeit anknüpfen zu können.

Jetzt, seit einem Zusammenbruch 1942 krankheitsbedingt eingeschränkt, nahm Spamer unerledigte Pläne wieder auf. Nachdem seiner Wahl in die Preußische Akademie 1938 die Bestätigung durch das Reichserziehungsministerium verweigert worden war, konnte die Ernennung nachgeholt werden. Mit der Gründung der Akademie-Kommission für Volkskunde 1947 witterte Spamer im sozialistischen Gesellschaftssystem Möglichkeiten, endlich die lange unerfüllte Vision eines zentralen Volkskundeinstituts zu realisieren, getragen von der „Überzeugung, dass

660 Lebenslauf Adolf Spamer, undatiert [1946], ABBAW, Nl Spamer, Ordner 1; vgl. Jacobeit/Mohrmann, Geschichte; Lixfeld, Adolf Spamers Rolle.

nur im Rahmen eines Akademieinstitutes dem gänzlichen Zerfall der deutschen volkskundlichen Forschung in unfruchtbare oder bestenfalls zusammenhanglose Einzelaktionen entgegengesteuert, ihr einstiges Ansehen bei den anderen Völkern wiedergewonnen werden könne. Vor allem aber die Erkenntnis, dass gerade in der gegenwärtigen Situation einer tiefgehenden sozialen Umschichtung und Neugestaltung der Lebensformen der Lösung erkenntnistheoretischer Probleme im Rahmen der volksmässigen Wesensäusserungen eine weit unmittelbarere Bedeutung für die Staatsleitung zukomme als je zuvor."[661]

Die laue Realität der Forschungspraxis stand freilich zunächst krass in Kontrast zur selbstbewusst angestimmten programmatischen Perspektivierung. Personal stand kaum zur Verfügung, sein Fach stand unter der Lähmung des Ideologieverdachts und so beschränkte sich die volkskundliche Forschung der Nachkriegsjahre auf wenige genuine Arbeitsfelder Spamers. Dies änderte sich abrupt, als der Finno-Ugrist Wolfgang Steinitz 1951 Spamers Vertretung übernahm und nach dessen Tod 1953 sein Nachfolger als Vorsitzender in der volkskundlichen Kommission der Akademie wurde.[662] Es war der Beginn einer zweiten Phase der DDR-Volkskunde, die durch eine Systematisierung volkskundlicher Aufgaben, deren ideologische Ausrichtung sowie durch massive personelle Verstärkung gekennzeichnet war. Den Hintergrund dieses Aufschwungs bildete die Wende zur Politisierung der Wissenschaften mit der Gründung der DDR. Damit war die unmittelbare Nachkriegsära vorüber und die Wissenschaften wurden stärker zum Gegenstand systematischer Planung und Steuerung. Dies betraf nicht nur die Technik- und Naturwissenschaften, sondern auch die bald als „Gesellschaftswissenschaften" klassifizierten Geistes- und Sozialwissenschaften. Ihnen wurde überantwortet, die neuen gesellschaftlichen Verhältnisse zu legitimieren, indem sie in dem vergangenheitslosen Staat das „kulturelle Erbe" sichten und Orientierungs- und Deutungswissen für den gesellschaftlichen Aufbau produktiv machen sollten. Im August 1953 wurde die volkskundliche Arbeitsstelle in ein Institut umgewandelt, personell verstärkt und programmatisch auf Kurs gebracht.[663] Als Initial des Neubeginns wirkten zunächst weniger innerwissenschaftliche Faktoren, sondern einmal mehr kulturpolitische Impulse durch die Weltjugendspiele 1951 und Bedarfslagen im Bereich der Laienkunst, die nach den Vorstellungen von Steinitz in den Dienst einer demokratischen Kulturentwicklung gestellt werden sollten.[664]

661 Abschrift „Deutsche Akademie der Wissenschaften zu Berlin. Institut für Volkskunde. Arbeitsziel - Arbeitsplan - Arbeitsgrundlagen", datiert vom 23. Januar 1948 und signiert von Adolf Spamer, ABBAW, Bestand Akademieleitung, Institut für deutsche Volkskunde, Ordner 93.

662 Vgl. die Beiträge in Steinitz/Kaschuba (Hg.), Steinitz; Nötzoldt, Wolfgang Steinitz; Nötzoldt, Tradition; Leo, Leben.

663 Zur frühen Institutgeschichte vgl. Weber-Kellermann, Zehn Jahre; Strobach, Forschung; außerdem die Beiträge in „Zehn Jahre Gesellschaft für Ethnographie – Europäische Ethnologie", Berliner Blätter 23/2001.

664 Vgl. Jacobeit, Auseinandersetzung; Mohrmann, „Volkskunde des Neubeginns"; Mohrmann, Volkskunde in der DDR; Lee, „...als ob die Volkskundler schwarze Schafe wären"; Weckel, Wilhelm Fraenger.

Nun also gab es zweierlei Fortsetzungsversuche einer bislang gemeinsamen Fachgeschichte. Dies markiert den Anfang eines permanenten Wettbewerbs um Hegemonie auf dem Sektor nationaler und internationaler volkskundlicher Forschung. Deren jeweilige Entwicklung freilich kann nicht unabhängig voneinander und aus dem Zusammenhang ihrer Wissenschaftssysteme heraus, sondern nur durch die Dynamik einer Beziehungsgeschichte, die Geschichte wechselseitiger Wahrnehmungen und gegenseitiger Positionierungen, erläutert werden. Beide Seiten proklamierten Eigenständigkeit als Entwicklungsziel und waren doch aufgrund der Präsenz der gemeinsamen Vergangenheit in einer getrennten Gegenwart aufeinander fixiert. Solches erzeugte eine permanente Gleichzeitigkeit von Kooperation und Konfrontation. Die jeweiligen Selbstversicherungen mussten dabei zwar nicht ohne, aber ohne verlässlich greifbare Feind- und Gegenbilder auskommen, waren sie doch beiderseits verstrickt in immanente Widersprüche von Forschungspraxis und wissenschaftspolitischen Rahmenbedingungen. Das anfänglich gemeinsame Credo gesamtnationaler volkskundlicher Wissenschaft wich zusehends der An- und Einpassung in die politische West- bzw. Ostbindung und die Verpflichtung der Wissenschaften auf gesellschaftliche Funktionsleistungen. Die Stärkung der Disziplin in der DDR zeitigte auch Rückkoppelungseffekte für die bundesdeutschen Verhältnisse, herrschten in Ost und West doch grundsätzlich unterschiedliche Startvoraussetzungen. In der BRD ging die institutionelle Stabilität des Faches, die im Nationalsozialismus durch ihre Etablierung an den Universitäten erreicht werden konnte, wieder verloren. In der DDR dagegen schien die lange gehegte Utopie einer zentralen volkskundlichen Forschungsinstitution Realität geworden, indem die Volkskunde in der außeruniversitären Forschung angesiedelt und im mächtigen Apparat der als Kombination aus bürgerlicher Gelehrtengesellschaft und moderner sozialistischer Forschungsinstitution konzipierten Akademie mit gesamtnationalem Vertretungsanspruch institutionell verankert wurde.

Die nunmehr rituell abrufbaren Verweise auf bessere Bedingungen im Osten, die sich zu einem regelrechten Frühwarnsystem ausformten, übernahmen in der BRD regelmäßig die Funktion, einen wissenschaftlichen Rückstand zu vergegenwärtigen, der nur durch Stärkung und Ausbau des volkskundlichen West-Flügels wettgemacht werden könne. In den forschungspolitischen Aktivitäten der kleinen Disziplin avancierte das drohende Szenario östlicher Vorherrschaft zu dem strategischen Argument schlechthin, für die volkskundliche Arbeit in der BRD ein besseres materielles Fundament einzuklagen. Somit entstand mit der Reorganisation der Nachkriegsvolkskunde in beiden deutschen Staaten ein von den politischen Großwetterlagen diktiertes Kräftefeld, in dem sich zwei unterschiedliche Fachentwürfe im permanenten wechselseitigen Verweis konturierten. Als Matthias Zender 1958 in Bonn ein Positionspapier zur Lage der Volkskunde in der BRD niederschrieb, fand er drei Erklärungen für deren Aufstieg in der DDR: zunächst den Anschluss an die schöpferischen Traditionen des Volksbegriffes und des Weiteren den Stellenwert volkskundlichen Wissens als Ressource der Kulturpolitik, konkret für die Gestaltung von Festen und Feiern im sozialistischen Staat. Der dritte Grund ließ sich problemlos funktionalisieren, da er als Appell zur Stärkung der westdeutschen Volkskunde herangezogen werden konnte: „Wie weit der Wunsch mitgesprochen hat auf dem kleinen Gebiet der Volkskunde die wissenschaftliche Arbeit der Bundesrepublik aus dem Feld zu schlagen und für In- und Ausland augenfällig zu überflügeln, läßt sich nicht mit Sicherheit sagen. Doch ist nach der allgemeinen Lage ein derartiges Bestreben in den vergangenen Jahren anzunehmen."[665]

Auch Gerhard Heilfurth skizzierte das Drohbild einer übermächtig werdenden wissenschaftlichen Volkskunde in der DDR, das seitens der BRD nur durch Aufwertung der eigenen Arbeit beantwortet werden könne. Die Attraktivität dort verdanke sich erneut gesellschaftlichen Zwecksetzungen:

> „Die Volkskunde als Wissenschaft von den Grundschichten der Gesellschaft und Kultur ist in einer für sie meist fatalen Weise von einer breiten Randzone der praktischen Anwendung ihrer Forschung umlagert, dem weiten Feld der Geselligkeits- und Brauchtumspflege, der Fest- und Feiergestaltung, der musischen Breitenarbeit, der Freizeitgestaltung, der Volksbildung, der Volkstumspflege, des künstlerischen Volksschaffens und wie die einschlägigen Formeln mit ihren verschiedenen Akzenten alle heissen mögen. Diese Übertragungszone verschafft der Volkskunde im Zeitalter der Formierung der Massenorganisationen, soweit sie die emotionalen Elemente einkalkulieren, überall politisches Interesse, wie sie andererseits im Kreis der Wissenschaften in suspektem Licht erscheinen lässt und in eine schwierige Situation bringt."[666]

Ausführlich schilderte Heilfurt den Aufbau einer straff organisierten, großzügig finanzierten und auf wissenschaftliche Reputation bedachten Volkskunde in der DDR. Eine durch „sozialistische Reinigung", das heißt „von bourgeoisen Konzeptionen und Leitgedanken" befreite Volkskunde, solle dem Sozialismus einen kulturellen Unterbau des Volkslebens liefern. Die Erfolge dabei seien beachtlich, vor allem weil hohe wissenschaftliche Standards erfüllt werden könnten. Heilfurth:

> „An der Spitze wahrt sie Neutralität und Sachgemäßheit, getragen von einem gutwilligen Stamm ausgebildeter Volkskundler der älteren und mittleren Generation. [...] In dem gut dotierten, gut besetzten und gut arbeitenden Institut für deutsche Volkskunde hat sich eine Mittelstelle herausgebildet, die seinesgleichen in Westdeutschland und Westeuropa sucht und die deswegen mehr und mehr nationalen und internationalen Rang gewinnt, zumal ihr von Westdeutschland aus mit keinerlei entsprechendem Gegengewicht pariert wird."[667]

Die Konsequenz für Heilfurth war klar. Seitens der BRD müsse eine entsprechende Aufwertung der Volkskunde erfolgen. Sein konkreter Vorschlag zielte auf die Gründung eines „Instituts für europäische Volkskunde".

665 Manuskript von Matthias Zender „Bericht über die Lage der deutschen Volkskunde von 1945 bis heute" (1958), Archiv des Seminars für Volkskunde Bonn, Ordner A-Z 1958.

666 Manuskript Gerhard Heilfurth „Stand und politische Aufgaben der Volkskunde in der sowjetischen Besatzungszone", S. 1, (1957); BAK, B 227, FC 7498 N. Der Bericht war von Ministerialdirektor Friedrich von Zahn vom Bundesministerium für Gesamtdeutsche Fragen an Wolfgang Treue von der DFG mit dem Appell übersandt worden, zu überdenken, was dies für die Förderung der BRD-Volkskunde bedeute.

667 Ebd., S. 21.

In dieser zwischen Konkurrenz und Kooperation unentschiedenen Lage zweier Volkskunden, die sich beide zunächst als gesamtdeutsche Disziplin verstanden, erlangte auch der ADV innerhalb der DDR-Volkskunde neue Bedeutung als institutionelles Kapital. „Es wird unsere Aufgabe sein, die Arbeit am deutschen Volkskunde-Atlas als gesamtdeutsche Arbeit und im Zusammenhang mit der volkskundlichen Erforschung unserer Nachbarvölker in allen Himmelsrichtungen durchzuführen, wobei wir in Berlin besonderes Gewicht auf die Zusammenarbeit mit den uns befreundeten Volksdemokratien und der Sowjetunion legen werden."[668] Im Rahmen seiner Versuche, die Situation der Volkskunde in der jungen DDR zu stärken, plante Steinitz die Zentralisierung des verbliebenen ADV-Materials aus jenen ehemaligen Landesstellen, die sich nun auf dem Territorium der DDR befanden. Diese Zentralisierung „würde dem Institut für Volkskunde ein repräsentatives Fundament und eine breite materielle Basis geben, auf der sich ein Stamm junger Volkskundler zu praktischer Forscherarbeit heranbilden läßt. Vor allem wäre dadurch der Deutschen Akademie der Wissenschaften zu Berlin ein maßgebender Einfluß auf die Weiterführung einer der größten Gemeinschaftsunternehmen deutscher Wissenschaft gesichert."[669]

An die Pläne knüpften sich zwei Intentionen. Zum einen konnte man der in der BRD geplanten Zentralstelle ein gleichgewichtiges Pendant gegenüberstellen, das zum anderen erlaubte, auf gleicher Augenhöhe nach Kooperationsformen zu suchen. Am Berliner Volkskunde-Institut der Akademie wurde 1955 eine Arbeitsstelle für den ADV unter Leitung des ehemaligen ADV-Mitarbeiters und Spamer-Schülers Reinhard Peesch eingerichtet. Allerdings bestehe keine „Absicht, in der Berliner Arbeitsstelle für den ADV selbständige größere kartographische Arbeiten durchzuführen. Ihre Hauptaufgabe besteht darin, das ADV-Material für Arbeiten des Institutes für deutsche Volkskunde und für andere wissenschaftliche Institute in der DDR bereit zu stellen sowie bei kartographischen Arbeiten mit diesem Material beratend zu helfen."[670] Die ADV-Hinterlassenschaften sollten also lediglich als Materialsteinbruch Nutzung finden. An eine Weiterentwicklung war nicht gedacht, sodass in erster Linie das Renommee des Großprojektes funktionalisiert wurde, ohne dass Impulse für die aktuelle Forschung von ihm ausgehen konnten.

668 Steinitz, Arbeit, S. 19.

669 Brief von W. Steinitz „An das Präsidium der Deutschen Akademie der Wissenschaften", 16.6.1953, ABBAW, Bestand Akademieleitung, Institut für Volkskunde, Ordner 95.

670 „Jahresbericht 1955 über die Tätigkeit der Arbeitsstelle für den Atlas der deutschen Volkskunde im Institut für deutsche Volkskunde", Institut für Volkskunde (Wossidlo-Archiv), Rostock, Ordner „ADV" 1953-1973.

## 6.2. Im Blick des Gegenüber: Rückstandsängste, Tabus und Gemeinsamkeiten in den volkskundlichen Beziehungen zwischen BRD und DDR

Die hochgesteckten Planungen für die DDR-Volkskunde wirkten zurück auf die BRD. Das drohende Szenario einer Bündelung der wichtigsten Aktivitäten in einem zentralen Forschungsinstitut schuf Handlungszwänge im Westen. In einem Brief an das Bundesinnenministerium skizzierte Helmut Dölker Überlegungen für eine eigene volkskundliche Forschungsanstalt in der BRD, weil der Konkurrenzdruck durch die DDR-Planungen wachse: „Wenn man von den Plänen liest, wird einem klar, daß wir bereits in einen Wettbewerb eingetreten sind, der scharfe Anspannung der Kräfte fordert, wenn wir im Westen bestehen wollen.“[671] Konkret betraf diese Wettbewerbssituation auch den ADV, dessen Archiv regelmäßig genutzt wurde, woraus Dölker in einem Positionspapier zur DDR-Volkskunde 1954 düstere Prognosen entwickelte:

> „Berichte vom Deutschen Volksliedarchiv in Freiburg und von der Zentralstelle des Atlas der deutschen Volkskunde in Frankfurt am Main besagen, daß im Laufe des letzten Jahres immer häufiger Studierende von der DDR zu Arbeiten an den dort liegenden Materialien gekommen seien. Es besteht die Gefahr, daß auf solche Weise das in der DDR fehlende Material zu umfassenden gesamtdeutschen volkskundlichen Forschungen in Abschrift aus dem Westen geholt wird, und daß, wenn die aus den Forschungen entstehenden Studien zum Druck kommen, die öffentliche Meinung (vor allem auch wieder die des Auslands) auf den Gedanken gebracht wird, daß nur Studierende und Wissenschaftler aus der DDR imstande seien, das anders unbenützte, zufällig im Westen liegende Material zu benützen.“[672]

Für Angehörige der Wissenschaftlergeneration Spamers und Meiers konnte der Bezugsrahmen ihrer Forschungsaktivitäten gar kein anderer als ein gesamtdeutscher sein. Wolfgang Steinitz war nicht nur jünger, er hatte bis dato auch politisch und akademisch den Weg des Außenseiters bestritten, der nun sehr viel besser geeignet schien, Innovationen voran zu treiben. Als Kommunist und Jude war der Finno-Ugrist zur Emigration gezwungen worden und zählte nach seiner Rückkehr 1946 zu jenen Personen, welche die Fortsetzung ihrer akademischen Laufbahn mit dem Impetus einer sozialistischen gesellschaftlichen Alternative verknüpften. Habituell weder dem Typus des bürgerlichen Gelehrten noch des sozialistisches Kaderwissenschaftlers neuen Typs zuzuordnen, war ihr akademisches Engagement zwar von politischen Motiven getragen (Steinitz war von 1954 bis 1963 Vizepräsident der Akademie und von 1953 bis 1958 Mitglied im Zentralkomitee der SED), aber nicht in unmittelbarer Abhängigkeit

671 H. Dölker an das Bundesinnenministerium, 16.2.1954, DVA, DGV 218; zit. n. Müns (Hg.), „Das Problem der inneren Wiedervereinigung wird immer größer...“, S. 63.

672 Helmut Dölker: Bericht über die hier zur Kenntnis gekommenen Tatsachen, die in der DDR der Förderung der Wissenschaft, insbesondere der Volkskunde, dienen, 29.10.1954, DVA, Ordner 277, DGV; zit. n. Müns (Hg.), „Das Problem der inneren Wiedervereinigung wird immer größer...“, S. 105f.

von der SED, sondern durch ein hohes Maß an Autonomie geprägt.[673] Dieses Selbstverständnis fand denn auch Resonanz in der Anerkennung, die Steinitz insbesondere in den 1950er Jahren in der BRD genoss. Sie artikulierte sich fast schon stereotyp in der abwägenden Akzentuierung einer Doppelpersönlichkeit als Wissenschaftler und *homo politicus*, etwa durch John Meier: „Es ist Professor Steinitz um wissenschaftliche Forschungen zu tun und nicht um Propagandaleistungen; er will beide Gebiete trennen, trotzdem er durchaus kein Hehl draus macht, kommunistisch eingestellt zu sein."[674] Ähnlich fiel auch die Einschätzung von Matthias Zender aus: „Viele Beiträge auch ostdeutscher Volkskundler sind wissenschaftlich fundiert und ohne Tendenz; andere Mitarbeiter wie Steinitz machen aus ihrer kommunistischen Einstellung keinen Hehl. Aber die meisten ihrer Beiträge sind sehr gründlich und aus den Quellen erarbeitet."[675]

Ohnehin vermochten sich unter dem Dach der 1946 wiedergegründeten Deutschen Akademie vor allem in der Übergangsphase der 1950er Jahre zwischen Autonomiespielräumen und sozialistischen Wissenschaftsidealen bemerkenswerte akademische Sonderkulturen auszubilden.[676] Während die Universitäten stärker dem dirigistischen Umgestaltungsdruck ausgesetzt waren, der weniger in den Natur- und Technikwissenschaften, aber umso mehr in den Geisteswissenschaften mit einem umfassenden Personalaustausch einherging, vermochten sich an der Akademie Mehrstimmigkeit und Autonomie stärker zu behaupten. So zählte Steinitz mit seiner unzweideutigen politischen Bindung im Kreise der rasch wachsenden Mitarbeiter durchaus zur Ausnahme. Die erste Generation der DDR-Volkskundler bildete unter seiner Patronage ansonsten einen überaus heterogenen Zirkel, der sich in ähnlicher Zusammensetzung durchaus auch in der BRD hätte konstituieren können. Mit Harry Schewe war da ausgerechnet derjenige frühere Mitarbeiter des Freiburger Volksliedarchivs, dessen NSDAP-Mitgliedschaft 1933 instrumentalisiert worden war, um den Vorstand des Volkskundeverbandes nach außen hin parteikonform erscheinen zu lassen.[677] Für Schewe, der in der Akademie mit Volksliedforschung beauftragt wurde, war auch unter den Bedingungen der Zweistaatlichkeit die Zusammenarbeit mit seinem früheren Chef wie für diesen selbst eine quasinatürliche Fortsetzung ihrer Erfahrungen aus der Vergangenheit. Ingeborg Weber-Kellermann war im Westteil Berlins ansässig und hatte als Schülerin Adolf Spamers ihre akademische

673 Zur hochschulpolitischen Situation und zur DDR-Hochschullehrerschaft der 1950er Jahre vgl. Jessen, Elite.

674 J. Meier an F. Schmidt-Ott, 14.5.1952, DVA, Ordner 108, allg. Korr. 1952-53, R-Z.

675 Manuskript von Matthias Zender, Bericht über die Lage der deutschen Volkskunde von 1945 bis heute, S. 4, Archiv des Seminars für Volkskunde Bonn, Ordner A-Z 1958.

676 Vgl. Schroeder, SED und Akademie; Nötzoldt, Weg; Nötzoldt, Wolfgang Steinitz; Nötzoldt, Die Deutsche Akademie der Wissenschaften; allgemein zur Akademiegeschichte vgl. Landrock, Die Deutsche Akademie der Wissenschaften; Kocka, Die Berliner Akademien der Wissenschaften.

677 Der Anteil ehemaliger NSDAP-Mitglieder unter den Professoren der geistes- bzw. gesellschaftswissenschaftlichen Disziplinen in der DDR lag 1954 bei 11,0% bzw. 16,7%; 1962 betrug er 17,6% bzw. 15,2%. Die Werte in den Natur- und Technikwissenschaften lagen drastisch höher; vgl. Jessen, Elite, S. 304-307.

Ausbildung (Studium 1936 bis 1940) in den 1930er Jahren durchlaufen. Wilhelm Fraenger[678] hatte bereits im Nationalsozialismus Ausgrenzung erfahren; seine Mitgliedschaft zunächst in der KPD und später in der SED wurde nun mit Ausschussverfahren beantwortet. Der Peuckert-Schüler Wolfgang Jacobeit, der für seine in der DDR fertiggestellte Habilitationsschrift zu „Schafhaltung und Schäfer in Zentraleuropa bis zum Beginn des 20. Jahrhunderts" ein Habilitationsstipendium der DFG erhalten hatte, sollte 1956 aus Göttingen in den Osten wechseln – ein Beispiel, das geeignet schien, die in der BRD permanent virulenten Sorgen um Abwerbung von Nachwuchswissenschaftlern als begründet zu betrachten.[679] Solche Abwerbungsängste wurden immer wieder Gegenstand von Erörterungen zwischen dem „Verband der Vereine für Volkskunde" und bundesdeutschen Ministerien, die massiv in die Gestaltung der deutsch-deutschen Wissenschaftsbeziehungen intervenierten und im Falle der Volkskunde markante Distanzierungen von der DDR-Zunft einklagten. Der ministerielle Vorwurf an den Verband, dieser würde eine Plattform für Propagandaziele der DDR-Wissenschaft zur Verfügung stellen, konnte nun seinerseits umfunktionalisiert werden zu einem Hinweis auf die schlechten Arbeitsmöglichkeiten für Volkskundler in der BRD. Zumindest müsse man Verständnis haben, wenn sich der akademische Nachwuchs nicht kategorisch den Anwerbungsversuchen aus der DDR verweigere, wie Dölker in einem für das Bundesinnenministerium verfassten Positionspapier zur DDR-Volkskunde 1954 unterstrich: „Niemand kann es einem jungen Volkskundeforscher verargen, wenn er hier im Westen auf seinem Fachgebiet keine Laufbahn vor sich sieht, für seine Stimme, auch wenn sie Bedeutung beanspruchen darf, bei Verlegern und Herausgebern nur geringes Gehör findet und dann auf ein günstiges Angebot eingeht, das aus der DDR kommt. Nach persönlichen Bemerkungen von Professor Steinitz aus Anlaß des Kongresses in Celle im Frühjahr 1954 ist wohl anzunehmen, daß es ihm gerade in dieser Richtung sehr stark um persönliche 'Kontakte' zu tun ist."[680]

Im Gegensatz zu den Universitäten übte die SED in der Deutschen Akademie der Wissenschaften (DAW) der 1950er Jahre nur vergleichsweise zurückhaltend politischen Druck aus. Der permanente Widerspruch zwischen dem gesamtdeutschen Profil der DAW und dem politischen Gestaltungsanspruch der SED innerhalb dieser Institution ließ sich jedoch auf Dauer nicht halten. Je deutlicher sich die Eigenstaatlichkeit der DDR abzeichnete, desto massiver wurde der politische Druck auf die DAW, der den Umbau zu einer sozialisti-

678 Weckel, Wilhelm Fraenger.

679 Vgl. Hauptausschuss-Liste 2/1950, S. 16, BAK, B 227/152; dort wurde dem Hauptausschuss der DFG empfohlen, zur Fertigstellung der Habilitationsschrift über „Der Schäfer in seinen volkskundlichen Gegebenheiten" ein Forschungsstipendium für ein Jahr zu genehmigen. Jacobeits Themen, so das Urteil der Fachgutachter, seien „wichtige Probleme der volkskundlichen Forschung".

680 Helmut Dölker: Bericht über die hier zur Kenntnis gekommenen Tatsachen, die in der DDR der Förderung der Wissenschaft, insbesondere der Volkskunde, dienen, 29.10.1954, DVA, Ordner 277, DGV; zit. n. Müns (Hg.), „Das Problem der inneren Wiedervereinigung wird immer größer...", S. 106.

schen Forschungsanstalt forcierte. In den 1950er Jahren jedoch herrschten im Vergleich zu den Universitäten liberale und demokratische Verhältnisse. 1954 lebten von 107 Ordentlichen Mitgliedern der Akademie 29 in der BRD, 14 hatten ihren Wohnsitz in Westberlin und sieben lebten im westlichen Ausland.[681] Von den 33 Mitarbeitern des Institutes für Volkskunde waren 1957 nur acht in der SED organisiert, 1960 waren es nur noch sechs von 37 und 1968 sieben von 42.[682] Die Rahmenbedingungen der Akademie waren geprägt vom Widerspruch zwischen dem gesamtdeutschen Selbstverständnis der Institution und ihrem Auftrag einer sozialistischen Forschungsanstalt, sodass trotz erklärtem Umbauwillen Verhältnisse anzutreffen waren, die bewusst eine Vielfalt von Forscherpersönlichkeiten, Orientierungen und Tendenzen ermöglichten. „Wir haben von unseren Mitarbeitern des Akademie-Instituts für Volkskunde nie ein Bekenntnis zum Marxismus-Leninismus verlangt. Die Neuorientierung der volkskundlichen Arbeit in der DDR und die Herausarbeitung der demokratischen Traditionen im deutschen Volksschaffen ist von allen als richtig und notwendig anerkannt worden. [...] Die nichtmarxistischen Mitarbeiter leisten einen entscheidenden Beitrag in unserer Arbeit, die ohne ihre Tätigkeit nicht durchzuführen wäre."[683] Vor diesem Hintergrund wird ein Brief von Steinitz an Kurt Hager verständlich, in dem er angesichts des Widerspruchs zwischen Umgestaltungswillen und Autonomiebewusstsein „ein leises Gefühl der Sorge" signalisierte und angesichts der „Tätigkeit der Ueberprüfungskommission für die Akademie der Wissenschaften" um Einfühlsamkeit gegenüber dem akademiespezifischen Milieu bat: „Die Mitarbeiter der Akademie sind sowieso ein etwas empfindliches Volk; sie sind bisher eine staatliche oder Parteikontrolle nicht gewohnt – gebt der Kommission bitte den ausdrücklichen Hinweis, dass sie die Akademieatmosphäre berücksichtigen und in ihren Methoden taktvoll arbeiten soll."[684]

So formierte sich unter dem Dach der Deutschen Akademie eine wachsende Community von Volkskundlern. Ihre Arbeit rekurrierte auf Anschluss an bisherige Fachtraditionen bei gleichzeitig strikter Distanzierung von der nationalsozialistischen Aufladung der Disziplin. Die DDR-Volkskunde verortete sich während der 1950er Jahre wie selbstverständlich in einem gesamtdeutschen Rahmen. Die programmatische Ausrichtung ermöglichte bei aller Distanzierung realiter auch Anschlussmöglichkeiten an jene Grundorientierungen des Faches, die sich 1933 als mühelos einbettbar in die Vorstellungswelten der NS-Volkskunde erwiesen hatten. So betonte die Präambel des Perspektivplans des Institutes für deutsche Volkskunde 1959 eben jene Feindbilder, die ähnlich auch die NS-Volkskunde konturiert hatte, nämlich die „Durchsetzung unseres Faches mit revanchistischen und klerikalistischen Tendenzen in Westdeutschland" sowie die „Weiterbildung

681 Schroeder, SED und Akademie, S. 1265.

682 Schroeder, SED und Akademie. Insgesamt waren 1956 nur 17% aller DAW-Angehörigen bei der SED organisiert, während der Anteil bei der Professorenschaft an den Universitäten 1954 schon bei 28,7% lag und unter den Dozenten bei 54,3%; vgl. Jessen, Elite, S. 164.

683 Steinitz, Arbeit, S. 23.

684 W. Steinitz an K. Hager vom 27.9.1952, ABBAW, Nl Steinitz, Ordner 70 (1952).

reaktionärer, volksfeindlicher Theorien z.B. vom 'gesunkenen Kulturgut' und der unschöpferischen Rolle des Volkes". Hier besaß das Schreckbild der religiösen Volkskunde Aktualität, welche identisch gesetzt wurde mit politischer Reaktion; der Rekurs auf einen Volksbegriff mit progressiven Potenzialen wurde nicht selten flankiert von antiwestlichen Affekten und der Pflege nationalkultureller Werte, die auch Steinitz beschwor, als er auf dem Passauer Volkskundekongress 1952 die volkskundliche Arbeit der DDR präsentierte: „Diese volksverbundene Kunst wird das stärkste Bollwerk sein, wenn wir uns gegen dekadente Kunstrichtungen, gegen kosmopolitische Geringschätzung der nationalen Kulturwerte und Boogie-Woogie-Kultur, besonders auch unter der Jugend, auf etwas Positives stützen wollen."[685] Insgesamt verortete sich die Volkskunde der DDR somit als anwendungsorientierte, die Umgestaltung der sozialistischen Gesellschaft flankierende Wissenschaft:

> „Die zentralen Zielsetzungen der wissenschaftlichen Arbeit des Instituts sind daher auf die Erforschung der demokratischen, fortschrittlichen und revolutionären Traditionen und Entwicklungen in der deutschen Volkskultur und die Herausarbeitung der schöpferischen Rolle des Volkes, wie sie in diesen kulturellen Zeugnissen seiner Geschichte zum Ausdruck kommt, gerichtet. Mit diesen Arbeiten leistet das Institut einen wichtigen Beitrag zur Kulturrevolution und zur Bewußtseinsbildung unserer werktätigen Klassen. Es schafft ferner damit in planmäßiger Arbeit die Grundlagen für die notwendige wissenschaftliche Auseinandersetzung mit reaktionären Anschauungen und Methoden in der Volkskunde und ihre Widerlegung. Besonders dringend ist es, der Unwissenschaftlichkeit und politischen Aggressivität der sogenannten 'Vertriebenenvolkskunde' in Westdeutschland entgegenzutreten."[686]

Was bedeutete die gesamtdeutsche Orientierung für die konkrete Forschungspraxis der DDR-Volkskunde? Sie bedeutete im Rekurs auf eine gemeinsame Fachgeschichte zunächst Anschluss an die national bedeutsamen Stoffsammlungen und Großprojekte wie den ADV. Die Logik der deutschen Teilung erzeugte auf diesem Feld eine deutsch-deutsche Symmetrie von Institutionen, da jede Seite wie selbstverständlich mit ihrem Führungsanspruch einen Anspruch auf national relevante Projekte verknüpfte: „Da es sich bei dem Atlas-Unternehmen um eine Arbeit von gesamtdeutscher Bedeutung handelt, die in Westdeutschland in einer Zentralstelle in Frankfurt a.M. konzentriert ist, ist eine entsprechende, die wissenschaftliche Arbeit fortsetzende Zentralstelle in der DDR notwendig."[687] Neben der offenen Systemkonkurrenz bedeutete sie auch eine zwar nicht gleichberechtigte, aber zumindest kooperierende Publikationspraxis, die zumindest während der 1950er Jahre dem Verlauf der politischen Grenzen nicht folgte. Während Vertreter der DDR-Volkskunde in der westdeutschen *Zeitschrift für Volkskunde* veröffentlichten, taten bundesdeutsche Wissenschaftler dasselbe

685 Steinitz, Aufgaben, S. 7.

686 Institut für deutsche Volkskunde, Perspektivplan 1959-1965; ABBAW, Bestand Institut für Geschichte, WB Kulturgeschichte/Volkskunde, Ordner 57.

687 Brief von W. Steinitz „An das Präsidium der Deutschen Akademie der Wissenschaften", 10.2.1954, ABBAW, Bestand Akademieleitung, Institut für deutsche Volkskunde, Ordner 95.

seit 1955 im Pendant des neu gegründeten *Deutschen Jahrbuchs für Volkskunde*. Hier, im Westen, laborierte die universitär schwach bestallte Volkskunde unter stets prekären finanziellen Bedingungen; dort, im Osten, schien eine zentrale Forschungsinstitution heranzuwachsen, die zunächst über durchaus bessere materielle Möglichkeiten verfügte. Insofern lag es auch nahe, Druckkostenzuschüsse für Publikationsvorhaben bei der Akademie einzuholen. So wurde beispielsweise versucht, die seit den frühen 1920er Jahren von der DFG finanzierte *Volkskundliche Bibliographie*, deren Jahrgänge 1937/38 noch ausstanden, nun über die Akademie zu finanzieren. Solches wurde nicht nur in bundesdeutschen Ministerien kritisch beobachtet, sondern auch von den Funktionären der Verbandsvolkskunde. In seinem Bericht über den Volkskundetag in Celle 1954 thematisierte Steinitz wachsende Konflikte mit Dölker als Verbandsvorsitzendem, die sich an den von der Akademie in Aussicht gestellten Finanzierungen entzündet hätten. Dölker, so berichtete Steinitz, habe den Basler Robert Wildhaber als zuständigen Redakteur „vor der Zusammenarbeit mit einem Institut der Deutschen Akademie der Wissenschaften zu Berlin gewarnt, da sie politisch abträgliche Konsequenzen nach sich zöge“. Proteste durch die DDR-Volkskundler hätten dann allerdings dazu geführt, dass sich der restliche Vorstand von Dölkers Vorgehen distanzierte, sodass insgesamt die diplomatischen Konflikte aus dem Weg geräumt werden konnten, „wie sich überhaupt anregende Arbeitskontakte zwischen den westdeutschen und ausländischen Kongressteilnehmern und unserer Delegation ergaben und auch der erste Vorsitzende, Prof. Dölker, sich befleißigte, die anfängliche Konfliktstimmung vollauf zu beheben und in eine loyale Kollegialität zu verwandeln“.[688]

Ähnliche Probleme hatte es bereits kurz zuvor gegeben, als Steinitz für die Akademie Bereitschaft signalisierte, Finanzierungen für das Deutsche Volksliedarchiv in Freiburg zu übernehmen. Hilfesuchend wandte sich John Meier daraufhin an den Generalsekretär der DFG Kurt Zierold, auch vom Hintergedanken getragen, die DFG möge anstelle der Akademie helfend einspringen: „So willkommen mir an sich diese Unterstützung wäre, so unterliegt sie doch gewissen Bedenken, und ich wäre Ihnen sehr dankbar, wenn Sie dazu Stellung nehmen würden, ob die Forschungsgemeinschaft an der Seite der Deutschen Akademie auf dem Titelblatte unseres Werkes erscheinen will. Mir ist allerdings ein Fall bekannt, bei dem dies geschehen ist: der Theasaurus Linguae Latinae [...].“[689] Anstelle von Zierold erhielt Meier vom (damals noch kommissarischen) DFG-Präsidenten Ludwig Raiser eine präzise Handlungsanweisung: „Die Zusammenarbeit der Gelehrten in der Bundesrepublik und in der sowjetischen Zone wird von uns durchaus für wünschenswert gehalten und hat ja in diesem Fall [...] ihre ganz besonderen Vorteile.“[690]

688 Wolfgang Steinitz: Bericht über den 9. Deutschen Volkskundetag in Celle, ABBAW, Bestand Akademieleitung, Institut für deutsche Volkskunde, Ordner 93.

689 J. Meier an K. Zierold, 10.12.1951, DVA, Ordner 82, Korr. DFG, 1941-57.

690 L. Raiser an J. Meier, 19.12.1951, DVA, Ordner 82, Korr. DFG, 1941-57.

Genauso wie andere zentrale Institutionen und Stoffsammlungen wurde auch die ADV-Zentralstelle in Bonn wie selbstverständlich von DDR-Wissenschaftlern genutzt. Wiewohl über der Forschungspraxis permanent das Damoklesschwert der offenen Systemkonkurrenz schwebte, florierte unterhalb dieser Rahmenbedingungen ein unkomplizierter Erfahrungsaustausch. Die deutsch-deutschen Kooperationen in der Volkskunde folgten dem offiziellen Selbstverständnis der Akademie, die sich Mitte der 1950er Jahre nach wie vor als eine Institution mit gesamtnationalem Anspruch verstand: „Die Beziehungen zu den Akademien in Göttingen, Heidelberg und München sowie zu anderen hervorragenden wissenschaftlichen Einrichtungen Westdeutschlands sollten in verstärktem Maße gepflegt werden. Die bestehenden gemeinsamen Unternehmen sollen weitergeführt und neue Gemeinschaftsarbeiten aufgenommen werden. Die Herausgabe gesamtdeutscher wissenschaftlicher Zeitschriften ist weiter zu fördern. Westdeutsche Wissenschaftler sollten stärker als bisher für die Mitarbeit an wissenschaftlichen Werken gewonnen werden, die in der Deutschen Demokratischen Republik erscheinen.“[691] Natürlich erzeugten die praktizierten Kooperationen keinesfalls eine Normalität im Sinne von Selbstverständlichkeiten und Routinen, die nicht mehr hätten überprüft und hinterfragt werden müssen. Im Gegenteil: Die Praxis der gesamtdeutschen Zusammenarbeit erzeugte regelmäßige Konflikte, in welchen die Widersprüche zwischen unterschiedlichen wissenschaftspolitischen Zielsetzungen und Grundwerten manifest wurden. Die Gleichzeitigkeit eines gesamtnationalen Selbstverständnisses und beidseitig betriebener Systemkonkurrenz produzierte zwangsläufig Unvereinbarkeiten in der jeweils eigenen Wissenschaftsauffassung. Die Grenze zwischen Kooperation und Konkurrenz war keine eindeutige und verlässliche, sondern musste permanent neu festgeschrieben werden. Dabei traten nicht nur unüberbrückbare Differenzen zutage, sondern auch interne Widersprüche der jeweiligen Wissenschaftssysteme.

Eingepasst in die gesamtdeutsche Orientierung der frühen DDR-Volkskunde war die Verleihung des Nationalpreises an den hochbetagten Meier im Jahre 1952, welche sich durchaus als geeignet erwies, nachhaltige wissenschaftspolitische Irritationen im Westen auszulösen. Meier genoss in der DDR-Volkskunde das Renommee eines obzwar bürgerlichen und national orientierten, so doch antifaschistischen Wissenschaftlers, der sich vor allem „um die Erforschung des demokratischen Liedgutes verdient gemacht“ habe. „Auch sonst hat John Meier dem Nazismus keine Konzessionen gemacht und auch in den schwersten Jahren das Deutsche Volksliedarchiv von nazistischen Einflüssen frei gehalten.“ Hinzu kam für Wolfgang Steinitz rückblickend: „Nach 1945 hat John Meier sich bis zu seinem Tode für die Einheit der deutschen Wissenschaft, für die Zusammenarbeit von Ost und West unseres Vaterlandes bekannt [...].“[692]

691 Mitteilungsblatt der Deutschen Akademie der Wissenschaften zu Berlin 1, 1955, Heft 4-5, S. 21f.

692 Steinitz, Arbeit, S. 15f.

So erschien es nur als folgerichtige Konsequenz, den Nestor der deutschen Volkskunde und Organisator der Nachkriegsvolkskunde in Westdeutschland zum Nationalpreisträger der DDR zu ernennen. In diesem Zusammenhang und verstärkt durch andere Initiativen von Steinitz in der BRD kam es 1952 zu ersten Krisenkulminationen in den deutsch-deutschen Volkskundebeziehungen. Steinitz bereiste 1952 in wissenschaftspolitischer Mission die BRD, besuchte in Freiburg das Deutsche Volksliedarchiv, verhandelte in Stuttgart mit Dölker verbandspolitische Fragen wie die Vorbereitung des Volkskundekongresses in Passau. „Streng vertraulich" wandte sich „im Einvernehmen" mit Meier dessen Mitarbeiter Walter Wiora an Dölker, um ihn von den Nationalpreisplanungen zu unterrichten. Meier sei grundsätzlich bereit, den Preis anzunehmen, da er die Preissumme gut für Arbeiten des Volksliedarchivs verwenden könne, befürchte aber andererseits auch „Nachteile" sowohl in der „öffentlichen Meinung" wie in der Unterstützung seiner Arbeit durch bundesdeutsche Ministerien. Einen „Ausweg aus dieser Klemme" sah Wiora in dem Vorschlag, der Ehrung durch die DDR „ihren Stachel" zu nehmen, indem die BRD mit einer anderen Ehrung zuvorkomme.[693]

Meier indes blieb unsicher, wie er sich gegenüber der Ehrung durch die DDR verhalten solle. Seine Erkundigungen bei der DFG und bei diversen bundesdeutschen Ministerien erbrachten keine präzisen Handlungsanleitungen. Die Befürchtungen, seine Arbeit könne in der westdeutschen Öffentlichkeit Schaden nehmen, schienen nach der Bekanntgabe der Ehrung im Oktober 1952 Bestätigung zu erfahren. Unversehens erkundigte sich die Pressestelle der Bundesregierung wegen der „Verleihung des sog. 'Nationalpreises der DDR'": „In der sowjetzonalen Presse vom 8. Oktober wird allgemein berichtet, dass Ihnen anlässlich des sog. 'Dritten Jahrestages der Gründung der DDR' der sog. 'Nationalpreis' vom Sowjetzonenregime verliehen worden sei. Bei der obigen Dienststelle häufen sich die Anfragen westdeutscher Zeitungen, ob dieser Preis – wie angenommen wird – von Ihnen ausgeschlagen wurde. Das Presse- und Informationsamt der Bundesregierung wäre Ihnen, um diese Fragen beantworten zu können, für einen diesbezüglichen Bescheid sehr verbunden."[694]

Zusätzliche Nahrung erhielt die Krise durch den Passauer Volkskundekongress im August 1952. Dort, so berichtete Dölker unversehens seinem Amtsvorgänger Meier, habe Steinitz sich nicht an vorab getroffene Absprachen gehalten und Berichte zur DDR-Volkskunde immer wieder propagandistisch flankiert. Dies wiederum evozierte Ärger unter anwesenden Ministerialbeamten. So habe der Repräsentant des Gesamtdeutschen Ministeriums gedroht, „daß es doch sehr zu überlegen sei, ob man diese Angelegenheit nicht grundsätzlich in Bonn aufnehmen müsse und ob unter solchen Umständen weiterhin Gelder des Bundes gegeben werden können; der Verband tendiere ja deutlich nach Osten;

693 Tatsächlich führte diese Strategie zur deutsch-deutschen Doppelehrung Meiers im Jahre 1952; aus den Händen des baden-württembergischen Kultusministers erhielt er im Oktober 1952 das Große Verdienstkreuz.

694 Brief vom Presse- und Informationsamt der Bundesregierung an J. Meier, 15.10.1952, DVA, Ordner 107, allg. Korr. 1952-53, A-Q.

der Nationalpreis für Sie und die Äusserung von Steinitz liegen doch in einer Linie – so äusserte sich der obengenannte Vertreter des Ministeriums Kaiser". Er, Dölker, müsse nun auf seiner diplomatischen Reise nach Bonn klarmachen, dass der Verband deutlich „nicht kommunistisch tendierend" eingestuft werden könne.[695]

Hilfesuchend hatte Meier sich auch an Schmidt-Ott gewandt und ihn um eine Empfehlung für mögliche Verhaltensoptionen gebeten. Schmidt-Ott befand sich im Juni 1952 bei der DFG in Bonn und führte bei dieser Gelegenheit auch Konsultationen über eine Wiederaufnahme des ADV. Bei diesem Besuch eruierte er die Positionen der Forschungsgemeinschaft in Sachen Nationalpreis, über die DFG-Präsident Ludwig Raiser auch mit dem Gesamtdeutschen Ministerium verhandelt habe. Schmidt-Ott sandte daraufhin die Abschrift eines Briefes von Raiser an ihn, in dem zwar erneut eindeutige Stellungnahmen unterblieben, aber drohende Sanktionen angedeutet wurden. Über sein Treffen mit dem Ministerialreferenten Friedrich von Zahn referierte der DFG-Präsident:

> „Er bestätigte mir noch einmal die unverändert fortbestehenden Bedenken seines Hauses, versicherte aber auf der anderen Seite, daß es selbstverständlich weder in seiner Macht noch in der Absicht der Bundesregierung liege, Herrn Professor Meier in seiner freien Entschließung zu hindern. Die Bundesregierung werde nur, wenn diese Entschließung gegen ihren Rat ausfalle, auch nicht in der Lage sein, ihn hinterher gegen die dann in der Oeffentlichkeit zu erwartenden Angriffe zu schützen. Ich selbst bin nach reiflicher Überlegung zu der Meinung gekommen, daß auch wir Herrn Professor Meier eher abraten sollten, den ihm angebotenen Preis anzunehmen. Natürlich wird es darauf ankommen, Zeitpunkt und Form der Ablehnung so zu wählen, daß der Eindruck einer brüsken Zurückweisung vermieden wird und die Möglichkeit einer Zusammenarbeit Professor Meiers etwa mit Professor Steinitz, wenigstens von der westlichen Seite her, auch weiterhin gewahrt bleibt."

Ohnehin habe er den Eindruck, dass es Meier hauptsächlich um das Preisgeld von 100 000 Ostmark gehe, damit er Anschaffungen für sein Volksliedarchiv tätigen könne, für die er doch lieber bei der DFG vorsprechen solle. „Wir haben es zwar aus grundsätzlichen Erwägungen nicht gern gesehen, das Volksliedarchiv, so wie es in den ersten Jahren geschehen ist, mehr oder weniger ganz aus Zuschüssen der Forschungsgemeinschaft zu unterhalten, da wir auch sonst laufende Zuschüsse zu Instituten nicht geben."[696]

So sah sich ausgerechnet die im Nationalsozialismus ideologienahe und in der BRD konservative Volkskunde mit dem Verdacht der Unterwanderung von links konfrontiert. Damit gehörte alsbald jene anfängliche Unbefangenheit in nationalen Fragen der Vergangenheit an, mit der zunächst in Ost wie West der Neuaufbruch der Disziplin nach 1945 eingeleitet worden war. Damals war der gesamtnationale Rahmen der jeweiligen Tätigkeit Selbstverständlichkeit. Jetzt wurde der nationale Horizont immer vehementer von der West- bzw. Ostbindung und den Prinzipien der Zweistaatlichkeit überlagert – eine Bindung, bei der in der BRD vor allem die verschiedenen Bundesministerien Druck erzeugten, der auf klare Anpassungsleistungen der Wissenschaften an die politischen

695 H. Dölker an J. Meier, 2.9.1952, DVA, Ordner 107, allg. Korr. 1952-53, A-Q.
696 L. Raiser an F. Schmidt-Ott, 20.6.1952, DVA, Ordner 108, allg. Korr. 1952-53, R-Z.

Verhältnisse zielte. Erst die permanenten politischen Interventionen drängten die im Verband organisierte Volkskunde auf Abgrenzung gegenüber der DDR-Volkskunde, die wiederum selbst im Verband Sitz und Stimme besaß. So ist der Neuanfang der beiden Volkskunden in Ost und West nach 1950 auch der Anfang einer Beziehungsgeschichte, in der die Differenzen und Konkurrenzen sukzessive die Gemeinsamkeiten und Kooperationen ablösten.

Den Auftakt zur wachsenden Entschwisterung bildete der Volkskundekongress in Passau im August 1952. Bereits in dessen Vorfeld hatte Steinitz sich vehement von der „Vertriebenenvolkskunde" distanziert, die dem Fach in der BRD neben öffentlicher Aufmerksamkeit auch einige handfeste Forschungsinstitutionen wie die vom Vertriebenenministerium finanzierte Freiburger Zentralstelle für Volkskunde der Heimatvertriebenen unter Leitung von Johannes Künzig eingebracht hatte. Steinitz kritisierte deren politisierte Terminologie und drängte darauf, dass das Thema nicht im offiziellen Tagungsprogramm auftauchen sollte, sondern als Sondertagung ausgegliedert wurde. Im Gegenzug hatte Steinitz in Aussicht gestellt, sich auf dem Kongress jeglicher politischer Positionierungen zu enthalten.

Diesen Bestandteil der Vereinbarung hatte er zumindest nach Ansicht der auf dem Passauer Kongress anwesenden Ministeriumsvertreter nicht eingehalten. Steinitz kritisierte in einem Diskussionsbeitrag energisch die „Vertriebenenvolkskunde" und versicherte obendrein, dass diese Haltung von vielen Verbandsmitgliedern geteilt werde. Zudem sprach er die Offerte aus, einen der nächsten Volkskundetage des Verbandes in der DDR abzuhalten. All das genügte, um die Ministeriumsvertreter zu einer gründlichen Überprüfung des Verbandes und der Grundlagen künftiger finanzieller Förderung durch den Bund zu veranlassen. Die Aufarbeitung des Passauer Kongresses bestand deshalb für Dölker vor allem in diffizilen diplomatischen Aktivitäten, bei denen er einerseits die Autonomie des Verbandes behaupten und andererseits dessen finanzielle Unterstützung sichern musste. In einem Brief an Ministerialreferent Bodens versicherte Dölker, dass Steinitz durch sein Auftreten in Passau keine Sympathien habe gewinnen können; im Gegenteil – sein Auftreten hätte eher abschreckende Wirkung gehabt. Insofern gebe es für den Verband keinerlei Anlass, vom bislang gehaltenen Kurs abzuweichen: „Ich werde die höfliche Verbindung zu Herrn Steinitz nicht abbrechen, vor allem unseren wirklich alten und zuverlässigen Freunden und Fachgenossen zuliebe nicht; sie sind in der Ostzone von Herrn Steinitz abhängig, und ihnen möchte ich das Leben nicht erschweren bzw. ihre weiteren Beziehungen zum Westen nicht unmöglich machen."[697]

Dölker bemühte sich nach allen Seiten um Ausgleich. Ein Jahr später, im September 1953, betrieb die DDR-Volkskunde auf einem eigenen Kongress der DAW interne Standortbestimmung, bei welcher der Spagat einer Gleichzeitigkeit von Abgrenzung und Kooperation mit der bundesdeutschen Volkskunde geübt

697 H. Dölker an Ministerialreferent Bodens, Bundesministerium für Gesamtdeutsche Fragen, 3.9.1952, DVA, Ordner 218, DGV; zit. n. Müns (Hg.), „Das Problem der inneren Wiedervereinigung wird immer größer...", S. 31.

wurde. Auch auf internationalem Parkett warb Steinitz kontinuierlich für „eine echte wissenschaftliche Zusammenarbeit zwischen Ost und West“[698], wie er 1955 Walter Ulbricht wissen ließ, nachdem seine diesbezüglichen Bemühungen auf der internationalen Volkskundetagung in Arnhem auf brüske Ablehnung gestoßen waren.[699] Steinitz wurde zwar als einziger offizieller Vertreter aus einem Ostblockstaat zu der Konferenz eingeladen, die auf eine internationale Synchronisation volkskundlich-ethnologischer Wissenschaften in Europa zielte. Allerdings wurde ihm vom niederländischen Außenministerium die Einreise verunmöglicht, da er kein Einreisevisum erhielt. Stattdessen gab er der in Westberlin lebenden Ingeborg Weber-Kellermann eine schriftliche Resolution mit, welche in Arnhem verlesen wurde. Darin forderte er verbindliche Regeln für eine internationale wissenschaftliche Zusammenarbeit: „Ich darf in diesem Zusammenhang wohl als selbstverständlich voraussetzen, dass kein Volkskundler in den sogenannten 'westlichen Ländern' glaubt, europäische Volkskunde könne unter Ausschaltung der Wissenschaftler der sogenannten 'östlichen Länder', also von Polen, der Tschechoslowakei, Ungarn, Rumänien, Bulgarien und der Sowjetunion, betrieben werden.“ Nach Arnhem allerdings sei kein Vertreter aus den aufgelisteten Staaten eingeladen worden. „Zweitens und insbesondere ist aber eine geistige Einstellung notwendig, die sich am einfachsten und wohl verständlichsten mit dem Schlagwort 'Koexistenz' bezeichnen möchte. Dieser Geist, der auf internationalen Tagungen der Naturwissenschaftler eine Selbstverständlichkeit ist, muss auch bei uns herrschen.“ Steinitz kritisierte das „politische Schlagwort“ der „Freien Welt“ und des „Eisernen Vorhangs“ und verwahrte sich gegen Karl Meisen, der die Volkskunde in der DDR mit jener im Nationalsozialismus in Zusammenhang gebracht hatte. „Eine wissenschaftliche Koexistenz zwischen Ost und West bedeutet unter anderem auch, dass Nichtmarxisten und Marxisten im freien wissenschaftlichen Wettbewerb die Vorzüge ihrer wissenschaftlichen Arbeit unter Beweis stellen. Kein marxistischer Wissenschaftler ignoriert die Arbeiten seiner nichtmarxistischen Kollegen.“[700] Diese Stellungnahme zeitigte auf der Arnhemer Tagung einen Eklat. Von dem estnischen Emigranten Oskar Loorits wurde Steinitz nicht nur als Kommunist denunziert; Loorits unterstellte obendrein, dass ihm nach der sowjetischen Besatzung Estlands durch Spitzeltätigkeiten von Steinitz beinahe das Todesurteil gedroht habe. Für den solcherart Beschuldigten entbehrte diese Attacke nicht nur jeder Grundlage, sondern wies lediglich auf eine „pathologische Klatschsucht kombiniert mit primitivstem Kommunistenhass“ hin.[701] Jedenfalls: Die folgenden Auseinandersetzungen machten unüberbrückbare Gräben und Grenzen der Kooperationsbereitschaft

698 Brief von W. Steinitz „An den 1. Sekretär des ZK der SED Gen. Walter Ulbricht“, undatiert, [1955], ABBAW, Nl Steinitz, Ordner 75, Teil 2.

699 Vgl. den Abdruck der Erklärung Steinitz, Zusammenarbeit.

700 Steinitz, Zusammenarbeit, S. 325f.

701 Entwurf eines Briefes von W. Steinitz an W. Roukens, 20.10.1955, ABBAW, Nl Steinitz, Ordner 75, 2. Teil.

nicht nur im deutsch-deutschen, sondern im gesamteuropäischen Horizont sichtbar.[702]

Unterdessen diktierte der Rhythmus der Verbandstagungen die Auseinandersetzungen zwischen Deutschland-Ost und Deutschland-West. Zunächst verschärfte insbesondere das Bundesinnenministerium den Druck auf den Verband. In Bonn herrschten allenfalls vage Vorstellungen über die Disziplin Volkskunde sowie über die wissenschaftliche Orientierung des Verbandes. Die Folgen dieser mangelnden Kenntnis waren ausführliche Korrespondenzen und Kontroversen zwischen dem Verband und dem Bundesinnenministerium, sowie regelrechte Verhöre, in denen Dölker gebetsmühlenartig Aufklärung über das wissenschaftliche Selbstverständnis seiner Organisation betreiben und Vorurteile ausräumen musste.[703] Dölker versuchte indes ebenfalls, aus den politischen Interventionen Kapital zu schlagen, und lenkte die Vorwürfe der mangelnden Abgrenzung von der DDR-Volkskunde um, indem er auf deren solide materielle Fundamentierung und die eigene schwache Stellung verwies. „Meine Frage: Ob man nicht vielleicht besser fahren würde, wenn man Positives für unsere Leute tun könnte? Anders sei es ja wohl verständlich, wenn sie den Lockungen und auch den sehr greifbaren Angeboten von drüben da und dort nicht widerstehen könnten. In dieser Richtung werde nämlich stark gearbeitet [...].“ Dies scheine eine „größere Gefahr“ darzustellen, „man biete allem nach Großes und Gutes“, während dem Nachwuchs in der BRD nichts „geboten“ werde, und auch im Bereich der wissenschaftlichen Publikationen laufe die DDR der BRD „vor der Welt den Rang ab“.[704]

Das Szenario drohender David-Goliath-Verschiebungen zeitigte offenbar Effekte. Informiert über die prekäre Lage der Volkskunde in der BRD, signalisierte Ministerialdirektor Paul Hübinger jedenfalls prompt Bereitschaft, diese zum Thema bei der Kultusministerkonferenz zu machen. Wenn als Ursache des drohenden Einflusses der DDR-Volkskunde deren institutionelle Stärke diagnostiziert werde, dann könne dieser Einfluss nur zurückgedrängt werden, indem die westdeutsche Volkskunde gestützt und ausgebaut würde. 1956 fuhren die Ministerien für Gesamtdeutsche Fragen und für Vertriebene mit dem Vorwurf der

702 Vgl. die ausführlichen Korrespondenzen in ABBAW, Nl Steinitz, Ordner 70 (1952), 74 (1956), 75, Teil 2 und ABAAW, Bestand Institut für Geschichte, WB Kulturgeschichte/Volkskunde, Ordner 70 (Kongreß Arnhem 1955).

703 Vgl. den „Bericht über Besprechung am 15. Oktober 1954 beim Bundesinnenministerium in Bonn“ von H. Dölker, DVA, Ordner 218, DGV; abgedruckt in Müns (Hg.), „Das Problem der inneren Wiedervereinigung wird immer größer...“, S. 99-102. Als Folge dieser Kontroversen verfasste Dölker 1955 eine „Denkschrift über den Verband der Vereine für Volkskunde e.V.“; DVA, Ordner 218, DGV; abgedruckt in Müns (Hg.), „Das Problem der inneren Wiedervereinigung wird immer größer...“, S. 112-117.

704 „Bericht über Besprechung am 15. Oktober 1954 beim Bundesinnenministerium in Bonn“ von H. Dölker , DVA, Ordner 218, DGV; zit. n. Müns (Hg.), „Das Problem der inneren Wiedervereinigung wird immer größer...“, S. 101.

„sowjetzonalen Durchdringung" auf.[705] Die Vorhaltungen wiederholten sich: Der Verband liefere ein Forum für propagandistische Auftritte der DDR-Wissenschaft, er plane eine Tagung in Dresden und eröffne Volkskundlern aus der DDR die Mitarbeit, was diese wiederum zur Anwerbung westdeutscher Kollegen nutzen würden. Dölker oblag die wenig komfortable Aufgabe, die Unterstützung der Ministerien zu sichern und gleichzeitig auf internen Ausgleich zu zielen, da der Verband sich noch immer als gesamtnationale Vertretung der wissenschaftlichen Volkskunde verstand.

Gegenüber der DDR-Volkskunde ging Dölker nun sukzessive auf Distanz. Steinitz sowie die DDR-Vertreter im Hauptausschuss des Verbandes Harry Schewe und Wilhelm Fraenger hatten lange und am Ende erfolgreich dafür geworben, einen Volkskundetag auf dem Boden der DDR abzuhalten, der schließlich für 1957 in Dresden terminiert wurde. Als vordergründig neutrales Tagungsthema und Referenz an den Ort war das Thema „Volkskunst" gewählt worden, wie Dölker in der Sitzung des Hauptausschusses im Oktober 1956 in Gießen unterstrich: „Es darf in den Vorträgen nichts Politisches besprochen werden. Wir haben deshalb die Volkskunst als Thema gewählt."[706] Dölker griff tief in die wissenschaftsdiplomatische Trickkiste, um den Kongress zu verhindern. Er arbeitete mit Verzögerungsmanövern bei der Kongressvorbereitung und provozierte mit Ankündigungen, man habe mit Trier auch einen alternativen Tagungsort in der BRD. Dies evozierte wiederum den Protest der DDR-Volkskundler. So wies ihn Fraenger auf der Sitzung des Hauptausschusses in Gießen darauf hin, dass die von ihm betriebene Verbandspolitik der Distanznahme gegenüber der DDR mittlerweile in krassem Widerspruch zur offiziellen Politik der Bundesregierung stünde. Laut einem Artikel des *Spiegel* vom 6. Juni 1956 hatte der Minister für Gesamtdeutsche Fragen angesichts einer deutschlandpolitischen Debatte im Bundestag gegen Widerstände aus seinem eigenen Ministerium und gegen große Skepsis Adenauers zu verstärkten Kontakten mit der DDR auf kulturellem und wissenschaftlichem Gebiet aufgefordert und deren offizielle Unterstützung angekündigt. Solche Entspannungstendenzen hatte der *Spiegel* als Überraschung kommentiert: „Um sich klarzumachen, was diese Erklärung bedeutet, braucht man sich nur vor Augen zu halten, daß noch vor wenigen Jahren ein westdeutscher Geiger, der in Mitteldeutschland auftrat, von der Bundesregierung als kommunistischer Mitläufer gebrandmarkt wurde."[707]

705 Vgl. die Korrespondenzen zwischen Verband und Ministerien in DVA, Ordner 218, DGV, abgedruckt in Müns (Hg.), „Das Problem der inneren Wiedervereinigung wird immer größer...", S. 132-136, S. 138-140, S. 144-146.

706 Protokoll über die Sitzung des Hauptausschusses des Verbandes der Vereine für Volkskunde am 6. Oktober 1956 in der Justus-Liebig-Hochschule zu Giessen (verfasst von E. Seemann), in: DVA, Ordner 218, DGV; zit. n. Müns (Hg.), „Das Problem der inneren Wiedervereinigung wird immer größer...", S. 155.

707 Deutsche Frage: Wovor haben wir Angst?, in: *Der Spiegel*, 6. Juni 1956. Die deutschlandpolitische Debatte im Bundestag schilderte der *Spiegel* als einen „der kläglichsten Tage des westdeutschen Parlamentarismus". Der „Jammer deutscher Wirklichkeit" habe sich in der Aussprache offenbart. Bei „22 Grad im Schatten" löschte die Mehrheit der Volksvertreter „mit Mollen und Milchmischgetränken im Bundeshausrestaurant ihren Durst" und das

Aber Dölker setzte seinen Kurs unbeirrt fort. Er berief sich auf die Weigerung vieler westdeutscher Volkskundler, in die DDR zu reisen. Dies schien ihm Legitimation genug, die Delegiertenversammlung von der Tagung zu entkoppeln und „zeitlich unmittelbar vor der Dresdener Tagung an einem günstig am Reiseweg gelegenen Ort der Bundesrepublik stattfinden“ zu lassen. In ihren Protestschreiben spekulierten daraufhin Fraenger und Schewe, dass er offenbar eine „Majorisierung der bundesrepublikanischen Delegierten durch die fünf Abgeordneten der DDR“ fürchte. „So schmeichelhaft es uns erscheinen könnte, daß unserem DDR-Quintett eine so überwältigende Stimmkraft zugeschrieben wird, so bestürzend musste andrerseits die Folgerung erscheinen, daß nur mit einer Minimalzahl von Abgeordneten der Bundesrepublik für den Dresdener Kongress zu rechnen sei.“[708]

Je näher der Tagungstermin Ostern 1957 rückte, desto stärker stieg die Spannung in dem deutsch-deutschen Showdown. Es blieb letztlich die Frage, wer zuerst kapitulieren und sich aus der Verantwortung einer gemeinsamen Kongressveranstaltung verabschieden würde. Ironie der Geschichte: Die beiden Seiten entschlossen sich fast zeitgleich, ihre Karten aufzudecken und den jeweiligen Entschluss des Verzichts auf die Tagung öffentlich zu machen. Allerdings waren die DDR-Volkskundler einen winzigen Tick schneller dran, sodass sie sich nach außen hin den Schwarzen Peter einhandelten, während das Gesicht des Verbandes gewahrt blieb. Dölker, der sich vorab mit dem Gesamtdeutschen Ministerium abstimmte, hatte Anfang Februar 1957 einen Brief an die Ausschussmitglieder Fraenger und Schewe geschickt, in dem er den Kongress absagen wollte. An diesem Tag erhielt er allerdings von Fraenger ein Telegramm, in dem dieser für die Gastgeber aus dem Osten die Undurchführbarkeit der Veranstaltung mitteilte. Dölker gelang es, seine bereits abgesandten Briefe abzufangen, sodass nun nach außen hin die Ost-Kollegen in der Verantwortung standen. Brieflich erläuterte Fraenger Dölker und seinen Vorstandskollegen wenig später die Hintergründe. Er führte eine schwere Erkrankung von Steinitz, seine eigenen gesundheitlichen Beeinträchtigungen und den plötzlichen Tod Reinhold Langners vom Museum für Volkskunst in Dresden an. Vor allem aber seien es die Verzögerungsstrategien Dölkers gewesen: „Diese Behandlungsweise, die der Dresdener Kongreß von Seiten der Verbandsleitung erfahren hat, war der vierte und gewichtigste Grund unserer Absage, da eine technisch einwandfreie Vorbereitung des Kongresses zur Unmöglichkeit gemacht, vollends eine erfreuliche Atmosphäre für das Dresdener Treffen kaum mehr zu erwarten war.“ Allerdings sei das Vorhaben eines Kongresses in der DDR damit keinesfalls obsolet: „Vielmehr beantragen

Studium der dortigen Speisekarte sei für die Parlamentarier aufregender gewesen als Herbert Wehners leidenschaftliche Werbung für eine deutsch-deutsche Annäherung.

708 Abschrift der Briefe von W. Fraenger (6.12.1956) und H. Schewe (undatiert) an H. Dölker, ABBAW, Bestand Institut für Geschichte, WB Kulturgeschichte/Volkskunde, Ordner 75 (Kongreß Dresden Ostern 1957).

wir die Vertagung der Dresdener Zusammenkunft auf den Herbst des nächsten Jahres."[709]

Damit hatten sich die Schwierigkeiten über Jahre hinaus zugespitzt. Die Absage des Dresdener Kongresses 1957 lagerte sich als nicht zu bewältigender Vertrauensverlust in das Beziehungsgeflecht der deutsch-deutschen Volkskunde. Sie markiert damit den nun auch nach außen beidseitig vollzogenen Abschied von einer gesamtnationalen Orientierung der beiden Volkskunden. Er hatte sich nach innen längst angekündigt, blieb doch der Widerspruch zwischen gesamtnationaler Verpflichtung und die jeweilige Einbindung in unterschiedliche gesellschaftliche und staatliche Verhältnisse unauflösbar. Auch nach außen hin stand nun die je eigenständige Profilierung im Vordergrund. Die Akzeptanz dieser Eigenständigkeit wiederum schuf jetzt die Möglichkeit, nach neuen Kooperationsformen zu suchen – auch wenn deren Stabilität und Normalität regelmäßig durch die politischen Entwicklungen der deutsch-deutschen Beziehungen torpediert werden sollten. Von einer Teilnahme an den folgenden Volkskundekongressen sahen die DDR-Volkskundler ab. In der Absicht, die Verhältnisse zum Verband dauerhaft zu klären und ihre Posten im Vorstand zu besetzen, plante eine größere DDR-Delegation die Reise zum Volkskundekongress im September 1961 nach Konstanz. Nach der Zuspitzung der innenpolitischen Verhältnisse in der DDR, die im August 1961 im Bau der Mauer kulminierten, wurden diese Pläne von den Reiseverboten für DDR-Wissenschaftler durchkreuzt. So korrespondierte die deutsch-deutsche Sendepause in der Volkskunde mit der wachsenden Kontrolle und Disziplinierung der Westreisen von DDR-Wissenschaftlern und der finalen Abkehr von der gesamtdeutschen Orientierung der Akademie. Gegenüber dem Verband wurden indes von Steinitz ganz andere Gründe angeführt: „Die derzeit in der Bundesrepublik herrschende Situation mit ihrer Nichtanerkennung der DDR als gleichberechtigtem Partner – eine Situation, die auf den Verbandstagen einen deutlichen Ausdruck gefunden hat – macht es mir und meinen Mitarbeitern nicht möglich, an der Konstanzer Verbandstagung teilzunehmen."[710]

Die Beziehungskrisen hatten sich regelmäßig an denselben Problemen entzündet. Größer als die Furcht vor der DDR-Volkskunde selbst war auf Seiten der BRD die Sorge, dass der Bund seine Förderung des Faches und des Verbandes einschränken könnte. Ob präventiv-vorauseilende Anpassung oder realer politischer Dirigismus – die Autonomie der westdeutschen Volkskunde war durch enge wissenschaftspolitische Rahmenbedingungen nur bedingt gewährleistet. Gegenüber den Interventionen verschiedener Ministerien verwahrte sich der Verband zwar und pochte auf seine Unabhängigkeit. Realiter aber passte er sich immer deutlicher den Erwartungshaltungen der Politik an. Von Seiten der DDR gab es neben gemeinsamen Forschungsfeldern ein Thema, das unumstößlich Distanzierungen provozierte. Von Anfang an war es die „Vertriebenenvolkskun-

709 Abschrift eines Briefes von W. Fraenger an Dölker vom 15.2.1957, ABBAW, Bestand Institut für Geschichte, WB Kulturgeschichte/Volkskunde Ordner 75 (Kongreß Dresden 1957).

710 Abschrift Brief von W. Steinitz an H. Dölker vom 16.9.1961 in dem Brief von H. Dölker an G. Heilfurth, 25.11.1961, DVA, Ordner 236, DGV, zit. n. Müns (Hg.), „Das Problem der inneren Wiedervereinigung wird immer größer...", S. 264.

de“ und deren Anknüpfung an die Ostforschung, die im Möglichkeitshorizont deutsch-deutscher Kooperationen unüberbrückbare Differenzen schuf. Sie war geeignet, einen Politisierungsvorwurf in die westdeutsche Volkskunde hineinzutragen und sorgte für eindeutige Abgrenzungen, wie sie dann mit der Tagung „Volkskundliche 'Ostforschung' in Westdeutschland“ im Februar 1962 vollzogen wurden.[711]

Ein nationales Prestigeprojekt wie der ADV bot die Möglichkeit, beides zu praktizieren – Kooperation und Abgrenzung. Die fast zeitgleich vorgenommene Einrichtung der Zentralstelle zunächst in Frankfurt und bald in Bonn sowie der Arbeitsstelle in Ostberlin ermöglichte einerseits Eigenständigkeit, andererseits aber auch kollegiale Zusammenarbeit.[712] Äußerst wohlwollend wurde in der DDR deshalb auch die Publikation der ersten Kartenreihen der Neuen Folge des Volkskundeatlas aufgenommen. Ein Aspekt freilich drängte einmal mehr zur Abgrenzung:

> „Wir finden nämlich auf der Innenseite des Umschlags und im Vorwort neben der Forschungsgemeinschaft auch das Ministerium für Gesamtdeutsche Fragen und das Ministerium für Vertriebene als Geldgeber genannt. In einer Rezension des ADV hat bereits Kuhlbrodt (in: *Beiträge zur deutschen Volks- und Altertumskunde* 4/1959) auf diese Tatsache hingewiesen und sein Mißtrauen gegenüber dem verdächtigen politischen Interesse an der Atlasarbeit bekundet. Wir teilen seine Bedenken in vollem Umfang. Denn es ist bekannt, welche politischen Zwecke diese 'Ministerien' verfolgen. Und gerade der Umstand, daß der ADV das heute als historisch anzusehende Material aus den ehemaligen deutschen Siedlungsgebieten und Sprachinseln zur Veröffentlichung bringt, wogegen vom wissenschaftlichen Standpunkt keine Bedenken erhoben werden können, birgt die große Gefahr in sich, die Karten für eine revanchistische Politik auszunutzen. Wir können nur wünschen, daß dieses großartige Unternehmen auch in Zukunft von allen Einflüssen aus dieser Richtung freigehalten wird, damit seine hohen wissenschaftlichen Ziele nicht erniedrigt und verfälscht werden.“[713]

Umgekehrt, aus bundesrepublikanischer Perspektive, hatte sich mit Blick auf die Systemkonkurrenz die Wiederaufnahme des ADV mit Hilfe der DFG, des Gesamtdeutschen Ministeriums und anfänglich des Vertriebenenministeriums sowohl deutschlandpolitisch wie wissenschaftspolitisch allemal ausgezahlt. Dies jedenfalls war über ein Jahrzehnt später die Ansicht des ADV-Leiters Matthias Zender. Am 2. April 1966 schrieb er an Friedrich von Zahn ins Gesamtdeutsche Ministerium anlässlich einer Tagung des Ethnologischen Atlas Europas (EAE) in Zagreb und verknüpfte seinen Tagungsbericht mit dem Dank, dass das Ministerium seinerzeit mit die finanziellen Voraussetzungen zur Fortsetzung des ADV geschaffen hatte: „Mit ziemlicher Sicherheit kann ich heute sagen, daß, wenn die Arbeiten damals nicht aufgenommen worden wären, heute das Berliner Institut für Volkskunde Zentrale für die Arbeiten am Europäischen Volkskundeatlas geworden wäre.“ Von Zahn seinerseits empfand diese Einschätzung in

711 Vgl. Abdruck der Referate in Müns (Hg.), „Das Problem der inneren Wiedervereinigung wird immer größer...“, S. 269-391.

712 Vgl. hierzu auch die Korrespondenzen zwischen den Arbeitsstellen und die Berichte über gegenseitigen Austausch und Arbeitsbesuche in den Ordnern „ADV“ und „Atlas Europa“ im Institut für Volkskunde (Wossidlo-Archiv), Rostock.

713 Peesch, Atlas, S. 280.

seinem Antwortschreiben vom 4. Mai 1966 als „eine schöne Bestätigung des Sinns und Erfolgs dieser Zuwendungen".[714]

Die allmählich vollzogene politische Durchdringung der Akademie und die im August 1961 mit dem Mauerbau zementierte Zweistaatlichkeit bedeuteten das Ende gesamtnationaler Orientierungen in der Volkskunde, aber nicht das Ende der deutsch-deutschen Wissenschaftsbeziehungen in dieser Disziplin. Der Systemwettbewerb ging weiter. Aber: Auch jenseits der immer rigider werdenden Rahmenbedingungen bildeten sich Kooperationsformen aus, welche diese fast zu unterlaufen schienen. In das Jahr 1961, aber vor den Mauerbau, fiel eine Initiative Günter Wiegelmanns, in der sich erneut analoge fachliche Interessen manifestierten: die Erhebungen „Zur Erfassung bäuerlicher Sachgüter und Arbeitsverfahren", mit denen das hinlänglich beklagte Desiderat des alten ADV in der Erfassung sachkultureller Objektivationen nachgeholt werden sollte. Hier gab es produktive Berührungspunkte zum Interesse der durch die Ethnographie sowjetischer Prägung beeinflussten DDR-Volkskunde, die Akzente in der Erforschung der materiellen Kultur setzte, wie dies etwa der „Perspektivplan" 1965 durch folgende Schwerpunkte festschrieb: „Erarbeitung theoretischer und methodologischer Prinzipien auf der Grundlage des dialektischen und historischen Materialismus; Erforschung der fortschrittlichen und revolutionären Traditionen in der deutschen Volkskultur und der schöpferischen Rolle des Volkes; Aufbau bisher vernachlässigter, wichtiger Sachgebiete, insbesondere Erforschung der materiellen Volkskultur."[715]

Als Zender für die Bonner Arbeitsstelle bei der DFG wegen der Finanzierung der Nachbefragungen zur bäuerlichen Sachkultur vorstellig wurde, da berichtete er Wolfgang Treue, dass die Überlegungen nicht nur in den Planungen zum EAE positive Resonanz gefunden hätten, sondern auch „Ost-Berlin sich in sehr konkreter Weise mit der Durchführung einer solchen Erhebung in der Ostzone beschäftigt hat [...]".[716] Tatsächlich hatte Reinhard Peesch Zender am 23. Mai 1961 geschrieben, dass sein Bericht über die vorangegangene Bonner ADV-Arbeitstagung vor Mitgliedern des Ost-Berliner Volkskundeinstitutes großes Interesse ausgelöst habe und eine Kommission unter seiner Leitung sich nun um eine Durchführung der Umfrage zu bäuerlichen Sachgütern bemühen wolle.[717] Dieses Forschungsfeld bildete durch die ganzen 1960er Jahre hindurch den Kristallisationspunkt für Kommunikation und Austausch.

714 Briefe in Ordner A-J 1966, Archiv des Volkskundlichen Seminars Bonn.

715 Perspektivplan des Instituts für deutsche Volkskunde 1965-1970, S. 2, ABBAW, Bestand Arbeitsgemeinschaft der gesellschaftswissenschaftlichen Institute und Einrichtungen, Ordner 37, Institut für Volkskunde, 1963-1970.

716 M. Zender an W. Treue, 2.6.1961, Archiv des Seminars für Volkskunde Bonn, Ordner A-J 1961.

717 R. Peesch an M. Zender, 23.5.1961, Archiv des Seminars für Volkskunde Bonn, Ordner A-J 1961.

### 6.3. DIE INTERNATIONALISIERUNG DES SYSTEMWETTBEWERBS DURCH DEN ETHNOLOGISCHEN ATLAS EUROPAS

Indes verlagerte sich der Systemwettbewerb aus dem deutschlandpolitischen Horizont auf das internationale Parkett der Wissenschaftsbeziehungen. Hier lieferten die nach 1945 aufgenommenen, in den 1950er Jahren eher zögernd, aber in den 1960er Jahren nachhaltig vorangetriebenen Planungen zum EAE gemeinsame Ansatzpunkte. Allerdings fanden sich die DDR-Volkskundler spätestens Anfang der 1960er Jahre in einer wenig komfortablen Doppelrolle, waren sie doch nicht nur (partiell) in die Planungen zum EAE eingebunden. Den Hintergrund der Interessenkonflikte zwischen sowjetwissenschaftlicher Linientreue und gesamteuropäischer Orientierung lieferten nun plötzlich Pläne der sowjetischen Ethnographie zu einem internationalen Atlasprojekt, das alsbald unter der Schreckvokabel „Slawenatlas" firmieren und altvertraute Kulturkonflikte aktualisieren sollte. Seine Intentionen: „Das Ziel der Verfassung eines historisch-ethnographischen Atlasses ist eine systematische Gegenüberstellung der ethnographischen Erscheinungen (der Formen der materiellen und geistigen Kultur u.a.) und ihrer Kartographierung als Mittel zur Darstellung der Entwicklung der nationalen Kultur, zum Aufzeigen der historischen Gemeinschaft der Völker und ihrer Kulturbeziehungen in verschiedenen Epochen, der ethnischen und nationalen Eigenart einzelner Völker, wie auch ihrer ethnischen und regionalen Unterschiede."[718] Als vorläufige Erhebungsschwerpunkte wurden bäuerliches Arbeitsgerät, Siedlungsformen und Hausformen festgeschrieben.

Während die westdeutschen Volkskundler keinerlei Kenntnis von dem östlichen Konkurrenzunternehmen besaßen, hatte Sergej Aleksandrovic Tokarev als Initiator die avisierten Kooperationspartner aus Rumänien, Ungarn, Polen, der Tschechoslowakei und der DDR im Juni 1963 in Leningrad auf einer Atlaskonferenz von den Plänen unterrichtet. In seinem Bericht über die Leningrader Tagung prognostizierte Wolfgang Jacobeit die heraufziehenden wissenschaftsdiplomatischen Konflikte: „Ein großes allgemeines Problem besteht in der Erschließung des westdeutschen Materials. Es ist m.E. kaum damit zu rechnen, daß die westdeutschen Vertreter für die Mitarbeit gewonnen werden können. Andererseits waren sich die Teilnehmer an der Leningrader Sitzung – einschl. Prof. Tokarev – darüber einig, die westliche Grenze des geplanten Atlas nicht an der Elbe, sondern am Rhein zu ziehen."[719]

Nun also zwangen die hochgradig irritierenden Planungen in Ost wie West zu präzisen Positionierungen und Verortungen in der internationalen Forschungslandschaft. Bereits 1958 waren auf dem Slawistenkongress in Moskau Vorüberlegungen zu einem historisch-ethnographischen Atlas vorgestellt worden, die im Westen jedoch nicht registriert wurden. Erst als sie von den sowjetischen Trägern auf dem Slawistenkongress in Sofia 1963 und erneut auf dem Ethno-

718 Kopie einer Übersetzung des Atlasplans „Vorläufiges Prospekt des Historisch-Ethnographischen Atlasses 'Die Völker Zentral- und Osteuropas'", undatiert und ohne Autorenangabe, Archiv des Seminars für Volkskunde Bonn, Ordner CIAP/ADV-Arbeitstagung 1964.

719 W. Jacobeit: Bericht über die am 14.6.63 in Leningrad abgehaltene Atlaskonferenz, Institut für Volkskunde (Wossidlo-Archiv) Rostock, Ordner Atlas Europa.

graphenkongress in Budapest im gleichen Jahr präsentiert wurden, zeichneten sich schlagartig die damit verbundenen Probleme ab.[720] Es handelte sich nicht nur um offene Konkurrenz für den von der Commission Internationale des Arts et Traditions Populaires (CIAP) betriebenen EAE. Der zu erfassende Raum im Rahmen des sowjetischen Projektes begann im Osten am Ural, berücksichtigte sämtliche Ostblockstaaten und endete westwärts mit einer Grenzziehung, die mindestens verstören, tatsächlich aber provozieren musste – dem Rhein. Während Westeuropa, Skandinavien, Österreich, die Schweiz und Italien bei den ethnographischen Erhebungen außen vor bleiben sollten, wurden Finnland, die BRD, Jugoslawien und Griechenland einbezogen.

Diese Konzepte folgten einer kulturräumlichen Logik, die wissenschaftlich irritierte und wissenschaftspolitische Fragen aufwarf: Würde die Zurückweisung der Planungen eine Kapitulation vor der angestrebten Internationalität volkskundlicher Wissenschaften bedeuten? Wie massiv war die Konkurrenz für den von der CIAP betriebenen EAE? Wie groß würde die Spaltung in der Trägergruppe des EAE sein, waren doch Vertreter aus Finnland, Jugoslawien und der BRD bislang dort engagiert? Wer würde im Falle einer tatsächlichen Kooperation Regie führen? Es ging hier offensichtlich um Deutungshoheiten in den ethnographischen Disziplinen, was denn auch von Matthias Zender unmittelbar nach seinen Eindrücken vom Budapester Ethnographenkongress eilends vermerkt wurde:

> „Es wurde auf dem Kongreß erneut bestätigt, was seit längerem bekannt ist, daß die regionale Ethnographie, wie die Volkskunde in den Oststaaten bezeichnet wird, dort eine der am stärksten geförderten Wissenschaften ist, und wir müssen im Laufe der nächsten Jahre neben ausgesprochen politisch ausgerichteten volkskundlichen Arbeiten mit einer großen Anzahl wissenschaftlich fundierten, wenn auch im einzelnen etwa schon in der Themenstellung von Marxismen beeinflußten oder bestimmten Arbeiten rechnen. Es ist mir in Budapest erneut klar geworden, wie sehr die mitteleuropäischen Staaten des Ostblocks wie Ungarn, Polen und die sowjetisch besetzte Zone als Plattform benutzt werden, um die Ergebnisse auch der sowjetischen Ethnographie nach Westeuropa hinüber zu tragen.“[721]

720 Dort warb auch Wolfgang Jacobeit intensiv für eine Europäisierung der ethnographischen Forschung; vgl. Jacobeit, Möglichkeiten. Überhaupt signalisierten viele der dortigen Beiträge starken Internationalisierungsbedarf der volkskundlichen Forschung.

721 Matthias Zender: Bericht über den internationalen Ethnographen-Kongreß in Budapest vom 16.-20. Oktober 1963, Archiv des Seminars für Volkskunde Bonn, Ordner CIAP/ADV-Arbeitstagung 1964. Zender vermerkte in seinem Bericht, „daß zur Zeit am Ethnographischen Institut in Moskau 16 hauptamtliche Mitarbeiter eingestellt sind, die sich ausschließlich mit der Volkskunde Mittel- und Westeuropas, also außerhalb der Oststaaten, beschäftigen.“ Am Beispiel Ungarns skizzierte er die volkskundlichen Aktivitäten im Ostblock und beschrieb dirigistische Arbeitsweisen: „Die Arbeit ist genau nach Plan aufgeteilt. Von einer zentralen Stelle ergehen die Anweisungen, offensichtlich ohne allzu viel Rücksicht auf persönliche Neigungen und Begabungen. Im Vordergrund steht durchaus die Erforschung der sogenannten materiellen Kultur, d.h. von traditionellem Arbeitsgerät und überlieferten Arbeitsweisen bei Bauern und Handwerkern. Brauchtum und Volksdichtung, vor allem aber Volksglauben, treten schon zurück. Die religiöse Volkskunde fällt natürlich völlig aus. Einer ihrer Vertreter sagte mir: 'Ich schreibe bloß noch für den Schreibtisch.'“

In jedem Fall gab es Gründe genug, die wissenschaftspolitischen Alarmglocken in Gang zu setzen. Es ging hier nicht nur um Internationalisierungsbemühungen, sondern um eine diffuse Mixtur aus wissenschaftspolitischer Expansion und den Kampf um Hegemonie in der internationalen Ethnographie.

Mit der geschäftigen Ruhe war es jedenfalls in der Bonner ADV-Zentrale im Herbst 1963 einstweilen vorbei und statt kartographischer Facharbeit war geschliffene Wissenschaftsdiplomatie gefragt, die politisch keine Blöße zeigen durfte, aber entschieden auf Klärung der Verhältnisse und Durchsetzung der Interessen der westlichen Wissenschaften dringen musste. Wie Zender Sigurd Erixon und andere Mitglieder der Kommission für den EAE wissen ließ, sei er auf dem Budapester Kongress von dem sowjetischen Ethnographen Solomon Ilich Bruk über die Planungen unterrichtet und um Kooperation gebeten worden. Zender – von diesen Planungen nicht nur überrascht, sondern aufgeschreckt – hatte einerseits reserviert reagiert, andererseits prinzipielle Kooperationsbereitschaft signalisiert und vor allem auf die laufenden Arbeiten zum EAE verwiesen. Dessen Existenz würde aus seiner Sicht den Anschluss der Ethnographen aus den osteuropäischen Staaten zu dem bereits existierenden Unternehmen nahelegen. Da also die Arbeitskapazitäten durch die Aufgaben des EAE erschöpft seien, sollten die beiden Vorhaben besser aufeinander abgestimmt werden. Zender: „Es sollte deshalb m.E. eine Verständigung mit dieser Arbeitsgruppe erfolgen, in der Weise, daß entsprechend den ursprünglichen Plänen nun ein Gesamteuropäischer Atlas vom Atlantik bis zum Ural bearbeitet wird." In seiner Reaktion habe Bruk skeptisch darauf verwiesen, „daß das Gebiet vom Ural bis zum Rhein ohnehin schon groß sei, daß man es nicht weiter ausdehnen könne und daß keine volkskundlich-geographische Bearbeitung der iberischen Halbinsel möglich sei".[722]

Die Kollegen aus der CIAP-Atlaskommission teilten im wesentlichen die Auffassung Zenders. Das Konkurrenzunternehmen aus den Ostblockstaaten hatte freilich den westlichen Akteuren des EAE umgekehrt auch deutlich gemacht, dass die Ausgrenzung der östlichen Ethnographen ihrerseits allenfalls politischen Intentionen folgte, nicht aber einer wie auch immer gegliederten kulturräumlichen Ordnung Europas. „Auch ich habe mich immer auf den Standpunkt gestellt, dass eine Zusammenarbeit mit den Staaten Osteuropas notwendig ist", schrieb in diesem Duktus der Niederländer Pieter J. Meertens. „Einerseits scheint es mir also glücklich, dass jetzt auch in Osteuropa für einen internationalen Volkskundeatlas Pläne bestehen. Anderseits ist es enttäuschend, dass man in Osteuropa nur für die östlichen Staaten Interesse hat."[723] Der Basler Volkskundler Walter Escher unterzog den räumlichen Umfang des sowjetischen Projektes harscher Kritik: „Es scheint mir, dass die vom slawischen Volkskundeatlas anvisierte Ausklammerung von Skandinavien, Oesterreich, der Schweiz,

722 M. Zender an S. Erixon, 24.10.1963, Archiv des Seminars für Volkskunde Bonn, Ordner CIAP/ADV-Arbeitstagung 1964.

723 P.J. Meertens an M. Zender, 30.10.1963, Archiv des Seminars für Volkskunde Bonn, Ordner CIAP/ADV-Arbeitstagung 1964.

Italien etc. ganz unmöglich ist. So ergibt sich ein politischer, aber kein volkskundlicher Atlas. Es wird eine ganz willkürliche Grenze gezogen, die sich in keiner Art und Weise rechtfertigen lässt." Umgekehrt plädierte auch er für eine Öffnung des bestehenden EAE, „dass wir über alle Grenzen hinweg auf dem Gebiete der Wissenschaft, auf höherer Ebene gewissermassen, miteinander ins Gespräch kommen. In diesem Falle: den Bestrebungen des slawischen Atlasses sollten wir wohlwollend gegenüberstehen. Umgekehrt aber auch darauf drängen, dass die oben angeführte willkürliche Grenzziehung dahinfällt. Im weitern aber [...] sollten wir unserem bereits gefassten europäischen Plan die unbedingte Priorität zukommen lassen."[724]

Auch in diesem Fall konnte das Schreckbild drohender wissenschaftlicher Vorherrschaft des Ostens erfolgreich funktionalisiert werden für die politische Unterstützung der eigenen Arbeit. In einem Brief an das Bundesforschungsministerium Anfang 1964 unterstrich Zender die politische Dringlichkeit, die Arbeit der CIAP wieder in Gang zu bringen, um den östlichen Aktivitäten entsprechend begegnen zu können. Deshalb sei es angeraten, eine in Verknüpfung mit der ADV-Arbeitskonferenz anberaumte Tagung der CIAP 1964 in Bonn finanziell zu fördern: „Eine derartige Arbeitsbesprechung erscheint vor allem angesichts der starken Bestrebungen von russischer Seite in der internationalen Arbeit einen breiten Raum für sich und möglicherweise für die Führung an sich zu bringen dringend geboten."[725]

Was wurde aus dem internationalen volkskundlichen Ost-West-Konflikt, der sich hier in Form zweier konkurrierender Atlasprojekte abzeichnete? Auf der Sitzung der Internationalen Atlaskommission am 29. April 1964, der als Gast aus der DDR auch Reinhard Peesch beiwohnte, gab es erste Zeichen der Entspannung und Zusammenarbeit. Im Protokoll wurde die Bereitschaft der osteuropäischen Länder zur Kooperation vermerkt, während man sich selbst unterschiedliche Optionen offenhielt: „Die Kommission will es dahingestellt sein lassen, ob sie eine Zusammenarbeit der zwei Kommissionen (der unsrigen und der russischen) oder die Vereinigung beider zu einer Kommission wünscht."[726] Zur Klärung kam es auf dem Moskauer Anthropologenkongress 1964, wo ein eigenständiges Symposium zur Methodik ethnographischer Atlanten abgehalten wurde. Hier wurden nicht nur regionale und nationale Atlasprojekte, sondern vor allem Möglichkeiten der internationalen Kooperation diskutiert: „Die lebhafte Diskussion erbrachte das erfreuliche Ergebnis, daß sich alle Anwesenden über die wissenschaftliche Notwendigkeit eines ethnographischen Atlas für Europa einig sind." Für das westliche Projekt des EAE unterbreitete der Schwede Sigurd Erixon den Vorschlag, die bestehende Internationale Atlaskommission zu erweitern. „In der am Schluß des Symposiums einstimmig angenommenen

724 W. Escher an M. Zender, 28.11.1963, Archiv des Seminars für Volkskunde Bonn, Ordner CIAP/ADV-Arbeitstagung 1964.

725 Abschrift eines Briefes von M. Zender an den Bundesforschungsminister vom 3.1.1964, Archiv des Seminars für Volkskunde Bonn, Ordner CIAP/ADV-Arbeitstagung 1964.

726 P. J. Meertens: Sitzung der Internationalen Atlaskommission am 29. April 1964, Protokoll vom 8.5.1964, Institut für Volkskunde (Wossidlo-Archiv) Rostock, Ordner Atlas Europa.

Resolution wurde zusammenfassend zum Ausdruck gebracht, daß ein ethnographischer Atlas von Europa eine vordringliche wissenschaftliche Aufgabe ist, zu deren Verwirklichung alle Länder aufgerufen sind."[727]

Den längeren Atem bewiesen in diesem Fall die westlichen Initiatoren des EAE. Ihnen gelang es, die Wissenschaftler der Ostblockstaaten in ihr Projekt zu integrieren, sodass die Meinungsführerschaft gewahrt und gleichzeitig die west-östliche Zusammenarbeit ermöglicht wurde. Freilich bleibt festzuhalten, dass die Initiative zum EAE bis Anfang der 1960er Jahre die Ost-Ethnographen weitgehend ausgeschlossen hatte. In den bis dato verbindlichen Konzepten endete das „Europa", welches in seinem kulturellen Fundament durch den angestrebten internationalen Atlas dokumentiert werden sollte, am Eisernen Vorhang. Erst auf Druck der sowjetischen Konkurrenzinitiative öffnete sich der EAE für eine Kooperation mit den sozialistischen Staaten. Jedenfalls: Was sich auf dem Moskauer Anthropologenkongress 1964 angedeutet hatte, konnte im Februar 1966 auf der „Internationalen Arbeitskonferenz über ethnologische Kartographie in Zagreb" vollzogen werden. Dort einigten sich Vertreter aus 22 europäischen Staaten auf eine gemeinsame Arbeit.[728] Auch die offizielle sowjetische Lesart begrüßte die erreichte Kooperation, variierte indes in ihrer Interpretation: „Sehr erfreulich ist die Tatsache, daß die sowjetischen Ethnographen, die lange Zeit der Arbeit ihrer ausländischen Kollegen in den Fragen der gesamt-europäischen Ethnographie fernstanden, jetzt die aktivste Rolle spielen. Das festigt die Autorität der sowjetischen Wissenschaft vor der wissenschaftlichen Weltöffentlichkeit, eine Autorität, die besonders auf dem Gebiet der Wissenschaft vom Menschen seit dem 7. Internationalen Kongreß für anthropologische und ethnologische Wissenschaften gewachsen ist."[729]

Über die Qualität der sich entwickelnden Kooperation mit den Ethnographen aus den Ostblockstaaten zeigte sich Zender später sehr angetan. Von der DFG zu einer Stellungnahme zur Zusammenarbeit mit sowjetischen Wissenschaftlern aufgefordert, lobte er Tokarev. Dieser sei „der führende russische Ethnograph", der obendrein als „Nachkomme des liberalen Bürgertums des 19. Jahrhunderts" und „Mann hoher Kultur" den deutschen Wissenschaften sehr zugetan sei. Zender schilderte Bruk als äußerst kompetenten Kartographen: „Nach ersten, etwas schwierigen Diskussionen gestaltet sich jetzt die Zusammenarbeit reibungslos. Bruk vertritt durchaus die amtliche Meinung, aber die Beratungen und Planungen haben sich bisher in fast freundschaftlichem Rahmen abgespielt, und ich habe den Eindruck, daß er durchaus persönlich durch Argumente und das Gespräch im Rahmen der ihm gegebenen Möglichkeiten zu gewinnen ist."[730]

727 Reinhard Peesch: Teilbericht zum Moskauer Kongreß 1964, Institut für Volkskunde (Wossidlo-Archiv) Rostock, Ordner Atlas Europa.

728 Vgl. Peesch, Arbeitskonferenz.

729 Auszügliche Abschrift von: S. I. Bruk und S. A. Tokarev: Probleme und Zustandekommen eines historisch-ethnographischen Atlas, in: Sovetskaja Etnografija, 5 (1966), S. 91-101, Institut für Volkskunde (Wossidlo-Archiv) Rostock, Ordner Atlas Europa.

730 M. Zender an die DFG, 2.3.1970, Archiv des Seminars für Volkskunde Bonn, Ordner A-J.

Für die DDR-Vertreter im EAE wurde der Legitimationsdruck indes immer stärker und die Handlungsspielräume in der internationalen wissenschaftlichen Zusammenarbeit kleiner. Einmal mehr lagen die Ursachen in den wachsenden politischen Vorgaben, die Eigenstaatlichkeit der DDR gegenüber der BRD stärker zu profilieren. Dies zeitigte unmittelbare Folgen nicht nur für Formen deutsch-deutscher Zusammenarbeit, sondern auch für Initiativen im internationalen Horizont. Bereits zur nächsten Sitzung der „Internationalen Atlaskommission", die für 1968 in Bonn anberaumt war, sah sich Peesch, der nach dem Tod von Steinitz 1967 kommissarisch das Amt des Direktors des Instituts für Volkskunde an der Akademie verwaltete, mit hartnäckigen Reglementierungsversuchen und Belehrungen konfrontiert. Mehrere seiner Anträge, zu der Bonner Konferenz zu reisen, waren schon von der Akademieleitung abgewiesen worden. Herbert Schindler in seiner Eigenschaft als „Ständiger Stellvertreter des Vorsitzenden der Arbeitsgemeinschaft der gesellschaftswissenschaftlichen Institute und Einrichtungen der Akademie" erinnerte ihn daran, „daß es sich bei den bereits mehrfach erläuterten Grundsätzen unserer internationalen Zusammenarbeit nicht um unverbindliche Deklarationen, die man nach Gutdünken auslegen kann, sondern um verbindliche staatliche Weisungen handelt. Die Hauptgesichtspunkte dabei sind bekanntlich, daß unsere internationalen Beziehungen zur Durchsetzung der Außenpolitik der DDR beizutragen haben und daß die internationale Zusammenarbeit in erster Linie der Realisierung der nationalen Forschungsaufgaben zu dienen hat und nicht umgekehrt."

En détail sollte Peesch Auskunft geben über die Finanziers des EAE, die Rolle der westdeutschen Vertreter in dem Projekt, die „Festlegungen [...] hinsichtlich der Staatsgrenzen bei der Erarbeitung des Kartenwerkes" und die wissenschaftspolitische Zielsetzung, die mit der Mitwirkung des Institutes für Volkskunde verfolgt werde: „Abschließend darf ich Sie bitten, verstärkt darauf Einfluß zu nehmen, daß entsprechend unserer generellen außenpolitischen Orientierung vorrangig die zweiseitigen wissenschaftlichen Beziehungen zur UdSSR und anderen sozialistischen Ländern entwickelt werden."[731] Tatsächlich hatte die SED-Leitung 1967 neue Richtlinien über die Gestaltung der Zusammenarbeit mit Westdeutschland und Westberlin im Bereich von Kultur und Wissenschaft ausgegeben. Aus dem stärker akzentuierten Prinzip der Eigenstaatlichkeit und der Verpflichtung der Wissenschaften auf den Ausbau der sozialistischen Gesellschaftsordnung unter der Maxime eines unbedingten Nutzenimperativs resultierte auch die striktere Abgrenzung von der BRD. Dies bedeutete endgültig den ohnehin lange schon schleichend vollzogenen Abschied vom gesamtdeutschen Kurs der Akademie, wie er im Laufe der 1960er Jahre dann und wann in längst anachronistisch gewordenen Beschwörungsformeln noch angestimmt wurde. In Wirklichkeit freilich war er längst nicht mehr vereinbar mit dem Selbstverständnis der DAW als Forschungsinstitution der DDR.[732] Vor der Hauptversammlung der Akademie am 6.

731 H. Schindler an R. Peesch, 15.2.1968, Institut für Volkskunde (Wossidlo-Archiv) Rostock, Ordner Atlas Europa.

732 Vgl. Scheler, Akademie, S. 326-379.

April 1967 proklamierte nun deren Präsident Werner Hartke entschieden: „Von einer deutschen, gesamtdeutschen Wissenschaft oder der Einheit der deutschen Wissenschaft zu reden, schafft und verstärkt illusionäre Vorstellungen, die nur vom Gegner, der solche Begriffe mit raffinierter Methode in Gebrauch bringt, ausgenutzt werden. Durch solche Schlagworte sollen unsere Wissenschaftler abgehalten werden, ihre Arbeit zum Nutzen der DDR zu verrichten. Sie sollen gehindert werden, sich eigene internationale Vertretungen zu schaffen, es soll möglichst das Bewußtsein geschaffen werden, daß die DDR ein Provisorium sei.“ Wer den aggressiven Charakter der BRD und ihre Versuche, die DDR zu isolieren, übersehe, der verkenne, dass die BRD in der Regel von gemeinsamen Forschungsunternehmen profitiere und nicht die DDR, die sich von nun an in ihren internationalen Aktivitäten strikter am sozialistischen Ausland und an der Nutzengarantie für die DDR orientiere. „Auf solche Ideologie fällt gutgläubig herein, wer hinter dem an sich internationalen Charakter der Wissenschaft nicht den Klassencharakter und die Klassenbedingtheit der auf der Basis von kapitalistischen Staaten organisierten wissenschaftlichen Arbeit sieht.“[733]

Genau dies torpedierte nun das Engagement der DDR-Volkskundler in internationalen Atlasprojekten. Reinhard Peesch hatte zuvor bereits in einer Skizze „Der Volkskundeatlas Europas“ die Mitarbeit der sozialistischen Staaten und vor allem deren Dominanz bei dessen Konzeption unterstrichen. Insofern seien kontraproduktive Effekte und hoher Reputationsverlust zu erwarten, wenn der DDR-Volkskunde die weitere Mitarbeit in dem gesamteuropäischen Projekt verunmöglicht werde: „Sollte sich dagegen das Institut an den Arbeitskonferenzen nicht mehr beteiligen können, so ist eine empfindliche Minderung des internationalen Ansehens des Instituts und damit der DAW zu befürchten. In einem solchen Falle ist sogar die Gefahr nicht auszuschließen, daß Westdeutschland versuchen wird, dann die sog. ‘gesamtdeutschen’ Interessen zu vertreten.“[734]

Die Wissenschaften wurden immer rigider in politische Zielvorgaben von oben nach unten eingepasst, was immer stärkere Legitimationszwänge erzeugte. Die Spielräume der Forscher wurden enger; das Engagement musste an übergeordnete innen- und außenpolitische Handlungsmaximen angepasst werden: die Anerkennung der DDR in ihrer Eigenstaatlichkeit durch stärkere Abgrenzung von der BRD, der Nutzen für die „Produktivkraft Wissenschaft“ innerhalb der Gesellschaft der DDR, die stärkere Bindung an die sozialistischen Staaten. Im Prinzip freilich folgte das Engagement der DDR-Volkskunde im EAE der politischen Vorgabe, in internationalen wissenschaftlichen Vereinigungen eigenständig und gleichberechtigt vertreten zu sein, um so die internationale Reputation der DDR-Wissenschaften zu fördern. Dies trat allerdings in Konflikt mit der strikten Abkehr von binnendeutschen Kontakten, wie sie Ende der 1960er Jahre in der offiziellen Politik der DAW vollzogen wurde. So fanden die Gängelungen ihre Fortsetzung, und Peesch sah sich immer wieder zu Erläuterungen über Pro-

733 Hartke, Hauptversammlung, S. 117f.

734 R. Peesch: Der Volkskundeatlas Europas, Manuskript, 11.1.1968, Institut für Volkskunde (Wossidlo-Archiv) Rostock, Ordner Atlas Europa.

fil und Arbeitsweise des EAE gezwungen: „Die Rolle, die Westdeutschland in diesem Unternehmen spielt, ist nicht größer als die anderer Länder. Von keiner Seite, auch nicht von westdeutscher, wurde jemals bezweifelt, daß der Beitrag, der für das Gebiet der DDR erwartet wird, von einer wissenschaftlichen Institution der DDR zu leisten ist. Dabei werden die nationalen Staatsgrenzen nach dem gegenwärtigen Status respektiert." Peesch stimmte seine Informationen ganz auf die politische Erwartungshaltung ab und bediente dabei ausführlich die neuralgischen Kriterien an internationale Kooperationen. Er unterstrich „das internationale Ansehen, das unser Akademie-Institut durch seine aktive Beteiligung [...] erworben" habe: „In diesem Zusammenhang bedarf es wohl kaum des Hinweises, daß gerade ein großes internationales Kartenwerk von Europa ganz besonders dazu geeignet ist, den staatlichen Status der DDR sinnfällig zu dokumentieren."[735]

So konnte letztlich die Beteiligung der DDR-Volkskunde am EAE auch gegen das hartnäckige Misstrauen der Akademieleitung erreicht werden.[736] Ohnehin war diese internationale Kooperation über den Eisernen Vorhang hinweg für die beteiligten Ethnographen aus anderen sozialistischen Staaten nichts weniger als selbstverständlich. Was indes die innerdeutschen Beziehungen auf dem Terrain der Volkskunde betraf, so löste erst der Grundlagenvertrag zwischen der DDR und der BRD 1972 die jahrzehntelang virulenten Widersprüche zwischen politischen Zielsetzungen und wissenschaftsimmanenten Bedürfnissen auf.

## 7. GERMANISIERUNG, EUROPÄISIERUNG, ENT-NATIONALISIERUNG: ENTWICKLUNGSGESCHICHTLICHE ETAPPEN DER INTERNATIONALEN ETHNOKARTOGRAPHIE 1920-1980

### 7.1. DER ETHNOLOGISCHE ATLAS EUROPAS – EIN „GERMAN PROJECT"?

Der Zenit der internationalen volkskundlichen Kartographie war bereits überschritten, als 1980 nach jahrzehntelanger Vorbereitung das erste und einzige konkrete Ergebnis des einstmals umfangreich konzipierten EAE vorgelegt wurde – *Die Termine der Jahresfeuer in Europa*.[737] Als Auftakt umfangreicher „Forschungen zum Ethnologischen Atlas Europas und seiner Nachbarländer" geplant, sollte es bei dieser einzelnen Publikation der europaweit agierenden Forschungsgruppe bleiben. Wissenschaftler und Wissenschaftlerinnen mehrerer Generationen aus über 30 Staaten Europas beidseits des Eisernen Vorhangs und darüber hinaus aus Vorderasien und Nordafrika hatten an der Realisierung eines gemeinsamen Ziels mitgearbeitet. Nach mehreren Jahrzehnten engagiert betriebener interna-

735 Reinhard Peesch: Erläuterungen zum Antrag auf Beteiligung an der 3. Arbeitskonferenz für den Volkskundeatlas in Helsinki (Sept. 1969), 23.7.1968, Institut für Volkskunde (Wossidlo-Archiv) Rostock, Ordner Atlas Europa.

736 Vgl. Peesch, Vorarbeiten.

737 Zender, Termine.

tionaler Forschungskooperation musste nun nüchtern konstatiert werden, dass die Ergebnisse im Verhältnis zum Aufwand nicht eben opulent ausfielen.

Es gab mehrere Gründe, weshalb die Erträge des EAE weit hinter den Erwartungen zurückgeblieben waren. Offenbar erwiesen sich die Differenzen zwischen den unterschiedlichen nationalen Traditionen der volkskundlich-ethnologischen Wissenschaften Europas als nachhaltig wirksam. Hinzu kam mittlerweile die Erkenntnis, dass das Projekt einer kulturräumlichen Vermessung Europas offenbar dasjenige einer spezifischen Generation gewesen war, deren Interessen mittlerweile nicht mehr im Zentrum der Theorieentwicklung standen. Nach der Präsentation des ersten Bandes der „Forschungen zum Ethnologischen Atlas Europas und seiner Nachbarländer" drängte sich die Interpretation der Spannungen in der europaweit organisierten Forschungsgruppe als Generationskonflikt auf.[738] So trat in der international engagierten Volkskunde-Szene spätestens nach 1980 Ernüchterung an die Stelle vormaliger Euphorie. Der niederländische Volkskundler Johannes J. Voskuil jedenfalls stellte 1982 die Zukunft der internationalen volkskundlichen Kartographie als offen dar: „De eerste aflevering van de Europese Atlas. En de laatste?"[739]

Es sollte so kommen, wie Voskuil vermutet hatte. Mit dem Abtreten jener Wissenschaftlergeneration, die sich teilweise bereits vor dem Zweiten Weltkrieg, spätestens aber nach dessen Ende für eine Internationalisierung volkskundlicher Forschung engagiert hatte, verlor auch ihr gemeinsames Projekt an Integrationskraft. Voskuil gehörte zur jüngeren Generation europäischer Ethnokartographen. Zwischen 1957 und 1987 tat er Dienst im Volkskundeinstitut der Niederländischen Akademie in Amsterdam, das seit 1979 den Namen seines Gründungsdirektors Piet J. Meertens trug. Nach seiner Pensionierung beendete Voskuil seine wissenschaftlichen Aktivitäten in der Volkskunde – thematisierte und bearbeitete sie allerdings weiterhin exzessiv. Er war nun nicht länger Wissenschaftler, sondern Literat und hatte seit 1995 mit seiner siebenbändigen Romanfolge *Het Bureau* in den Niederlanden beachtlichen literarischen Erfolg. Schauplatz der Handlungen: das Volkskundeinstitut in Amsterdam. Als Akteure der Romane treten die Mitarbeiter des staatlichen Volkskundeinstituts und auch die Szene der Europäischen Ethnologen auf.[740]

Mit seinem mehrbändigen Opus hatte Voskuil nicht nur Erfolg als Romancier. Er lieferte in seinem die Grenzen zwischen Fiktion und Wirklichkeit bewusst offen haltender Schlüsselroman obendrein episch ausgebreitete Innenansichten vom Stamme der Europäischen Ethnologen, dem Voskuil lange Jahrzehnte angehört hatte. Den EAE schildert er dabei als Projekt eigenbrötlerischer, halsstarriger und mitunter auch autokratischer Volkskundler und rekonstruiert in dichter Beschreibung bis hin zu minutiöser Langeweile die Internationalen Atlaskonferenzen. Immer präsent sind dabei die Schwierigkeiten internationaler Forschungsaktivitäten im europäischen Maßstab und Konflikte, die sich bei der

738 Vgl. Voskuil, Karten; Cox, De etnologische Atlas van Europa.
739 Voskuil, De eerste aflevering van de Europese Atlas.
740 Vgl. Rooijakkers/Meurkens, European Atlas.

Arbeit am EAE an unterschiedlichen nationalen Wissenschaftsstilen entzündeten. Darüber hinaus entlädt sich in der Literarisierung des volkskundlichen Wissenschaftsalltags mit seinen Feiertagen aus Konferenzen und reputierlichen Geburtstagskolloquien beißende Kritik am Verständnis jener positivistischen und objektivitätsfixierten Wissenschaftspraxis, die Voskuil selbst in seiner beruflichen Laufbahn mit wachsendem Unbehagen betrieben hatte und die jahrzehntelang die Arbeit am EAE prägte.

Im fünften Band von *Het Bureau* – geschrieben wird das Jahr 1980 – kommt es zur Publikation der ersten, jahrzehntelang vorbereiteten Karte *Die Termine der Jahresfeuer in Europa*. Voskuil schildert einen der typischen Arbeitstage im Büro des volkskundlichen Instituts zu Amsterdam, wo eine Postsendung aus Deutschland mit einigen Karten eintrifft. Unversehens lässt er seinen Protagonisten – sich selbst alias Maarten Koning – im Angesicht der Karte in geschichtsphilosophisches Grübeln verfallen: „He put the opened edition showing the Dutch map on top of the European one and pulled back a little in order to give Lien opportunity to look at it. 'That makes much more subtle distinctions.' 'Then who simplified that map?' Lien asked. 'Seiner.' He looked from a distance at the European map. 'In a way it is very German, isn't it? – such a European map. You see those signs march from the center of Europe towards the edges.' 'Do you think that this European Atlas initially is a German project?' Ad asked with unbelief. 'Definitely! Just like the European Community. They are both a product of the national-socialism.' Ad laught a bit. 'So in a way you don't even like it, that this map exists,' Lien concluded. 'Well, don't like it....I'm not interested in it. I'm only interested in my own country. I don't give a damm about Europe!"[741]

Damit deutet Voskuil eine entwicklungsgeschichtliche Linie an, die von Nazideutschland zur Europäischen Gemeinschaft, vom ADV zum EAE führt. Für eine solche Lesart, die hier in literarischer Freiheit eher affektiv angedeutet wird, gibt es durchaus Anhaltspunkte. Der ADV war einer der ersten nationalen Volkskundeatlanten, akkumulierte von daher ethnokartographische Forschungserfahrung und fungierte vor 1945 wie danach immer wieder als Nukleus und Orientierungsmodell internationaler Forschungsentwicklungen. Da ist außerdem explizit das Engagement der Nazi-Volkskunde für eine Internationalisierung nationaler Atlasprojekte im Rahmen eines nordisch-germanischen Kulturraumes vor 1945 und daran geknüpft der Anspruch der nationalsozialistischen Volkskunde auf internationale Meinungsführerschaft. Dieser Impetus spielte freilich nach 1945 in der internationalen volkskundlichen Forschung keinerlei Rolle mehr. Jetzt war es der reformierte ADV in seiner Neuen Folge, durch den die deutsche Volkskunde seit der zweiten Hälfte der 1950er Jahre wieder internationales Gewicht erlangte. Ihm kam in den internationalen volkskundlichen Aktivitäten erneut der Rang eines Modellfalls zu. Damit ist die Voskuil-Lesart des EAE als

741 Voskuil, Het Bureau, Bd. 5, 1999, S. 685-688, 691, zit. n. Rooijakers/Meurkens, European Atlas, S. 84. Im Index der Personen werden „Seiner" als Matthias Zender, „Lien Kiepe" als Eveline Doelmann und „Ad Muller" als Ton Dekker angegeben.

ein „German project" eine Interpretation, die komplexe Zusammenhänge und Entwicklungen in eine lineare und vereinfachende Eindeutigkeit zwängt. So werden dabei die Rolle der Europäischen Ethnologie skandinavischer Prägung (Sigurd Erixon) sowie die Impulse der jugoslawischen Ethnographie (Branimir Bratanic) in den Internationalisierungsprozessen gänzlich ignoriert. Aber sie vermittelt die Wahrnehmung der deutschen Volkskunde im Allgemeinen und des ADV im Besonderen im Horizont der europäischen Forschungslandschaft. Und: Sie verweist auf einen Entwicklungsstrang der Europäischen Ethnologie, der in der Europaeuphorie der Nachkriegsordnung rasch in Vergessenheit geriet.

Von den Anfängen der volkskundlichen Kartographie in den 1920er Jahren bis zur Publikation der Verbreitungskarte der Jahresfeuer in Europa und dem Erläuterungsband im Jahre 1980 lassen sich mehrere markante Entwicklungsetappen der Internationalisierung unterscheiden.[742] Zielten die internationalen Initiativen vor 1945 (nicht nur aus deutscher Sicht) auf die Dokumentation eines nordisch-germanischen Kulturraums als Summe der einzelnen nationalen Volkskunden, fungierte in den 1950er Jahren als sinnstiftender Rahmen ein Europa abendländischer Prägung. Dieser grenzte zunächst die florierende Ethnographie Osteuropas aus. Erst die Anfang der 1960er Jahre publik gewordenen Planungen zu einem eigenständigen Projekt unter Federführung sowjetischer Ethnographen erzwangen neue Voraussetzungen, unter denen nun der EAE in systemübergreifender Zusammenarbeit realisiert werden sollte.

## 7.2. NORDISCH-GERMANISCHER KULTURRAUM ODER „EUROPÄISCHE ETHNOLOGIE"? INTENTIONEN VOLKSKUNDLICHER INTERNATIONALISIERUNGSINITIATIVEN VOR 1945

Der Anfang des ADV war auch der Beginn erster Initiativen, die Begrenzungen der nationalen volkskundlichen Kartographie in einem europäischen Horizont zu erweitern. Bereits im Gründungsjahr des ADV 1928 nutzte Wilhelm Peßler die Gunst der volkskundlichen Internationalisierungsbemühungen, um auf dem Volkskunstkongress in Prag für internationale Kartographieprojekte zu werben. Auf Peßlers Engagement reagierten freilich John Meier und andere ADV-Akteure verstimmt. Das Projekt einer kulturräumlichen Vermessung der eigenen Nation schien zunächst schwierig genug und sollte keinesfalls durch voreilige Erweiterungen gefährdet werden. Meier schrieb deshalb besorgt an seinen Hamburger Kollegen Otto Lehmann: „Daß, wie ich aus dem Protokoll aus Prag sehe, Peßler den Antrag auf Schaffung eines Internationalen Volkskundeatlas gestellt hat, ist für unsere deutschen Zwecke sehr bedauerlich." Meier fürchtete „im Interesse

742 Aspekte der Internationalisierung werden in einzelnen Teilen dieser Studie - so über die NS-Volkskunde oder die deutsch-deutschen Wissenschaftsbeziehungen in den 1960er Jahren - ausführlicher erörtert. In diesem Kapitel erfolgt lediglich eine Zusammenfassung des Entwicklungsprozesses. Zur internationalen ethnologischen Kartographie in Europa vgl. Weiss, Einführung, S. 7-13; Erixon, Maps; Zender, Quellenwerke; Kretschmer, Atlanten, S. 60-78; Bratanic, Cartography; Schippers, Le cartographie.

des Deutschen Atlas" Koordinierungsschwierigkeiten und bat Lehmann, er möge die „Verwirklichung der Peßlerschen Anträge möglichst hintan halten".[743] Lehmann beruhigte Meier und verwies gelassen darauf, dass solcherlei internationale Umtriebigkeit in der Regel wenig produktive Ergebnisse zeitige: „Es wird ja jetzt etwas reichlich in Gründungen und Kommissionen gemacht, und die Menschen tun sich in Geschäftigkeit groß. So ist's auch mit den Anträgen bezüglich des internationalen Volkskundeatlas und der provisorischen deutschen Kommission für Volkskunst. [...] Der internationale Volkskundeatlas ist nach meiner Auffassung ein Unternehmen, das nicht in Frage kommen kann. Es ist ein theoretisches Hirngespinst, das in dem Augenblick, wo man an eine wirklich praktische Ausführung gehen wird, zerflattert."[744]

So blieb es, während die Arbeiten am deutschen Volkskundeatlas in Gang kamen, zunächst bei dem Einzelvorstoß Peßlers. Unzweideutige Priorität genoss zunächst die volkskundliche Dokumentation nationaler Eigenart durch den ADV. Freilich drängte jegliche kulturwissenschaftliche Beschreibung und Festschreibung nationalkultureller Merkmale forschungslogisch auf die Stufe des Vergleichs, konnte doch erst im Kontrast zum Anderen das Eigene festgemacht werden. Insofern erscheinen die ab der zweiten Hälfte der 1930er Jahre einsetzenden Internationalisierungsbemühungen der volkskundlichen Kartographie[745] nur konsequent. In diesem Engagement kamen unterschiedliche Motive und Interessen zum Tragen:

- Der Anspruch der mittlerweile nationalsozialistisch eingepassten deutschen Volkskunde auf internationale Meinungsführerschaft.
- Daran knüpfte sich ein politisch-ideologisches Interesse an der Ausweisung eines nordisch-germanischen Kulturraumes, dessen Grenzen gegenüber West und Ost wissenschaftlich legitimiert werden sollten.
- Versuche der europäischen Synchronisation und Standardisierung der unterschiedlichen volkskundlich-ethnologischen Forschungstraditionen, die programmatisch stark von der „Nordischen" bzw. alsbald „Europäischen Ethnologie" skandinavischer Prägung (Sigurd Erixon) vorgetragen wurden.

Der ADV war europaweit der erste Versuch einer volkskulturellen Inventur mit Hilfe kartographischer Methoden. Schon aufgrund dieses Erfahrungsvorsprungs fungierte er von Anfang an als Orientierungsmodell und Impulsgeber. Die 1928 aufgenommenen Arbeiten entfalteten in Europa Initialwirkung auf zwei Ebenen. Zum einen regte der ADV weitere nationale Volkskundeatlanten an (Polen, Schweiz seit 1934, Schweden seit 1937; in Frankreich, den Niederlanden und anderen Ländern blieb es einstweilen bei Planungen).[746] Zum anderen

743 J. Meier an O. Lehmann, 23.11.1928, DVA, Ordner 23, allg. Korr. 1928-29, H-K.
744 O. Lehmann an J. Meier, 27.11.1928, DVA, Ordner 23, allg. Korr. 1928-29, H-K.
745 Vgl. das Kapitel III.5. Germanisch-nordische Kulturräume: Die Internationalisierung volkskundlicher Forschung.
746 Vgl. Kretschmer, Atlanten, S. 59f.

war der ADV auch der Beginn von Versuchen, volkskundliche Kartographie in europäischem Format zu koordinieren.

Die Erkenntnis, dass politische Grenzen selten identisch waren mit kulturräumlichen Verbreitungsmustern drängte zu übernationalen Erhebungsräumen, um Verlaufsformen oberhalb der nationalstaatlichen Ebene sichtbar zu machen. So entstand hier ein untrennbarer Zusammenhang von Ethnokartographie und der Internationalisierung volkskundlich-ethnologischer Wissenschaften in Europa. Letztere lief zwischen 1930 und 1970 forschungspraktisch massiv über Volkskundeatlanten. Sie stellten ein methodisches Instrumentarium zur Verfügung, das von allen Beteiligten als gemeinsam verstanden wurde. Für die Aufgabe der Erhebung und Darstellung der kulturräumlichen Verhältnisse Europas ließ sich eine heterogene Gruppe von Wissenschaftlern auf gemeinsame Fragestellungen verpflichten. Daraus ergab sich auch der Zwang zu einer Verständigung über das theoretische Fachverständnis und über methodische Standardisierung in einem internationalen Feld. Hier, so Jan de Vries, „zeigt sich die Notwendigkeit, diese wissenschaftliche Arbeit so einzurichten, daß das auf nationaler Grundlage gewonnene Kartenbild auch der internationalen Forschung dienstbar gemacht werde".[747] Sowohl im „Internationalen Verband für Volksforschung" wie auch auf dem „Congrès International du Folklore" spielte die Internationalisierung volkskundlicher Kartographie eine maßgebliche Rolle. Treibriemen der stärkeren internationalen Zusammenarbeit sollten gemeinsame Kongresse, das Forum in der Zeitschrift *Folk-Liv* sowie gemeinsame Atlasprojekte sein.[748] Auf den Sitzungen des Generalkomitees des „Internationalen Verbandes für europäische Volksforschung" im August 1938 kam es zur Gründung eines „Ausschusses für gemeinsame Fragebogen und Atlaswerke der europäischen Volkskunde" („Commission de Coordination des Atlas Folkloriques"), als dessen Sekretäre der ADV-Geschäftsführer Erich Röhr und Winand Roukens amtierten.[749]

Der hohe Stellenwert der volkskundlichen Kartographie in den Internationalisierungsbemühungen der Zwischenkriegszeit wurde noch einmal manifest in der Kriegsausgabe des Jahrgangs 1940 von *Folk-Liv*. Hier erschien nun eine großdimensionierte Rubrik „Atlas-Works – Atlas Arbeiten – Atlas-Arbeten", in der über nationale Volkskundeatlanten berichtet wurde. Sigurd Erixon portraitierte den „Atlas der schwedischen Volkskultur" mit den Schwerpunkten Dialektologie, Folklore, Ethnologie und Ortsnamen. Béla Gunda lieferte einen Bericht über die 1939 angelaufenen Arbeiten zum „Atlas der ungarischen Volkskultur", der starke Akzente auf die Erfassung der bäuerlichen Sachkultur setzen sollte. Kurzberichte über den volkskundlichen Atlas von Lettland, den Stand des „Atlas der schweizerischen Volkskunde" sowie Rezensionen von Erich Röhrs Arbeit über *Die Volkstumskarte*[750] und den ersten Kartenlieferungen des ADV ergänzten den Überblick über den Stand der Atlasarbeiten in Europa. Der ADV erfuhr

747 Vries, Vereinheitlichung, S. 189.

748 A., Lage.

749 Vgl. die Sitzungsberichte in Folk-Liv 2, 1938, S. 319-320 sowie Folk-Liv 3, 1939, S. 102-104.

750 Röhr, Volkstumskarte.

schon der schlichten Tatsache wegen Würdigung, dass er existierte. Mit ihm, so Rezensent Manne Eriksson, habe sich erstmals in Europa die Möglichkeit zur systematisch praktizierten volkskundlichen Kartographie geboten. Damit eröffnete sich auch ein Experimentierfeld zur Kanonisierung volkskundlicher Gegenstände sowie zur Erprobung angemessener Erhebungs- und Darstellungstechniken. Die Bedeutung des ADV, so Eriksson, erschöpfe sich freilich nicht in der Funktion eines Erfahrungsdepots für technische und methodische Fragen. Die erste Kartenreihe habe auch inhaltlich die Notwendigkeit übergreifender kulturräumlicher Untersuchungen aufgezeigt. Eriksson interpretierte detailliert die einzelnen Karten, um daraus seine Erkenntnis zu ziehen: „Atlas der Deutschen Volkskunde, therefore shows us [...] in striking manner that national 'folk-cultures' do not exist as closed units with fixed boundaries. Plainly and clearly ADV tells us, that German folk cultures like the Scandinavian has obtained its part of the inheritance from Mediterranean culture. Different elements of culture have various areas of distribution, in a manner which even makes talk of a uniform German folk-culture merely fiction. West Germany and East France are in many respects more akin in regard to folk-culture than Hannover is with Prussia."[751] Aus diesen Befunden müsse demnach eine Überwindung nationaler Forschungsgrenzen resultieren:

> „This work remains yet to be done in a number of cases and it can certainly only be possible by means of comparative studies of corresponding material in the lands bordering on Germany. Indeed, these maps clearly demonstrate one thing: that Germany stands in an indissoluble relationship with all the areas of European culture. It is not possible to explain the cultural developement of a single country without at the same time being acquainted with how similar phenomena have occured on the other side of the national frontier. In any case, this cartographic work will provide a field of activity of a very profitable nature for ethnologists both in and out of Germany for many years to come. Moreover it is certain to furnish folklore research throughout the world with a very important impulse to continued work along lines similar to those of the German folk culture atlas."[752]

All jene Versuche internationaler Ethnokartographie waren freilich durch den Zweiten Weltkrieg zu einem vorläufigen Ende gekommen.

### 7.3. VOM NORDISCH-GERMANISCHEN KULTURRAUM ZUR NEUVERMESSUNG EINES ABENDLÄNDISCHEN EUROPA NACH DEM ZWEITEN WELTKRIEG

Mit dem Zusammenbruch von Nazi-Deutschland ging auch die führende Position in der internationalen Koordination volkskundlicher Atlasprojekte von der deutschen Volkskunde an andere Träger. Prägend wurde jetzt das bereits in den 1930er Jahren entwickelte und programmatisch ausgereifteste Konzept einer „Europäischen Ethnologie" des Schweden Sigurd Erixon. „Folklife research" präsentierte sich hier einerseits als Synthese unterschiedlicher kulturanthropologischer Wissenschaftstraditionen (Ethnologie, Folkloristik, Realienkunde

751 Eriksson, Atlas, S. 110.
752 Eriksson, Atlas, S. 103f.

etc.) sowie andererseits soziologischer, historischer und psychologischer Orientierungen. Angestrebt wurde als europäische Disziplin eine vergleichende Kulturforschung auf regionaler Basis.[753]

Während die Arbeiten am ADV bis Mitte der 1950er Jahre ruhten, liefen andernorts die Projekte nationaler Volkskundeatlanten weiter. Und: Nun setzte – meist stimuliert durch die territoriale Neuordnung Europas – eine neue Welle nationaler Atlasvorhaben ein. Seit 1950 wurden die Karten des „Atlas der schweizerischen Volkskunde“ veröffentlicht. Hier, in der Schweiz, markierte der Zweite Weltkrieg keine Zäsur der laufenden wissenschaftlichen Aktivitäten.[754] Auch die 1957 einsetzende Veröffentlichung des „Atlas över svensk folkkultur“ basierte auf Materialerhebungen, die vor dem Weltkrieg begonnen wurden.[755] Auf starke Resonanz stieß die Ethnokartographie nun in den Ostblockstaaten. In Polen, wo bereits in den 1930er Jahren ein eigenständiger Kulturatlas[756] bearbeitet worden war, wurde 1953 am „Institut für Geschichte der Materiellen Kultur“ unter der Leitung von Józef Gajek eine Abteilung für einen ethnographischen Atlas Polens eingerichtet. Der „Österreichische Volkskundeatlas“ knüpfte personell und mit dem vorhandenen Erhebungsmaterial an den ADV an, erweiterte die Interessenfelder aber auch auf genuin alpine Themen.[757] Zwischen 1959 und 1969 kam es zur Publikation des „Volkskunde-Atlas van Nederland en Vlaams-Belgie“.[758] Die nach 1945 in den UdSSR einsetzenden Aktivitäten konzentrierten sich einerseits auf historisch-ethnologische Atlanten und andererseits auf Regionalatlanten.[759] Die Impulse der sowjetischen Ethnographie mit ihren Aufmerksamkeiten für Aspekte der materiellen Kultur wirkten besonders auf die Staaten Osteuropas. Weitere Arbeitsstellen für volkskundliche Atlanten wurden seit den 1950er Jahren in Portugal, Griechenland, der Tschechoslowakei, Jugoslawien, Luxemburg, Finnland, Ungarn, Dänemark, Bulgarien und Rumänien eingerichtet. Zögerlicher verlief das Engagement in Großbritannien. In Frankreich, Italien, Norwegen, Spanien oder Albanien unterblieben eigenständige volkskundliche Anstrengungen; die Funktion volkskundlicher Kartenwerke wurde hier oft von Sprachatlanten (besonders in den romanischen Ländern ging das linguistische Interesse dem volkskundlichen voraus) oder kulturgeographischen Karten übernommen.

1979 konnte Branimir Bratanic festhalten, dass in den vergangenen Jahrzehnten europaweit elf nationale Volkskundeatlanten zur Publikation kamen und 13 sich in Vorbereitung befanden.[760] Die nationalen Atlasprojekte bildeten die personelle und institutionelle Basis für mögliche internationale Kooperationen. Hier engagierten sich in europäischer Perspektive dieselben personellen

753 Vgl. z.B. Erixon, Regional European Ethnology; Erixon, Introduction.
754 Atlas der schweizerischen Volkskunde 1950-1995.
755 Atlas över svensk folkkultur 1957ff.
756 Moszyáski, Atlas Kultury Ludowej w Polsce 1934-1936.
757 Helbok, Volkskunde-Atlas.
758 Volkskunde-Atlas voor Nederland en Vlaams-België 1959ff.
759 Vgl. Bruk, Methoden.
760 Bratanic, Cartography, S. 96f.

Netzwerke, die bereits während der 1930er Jahre maßgeblich die Internationalisierungsprozesse gestaltet hatten. Entscheidend veränderte sich allerdings der Einfluss der deutschen Volkskunde, die in den 1930er Jahren noch zu den treibenden programmatischen und institutionellen Kräften zählte. Die wichtigen Akteure von damals waren nun entweder tot oder besaßen aus politischen Gründen keinen wissenschaftlichen Einfluss mehr.[761]

Mit der erneuten Konjunktur der volkskundlichen Kartographie im Nachkriegseuropa ging unmittelbar auch die Wiederaufnahme eines gesamteuropäischen Atlasprojektes einher. Für dessen Realisierung wurde im September 1953 auf der Konferenz der CIAP in Namur eine internationale Atlaskommission mit Erixon als Vorsitzendem, Marcel Maget als Sekretär und Bratanic, Jorge Dias, Piet J. Meertens, Kustaa Vilkuna und Richard Weiss als Mitgliedern gegründet.[762] Von deutscher Seite hatten Helmut Dölker, Herbert Schlenger und Karl Meisen an dem konstituierenden Treffen teilgenommen. Die Aufgabe der Kommission bestand zum einen in der Koordination und methodischen Abstimmung der unterschiedlichen nationalen Atlasunternehmungen in Europa. Vor allem aber stellte sie sich selbst das Ziel: „The final end should be to coordinate national enterprises and realize a European Atlas of folk culture."[763] 1954 konstituierte sich die Kommission offiziell unter dem Namen „Ständige Internationale Atlaskommission" („Commission permanente des atlas internationaux") und skizzierte die anstehenden Aufgaben.[764] Die Umsetzung der Programme erwies sich freilich aufgrund von Organisationsschwierigkeiten der CIAP und aufgrund des Mangels an finanziellen Ressourcen als schwierig. Den energischen Anfangsimpulsen folgte rasch Stagnation; nach 1954 kamen die Mitglieder der internationalen Atlaskommission offiziell erst wieder 1960 in Zürich zusammen.

Der Zweite Weltkrieg hatte Deutschlands führende Rolle in der volkskundlichen Kartographie indes nur unterbrochen, aber nicht beendet. Nach der Wiederaufnahme des ADV lud Matthias Zender seit 1957 regelmäßig zu Arbeitstagungen des ADV nach Bonn. Diese wurden in Ermangelung alternativer Begegnungsmöglichkeiten[765] und aufgrund der Modellfunktion des ADV zu zentralen Foren der internationalen Kooperation. Die deutsche Volkskunde hatte sich auf internationalem Parkett zurückgemeldet und schien nicht nur rehabilitiert, sondern erneut einer der Motoren der Entwicklungen. Diese Bedeutung des ADV manifestierte sich nicht zuletzt darin, dass – neben Zagreb – eine der beiden Koordinationsstellen für den EAE 1966 in der Bonner Arbeitsstelle des ADV angesiedelt wurde.

761 Während Heinrich Harmjanz die Rückkehr in die Wissenschaft nicht möglich war, spielten andere NS-Volkskundler wie Adolf Helbok oder Richard Wolfram in der Ethnokartographie nach 1945 sehr wohl wichtige Rollen.

762 Vgl. Erixon, Conference; Bratanic, Bericht.

763 Zit. n. Bratanic, Bericht, S. 243.

764 Vgl. Erixon, Some Points; Erixon/Maget, Compte-rendu sommaire des Séances.

765 Lediglich 1958 fand in Linz eine internationale Tagung zur volkskundlichen Kartographie statt, die allerdings eine Einzelveranstaltung bleiben sollte; vgl. Bratanic/Burgstaller (Hg.), Konferenz.

Die Internationalisierungsinitiativen der deutschen Volkskunde der 1930er Jahre waren dem Programm eines „Volkskundeatlas des germanischen Sprach- und Volksraumes“ verpflichtet.[766] Nach 1945 schien diese Idee eines nordischen Zusammenhangs zunächst problemlos transformierbar in einen europäischen Kulturraum abendländischer Prägung: „Die Schaffung eines abendländischen Volkstumsatlas bleibt eine Forderung an die Zukunft. Er ist vielleicht die schönste Aufgabe, die der Wissenschaft in einem kommenden geeinten Europa gestellt ist.“[767] Tatsächlich bereitete diese Umdeutung der Sinnstiftung volkskundlicher Kartographie vom individuellen „Volk“ hin zu einem europäischen Zusammenhang keine großen Schwierigkeiten, konnte doch die paneuropäische Euphorie in der Volkskunde der 1950er Jahre anknüpfen an intellektuelle Traditionsbestände des Europadenkens im Nationalsozialismus, vor allem aber an solche der vornationalsozialistischen Zeit. Georg Schreiber hatte 1930 seine Überlegungen über *Nationale und internationale Volkskunde* in den Schlussakkord „Der europäische Gedanke“ übergeleitet, welcher ihm zum Auftrag nationaler wie internationaler Volkstumsforschung in Europa wurde. „Mehr denn je bedarf es der schärferen Abgrenzung zum Amerikanismus, um die Eigenart des europäischen Menschen schärfer herauszuarbeiten. Gegenüber der verhängnisvollen Einheitsentwicklung und der Standardisierung des amerikanischen Lebens wird bei aller Wertung notwendiger Wechselwirkung, bei aller Anerkennung der in der amerikanischen Kultur wirksamen Gegenkräfte die Selbstbehauptung des europäischen Lebens eine größere Notwendigkeit denn je. Im Sinne einer kulturellen Durchdringung des wirtschaftenden Menschen und einer Selbsttreue gegenüber europäischer Geistigkeit.“[768]

Die nun nach 1945 zu behauptende „Kultur des Abendlandes“ schuf einerseits Distanz zum vorangegangenen totalitaristischen System des Nationalsozialismus. Sie lieferte andererseits Anschlussmöglichkeiten für die tragenden Denkstile und Werte der Vorkriegsvolkskunde und ihre Einbettung in Modernitätskritik und antiwestliche wie antiöstliche Ressentiments. So nahm Bruno Schier seinen Bericht über den „Internationalen Kongress für europäische und westliche Volkskunde in Stockholm“ 1951 zum Anlass, auf eine besondere Europa-Sensibilität der Deutschen hinzuweisen. Schier, eben noch wissenschaftlicher Stichwortlieferant im Volkstumskampf, betonte das „Streben nach Erfassung des Wesentlichen [...], das die Völker des abendländischen Kulturkreises über die Gegensätze der Vergangenheit hinweg zu einer großen Einheit zusammenfassen kann.“ Deshalb seien auf dem Kongress starke Impulse zu internationaler Zusammenarbeit spürbar gewesen. „Oft hatte man jedoch den Eindruck, daß wir Deutschen gerade in dieser Hinsicht fortgeschrittener als die westeuropäischen Nationen sind. Dies betrifft nicht nur den Willen zur Zusammenarbeit, sondern auch die wissenschaftliche Grundlegung einer kommenden Einheit Europas. Immer wieder konnte man erkennen, daß das Erlebnis des Krieges

766 So., Verband.
767 Anonym, Atlanten, S. 36.
768 Schreiber, Nationale und internationale Volkskunde, S. 150.

und des Zusammenbruches mit dem Vorstoß osteuropäischer Lebensformen bis in das Herz Mitteleuropas gerade die Deutschen viel stärker als die übrigen Völker Westeuropas aufgerüttelt hat. Während bei den westeuropäischen Nationen der Blick aufs Ganze noch vielfach durch nationale Egoismen getrübt wird, wird gerade jetzt bei den Deutschen um Begriff, Inhalt und Begrenzung des Abendlandes am leidenschaftlichsten gerungen."[769]

Abzuspalten waren lediglich die in der NS-Volkskunde dominanten antichristlichen und antisemitischen Affekte sowie die biologisch-rassischen Deutungsmuster. Ansonsten war das Gros des Themeninventars der vornationalsozialistischen, aber auch große Teile der während des Nationalsozialismus betriebenen Volkskunde im kulturkritisch gestimmten Klima der 1950er Jahre unterzubringen: die Skepsis gegenüber modernen Lebensformen und die kulturellen Standardisierungstendenzen des gesellschaftlichen Wandels sowie in Antwort darauf die Aufmerksamkeit für die kleinen Vergemeinschaftungshorizonte in Familie, Dorf und Landschaft. Selbst die exzessivsten Apologeten völkischen Ethnozentrismus wie Adolf Helbok stimmten jetzt ein in die populären Europa-Melodien der 1950er Jahre: „Wir suchen das Gemeinsame und dies wird auch das Ergebnis eines europäischen Atlas in der Zukunft sein. Wenn wir die Vereinigung Europas wollen, dann müssen wir das Gemeinsame suchen und hier die Aufzeigung jenes Kulturgutes, das aus dem unbewußtem [sic!] Geiste der Völker erwuchs, das große Geschenk, das die Volkskunde zu bieten vermag."[770] Standen nationale Atlasprojekte wie der ADV vormals in der Regel unter dem Vorzeichen einer Nationalisierung von „Volkskultur", so folgte die internationale Koordinierung der Atlasprojekte in den 1950er Jahren auch der politischen Intention der Europäisierung. Im europäischen Rahmen wurde die internationale Koordinierung der nationalen Atlasprojekte als institutionelle und programmatische Chance zur Europäisierung des Faches unter dem Programm einer „Europäischen Ethnologie" betrachtet. Allerdings wies dieses Europäisierungsprogramm dezidiert Abgrenzungen nach Osten auf, was während der 1950er Jahre dazu führte, dass die osteuropäische Forschung weder zur Kenntnis genommen noch bei internationalen Projekten einbezogen wurde. Jenes Europa, das in den Forschungsprogrammen der CIAP skizziert wurde, endete in der Regel am Eisernen Vorhang. So erinnerte Wolfgang Steinitz in einem Portrait der Societé Internationale d'Ethnologie et de Folklore (SIEF), dass deren Vorgängerorganisation CIAP[771] anfänglich Kongresse nur mit westlicher Beteiligung veranstaltete: „Der Kongress von 1951 in Stockholm trug sogar den Titel 'Internationaler Kongress für europäische und westliche Ethnologie'."[772]

769 Schier, Kongreß, S. 142.
770 Adolf Helbok: o.T., in: Bratanic/Burgstaller (Hg.), Konferenz, S. 16.
771 Die 1928 gegründete CIAP löste sich 1964 auf. Aus ihr wurde die SIEF.
772 Papier von Wolfgang Steinitz: „Bemerkungen über die Société Internationale d'Ethnologie et de Folklore (SIEF)", 1966, Ordner 60, CIAP, jetzt SIEF (1962-1966), ABBAW, Bestand Institut für Geschichte, WB Kulturgeschichte/Volkskunde.

Erst im Laufe der 1950er Jahre sei eine (oftmals eher zufällige) Öffnung nach Osten zu registrieren gewesen.

## 7.4. POLITISCHE SYSTEMGRENZEN UND TRANSNATIONALE KOOPERATIONEN: OST-WEST-ZUSAMMENARBEIT IN DER INTERNATIONALEN VOLKSKUNDLICHEN KARTOGRAPHIE DER 1960ER UND 1970ER JAHRE

Das unter dem Dach der CIAP firmierende Europa-Projekt beschränkte sich zunächst weitgehend auf Skandinavien, West- und Mitteleuropa und blieb in der Frage der Zusammenarbeit mit osteuropäischen Staaten lange reserviert und uneindeutig. Vor allem aber standen der offensive Wille zu einem europäischen Volkskundeatlas und die entschiedene Internationalisierungsprogrammatik krass in Kontrast zu den Möglichkeiten, die dem Projekt unter dem Dach der CIAP beschieden waren. Der Mangel an finanziellen Ressourcen lähmte die Abstimmung der beteiligten Akteure. Die Schwierigkeiten betrafen auch die Standardisierung von Erhebungsmethoden (Exploratorenverfahren, Fragebogen, Belegdichte, Heterogenität der Quellen etc.). Zudem herrschten unterschiedliche Vorstellungen über die zeitliche Perspektivierung des Europa-Projektes. Hier konkurrierten Zeitansätze, die vorindustrielle Verhältnisse in Blick nehmen wollten, mit solchen, für die eine Aufnahme der kulturellen Gegenwart im Vordergrund stand.

So folgte der Phase des programmatischen Aufbruchs nach 1953/54 eine solche des weitgehenden Stillstands. Dieser wurde erst zu Beginn der 1960er Jahre überwunden, nachdem die Pläne zu dem Konkurrenzunternehmen unter sowjetischer Federführung Druck und eine Öffnung der Zusammenarbeit mit östlichen Wissenschaftlern erzeugten. Für den EAE brachte die sowjetische Initiative Handlungszwänge, die sich in den folgenden Jahren höchst belebend auswirken sollten. Der anfängliche Konfrontationskurs der sowjetischen Ethnographie bewirkte im Ergebnis eine Integration aller volkskundlichen und ethnographischen Wissenschaften Europas über die Grenzen der politischen Blöcke hinweg. Erst als sich mit dem forschungspolitischen Nachrüstungsbeschluss der sowjetischen Ethnographie das Szenario eines konkurrierenden Volkskundeatlas mit sowjetisch-osteuropäischer Handschrift konkret abzeichnete, wurden die Ethnographen aus Osteuropa in den Reihen der bisherigen EAE-Träger als gleichberechtigte Kooptanden anerkannt. Hierbei moderierte wesentlich ADV-Leiter Matthias Zender die Kommunikation zwischen den beteiligten Wissenschaftlern der bisherigen „Ständigen Internationalen Atlaskommission" und den sowjetischen und osteuropäischen Ethnographen. Bereits auf den Bonner ADV-Arbeitskonferenzen war der Kontakt mit einigen osteuropäischen Wissenschaftlern gepflegt worden. Welche internationale Bedeutung die Bonner Atlaskonferenzen besaßen, erwies sich erneut auf der Tagung 1964, als die Linie der „Ständigen Internationalen Atlaskommission" gegenüber den sowjetischen Planungen abgestimmt werden sollte. Auf der Bonner Doppelkonferenz im April 1964 standen zunächst die Reform der CIAP und die Reorganisation der europäischen Volkskunde zur Diskussion. Unter starker internationaler Beteiligung sollte dann auf der Atlaskonferenz das weitere Engagement für einen Europäischen Volkskundeatlas skizziert werden.[773] Zenders Einschätzung, dass die CIAP-Atlaskommission durch die sowjetischen Planungen herausgefordert sei, wurde von den CIAP-Mitgliedern geteilt. Dem Engagement der sowjetischen Ethnographie stand allerdings die eigene Lethargie gegenüber. Mit den verbliebenen Mitgliedern der CIAP-Atlaskommission (u.a. Sigurd Erixon, Branimir Bratanic, Walter Escher, Marcel Maget, P. J. Meertens und Kustaa Vilkuna) teilte Zender die Ansicht, dass in der neu entstandenen Situation ein gemeinsamer Europa-Atlas anzustreben wäre.

Die Realisierung dieses Zieles konnte im Jahr 1964 auf der Bonner Konferenz sowie auf dem Anthropologenkongress in Moskau vorangetrieben werden. Hier wurde auf dem Symposium für ethnologische Kartographie eine gemeinsame Resolution von Vertretern sozialistischer und nichtsozialistischer Staaten verabschiedet, in der die Notwendigkeit eines europäischen Volkskundeatlas begründet wurde. Diese Resolution markiert den Wendepunkt in den Internationalisierungsbemühungen und schuf die Basis dafür, dass sich nun die volkskundlichen und ethnographischen Wissenschaften Europas auf ein gemeinsames Forschungsziel mit gemeinsamen methodischen und systematischen Grundlagen verpflichten konnten. Neben der Absichtserklärung enthielt diese bereits eine inhaltliche Festlegung erster Arbeitsphasen auf die Themenbereiche Pfluggeräte, Dreschen und Dreschgeräte sowie Jahresfeuer.

All die unterschiedlichen Initiativen ließen sich schließlich in einem gemeinsamen Forschungsunternehmen bündeln. Der offizielle CIAP-Kurs der Distanznahme gegenüber Osteuropa wich in den 1960er Jahren der Bereitschaft zu internationaler Zusammenarbeit mit osteuropäischen Staaten. Mit der Auflösung der CIAP und ihrer Überführung in die 1964 gegründete SIEF verknüpfte sich auch eine Öffnung in Richtung Osteuropa. So konnte Wolfgang Steinitz Mitte der 1960er Jahre registrieren, dass auch in der SIEF die Bereitschaft zu systemübergreifender Kooperation stark gewachsen war: „Alle Gruppierungen und fast alle einzelnen Forscher aus dem 'Westen' sind an der Zusammenarbeit mit den sozialistischen Ländern aufs stärkste interessiert und sind bereit, dies auch organisatorisch (Zusammensetzung des Vorstandes usw.) zu realisieren.“[774]

Vor allem die regelmäßigen Arbeitskonferenzen der „Ständigen Internationalen Atlaskommission“, die 1966 in Zagreb eröffnet wurden, brachten Dynamik und Systematik in den Arbeitsprozess. Die erste „Internationale Arbeitskonferenz über die ethnologische Kartographie“ mit Wissenschaftlern aus 22 Staaten sollte die personelle und institutionelle Basis für die inhaltliche Harmonisierung

773 Vgl. die ausführlichen Korrespondenzen, Lagebeschreibungen der europäischen Volkskunde etc. in dem „Ordner CIAP/ADV-Arbeitstagung 1964“, Archiv des Seminars für Volkskunde Bonn.

774 Papier von Wolfgang Steinitz: „Bemerkungen über die Société Internationale d'Ethnologie et de Folklore (SIEF)“, 1966, Ordner 60, CIAP, jetzt SIEF (1962-1966), ABBAW, Bestand Institut für Geschichte, WB Kulturgeschichte/Volkskunde.

eines gemeinsamen europäischen Vorhabens schaffen.[775] Ihr folgten nunmehr in kontinuierlicher Zusammensetzung Treffen in Bonn (1968), Helsinki (1970), Stockholm (1972), Visegrád (1974), St. Pölten (1976) und Enniskillen (1978). Neben Zagreb, wo Branimir Bratanic die Arbeiten am ethnologischen Atlas von Jugoslawien organisierte, war die Bonner Arbeitsstelle des ADV als Koordinationsstelle für den EAE ausgewählt worden. Dies bedeutete für Matthias Zender eine massive internationale Aufwertung des ADV, dessen Arbeitsstelle nun als Parkett internationaler Wissenschaftskommunikation erschien:

> „Diese Arbeit an einem europäischen Volkskundeatlas, für den unser Bonner Institut [...] als Zentralstelle gewählt wurde, ist fortgeführt, in sich gefestigt und weiter ausgebaut. Wir werden im kommenden Jahr, spätestens Anfang 1972 die beiden ersten Publikationen vorlegen. Diese gemeinsame Arbeit, an der Gelehrte aus allen Staaten Europas (mit Ausnahme Albaniens) mitarbeiten, ist für mich eines der schönsten und erfreulichsten Erlebnisse meiner Arbeit. Daß sich fast 50 Personen aus allen europäischen Ländern zu solcher gemeinsamer Forschung dem gleichen Gegenstand mit denselben Methoden unter gleicher Problemstellung zusammenfinden, ist bis jetzt einzigartig. [...] Die Vorarbeiten für den europäischen Volkskundeatlas haben gleichgerichtete nationale Forschungen in fast allen Ländern, vor allem aber in den Oststaaten, zur Folge. Unser Institut ist so etwas wie die Ausbildungsstätte für die mit solchen Arbeiten Beauftragten geworden. Ständig haben wir Stipendiaten aus dem Ausland, Rumänien, Slowenien, Tschechoslowakei, Türkei usw., die sich bei uns einarbeiten und die meist mehrere Monate, bis zu einem Jahr da sind. [...] Nun, neben der Klärung von vielen wissenschaftlichen Einzelfragen scheint mir wichtig zu sein, daß hier Art und Stärke der Kulturverflechtung, der Vorgang der kulturellen Umschichtung im gesamten europäischen Bereich deutlich wird. Es ist doch so, daß die Grenzen von Formen des Volkslebens sich kaum einmal wirklich mit Staats- und Volkgrenzen decken."[776]

So schien die Entwicklung internationaler volkskundlich-ethnologischer Forschung die politischen Verhältnisse und die Systemkonstellation im Europa des Kalten Krieges regelrecht zu konterkarieren. Je rigider die Verhältnisse des Kalten Krieges festgeschrieben wurden, desto stärker florierte über die staatlichen und weltanschaulichen Grenzen hinweg die internationale Ethnokartographie, die nun zu einem Handlungsfeld geworden war, auf dem wesentlich die Europäisierung und Internationalisierung volkskundlicher Wissenschaft praktiziert wurde. Ausgerechnet die volkskundliche Kartographie, die nach dem Ersten Weltkrieg durch die Verschiebungen politischer Grenzen stimuliert worden war und zuallererst der wissenschaftlichen Beglaubigung nationalkultureller Eigenarten diente, avancierte nun zu einem über alle nationalen Grenzen hinweg gemeinsam verwendeten Forschungsinstrumentarium in Ost und West. Das Projekt des EAE erlebte seine Blütezeit zwischen 1966 und 1974. Danach begann die Homogenität der Arbeitsgruppe in unterschiedliche Generationen und Interessen zu zerfallen.

775 Bericht Arbeitskonferenz 1966.

776 Manuskript Vortrag Matthias Zender über das Institut für Geschichtliche Landeskunde der Rheinlande vor dem Kulturausschuss des Landschaftsverbandes am 21.9.1970, Archiv des Volkskundlichen Seminars Bonn, Ordner K-Z, 1970.

Das internationale Interesse an den räumlichen Verflechtungen der Kultur überdauerte als europäisches Thema des 20. Jahrhunderts die ideologischen Aufladungen, politischen Funktionalisierungen und semantischen Umdeutungen der volkskundlichen Kartographie. Im Kontext der internationalen ethnokartographischen Projekte erweist sich die Hinwendung der deutschen Volkskunde zur Kartographie bei allen Sonderausprägungen nicht als Sonderweg, sondern als Bestandteil internationaler wissenschaftlicher Entwicklungen, die durch die Permanenz des politischen Umbaus Europas im 20. Jahrhundert immer wieder neu stimuliert wurden. Die Nationalisierung der Räume durch die volkskundliche Kartographie und die Verräumlichung Europas durch die internationale Ethnokartographie standen zu keinem Zeitpunkt in Widerspruch zueinander. Die Projekte wurden wesentlich von denselben personellen Zirkeln getragen. Mehr noch: Die wissenschaftliche Beschreibung der Nation in ihrer volkskulturellen Individualität und die Suche nach übernationalen Zusammengehörigkeiten und Differenzen bedingten sich gegenseitig. Die kulturräumliche Vermessung des national Eigenen drängte zur internationalen Erweiterung, sodass die nach dem Ersten Weltkrieg je national begründeten Volkskunden im Verlauf des 20. Jahrhunderts in internationalem Horizont sukzessive zu einer vergleichenden Wissenschaft tendierten, was spätestens mit Sigurd Erixons Synthetisierungsversuchen einer „Europäischen Ethnologie“ seit den späten 1930er Jahren auf eine systematische Grundlage gestellt werden sollte. Diese Erweiterung hatte ihren Grund zum einen darin, dass das Eigene nur in Kontrast zu einem Fremden – an einer kulturellen Grenze also – kenntlich gemacht werden konnte. Zum anderen wurde sie durch das Interesse befördert, übernationale Gemeinsamkeiten (ob als nordisch-germanische Zusammengehörigkeit oder als abendländischer Kulturraum) räumlich zu markieren. So lieferte das Projekt des EAE zweierlei Impulse: Es regte einerseits weitere nationale Volkskundeatlanten an und erzeugte andererseits einen internationalen Forschungszusammenhang mit gemeinsamen Forschungsaufgaben, Methoden und Zielen. Seit den 1960er Jahren konnte schließlich eine weitgehend entideologisierte Zusammenarbeit registriert werden.

Jahrzehnte vor der wissenschaftlich aufgeregt proklamierten, literarisch flankierten und alltäglich massenhaft vollzogenen Wiederentdeckung und Rückeroberung europäischer Räume und den Verortungsversuchen in Literatur und Wissenschaft, die nach 1989 einsetzten, war mitten in Zeiten des Kalten Krieges die wissenschaftliche Verständigung zwischen Ost und West im Projekt des EAE weitgehend Normalität und Selbstverständlichkeit. Diese hatte freilich schon lange vor der Publikation der europäischen Forschungsgruppe zu den Jahresfeuern 1980 an Integrationskraft verloren. Zum einen vollzog sich zwischen den älteren Vertretern der internationalen volkskundlichen Kartographie (Bratanic, Zender u.a.) und jüngeren (Cox, Voskuil, Wiegelmann u.a.) ein generationeller Bruch. So existierte zwar unter dem Dach der SIEF die Arbeitsgruppe Ethnokartographie noch immer. Allerdings arbeitete sie nicht mehr an verbindlichen und gemeinsamen Projekten. Bei den kollektiven Arbeiten zu den Jahresfeuern hatte sich auch gezeigt, dass die Vergleichbarkeit des Materials, die jeweiligen

Erhebungsmethoden sowie die verschiedenen Auffassungen zu Themenauswahl und Zeitausschnitten so unterschiedlich ausfielen, dass der Aufwand groß war, der Forschungsertrag aber klein ausfallen musste. Vor allem aber hatte das Interesse an kulturräumlichen Fragestellungen seit 1970 stark nachgelassen.

## 8. VERSCHWINDEN UND WIEDERKEHR DES RAUMS: DIE ARBEITEN AM ADV NACH 1970

Auch in der nationalen Volkskundeforschung Deutschlands verlor die Bedeutung kulturräumlicher Fragestellungen, um die sich die Disziplin theoretisch, methodisch und institutionell über mehrere Jahrzehnte organisiert hatte, nach 1970 massiv an Stellenwert. Die starke internationale Rezeption des ADV, sein Status als Vorbild zahlreicher nationaler Volkskundeatlanten in Europa sowie seine Funktionals Katalysator bei den Arbeiten zum EAE standen seit den späten 1960er Jahren in Kontrast zum Bedeutungsschwund für die volkskundliche Forschung in Deutschland selbst. Die Publikation der Karten und Erläuterungsbände wurde indes fortgesetzt: „Nach diesen Prinzipien wurden von 1958 bis 1985 sieben Kartenlieferungen und drei Erläuterungsbände, zudem eine große Zahl thematischer Studien publiziert, die durch das Umschlagen des geistigen Klimas seit 1968/69 leider nicht hinreichend genutzt wurden."[777] Die Atlasakteure selbst, die den Zusammenhang von Kultur und ihrer Verbreitung im Raum als Kern volkskundlichen Fachverständnisses erachteten und die Kulturraumforschung vor allem an den Universitäten Bonn und Münster verankerten, brachten den Bedeutungsverlust räumlicher Fragestellungen zunächst primär mit den innerfachlichen Reformprozessen der späten 1960er und frühen 1970er Jahre in Zusammenhang.[778]

Die Haltung zum ADV war in den Reformprozessen um 1970 zu einer grundlegenden Frage des fachlichen Selbstverständnisses geworden. Die Protagonisten der Kulturraumforschung machten die Kontrahenten vor allem unter jenen aus, welche die Volkskunde als sozial differenzierende, historisch argumentierende und gegenwartsorientierte Kulturwissenschaft begreifen wollten. Rudolf Schenda versah beim *Abschied vom Volksleben* 1970 die großen Stoffsammlungen der Volkskunde mit dem Etikett „Einheitlich – urtümlich – noch heute". Damit verwies er auf die Grundannahmen, die den volkskundlichen Forschungsunternehmen und Befragungen des 19. und 20. Jahrhunderts zugrunde gelegen hätten. Schenda diagnostizierte im Blick der Volkskundler auf das Volk Ursprungs- und Kontinuitätsfixierung. Statt von Problembewusstsein werde die Arbeit von Faktizitätsorientierung geleitet. Deshalb erschöpfe sich volkskundliche Forschung weitestgehend in Deskription und versäume den Schritt zur Theoriebildung.

777 Wiegelmann, Matthias Zender, S. 264.

778 Vgl. Grober-Glück, Abschluß, S. 61-64; Wiegelmann, Ertrag; Cox/Grober-Glück/Wiegelmann/Zender, Nachwort; Wiegelmann/Simon, Untersuchung, S. 103f.

Die methodischen Probleme der Erhebungsmethoden und Befragungstechniken brachte Schenda in Zusammenhang mit den Prämissen volkskundlicher Forschung. Diese zeige wenig Interesse an Fragen sozialer Differenzierung, „weil sie nach wie vor von den Ideen einer primitiven Einheitlichkeit der zu befragenden Gruppen, einer prädominierenden Signifikanz kulturaler Relikte und einer notwendigen Kontinuität bis zu Gegenwart ausging". Volkskundler zeigten kein Interesse an sozialen Tatsachen, sondern wollten „vorgefaßte Meinungen über Ordnungen und Konsonanzen (Harmonien) bestätigen".[779] Volk als romantische Projektion, diese Wahrnehmung des Untersuchungsgegenstandes setze sich, so Schenda, denn auch in den methodischen Problemen der Erhebungen fort. Die Art der Fragestellungen und besonders beim ADV die Dominanz von Lehrern als Gewährspersonen mache nicht soziokulturelle Realität für die Analyse kenntlicher, sondern reproduziere eine typisch heimatkundlich-kulturkritische Sichtweise auf das „Volk". Diese Sichtweise wirke wiederum zurück von der Wissenschaft auf ihren Untersuchungsgegenstand: „Und wenn je das Volk seine Gebräuche vergessen hatte, dann half ihm der Volkskundler, sich des Guten, Alten zu erinnern."[780]

In den Prozessen der Fachreform hin zu einer historisch argumentierenden Sozialwissenschaft wurde das kulturräumliche Paradigma zusehends nachrangig. Die Nachkriegsvolkskunde, die Anschluss suchte an die Soziologie, hatte sich allmählich verabschiedet von Vorstellungen homogener Gemeinschaftskulturen und fragte stattdessen nach sozialen Differenzierungen. Diese Neujustierung der Dimensionen Zeit, soziale Schichtung und Raum in der volkskundlich-ethnologischen Forschung bedingte innerwissenschaftlich die Bedeutungsverschiebung des ADV, der vom Zentrum der Fachdiskussionen nun zusehends an die Peripherie wanderte. Genau im Mangel an sozialwissenschaftlicher Präzision nämlich lagen aus Sicht der Fachreformer um 1970 seine Defizite. Bei den Erhebungen zum ADV war lediglich nach der räumlichen Verbreitung volkskundlicher Gegenstände gefragt worden, nicht aber nach ihren sozialen Trägern, die im homogenisierenden Konstrukt „Volk" verschwanden, das weder Stadt-Land-Differenzen noch spezifische soziale Ausprägungen zuließ.

Zudem waren die Quellen mittlerweile vierzig Jahre alt. Das damals an gegenwärtigen Verhältnissen orientierte Datenmaterial hatte sich in eine historische Quellenbasis verwandelt. Aufgrund des beschleunigten historischen Wandels im 20. Jahrhundert mit den Brüchen durch Nationalsozialismus und Weltkrieg sowie den Modernisierungsschüben der 1950er Jahre schienen sie tatsächlich noch beträchtlich weiter von der bundesrepublikanischen Gegenwart entfernt, als dies der Zeitraum von vier Jahrzehnten suggerierte. In jedem Fall: Es waren mittlerweile historische Welten, die sich im Datenwerk des ADV manifestierten. Aus diesem Grunde ließ denn auch das Interesse einer Volkskunde nach, die sich zusehends als Gegenwartswissenschaft verstand. Was in den 1920er Jahren als moderne empirische Methodik und innovativer Modellfall interdisziplinärer

779 Schenda, Probleme, S. 153.
780 Ebd., S. 144f.

und problemorientierter wissenschaftlicher Kooperation erachtet worden war, erschien – gemessen mit den Kriterien gegenwärtiger Sozialforschung – mittlerweile antiquiert. Maßgeblich für den einsetzenden Bedeutungsverlust war freilich auch der Verlust außerwissenschaftlicher Aufmerksamkeiten für Fragen territorialer Ordnungen. In den 1970er Jahren kam es weitgehend zu einer Akzeptanz der politischen Landkarte Europas, sodass Fragen nach kulturräumlichen Gliederungen ihre politische und ideologische Brisanz verloren.

Während der 1970er Jahre widmete insbesondere Matthias Zender sein Hauptaugenmerk der Erarbeitung des EAE. Die Anträge zur Weiterbearbeitung des ADV an die DFG wurden nunmehr immer öfter mit der Versicherung begleitet, die Arbeiten würden alsbald zum Abschluss kommen. Mit den drei Beiheften zum ADV auf der Basis des Quellenmaterials lagen systematische Untersuchungen als Monographien vor.[781] Weitere Arbeiten zogen das ADV-Datenmaterial für Einzelstudien heran[782] oder nutzten es als Quellen für thematisch interessierte Untersuchungen. Neben Beiträgen der Atlas-Mitarbeiter H. L. Cox, Gerda Grober-Glück, Günter Wiegelmann und Zender erschienen Einzelstudien und Regionalforschungen wie jene zum Muttertag, zum Weihnachtsbaum in Westfalen oder der Praxis der Taufe und Namengebung.[783] Michael Simon verknüpfte schließlich die Erschließung des ADV-Materials für volksmedizinische Fragestellungen mit einer wissenschaftsgeschichtlichen Erörterung des ADV.[784]

Somit blieben bis heute umfangreiche Materialien der zwischen 1930 und 1935 durchgeführten ADV-Erhebungen unbearbeitet.[785] Dem dritten und letzten Band der Erläuterungen zum ADV ließen rund zehn Jahre nach seinem Erscheinen die wichtigsten ADV-Akteure der Nachkriegszeit Cox, Grober-Glück, Wiegelmann und Zender 1994 ein Nachwort folgen. Mittlerweile war längst klar, dass bei der DFG keine Bereitschaft mehr für eine Förderung der systematischen Bearbeitung des ADV vorhanden war. Die Herausgeber der „Neuen Folge" benannten als Defizite, dass nach wie vor ein beträchtlicher Teil der Karten einer Textkommentierung und umfangreiche Bestände des Umfragematerials der weiteren Bearbeitung harrten: „Grob geschätzt dürfte etwa die Hälfte des von 1930-35 erfragten Materials und etwa 80% von den Umfragen zur alten bäuerlichen Arbeitswelt (1965-80) noch unbearbeitet sein."[786] Sie attestierten als Manko, dass das komplexe Material aus mehreren Millionen Antwortzetteln für potenziell interessierte Bearbeiter nur schwer erschließbar sei und schlugen diverse Verbesserungen vor, welche die Quellen des ADV für die Bearbeitung von Volkskundlern, Historikern und Sprachwissenschaftlern zugänglicher machen sollten. Neben einem Sachregister aller Karten und Kommentare könnten

781 Cox, Bezeichnungen; Wiegelmann, Alltags- und Festspeisen; Grober-Glück, Motive.
782 Segschneider, Totenkranz; Meiners, Kornfege.
783 Sauermann, Diffusion; Matter, „Deutsche Muttertag"; Simon, Vornamen.
784 Simon, „Volksmedizin".
785 Vgl. Cox/Grober-Glück/Wiegelmann/Zender, Nachwort; Simon, „Volksmedizin", S. 5.
786 Cox/Grober-Glück/Wiegelmann/Zender, Nachwort.

dies etwa ein Ortsverzeichnis oder eine Bibliographie aller aufgrund von ADV-Materialien erschienen Arbeiten leisten.

Da das in Abermillionen Daten verzettelte Material schwer erschließbar ist, wurde eine methodische Anleitung zum Umgang mit den Quellen vorgeschlagen. Zudem sollten die vorhandenen Versuche der EDV-Bearbeitung fortgesetzt werden. All dies verknüpfte sich mit dem Appell, das Potenzial der einzigartigen volkskundlichen Quellensammlung nicht brach liegen zu lassen: „Es bleibt schließlich zu hoffen, daß die für zahlreiche Probleme grundlegenden Sammlungen des ADV sowie die zugehörigen Quelleneditionen – um die uns andere Fächer beneiden – in der Forschung und Lehre der nächsten Jahrzehnte wieder angemessen beachtet werden.“[787] Jedenfalls: Der einstigen Euphorie, mit der das Projekt fünfzig Jahre zuvor begonnen wurde, stand desungeachtet seit den 1970er Jahren zunehmendes Desinteresse entgegen. Mehr noch: Die fachinterne Aufmerksamkeit, die es über Jahrzehnte auf sich gezogen hatte, wurde schlagartig nicht nur von Distanzierungsbedürfnissen, sondern mitunter auch von Unkenntnis und pauschalisierendem Ideologieverdacht abgelöst.[788]

Kaum hatte im Verlauf der 1970er und 1980er Jahre das volkskundliche Interesse an kulturräumlichen Fragestellungen nachgelassen, wurde in den Kulturwissenschaften spätestens seit den 1990er Jahren unter dem Programm des *spatial turn* eine neue Aufmerksamkeit für die Einbettung kulturwissenschaftlicher Gegenstände in die Kategorie des Raumes eingefordert.[789] Diese neue interdisziplinäre und vor allem sozialkonstruktivistisch motivierte Aufmerksamkeit für Raumfragen stand nun weitgehend unverbunden mit den Forschungstraditionen etwa des ADV und der Kulturraumforschung. Die Etablierung neuer Fragestellungen um den Raum im Zuge des *spatial turn* wurde oft nicht einmal in Absetzung von älteren Forschungstraditionen, sondern durchaus bei stillschweigender Ignorierung vollzogen. Zweierlei begründete die Abhängung der Forschungserfahrungen des ADV, als eine „Wiederkehr des Raumes“ in den 1990er Jahren für die Geisteswissenschaften diagnostiziert wurde: die in Deutschland im 20. Jahrhundert ideologisch aufgeladene Verknüpfung mit ethno- und geopolitischen Zielsetzungen sowie die im Vergleich etwa zu französischen Forschungstraditionen weitgehende Raumabstinenz der historisch-sozialwissenschaftlichen Disziplinen in Deutschland zugunsten von Zeit, Chronologie, Evolution und Fortschritt.

Nachdem das „lange 19. Jahrhundert“ im Ersten Weltkrieg ein Ende gefunden hatte, entzündeten sich die kulturwissenschaftlichen Raumfragen unmittelbar an dem außerwissenschaftlichen Bedarf einer politischen und kulturellen Neuvermessung Europas. In deutschen Forschungstraditionen ist das Denken in der Kategorie des Raumes untrennbar verknüpft mit der nationalsozialistischen Ideologisierung und Funktionalisierung wissenschaftlicher Bearbeitung von Raum-

787 Cox/Grober-Glück/Wiegelmann/Zender, Nachwort.
788 Vgl. die Beispiele in Simon, Atlas, S. 51.
789 Vgl. die zusammenfassende Darstellung in Bachmann-Medick, Turns; aus Sicht der Volkskunde Hengartner, Ordnung; Rolshoven, Raumkulturforschung.

fragen. Diese – ob freiwillig oder unfreiwillig eingegangenen – Allianzen kulminierten in der rassistischen Blut-und-Boden-Ideologie und forschungspraktisch im Ziel einer wissenschaftlich fundierten Neuordnung deutschen Lebensraums. Insofern handelte es sich während der 1970er und 1980er Jahre bei der Weigerung, Kultur und Geschichte in der Kategorie des Raums zu verstehen und der Tabuisierung von räumlichen Fragestellungen, um unmittelbare Nachwirkungen jener Liaison von Wissenschaft, Ideologie und Politik im Nationalsozialismus. Diese Nachwirkungen stellten nicht nur jegliche Rauminteressen unter Ideologieverdacht, sondern setzten auch über 1945 hinaus Sonderentwicklungen der deutschen Wissenschaften fort, indem sie von internationalen Entwicklungen (etwa der französischen Annales-Historiographie oder der angloamerikanischen Humangeographie) abgehängt wurden. Im internationalen Forschungshorizont jedenfalls konnte von Raumabstinenz keine Rede sein.

Wie nach 1918, so hängt auch nach 1989 der *spatial turn* mit neuen ökonomischen und politischen Raumkonstruktionen zusammen. Die Auflösung der Machtblöcke, die Entstehung neuer Nationalstaaten und ökonomische wie kulturelle Prozesse der Globalisierung motivierten eine „Wiederkehr des Raumes“[790] und stellten einmal mehr Fragen nach Grenzen, Zentrum und Peripherie, Lokalität und Ortlosigkeit, materiellen und immateriellen Netzwerken, Territorialität und den ambivalenten Prozessen von Enträumlichung und Verräumlichung. Neu an den auch über die Umwege etwa der angloamerikanischen Humangeographie angeregten Debatten ist weniger die Beachtung von Raum, denn eine räumliche Perspektive war in der deutschen Forschungspraxis auch nach 1945 implizit und untergründig stets präsent. Neu ist die explizit auf ambitionierte Theoriebildung ausgerichtete Forschung. Indes bündelt der *spatial turn* nach 1989 unterschiedliche Traditionen und Absichten. Zum einen steht bei der Wiederaufnahme des Raumthemas ein radikalkonstruktivistischer Gestus im Vordergrund, mit dem eine deutliche Absetzung von allen Essenzialisierungstraditionen des 20. Jahrhunderts vollzogen werden soll. Zum anderen werden aber auch unterbrochene Verbindungslinien von Geographie, Kultur und Geschichte neu geknüpft.[791]

Mit den neuen Verschiebungen vertraut geglaubter politischer und kultureller Grenzen durch Prozesse der Europäisierung und Globalisierung setzte eine erneute Suche nach den räumlichen Dimensionen europäischer Kultur ein, die sich weitgehend unberührt gibt von den ideologischen und politischen Kompromittierungen geographischer Aneignungsstrategien von Welt im 20. Jahrhundert. Der *spatial turn* motiviert nicht nur kulturwissenschaftliche Programme der räumlichen Beschreibung Europas. Melancholie im Angesicht des kulturellen Schwunds und das Ethos der Dokumentation mischen sich auch dann, wenn die verlorenen kulturellen Welten mit explizitem Anspruch, sie in einem *Atlas des verschwindenden Europas* zu verorten, zum Gegenstand ästhetischer Bearbeitungen

790 Osterhammel, Wiederkehr.
791 Schlögel, Raume.

werden.[792] Die Motive der alten volkskundlichen und der neuen ästhetischen Suchbewegungen der kulturellen Raumvermesser überschneiden sich mitunter. Da ist die Frage nach der identitätsverbürgenden Kraft des Räumlichen, die romantische und fortschrittsmüde Sehnsucht nach räumlichen Bindungen sowie nach der Geographie einer untergehenden, abseitig gewordenen Welt und nach einer Welt scheinbar unentfremdeter, zum Vergessen verurteilter Tradition.

792 Vgl. z.B. Raabe/Sznajderman, Atlas.

# ANHANG

## ABKÜRZUNGEN

| | |
|---|---|
| ABBAW | Archiv der Berlin-Brandenburgischen Akademie der Wissenschaften |
| ADV | Atlas der deutschen Volkskunde |
| BAB | Bundesarchiv Berlin |
| BAK | Bundesarchiv Koblenz |
| BDC | Berlin Document Center |
| BRD | Bundesrepublik Deutschland |
| CIAP | Commission Internationale des Arts et Traditions Populaires |
| DAW | Deutsche Akademie der Wissenschaften |
| DFG | Deutsche Forschungsgemeinschaft |
| DDR | Deutsche Demokratische Republik |
| DSA | Deutscher Sprachatlas |
| DVA | Deutsches Volksliedarchiv Freiburg |
| EAE | Ethnologischer Atlas Europas und seiner Nachbarländer |
| GStAPK | Geheimes Staatsarchiv Preußischer Kulturbesitz |
| GStBPK | Geheime Staatsbibliothek Preußischer Kulturbesitz |
| NL | Nachlass |
| NSDAP | Nationalsozialistische Deutsche Arbeiterpartei |
| REM | Reichserziehungsministerium |
| SBZ | Sowjetisch Besetzte Zone |
| SIEF | Société Internationale d'Ethnologie et de Folklore |
| UA | Universitätsarchiv |

## ARCHIVE

**Archiv der Berlin-Brandenburgischen Akademie der Wissenschaften**
Bestand Akademieleitung, Institut für deutsche Volkskunde
Bestand Arbeitsgemeinschaft der gesellschaftswissenschaftlichen Institute und Einrichtungen
Bestand II/10/17 Institut für deutsche Volkskunde
Bestand Institut für Geschichte, WB Kulturgeschichte/Volkskunde
NL Adolf Spamer
NL Wolfgang Steinitz

**Bundesarchiv Berlin**
Diverse Sachen (ehemals BDC)
NS 8 Kanzlei Rosenberg

| | |
|---|---|
| NS 15 | Der Beauftragte des Führers für die Überwachung der gesamten geistigen und weltanschaulichen Schulung und Erziehung der NSDAP, Amt Rosenberg |
| NS 21 | Lehr- und Forschungsgemeinschaft „Das Ahnenerbe“ |
| R 1501 | Reichsministerium des Innern |
| R 4901 | Reichserziehungsministerium |

**Bundesarchiv Koblenz**

| | |
|---|---|
| R 43 | Reichskanzlei |
| R 73 | Notgemeinschaft der Deutschen Wissenschaft/DFG |
| B 227 | Deutsche Forschungsgemeinschaft |

**Deutsches Volksliedarchiv, Freiburg**

**Geheimes Staatsarchiv Preußischer Kulturbesitz, Berlin**
NL Friedrich Schmidt-Ott, Handschriftenabteilung, Abt. I., Rep 92.
I. HA, Rep 76 Kultusministerium

**Geheime Staatsbibliothek Preußischer Kulturbesitz, Berlin**
NL Arthur Hübner
NL Johannes Bolte

**Institut für Volkskunde Rostock (Wossidlo-Archiv)**
Institut für Volkskunde der Deutschen Akademie der Wissenschaften, Reinhard Peesch
Korrespondenzen Adolf Spamer
NL Richard Wossidlo

**Institut für Zeitgeschichte München**
Mikrofilme
Sammlung Kater ZS/A- 25

**Privatarchiv Ragnhild Kruse, Berlin**
NL Eduard Wildhagen

**Seminar für Volkskunde, Bonn**
Archiv des ADV
NL Matthias Zender

**Universitätsarchiv Frankfurt**
Personal-Hauptakte Heinrich Harmjanz
Philosophische Fakultät

**Universitätsarchiv der Humboldt-Universität Berlin**
Personalakte Adolf Spamer
Philosophische Fakultät

**Deutsches Literaturarchiv Marbach**
NL Marie-Luise Kaschnitz

# LITERATUR

## PRIMÄRLITERATUR

50 Jahre Verband der Vereine für Volkskunde 1904-1954, o.O. u. o.J. [Stuttgart 1954].
A.: Die heutige Lage der internationalen Zusammenarbeit, in: Folk-Liv 2, 1938, S. 117-118.
A. B.: Volkskunde für unser Geld. Von der Pferdekrippe und anderen Krippen, in: Berliner Morgenpost, 26.4.1931.
Actes du Congrès international d'Ethnologie régionale Arnhem 1955, Arnhem 1956.
Agrarethnographie. Vorträge der Berliner Tagung vom 29. September bis 1. Oktober 1955. Deutsche Akademie der Wissenschaften zu Berlin (Veröffentlichungen des Instituts für Volkskunde 13), Berlin 1957.
Albertus-Universität Königsberg/Pr.: Verzeichnis der Vorlesungen für das Sommerhalbjahr 1934 und das Personal-Verzeichnis, Königsberg 1934.
Anonym [Julius Moses]: Wirtschaft, Horatio...! Von einer Notgemeinschaft und dem Irrgarten deutscher Gelehrsamkeit, in: Vorwärts, 27.3.1929.
Anonym: Lebendige Wissenschaft. Nochmals die Fragen der Notgemeinschaft, in: Berliner Morgenpost, 28.4.1931.
Anonym: Ein Atlas der deutschen Volkskunde, in: Schönere Zukunft, Nr. 52, 24.9.1933.
Anonym: Gibt es „politische" Volkskunde?, in: Bücherkunde. Monatshefte für deutsches Schrifttum 3, 1936, S. 139-142.
Anonym: Zum Geleit, in: Zeitschrift für Volkskunde 50, 1953, S. 1-6.
Anonym: Atlanten, in: Wörterbuch der deutschen Volkskunde. Begründet von Oswald A. Erich und Richard Beitl. Zweite Aufl. neu bearb. von Richard Beitl, Stuttgart 1955, S. 34-38.
Anonym: Deutsche Frage: Wovor haben wir Angst?, in: Der Spiegel, 6. Juni 1956.
Atlas der deutschen Volkskunde, hg. mit Unterstützung der deutschen Forschungsgemeinschaft von Heinrich Harmjanz u. Erich Röhr. Lieferung 1-6, Leipzig 1937-1939.
Atlas der deutschen Volkskunde. Neue Folge. Aufgrund der von 1929 bis 1935 durchgeführten Sammlungen. Im Auftrag der Deutschen Forschungsgemeinschaft hg. von Matthias Zender, Marburg 1958 ff.
Atlas der deutschen Volkskunde. Neue Folge. Erläuterungen. Vier Bde., Marburg 1959-1985.
Atlas der schweizerischen Volkskunde, hg. von Paul Geiger u. Richard Weiss in Zusammenarbeit mit Walter Escher u. Elisabeth Liebl, Basel 1950-1995.
Atlas Kultury Ludowej w Polsce, hg. von Kazimierz Moszyński. Drei Bde., Krakau 1934-1936.
Atlas över svensk folkkultur. Utgiven av Kungl. Gustav Adolfs Akademien under redaktion av Åke Campell, Sigurd Erixon, Natan Lindquist, Jöran Sahlgren, Uddevalla, Bokförlaget Niloé 1957 ff.
Aubin, Hermann: Volkskunde und Geschichte, in: Deutsche Volkskunde, S. 106-114.
Aubin, Hermann: Methodische Probleme historischer Kartographie, in: Neue Jahrbücher für Wissenschaft und Jugendbildung 5, 1929, S. 32-45.
Aubin, Hermann: Gemeinsam Erstrebtes, in: Rheinische Vierteljahrsblätter 17, 1952, S. 305-331 (= Festschrift Theodor Frings).
Aubin, Hermann, Theodor Frings, u. Josef Müller: Kulturströmungen und Kulturprovinzen in den Rheinlanden. Geschichte, Sprache, Volkskunde, Bonn 1926.
Bächtold-Stäubli, Hanns, u. Eduard Hoffmann-Krayer (Hg.): Handwörterbuch des deutschen Aberglaubens. Mit einem Vorwort von Christoph Daxelmüller. Unveränderter photomechanischer Nachdruck. 10 Bde. Berlin, New York 1987 [Leipzig 1927-1942].
Bausinger, Hermann: Der Adventskranz. Ein methodisches Beispiel, in: Württembergisches Jahrbuch für Volkskunde, 1970, S. 9-31.
Beitl, Klaus (Hg.): Atlas der deutschen Volkskunde. Kleine Geschichten eines großen Forschungsunternehmens. Aus den „Erinnerungen eines Westpreußen" (1968) von Reinhold Knopf und aus dem Nachlaßarchiv von Richard Beitl, Würzburg 1990.

Beitl, Richard: Goethes Bild der Landschaft. Untersuchungen zur Landschaftsdarstellung in Goethes Kunstprosa, Berlin 1929.

Beitl, Richard: Ein Atlas der deutschen Volkskunde, in: Mitteldeutsche Blätter für Volkskunde 4, 1929, S. 1-5.

Beitl, Richard: Handwörterbuch des deutschen Aberglaubens, in: Zeitschrift für Volkskunde 41, 1931, S. 71-77.

Beitl, Richard: Wilhelm Mannhardt und der Atlas der deutschen Volkskunde. Antrittsvorlesung, gehalten am 31. Juli 1933 in der Alten Aula der Friedrich-Wilhelms-Universität zu Berlin, in: Zeitschrift für Volkskunde 42, 1933, S. 70-84.

Beitl, Richard: Der Atlas der deutschen Volkskunde, in: Ders.: Deutsches Volkstum der Gegenwart, Berlin 1933, S. 5-12.

Beitl, Richard (Hg.): Volkskunde und Schule. Ein Wegweiser zum volkskundlichen Unterricht, Leipzig 1934.

Beitl, Richard: Arthur Hübner, in: Zeitschrift für Volkskunde 45, 1935, S. 327-328.

Beitl, Richard: Untersuchungen zur Mythologie des Kindes, hg. von Bernd Rieken u. Michael Simon, Münster 2007.

Bellmann, Herbert: Die volkskundlichen Organisationen im In- und Ausland, in: Spamer, Volkskunde 1934, S. 627-632.

Bellmann, Herbert: Deutsche volkskundliche Organisationen, in: Folk 1, 1937, S. 205-210.

Bericht über den Allgemeinen volkskundlichen Kongreß (7. Deutscher Volkskundetag) des Verbandes deutscher Vereine für Volkskunde in Jugenheim an der Bergstraße, 28. bis 31. März 1951, o.O. u. O.J.

Bericht über die internationale Arbeitskonferenz über die ethnologische Kartographie, 8.-10. Februar 1966 in Zagreb, Zagreb 1968.

Bericht über die II. Arbeitskonferenz der Organisationskommission für den ethnologischen Atlas Europas und seiner Nachbarländer, 12.-15. März 1968 in Bonn, hg. von J. Fellenberg, Bonn 1970.

Bericht über die III. Arbeitskonferenz der Organisationskommission für den ethnologischen Atlas Europas und seiner Nachbarländer, 11.-14. Mai 1970 in Helsinki, hg. von J. Fellenberg, Bonn 1972.

Bericht über die V. Arbeitskonferenz der Organisationskommission für den ethnologischen Atlas Europas und seiner Nachbarländer, 24.-27. September 1974 in Visegrád/Ungarn, hg. von Eszter Kisbán, Budapest 1974.

Bericht über die VI. Arbeitskonferenz der Organisationskommission für den ethnologischen Atlas Europas und seiner Nachbarländer, 19.-24. September 1976 in St. Pölten (Österreich), Wien 1977.

Beschlüsse der IV. Internationalen Arbeitstagung für ethnologische Kartographie, Stockholm und Uppsala, 18.-21. Juli 1972, Bonn 1972.

Bischoff, Karl: Anneliese Bretschneider zum 80. Geburtstag am 24. August 1978, in: Zeitschrift für Dialektologie und Linguistik 45, 1978, S. 129-132.

Boehm, Fritz: Zur Pflege der Volkskunde im Universitätsunterricht, in: Zeitschrift für Volkskunde 35/36, 1925/1926, S. 114-115.

Boehm, Fritz: Volkskunde und Schule, in: Deutsche Volkskunde, S. 74-85.

Boehm, Fritz: Volkskunde. Dem Atlas der deutschen Volkskunde zum Geleit, o.O. u. o.J. [Berlin 1930].

Boehm, Fritz: Der Atlas der deutschen Volkskunde, in: Mitteilungen der Akademie zur wissenschaftlichen Erforschung und zur Pflege des Deutschtums/Deutsche Akademie, München, April 1930, S. 73-87.

Boehm, Fritz: „Einst" und „jetzt" auf volkskundlichen Fragebogen und Karten, in: Zeitschrift für Volkskunde 40, 1930, S. 210-217.

Boehm, Fritz: Aufgaben und Bedeutung der Volkskunde, in: Geistige Arbeit. Zeitung aus der wissenschaftlichen Welt 1, 1934, S. 1-2.

Boehm, Max Hildebert: Die Krise der Volkskunde, in: Deutsches Archiv für Landes- und Volksforschung 1, 1937, S. 907-932.
Bohdanowicz, Janusz: The Polish Ethnographic Atlas and its Place among the other Etnographic Atlases, in: Ethnologia Polona 8, 1982, S. 85-94.
Borsos, Bálazs: Möglichkeiten und Grenzen der Bestimmung kultureller Regionen mittels elektronischer Verarbeitung der Daten des Atlas der deutschen Volkskunde am Beispiel des Rheinlandes, in: Rheinisch-westfälische Zeitschrift für Volkskunde 46, 2001, S. 9-66.
Bratanic, Branimir: Bericht über die Tätigkeit der ständigen internationalen Atlaskommission in den Jahren 1954-1964, in: Zeitschrift für Volkskunde 61, 1965, S. 243-247.
Bratanic, Branimir: Internationale Arbeitskonferenz über die ethnologische Kartographie, Zagreb, Februar 1966, in: Ethnologia Europaea 1, 1967, S. 75-77.
Bratanic, Branimir: Ethnologische Kartographie und ethnologische Atlasse, in: Actes du VIIe Congrès International des Sciences Anthropologiques er Ethnologiques. Edited by S. I. Bruk, Moskau 1970, S. 393-395.
Bratanic, Branimir: Ethnological Cartography and Atlases, in: Jean Cuisenier (Hg.): Europe as a Cultural Area, The Hague u.a. 1979, S. 95-122.
Bratanic, Branimir, u. Ernst Burgstaller (Hg.): Konferenz für volkskundliche Kartographie in Linz a.d. Donau 11.-13. Dezember 1958, Linz a.d. Donau 1959.
Bretschneider, Anneliese: Der Pirol im märkischen Volksmund. Ein Beitrag zur volkssprachlichen Urschöpfung, in: Deutsches Jahrbuch für Volkskunde 6, 1960, S. 363-406.
Bretschneider, Anneliese: Die brandenburgische Sprachlandschaft. Zur Geschichte und Gliederung (mit Einschluß von Berlin), Gießen 1981.
Brüning, Kurt: Wilhelm Peßler und die deutsche Volkstumsforschung. Aus Anlaß seines 25jährigen Dienstjubiläums, in: Geographischer Anzeiger 36, 1935, S. 260-265.
Bruk, Solomon Ilich: Kartographische Methoden in der historischen Volkskunde, in: Europa et Hungaria. Congressus ethnographicus in Hungaria 16.-20.X.1963, Budapest 1965, S. 391-403.
Burckhardt-Seebass, Christine: „Brüning-Napf-Reuss-Linie“ oder „Röstigraben“ – das Konzept des ASV und die kulturellen und sprachlichen Grenzen in der gegenwärtigen Schweiz, in: Cox (Hg.), Kulturgrenzen, S. 13-26.
Burgstaller, Ernst: Volkskundliche Karten in den österreichischen Regionalatlanten, in: Zeitschrift für Volkskunde 52, 1955, S. 284-287.
Burgstaller, Ernst: Brauchtumsgebäcke und Weihnachtsspeisen. Ein volkskundlicher Beitrag zur österreichischen Kulturgeographie, Linz 1957.
Cox, Heinrich L.: Der Sarg. Bezeichnung und Sache, in: Protokollmanuskript der 4. Arbeitstagung 1964, S. 100-110.
Cox, H. L.: Die Bezeichnungen des Sarges im Kontinental-Westgermanischen. Eine wortgeographisch-volkskundliche Untersuchung, Marburg 1967.
Cox, H. L.: Elektronische Datenverarbeitung in der thematischen Kartographie, in: Ethnologia Europaea 6, 1972, S. 108-127.
Cox, H. L.: Martelgans/Marteljoos. Zur Herkunft und Bedeutung einer mundartlichen Bezeichnung des Erntefestes im deutsch-niederländischen Grenzland, in: Ennen/Wiegelmann (Hg.), Festschrift Matthias Zender, S. 174-181.
Cox, H. L.: Die Auswirkungen der deutsch-niederländischen Staatsgrenze von 1815 auf die volkstümliche Heiligenverehrung im Rhein-Maas-Gebiet. Ein Beitrag zur kulturräumlichen Stellung des Rhein-Maas-Gebietes, in: Rheinisch-westfälische Zeitschrift für Volkskunde 28, 1983, S. 111-131.
Cox, H. L.: Wechselseitige Beziehungen zwischen Dialektologie und thematischer Kartographie in der Volkskunde, in: Werner Besch, Ulrich Knoop, Wolfgang Putschke u. Herbert E. Wiegand (Hg.): Dialektologie. Ein Handbuch zur deutschen und allgemeinen Dialektforschung. 2. Halbbd. Berlin, New York 1983, S. 1578 -1597.

Cox, H. L.: Prolegomena zu einem Studium der germanisch-slawischen Kontaktzonen in Mitteleuropa auf Grund der Karten des Atlas der deutschen Volkskunde, in: Cox/Wiegelmann (Hg.), Kulturraumforschung, S. 29-42.

Cox, H. L.: De etnologische Atlas van Europa en de aangrenzende landen: alleen een generatieconflict?, in: Volkskundig Bulletin 14, 1988, S. 25-44.

Cox, H. L.: Adolf Spamers Versuch, Stereotypen sowie geschlechts-, alters- und berufsspezifische Verhaltensmuster mittels Fernbefragung zu erkunden, in: Helge Gerndt (Hg.): Stereotypvorstellungen im Alltagsleben. Beiträge zum Themenkreis Fremdbilder-Selbstbilder-Identität. Festschrift für Georg R. Schroubek, München 1988, S. 114-120.

Cox, H. L.: Der Atlas der deutschen Volkskunde (ADV), in: Werner H. Veith u. Wolfgang Putschke (Hg.): Sprachatlanten des Deutschen. Laufende Projekte, Tübingen 1989, S. 109-131.

Cox, H. L.: Volkskundliche Kulturraumforschung im Rhein-Maas-Gebiet, in: Rheinisches Jahrbuch für Volkskunde 28, 1991, S. 29-67.

Cox, H. L.: Möglichkeiten und Grenzen einer Wort- und Sachforschung auf Grund der Sammlungen des Atlas der deutschen Volkskunde, in: Klaus Beitl u. Isac Chiva (Hg.): Wörter und Sachen. Österreichische und deutsche Beiträge zur Ethnographie und Dialektologie Frankreichs. Ein französisch-deutsch-österreichisches Projekt, Wien 1992, S. 227-248.

Cox, H. L.: Überlegungen zu einer zukünftigen Zusammenarbeit der Ethnokartographie, in: Ethnologia Slovaka et Slavica 24/25, 1993, S. 465-469.

Cox, H. L.: Kulturgrenzen und nationale Identität, in: Ders. (Hg.), Kulturgrenzen, S. 7-14.

Cox, H. L. (Hg.): Kulturgrenzen und nationale Identität (Rheinisches Jahrbuch für Volkskunde 30, 1993/94), Bonn 1993.

Cox, H. L.: Matthias Zender 1907-1993, in: Rheinische Vierteljahrsblätter 58, 1994, S. XVII-XXV.

Cox, H. L.: Der „Ethnologische Atlas Europas und seiner Nachbarländer“. Eine Retrospektive, in: Festschrift für Sona Kovacevicovà, hg. v. Olga Dangloà u. Rastislava Stolicnà, Bratislava 2001, S. 31-45.

Cox, H. L., u. Wim Griffioen: Plotterkarten in der Ethnokartographie, in: Germanistische Linguistik 8, 1977, H. 3/4, S. 121-136.

Cox, H. L., u. Günter Wiegelmann (Hg.): Volkskundliche Kulturraumforschung heute, Münster 1984.

Cox, H. L., u. Matthias Zender: Sprachgeschichte, Kulturraumforschung und Volkskunde, in: Werner Besch, Anne Betten, Oskar Reichmann u. Stefan Sonderegger (Hg.): Sprachgeschichte. Ein Handbuch zur Geschichte der deutschen Sprache und ihrer Erforschung. 2. vollständig neu bearb. u. erw. Aufl. Teilbd. 1, Berlin, New York 1998, S. 160-172.

Cox, H. L., Gerda Grober-Glück, Günter Wiegelmann, u. Matthias Zender: Nachwort, in: Atlas der deutschen Volkskunde. Neue Folge. Erläuterungen, Bd. III, Marburg 1983-1985.

Denkschriften über Gemeinschaftsarbeiten (Deutsche Forschung. Aus der Arbeit der Notgemeinschaft der Deutschen Wissenschaft, Heft 2), Berlin 1928.

Deutsche Volkskunde (Deutsche Forschung. Aus der Arbeit der Notgemeinschaft der Deutschen Wissenschaft, Heft 6), Berlin 1928.

Deutsche Volkskunde im Schrifttum. Ein Leitfaden für die Schulungs- und Erziehungsarbeit der NSDAP, hg. v. der parteiamtlichen „Arbeitsgemeinschaft für deutsche Volkskunde“ in Zusammenarbeit mit dem Amt Schrifttumspflege beim Beauftragten des Führers für die gesamte geistige und weltanschauliche Erziehung der NSDAP, Berlin 1938.

Dias, Jorge: Die Quintessenz des Problems: Nomenklatur und Gegenstand der Folklore/Volkskunde, in: Gerndt (Hg.), Fach, S. 158-178. [Original: Jorge Dias: The Quintessence of the Problem: Nomenclature und Subjectmatter of Folklore, in: Actes du Congrès International d'Ethnologie Régionale Arnhem 1955, Arnhem 1956, S. 1-14.]

Diebold, Bernhard: Olympia des Geistes, in: Frankfurter Zeitung, 16.5.1933.

Diener, Walter: Der Atlas für deutsche Volkskunde, in: Die Deutsche Höhere Schule 5, 1938, S. 51-54, S. 228-229, S. 609-611 sowie 6, 1939, S. 58-60 u. S. 631-634.

Diewerge, Heinz: Heinrich Harmjanz: Volk, Mensch und Ding, in: Nationalsozialistische Monatshefte 7, 1936, S. 963-966.
Dölker, Helmut: Eröffnungsansprache, in: Bericht über den Allgemeinen volkskundlichen Kongreß (7. Deutscher Volkskundetag), S. 5-6.
Dölker, Helmut: Die Landesstellen für Volkskunde, in: Bericht über den Allgemeinen volkskundlichen Kongreß (7. Deutscher Volkskundetag), S. 26-27.
Dölker, Helmut: Sondertagungen des Verbandes der Vereine für Volkskunde e.V., in: Zeitschrift für Volkskunde 51, 1954, S. 280-283.
Dr. V. Kunde: Storch, Kinderbusch und Maidlebrunnen. Wer die Kinder bringt in den deutschen Gauen, in: Hannoverscher Kurier, 15. November 1933.
E. M.: „Deutsche Wissenschaft im Kampf um Reich und Lebensraum", in: Raumforschung und Raumordnung 5, 1941, S. 413-414.
Ebert, Wolfgang, Theodor Frings, Käthe Gleißner, Rudolf Kötzschke, u. Gerhard Streitberg: Kulturräume und Kulturströmungen im mitteldeutschen Osten. 2 Bde., Halle a.d.S. 1936.
Eckert-Greifendorf, Max: Kartographie. Ihre Aufgaben und Bedeutung für die Kultur der Gegenwart, Berlin 1939.
El-Gawhary, Mohamed: Die Lage der volkskundlichen Forschung in Ägypten mit besonderer Berücksichtigung des ägyptischen Volkskunde-Atlas, in: Ennen/Wiegelmann (Hg.), Festschrift Matthias Zender, S. 281-295.
Ennen, Edith, u. Günter Wiegelmann (Hg.): Festschrift Matthias Zender. Studien zu Volkskultur, Sprache und Landesgeschichte. Zwei Bde., Bonn 1972.
Eriksson, Manne: Atlas der deutschen Volkskunde, in: Folk-Liv 4, 1940, S. 102-110.
Erixon, Sigurd: Atlas der nordischen Volkskultur, in: Folk-Liv 1, 1937, S. 306-307.
Erixon, Sigurd: Die Frage der kartographischen Darstellung vom Standpunkt der nordischen Ethnologie in Schweden aus betrachtet, in: Folk 1, 1937, S. 168-180.
Erixon, Sigurd: Vorwort, in: Folk-Liv 1, 1937, S. 8.
Erixon, Sigurd: Regional European Ethnology. Main Principles and aims with special reference to Nordic Ethnology, in: Folk-Liv 2, 1938, S. 89-108.
Erixon, Sigurd: An Introduction in Folklife Research, in: Folk-Liv 14/15, 1950/51, S. 1-15.
Erixon, Sigurd: Newer Atlas Organizations and their Activities, in: Laos 1, 1951, S. 205-206.
Erixon, Sigurd: International Conference for Co-operation on the Mapping of Folk Culture, held at Namur September 1953, in: Laos 3, 1955, S. 48-52.
Erixon, Sigurd: Some Points of View with Regard to International Cartographical Activities. Taper delivered at the Meeting of the Cartographical Expert Committee in Paris 1954, in: Laos 3, 1955, S. 60-63.
Erixon, Sigurd: Maps of Folk Culture. An International Inquiry, in: Laos 3, 1955, S. 79- 98.
Erixon, Sigurd, u. Jan de Vries: Vorwort, in: Folk- Liv 2, 1938, S. 5-11.
Erixon, Sigurd, u. Marcel Maget: Compte-rendu sommaire des Séances de la Commission de Cartographie de la CIAP, réunie à Paris, les 1er et 2 Juillet 1954, in: Laos 3, 1955, S. 53-59.
Eskeröd, Albert: The International Congress of European and Western Ethnology Stockholm-Uppsala 1951, in: Laos 2, 1952, S. 111-115.
Fehrle, Eugen: Bemerkungen über Grenzen und Ziele der Volkskunde, in: Oberdeutsche Zeitschrift für Volkskunde 6, 1932, S. 85-92.
Fenton, Alexander (Hg.): Report of the Seventh International Working Conference of the Ethnological Atlas of Europe and its Neighbouring Countries, 16.-20. September 1978 at Enniskillen, North Ireland, Belfast 1981.
Fischer, Helmut Joachim: Erinnerungen. Teil I: Von der Wissenschaft zum Sicherheitsdienst (Quellenstudien der zeitgeschichtlichen Forschungsstelle Ingolstadt 3), Ingolstadt 1984.
Frageplan der Herren Professor Dr. John Meier, Freiburg, Vorsitzender des Volkskundeausschusses, und Professor Dr. Helbok, Wissenschaftlicher Leiter des Atlas der Deutschen Volkskunde, Innsbruck, in: Vorschläge, S. 7-66.

Frageplan der Herren Professor Dr. Lehmann, Altona und Professor Dr. Lauffer, Hamburg (Entwurf der Landesstelle Schleswig-Holstein, Hamburg und Lübeck), in: Vorschläge, S. 70-93.
Frageplan der Herren Professor Dr. Spamer, Dresden und Dr. Wildhagen, Berlin, in: Vorschläge, S. 94-150.
Frank, Walter: Die „Graue Eminenz“ der Notgemeinschaft. Auf dem Wege zum „30. Januar der Wissenschaft“, in: Rote Erde, 19. Juni 1936.
Freudenthal, Herbert: Volkskunde der Gegenwart. Ein Versuch über Methode und Gegenstand, in: Zeitschrift für Deutschkunde 45, 1931, S. 17- 32 u. S. 93-110.
Freudenthal, Herbert: Die Wissenschaftstheorie der deutschen Volkskunde, Hannover 1955.
Frings, Theodor: Volkskunde und Sprachgeographie, in: Deutsche Volkskunde, S. 86-105.
Frings, Theodor: Sprachgeographie und Kulturgeographie, in: Zeitschrift für Deutschkunde 44, 1930, S. 546-562.
Frings, Theodor: Aus dem Forschungsgebiet der Volkskunde, in: Bericht über die Mitgliederversammlung am 31. Okt. 1930 in Berlin (Deutsche Forschung. Aus der Arbeit der Notgemeinschaft der Deutschen Wissenschaft, Heft 16), Berlin 1931, S. 51-61.
Gajek, Józef: Die Erforschung der Ackerbaugeräte im Zusammenhang mit dem polnischen ethnographischen Atlas, in: Agrarethnographie, S. 11-22.
Geiger, Klaus, Utz Jeggle u. Gottfried Korff (Hg.): Abschied vom Volksleben, Tübingen 1970.
Griewank, Karl: Staat und Wissenschaft im Deutschen Reich. Zur Geschichte und Organisation der Wissenschaftspflege in Deutschland, Freiburg 1927.
Grober-Glück, Gerda: Zur Verbreitung und Deutung des Zweiten Gesichts. Nach den Sammlungen des Atlas der deutschen Volkskunde, in: Zeitschrift für Volkskunde 55, 1959, S. 227-256.
Grober-Glück, Gerda: Zur Verbreitung von Redensarten und Vorstellungen des Volksglaubens nach den Sammlungen des Atlas der deutschen Volkskunde, in: Zeitschrift für Volkskunde 58, 1962, S. 41-71.
Grober-Glück, Gerda: Aufhocker und Aufhocken, in: Rheinisches Jahrbuch für Volkskunde 15/16, 1964/65, S. 117-143.
Grober-Glück, Gerda: Zweites Gesicht, Wahrsagekunst, Aufhocker und Aufhocken, Marburg 1966.
Grober-Glück, Gerda: Volkslied und Kartographie, in: Rheinisches Jahrbuch für Volkskunde 20, 1969, S. 176-207.
Grober-Glück, Gerda: Motive und Motivationen in Redensarten und Meinungen. Aberglaube, Volks-Charakterologie, Umgangsformen, Berufsspott in Verbreitung und Lebensformen. Text- und Kartenband, Marburg 1974.
Grober-Glück, Gerda: Berlin als Innovationszentrum von metaphorischen Wendungen der Umgangssprache, in: Zeitschrift für Deutsche Philologie 94, 1975, S. 321-367.
Grober-Glück, Gerda: Muster räumlichen Verhaltens bei Vorstellungen des Volksglaubens, in: Ethnologia Europaea 8, 1975, S. 227-242.
Grober-Glück, Gerda: Der erste Kirchgang der Wöchnerin. Ein Kirchenbrauch in Verbreitung und Wandel, in: Rheinisch-westfälische Zeitschrift für Volkskunde 23, 1977, S. 22-86.
Grober-Glück, Gerda: Die Leistung der kulturmorphologischen Betrachtungsweise im Rahmen dialektgeographischer Interpretationsverfahren, in: Werner Besch, Ulrich Knoop, Wolfgang Putschke u. Herbert E. Wiegand (Hg.): Dialektologie. Ein Handbuch zur deutschen und allgemeinen Dialektforschung. 1. Halbbd. Berlin, New York 1982, S. 92-113.
Grober-Glück, Gerda: Der sächsisch-ostthüringische Regionalstil im frühen 20. Jahrhundert, in: Cox/Wiegelmann (Hg.), Kulturraumforschung, S. 55-76.
Grober-Glück, Gerda: Zum Abschluß des Atlas der deutschen Volkskunde – Neue Folge. Ein Beitrag zur Wissenschaftsgeschichte der Volkskunde, in: Bringéus/Meiners/Mohrmann/Sauermann/Siuts (Hg.), Wandel, S. 53-70.

Grober-Glück, Gerda: Die Anrede des Bauern und seiner Frau durch das Gesinde in Deutschland um 1930 unter volkskundlichen und soziolinguistischen Aspekten nach Materialien des Atlas der deutschen Volkskunde, Frankfurt a.M. 1994.

Grohne, Ernst: Vorläufiger Plan zu einem volkskundlichen Atlas, in: Niederdeutsche Zeitschrift für Volkskunde 1, 1923, S. 116.

Gunda, Béla: Vorläufiger Bericht über den Atlas der ungarischen Volkskultur, in: Folk-Liv 4, 1940, S. 96-98.

H. N.: Arbeit am 'Atlas der deutschen Volkskunde'. Es ist nicht nur der Klapperstorch - Vielleicht auch eine Eule?, in: Der Montag, 20.7.1931.

Hain, Matthilde: Bericht über den Atlas der deutschen Volkskunde vom 29. Juli 1949, in: Mitteilungen des Verbandes deutscher Vereine für Volkskunde, Nr. 57, Oktober 1949, S. 5-6.

Hanika, Josef: Volkskunde und Heimatverwiesene, in: Mitteilungen des Verbandes der deutschen Vereine für Volkskunde, Nr. 57, Oktober 1949, S. 11-30.

Hanisch, Konrad: Ethnographische Atlasvorhaben in Polen, in: Ennen/Wiegelmann (Hg.), Festschrift Matthias Zender, S. 296-306.

Harmjanz, Heinrich: Die deutschen Feuersegen und ihre Varianten in Nord- und Osteuropa. Ein Beitrag zur vergleichenden Segensforschung, Helsinki 1932.

Harmjanz, Heinrich: Volk, Mensch und Ding. Erkenntniskritische Untersuchungen zur volkskundlichen Begriffsbildung, Königsberg 1936.

Harmjanz, Heinrich: Volkskunde und Siedlungsgeschichte Altpreußens, Berlin 1936.

Harmjanz, Heinrich: Der Atlas der deutschen Volkskunde, in: Deutsche Wissenschaft, Erziehung und Volksbildung 3, 1937, S. 225-230.

Harmjanz, Heinrich: Die wissenschaftliche Bedeutung des Atlas der Deutschen Volkskunde, in: Travaux du I. Congrès international de folklore. Tenu à Paris du 23 au 28 août 1937 à l'école du Louvre, Tours 1938, S. 272-274.

Harmjanz, Heinrich: Die 'Bedeutung' der volkskundlichen Sach- und Geistesgüter in ihrer Beziehung zur Gemeinschaft und zum Menschen, in: Zeitschrift für Volkskunde 49, 1940, S. 157-170.

Harmjanz, Heinrich: Gemeinschaft, Sach- und Geistesgüter, in: Volkswerk. Jahrbuch des Staatlichen Museums für Deutsche Volkskunde 1, 1941, S. 3-23.

Harmjanz, Heinrich: Deutsche Volkskunde. Entwicklung, Inhalt und Aufgabe einer jungen Wissenschaft, in: Geist der Zeit 20, 1942, S. 281-293.

Harmjanz, Heinrich: Erich Röhr zum Gedächtnis, in: Volkswerk. Jahrbuch des Staatlichen Museums für Deutsche Volkskunde 3, 1943, S. 231-234.

Harmjanz, Heinrich: Die Aufgaben unserer wissenschaftlichen Gemeinschaftswerke, in: Herbert Jankuhn (Hg.): Forschungs- und Lehrgemeinschaft „Das Ahnenerbe". Jahrestagungen. Bericht über die Kieler Tagung 1939, Neumünster 1944, S. 9-15.

Hartke, Werner: Hauptversammlung der Akademie (6. April 1967), in: Jahrbuch der Deutschen Akademie der Wissenschaften zu Berlin 1967, Berlin 1968, S. 110-131.

Hartmann, Rudolf: Der Atlas der deutschen Volkskunde und die Rußlanddeutschen im Durchgangslager Prenzlau, Uckermarck (1930), in: Jahrbuch für ostdeutsche Volkskunde 28, 1985, S. 41-49.

Heilfurth, Gerhard: Die Arbeitsgemeinschaft für deutsche Volkskunde, in: Mitteldeutsche Blätter für Volkskunde 12, 1937, S. 110-111.

Heilfurth, Gerhard: Volkskunde jenseits der Ideologien. Zum Problemstand des Faches im Blickfeld empirischer Forschung, in: Hessische Blätter für Volkskunde 53, 1962, S. 9-28.

Heilfurth, Gerhard: Geleitwort, in: Mitteilungen der Deutschen Gesellschaft für Volkskunde, Nr. 69, Januar 1965, S.1-5.

Helbok, Adolf: Problem und Methode der deutschen Landesgeschichte, in: Historische Vierteljahrsschrift 22, 1924/25, S. 433-460.

Helbok, Adolf: Deutsche Volksforschung, in: Zeitschrift für Ethnologie 64, 1932, S. 402-410.

Helbok, Adolf: Was ist deutsche Volksgeschichte? Ziele, Aufgaben und Wege, Berlin, Leipzig 1935.

Helbok, Adolf: Der Problemkreis von Volkskunde und Volksgeschichte, in: Zeitschrift für Volkskunde 43, 1933, S. 1-15.
Helbok, Adolf: Der österreichische Volkskunde-Atlas. Seine wissenschaftliche, volks- und staatspolitische Bedeutung, Linz 1955.
Helbok, Adolf: Der österreichische Volkskundeatlas, in: Zeitschrift für Volkskunde 52, 1955, S. 282-283.
Helbok, Adolf: Erinnerungen. Ein lebenslanges Ringen um volksnahe Geschichtsforschung, Innsbruck o.J. [1963].
Heppner, Theodor: Der Atlas der deutschen Volkskunde, in: Bayerischer Heimatschutz 25, 1929, S. 125-127.
Heppner, Theodor: Der Atlas der deutschen Volkskunde in Bayern, in: Bayerischer Heimatschutz 27, 1931, S. 101-102.
Heppner, Theodor: Der Atlas der deutschen Volkskunde. Eine Gegenwartsforderung der deutschen Wissenschaft, in: Münchner Neueste Nachrichten, 29. August 1931.
Heppner, Theodor: Der Atlas der deutschen Volkskunde, in: Bayerischer Heimatschutz 28, 1932, S. 92-93.
Heppner, Theodor: Erkenntniswege der Volksforschung und der Atlas der deutschen Volkskunde (ADV), in: Bayerischer Heimatschutz 30, 1934, S. 83-86.
Heß, Josef: Der Atlas der deutschen Volkskunde (Bespr. der 1. Lieferung), in: Vierteljahrsblätter für Luxemburgische Sprachwissenschaft, Volks- und Ortsnamenkunde 2, 1936, S. 221-222.
Herbert Hochstetter: Gruß des Kultministeriums Württemberg-Baden, in: Bericht über den Allgemeinen volkskundlichen Kongreß (7. Deutscher Volkskundetag), S. 6-8.
Hoyer, Ernst: Kanonistisches zum Atlas der deutschen Volkskunde (Sudetendeutsche Zeitschrift für Volkskunde, Beiheft 3), Prag 1935.
Hübner, Arthur: Der deutsche Volkskundeatlas, in: Deutsche Volkskunde, S. 44-64.
Hübner, Arthur: Der Atlas der deutschen Volkskunde, in: Zeitschrift für Volkskunde 39, 1929, S. 1-16.
Hübner, Arthur: Geisteswissenschaft und Großarbeit, in: Deutsche Allgemeine Zeitung, 5. Juni 1930, Nr. 255-256, Beiblatt.
Jacobeit, Wolfgang: Möglichkeiten einer verstärkten internationalen Zusammenarbeit auf dem Gebiet der europäischen Agrarethnographie, in: Europa et Hungaria. Congressus ethnographicus in Hungaria 16.-20.X.1963, Budapest 1965, S. 137-146.
Jerusalem, Wilhelm: Soziologie des Erkennens, in: Die Zukunft, Bd. 67, 1909, S. 236-246.
Jerusalem, Wilhelm: Die soziologische Bedingtheit des Denkens und der Denkformen, in: Max Scheler (Hg.): Versuch zu einer Soziologie des Wissens, München, Leipzig 1924, S. 182-207.
Joel, Kurt: Wissenschaft ist kein Luxus. Kundgebung der Notgemeinschaft, in: Vossische Zeitung, 4.12.1928.
Jungbauer, Gustav: Der Atlas der deutschen Volkskunde, in: Sudetendeutsche Zeitschrift für Volkskunde 2, 1929, S. 145-148.
Jungbauer, Gustav: Geschichte der deutschen Volkskunde, Prag 1931.
Jungbauer Gustav: Atlas der deutschen Volkskunde (Bericht über die Landesstellenleitertagung und das Verzeichnis der Belegorte), in: Sudetendeutsche Zeitschrift für Volkskunde 9, 1936, S. 119 u. S. 127.
Kaiser, Karl: Der Atlas der deutschen Volkskunde, in: Unser Pommerland 18, 1933, S. 107-109.
Kaiser, Karl: Der Atlas der deutschen Volkskunde in Pommern, in: Pommersche Heimatpflege 4, 1933, S. 98-103.
Kaiser, Karl: Die Arbeit am Atlas der deutschen Volkskunde in Pommern, in: Monatsblätter der Gesellschaft für pommersche Geschichte und Altertumskunde 48, 1934, S. 160-164.

Kaiser, Karl: Die Deutsche Volkskunde in Pommern (Veröffentlichungen des Volkskundlichen Archives für Pommern 1), Greifswald 1934.

Kaiser, Karl: Der Atlas der Deutschen Volkskunde, in: Zeitschrift für deutsche Philologie 60, 1935, S. 32-45.

Kaiser, Karl: Atlas der Pommerschen Volkskunde (Veröffentlichungen des Volkskundlichen Archives für Pommern 4), Greifswald 1936.

Kaiser, Karl: Pommern im Lichte der volkstumsgeographischen Forschung, in: Folk 1, 1937, S. 147-166.

Kaiser, Karl (Hg.): Lesebuch zur Geschichte der Deutschen Volkskunde, Dresden 1939.

Kehren, Georg: Möglichkeiten und Grenzen der computativen Auswertung von Daten des Atlas der deutschen Volkskunde (ADV), Erkelenz 1994.

Kerkhoff-Hader, Bärbel: Märkte im nördlichen Rheinland nach dem Material des ADV, in: Rheinisch-westfälische Zeitschrift für Volkskunde 24, 1978, S. 183-207.

Kersten, Paul: Wissenschaft als Machtfaktor. Rückblick auf den Dresdner Gelehrtenkongreß, in: Der Tag, 4.12.1928.

Klees, Henri: Auf dem Wege zu einem Luxemburger Volkskundeatlas, in: Bulletin Linguistique et Ethnologique 18, 1972, S. 55-86.

Kódnicki, Zygmunt; Das polnisch-deutsche Grenzgebiet als kultureller Kontaktraum im Spiegel der volkskundlichen Atlanten, in: Cox/Wiegelmann (Hg.), Kulturraumforschung, S. 43-54.

Koch, Georg: Gegenwartsvolkskunde, in: Hessische Blätter für Volkskunde 30/31, 1931/32, S. 203-228.

Kovačevičová, Sonja: Ergebnisse der K|ulturraumforschung in der Slowakei, in: Cox/Wiegelmann (Hg.), Kulturraumfoschung, S. 13-27.

Krebs, Norbert: Atlas des deutschen Lebensraumes in Mitteleuropa, Leipzig 1937-1941.

Kreidler, Walter: Der Atlas der deutschen Volkskunde, in: Germanien 11, 1939, S. 210-217.

Kretschmer, Ingrid: Die thematische Karte als wissenschaftliche Aussageform der Volkskunde, Remagen 1965.

Kretschmer, Ingrid: Vom Fragebogen zur volkskundlichen Karte, in: Helmut Fielhauer u. Ingrid Kretschmer (Hg.): Volkskundliche Beiträge. Anläßlich der Eröffnung des Instituts für Volkskunde der Universität Wien, Wien 1966, S. 69-76.

Kretschmer, Ingrid: Volkskundeatlanten in Europa und ihre Bedeutung für die geographische Relevanz, in: Mitteilungen der Österreichischen Geographischen Gesellschaft 114, 1972, S. 143-147.

Kretschmer, Ingrid: Einige neuere Aspekte ethnologischer Kartographie, in: In memoriam Antonio Jorge Dias. Bd. II, Lisboa 1974, S. 279-307.

Kretschmer, Ingrid: Ethnologische Atlanten in Europa, ihre Entwicklung und ihr Beitrag an die Thematische Kartographie, in: Internationales Jahrbuch für Kartographie 15, 1975, S. 55-90.

Kretschmer, Ingrid: Der Österreichische Volkskundeatlas. Zum Abschluß des Gesamtwerkes, in: Erik Arnberg (Red.): Kartographie der Gegenwart in Österreich, Wien 1984, S. 193-207.

Kretschmer, Ingrid: Zur Entwicklung thematischer Karten im 19. und 20. Jahrhundert, in: Hans Wolff (Hg.): Vierhundert Jahre Mercator, vierhundert Jahre Atlas. „Die ganze Welt zwischen zwei Buchdeckeln“. Eine Geschichte der Atlanten, Weissenhorn 1995, S. 231-263.

Kügler, Hermann: Der Atlas der deutschen Volkskunde, in: Deutsches Philologen-Blatt 38, 1930, S. 236-237.

Kuhlbrodt: Atlas der Deutschen Volkskunde, in: Beiträge zur deutschen Volks- und Altertumskunde 4, 1959, S. 85-90.

Kunze, Horst: Bericht über den Volkskunde-Kongreß der Deutschen Akademie der Wissenschaften zu Berlin vom 4. bis 6. September 1953, in: Deutsches Jahrbuch für Volkskunde 1, 1955, S. 260-269.

L. A.: Atlas der deutschen Volkskunde. Unsere Art und unsere Herkunft, in: Vossische Zeitung, 17. Oktober 1933.

L'Ethnocartographie en Europe. Actes de la Table Ronde: Bilan et Perspectives de la Cartographie Ethnologique en Europe, Aix-en-Provence, 25.-27. Novembre 1982 (Numéro spécial de la revue Technologies, Idéologies, Pratiques, 1982-1983).
Leyen, Friedrich von der: Anmerkungen zu den Kinder- und Hausmärchen der Brüder Grimm, in: Zeitschrift für Volkskunde 41, 1931/32, S. 64-65.
Lévy-Bruhl, Lucien: Das Denken der Naturvölker, hg. und eingeleitet von Wilhelm Jerusalem, Wien, Leipzig 1921.
Mackensen, Lutz: Volkskunde in der Entscheidung. Versuch einer Standortbestimmung, Tübingen 1937.
Mackensen, Lutz: Volkskundeatlas und auslandsdeutsche Volksforschung, in: Auslandsdeutsche Volksforschung 2, 1938, S. 80-87.
Maget, Marcel: Eléments d'un projet d'harmonisation technique, in: Laos 3, 1955, S. 63-78.
Martin, Bernhard, u. Walther Mitzka: Eduard Wildhagen, Begründer des Volkskundeatlasses, 80 Jahre alt, in: Hessische Blätter für Volkskunde 61, 1970, S. 247-248.
Matter, Beate-Cornelia: Der „Deutsche Muttertag". Versuch einer Auswertung des ADV-Materials, in: Bringéus/Meiners/Mohrmann/Sauermann/Siuts (Hg.), Wandel, S. 151-164.
Matter, Max: Landwirtschaftliche Dienstboten im Rheinland nach der ADV-Umfrage zur bäuerlichen Arbeit, in: Rheinisch-westfälische Zeitschrift für Volkskunde 22, 1976, S. 34-50.
Maurer, Friedrich: Der Atlas der deutschen Volkskunde, in: Zeitschrift für deutsche Bildung 4, 1928, S. 661-665.
Maurer, Friedrich: Der Atlas der deutschen Volkskunde, in: Nachrichten der Gießener Hochschulgesellschaft 8, 1931, S. 3-21.
Maurer, Friedrich: Deutsche Volkskunde. Ein Bericht über den Stand der Forschung und über neuere Literatur (1933-1936), in: Zeitschrift für deutsche Bildung 13, 1937, S. 204-209 u. S. 254-258.
Maurer, Friedrich: Atlas der deutschen Volkskunde, in: Literaturblatt für Germanische und Romanische Philologie 60, 1939, Nr. 1-2, Sp. 3-5.
Maus, Heinz: Zur Situation der deutschen Volkskunde, in: Die Umschau. Internationale Revue 1, 1946, S. 349-359.
Meier, John: Goethe, Freiherr von Stein und die deutsche Volkskunde, in: Mitteilungen der Akademie zur wissenschaftlichen Erforschung und zur Pflege des Deutschtums/Deutsche Akademie, Heft 4, April 1926, S. 129-144.
Meier, John: Vorwort des Vorsitzenden des Verbandes der deutschen Volkskundevereine, in: Deutsche Volkskunde, S. 9-14.
Meier, John: Wege und Ziele der deutschen Volkskundeforschung, in: Deutsche Volkskunde, S. 15-43.
Meier, John: Muttertag, in: Zeitschrift für Volkskunde 46, 1936/37, S. 100-112.
Meier, John: Der Verband deutscher Vereine für Volkskunde. Sein Werden und Wirken 1904-1944, Lahr 1947.
Meier, John: Bericht des Vorsitzenden an die Abgeordneten des Verbandes, in: Mitteilungen des Verbandes deutscher Vereine für Volkskunde, Nr. 57, Oktober 1949, S. 2-7.
Meiners, Uwe: Die Kornfege in Mitteleuropa. Wort- und sachkundliche Studien zur Geschichte einer frühen landwirtschaftlichen Maschine, Münster 1983.
Meiners, Uwe: Erhebungen des Atlas der deutschen Volkskunde und historische Quellen. Möglichkeiten der Quellenkombination am Beispiel der Kornfege, in: Cox/Wiegelmann (Hg.), Kulturraumforschung, S. 129-150.
Meisen, Karl: Nikolauskult und Nikolausbrauch im Abendland, Düsseldorf 1931.
Meisen, Karl: Europäische Volkskunde als Forschungsaufgabe, in: Rheinisches Jahrbuch für Volkskunde 3, 1952, S. 7-40.
Meyer, Raimund: Gegen die Verpolitisierung der deutschen Volkskunde. Gedanken zum Atlas der deutschen Volkskunde, in: Die Reichspost. Unabhängiges Tagblatt für das christliche Volk, Wien, 29. Juni 1935.

Mitteilungen der Volkskundekommission, hg. von der Notgemeinschaft der Deutschen Wissenschaft, Heft 1-5, Februar 1930- Januar 1935.

Mitzka, Walther: Volkskunde und Auslandsdeutschtum, in: Deutsche Volkskunde, S. 132-141.

Mitzka, Walther: Die Methodik des Deutschen Sprachatlas und des Deutschen Volkskundeatlas, in: Hessische Blätter für Volkskunde 41, 1950, S. 134-149.

Mogk, Eugen: Wesen und Aufgaben der Volkskunde, in: Mitteilungen des Verbandes deutscher Vereine für Volkskunde, Nr. 6, 1907, S. 1-10.

Moser, Hans: Gedanken zur heutigen Volkskunde. Ihre Situation, ihre Problematik, ihre Aufgaben, in: Bayerisches Jahrbuch für Volkskunde 1954, S. 208-234.

Naumann, Hans: Primitive Gemeinschaftskultur, Jena 1921.

Naumann, Hans: Grundzüge der deutschen Volkskunde, Leipzig 1922.

O. Pl. (= Otto Plassmann): Die Generalstabskarten der Volkskunde. Die Auslieferung des 'Atlas der deutschen Volkskunde' beginnt, in: Germania, 8. September 1936.

Oberdorffer, Kurt, Bruno Schier, u. Wilhelm Wostry (Hg.): Wissenschaft im Volkstumskampf. Festschrift zum 60. Geburtstag von Prof. Dr. Erich Gierach, Reichenberg 1942.

Österreichischer Volkskundeatlas. Unter dem Protektorat der Österreichischen Akademie der Wissenschaften, hg. von der Kommission für den Volkskundeatlas in Österreich, Linz, Wien 1959 ff.

Panzer, Friedrich: Gutachten über Fortführung und Abschluß des Atlas zur Deutschen Volkskunde, in: Vorschläge, S. 66-69.

Papers of the International Congress of European and Western Ethnology Stockholm 1951, Stockholm 1956.

Pastenaci, Kurt: Was tut der Mann im Mond? Ueber den Atlas der deutschen Volkskunde, in: Berliner Börsen-Zeitung, 26. August 1936.

Peesch, Reinhard: Volkskundliche Karten im Unterricht, in: Beitl, Volkskunde und Schule, S. 90-95.

Peesch, Reinhard: Agrarethnographische Themen im Atlas der deutschen Volkskunde, in: Agrarethnographie, S. 166-174.

Peesch, Reinhard: Atlas der deutschen Volkskunde, in: Deutsches Jahrbuch für Volkskunde 7, 1961, S. 276-280.

Peesch, Reinhard: Sammelrezension von europäischen Volkskundeatlanten, in: Deutsches Jahrbuch für Volkskunde 7, 1961, S. 280-291.

Peesch, Reinhard: Internationale Arbeitskonferenz über ethnologische Kartographie in Zagreb, 8.-10. Februar 1966, in: Demos 7, 1966, Sp. 371-372.

Peesch, Reinhard: Vorarbeiten für den DDR-Beitrag zum Volkskundeatlas Europas, in: Deutsches Jahrbuch für Volkskunde 15, 1969, S. 120-123.

Peßler, Wilhelm: Das altsächsische Bauernhaus in seiner geographischen Verbreitung. Ein Beitrag zur deutschen Landes- und Volkskunde, Braunschweig 1906.

Peßler, Wilhelm: Plan einer großen deutschen Ethno-Geographie, in: Kölnische Zeitung, 8. Juni 1907.

Peßler, Wilhelm: Ethno-geographische Wellen des Sachsentums. Ein Beitrag zur deutschen Ethnologie, in: Wörter und Sachen 1, 1909, S. 49-57.

Peßler, Wilhelm: Deutsche Ethno-Geographie und ihre Ergebnisse, soweit sie kartographisch abgeschlossen sind. Ein Beitrag zur deutschen Ethnologie, in: Deutsche Erde 8, 1909, S. 194-201 u. S. 234-239.

Peßler, Wilhelm: Ziele und Wege einer umfassenden deutschen Ethno-Geographie, in: Wörter und Sachen 3, 1912, S. 56-65.

Peßler, Wilhelm: Grundbegriffe volkstumskundlicher Landkarten, in: Volk und Rasse. Illustrierte Vierteljahrsschrift für deutsches Volkstum 1, 1926, S. 3-11.

Peßler, Wilhelm: Neue Ziele der deutschen Volkskunde und ihre Bedeutung für die deutsche Schule, in: Verhandlungen des 22. Deutschen Geographentages zu Karlsruhe 9. Juli 1927, Breslau 1928, S. 197-203.

Peßler, Wilhelm: Triumph der Kartographie, in: Hannoverscher Anzeiger, 26.9.1928, 3. Beilage.
Peßler, Wilhelm: Der jetzige Stand des deutschen Volkskundeatlasses, in: Verhandlungen des 23. Deutschen Geographentages zu Magdeburg 21.-23. März 1929. Breslau 1929, S. 234-239.
Peßler, Wilhelm: Die kartographische Darstellung des Aussterbens von volkskundlichen Erscheinungen, in: Zeitschrift für Volkskunde 41, 1931, S. 242-248.
Peßler, Wilhelm: Die geographische Methode in der Volkskunde, in: Anthropos 27, 1932, S. 707-742.
Peßler, Wilhelm: Der deutsche Volkskunde-Atlas, in: Joseph Schrijnen: Essai de bibliographie de géographie linguistique génerale, Nijmegen 1933, S. 31-45.
Peßler, Wilhelm: Methoden in der deutschen Volkskunde, in: Ders. (Hg.): Handbuch der deutschen Volkskunde. Bd. 1, Potsdam 1934, S. 16-20.
Peßler, Wilhelm: Die geographische Methode in der Volkskunde Europas, in: Travaux du I. Congrès international de folklore. Tenu à Paris du 23 au 28 août 1937 à l'école du Louvre, Tours 1938, S. 267-271.
Peßler, Wilhelm: Der heutige Stand der Sachgeographie, in: Volkswerk. Jahrbuch des Staatlichen Museums für Deutsche Volkskunde 3, 1943, S. 15-35.
Petry, Ludwig: Nachruf Herbert Schlenger, in: Zeitschrift für Ostforschung 18, 1969, S. 1-14.
Peuckert, Will-Erich: Volkskunde des Proletariats. I. Aufgang der proletarischen Kultur, Frankfurt a.M. 1931.
Peuckert, Will-Erich: Zur Situation der Volkskunde, in: Die Nachbarn. Jahrbuch für vergleichende Volkskunde 1, 1948, S. 130-135.
Peuckert, Will-Erich: Matthias Zender: Atlas der deutschen Volkskunde. Neue Folge, in: Zeitschrift für deutsche Philologie 78, 1959, S. 442-444.
Polski Atlas Ethnograficzny, hg. von Józef Gajek, Warschau 1958-1981.
Pröll, Franz: Wer bringt die Kinder? Antworten aus allen deutschen Landen, in: Anzeiger für den Berliner Norden, 30. Oktober 1931.
Protokollmanuskript der 1. Arbeitstagung über Fragen des Atlas der deutschen Volkskunde in Bonn vom 3. bis 5. November 1957, Bonn 1958.
Protokollmanuskript der 2. Arbeitstagung über Fragen des Atlas der deutschen Volkskunde in Bonn vom 23. bis 25. April 1959, Bonn 1959.
Protokollmanuskript der 3. Arbeitstagung über Fragen des Atlas der deutschen Volkskunde in Bonn vom 27. bis 29. April 1961, Bonn 1961.
Protokollmanuskript der 4. Arbeitstagung über Fragen des Atlas der deutschen Volkskunde in Bonn, 28. bis 30. April 1964, Bonn 1964.
Reißmann, Rolf: Soll man am Sonntag heiraten? Ein Atlas gibt Auskunft - Wenn die Hand juckt und das Ohr brummt...", in: Berliner Lokal-Anzeiger, 4. September 1936.
Riehl, Wilhelm Heinrich: Die Volkskunde als Wissenschaft, in: Ders.: Culturstudien aus drei Jahrhunderten, Stuttgart 1862, S. 205-229.
Riehl, Wilhelm Heinrich, u. Adolf Spamer: Die Volkskunde als Wissenschaft. Zwei Vorträge, Berlin 1935.
Riemann, Erhard: Ostpreußisches Volkstum um die ermländische Nordostgrenze. Beiträge zur geographischen Volkskunde Ostpreußens, Königsberg, Berlin 1937.
Riemann, Erhard: Atlas der deutschen Volkskunde, in: Zeitschrift für Ostforschung 9, 1960, S. 421-424.
Röhr, Erich: Der Atlas der deutschen Volkskunde und Pommern, in: Unser Pommerland 20, 1935, S. 206-209.
Röhr, Erich: Der Atlas der deutschen Volkskunde, in: Niederdeutsche Zeitschrift für Volkskunde 14, 1936, S. 165-184.
Röhr, Erich: Der Atlas der deutschen Volkskunde. Zum Erscheinen der ersten Kartenlieferungen, in: Bolletino dell' Atlante linguistico italiano 2, 1936, S. 49-60.
Röhr, Erich: L'atlas du folklore allemand et son organisation, in: Revue de Synthèse 11, 1936, S. 71-77.

Röhr, Erich: Die ersten Kartenreihen des Atlas der deutschen Volkskunde. Beiträge zur Methodik der Volkstumsgeographie, in: Folk 1, 1937, S. 113-146.

Röhr, Erich: Das Schrifttum über den Atlas der deutschen Volkskunde, in: Zeitschrift für Volkskunde 47, 1938, S. 52-86.

Röhr, Erich: Der Aufbau des Atlas der deutschen Volkskunde, in: Travaux du I. Congrès international de folklore. Tenu à Paris du 23 au 28 août 1937 à l'école du Louvre, Tours 1938, S. 275-279.

Röhr, Erich: Volkstumsgeographie in den Sudetenländern, in: Deutsche Volksforschung in Böhmen und Mähren 1, 1939, S. 222-233.

Röhr, Erich: Die Volkstumskarte. Voraussetzungen und Gestaltung (Volkstumsgeographische Forschungen 1), Leipzig 1939.

Röhr, Erich, u. Matthias Zender: Zum Erscheinen des Atlas der deutschen Volkskunde, in: Rheinische Vierteljahrsblätter 7, 1937, S. 73-89.

Ruhle, Dr. A.: Volksmund und Aberglaube registriert. Der Atlas der deutschen Volkskunde, in: Der Deutsche. Die Tageszeitung der Deutschen Arbeitsfront, 29. Juli 1934.

Rumpf, Max: Vergangenheits- und Gegenwartsvolkskunde – Volkskunde und Soziologie, in: Kölner Vierteljahrshefte für Soziologie 9, 1930/31, S. 407-429.

Rumpf, Max: Die Krise der Volkskunde, in: Deutsches Archiv für Landes- und Volksforschung 1, 1937, S. 907-932.

Sauermann, Dietmar: Zur Diffusion des Weihnachtsbaumes in Westfalen. Probleme und Vorüberlegungen, in: Rheinisch-westfälische Zeitschrift für Volkskunde 20, 1973, S. 105-112.

Schacht, Horand Horsa: Volkstum im Kartenbild, in: Der Auslandsdeutsche 16, 1933, S. 163.

Scheidt-Lämke, Dora: Karl Kaiser zum Gedächtnis, in: Deutsche Volkskunde 4, 1942, S. 3-9.

Schenda, Rudolf: Einheitlich – urtümlich – noch heute. Probleme der volkskundlichen Befragung, in: Geiger/Jeggle/Korff (Hg.), Abschied, S. 124-154.

Schier, Bruno: Hauslandschaften und Kulturbewegungen im östlichen Mitteleuropa, Reichenberg 1932.

Schier, Bruno: Der Bienenstand in Mitteleuropa (Volkstumsgeographische Forschungen 2), Leipzig 1939.

Schier, Bruno: Deutsche Aufbaukräfte in den Volkskulturen der Westslawen, in: Sudetendeutsche Landes- und Volksforschung. Aufgabe und Leistung. Berichte und Vorträge anläßlich der ersten Jahrestagung der Sudetendeutschen Anstalt für Landes- und Volksforschung (11.-13. Oktober 1941), Reichenberg 1942, S. 24-48.

Schier, Bruno: Der deutsche Einfluß auf die westslawische Volkskultur, in: Karpatenland 12, 1942, S. 245-249.

Schier, Bruno: Internationaler Kongreß für europäische und westliche Volkskunde in Stockholm, in: Zeitschrift für Volkskunde 50, 1953, S. 141-142.

Schier, Bruno: Deutsch-slawische Kulturberührungen aus volkskundlicher Sicht, in: Herbert Ludat (Hg.): Aus Natur und Geschichte Mittel- und Osteuropas, Gießen 1957, S. 91-95.

Schier, Bruno: Erich Gierach, dem Volksforscher und Organisator zum Gedächtnis (1881-1943), in: Josef Heinrich (Hg.): Sudetendeutscher Kulturalmanach 1958, München, Stuttgart 1958, S. 61-64.

Schier, Bruno: Zur Stellung der Volkskunde im Wissenschaftsgefüge unserer Zeit, in: Zeitschrift für Volkskunde 55, 1959, S. 1-10.

Schier, Bruno: Ortsnamen und Hausformen der deutsch-slawischen Kontaktzone in wechselseitiger Erhellung, in: Festschrift für Ernst Schwarz, Kallmünz 1961, S. 359-389.

Schlenger, Herbert: Der Atlas der deutschen Volkskunde und die höhere Schule, in: Deutsches Philologen-Blatt, 30.8.1933, S. 395-396.

Schlenger, Herbert: Beziehungen zwischen Kulturgeographie und deutscher Volkskunde im ostdeutschen Raum, in: Vom deutschen Osten. Max Friederichsen zum 60. Geburtstag, Breslau 1934, S. 1-26.

Schlenger, Herbert: Die Sachgüter im Atlas der deutschen Volkskunde, in: Jahrbuch für historische Volkskunde 3/4, 1934, S. 348-390.

Schlenger, Herbert: Die volkskundliche Karte in der Kulturgeographie, in: Geographische Wochenschrift 2, 1934, S. 12-17.
Schlenger, Herbert: Der Atlas der deutschen Volkskunde, in: Geistige Arbeit. Zeitung aus der wissenschaftlichen Welt 1, 1934, S. 3-4.
Schlenger, Herbert: Methodische und technische Grundlagen des Atlas der deutschen Volkskunde (Deutsche Forschung. Aus der Arbeit der Notgemeinschaft der Deutschen Wissenschaft, Heft 27), Berlin 1934.
Schlenger, Herbert: Die Volkskunde als Grundwissenschaft der Kulturgeographie, in: Zeitschrift für Volkskunde 44, 1934, S. 186-197.
Schlenger, Herbert: Atlas der schweizerischen Volkskunde, in: Zeitschrift für Volkskunde 50, 1953, S. 146-147.
Schlenger, Herbert: Methodische Probleme der landeskundlichen deutschen Ostforschung, in: Geschichtliche Landeskunde. Bd. V/1. Festschrift für Ludwig Petry, Wiesbaden 1968, S. 29-45.
Schmidt, Leopold: Volkskunde zwischen Diktatur und Demokratie, in: Die österreichische Furche. Freie kulturpolitische Wochenschrift. Nr. 29, 14. Juli 1951.
Schmidt, Leopold: Adolf Helbok, in: Österreichische Zeitschrift für Volkskunde 22, 1968, S. 177-179.
Schmidt-Ebhausen, Friedrich Heinz: Forschungen zur Volkskunde im deutschen Südwesten, Stuttgart 1963.
Schmidt-Ott, Friedrich: Zur Einführung, in: Deutsche Volkskunde, S. 5-6.
Schmidt-Ott, Friedrich: Vorwort der Notgemeinschaft der Deutschen Wissenschaft, in: Schlenger, Grundlagen, S. 5-6.
Schmidt-Ott, Friedrich: Erlebtes und Erstrebtes 1860-1950, Wiesbaden 1952.
Schreiber, Georg: Deutsche Kulturpolitik und der Katholizismus, Freiburg 1922.
Schreiber, Georg: Die Not der deutschen Wissenschaft und der geistigen Arbeiter, Leipzig 1923.
Schreiber, Georg: Kirchliche Volkskunde, in: Deutsche Volkskunde, S. 65-73.
Schreiber, Georg: Notgemeinschaft der Deutschen Wissenschaft und volkskundliche Forschung, in: Volkstum und Heimat. Karl Wagenfeld zum 60. Geburtstag, vom Westfälischen Heimatbunde, Münster 1929, S. 51-58.
Schreiber, Georg: Nationale und internationale Volkskunde, Düsseldorf 1930.
Schreiber, Georg: Nachtrag: Fragebogen zum Kümmerniskult, in: Vorschläge, S. 151-152.
Schreiber, Georg: Volkskunde einst und jetzt. Zur literarischen Widerstandsbewegung, in: Wilhelm Tack (Hg.): Festgabe für Alois Fuchs, Paderborn 1950, S. 275-317.
Schreiber, Georg: Deutsche Wissenschaftspolitik von Bismarck bis zum Atomwissenschaftler Otto Hahn, Köln 1954.
Schreiber, Georg: Deutschland und Österreich. Deutsche Begegnungen mit Österreichs Wissenschaft und Kultur, Köln 1956.
Schroeder, Walter: Travaux du Ier Congrès International de Folklore, in: Volkstum und Kultur der Romanen 11, 1938, S. 342-345.
Segschneider, Ernst Helmut: Totenkranz und Totenkrone im Ledigenbegräbnis. Nach einer Dokumentation des Atlas der deutschen Volkskunde, Köln 1976.
Seemann, Erich: John Meier (1864-1953). Sein Leben, Forschen und Wirken, Freiburg 1954.
Simon, Michael: Vornamen wozu? Taufe, Patenwahl und Namengebung in Westfalen vom 17. bis zum 20. Jahrhundert, Münster 1989.
Simon, Michael: Der Storch als Kinderbringer, in: Rheinisch-westfälische Zeitschrift für Volkskunde 34/35, 1989/90, S. 25-39.
So.: Internationaler Verband für Volksforschung, in: Völkischer Beobachter, 10. April 1936.
Spamer, Adolf: Fünfundzwanzig Jahre Verband deutscher Vereine für Volkskunde, in: Mitteilungen des Verbandes deutscher Vereine für Volkskunde, Nr. 40, Juni 1930, S. 1-13.
Spamer, Adolf (Hg.): Die Deutsche Volkskunde. Band 1, Leipzig 1934.

Spamer, Adolf: Stand und Aufgaben der Deutschen Volksforschung, in: Mitteldeutsche Blätter für Volkskunde 10, 1935, S. 97-105.

Spamer, Adolf: Aufgaben und Arbeiten der 'Abteilung Volkskunde' in der 'Reichsgemeinschaft der Deutschen Volksforschung', in: Niederdeutsche Zeitschrift für Volkskunde 14, 1936, S. 145-154.

Spamer, Adolf: Der Atlas der deutschen Volkskunde, in: Völkischer Beobachter, 12. September 1936.

Spohr, Ludwig: Volksglaube auf Landkarten / Sind Rothaarige untreu?, in: Leipziger Neueste Nachrichten, 6. November 1937.

Spranger, Eduard: Über Gefährdung und Erneuerung der deutschen Universität, in: Die Erziehung. Monatsschrift für den Zusammenhang von Kultur und Erziehung in Wissenschaft und Leben 5, 1930, S. 513-526.

Stasczak, Zofia: Einige slawische Gemeinsamkeiten in der traditionellen Volkskultur Schlesiens anhand der Angaben im „Atlas der deutschen Volkskunde", in: Ethnologia Slavica 4, 1973, S. 43-75.

Steinitz, Wolfgang: Aufgaben und Ziele der volkskundlichen Arbeit in der Deutschen Demokratischen Republik, in: Wissenschaftliche Annalen 2, 1953, S. 1-7.

Steinitz, Wolfgang: Die volkskundliche Arbeit in der Deutschen Demokratischen Republik. 2. durchgesehene Aufl., Leipzig 1955.

Steinitz, Wolfgang: Für wissenschaftliche Zusammenarbeit zwischen Ost und West. Eine notwendige Erklärung, in: Deutsches Jahrbuch für Volkskunde 2, 1956, S. 325-330.

Steller, Walther: Der deutsche Volkskunde-Atlas, in: Mitteilungen der schlesischen Gesellschaft für Volkskunde 30, 1929, S. 247-254.

Steller, Walther: Der deutsche Volkskunde-Atlas. Landesstelle Niederschlesien. 1. Bericht November 1930, in: Mitteilungen der schlesischen Gesellschaft für Volkskunde 31/32, 1931, S. 346-365.

Steller, Walther: Volkskundliche Arbeit im Lichte des Nationalsozialismus, in: Volkskundliche Gaben. John Meier zum siebzigsten Geburtstage dargebracht, Berlin, Leipzig 1934, S. 244-252.

Stellmacher, Dieter: Anneliese Bretschneider 1898-1984, in: Zeitschrift für Dialektologie und Linguistik 52, 1985, S. 1-4.

Strack, Adolf: Geleitswort, in: Mitteilungen des Verbandes deutscher Vereine für Volkskunde, Nr. 1, 1905, S. 1-6.

Strobel, Hans: Atlas der deutschen Volkskunde. Gedanken zur ersten Kartenlieferung, in: Nationalsozialistische Monatshefte 7, 1936, S. 917-920.

Stroh, Fritz: Der Atlas der deutschen Volkskunde, in: Hessische Blätter für Volkskunde 34, 1935, S. 103-108.

Teha: Fragen an das Volk, in: Simplicissimus, Nr. 7, 18. Mai 1931, S. 82.

Teuteberg, Hans Jürgen, u. Günter Wiegelmann: Der Wandel der Nahrungsgewohnheiten unter dem Einfluß der Industrialisierung, Göttingen 1972.

Th. Sch.: Eine Großtat der Selbsthilfe. Zur Dresdner Tagung der Notgemeinschaft, in: Dresdner Neueste Nachrichten, 2.12.1928.

Thilenius, Georg: Völkerkunde, in: Gustav Abb (Hg.): Aus fünfzig Jahren deutscher Wissenschaft. Seiner Excellenz Herrn Staatsminister Friedrich Schmidt-Ott zur Feier seines siebzigsten Geburtstages im Namen der Deutschen Wissenschaft überreicht von Walter van Dyck, Adolf von Harnack, Friedrich von Miller, Fritz Tillmann, Berlin 1930, S. 384-399.

Travaux du Ier Congrès International de Folklore. Tenu à Paris, du 23 Août 1937 à l'École du Louvre, Tours 1938.

Trier, Walter: Wo die kleinen Kinder herkommen. Lustige und wundersame Geschichten, die die deutschen Mütter ihren neugierigen Kindern erzählen, gesammelt im neuen „Atlas der deutschen Volkskunde" und hier zu einem Bilderbogen vereinigt von Walter Trier, in: Berliner Illustrierte Zeitung, Heft 32, 1933.

Trier, Walter: Es spukt... Kobolde, Dämonen und andere Gespenster im deutschen Volksglauben. Unser zweiter Walter-Trier-Bilderbogen zum neuen „Atlas der deutschen Volkskunde" – einem Werk der Notgemeinschaft deutscher Wissenschaft, in: Berliner Illustrierte Zeitung, Heft 38, 1933.

Trott zu Solz, Werner von: Der Untergang des Vaterlandes. Dokumente und Aufsätze, Freiburg 1965.

Varagnac, André: La Méthode cartographique dans le Folklore, in: Revue de Folklore français et de Folklore colonial 3, 1932, S. 224-233.

Varagnac, André: Avant le Congrès international de folklore: Où sont nos méthodes?, in: Revue de Folklore français 8, 1937, S. 175-185.

Volkskunde-Atlas voor Nederland en Vlaams-België. In opdracht van de Volkskunde-Commissie der Koninklijke Nederlandse Akademie van Wetenschappen en de Nationale Commissie voor Folklore van Belgie uitgiven door Piet J. Meertens en Maurits de Meyer, Antwerpen-Amsterdam 1959 ff.

Vorschläge für 150 Fragen zum Abschluß des Frageplans des Atlas der Deutschen Volkskunde (Deutsche Forschung. Aus der Arbeit der Notgemeinschaft der Deutschen Wissenschaft, Heft 19), Berlin 1933.

Voskuil, Johannes J.: Die Diffusion des Weihnachtsbaumes in den Niederlanden, in: Rheinisch-westfälische Zeitschrift für Volkskunde 20, 1973, S. 92-104.

Voskuil, Johannes J.: De eerste aflevering van de Europese Atlas. En de laatste?, in: Volkskundig Bullettin 8, 1982, S. 180-194.

Voskuil, Johannes J.: Les limites de la méthode cartographique, in: L'Ethnocartographie, S. 105-116.

Voskuil, Johannes J.: Volkskundliche Karten und das Rekonstruieren kultureller Prozesse am Beispiel des Brotkonsums in den Niederlanden um 1900, in: Cox/Wiegelmann (Hg.), Kulturraumforschung, S. 113-127.

Voskuil, Johannes J.: Het bureau. Bd. 1-7, Amsterdam 1996-2000.

Vries, Jan de: Die Vereinheitlichung der Volkskundekarten, in: Zeitschrift für Volkskunde 46, 1936/37, S. 189-192.

Wähler, Martin: Die Volkskunde an den deutschen Hochschulen, in: Wilhelm Peßler (Hg.): Handbuch der Deutschen Volkskunde. Bd. 1, Potsdam 1934, S. 183-186.

Wagner, Kurt: Geographisch-historische Volkskunde, in: Hessische Blätter für Volkskunde 21, 1922, S. 1-21.

Wagner, Kurt: Sammlung und Darstellung des volkskundlichen Stoffes, in: Deutsche Volkskunde, S. 115-131.

Wagner, Kurt: Über Notwendigkeit und Form eines Deutschen Atlas, in: Geographische Zeitschrift 36, 1930, S. 453-468 u. S. 513-528.

Weber-Kellermann, Ingeborg: Zehn Jahre Institut für deutsche Volkskunde, in: Deutsche Akademie der Wissenschaften zu Berlin 1946-1956, hg. von der Deutschen Akakemie der Wissenschaften zu Berlin, Berlin 1956, S. 435-447.

Weber-Kellermann, Ingeborg: Zur Frage der interethnischen Beziehungen in der „Sprachinselvolkskunde", in: Österreichische Zeitschrift für Volkskunde 62, 1959, S. 19-47.

Weber-Kellermann, Ingeborg: Erntebrauch in der ländlichen Arbeitswelt auf Grund der Mannhardtbefragung, Marburg 1965.

Wegner, Konrad: Die Darstellung des polnisch-deutschen Verhältnisses in der ethnographischen Literatur Polens, unter Bezug auf den ADV, in: Jahrbuch für ostdeutsche Volkskunde 26, 1983, S. 210-228.

Weinhold, Karl: Rede bei Antritt des Rectorats gehalten in der Aula der Königlichen Friedrich-Wilhelms-Universität zu Berlin am 15. October 1893, Berlin 1893.

Weiss, Richard: Die geographische Methode in der Volkskunde, in: Vox romanica 1, 1936, S. 370-383.

Weiss, Richard: Plan und Rechtfertigung eines Kartenwerks der Schweizerischen Volkskunde, in: Vox romanica 2, 1937, S. 136-146.

Weiss, Richard: Atlas der schweizerischen Volkskunde. Die bisherigen Erfahrungen der Exploratoren, in: Schweizerisches Archiv für Volkskunde 38, 1941, S. 105-118.
Weiss, Richard: Die Brüning-Napf-Reuss-Linie als Kulturgrenze zwischen Ost- und Westschweiz auf volkskundlichen Karten, in: Geographica Helvetica 2, 1947, S. 153-175.
Weiss, Richard: Volkskunde der Schweiz. Grundriss, Erlenbach-Zürich 1946.
Weiss, Richard: Einführung in den Atlas der schweizerischen Volkskunde, Basel 1950.
Weiss, Richard: Kulturgrenzen und ihre Bestimmung durch volkskundliche Karten, in: Studium Generale 5, 1952, S. 363-373.
Weiss, Richard: Drei neue Beispiele 'geographischer Methode', in: Schweizerisches Archiv für Volkskunde 53, 1957, S. 233-236.
Weiss, Richard: Der schwedische Volkskundeatlas. Sigurd Erixon zum 70. Geburtstag, in: Schweizerisches Archiv für Volkskunde 54, 1958, S. 36-37.
Wiegelmann, Günter: „Atlas der deutschen Volkskunde" und die deutsche Landeskunde, in: Geographische Rundschau 8, 1956, S. 113-115.
Wiegelmann, Günter: Natürliche Gunst und Ungunst im Wandel rheinischer Agrarlandschaften, erläutert anhand von Untersuchungen in der nördlichen Eifel, im Bereich der unteren Saar (Saargau und Hochwald) und im Saarland, Köln 1958.
Wiegelmann, Günter: Die bäuerliche Alltagskost, in: Protokollmanuskript der 1. Arbeitstagung 1958, S. 23-25.
Wiegelmann, Günter: Die naturräumliche Gliederung in ihrer Bedeutung für die Verbreitung volkstümlicher Kulturformen, in: Protokollmanuskript der 2. Arbeitstagung 1959, S. 40-42.
Wiegelmann, Günter: Zur Erfassung bäuerlicher Sachgüter und Arbeitsverfahren, in: Protokollmanuskript der 3. Arbeitstagung 1961, S. 19-29.
Wiegelmann, Günter: Zur Sachforschung im bäuerlichen Bereich. Möglichkeiten und Probleme von Übersichtsbefragung und Dorfmonographie, in: Zeitschrift für Volkskunde 58, 1962, S. 99-113.
Wiegelmann, Günter: Der „Atlas der deutschen Volkskunde". Rückblick auf die Arbeit seit 1928, in: Mitteilungen des Vereins für Niedersächsisches Volkstum e.V. 38, Heft 71, 1963, S. 24-25.
Wiegelmann Günter: Der „Atlas der deutschen Volkskunde" als Quelle für die Agrargeschichte, in: Zeitschrift für Agrargeschichte und Agrarsoziologie 12, 1964, S. 164-180.
Wiegelmann, Günter: Probleme einer kulturräumlichen Gliederung, in: Protokollmanuskript der 4. Arbeitstagung 1964, S. 33-37.
Wiegelmann, Günter: Reliktzonen und moderne Gebiete in der bäuerlichen Sachkultur der Neuzeit, in: Gerhard Sandner (Hg.): Kulturraumprobleme aus Ostmitteleuropa und Asien. Festschrift für Herbert Schlenger, Kiel 1964, S. 23-36.
Wiegelmann, Günter: Probleme einer kulturräumlichen Gliederung im volkskundlichen Bereich, in: Rheinische Vierteljahrsblätter 30, 1965, S. 95-117.
Wiegelmann, Günter: Der „lebende Leichnam" im Volksbrauch, in: Zeitschrift für Volkskunde 62, 1966, S. 161-183.
Wiegelmann, Günter: Alltags- und Festspeisen. Wandel und gegenwärtige Stellung, Marburg 1967.
Wiegelmann, Günter: The Atlas der Deutschen Volkskunde and the Geographical Research Method, in: Journal of the Folklore Institute 5, 1968, S. 187-197.
Wiegelmann, Günter: Zur Dokumentationstechnik neuer Umfragen im Atlas der deutschen Volkskunde, in: Wilhelm Hansen (Hg.): Arbeit und Gerät in volkskundlicher Dokumentation, Münster 1969, S. 23-27.
Wiegelmann, Günter: Erste Ergebnisse der ADV-Umfragen zur alten bäuerlichen Arbeit, in: Rheinische Vierteljahrsblätter 33, 1969, S. 208-262.
Wiegelmann, Günter: Reliktgebiet und Kulturfixierung. Zu einigen Begriffen und Modellen der schwedischen Ethnologie und der deutschen Volkskunde, in: Ennen/Wiegelmann (Hg.), Festschrift Matthias Zender, S. 59-71.

Wiegelmann, Günter: Das Archivmaterial der generellen volkskundlichen Umfragen in Deutschland, in: Rheinisch-westfälische Zeitschrift für Volkskunde 24, 1978, S. 299-314.
Wiegelmann, Günter: Ertrag und Aufgaben volkskundlicher Kulturraumforschung, in: Cox/Wiegelmann (Hg.), Kulturraumforschung, S. 1-12.
Wiegelmann, Günter: Theoretische Konzepte der europäischen Ethnologie. Diskussionen um Regeln und Modelle, Münster 1991.
Wiegelmann, Günter: Matthias Zender, in: Zeitschrift für Volkskunde 90, 1994, S. 261-264.
Wildhagen, Eduard: Der Atlas der deutschen Volkskunde, in: Forschungen und Fortschritte 8, 1932, S. 180-181.
Wildhagen, Eduard: Der Atlas der deutschen Volkskunde. I. Grundlagen, Berlin 1938.
Wiora, Walter: Die Stellung der Volkskunde im Kreise der Geisteswissenschaften, in: Bericht über den Allgemeinen volkskundlichen Kongreß (7. Volkskundetag), S. 8-21.
Wirth, Alfred: Neue Beiträge zur anhaltischen Volkskunde auf Grund der Ergebnisse der ersten drei Fragebogen zum Atlas der deutschen Volkskunde, Köthen 1933.
Wolfram, Richard: Die Brauchtumsaufnahme von Südtirol und Salzburg, in: Papers of the International Congress of European and Western Ethnology, Stockholm 1951, Stockholm 1956, S. 156-171.
Wolfram, Richard: Gegenwartsaufgaben der Volkskunde, in: Aufgaben der Universität Wien in Gegenwart und Zukunft. Aufsätze zur 600-Jahrfeier, hg. von der Universität Wien, Wien 1965, S. 353-358.
Wolfram, Richard: Die Jahresfeuer, Wien 1972.
Wossidlo, Richard: Über das Sammeln von Volksüberlieferungen, in: Deutsche Volkskunde, S. 142-150.
Wrede, Adam: Errichtung von Instituten für Volkskunde an deutschen Hochschulen, in: Niederdeutsche Zeitschrift für Volkskunde 4, 1926, S. 65-71.
Zender, Matthias: Atlas der deutschen Volkskunde, in: Rheinische Vierteljahrsblätter 8, 1938, S. 346-352.
Zender, Matthias: Die deutsche Sprache in der Gegend von Arel, in: Deutsches Archiv für Landes- und Volksforschung 3, 1939, S. 1-41.
Zender, Matthias: Die Sage als Spiegelbild von Volksart und Volksleben im westdeutschen Grenzland. Ein Beitrag zur Volkskunde von Eifel und Ardennen. Diss. phil., Teildruck, Bonn 1940.
Zender, Matthias: Der Sprachenkampf im volksdeutschen Gebiet um Arel (Kriegsvorträge der Rheinischen Friedrich-Wilhelms-Universität Bonn 69), Bonn 1942.
Zender, Matthias: Zur Technik und Methode zweier Quellenwerke der Kulturraumforschung [Deutscher Wortatlas und Atlas der schweizerischen Volkskunde], in: Rheinische Vierteljahrsblätter 18, 1953, S. 88-101.
Zender, Matthias: Die kulturelle Krise des Landvolkes und die deutsche Volkskunde, in: Rheinische Vierteljahrsblätter 20, 1955, S. 284-300.
Zender, Matthias: Das Brauchtum als Zeugnis für Wesensart und innere Gliederung des Mosellandes, in: Zeitschrift für Volkskunde 54, 1958, S. 12-43.
Zender, Matthias: Atlas der deutschen Volkskunde, Erläuterungen, Bd. 1, Marburg 1959, S. 22-32.
Zender, Matthias: Räume und Schichten mittelalterlicher Heiligenverehrung in ihrer Bedeutung für die Volkskunde. Die Heiligen des mittleren Masslandes und der Rheinlande in Kultgeschichte und Kultverbreitung, Düsseldorf 1959.
Zender, Matthias: Quellenwerke zur volkskundlichen Kulturraumforschung, in: Zeitschrift für Volkskunde 55/56, 1959/60, S. 104-114.
Zender, Matthias: Die kulturelle Stellung Westfalens nach den Sammlungen des Atlas der deutschen Volkskunde, in: Der Raum Westfalen. Bd. IV, 2: Beiträge zur Volkskunde und Baugeschichte, Münster 1965, S. 2-69.

Zender, Matthias: Volksbrauch und Politik. Lichterumzüge und Jahresfeuer von 1900 bis 1934, in: Rheinische Vierteljahrsblätter 38, 1974, S. 355-385.

Zender, Matthias: Der Atlas der deutschen Volkskunde, in: Jahrbuch der historischen Forschung in der Bundesrepublik Deutschland 1979, hg. von der Arbeitsgemeinschaft Historischer Forschungseinrichtungen in der Bundesrepublik Deutschland, Oldenburg 1979, S. 96-100.

Zender, Matthias (Hg.): Die Termine der Jahresfeuer in Europa (Forschungen zum Ethnologischen Atlas Europas und seiner Nachbarländer 1), Göttingen 1980.

Zender, Matthias: Historiolinguistik, Volkskunde, Kulturraumforschung, in: Werner Besch, Oskar Reichmann u. Stefan Sonderegger (Hg.): Sprachgeschichte. Ein Handbuch zur Geschichte der deutschen Sprache und ihrer Erforschung. Halbband 1, Berlin, New York 1984, S. 228-241.

Ziegler, Matthes: Volkskunde auf rassischer Grundlage, in: Nationalsozialistische Monatshefte 5, 1934, S. 711-717.

Ziegler, Matthes: Der Atlas der deutschen Volkskunde, in: Völkischer Beobachter, 9./10. Juni 1935.

Ziegler, Matthes: Volkskunde auf rassischer Grundlage. Voraussetzungen und Aufgaben, Berlin o.J. [1936].

M. Z. [= Matthes Ziegler]: „Atlas der deutschen Volkskunde", in: Völkischer Beobachter, 11.6.1936.

Ziegler, Matthes: Die Frau im Märchen, Leipzig 1937.

Ziegler, Matthes: Einführung, in: Deutsche Volkskunde 1, 1939, S. 5.

## Sekundärliteratur

Abel, Susanne: Zur politischen Instrumentalisierung von Wissenschaft im Dienst der völkischen Ideologie am Beispiel der Arbeit Wilhelm Peßlers von 1906-1945. Diss. phil. Göttingen 1996.

Alzheimer, Heidrun: Georg Fischer – ein Nationalökonom und Lehrerbildner als Volkskundler. Oder: Über die Schwierigkeiten etwas von gestern zu erfahren, in: Jahrbuch für Volkskunde NF 12, 1989, S. 51-65.

Alzheimer, Heidrun: Volkskunde in Bayern. Ein biobibliographisches Lexikon der Vorläufer, Förderer und einstigen Fachvertreter, Würzburg 1991.

Ash, Mitchell G.: Verordnete Umbrüche – Konstruierte Kontinuitäten. Zur Entnazifizierung von Wissenschaftlern und Wissenschaften nach 1945, in: Zeitschrift für Geschichtswissenschaft 43, 1995, S. 903-923.

Ash, Mitchell G.: Wissenschaft und Politik als Ressourcen für einander, in: Bruch/Kaderas (Hg.), Wissenschaften, S. 32-51.

Assion, Peter: „Was Mythos unseres Volkes ist". Zum Werden und Wirken des NS-Volkskundlers Eugen Fehrle, in: Zeitschrift für Volkskunde 81, 1985, S. 220-244.

Assion, Peter, u. Peter Schwinn: Migration, Politik und Volkskunde 1940/43. Zur Tätigkeit des SS-Ahnenerbes in Südtirol, in: Ina-Maria Greverus, Konrad Köstlin u. Heinz Schilling (Hg.): Kulturkontakt, Kulturkonflikt. Zur Erfahrung des Fremden. 26. Deutscher Volkskundetag, Frankfurt a.M. 1988, S. 221-226.

Bachmann-Medick, Doris: Cultural Turns. Neuorientierungen in den Kulturwissenschaften, Reinbek 2006.

Bagus, Anita: Volkskultur in der bildungsbürgerlichen Welt. Zum Institutionalisierungsprozeß wissenschaftlicher Volkskunde im wilhelminischen Kaiserreich am Beispiel der Hessischen Vereinigung für Volkskunde, Gießen 2005.

Baumgärtner, Raimund: Weltanschauungskampf im Dritten Reich. Die Auseinandersetzung der Kirchen mit Alfred Rosenberg, Mainz 1977.

Bausinger, Hermann: Volksideologie und Volksforschung. Zur nationalsozialistischen Volkskunde, in: Zeitschrift für Volkskunde 61, 1965, S. 177-204.

Bausinger, Hermann: Volkskunde. Von der Altertumsforschung zur Kulturanalyse, Darmstadt 1971.

Bausinger, Hermann: Volkskunde und Volkstumsarbeit im Nationalsozialismus, in: Gerndt (Hg.), Volkskunde und Nationalsozialismus, S. 131-141.

Bausinger, Hermann: Aus der T/Raum?, in: Rheinisch-westfälische Zeitschrift für Volkskunde 43, 1998, S. 23-30.

Behringer, Wolfgang: Das „Ahnenerbe“ der Buchgesellschaft. Zum Neudruck einer Germanen-Edition des NS-Ideologen Otto Höfler, in: Sozialwissenschaftliche Informationen 27, 1998, S. 283-289.

Beitl, Klaus: „Archéocivilisation“. André Varagnac – nachgelesen, in: Österreichische Zeitschrift für Volkskunde 108, 2005, S. 165-184.

Beitl, Klaus, u. Isac Chiva (Hg.): Wörter und Sachen. Österreichische und deutsche Beiträge zur Ethnographie und Dialektologie Frankreichs. Ein französisch-deutsch-österreichisches Projekt, Wien 1992.

Bemmann, Martin: Zu Bruno Schiers Wirken in der ersten Hälfte der 1940er Jahre, in: Volkskunde in Sachsen 18, 2006, S. 9-33.

Besenfelder, Sabine: „Staatsnotwendige Wissenschaft“. Die Tübinger Volkskunde in den 1930er und 1940er Jahren, Tübingen 2002.

Black, Jeremy: Maps and History. Constructing Images of the Past, New Haven, London 1997.

Bönisch-Brednich, Brigitte: Volkskundliche Forschung in Schlesien. Eine Wissenschaftsgeschichte, Marburg 1994.

Bönisch-Brednich, Brigitte: Von der Individualforschung zur institutionalisierten Wissenschaft. Das Beispiel Schlesien, in: Dröge (Hg.), Alltagskulturen, S. 183-196.

Bönisch-Brednich, Brigitte, u. Rolf Wilhelm Brednich (Hg.): „Volkskunde ist Nachricht von jedem Teil des Volkes“. Will-Erich Peuckert zum 100. Geburtstag, Göttingen 1996.

Bollenbeck, Georg, u. Clemens Knobloch (Hg.): Semantischer Umbau der Geisteswissenschaften nach 1933 und 1945, Heidelberg 2001.

Bollenbeck, Georg, u. Clemens Knobloch (Hg.): Resonanzkonstellationen. Die illusionäre Autonomie der Kulturwissenschaften, Heidelberg 2004.

Bollmus, Reinhard: Das Amt Rosenberg und seine Gegner. Studien zum Machtkampf im nationalsozialistischen Herrschaftssystem, Stuttgart 1970.

Bollmus, Reinhard: Zwei Volkskunden im Dritten Reich. Überlegungen eines Historikers, in: Gerndt (Hg.), Volkskunde und Nationalsozialismus, S. 49-60.

Boock, Barbara: Meier, John, in: Christoph König (Hg.): Internationales Germanistenlexikon 1800-1950. Bd. 2, Berlin 2003, Sp. 1192-1195.

Brednich, Rolf Wilhelm: Das Weigelsche Sinnbildarchiv in Göttingen, in: Zeitschrift für Volkskunde 83, 1987, S. 22-39.

Breuer, Dieter: Hans Ernst Schneider alias Schwerte. Seine volkskundlichen Arbeiten 1933-1945, in: Jahrbuch für Europäische Ethnologie. Dritte Folge 2, 2007, S. 7-20.

Bringéus, Nils-Arvid, Uwe Meiners, Ruth-E. Mohrmann, Dietmar Sauermann, u. Hinrich Siuts (Hg.): Wandel der Volkskultur in Europa. Festschrift für Günter Wiegelmann zum 60. Geburtstag, Münster 1988.

Brodhaecker, Michael: Wilhelm Peßlers „Ethno-Geographie“. Wissenschaftliche Versuche zur „Ganzheit“ der Volkskunde, in: Hildegard Frieß-Reimann, Christina Niem u. Thomas Schneider (Hg.): Skizzen aus der Mainzer Volkskunde. Festgabe für Herbert Schwedt, Mainz 1999, S. 47-58.

Bromberger, Christian: Vom Großen zum Kleinen. Zur Veränderung der Untersuchungsmaßstäbe und -gegenstände in der jüngsten Geschichte der Ethnologie Frankreichs, in: Chiva/Jeggle (Hg.), Volkskunde, S. 292-325.

Bruch, Rüdiger vom, u. Eckart Henning (Hg.): Wissenschaftsfördernde Institutionen im Deutschland des 20. Jahrhunderts, Berlin 1999.

Bruch, Rüdiger vom, u. Brigitte Kaderas (Hg.): Wissenschaften und Wissenschaftspolitik. Bestandsaufnahmen zu Formationen, Brüchen und Kontinuitäten im Deutschland des 20. Jahrhunderts, Stuttgart 2002.

Bruch, Rüdiger vom: Methoden und Schwerpunkte der Universitätsgeschichtsforschung, in: Werner Buchholz (Hg.): Die Universität Greifswald und die deutsche Hochschullandschaft im 19. und 20. Jahrhundert, Stuttgart 2004, S. 9-26.

Brückner, Wolfgang: „Volkskunde und Nationalsozialismus". Zum Beispiel Matthes Ziegler, in: Bayerische Blätter für Volkskunde 13, 1986, S. 189-192.

Brückner, Wolfgang: Geschichte der Volkskunde. Versuch einer Annäherung für Franzosen, in: Jeggle/Chiva (Hg.), Volkskunde, S. 105-127.

Brückner, Wolfgang: Volkskunde als gläubige Wissenschaft. Zum protestantischen Aspekt der ideologischen Wurzeln deutscher Volkskultur-Konzepte, in: Bringéus/Meiners/Mohrmann/Sauermann/Siuts (Hg.), Wandel, S. 17-42.

Brückner, Wolfgang: Friedrich Heinz Schmidt-Ebhausen, Volkskundedozent der Hochschule für Lehrerbildung Bayreuth, in: Jahrbuch für Volkskunde NF 12, 1989, S. 67-84.

Brückner, Wolfgang: Hauptströmungen nationalsozialistischer Volkskunde-Arbeit, in: Sönke Lorenz, Dieter R. Bauer, Wolfgang Behringer u. Jürgen Michael Schmidt (Hg.): Himmlers Hexenkartothek. Das Interesse des Nationalsozialismus an der Hexenverfolgung, Bielefeld 1999, S. 19-34.

Brückner, Wolfgang: Schneider/Schwertes volkskundliche Schriften im Kontext der völkischen Pflegeabsichten des Nationalsozialismus, in: Jahrbuch für Europäische Ethnologie. Dritte Folge 2, 2007, 21-34.

Brückner, Wolfgang, u. Klaus Beitl (Hg.): Volkskunde als akademische Disziplin. Studien zur Institutionenausbildung. Referate eines wissenschaftlichen Symposions vom 8.-10. Oktober 1982 in Würzburg, Wien 1983.

Chiva, Isac: Wie die Ethnologie Frankreichs entstand. Versuch einer genealogischen Betrachtung, in: Chiva/Jeggle (Hg.), Volkskunde, S. 13-43.

Chiva, Isac, u. Utz Jeggle (Hg.): Deutsche Volkskunde – Französische Ethnologie. Zwei Standortbestimmungen, Frankfurt a.M. 1987.

Connelly, John, u. Michael Grüttner (Hg.): Zwischen Autonomie und Anpassung: Universitäten in den Diktaturen des 20. Jahrhunderts, Paderborn 2003.

Dainat, Holger, u. Lutz Danneberg (Hg.): Literaturwissenschaft und Nationalsozialismus, Tübingen 2003.

Daxelmüller, Christoph: Vorwort, in: Bächtold-Stäubli/Hoffmann-Krayer (Hg.), Handwörterbuch. Bd. 1, S. V-XXXIV.

Daxelmüller, Christoph: Die deutschsprachige Volkskunde und die Juden. Zur Geschichte und den Folgen einer kulturellen Ausklammerung, in: Zeitschrift für Volkskunde 83, 1987, S. 1-20.

Dehnert, Walter: Volkskunde an der deutschen Universität Prag 1918-1945, in: Dröge (Hg.), Alltagskulturen, S. 197-212.

Deißner, Vera: Die Volkskunde und ihre Methoden. Perspektiven auf die Geschichte einer „tastend-schreitenden Wissenschaft" bis 1945. Die Entstehung und Entwicklung des volkskundlich-methodologischen Paradigmas im Spannungsfeld des gesellschaftlichen Diskurses bis 1945, Mainz 1997.

Deißner, Vera: Zur Geschichte volkskundlicher Fachgeschichtsschreibung bis 1931, in: Zeitschrift für Volkskunde 93, 1997, S. 57-76.

Dekker, Ton: Die Geschichte und Stellung der Volkskunde in den Niederlanden, in: Rheinisches Jahrbuch für Volkskunde 28, 1989/90, S. 89-105.

Dekker, Ton: Die niederländische Volkskunde und ihre großniederländischen Ideale, in: Hirschfelder/Schell/Schrutka-Rechtenstamm (Hg.), Kulturen, S. 581-595.

Dietz, Burckhard: Die interdisziplinäre „Westforschung" der Weimarer Republik und NS-Zeit als Gegenstand der Wissenschafts- und Zeitgeschichte. Überlegungen zu Forschungsstand und Forschungsperspektiven, in: Geschichte im Westen 14, 1999, S. 189-209.

Dietz, Burkhard, Helmut Gabel, u. Ulrich Tiedau (Hg.): Griff nach dem Westen. Die „Westforschung" der völkisch-nationalen Wissenschaften zum nordwesteuropäischen Raum (1919-1960). 2 Bde., Münster 2003.

Dietzsch, Ina: Volkskunde in Berlin oder Berliner Volkskunde? Überlegungen zu einer orts- und raumbezogenen Wissenschaftsgeschichte, in: Matthias Middell, Ulrike Thoms u. Frank Uekötter (Hg.): Verräumlichung, Vergleich, Generationalität. Dimensionen der Wissenschaftsgeschichte, Leipzig 2004, S. 46-69.

Dietzsch, Ina: „Volkskunde für unser Geld?" Wissenschaft als Projekt in Zusammenarbeit mit verschiedenen Öffentlichkeiten, in: Nikolow/Schirrmacher (Hg.), Wissenschaft, S. 179-196.

Dipper, Christof, u. Ute Schneider (Hg.): Kartenwelten. Der Raum und seine Repräsentation in der Neuzeit, Darmstadt 2006.

Ditt, Karl: Die Kulturraumforschung zwischen Wissenschaft und Politik. Das Beispiel Franz Petri (1903-1993), in: Westfälische Forschungen 46, 1996, S. 73-177.

Ditt, Karl: Eine „Symbiose von Erde und Menschentum". Zur kulturpolitischen Konstruktion von Raumbewußtsein in Westfalen im 20. Jahrhundert, in: Habbo Knoch (Hg.): Das Erbe der Provinz. Heimatkultur und Geschichtspolitik nach 1945, Göttingen 2001, S. 29-49.

Ditt, Karl: Wissenschaft als politisches und soziales System. Der Volkstumsansatz in der Westfalenhistoriographie des 20. Jahrhunderts, in: Jürgen Büschenfeld, Heike Franz u. Frank M. Kuhlemann (Hg.): Wissenschaftsgeschichte heute. Festschrift für Peter Lundgreen, Bielefeld 2001, S. 11-37.

Ditt, Karl: Der Wandel historischer Raumbegriffe im 20. Jahrhundert und das Beispiel Westfalen, in: Geographische Zeitschrift 93, 2005, S. 45-61.

Dröge, Kurt: „...weil die Ungewissheit nicht länger zu ertragen ist." Eine biographische Skizze zu Karl Kaiser und der Volkskunde in Pommern, in: Jahrbuch für ostdeutsche Volkskunde 36, 1993, S. 27-60.

Dröge, Kurt (Hg.): Alltagskulturen zwischen Erinnerung und Geschichte. Beiträge zur Volkskunde der Deutschen im und aus dem östlichen Europa, München 1995.

Dröge, Kurt: Der „Atlas der Pommerschen Volkskunde" und seine Auswertungsmöglichkeiten in der Gegenwart, in: Acta Ethnologica Danubiana 2-3, 2000-2001, S. 95-108.

Eckel, Jan: Deutsche Geisteswissenschaften 1870-1970. Institutionelle Entwicklungen, Forschungskonzeptionen, Selbstwahrnehmung, in: Neue politische Literatur. Berichte über das internationale Schrifttum 51, 2006, S. 353-396.

Elvert, Jürgen: Mitteleuropa! Deutsche Pläne zur europäischen Neuordnung (1918-1945), Stuttgart 1999.

Emmerich, Wolfgang: Zur Kritik der Volkstumsideologie, Frankfurt a.M. 1971.

Fahlbusch, Michael: „Wo der deutsche...ist, ist Deutschland!" Die Stiftung für deutsche Volks- und Kulturbodenforschung in Leipzig 1920-1933, Bochum 1994.

Fahlbusch, Michael: Wissenschaft im Dienst der nationalsozialistischen Politik? Die „Volksdeutschen Forschungsgemeinschaften" von 1931-1945, Baden-Baden 1999.

Fahlbusch, Michael: Deutschtumspolitik und Westdeutsche Forschungsgemeinschaft, in: Dietz/Gabel/Tiedau (Hg.), Griff, S. 569-647.

Faure, Christian: Le projet culturel de Vichy. Folklore et révolution nationale 1940-1944, Paris 1989.

Fehn, Klaus: Volksgeschichte im Dritten Reich als fächerübergreifende Wissenschaftskonzeption am Beispiel von Adolf Helbok, in: Hirschfelder/Schell/Schrutka-Rechtenstamm (Hg.), Kulturen, S. 567-580.

Fielitz, Wilhelm: Deutsche Ostforschung und Volkskunde am Beispiel volkskundlicher Forschungen in Wolhynien, in: Jan Piskorski, Jörg Hackmann u. Rudolf Jaworski (Hg.): Deutsche Ostforschung und polnische Westforschung im Spannungsfeld von Wissenschaft und Politik. Disziplinen im Vergleich, Osnabrück, Poznan 2002, S. 261-280.

Fischer, Wolfram, Rainer Hohlfeld, u. Peter Nötzoldt (Hg.): Die Preußische Akademie der Wisssenschaften zu Berlin 1914-1945, Berlin 2000.
Flachowsky, Sören: Von der Notgemeinschaft zum Reichsforschungsrat. Wissenschaftspolitik im Kontext von Autarkie, Aufrüstung und Krieg, Stuttgart 2008.
Flusser, Vilém: Mein Atlas, in: Ders.: Dinge und Undinge. Phänomenologische Skizzen, München und Wien 1993, S. 113-117.
Freckmann, Klaus: Hausforschung im Dritten Reich, in: Zeitschrift für Volkskunde 78, 1982, S. 169-182.
Freckmann, Klaus: Aufklärung und Verklärung - Positionen im Werk Georg Schreibers, in: Gerndt (Hg.), Volkskunde und Nationalsozialismus, S. 283-295.
Gailus, Manfred: Vom „gottgläubigen" Kirchenkämpfer Rosenbergs zum „christgläubigen" Pfarrer Niemöllers. Matthes Zieglers wunderbare Wandlungen im 20. Jahrhundert, in: Zeitschrift für Geschichtswissenschaft 54, 2006, S. 937-973.
Gajek, Esther: Volkskunde an den Hochschulen im Dritten Reich. Eine vorläufige Datensammlung, als Manuskript gedruckt, München 1986.
Gajek, Esther: Weihnachten im Dritten Reich. Der Beitrag von Volkskundlern an den Veränderungen des Weihnachtsfestes, in: Ethnologia Europaea 20, 1990, S. 121-140.
Gajek, Esther: Joseph Otto Plassmann. Eine akademische Laufbahn im Nationalsozialismus, in: Sievers (Hg.), Beiträge, S. 121-154.
Gajek, Esther: Germanenkunde und Nationalsozialismus. Zur Verflechtung von Wissenschaft und Politik am Beispiel Otto Höflers, in: Richard Faber (Hg.): Politische Religion - religiöse Politik, Würzburg 1997, S. 173-203.
Gajek, Esther: „Feiergestaltung". Zur planmäßigen Entwicklung eines „aus nationalsozialistischer Weltanschauung geborenen, neuen arteigenen Brauchtums" am Amt Rosenberg, in: Stefanie von Schnurbein u. Justus H. Ulbricht (Hg.): Völkische Religion und Krisen der Moderne. Entwürfe „arteigener" Glaubenssysteme seit der Jahrhundertwende, Würzburg 2001, S. 386-408.
Gansohr-Meinel, Heidi: „Fragen an das Volk." Der Atlas der deutschen Volkskunde 1928-1945. Ein Beitrag zur Geschichte einer Institution, Würzburg 1993.
Gansohr-Meinel, Heidi: Die Landesstelle des Atlas der Deutschen Volkskunde in Bonn und ihre Bedeutung für die Rheinische „Volks"- und „Grenzlandforschung" der zwanziger und dreißiger Jahre, in: Rheinische Vierteljahrsblätter 59, 1995, S. 271-303.
Gerhardt, Uta: Bilanz der soziologischen Literatur zur Integration der Vertriebenen und Flüchtlinge nach 1945, in: Dierk Hoffmann, Marita Krauss u. Michael Schwartz (Hg.): Vertriebene in Deutschland. Interdisziplinäre Ergebnisse und Forschungsperspektiven, München 2000, S. 41-64.
Gerholm, Thomas: Sweden: Central Ethnology, Peripheral Anthropology, in: Vermeulen/Roldán (Hg.), Fieldwork, S. 159-170.
Gerndt, Helge (Hg.): Volkskunde und Nationalsozialismus. Referate und Diskussionen einer Tagung, München 1987.
Gerndt, Helge (Hg.): Fach und Begriff „Volkskunde" in der Diskussion, Darmstadt 1988.
Gerndt, Helge: Deutsche Volkskunde und Nationalsozialismus - was haben wir aus der Geschichte gelernt?, in: Schweizerisches Archiv für Volkskunde 91, 1995, S. 53-75.
Gerndt, Helge: Einleitung, in: Gerndt/Roth (Hg.), Gesamtregister, S. 5-16.
Gerndt, Helge, u. Klaus Roth (Hg.): Gesamtregister Jahrgang 1-90 (1891-1994). Zeitschrift für Volkskunde, Göttingen 1995.
Gorgus, Nina: Der Zauberer der Vitrinen. Zur Museologie Georges Henri Rivières, Münster 1999.
Grüttner, Michael: Studenten im Dritten Reich, Paderborn 1995.
Grüttner, Michael: Wissenschaft, in: Wolfgang Benz, Hermann Graml u. Hermann Weiß (Hg.): Enzyklopädie des Nationalsozialismus, München 1997, S. 135-153.
Grüttner, Michael: Wissenschaftspolitik im Nationalsozialismus, in: Kaufmann (Hg.), Geschichte, S. 557-585.

Grüttner, Michael: Machtergreifung als Generationskonflikt. Die Krise der Hochschulen und der Aufstieg des Nationalsozialismus, in: Bruch/Kaderas (Hg.), Wissenschaften, S. 339-353.
Grüttner, Michael: Die nationalsozialistische Wissenschaftspolitik und die Geisteswissenschaften, in: Dainat/Danneberg (Hg.), Literaturwissenschaft, S. 13-40.
Grüttner, Michael: Biographisches Lexikon zur nationalsozialistischen Wissenschaftspolitik, Heidelberg 2004.
Grüttner, Michael, u. Sven Kinas: Die Vertreibung von Wissenschaftlern aus den deutschen Universitäten 1933-1945, in: Vierteljahrshefte für Zeitgeschichte 55, 2007, S. 123-186.
Gugerli, David (Hg.): Vermessene Landschaften. Kulturgeschichte und technische Praxis im 19. und 20. Jahrhundert, Zürich 1999.
Gugerli, David, u. Daniel Speich: Topografien der Nation. Politik, kartografische Ordnung und Landschaft im 19. Jahrhundert, Zürich 2002.
Gugerli, David, u. Barbara Orland (Hg.): Ganz normale Bilder. Historische Beiträge zur visuellen Herstellung von Selbstverständlichkeit, Zürich 2002.
Haar, Ingo: Historiker im Nationalsozialismus. Die deutsche Geschichtswissenschaft und der „Volkstumskampf“ im Osten, Göttingen 2000.
Haar, Ingo: Die Genesis der „Endlösung“ aus dem Geiste der Wissenschaften. Volksgeschichte und Bevölkerungspolitik im Nationalsozialismus, in: Zeitschrift für Geschichtswissenschaft 49, 2001, S. 13-31.
Haar, Ingo, u. Michael Fahlbusch (Hg.): German Scholars and Ethnic Cleansing, 1920-1945, New York, Oxford 2005.
Halle, Uta: „Die Externsteine sind bis auf weiteres germanisch!“ Prähistorische Archäologie im Dritten Reich, Bielefeld 2002.
Hammerstein, Notker: Die Johann Wolfgang Goethe-Universität Frankfurt am Main. Von der Stiftungsuniversität zur staatlichen Hochschule. Bd. 1: 1914-1950, Neuwied, Frankfurt a.M. 1989.
Hammerstein, Notker: Die Deutsche Forschungsgemeinschaft in der Weimarer Republik und im Dritten Reich. Wissenschaftspolitik in Republik und Diktatur, München 1999.
Harley, John Brian: Maps, Knowledge and Power, in: Denis Cosgrove u. Stephen Daniels (Hg.): The Iconography of Landscape. Essays on the Symbolic Representation, Design and Use of Past Environments, Cambridge 1988, S. 277-312.
Harms, Wolfgang: Die studentische Gegenwehr gegen Angriffe auf Paul Hankamer an der Universität Königsberg 1935/36. Ein Versuch der Verteidigung einer Geisteswissenschaft, in: Martin Huber u. Gerhard Lauer (Hg.): Nach der Sozialgeschichte. Konzepte für eine Literaturwissenschaft zwischen Historischer Anthropologie, Kulturgeschichte und Medientheorie, Tübingen 2000, S. 281-302.
Harvolk, Edgar: „Volkserziehung“ durch „Volkserkenntnis“. Zur „angewandten“ Volkskunde der Jahre 1934-1938, in: Ingolf Bauer u.a. (Hg.): Forschungen zur historischen Volkskultur. Festschrift für Thorsten Gebhard, München 1989, S. 339-354.
Hausmann, Frank-Rutger: „Deutsche Geisteswissenschaft“ im Zweiten Weltkrieg. Die „Aktion Ritterbusch“ (1940-1945), Dresden 1998.
Hausmann, Frank-Rutger: „Auch im Krieg schweigen die Musen nicht“. Die Deutschen Wissenschaftlichen Institute im Zweiten Weltkrieg, Göttingen 2001.
Hausmann, Frank-Rutger (Hg.): Die Rolle der Geisteswissenschaften im Dritten Reich 1933-1945, München 2002.
Hausmann, Frank-Rutger: Anglistik und Amerikanistik im „Dritten Reich“, Frankfurt a.M. 2003.
Heiber, Helmut: Walter Frank und sein Reichsinstitut für Geschichte des neuen Deutschlands, Stuttgart 1966.
Heiber, Helmut: Universität unterm Hakenkreuz. Teil 1: Der Professor im Dritten Reich. Bilder aus der akademischen Provinz, München 1991.
Heinemann, Isabel, u. Patrick Wagner (Hg.): Wissenschaft – Planung – Vertreibung. Neuordnungskonzepte und Umsiedlungspolitik im 20. Jahrhundert, Stuttgart 2006.

Heinrich, Fritz: Die deutsche Religionswissenschaft und der Nationalsozialismus. Eine ideologiekritische und wissenschaftsgeschichtliche Untersuchung, Petersberg 2002.

Hengartner, Thomas: Zur Ordnung von Raum und Zeit. Volkskundliche Anmerkungen, in: Schweizerisches Archiv für Volkskunde 98, 2002, S. 27-39.

Henkes, Barbara, u. Björn Rzoska: Volkskunde und „Volkstumspolitik" der SS in den Niederlanden. Hans Ernst Schneider und seine „großgermanischen" Ambitionen für den niederländischen Raum, in: Dietz/Gabel/Tiedau (Hg.), Griff, S. 291-324.

Herb, Guntram Henrik: Under the Map of Germany. Nationalism and Propaganda 1918-1945, London, New York 1997.

Hermann-Winter, Renate: Volkskunde an der Universität Greifswald, in: Jahrbuch für ostdeutsche Volkskunde 36, 1993, S. 3-26.

Hettling, Manfred (Hg.): Volksgeschichten im Europa der Zwischenkriegszeit, Göttingen 2003.

Hirschfelder, Gunther, Dorothea Schell, u. Adelheid Schrutka-Rechtenstamm (Hg.): Kulturen – Sprachen – Übergänge. Festschrift für H. L. Cox zum 65. Geburtstag, Köln 2000.

Hoffmann, Dieter, u. Kristie Macrakis (Hg.): Naturwissenschaft und Technik in der DDR, Berlin 1997.

Holzapfel, Otto: Das Deutsche Volksliedarchiv im Dritten Reich, in: Gerndt (Hg.), Volkskunde und Nationalsozialismus, S. 95-102.

Holzapfel, Otto: Das Deutsche Volksliedarchiv, Freiburg 1989.

Holzapfel, Otto: Fünfter Volkskundetag in Basel und Freiburg 1938, in: Jahrbuch für Volksliedforschung 35, 1990, S. 113-117.

Hübinger, Gangolf: Wertkollisionen im frühen 20. Jahrhundert, in: Bruch/Kaderas (Hg.), Wissenschaften, S. 74-83.

Hutton, Christopher M.: Linguistics and the Third Reich. Mother-tongue Fascism, Race and the Science of Language, London, New York 1999.

Jacobeit, Wolfgang: Bäuerliche Arbeit und Wirtschaft. Ein Beitrag zur Wissenschaftsgeschichte der deutschen Volkskunde, Berlin 1965.

Jacobeit, Wolfgang: Zur Geschichte der deutschen Volkskunde 1890-1945, in: Acta Ethnographica 15, 1966, S. 75-92.

Jacobeit, Wolfgang: Die Auseinandersetzung mit der NS-Zeit in der DDR-Volkskunde, in: Gerndt (Hg.), Volkskunde und Nationalsozialismus, S. 301-318.

Jacobeit, Wolfgang: Dreißig Jahre Ethnographie an der Humboldt-Universität zu Berlin 1952-1982, in: Ethnographisch-Archäologische Zeitschrift 27, 1988, S. 13-26.

Jacobeit, Wolfgang: Der „Atlas der deutschen Volkskunde" (ADV). Theoretisch-ideologisches Kernstück der Wissenschaftsentwicklung, in: Wissenschaftliche Zeitschrift der Humboldt-Universität zu Berlin. Reihe Geistes- und Sozialwissenschaften 40, 1991, Heft 11, S. 73-80.

Jacobeit, Wolfgang: Die Neuorientierung der deutschen Volkskunde, in: Steinitz/Kaschuba (Hg.), Steinitz, S. 145-154.

Jacobeit, Wolfgang, u. Ute Mohrmann: Zur Geschichte der volkskundlichen Lehre unter Adolf Spamer an der Berliner Universität (1933-1945), in: Ethnographisch-Archäologische Zeitschrift 23, 1982, S. 283-298.

Jacobeit, Wolfgang, Hannjost Lixfeld, u. Olaf Bockhorn (Hg.): Völkische Wissenschaft. Gestalten und Tendenzen der deutschen und österreichischen Volkskunde in der ersten Hälfte des 20. Jahrhunderts, Wien 1994.

Jeggle, Utz: Volkskunde im 20. Jahrhundert, in: Rolf W. Brednich (Hg.): Grundriss der Volkskunde. Einführung in die Forschungsfelder der Europäischen Ethnologie, Berlin 1988, S. 51-72.

Jessen, Ralph: Akademische Elite und kommunistische Diktatur. Die ostdeutsche Hochschullehrerschaft in der Ulbricht-Ära, Göttingen 1999.

Jessen, Ralph: Von den Vorzügen des Sozialismus und der deutschen Teilung. Kollaborationsverhältnisse im ostdeutschen System der fünfziger Jahre, in: Weisbrod (Hg.), Vergangenheitspolitik, S. 39-52.

Jones, Caroline A., u. Peter Galison (Hg.): Picturing Science, Producing Art, New York, London 1997.

Jung, Ottmar: Der literarische Judenstern. Die Indizierung der „jüdischen" Rechtsliteratur im nationalsozialistischen Deutschland, in: Vierteljahrshefte für Zeitgeschichte 54, 2006, S. 25-60.

Kaschuba, Wolfgang: Kulturalismus: Vom Verschwinden des Sozialen im gesellschaftlichen Diskurs, in: Zeitschrift für Volkskunde 91, 1995, S. 27-46.

Kater, Michael H.: Das „Ahnenerbe" der SS 1935-1945. Ein Beitrag zur Kulturpolitik des Dritten Reiches, Stuttgart 1974.

Kaufmann, Doris (Hg.): Geschichte der Kaiser-Wilhelm-Gesellschaft im Nationalsozialismus. Bestandsaufnahme und Perspektiven der Forschung, Göttingen 2000.

Kirchhoff, Jochen: Die forschungspolitischen Schwerpunktlegungen der Notgemeinschaft der Deutschen Wissenschaft 1925-1929 im transatlantischen Kontext. Überlegungen zur vergleichenden Geschichte der Wissenschaftsorganisation, in: Bruch/Henning (Hg.), Institutionen, S. 70-86.

Klingemann, Carsten: Soziologie im Dritten Reich, Baden-Baden 1996.

Knobloch, Clemens: Volkhafte Sprachforschung. Studien zum Umbau der Sprachwissenschaft in Deutschland zwischen 1918 und 1945, Tübingen 2005.

Kocka, Jürgen (Hg.): Die Berliner Akademien der Wissenschaften im geteilten Deutschland 1945-1990, Berlin 2002.

König, Gudrun M.: Dinge zeigen, in: Dies. (Hg.): Alltagsdinge. Erkundungen der materiellen Kultur, Tübingen 2005, S. 9-28.

Köster, Werner: Die Rede über den „Raum". Zur semantischen Karriere eines deutschen Konzepts, Heidelberg 2002.

Korff, Gottfried: Namenswechsel als Paradigmenwechsel? Die Umbenennung des Faches Volkskunde an deutschen Universitäten als Versuch einer „Entnationalisierung", in: Sigrid Weigel u. Birgit R. Erdle (Hg.): Fünfzig Jahre danach. Zur Nachgeschichte des Nationalsozialismus, Zürich 1996, S. 403-434.

Korff, Gottfried: Vorwort, in: Ders. (Hg.): KriegsVolksKunde. Zur Erfahrungsbindung durch Symbolbildung, Tübingen 2005, S. 9-28.

Kühn, Cornelia: „...eine neue, mit dem Volk verbundene Kultur entwickeln". Laienkunst als Ressource für die Etablierung der Volkskunde in der frühen DDR, in: Nikolow/Schirrmacher (Hg.), Wissenschaft, S. 197-216.

Kunigk, Helmut: Paul Hankamer und sein Königsberger Schülerkreis (1932-1936), in: Bernhard Jähning u. Georg Michels (Hg.): Das Preußenland als Forschungsaufgabe. Eine europäische Region in ihren geschichtlichen Bezügen. Festschrift für Udo Arnold zum 60. Geburtstag, Lüneburg 2000, S. 761-782.

Lachmund, Jens: Kartennaturen. Zur Historischen Soziologie der Stadtökologie von Berlin (West), in: Gugerli/Orland (Hg.), Bilder, S. 85-106.

Landrock, Rudolf: Die Deutsche Akademie der Wissenschaften zu Berlin 1945-1971 – ihre Umwandlung zur sozialistischen Forschungsakademie. Eine Studie zur Wissenschaftspolitik in der DDR. Drei Bde., Erlangen 1977.

Lee, You Jae: „...als ob die Volkskundler schwarze Schafe wären". Wissenschaft, Politik und Eigensinn in der DDR-Volkskunde 1945-1973, in: Berliner Blätter, 23/2001, S. 75-104.

Leggewie, Claus: Von Schneider zu Schwerte. Das ungewöhnliche Leben eines Mannes, der aus der Geschichte lernen wollte, München 1998.

Lehmann, Hartmut, u. Otto Gerhard Oexle (Hg.): Nationalsozialismus in den Kulturwissenschaften. Bd. 1: Fächer – Milieus – Karrieren, Göttingen 2004.

Lehmann, Hartmut, u. Otto Gerhard Oexle (Hg.): Nationalsozialismus in den Kulturwissenschaften. Bd. 2: Leitbegriffe – Deutungsmuster – Paradigmenkämpfe. Erfahrungen und Transformationen im Exil, Göttingen 2004.

Leo, Annette: Leben als Balance-Akt: Wolfgang Steinitz. Kommunist, Jude, Wissenschaftler, Berlin 2005.

Lejeune, Carlo: Die deutsch-belgischen Kulturbeziehungen 1925-1980. Wege zur europäischen Integration?, Weimar 1992.

Lejeune, Carlo: „Des Deutschtums fernster Westen". Eupen-Malmedy, die deutschen Dialekt redenden Gemeinden um Arlon und Montzen und die „Westforschung", in: Dietz/Gabel/Tiedau (Hg.), Griff, S. 493-538.

Lixfeld, Gisela: Das „Ahnenerbe" Heinrich Himmlers und die ideologisch-politische Funktion seiner Volkskunde, in: Jacobeit/Lixfeld/Bockhorn (Hg.), Wissenschaft, S. 217-255.

Lixfeld, Hannjost: Matthes Ziegler und die Erzählforschung des Amtes Rosenberg. Ein Beitrag zur Ideologie der nationalsozialistischen Volkskunde, in: Rheinisches Jahrbuch für Volkskunde 26, 1985/86, S. 37-59.

Lixfeld, Hannjost: Die Deutsche Forschungsgemeinschaft und die Dachverbände der deutschen Volkskunde im Dritten Reich, in: Gerndt (Hg.), Volkskunde und Nationalsozialismus, S. 69-82.

Lixfeld, Hannjost: John Meier und sein 'Reichsinstitut für deutsche Volkskunde'. Zur volkskundlichen Fachgeschichte zwischen Monarchie und Faschismus, in: Beiträge zur Volkskunde in Baden-Württemberg 3, 1989, S. 102-144.

Lixfeld, Hannjost: Adolf Spamers Rolle als Wegbereiter einer nationalsozialistischen Volkskundewissenschaft, in: Sievers (Hg.), Beiträge, S. 91-119.

Lixfeld, Hannjost: Die Reichsgemeinschaft für deutsche Volksforschung unter dem Einfluß des Amts Rosenberg, in: Jacobeit/Lixfeld/Bockhorn (Hg.), Wissenschaft, S. 141-144.

Lixfeld, Hannjost: Die Abteilung Volkskunde der Reichsgemeinschaft – Adolf Spamers unvollendetes Reichsinstitut für deutsche Volkskunde, in: Jacobeit/Lixfeld/Bockhorn (Hg.), Wissenschaft, S. 145-162.

Lixfeld, Hannjost: Die Zerschlagung der Abteilung Volkskunde und Verfolgung Adolf Spamers durch die nationalsozialistischen Machthaber, in: Jacobeit/Lixfeld/Bockhorn (Hg.), Wissenschaft, S. 163-174.

Lixfeld, Hannjost: Nationalsozialistische Volkskunde und Volkserneuerung, in: Jacobeit/Lixfeld/Bockhorn (Hg.), Wissenschaft, S. 175-331.

Loth, Wilfried, u. Bernd-A. Rusinek (Hg.): Verwandlungspolitik. NS-Eliten in der westdeutschen Nachkriegsgesellschaft, Frankfurt a.M., New York 1998.

Lozoviuk, Petr: Bruno Schier in der Slowakei. Ein vergessenes Kapitel der Wissenschaftsgeschichte, in: Volkskunde in Sachsen 16, 2004, S. 129-154.

Lozoviuk, Petr: Die Methodologie der ethnologischen Fachgeschichtsschreibung. Sudetendeutsche Sprachinselvolkskunde als Beispiel, in: Lozoviuk/Moser (Hg.), Probleme, S. 11-30.

Lozoviuk, Petr, u. Johannes Moser (Hg.): Probleme und Perspektiven der volkskundlich-kulturwissenschaftlichen Fachgeschichtsschreibung, Dresden 2005.

Ludwig, Esther: Adolf Helbok (1883-1968) und die „Gleichschaltung" des Seminars für Landesgeschichte und Siedlungskunde an der Leipziger Universität (1935-1941), in: Wissenschaftliche Zeitschrift der Humboldt-Universität zu Berlin. Reihe Geistes- und Sozialwissenschaften 40, 1991, Heft 11, S. 81-91.

Ludwig, Esther: „Ein sonniges Neuland" oder der Historiker als „Diagnostiker am Leibe des Volkes". Zum Verhältnis von politischem Legitimationsbedarf und wissenschaftlichem Erkenntnisinteresse, in: Westfälische Forschungen 46, 1996, S. 49-72.

Lutz, Gerhard: Volkskunde und Kulturanthropologie. Zur Frage der Ortsbestimmung unseres Faches, Zeitschrift für Volkskunde 67, 1971, S. 1-13.

Lutz, Gerhard: Volkskunde, „Lehre vom Volke" und Ethnologie. Zur Geschichte einer Fachbezeichnung, in: Hessische Blätter für Volkskunde 62/63, 1971/72, S. 11-29.

Lutz, Gerhard: Das Amt Rosenberg und die Volkskunde, in: Brückner/Beitl (Hg.), Volkskunde, S. 161-171.

Maase, Kaspar, u. Bernd Jürgen Warneken (Hg.): Unterwelten der Kultur. Themen und Theorien der volkskundlichen Kulturwissenschaft, Köln u.a. 2003.

Marsch, Ulrich: Notgemeinschaft der Deutschen Wissenschaft. Gründung und frühe Geschichte 1920-1925, Frankfurt a.M. 1994.

Maus, Heinz: Bericht über die Soziologie in Deutschland 1933-1945, in: Kölner Zeitschrift für Soziologie und Sozialpsychologie 11, 1959, S. 72-99.

Mehrtens, Herbert, u. Steffen Richter (Hg.): Naturwissenschaft, Technik und NS-Ideologie. Beiträge zur Wissenschaftsgeschichte des Dritten Reichs, Frankfurt a.M. 1980.

Mehrtens, Herbert: Kollaborationsverhältnisse. Natur- und Technikwissenschaften im NS-Staat und ihre Historie, in: Christoph Meinel u. Peter Voswinckel (Hg.): Medizin, Naturwissenschaft, Technik und Nationalsozialismus – Kontinuitäten und Diskontinuitäten, Stuttgart 1994, S. 13-32.

Meixner, Wolfgang: „...eine wahrhaft nationale Wissenschaft der Deutschen..." Der Historiker und Volkskundler Adolf Helbok (1883-1968), in: Skolast 34, 1990, S. 126-133.

Mertens, Lothar: Forschungsförderung im Dritten Reich, in: Zeitschrift für Geschichtswissenschaft 44, 1996, S. 119-126.

Mertens, Lothar: Die Forschungsförderung der DFG im Dritten Reich 1933-1937, in: Jahrbuch für Universitätsgeschichte 2, 1999, S. 58-74.

Mężyński, Andrzej: Kommando Paulsen. Organisierter Kunstraub in Polen 1942-45, Köln 2000.

Middell, Matthias: Die konstruktivistische Wende, der „spatial turn" und das Interesse an der Globalisierung in der gegenwärtigen Geschichtswissenschaft, in: Geographische Zeitschrift 93, 2005, S. 33-44.

Mohrmann, Ute: Die „Volkskunde des Neubeginns" während der fünfziger Jahre in der DDR im Kontext damaliger Kulturpolitik, in: Zeitschrift für Volkskunde 87, 1991, S. 196-206.

Mohrmann, Ute: Volkskunde in der DDR während der 50er und 60er Jahre. Ein Überblick, in: Wissenschaftliche Zeitschrift der Humboldt-Universität zu Berlin. Reihe Geistes- und Sozialwissenschaften 40, 1991, Heft 11, S. 103-120.

Morsey, Rudolf: Georg Schreiber, der Wissenschaftler, Kulturpolitiker und Wissenschaftsorganisator, in: Westfälische Zeitschrift 131/132, 1981/1982, S. 121-159.

Morsey, Rudolf: Machtkampf um eine Bibliothek in Münster 1939-1942. Himmlers und Rosenbergs Interesse an den beschlagnahmten Instituten von Georg Schreiber, in: Kirchliche Zeitgeschichte 18, 2005, S. 68-120.

Mühle, Eduard: Für Volk und deutschen Osten. Der Historiker Hermann Aubin und die deutsche Ostforschung, Düsseldorf 2005.

Müns, Heike (Hg.): „Das Problem der inneren Wiedervereinigung wird immer größer..." Briefe, Dokumente und Referate zur volkskundlichen 'Ostforschung' 1951-1962, Marburg 1999.

Nikitsch, Herbert: Volkskunde in Österreich nach 1945, in: Lozoviuk/Moser (Hg.), Probleme, S. 79-102.

Nikitsch, Herbert: Auf der Bühne freier Wissenschaft. Aus der Geschichte des Vereins für Volkskunde (1894-1945), Wien 2006.

Nikolay-Panter, Marlene: Geschichte, Methode, Politik. Das Institut für geschichtliche Landeskunde der Rheinlande 1920-1945, in: Rheinische Vierteljahrsblätter 60, 1996, S. 233-262.

Nikolow, Sybilla, u. Arne Schirrmacher (Hg.): Wissenschaft und Öffentlichkeit als Ressourcen für einander. Studien zur Wissenschaftsgeschichte im 20. Jahrhundert, Frankfurt a.M., New York 2007.

Nipperdey, Thomas: Die anthropologische Dimension der Geschichtswissenschaft, in: Ders.: Gesellschaft, Kultur, Theorie, Göttingen 1976, S. 33-58.

Nipperdey, Thomas, u. Ludwig Schmugge: 50 Jahre Forschungsförderung in Deutschland. Ein Abriß der Geschichte der Deutschen Forschungsgemeinschaft 1920-1970, Bonn 1970.

Nötzoldt, Peter: Der Weg zur „sozialistischen Forschungsakademie". Der Wandel des Akademiegedankens zwischen 1945 und 1968, in: Hoffmann/Macrakis (Hg.), Naturwissenschaft, S. 125-146.

Nötzoldt, Peter: Wolfgang Steinitz und die Deutsche Akademie der Wissenschaften zu Berlin. Zur politischen Geschichte der Institution (1945-1968). Diss. phil. Berlin 1998.

Nötzoldt, Peter: Strategien der deutschen Wissenschaftsakademien gegen Bedeutungsverlust und Funktionsverarmung, in: Fischer/Hohlfeld/Nötzoldt (Hg.), Akademie, S. 237-278.

Nötzoldt, Peter: Wolfgang Steinitz – Wissenschaftler und Wissenschaftsorganisator an der Deutschen Akademie der Wissenschaften zu Berlin, in: Berliner Blätter 23/2001, S. 125-148.

Nötzoldt, Peter: Die Deutsche Akademie der Wissenschaften zu Berlin in Gesellschaft und Politik. Gelehrtengesellschaft und Großorganisation außeruniversitärer Forschung 1946-1972, in: Kocka (Hg.), Berliner, S. 39-80.

Nötzoldt, Peter: Tradition und Erneuerung – Wissenschaftspolitiker und Organisator, in: Steinitz/Kaschuba (Hg.), Steinitz, S. 207-239.

Oberkrome, Willi: Volksgeschichte. Methodische Innovation und völkische Ideologisierung in der deutschen Geschichtswissenschaft 1918-1945, Göttingen 1993.

Oberkrome, Willi: Zur Kontinuität ethnozentrischer Geschichtswissenschaft nach 1945. Weltanschauung und politisches Engagement der westdeutschen Kulturraumforschung in den fünfziger Jahren, in: Zeitschrift für Geschichtswissenschaft 49, 2001, S. 50-61.

Oberkrome, Willi: Entwicklungen und Varianten der deutschen Volksgeschichte, in: Hettling (Hg.), Volksgeschichten, S. 65-95.

Oberkrome, Willi: Die Kultur der deutschen Stämme. Räumlich-tribalistische Volkstumstheorien in den deutschen Geisteswissenschaften 1880-1960, in: Bollenbeck/Knobloch (Hg.), Resonanzkonstellationen, S. 15-32.

Oberkrome, Willi: „Deutsche Heimat". Nationale Konzeption und regionale Praxis von Naturschutz, Landschaftsgestaltung und Kulturpolitik in Westfalen-Lippe und Thüringen (1900-1960), Paderborn 2004.

Oesterle, Anka: John Meier und das SS-Ahnenerbe, in: Gerndt (Hg.), Volkskunde, S. 83-94.

Oesterle, Anka: John Meier. Eine Biographie im Schatten des Nationalsozialismus. Maschinenschriftliche Magisterarbeit. Tübingen: Ludwig-Uhland-Institut für Empirische Kulturwissenschaft 1988.

Oesterle, Anka: Letzte Autonomieversuche: Der Volkskundler John Meier. Strategie und Taktik des Verbandes deutscher Vereine für Volkskunde 1933-45, in: Eckhard John, Bernd Martin, Marc Mück u. Hugo Ott (Hg.): Die Freiburger Universität in der Zeit des Nationalsozialismus, Freiburg 1991, S. 151-162.

Oexle, Otto Gerhard: Zweierlei Kultur. Zur Erinnerungskultur deutscher Geisteswissenschaftler nach 1945, in: Rechtshistorisches Journal 16, 1997, S. 358-390.

Oexle, Otto Gerhard: „Zusammenarbeit mit Baal". Über die Mentalitäten deutscher Geisteswissenschaftler 1933 – und nach 1945, in: Historische Anthropologie 8, 2000, S. 1-27.

Orth, Karin: Das Förderprofil der Deutschen Forschungsgemeinschaft 1949-1969, in: Berichte zur Wissenschaftsgeschichte 27, 2004, S. 261-283.

Osterhammel, Jürgen: Die Wiederkehr des Raumes: Geopolitik, Geohistorie und historische Geographie, in: Neue politische Literatur. Berichte über das internationale Schrifttum 43, 1998, S. 374-397.

Paulsen, Jörg: Zur Geschichte der Soziologie im Nationalsozialismus, Oldenburg 1988.

Peters, Jelko: Das Institut für Heimatforschung und Volkskunde in Königsberg (1924-1945), in: Dröge (Hg.), Alltagskulturen, S. 213-228.

Pieper, Ernst: Alfred Rosenberg. Hitlers Chefideologe, München 2005.

Raabe, Katharina, u. Monika Sznajderman (Hg.): Last & Lost. Ein Atlas des verschwindenden Europas, Frankfurt a.M. 2006.

Rammstedt, Othein: Deutsche Soziologie 1933-1945. Die Normalität einer Anpassung, Frankfurt a.M. 1986.

Raphael, Lutz: Die Verwissenschaftlichung des Sozialen als methodische und konzeptionelle Herausforderung für eine Sozialgeschichte des 20. Jahrhunderts, in: Geschichte und Gesellschaft 22, 1996, S. 165-193.

Raphael, Lutz: Radikales Ordnungsdenken und Organisation totalitärer Herrschaft: Weltanschauungseliten und Humanwissenschaften im NS-Regime, in: Geschichte und Gesellschaft 27, 2001, S. 255-270.

Raphael, Lutz: Geschichtswissenschaft im Zeitalter der Extreme. Theorien, Methoden, Tendenzen von 1900 bis zur Gegenwart, München 2003.
Raphael, Lutz: Zwischen Agrarromantik und empirischem Rationalismus. Wege der französischen Siedlungsgeographie und Agrargeschichte (1880-1945), in: Hettling (Hg.), Volksgeschichten, S. 147-172.
Raphael, Lutz: Frankreichs Kulturwissenschaften im Schatten von Vichy-Regime und deutscher Besatzung, in: Lehmann/Oexle (Hg.), Nationalsozialismus, Bd. 2, S. 621-647.
Robinson, Arthur H.: Early Thematic Mapping in the History of Cartography, Chicago, London 1982.
Rolshoven, Johanna: Von der Kulturraum- zur Raumkulturforschung. Theoretische Herausforderungen an eine Kultur- und Sozialwissenschaft des Alltags, in: Zeitschrift für Volkskunde 99, 2003, S. 189-213.
Rooijakkers, Gerard, u. Peter Meurkens: Struggling with the European Atlas. Voskuil's Portrait of European Ethnology, in: Ethnologia Europaea 30, 2000, S. 75-95.
Rusinek, Bernd-A.: Von Schneider zu Schwerte. Anatomie einer Verwandlung, in Loth/Rusinek (Hg.), Verwandlungspolitik, S. 143-180.
Rusinek, Bernd-A.: „Wald und Baum in der arisch-germanischen Geistes- und Kulturgeschichte" – Ein Forschungsprojekt des „Ahnenerbe" der SS 1937-1945, in: Albrecht Lehmann u. Klaus Schriewer (Hg.): Der Wald – ein deutscher Mythos? Perspektiven eines Kulturthemas, Berlin, Hamburg 2000, S. 267-363.
Rusinek, Bernd-A.: Die „Nationalsozialistischen Monatshefte" und „Volkstum und Heimat", in: Michel Grunewald u. Uwe Puschner (Hg.): Le milieu intellectuel conservateur en Allemagne, sa presse et ses réseaux (1890-1960)/Das konservative Intellektuellenmilieu in Deutschland, seine Presse und seine Netzwerke (1890-1960), Bern 2003, S. 575-616.
Rzoska, Björn, u. Barbara Henkes: „Das Volk wurde neu entdeckt!". Volkskunde und die „großgermanische" Kulturpolitik in Flandern (1934-1944), in: Dietz/Gabel/Tiedau (Hg.), Griff, S. 447-472.
Schael, Oliver: Die Grenzen der akademischen Vergangenheitspolitik: Der Verband der nichtakademischen (amtsverdrängten) Hochschullehrer und die Göttinger Universität, in: Weisbrod (Hg.), Vergangenheitspolitik, S. 53-74.
Scheler, Werner: Von der Deutschen Akademie der Wissenschaften zu Berlin zur Akademie der Wissenschaften der DDR. Abriss zur Genese und Transformation der Akademie, Berlin 2000.
Schippers, Thomas K.: A History of Paradoxes: Anthropologies of Europe, in: Vermeulen/Roldán (Hg.), Fieldwork, S. 234-246.
Schippers, Thomas K.: The Border as a Cultural Idea in Europe, in: Ethnologia Europaea 29, 1999, Heft 2, S. 25-30.
Schippers, Thomas K.: Trouver la bonne distance, in: Christian Bromberger u. Alain Morel (Hg.): Limites, floues, frontières vives, Paris 2001, S. 27-40.
Schippers, Thomas K.: La cartographie, spent de mer de l'ethnologie européenne, in: Ethnologie française 34,4, 2004, S. 627-637.
Schlicker, Wolfgang: Konzeptionen und Aktionen bürgerlicher deutscher Wissenschaftspolitik. Zum gesellschaftlichen Stellenwert der Forschung nach 1918 und zur Gründung der Notgemeinschaft der Deutschen Wissenschaft, in: Zeitschrift für Geschichtswissenschaft 27, 1979, S. 423-438.
Schlögel, Karl: Im Raume lesen wir die Zeit. Über Zivilisationsgeschichte und Geopolitik, München 2003.
Schmitt, Christoph: Die Landesstelle des „Atlas der deutschen Volkskunde" in Mecklenburg (1929-1945), in: Stier und Greif. Blätter zur Kultur- und Landesgeschichte in Mecklenburg-Vorpommern 10, 2000, S. 131-140.
Schmitt, Christoph (Hg.): Volkskundliche Großprojekte. Ihre Geschichte und ihre Zukunft. Hochschultagung der Deutschen Gesellschaft für Volkskunde in Rostock, Münster 2005.

Schmoll, Friedemann: Wie kommt das Volk in die Karte? Zur Visualisierung volkskundlichen Wissens im „Atlas der deutschen Volkskunde“, in: Michaela Haibl u. Helge Gerndt (Hg.): Der Bilderalltag. Perspektiven einer volkskundlichen Bildwissenschaft, Münster 2005, S. 233-250.

Schmoll, Friedemann: Unentschiedene Disziplinarität. Geschichte und Gegenwart – Überlegungen zur Logik eines wissenschaftstheoretischen Dauerthemas in der Volkskunde, in: Andreas Hartmann, Silke Meyer u. Ruth-E. Mohrmann (Hg.): Historizität. Vom Umgang mit Geschichte. Hochschultagung „Historizität als Aufgabe und Perspektive“ der Deutschen Gesellschaft für Volkskunde vom 21.-23. September 2006 in Münster, Münster 2007, S. 183-197.

Schmook, Reinhard: Zu den Quellen der volkskundlichen Sichtweise Hans Naumanns und zu den Reaktionen der Fachwelt auf dessen „Grundzüge der deutschen Volkskunde“ in den 20er und 30er Jahren, in: Sievers (Hg.), Beiträge, S. 73-90.

Schneider, Ute: Die Macht der Karten. Eine Geschichte der Kartographie vom Mittelalter bis heute, Darmstadt 2004.

Schöttler, Peter: Das „Annales-Paradigma“ und die deutsche Historiographie (1929-1939). Ein deutsch-französischer Wissenstransfer?, in: Lothar Jordan u. Bernd Kortländer (Hg.): Nationale Grenzen und internationaler Austausch. Studien zum Kultur- und Wissenschaftstransfer in Europa, Tübingen 1995, S. 200-220.

Schöttler, Peter (Hg.): Geschichtsschreibung als Legitimationswissenschaft 1918-1945, Frankfurt a.M. 1997.

Schöttler, Peter: Die intellektuelle Rheingrenze. Wie lassen sich die französischen Annales und die NS-Volksgeschichte vergleichen?, in: Christoph Conrad u. Sebastian Conrad (Hg.): Die Nation schreiben. Geschichtswissenschaft im internationalen Vergleich, Göttingen 2002, S. 271-295.

Scholze-Irrlitz, Leonore: Universitätsvolkskunde im Nationalsozialismus. Skizzen zur Fachetablierung und Öffentlichkeitsarbeit in Berlin, in: Rüdiger vom Bruch (Hg.): Die Berliner Universität in der NS-Zeit. Bd. II: Fachbereiche und Fakultäten, Stuttgart 2005, S. 133-148.

Schroeder, Rüdiger: SED und Akademie der Wissenschaften. Zur Durchsetzung der „führenden Rolle“ der Partei in den fünfziger Jahren, in: Deutschland-Archiv 28, 1995, S. 1264-1278.

Schrutka-Rechtenstamm, Adelheid: Die Volkskunde an der Universität Bonn von 1900-1950. Ein Beitrag zur Institutionengeschichte im Rheinland, in: Rheinisches Jahrbuch für Volkskunde 28, 1989/90, S. 69-87.

Schultz, Hans-Dietrich: Deutschlands „natürliche“ Grenzen. „Mittellage“ und „Mitteleuropa“ in der Diskussion der Geographen seit dem Beginn des 19. Jahrhunderts, in: Geschichte und Gesellschaft 15, 1989, S. 248-281.

Schultz, Hans-Dietrich: Raumkonstrukte der klassischen deutschsprachigen Geographie des 19./20. Jahrhunderts im Kontext ihrer Zeit, in: Geschichte und Gesellschaft 28, 2002, S. 343-377.

Schulze, Winfried, u. Otto Gerhard Oexle (Hg.): Deutsche Historiker im Nationalsozialismus, Frankfurt a.M. 1999.

Schwiedrzik, Wolfgang Matthias: Träume der ersten Stunde. Die Gesellschaft Imshausen, Berlin 1991.

Schwinn, Peter: Auf Germanensuche in Südtirol. Zu einer volkskundlichen Enquête des SS-Ahnenerbes, in: Jahrbuch für Volkskunde NF 12, 1989, S. 85-98.

See, Klaus von, u. Julia Zernack: Germanistik und Politik in der Zeit des Nationalsozialismus. Zwei Fallstudien: Hermann Schneider und Gustav Neckel, Heidelberg 2004.

Sieg, Ulrich: Strukturwandel der Wissenschaft im Nationalsozialismus, in: Berichte zur Wissenschaftsgeschichte 24, 2001, S. 255-270.

Sievers, Kai Detlev (Hg.): Beiträge zur Wissenschaftsgeschichte der Volkskunde im 19. u. 20. Jahrhundert, Neumünster 1991.

Simon, Gerd: Blut- und Boden-Dialektologie. Eine NS-Linguistin zwischen Wissenschaft und Politik. Anneliese Bretschneider und das „Brandenburgisch-Berlinische Wörterbuch“, Tübingen 1998.
Simon, Michael: Volkskundliche Forschungen am Vorabend des Zweiten Weltkrieges. Zu den Erhebungen des Atlas der deutschen Volkskunde und ihrer Bedeutung für die Geschichtsschreibung im deutschsprachigen Ostmitteleuropa, in: Dröge (Hg.), Alltagskulturen, S. 155-176.
Simon, Michael: „Volksmedizin“ im frühen 20. Jahrhundert. Zum Quellenwert des Atlas der deutschen Volkskunde, Mainz 2003.
Simon, Michael: Der Atlas der deutschen Volkskunde - Kapitel oder Kapital des Faches?, in: Schmitt (Hg.), Großprojekte, S. 51-62.
Simon, Michael, u. Thomas Schürmann: Ein Kapital für sich - der Atlas der deutschen Volkskunde, in: Zeitschrift für Volkskunde 90, 1994, S. 230-237.
Steinitz, Klaus, u. Wolfgang Kaschuba (Hg.): Wolfgang Steinitz. Ich hatte unwahrscheinliches Glück. Ein Leben zwischen Wissenschaft und Politik, Berlin 2006.
Strobach, Hermann: „...aber wann beginnt der Vorkrieg?“ Anmerkungen zum Thema Volkskunde und Faschismus (vor und um 1933), in: Gerndt (Hg.), Volkskunde und Nationalsozialismus, S. 23-38.
Strobach, Hermann: Volkskundliche Forschung an der ehemaligen Akademie der Wissenschaften, in: Zeitschrift für Volkskunde 87, 1991, S. 207-224.
Strobach, Hermann: Gründer und Leiter des Akademieinstituts für deutsche Volkskunde, in: Steinitz/Kaschuba (Hg.), Steinitz, S. 132-144.
Szöllösi-Janze, Margit: Fritz Haber (1868-1934). Eine Biographie, München 1998.
Szöllösi-Janze, Margit (Hg.): Science in the Third Reich, Oxford, New York 2001.
Szöllösi-Janze, Margit: Wissensgesellschaft in Deutschland: Überlegungen zur Neubestimmung der deutschen Zeitgeschichte über Verwissenschaftlichungsprozesse, in: Geschichte und Gesellschaft 30, 2004, S. 275-311.
Tolksdorf, Ulrich: Geschichte der „Ostdeutschen Volkskunde“, in: Sievers (Hg.), Beiträge, S. 207-216.
Trümpy, Hans: „Volkscharakter“ und „Rasse“. Zwei fatale Schlagworte der NS-Volkskunde, in: Gerndt (Hg.), Volkskunde und Nationalsozialismus, S. 169-177.
Vellay-Vallantin, Catherine: Le congrès international de folklore de 1937, in: Annales. Histoire, sciences sociales 54, 1999, S. 481-506.
Vermeulen, Han F., u. Arturo Alavarez Roldán (Hg.): Fieldwork and Footnotes. Studies in the History of European Anthropology, London, New York 1995.
Warneken, Bernd Jürgen: „Völkisch nicht beschränkte Volkskunde“. Eine Erinnerung an die Gründungsphase des Fachs vor 100 Jahren, in: Zeitschrift für Volkskunde 95, 1999, S. 169-196.
Weber, Florence: Le folklore, l'historire et l'Etat en France (1937-1945), in: Revue de synthèse 121, 2000, S. 453-467.
Weber-Kellermann, Ingeborg: Zum Gedenken an Adolf Spamer zu seinem 100. Geburtstag am 10. April 1983, in: Hessische Blätter für Volks- und Kulturforschung 16, 1984, S. 197-206.
Weber-Kellermann, Ingeborg, Andreas C. Bimmer, u. Siegfried Becker: Einführung in die Volkskunde/Europäische Ethnologie. Eine Wissenschaftsgeschichte. 3. vollständig überarbeitete und aktualisierte Auflage, Stuttgart 2003.
Weckel, Petra: Wilhelm Fraenger (1890-1964). Ein subversiver Kulturwissenschaftler zwischen den Systemen, Potsdam 2001.
Weger, Tobias: Volkskundliche Vertriebenenforschung. Versuch einer Bilanz und Desiderate, in: Lozoviuk/Moser (Hg.), Probleme, S. 103-116.
Weingart, Peter: Die Stunde der Wahrheit? Zum Verhältnis der Wissenschaft zu Politik, Wirtschaft und Medien in der Wissensgesellschaft, Weilerswist 2001.
Weingart, Peter: Die Wissenschaft der Öffentlichkeit. Essays zum Verhältnis von Wissenschaft und Öffentlichkeit, Weilerswist 2005.

Weisbrod, Bernd (Hg.): Akademische Vergangenheitspolitik. Beiträge zur Wissenschaftskultur der Nachkriegszeit, Göttingen 2002.

Wengenroth, Ulrich: Die Flucht in den Käfig. Wissenschafts- und Innovationskultur in Deutschland 1900-1960, in: Bruch/Kaderas (Hg.), Wissenschaften, S. 52-59.

Weyer, Johannes: Die Forschungsstelle für das Volkstum im Ruhrgebiet (1935-1941). Ein Beispiel für Soziologie im Faschismus, in: Soziale Welt 35, 1984, S. 124-145.

Wiegelmann, Günter, Matthias Zender, u. Gerhard Heilfurth: Volkskunde. Eine Einführung, Berlin 1977.

Wiegelmann, Günter, u. Michael Simon: Die Untersuchung regionaler Unterschiede, in: Silke Göttsch u. Albrecht Lehmann (Hg.): Methoden der Volkskunde. Positionen, Quellen, Arbeitsweisen der Europäischen Ethnologie, Berlin 2002, S. 99-121.

Wilking, Stefan: Der Deutsche Sprachatlas im Nationalsozialismus. Studien zur Dialektologie und Sprachwissenschaft zwischen 1933 und 1945. Diss. phil. Heidelberg 1998.

Zender, Matthias: Geschichte der Forschung im 20. Jahrhundert, in: Wiegelmann/Zender/Heilfurth, Volkskunde, S. 26-38.

Zierold, Kurt: Forschungsförderung in drei Epochen. Deutsche Forschungsgemeinschaft. Geschichte, Arbeitsweise, Kommentar, Wiesbaden 1968.

Zimmermann, Harm-Peer: Männerbund und Totenkult. Methodologische und ideologische Grundlinien der Volks- und Altertumskunde Otto Höflers 1933-1945, in: Kieler Blätter für Volkskunde 26, 1994, S. 5-27.

Zimmermann, Harm-Peer: Walther Steller in Breslau (1920-1937). Volkskunde und Frisistik im Zeichen des Nationalsozialismus, in: Nordfriesisches Jahrbuch NF 30, 1994, S. 41-54.

Zinnecker, Andrea: Romantik, Rock und Kamisol. Volkskunde auf dem Weg ins Dritte Reich – die Riehl-Rezeption, Münster 1996.

# Personenregister

Willi Oberkrome

## Ordnung und Autarkie

Die Geschichte der deutschen Landbauforschung, Agrarökonomie und ländlichen Sozialwissenschaft im Spiegel von Forschungsdienst und DFG (1920-1970)

Studien zur Geschichte der Deutschen Forschungsgemeinschaft – Band 4

2009. Ca. 390 Seiten. Kart.
ISBN 978-3-515-09255-5

Während des „Dritten Reiches" war die Landwirtschaftsforschung die mit Abstand am stärksten DFG-finanzierte wissenschaftliche Fachsparte. Ihre akademische und gleichzeitig auch gesellschaftliche Bedeutung wuchs seit der Hungererfahrung des Ersten Weltkriegs kontinuierlich. Sie wirkte bis in die Gründungsphase der Bundesrepublik nach.
Der Autor rekonstruiert in dieser Studie die verbindlichen Leitbilder und Verfahren einer für „Volk und Nahrungsfreiheit" eintretenden Disziplin mit Blick auf fünf Jahrzehnte deutscher Geschichte. Die dabei erstmals vollzogene Zusammenschau von Erzeugungsforschung, Betriebsökonomie und ländlicher Soziologie spannt den Bogen von langlebigen Autarkieforschungen über die nationalsozialistischen „Ordnungsentwürfe" bis zu neuen Herausforderungen durch die EWG-Agrarpolitik.

■ *Weitere Titel*

Sören Flachowsky

**Von der Notgemeinschaft zum Reichsforschungsrat**

Wissenschaftspolitik im Kontext von Autarkie, Aufrüstung und Krieg

2008. 545 Seiten mit 16 Abbildungen, 6 Tabellen sowie CD-ROM (Studien zur Geschichte der Deutschen Forschungsgemeinschaft, Band 3). Kart. € 60,–. ISBN 978-3-515-09025-4

Anne Cottebrune

**Der planbare Mensch**

Die Deutsche Forschungsgemeinschaft und die menschliche Vererbungswissenschaft, 1920-1970

2008. 298 Seiten (Studien zur Geschichte der Deutschen Forschungsgemeinschaft, Band 2). Kart. € 44,–. ISBN 978-3-515-09099-5

[redacted]

Wissenschaftsgeschichte

Postfach 101061, 70009 Stuttgart
www.steiner-verlag.de
service@steiner-verlag.de